自动化国家级特色专业系列规划教材
指导委员会

全国优秀教材二等奖

“十二五”普通高等教育本科国家级规划教材

普通高等教育“十五”国家级规划教材

自动化国家级特色专业系列规划教材

自动检测技术与装置

第三版

张宏建　黄志尧　周洪亮　冀海峰　编著

化学工业出版社

·北京·

内容简介

本书以信息为主线，从信息的获取、变换与处理、输出与显示等角度来介绍检测技术、检测仪表和检测系统。本书首先介绍检测技术的一般概念和检测仪表的共性知识，包括测量误差、准确度等；然后介绍各种检测元件的检测原理和使用特点；接着重点介绍各种常见参数的检测方法和检测仪表；最后简单介绍检测技术的最新进展，包括软测量技术、机器视觉系统及其图像处理等。

本书可以作为高等学校自动化、测控技术与仪器、电子信息工程、电气工程及其自动化、机械设计制造及其自动化等相关专业的教材，也可以作为从事检测技术及仪表的研究生、科研工作者及工程技术人员的参考用书。

图书在版编目（CIP）数据

自动检测技术与装置/张宏建等编著．—3版．—北京：化学工业出版社，2019.3（2023.9重印）

“十二五”普通高等教育本科国家级规划教材　普通高等教育“十五”国家级规划教材　自动化国家级特色专业系列规划教材

ISBN 978-7-122-33684-2

Ⅰ.①自…　Ⅱ.①张…　Ⅲ.①自动检测系统-高等学校-教材　Ⅳ.①TP274

中国版本图书馆CIP数据核字（2019）第005928号

责任编辑：唐旭华　郝英华　　装帧设计：史利平

责任校对：王鹏飞

出版发行：化学工业出版社（北京市东城区青年湖南街13号　邮政编码100011）

印　　装：北京科印技术咨询服务有限公司数码印刷分部

787mm×1092mm　1/16　印张20½　字数522千字　2023年9月北京第3版第4次印刷

购书咨询：010-64518888　　售后服务：010-64518899

网　　址：http://www.cip.com.cn

凡购买本书，如有缺损质量问题，本社销售中心负责调换。

定　　价：49.00元

总 序

随着工业化、信息化进程的不断加快，“以信息化带动工业化、以工业化促进信息化”已成为推动我国工业产业可持续发展、建立现代产业体系的战略举措，自动化正是承载两化融合乃至社会发展的核心。自动化既是工业化发展的技术支撑和根本保障，也是信息化发展的主要载体和发展目标，自动化的发展和应用水平在很大意义上成为一个国家和社会现代工业文明的重要标志之一。从传统的化工、炼油、冶金、制药、机械、电力等产业，到能源、材料、环境、军事、国防等新兴战略发展领域，社会发展的各个方面均和自动化息息相关，自动化无处不在。

本系列教材是在建设浙江大学自动化国家级特色专业的过程中，围绕自动化人才培养目标，针对新时期自动化专业的知识体系，为培养新一代的自动化后备人才而编写的，体现了我们在特色专业建设过程中的一些思考与研究成果。

浙江大学控制系自动化专业在人才培养方面有着悠久的历史，其前身是浙江大学于1956年创立的化工自动化专业，这也是我国第一个化工自动化专业。1961年该专业开始培养研究生，1981年以浙江大学化工自动化专业为基础建立的“工业自动化”学科点被国务院学位委员会批准为首批博士学位授予点，1984年开始培养博士研究生，1988年被原国家教委批准为国家重点学科，1989年确定为博士后流动站，同年成立了工业控制技术国家重点实验室，1992年原国家计委批准成立了工业自动化国家工程研究中心，2007年启动了由国家教育部和国家外专局资助的高等学校学科创新引智计划（“111”引智计划）。经过50多年的传承和发展，浙江大学自动化专业建立了完整的高等教育人才培养体系，沉积了深厚的文化底蕴，其高层次人才培养的整体实力在国内外享有盛誉。

作为知识传播和文化传承的重要载体，浙江大学自动化专业一贯重视教材的建设工作，历史上曾经出版过很多优秀的教材和著作，对我国的自动化及相关专业的人才培养起到了引领作用。当前，加强工程教育是高等学校工科人才培养的主要指导方针，浙江大学自动化专业正是在教育部卓越工程师教育培养计划的指导下，对自动化专业的培养主线、知识体系和培养模式进行重新布局和优化，对核心课程教学内容进行了系统性重新组编，力求做到理论和实践相结合，知识目标和能力目标相统一，使该系列教材能和研讨式、探究式教学方法和手段相适应。

本系列教材涉及范围包括自动控制原理、控制工程、检测和传感、网络通信、信号和信息处理、建模与仿真、计算机控制、自动化综合实验等方面，所有成果都是在传承老一辈教育家智慧的基础上，结合当前的社会需求，经过长期的教学实践积累形成的。大部分教材和其前身在我国自动化及相关专业的培养中都具有较大的影响，例如《过程控制工程》的前身是过程控制的经典教材之一、王骥程先生编写的《化工过程控制工程》。已出版的教材，既有国家“九五”重点教材，也有国家“十五”“十一五”规划教材，多数教材或其前身曾获得过国家级教学成果奖或省部级优秀教材奖。

本系列教材主要面向自动化（含化工、电气、机械、能源工程及自动化等）、计算机科学和技术、航空航天工程等学科和专业有关的高年级本科生和研究生，以及工作于相应领域和部门的科学工作者和工程技术人员。我希望，这套教材既能为在校本科生和研究生的知识拓展提供学习参考，也能为广大科技工作者的知识更新提供指导帮助。

本系列教材的出版得到了很多国内知名学者和专家的悉心指导和帮助，在此我代表系列教材的作者向他们表示诚挚的谢意。同时要感谢使用本系列教材的广大教师、学生和科技工作者的热情支持，并热忱欢迎提出批评和意见。

2011 年 8 月

第三版前言

《自动检测技术与装置》(第二版)于2010年8月出版发行，受到了广大读者的欢迎，先后印刷了5次，为多所高等院校选用。为适应科学技术的发展和新的教学体系，现结合教材使用过程各方面的反馈意见，经修订编写了第三版。

与第二版相比，第三版基本上保留了第二版的主要内容，但更新、补充和调整了不少地方，变动较大的章节主要有：(1) 由于红外和超声波传感器的应用越来越重要和普及，第2章新增了2.11节（红外传感器）和2.12节（超声波传感器）；(2) 原第3章3.7节（机械量测量仪表）和3.9节（检测仪表的检定）部分，整节删除，并大幅度精简了原3.8节（显示仪表与装置）中陈旧的内容，以使相关内容更为紧凑并突出重点内容；(3) 机器人技术的飞速发展使机器视觉检测越来越受到关注，因此，原第4章4.2节“图像检测系统”更新为“机器视觉系统及其图像处理技术”，并进行了内容的更新补充，并将原4.3节（过程层析成像）并入4.2节中，变为4.2.4节（过程层析成像）；新增了4.3节（多传感器数据融合技术）。其他章节无大的修改，主要是内容及措辞上的完善。

第三版保留了前两版的特点和体系，强调“原理-元件-仪表-检测系统”这一教学主线，使内容更丰富、完整和与时俱进。

本书内容已制作成用于多媒体教学的电子课件，并将免费提供给采用本书作为教材的大专院校使用，如有需要可联系 cipedu@163. com。

参加第三版修订工作的均为多年从事本课程教学的任课老师，修订工作由张宏建组织牵头，黄志尧负责第1章、第3章的修订，周洪亮负责第2章的修订，冀海峰负责第4章的修订。全书由张宏建和黄志尧整理定稿。

由于编者自身的水平和学识所限，虽经努力，书中难免存在不妥和遗漏之处，恳请读者批评指正。

编著者

2018年12月于杭州浙大求是园

第一版前言

本书是为高等学校自动化专业编写的国家“十五”规划教材，也可以作为测控技术与仪器等相关专业开设的“传感技术”“检测技术”等专业课程的教材。随着信息技术的飞速发展，信息的获取、信息的处理、信息的传输、信息的显示已成为信息领域的关键技术。基于这个思想，本书以广义信息论为主线，介绍和讨论自动检测技术和自动化仪表中的信息技术。本书的主要特点有：

(1) 力求将最新的传感技术、仪表技术及信息传输和处理技术等及时反映在教材中，同时还增加了软测量、图像检测和虚拟检测等现代检测技术；

(2) 以信息为主线，围绕信息的获取、信息的变换、信息的处理、信息的传输和信息的显示等方面来讨论检测技术与检测系统；

(3) 将传感技术与检测技术和自动化仪表结合起来，读者在通过本书的学习后不仅能理解一个个独立的传感器的原理，而且可以掌握由传感器及其他环节（仪表）构成的完整的检测系统。

根据作者多年来的教学实践的体会，在结合本书教学时采用自学讨论这样的一种教学方式较为合适。课堂教学主要讲一些有关检测技术及仪表的共性问题，然后布置思考题和习题，让学生在做习题和回答思考题的过程中看书，参考其他教材，学生之间相互讨论；教师可选择部分有代表性的思考题让学生上讲台来回答、讨论甚至争论，最后教师进行归纳和总结。如有条件，教师可以引导学生根据自己的爱好和特点撰写小论文、小报告。通过这样的教学活动，可以提高学生的学习积极性和学习兴趣，保证教学质量和教学效果。在教学内容安排上，教师可以根据专业特点选择本教材的章节。对于自动化专业，建议将本书的第1、第2和第3章作为教学重点内容，第4、第5章作为选学内容。

本书内容已制作成用于多媒体教学的电子课件，并将免费提供给采用本书作为教材的大专院校使用，如有需要可联系：txh@cip.com.cn。另外，与本书配套的《检测控制仪表学习指导》已经出版，该书收集了大量的例题与习题，给出了例题分析、题解与习题答案，欢迎广大师生及读者选用。

参加本书编写的有：第1章张宏建、戴克中、杨先麟；第2章张志君、张宏建；第3章张宏建、戴克中、冀海峰、韩雪飞；第4章蒙建波；第5章冀海峰、张志君。全书由张宏建整理定稿，韩雪飞和程路也参加了部分章节的整理工作。全书由李海青教授审定。

虽然编者对书稿作了多次校核，但由于水平有限，书中难免存在问题和错误，恳请读者批评指正。

编者

2004年4月于杭州浙大求是园

第二版前言

本书第一版自2004年出版以来得到了广大读者的关注，荣获第八届中国石油和化学工业优秀教材奖一等奖，使用量也较大。现根据读者的反馈意见以及科学技术的最新发展，经修订编写了第二版。与第一版相比，第二版对部分章节作了调整，如删去原书的第4章（检测技术中的信息处理与传输技术）、第3章的3.8节（变送器），其中的部分内容插入到相关章节中；对原书的第2章2.1节（检测技术的原理与方法）、第3章的3.1节（检测仪表的构成和设计方法）、3.5节（流量检测仪表）、3.9节（显示记录仪表与装置）以及第5章（现代检测技术）做了较大的调整；对其他章节也作了相应的修改。第二版尽量保持第一版的特点和体系，但努力在内容上更丰富、体系上更完整。

本书以广义信息论为主线，从检测元件和检测仪表角度，介绍和讨论有关信息的获取、信息的变换、信息的处理和信息的显示等方面的技术。

根据笔者多年来的教学实践体会，在结合本书教学时采用自学讨论式这样的一种教学方式较为合适。课堂教学主要讲一些有关检测技术及仪表的共性问题，然后布置思考题与习题，让学生在做习题和回答思考题的过程中看书，参考其他教材，学生之间相互讨论；教师选择部分有代表性的思考题让学生上讲台来回答、讨论甚至争论，最后教师进行归纳和总结。有条件的教师可以引导学生根据自己的爱好和特点撰写小论文、小报告。通过这样的教学活动，可以提高学生的学习积极性和学习兴趣，保证教学质量和教学效果。在教学内容安排上，教师可以根据专业特点选择本书的章节。对于自动化等相关专业，建议选择本书的第1、第2和第3章作为教学重点内容，第4章作为选学内容。

本书内容已制作成用于多媒体教学的电子课件，并将免费提供给采用本书作为教材的大专院校使用，如有需要可联系：cipedu@163.com。

参加第二版修订工作并负责第1章编写的有张宏建；第2章有周洪亮、张宏建；第3章有黄志尧、张宏建；第4章有冀海峰。全书由张宏建整理定稿。

由于水平有限，书中难免存在不妥之处，恳请读者批评指正。

编著者

2010年7月于杭州浙大求是园

目　　录

1　检测技术基础 ………………………………………………………… 1
1.1　检测技术的基本概念 ……………………………………………… 1
1.2　检测仪表的基本概念 ……………………………………………… 1
1.2.1　检测仪表的定义 ……………………………………………… 1
1.2.2　检测仪表的分类 ……………………………………………… 3
1.2.3　检测仪表的基本性能 ………………………………………… 6
1.3　测量误差的理论基础 ……………………………………………… 9
1.3.1　测量误差的分类与测量不确定度…………………………… 10
1.3.2　误差的估计和评价处理方法………………………………… 12
1.3.3　消除和减少误差的一般方法………………………………… 19
思考题与习题 ……………………………………………………………… 21
参考文献 …………………………………………………………………… 22
2　检测技术与检测元件…………………………………………………… 23
2.1　检测技术的一般原理……………………………………………… 23
2.1.1　参数检测的一般方法………………………………………… 23
2.1.2　敏感元件……………………………………………………… 25
2.2　机械式检测元件…………………………………………………… 25
2.2.1　弹性式检测元件……………………………………………… 26
2.2.2　其他机械式检测元件………………………………………… 31
2.2.3　机械式检测元件的应用……………………………………… 32
2.3　电阻式检测元件…………………………………………………… 33
2.3.1　应变式检测元件……………………………………………… 33
2.3.2　热电阻检测元件……………………………………………… 39
2.3.3　其他电阻式检测元件………………………………………… 42
2.4　电容式检测元件…………………………………………………… 44
2.4.1　电容检测元件的工作原理…………………………………… 45
2.4.2　电容元件的结构和特性……………………………………… 45
2.4.3　电容式检测元件的温度补偿及抗干扰问题………………… 48
2.4.4　电容式检测元件的应用……………………………………… 50
2.5　热电式检测元件…………………………………………………… 50
2.5.1　热电偶检测元件……………………………………………… 50
2.5.2　晶体管温度检测元件………………………………………… 54
2.6　压电式检测元件…………………………………………………… 55
2.6.1　压电效应与压电材料………………………………………… 55
2.6.2　压电式检测元件的等效电路及连接方式…………………… 57
2.6.3　压电式检测元件的误差……………………………………… 58
2.6.4　压电式检测元件的应用……………………………………… 59

2.7 光电式检测元件…… 60
2.7.1 光电效应…… 60
2.7.2 光电器件的基本特性…… 60
2.7.3 光敏元件及特性…… 61
2.7.4 光电式检测元件的应用…… 65
2.8 磁电式检测元件…… 66
2.8.1 磁电感应式检测元件…… 66
2.8.2 霍尔检测元件…… 70
2.9 磁弹性式检测元件…… 73
2.9.1 磁弹性效应…… 73
2.9.2 磁弹性式检测元件的结构及工作原理…… 74
2.10 核辐射式检测元件…… 77
2.10.1 放射源…… 77
2.10.2 探测器…… 79
2.10.3 核辐射式检测元件的应用…… 84
2.11 红外传感器…… 84
2.11.1 红外传感器的分类…… 85
2.11.2 红外传感器的基本特性…… 86
2.11.3 红外辐射的基本定律…… 87
2.11.4 红外传感器的结构…… 88
2.11.5 红外传感器的应用…… 88
2.12 超声波传感器…… 89
2.12.1 超声波…… 90
2.12.2 超声波的传播特性…… 91
2.12.3 超声波的激发与接收…… 93
2.12.4 超声探头的频率特性与指向性…… 94
2.12.5 超声波传感器工作原理…… 96
2.12.6 误差影响因素…… 97
2.12.7 超声波传感器的应用…… 97
思考题与习题…… 97
参考文献…… 98
3 检测仪表…… 100
3.1 检测仪表的构成和设计方法…… 100
3.1.1 检测仪表的组成…… 100
3.1.2 检测仪表的设计方法…… 101
3.1.3 检测仪表中常见的信号变换方法…… 110
3.1.4 检测仪表常用非线性补偿方法…… 126
3.1.5 检测仪表常用信号传输方式和标准…… 128
3.2 温度检测仪表…… 131
3.2.1 概述…… 131
3.2.2 热电偶温度计…… 133
3.2.3 热电阻温度计…… 139

3.2.4 其他接触式温度检测仪表 …… 141
3.2.5 非接触式温度检测仪表 …… 145
3.2.6 温度检测仪表的使用 …… 148
3.3 压力检测仪表 …… 150
3.3.1 概述 …… 150
3.3.2 液体压力计 …… 151
3.3.3 弹性式压力检测仪表 …… 153
3.3.4 电远传式压力检测仪表 …… 155
3.3.5 物性型压力传感器 …… 162
3.3.6 压力检测仪表的使用 …… 165
3.4 物位检测仪表 …… 170
3.4.1 概述 …… 170
3.4.2 静压式液位计 …… 171
3.4.3 浮力式液位计 …… 174
3.4.4 电容式物位计 …… 175
3.4.5 超声波物位计 …… 177
3.4.6 射线式物位计 …… 180
3.4.7 微波物位计 …… 181
3.4.8 磁致伸缩式液位计 …… 183
3.4.9 物位检测的使用 …… 184
3.5 流量检测仪表 …… 185
3.5.1 概述 …… 185
3.5.2 节流式流量计 …… 187
3.5.3 转子流量计 …… 195
3.5.4 涡街流量计 …… 197
3.5.5 电磁流量计 …… 200
3.5.6 容积式流量计 …… 203
3.5.7 质量流量计 …… 205
3.5.8 涡轮流量计 …… 207
3.5.9 超声波流量计 …… 208
3.5.10 多相流流量测量方法 …… 209
3.5.11 流量检测仪表的使用 …… 212
3.6 气体成分分析仪表 …… 214
3.6.1 概述 …… 214
3.6.2 氧量分析仪 …… 215
3.6.3 热导式气体分析仪 …… 217
3.6.4 红外式气体分析仪 …… 219
3.6.5 色谱仪 …… 221
3.6.6 气体成分分析仪表的使用 …… 224
3.7 显示装置与仪表 …… 226
3.7.1 概述 …… 226
3.7.2 模拟显示仪表 …… 228

3.7.3 数字式显示仪表 …… 235
思考题与习题 …… 238
参考文献 …… 239
4 现代检测技术 …… 240
4.1 软测量技术 …… 240
4.1.1 软测量技术的概念 …… 240
4.1.2 软测量技术的数学描述 …… 241
4.1.3 软测量的结构和实现步骤 …… 242
4.1.4 影响软测量技术的因素 …… 242
4.1.5 软测量模型建模方法 …… 244
4.1.6 软测量技术应用举例-基于相关分析的软测量 …… 251
4.2 机器视觉系统及其图像处理技术 …… 254
4.2.1 概述 …… 254
4.2.2 机器视觉系统的构成 …… 255
4.2.3 数字图像处理技术 …… 260
4.2.4 过程层析成像 …… 270
4.3 多传感器数据融合技术 …… 276
4.3.1 概述 …… 276
4.3.2 多传感器数据融合技术的类别 …… 278
4.3.3 多传感器数据融合算法 …… 282
4.3.4 多传感器数据融合的应用 …… 285
思考题与习题 …… 286
参考文献 …… 287
附录1 热电偶的分度表 …… 288
附录2 主要热电偶的参考函数和逆函数 …… 303
附录3 热电阻分度表 …… 306
附录4 压力单位换算表 …… 310
附录5 节流件和管道常用材质的热膨胀系数 …… 311

1 检测技术基础

1.1 检测技术的基本概念

检测是一种获得信息的过程。我们人类时刻都在用自己的五官感受周围的声音、图像、气味等大量信息，通过这些信息的获取，不断丰富自身的知识。事实上，世界上几乎所有的生物都有检测周围环境信息的器官，这些器官是生物赖以生存的必要条件。

在科学研究、工业生产和军事等领域中，检测是必不可少的过程。例如，在自动控制系统中，检测是其中一个非常重要的环节。典型的闭环控制系统中的控制器是根据给定值与被控变量（经测量变送）之间的差值，经一定的运算形成输出去控制操纵变量，如图 1.1 所示。控制器输出值的变化使被控变量逐渐接近给定值，直到两者相等。可以看出，如果没有检测手段检测出被控变量的变化，就不可能组成一个自动控制系统；如果被控变量的检测误差很大，那么这个控制系统就不可能实现精确的控制；如果测量变送单元的滞后较大，就得不到高质量的控制效果。

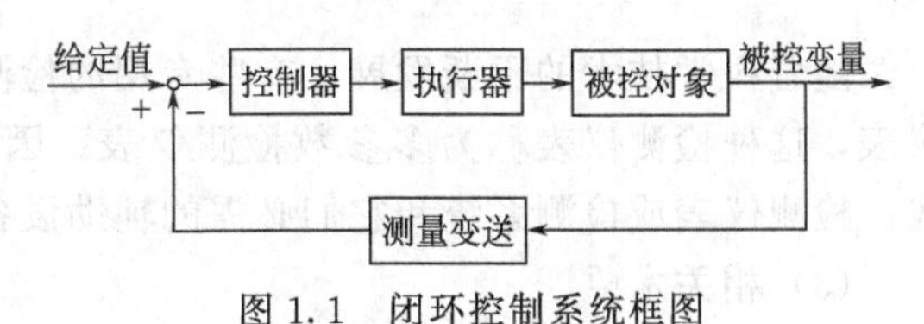

图 1.1 闭环控制系统框图

通常所讲的检测是指使用专门的工具，通过实验和计算，进行比较，找出被测参数的量值或判定被测参数的有无。也就是说，检测的结果可能是一个具体的量值，也可以是一个“有”或者“无”的信息。而完全以确定被测对象量值为目的的操作称为“测量”。由于二者有相同之处，所以在本书的文字描述中会根据需要有时用“检测”，有时用“测量”。

检测技术是研究如何获取被测参数信息的一门科学，涉及数学、物理、化学、生物、材料、机械、电子、信号处理和计算机等很多学科。因此，这些学科的进展都会不同程度地推进检测技术的发展。

1.2 检测仪表的基本概念

1.2.1 检测仪表的定义

（1）检测仪表

一般来说，检测的过程就是用敏感元件将被测参数的信息转换成另一种形式的信息，通过显示或其他形式被人们所认识。所以敏感元件和显示装置构成了检测仪表的基本组成部分，如图 1.2 所示。有的敏感元件的输出不能在显示装置上直接显示，而需要经过一定的变换后显示。数字检测仪表一般还配有必要的硬件和软件进行相关的处理。测量电路与显示装置配套使用，使显示的数值直接对应被测参数的大小。

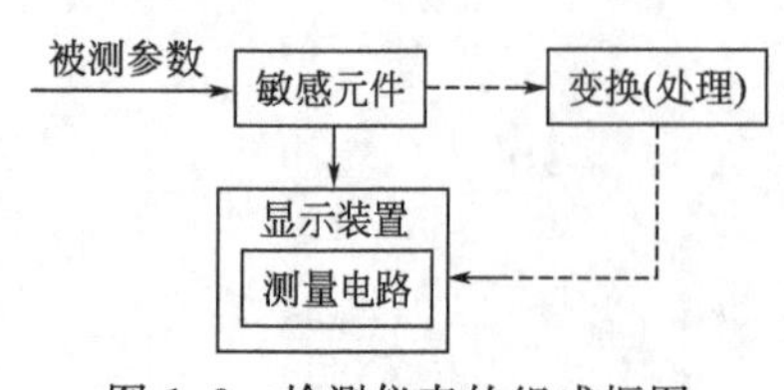

图 1.2 检测仪表的组成框图

一般来说，一台检测仪表是一个相对独立使用的整体，它能实现某个参数的检测。即一台仪表能测一个参数，这也就是传统意义上的“一一对应”。例如，用电压表可以测量电压，用温度计可以测量温度。

(2) 检测系统与检测装置

并不是所有参数的检测都能用单台检测仪表就能实现，有些参数的检测需采用多个检测仪表，并通过一定的数学模型运算后才能得到。例如，在测量电功率时，需要用一只电流表和一只电压表接入被测电路中，把电流表和电压表的读数相乘后才能得到电功率。这种利用若干个检测仪表实现某一个或多个参数测量所构成的系统称为检测系统，如图 1.3 所示。因此，检测仪表是检测系统的基本单元，一台检测仪表本身可视为一个检测系统，也可以是检测系统中的一个环节。

检测系统并不都是由检测仪表所构成，有时，一个检测系统是由若干个敏感元件以及相应的信号变换、传输和处理以及显示装置等部分组成，如图 1.4 所示。

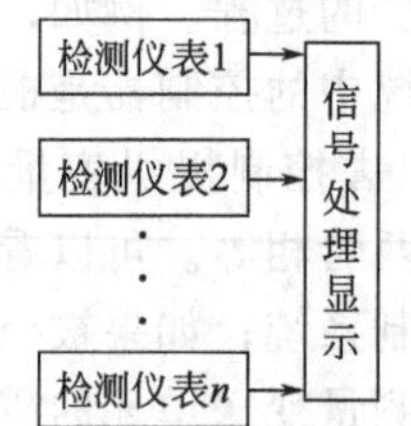

图 1.3 由若干个检测仪表组成的检测系统框图

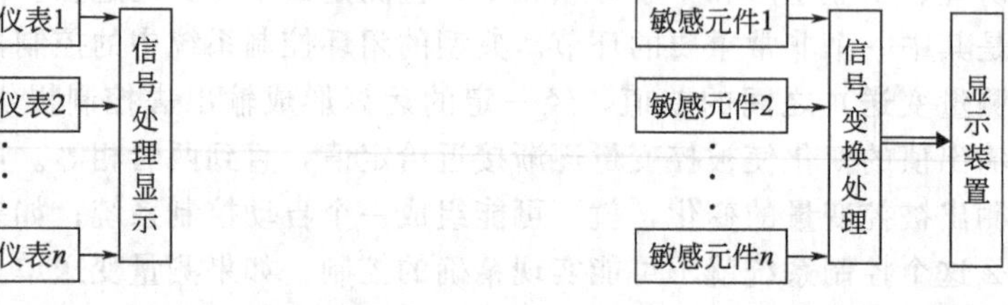

图 1.4 由若干个敏感元件组成的检测系统框图

随着科学技术的不断发展，有些专用的检测系统已被集成化，并把它们集成为一台检测仪表，这种检测仪表称为多参数检测仪表。因此，检测仪表与检测系统之间没有明显的界线。检测仪表或检测系统和它们必需的辅助设备所构成的总体称检测装置。

(3) 相关术语

在学习检测技术过程中，除了检测仪表外，经常会看到其他一些与检测有关的专用名称，如传感器、变送器等。为了便于今后的学习，以下介绍本书用到的主要名称术语。

① 敏感元件（sensing element） 也称检测元件，是一种能够灵敏地感受被测参数并将被测参数的变化转换成另一种物理量的变化的元件。例如，用铜丝绕制而成的铜电阻能感受其周围温度的升降而引起电阻值的增减，所以铜电阻是一种敏感元件。又由于它能感受温度的变化，故称这种铜电阻为温度敏感元件。某种参数的敏感元件应该并且只对被测参数敏感，而对其他参数不敏感。

② 传感器（sensor） 它能直接感受被测参数，并将被测参数的变化转换成一种易于传送的物理量。很显然，有些传感器就是一个简单的敏感元件，例如上面提到的铜电阻。由于很多敏感元件对被测参数的响应输出不便于远传，因此需要对敏感元件的输出进行信号变换，使之具有远传功能。这种信号变换可以是机械式的、气动式的，更多的是电动（电子）式的。例如作为检测压力常用的膜片（详见后面章节有关内容）是一种压力敏感元件，虽然它能感受压力的变化并引起膜片的形变（位移），但由于该位移量非常小（一般为微米级），不便于向远方传送，所以它只是一个敏感元件，不是传感器。如果该膜片与一固定极板构成一对电容器极板，则膜片中心的位移将引起电容器电容量的变化，这样它们就构成了输出响应是电容量的压力传感器。

目前，绝大部分的传感器的输出是电量形式，如电势（电压）、电流、电荷、电阻、电容、电感、电脉冲（频率）等。有的传感器的输出则是气压（压缩空气）或光强形式。

③ 变送器（transmitter） 这是一种特殊的传感器，它使用的是统一的动力源，而且输出也是一种标准信号。所谓标准信号是指信号的形式和数值范围都符合国际统一的标准。目前，变送器输出的标准信号有：4～20mA 直流电流；1～5V 直流电压；0～5V 直流电压；20～100kPa 空气压力（气动仪表）以及数字信号传输协议（现场总线通信协议等）。

④ 被测参数（measured parameter） 也称被测量，是指敏感元件直接感受的测量参数。

⑤ 待测参数（parameter to be measured） 也称待测量，是指需要获取的测量参数。在大多数情况下，被测参数就是待测参数，例如用铜电阻测量温度，温度既是被测参数，也是待测参数。但在间接测量中，两者就有不同的含义。

⑥ 直接测量（direct measurement） 指不必测量与待测参数有函数关系的其他量，而能直接得到待测参数的量值。在这种情况下，被测参数就是待测参数。

⑦ 间接测量（indirect measurement） 通过测量与待测参数有函数关系（甚至没有函数关系）的其他量，经一定的数学处理才能得到待测参数的量值。在这种情况下，被测参数一般就不是待测参数。例如，通过测量长度确定矩形面积，长度是被测量，面积是待测量，这种通过用长度测量来获得面积的方法称为间接测量。

1.2.2 检测仪表的分类

检测仪表有各种分类方法，以下是常见的分类方法。

① 按被测参数分类 每个检测仪表一般被用来测量某个特定的参数，根据这些被测参数的不同，检测仪表可分为：温度检测仪表（简称温度仪表，下同）、压力检测仪表、流量检测仪表、物位检测仪表等，它们分别用来测量温度、压力、流量和物位等参数。

② 按对被测参数的响应形式分类 检测仪表可分为连续式检测仪表和开关式检测仪表。前者是指检测仪表的输出值随被测参数的变化连续改变。例如，常见的水银温度计，当温度计附近温度发生变化时，温度计中的水银因热胀冷缩而导致水银高度的连续变化，改变了温度计的读数，因此这是一种连续式的检测仪表。开关式检测仪表是指在被测参数整个变化范围内其输出响应只有两种状态，这两种状态可以是电路的“通”或“断”，可以是电压或空气压力的“高”或“低”。例如，冰箱压缩机的间歇启动；电饭煲的自动保温等都是利用开关式的温度仪表实现的。

③ 按仪表中使用的能源和主要信息的类型分类 检测仪表可分为机械式仪表、电式仪表、气式仪表和光式仪表。

机械式仪表一般不需要使用外部能源，通常利用敏感元件的位移带动仪表的传动机构，使指针产生偏转，通过仪表盘上的刻度显示被测参数的大小。这种仪表一般安装在现场，属就地显示仪表。

电式仪表又称电动仪表，这类检测仪表用电源作为仪表能源，其输出信号也是电信号。现在绝大部分使用的检测仪表都为电式仪表，因为电式仪表所需电源容易得到，输出信号可以方便地传输和显示；信号的远传采用导线，成本较低。

气式仪表多用压缩空气作为仪表能源和信号的传递。由于仪表中没有使用电源，这类仪表可以使用在周围环境有易燃易爆气体或粉尘的场所。但是用压缩空气传递信号，滞后比较大；传递信号的气管路上任何泄露或堵塞都会导致信号的衰减或消失。

光式仪表不仅有气式仪表的优点，而且信号传递的速度非常快。目前，多采用光电结合以构成新型的光电式仪表，充分利用了光的良好抗电磁干扰和电绝缘隔离能力，以及电的易放大和处理能力强的特点，以实现仪表的信号处理、信号隔离、信号传输和信号显示。

④ 按是否具有远传功能分类　检测仪表可分为就地显示仪表和远传式仪表。有些检测仪表的敏感元件与显示是一个整体，例如，日常生活中经常看到的玻璃温度计；有些检测仪表的敏感元件将被测参数转换成位移量，而位移的变化进一步通过机构装置带动指针或机械计数装置直接指示被测参数的大小，例如，家用的水表、电表，把这类仪表称为就地显示仪表。就地显示仪表的特点是显示装置与敏感元件做成一个整体，使用时不能分离，仪表一般不具有其他形式的输出功能。

远传式仪表是指相应测量信息可以实现远距离传输的仪表，其显示装置可以远离敏感元件。在这种检测仪表中，敏感元件在信息变换后，进一步进行信号的放大和转换，使之形成可以远传的信号。远传信号的形式一般有空气压力、电压、电流、电抗、光强等。随着信息技术的发展，远传信号还可以是无线的。为了便于现场观察和维护，有些远传式的检测仪表不仅能将信号远传，在远距离显示被测参数值，而且在就地也有相应的显示装置。

⑤ 按信号的输出（显示）形式分类　检测仪表可分为模拟式仪表和数字式仪表。模拟式仪表是指仪表的输出或显示是一个模拟量，人们通常看到的用指针显示的检测仪表，如指针式的电压表、电流表等，均为模拟式仪表。数字式仪表是指仪表的显示直接以数字（或数码）的形式给出，或是以数字通信编码形式输出和传输。由于敏感元件（包括某些传感器以及变送器）的输出以模拟信号为主，所以在数字式仪表中一般要有模/数（A/D）转换器件，实现从模拟信号到数字信号的变换。也有一些传感器的输出直接是数字量，而不需要A/D转换，例如，用来测风速的风速仪将风速转换成叶片的转动速度，而叶片每转动一周，风速仪就输出若干个脉冲，其频率正比于风速的大小。随着计算机技术的应用日益普遍，目前数字式仪表已成为主流。另外，为了满足不同使用者的需要，有些仪表既有数字功能，又有模拟式仪表的功能。例如，现在使用的很多变送器除了有现场数字显示（参数设定）功能外，还能产生可以远传的4～20mA的模拟信号和数字通信信号。这类仪表现一般归为数字仪表，因为它具备了数字仪表的功能和特征。

⑥ 按应用的场所，检测仪表也有各种分类方法　根据安装场所有无易燃易爆气体及危险程度，检测仪表有普通型、隔爆型及本安型。普通型仪表不考虑防爆措施，只能用在非易燃易爆场所；隔爆型仪表在内部电路和周围易燃介质之间采取了隔爆措施，允许使用在有一定危险性的环境里；本安型仪表依靠特殊设计的电路保证在正常工作及意外故障状态下都不会引起燃爆事故，可用在易燃易爆严重的场所。对隔爆型和本安型仪表的具体要求以及相应的等级详见国家有关标准的规定。

根据使用的领域，检测仪表有民用的、工业用的和军事用的。民用仪表一般在常温、常压下工作，对仪表的准确度要求较低。工业用仪表由于应用场合的千差万别，一般对仪表的被测对象的温度、压力、腐蚀性有各自的规定，从而出现了许多系列性仪表，如耐高温仪表、耐腐蚀仪表、防水仪表等。工业用仪表一般对仪表准确度和可靠性均有较高的要求。军事用仪表的性能有更高的要求，除了工业用仪表中要考虑的各种因素外，还要特别考虑仪表的抗震性能，抗电磁干扰的性能，另外还要求仪表有很高的可靠性和较短的响应时间。

⑦ 按仪表的结构形式分类　检测仪表可分为开环结构仪表和闭环结构仪表。由于结构形式的不同，这两类仪表的性能有较大的差别。下面分别作一介绍。

a. 开环结构仪表。图1.5是开环结构仪表的框图。这种仪表由若干个环节串联组成，仪表的信息和变换只沿一个方向传递，每个环节的传递函数 $K_i(i=1,2,\cdots,n)$（在只考虑静态情况下，为放大倍数 k_i）都与输出量 y 有关，同时，每个环节上的干扰 u_i 也直接影响输出量。只有当每个环节的准确度都很高，抗干扰能力较强时，整个仪表的测量准确度才能得到保证。因此开环结构的仪表一般为简易仪表，准确度较低。

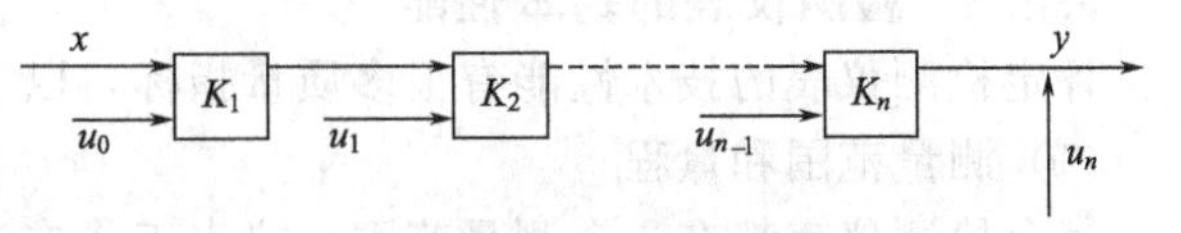

图 1.5 开环结构仪表框图

从图 1.5 中可看出开环结构仪表的传递函数 K 为各环节传递函数之积，即

$$K=K_1K_2\cdots K_n=\prod_{i=1}^{n}K_i \tag{1.1}$$

假设仪表误差是由各环节传递函数误差引起的，设各环节的相对误差为 δ_{K_i}，则整台仪表的相对误差 δ 等于各环节相对误差之和，即

$$\delta=\delta_{K_1}+\delta_{K_2}+\cdots+\delta_{K_n}=\sum_{i=1}^{n}\delta_{K_i} \tag{1.2}$$

这进一步说明整个仪表的误差取决于各个环节的误差。环节越多，误差也越不容易控制。

b. 闭环结构仪表。图 1.6 是闭环结构仪表的框图，闭环式仪表也称平衡变换式仪表。

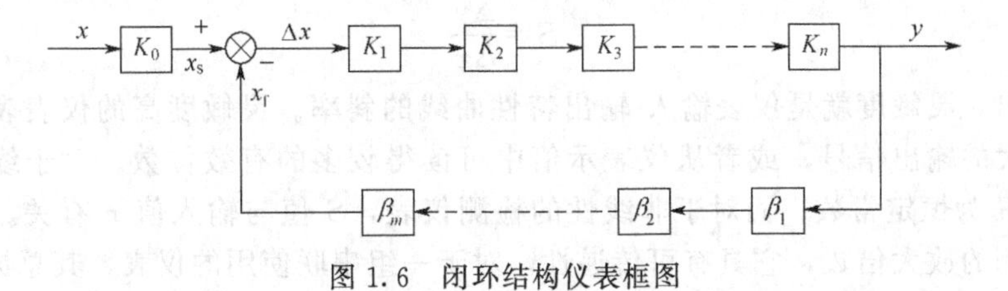

图 1.6 闭环结构仪表框图

被测参数 x 在经过检测元件变换后作为闭环系统的输入量 x_s，并和反馈量 x_f 相比较。产生的偏差 Δx 为闭环系统正向通道的输入量；仪表的输出是 y。K_1，K_2，…，K_n 和 β_1，β_2，…，β_m 分别为正向通道和反馈通道的传递系数。根据反馈理论，仪表输出 y 与被测参数 x 之间有以下关系

$$y=\frac{KK_0}{1+K\beta}x=\frac{K_0}{\beta\left(\dfrac{1}{K\beta}+1\right)}x \tag{1.3}$$

式中，$K=\prod_{i=1}^{n}K_i$ 为正向通道的总传递函数；K_0 为检测元件的传递函数；$\beta=\prod_{i=1}^{m}\beta_i$ 为反馈通道的总传递函数。当 $K\beta\gg1$ 时，有

$$y\approx\frac{K_0}{\beta}x \tag{1.4}$$

由此可以进一步推出，闭环结构仪表的相对误差 δ 为

$$\delta=\delta_{K_0}-\delta_{\beta} \tag{1.5}$$

式中，δ_{K_0} 为检测元件的相对误差；δ_{β} 为反馈通道的相对误差。

由上述公式可知，如果闭环结构仪表的正向总传递函数 K 很大（一般总能满足），则仪表特性主要取决于反馈通道的特性，正向通道各环节的性能对仪表的输出影响很小。因此，在仪表制造中，只要精心制作反馈通道就可以获得较高的准确度和灵敏度。但是，由式(1.5) 也可知，闭环结构仪表的相对误差与检测元件的误差直接有关，其误差无法通过仪表构成闭环来减少。

闭环结构的仪表虽然可获得较高的准确度和灵敏度，但如果仪表设计不当，易产生输出

的不稳定。

1.2.3 检测仪表的基本性能

评定检测仪表的技术性能有很多质量指标，以下是常用的一些术语。

(1) 测量范围和量程

每台检测仪表都有一个测量范围，仪表工作在这个范围内，可以保证仪表不会被损坏，而且仪表输出值的准确度能符合所规定的值。这个范围的最小值和最大值分别称为仪表的测量下限和测量上限。测量上限和测量下限的代数差称为仪表的量程，即

$$量程=测量上限值-测量下限值$$

例如，一台温度检测仪表的测量上限值是1000℃，下限值是－100℃，则其测量范围为－100～1000℃，量程为1100℃。

仪表的量程在检测仪表中是一个非常重要的概念，它除了表示测量范围以外，还与它的准确度、准确度等级有关系，与仪表的选用也有关系。

(2) 输入-输出特性

检测仪表的输入-输出特性主要包括仪表的灵敏度、死区、线性度、回差等。

① 灵敏度　灵敏度 S 是检测仪表对被测量变化的灵敏程度，常以在被测量改变时，经过足够时间检测仪表输出值达到稳定状态后，仪表输出变化量 Δy 与引起此变化的输入变化量 Δx 之比表示，即

$$S=\frac{\Delta y}{\Delta x} \tag{1.6}$$

可以看出，灵敏度就是仪表输入-输出特性曲线的斜率。灵敏度高的仪表表示在相同输入时具有较大的输出信号，或者从仪表示值中可读得较多的有效位数。对于线性的检测仪表，灵敏度 S 为恒定常数；而对于非线性的检测仪表，S 值与输入值 x 有关。灵敏度实质上是个有量纲的放大倍数，它具有可传递性，对于一组串联使用的仪表，其总灵敏度是各个仪表的灵敏度之积。

检测仪表的灵敏度可以用增大仪表的放大倍数来提高，但仅加大灵敏度而不改变仪表的基本性能实际上并不能提高仪表的准确度。同时，检测仪表的输出也并非越大越好，对于变送器而言，由于输出范围是一定的，量程越小，变送器的整体灵敏度就越高；量程越大，则灵敏度就越低。

② 死区　是指检测仪表输入量的变化不致引起输出量可察觉变化的有限区间。引起死区的原因主要有检测机理的局限、电路的偏置不当、机械传动中的摩擦和间隙等。

死区也叫“不灵敏区”，在这个区间内，仪表的灵敏度为零或较低，被测参数的有限变化不易被有效检测到。

③ 线性度　各种检测仪表的输入-输出特性曲线最好具有线性特性，以便于信号间的转换和显示，利于提高仪表的整体准确度。仪表的线性度是表示仪表的输入-输出特性曲线对相应理论直线的偏离程度。一般地，具有线性特性的检测仪表，往往由于各种因素的影响，使其实际的特性偏离线性，如图1.7所示。衡量实际特性偏离线性的程度用非线性误差来表示，它是实际值与理论值之间的绝对误差的最大值 Δ'_{max} 与仪表量程比的百分数，即

$$非线性误差=\frac{\Delta'_{max}}{量程}\times 100\% \tag{1.7}$$

④ 回差　回差也称变差，是指检测仪表在全量程范围内对于同一被测量在其上升和下降时对应输出值间的最大误差，如图1.8所示。由于特性曲线像环状一样，回差有时也称为“滞环”。回差的存在使得检测仪表在同一被测量时有不止一个的输出值，从而出现误差。引

起仪表出现回差的原因是仪表敏感元件的吸收能量，例如，运动部件的摩擦、弹性元件的弹性滞后、磁性元件的磁滞损耗等。仪表的回差用同一被测量的对应正行程和反行程输出值间的最大差值Δ''_{max}与仪表量程比的百分数表示，即

$$回差=\frac{\Delta''_{max}}{量程}\times 100\% \tag{1.8}$$

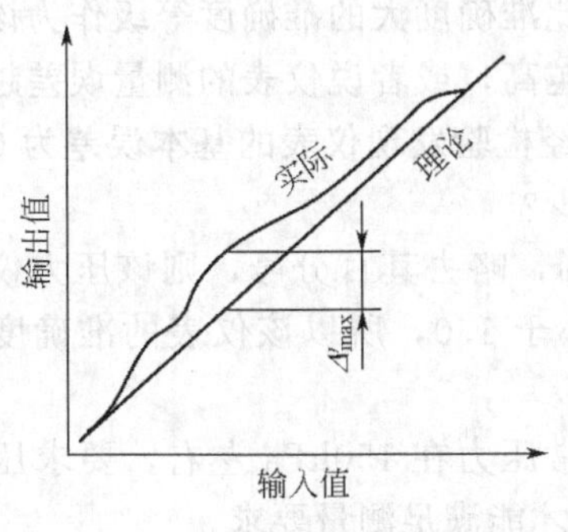

图 1.7 检测仪表的非线性误差

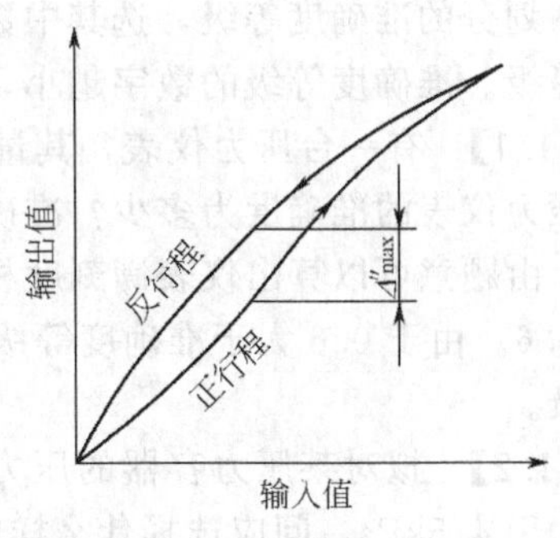

图 1.8 检测仪表的回差

(3) 误差

检测仪表的误差是由多种原因引起的，除了前面所述的回差、非线性误差外，还有很多描述仪表误差的术语。

① 绝对误差　仪表输出值与被测参数真值之间的差值，即

$$\Delta x=x-x_0 \tag{1.9}$$

式中，Δx为绝对误差；x为仪表的输出值；x_0为被测参数的真值。由于一般情况下真值不易得到，通常是用标准仪表（准确度等级更高的仪表）的测量结果作为约定真值。检测仪表在各输出值的绝对误差是不一样的。

② 相对误差　仪表的绝对误差与约定真值比的百分数，即

$$\delta=\frac{\Delta x}{x_0}\times 100\% \tag{1.10}$$

式中，δ为仪表的相对误差。因为检测仪表在应用时被测量不宜过小，一般希望接近于仪表的上限值，所以对于检测仪表大多采用“引用误差”代替相对误差。

③ 引用误差　仪表的绝对误差与仪表的量程比的百分数，也用δ表示，即

$$\delta=\frac{\Delta x}{量程}\times 100\% \tag{1.11}$$

④ 仪表基本误差　在标准条件下，仪表全量程范围内各输出值误差中最大的绝对误差称为仪表的基本误差。由于仪表在各输出值的绝对误差是不一样的，而对于给定的一台仪表，其仪表基本误差只有一个，因此，仪表基本误差是表征仪表准确度的一个重要指标，并且仪表的准确度等级的定义也以此为基础。

⑤ 仪表满刻度相对误差　仪表基本误差与仪表量程比的百分数。它在数值上就是仪表的准确度。

⑥ 允许误差　这是仪表制造单位为仪表设定的一个误差限值，其大小稍大于仪表基本误差。仪表在正常使用时误差不应超过仪表的允许误差。为了合理地显示检测仪表的输出，通常规定仪表标尺的最小分格值或数字显示值不能小于仪表允许误差的绝对值。

(4) 准确度与准确度等级

判定仪表测量精确性的主要指标是它的准确度，其定义是“仪表给出接近于真值的响应

能力”。知道了仪表的准确度就可以估计测量结果与约定真值的差距。仪表的准确度通常是用仪表满刻度相对误差的大小来衡量。准确度常常也称精度或精确度。

按照国家有关标准的规定，仪表的准确度划分为若干等级，称准确度等级。国家统一规定所划分的等级有…,0.05,0.1,0.25,0.35,0.5,1.0,1.5,2.5,4.0,…。仪表的准确度等级按以下方法确定，首先用仪表满刻度相对误差略去其百分号（%）作为仪表的准确度，再根据国家统一划分的准确度等级，选其中数值上最接近又比准确度大的准确度等级作为该仪表的准确度等级。准确度等级的数字越小，仪表的准确度越高，或者说仪表的测量误差越小。

【例 1.1】 有一台压力仪表，其量程为 100kPa，经检验发现仪表的基本误差为 0.6kPa。问这台压力仪表的准确度为多少？准确度等级又为多少？

解 由题意可以算出仪表满刻度相对误差为 0.6%，略去其百分号，则该压力仪表的准确度为 0.6。由于 0.6 大于准确度等级中的 0.5，而小于 1.0，所以该仪表的准确度等级应为 1.0 级。

【例 1.2】 拟对某压力容器的压力进行测量，正常压力在 150kPa 左右，要求压力测量误差不大于 4.5kPa，问应选择什么样的压力检测仪表才能满足测量要求。

解 由题意，选择的压力仪表的基本误差应小于 4.5kPa 才能满足测量要求。另一方面，压力检测仪表的量程一般应比正常被测压力大 30% 以上，可选择压力仪表的量程为 250kPa，则仪表满刻度相对误差应小于 4.5/250=1.8%，从而选择的压力仪表的准确度等级应为 1.5。

如压力仪表的量程改选为 400kPa，则同理可以算得其准确度等级应为 1.0。

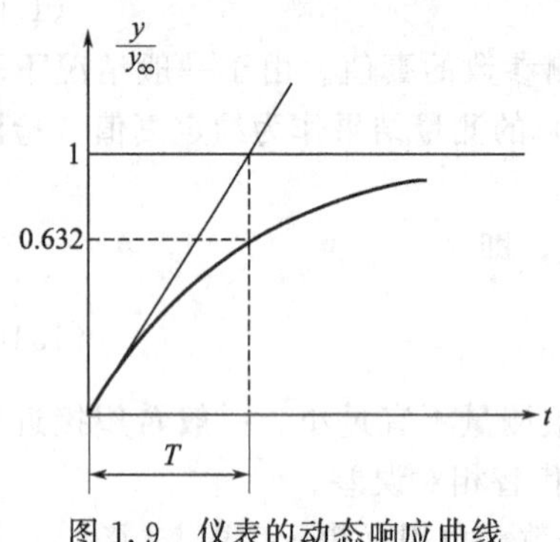

图 1.9 仪表的动态响应曲线

由此可知，在基本误差不变的前提下，仪表的量程选得越大，则准确度要求越高，反之越低。

(5) 动态响应特性

前面介绍的各种仪表误差或仪表准确度等都是指仪表的稳态（静态）特性，仪表的动态响应特性则反映仪表输出值跟随被测量随时间变化的能力。一般用被测量初始值为零作单位阶跃变化时，仪表输出值达到或接近稳定值的时间进行评价。如果规定仪表输出值变化量达到稳定值的 63.2%，则所需要的时间称仪表的响应时间，也称仪表的时间常数，如图 1.9 中的 T。这个时间短，说明仪表的动态响应特性好。

准确度高的仪表不一定动态响应特性好，反之亦然。而且很多仪表由于其敏感元件以及制造的原因，准确度和动态响应特性之间有一定的矛盾，二者不能兼得。

(6) 稳定性

检测仪表的稳定性可以从两个方面来描述，时间稳定性和工作条件变化稳定性。

① 时间稳定性　它表示在工作条件保持恒定时，仪表输出值在一段时间内随机变动量的大小。

② 工作条件稳定性　它表示仪表在规定的工作条件内某个条件的变化对仪表输出的影响。以仪表的供电电压影响为例，如果仪表规定的使用电源电压为 (220±20)V AC，则实际电压在 200～240V AC 内可用电源每变化 1V 时仪表输出值的变化量来表示仪表对电源电压的稳定性。

(7) 重复性与再现性

① 重复性　在相同的测量条件下，对同一被测量，按同一方向（由小到大或由大到小）

多次测量时，检测仪表提供相近输出值的能力称为检测仪表的重复性。这些测量条件应包括相同的测量程序，相同的观察者，相同的测量设备，在相同的地点以及在短的时间（相同的环境条件）内重复。

② 再现性　是指在相同的测量条件下，在规定的相对较长的时间内，对同一被测量从两个方向（由小到大以及由大到小）上重复测量时，检测仪表的各输出值之间的一致程度。

检测仪表的重复性和再现性由全测量范围内对同一被测量重复测量中仪表输出值之间的最大差值与量程比的百分数来表示。数值越小，说明仪表的质量越高，但并不意味着仪表的准确度高。重复性和再现性的优良只是保证仪表准确度的必要条件。

重复性不包括回差，它是衡量仪表不受随机干扰的能力，而再现性包括了回差，也包括了重复性。

(8) 可靠性

随着现代工业生产自动化程度的日益提高，检测仪表的任务不仅是提供精确的测量信息或数据，而且常常是自动化生产过程中的一个组成部分。检测仪表的故障会影响控制系统，甚至会导致整个生产装置的严重事故，这就促使人们重视和研究仪表的可靠性。衡量检测仪表的可靠性，目前主要有三个指标来描述，它们是保险期、有效性和狭义可靠性。

① 保险期　仪表使用后能有效地完成规定任务的期限，超过了这一期限可靠性就逐渐降低。

② 有效性　仪表在规定时间内能正常工作的概率。概率的大小取决于系统故障率的高低、发现故障的快慢和故障修复时间的长短。

③ 狭义可靠性　由结构可靠性和性能可靠性两部分组成。前者指仪表在工作时不出故障的概率，后者指仪表能满足原定要求的概率。

定量描述检测仪表可靠性的度量指标有可靠度、故障率、平均无故障工作时间、平均故障修复时间等。可靠度 $R(t)$ 是指仪表在规定工作时间内无故障的概率。如有 100 台同样的仪表，工作了 1000h 后只坏了一台，就可以说这批仪表在 1000h 后的可靠度是 99%。反之这批仪表的不可靠度 $F(t)$ 就是 1%。显然 $R(t)=1-F(t)$。

故障率 λ 是指仪表工作到 t 时刻时单位时间内发生故障的概率。可靠度和故障率的关系是

$$R(t)=\mathrm{e}^{-\lambda t} \tag{1.12}$$

平均无故障工作时间是仪表在相邻两次故障间隔内有效工作时的平均时间，用 MTBF（Mean Time between Failure）来代表。对于不可修复的产品来说，把从开始工作到发生故障前的平均工作时间用 MTTF（Mean Time to Failure）代表。两者可统称为“平均寿命”，它的倒数就是故障率。例如，某种检测仪表的故障率为 2%/kh，就是说 100 台这样的检测仪表在工作 1000h 后，可能有 2 台仪表发生故障。或者说，这种仪表的平均无故障工作时间是 50000h。平均故障修复时间 MTTR（Mean Time to Repair）是仪表出现故障到恢复工作时的平均时间。

1.3 测量误差的理论基础

测量的目的是希望通过检测得到被测参数的真实值（真值）。但由于各种原因，如测量方法不尽完善、检测装置缺陷、环境和人为因素等，造成被测参数的测量值与真值并不一致，它们之间总会存在一定的差异。研究被测参数的测量值与真值的不一致程度，并给予恰当的估计，于是就产生了“测量误差”这个基本概念。

研究误差理论和测量数据处理方法，其目的就是在认识和掌握误差规律的基础上，正确使用和评价检测装置，正确估计测量结果，指导测试工作，提高测量的准确度。

必须指出，真值是指通过完善的测量，获得的与给定特定量的定义一致的值。真值是一个理想的概念，一般是不可能准确知道的。但这并不排除真值可以不断地逼近，并且总是可能通过不断改进特定量的定义、测量方法和条件等，使获得的量值足够地逼近真值，满足测量的需要。也就是说，可用“约定真值”替代真值。约定真值的获得通常可通过计量基准、标准复现、权威组织推荐、高一级计量机构向下传递的量值或等精度测量条件下有限次测量的平均值等实现。对于检测仪表来说，约定真值可用以下方法来获取。

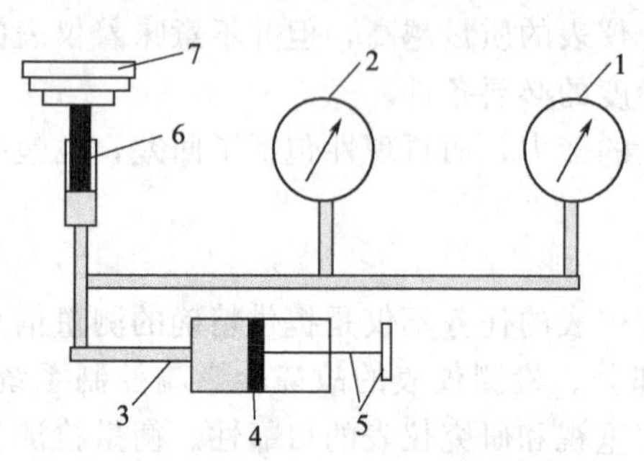

图 1.10　压力检测仪表检定系统示意图

1—被检压力表；2—标准表；3—工作液；4—工作活塞；5—推进手轮系统；6—砝码活塞；7—砝码

① 标准表法　用准确度等级较高的仪表输出值作为约定真值，该仪表称为标准表。所谓准确度等级较高是指该标准表的基本误差应小于被检定检测仪表的基本误差（或被测参数允许绝对误差）的 1/3。例如，某台压力检测仪表的基本误差为 3kPa，用标准表来检定该压力仪表的测量误差，则标准表的基本误差应小于等于 1kPa。检定时，标准表和被检定表同时感受同一个被测对象，如图 1.10 所示。

② 计量器具法　计量器具是用来测量并能得到被测对象精确值的一种技术工具或装置。用准确度较高的计量器具可直接或间接作为约定真值。图 1.10 中的砝码就是一种计量器具。由于砝码的质量是已知的，因此根据砝码的读数可以知道被测介质的压力大小。采用计量器具法时，可以不用标准表，或把标准表作为参考。

③ 平均值法　在没有标准表及计量器具的情况下，可用等精度测量条件下多次重复测量的平均值作为约定真值。当测量仪表的随机误差相对其他种类误差较大时，使用这种方法比较有效。

1.3.1　测量误差的分类与测量不确定度

在本章 1.2 节有关检测仪表的基本性能中已经给出了检测仪表常用的一些误差的定义，为了更好地分析和处理产生的误差，提高测量的准确度，本节针对一般的检测系统（可以是单个的检测仪表）进一步对测量误差分类并分析其产生的原因。

1.3.1.1　测量误差的分类

① 按误差本身因次分类　有绝对误差和相对误差两类。

绝对误差和相对误差的定义见式(1.9)～式(1.11)。对于同类的被测量（相同的被测参数，相同的测量范围），绝对误差可以评定其测量准确度的高低，但对于不同类的被测量，或不同的物理量，采用相对误差来评定其测量准确度较为确切。相对误差中，按式(1.11)计算的引用误差主要用于检测仪表中；式(1.10）计算的实际相对误差主要用于检测系统中。

② 按误差出现的规律分类　有系统误差、随机误差和粗大误差三类。

a. 系统误差。在同一条件下，对同一被测参数进行多次重复测量时，所出现的数值、符号都相同的，或者按一定规律变化的误差称为系统误差。按其特点前者称为恒值系统误差，后者称为变值系统误差。系统误差包括测量原理或测量方法的不完善、标准量值的不准确、仪表本身的缺陷等引起的误差。系统误差通常是按一定规律变化的，可以对其进行修正。对于系统误差产生原因和规律较为明确的场合，系统误差可通过修正等措施得到有效的克服或消除；对于系统误差产生原因和规律难以确知的场合，系统误差一般难以通过修正等措施得到很好的消除，至多获得一定或有限程度的补偿。

b. 随机误差。在同一测量条件下，多次重复测量同一被测量时，其绝对值和符号以不可预定的方式变化，即具有随机性的误差称为随机误差。随机误差的产生可能由于人们尚未认识的原因，或目前尚无法控制的某些因素（如电子线路中的噪声）的影响，即偶然因素所引起的。仪表中传动部件的间隙和摩擦、连接件的弹性形变、使用的环境条件，如温度、湿度、气压、振动、电磁场等的波动、各种噪声等都会对测量系统产生影响。随机误差的特点是，虽然就每次测量而言，测量误差是没有规律的，以随机方式出现，但在多次重复测量中其总体是符合统计规律的。当测量次数为无限多，误差的算术平均值趋近于零。

c. 粗大误差。超出在规定条件下预期的误差称为粗大误差。此误差值较大，明显表现为测量结果异常。导致粗大误差的原因一般有主观和客观两类。主观原因主要是指测量人员的操作失误、错误读数、指示或记录等；客观原因主要是指测量条件或工作环境意外发生变化，例如突然的机械冲击、偶发的剧烈震动（或电磁干扰）等。含粗大误差的测量结果毫无意义应该剔除。

③ 按使用的工作条件分类　有基本误差和附加误差两类。

基本误差指仪表在规定的标准（额定）条件下所产生的误差。例如，某仪表额定工作条件为电源电压（220±10）V AC、电源频率（50±2）Hz、环境温度（20±5）℃、湿度小于80%等，这台仪表在以上规定的条件内工作所产生的误差即为基本误差。检测仪表的准确度等级就是由仪表基本误差决定的。

当仪表的使用条件偏离标准（额定）工作条件，就会出现附加误差。例如，电源电压波动附加误差、频率附加误差、温度附加误差、位置附加误差以及同心度附加误差等。在估计测量误差时，应将可能的各项附加误差叠加到基本误差上去，综合全面考虑。

④ 按误差的特性分类　有静态误差和动态误差两类。

a. 静态误差。当被测量处于稳定不随时间而变时，检测系统所产生的测量误差称为静态误差，也称稳态误差。本书在表示误差时无特殊说明均为静态误差。

b. 动态误差。当被测量随时间而变时，检测系统输出值跟不上输入的变化所产生的测量误差称为动态误差。检测仪表的动态响应特性决定了其动态误差的大小。

1.3.1.2 测量误差与测量不确定度

由于测量误差的存在，被测量的真值难以确定，测量结果带有不确定性。长期以来，人们不断追求以最佳方式估计被测量的值，以最科学的方法评价测量结果质量高低的程度。测量不确定度就是评定测量结果质量高低的一个重要指标。

(1) 测量不确定度的定义

测量不确定度的定义是“表征合理地赋予被测量之值的分散性，与测量结果相联系的参数”。显然它是表征被测量的真值在某个量值范围的估计。由于真值不知道，则测量误差也不可能准确知道，但常常可以由各种依据估计误差可能变动的区间，即可以估计误差的绝对值上界，这个被估计的变动区间或上界值称为不确定度。因此，不确定度是对测量结果分散性的描述，是对测量结果误差限的估计。

测量不确定度是由一些不确定度分量组成的，这些分量可以分成两类。

① A类不确定度　由测量列按统计理论计算得到的称为A类不确定度，它是可测的，是通过测量列确定的。

② B类不确定度　由非统计分析方法，即由其他方法估计的称为B类不确定度。这类不确定度的估计主要用于不能通过多次重复性测量，由测量列确定不确定度的情况。所用的方法主要有以前的测量数据、有关的技术资料和数据等。

(2) 测量不确定度与测量误差的关系

测量不确定度和误差是误差理论中两个重要概念。它们具有相同点，都是评价测量结果质量高低的重要指标，都可作为测量结果的准确度评定参数。不确定度与误差有区别也有联系。误差是不确定度的基础，研究不确定度首先需研究误差，只有对误差的性质、分布规律、相互联系及对测量结果的误差传递关系等有了充分的认识和了解，才能更好地估计各不确定度分量，正确得到测量结果的不确定度。用测量不确定度代替误差表示测量结果，易于理解、便于评定，具有合理性和实用性。但测量不确定度的内容不能包罗更不能取代误差理论的所有内容，如传统的误差分析与数据处理等均不能被取代。不确定度是对经典误差理论的一个补充，是现代误差理论的内容之一。

1.3.2 误差的估计和评价处理方法

根据误差的基本性质、特点和误差出现的规律，误差可分为系统误差、随机误差和粗大误差。本节分别介绍这些误差的估计或判别。

1.3.2.1 随机误差的估计与统计处理

设在重复条件下对某个量 x 进行无限次测量，若测量列 $x_1,x_2,\cdots,x_n$ 中不包含系统误差和粗大误差，则该测量列中的各个测量误差出现的概率密度分布服从正态分布，即

$$f(\Delta)=\frac{1}{\sigma\sqrt{2\pi}}\mathrm{e}^{-\frac{\Delta^2}{2\sigma^2}} \tag{1.13}$$

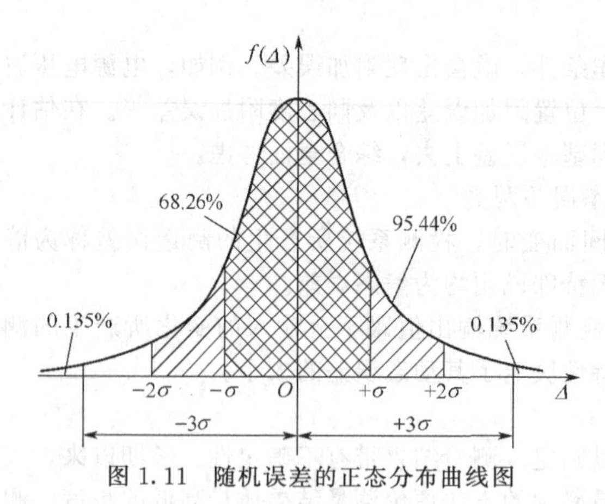

图 1.11 随机误差的正态分布曲线图

式中，$\Delta=x-x_0$ 为测量值与约定真值之间的误差；σ 为分布函数的标准差。图 1.11 给出了相应的正态分布曲线。

由式(1.13) 和图 1.11 不难看出，具有正态分布的随机误差有以下 4 个特征。

① 误差的对称性　绝对值相等的正、负误差出现的次数相等。

② 误差的单峰性　绝对值越小的误差在测量中出现的概率越大。

③ 误差的有界性　在一定的测量条件下，随机误差的绝对值是有界的。

④ 误差的抵偿性　随测量次数的增加，随机误差的算术平均值趋向于零。

在重复条件下对某个量 x 进行无限次测量时，所得的随机误差的均方根值（称均方根误差）就是式(1.13) 中的标准差 σ，即

$$\sigma=\sqrt{\frac{\sum_{i=1}^{n}(x_i-x_0)^2}{n}} \tag{1.14}$$

式中，n 为测量次数，且趋于无穷大；x_i 为第 i 次测量值；x_0 为真值。式(1.14) 是无穷多次测量所得的测量值 x_i 与真值 x_0 之差的统计平均，它只是在理论上存在。在实际测量中，测量次数 n 为有限值而且真值 x_0 为未知，所以通常用测量列中被测量的 n 个测量值的算术平均值 $\overline{x}$ 替代真值 x_0，由此求得的标准差称为实验标准差，又称样本标准差，用 s 表示，即

$$s=\sqrt{\frac{\sum_{i=1}^{n}(x_i-\overline{x})^2}{n-1}}=\sqrt{\frac{\sum_{i=1}^{n}(v_i)^2}{n-1}} \tag{1.15}$$

式中，v_i称为残余误差，简称残差，是i次测量值与算术平均值之差。式(1.15)称为贝塞尔（Bessel）公式。实验标准差s是标准差σ的估计值，它表征了x_i在$\overline{x}$上下的分散性，是通过实验所得测量列中任一个x_i的标准差，所以也称是单次测量值的标准差。当n足够大时，实验标准差s与标准差σ相接近。在下面的讨论中为了方便起见，除非有特别说明，一般也用标准差来描述实验标准差。

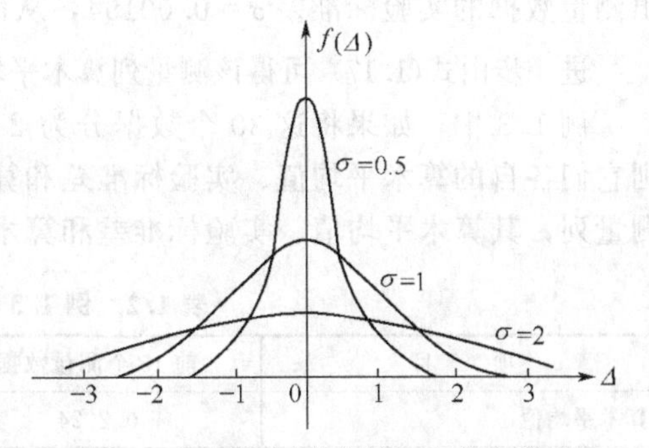

图1.12　不同标准差的正态分布曲线

由式(1.15)给出的实验标准差可知，每个测量值的变动越大，标准差也越大，说明测量误差的分散性越大，在图1.12中表现出分布曲线越平坦。对由式(1.13)给出的函数在区间$[-a,a]$内积分，实际上就是测量误差落在区间$[-a,a]$上的概率，即

$$P\{-a \leqslant \Delta \leqslant a\} = 2\int_0^a \frac{1}{\sigma\sqrt{2\pi}} e^{-\frac{\Delta^2}{2\sigma^2}} d\Delta \tag{1.16}$$

取不同的a可以求出误差落在区间$[-a,a]$的概率。习惯上取a为σ的整数倍，则可以求得$P\{|\Delta| \leqslant \sigma\}=68.26\%$；$P\{|\Delta| \leqslant 2\sigma\}=95.44\%$；$P\{|\Delta| \leqslant 3\sigma\}=99.73\%$。当$a\to\infty$时，$P=100\%$。由于在区间$[-3\sigma,3\sigma]$的误差出现的概率已经达到99.73%，可以说某次测量的误差基本上认为就落在这个区间，所以可用3σ作为极限误差。

算术平均值$\overline{x}$是真值的估计值，某个测量列的$\overline{x}$与另一个测量列的$\overline{x}$之间也有区别，即$\overline{x}$同样存在分散性问题，它的实验标准差可以由下式计算

$$s(\overline{x}) = \frac{s(x)}{\sqrt{n}} \tag{1.17}$$

式中，$s(\overline{x})$称为算术平均值$\overline{x}$的实验标准差，是$\overline{x}$的分布的标准差估计。

【例1.3】 对某一个物体的长度进行30次重复测量，得到如表1.1的数据，试求该测量列的算术平均值、极限误差及测量列的算术平均值实验标准差。

表1.1　长度重复测量结果

i	测量值 x_i/m	残余误差1 $\lvert v_i\rvert$/m	残余误差2 $\lvert v_i\rvert$/m	i	测量值 x_i/m	残余误差1 $\lvert v_i\rvert$/m	残余误差2 $\lvert v_i\rvert$/m
1	0.203	0.0009	0.0012	16	0.203	0.0009	0.0012
2	0.202	0.0001	0.0002	17	0.200	0.0021	0.0018
3	0.211	0.0089	—	18	0.201	0.0011	0.0008
4	0.201	0.0011	0.0008	19	0.203	0.0009	0.0012
5	0.203	0.0009	0.0012	20	0.202	0.0001	0.0002
6	0.202	0.0001	0.0002	21	0.202	0.0001	0.0002
7	0.202	0.0001	0.0002	22	0.201	0.0011	0.0008
8	0.203	0.0009	0.0012	23	0.203	0.0009	0.0012
9	0.201	0.0011	0.0008	24	0.203	0.0009	0.0012
10	0.202	0.0001	0.0002	25	0.201	0.0011	0.0008
11	0.201	0.0011	0.0008	26	0.202	0.0001	0.0002
12	0.202	0.0001	0.0002	27	0.201	0.0011	0.0008
13	0.202	0.0001	0.0002	28	0.200	0.0021	0.0018
14	0.200	0.0021	0.0018	29	0.203	0.0009	0.0012
15	0.201	0.0011	0.0008	30	0.202	0.0001	0.0002

解 根据表1.1列出的测量数据，可以算出这30个测量值的算术平均值$\overline{x}=0.2021$；进而算得每次测量的残余误差绝对值$|v_i|$，见表1.1中的残余误差1列；再由式(1.15)算出测量数据的实验标准差$\sigma=0.00194$，从而该测量列的极限误差为$3\sigma=0.0058$。

进一步由式(1.17)可得该测量列算术平均值的实验标准差为$s(\overline{x})=0.00194/\sqrt{30}=0.00035$。

例1.3中，如果将这30个数据分为2个数据列，即前15个和后15个分别作为1列，则它们各自的算术平均值、实验标准差和算术平均值的实验标准差见表1.2。可见，不同的测量列，其算术平均值、实验标准差和算术平均值的实验标准差是不同的。

表1.2 例1.3中测量数据的计算结果

项　目	前15个测量数据	后15个测量数据	全部30个测量数据
算术平均值	0.2024	0.2018	0.2021
实验标准差	0.00253	0.00108	0.00194
算术平均值实验标准差	0.00065	0.00028	0.00035

1.3.2.2 粗大误差的判别

在测量列中，若个别数据与其他数据有明显差异，则该数据可能含有粗大误差，称为可疑数据。根据随机误差理论，出现大误差的概率虽小，但也是可能的。因此，不恰当地剔除含大误差的数据，会造成测量精确度偏高的虚假现象。反之，如果对混有粗大误差的数据未予剔除，必然造成测量精确度偏低的后果。以上两种情况，都将严重影响对算术平均值$\overline{x}$和实验标准差s的估计。

从技术上和物理上找出产生异常值的原因，纠正人为因素引起的测量数据异常值，是发现和剔除粗大误差的首要方法。判断粗大误差的依据都是以检验数据是否偏离正态分布为基础建立。其基本思路是：给定一个显著性水平，按一定的分布确定临界值，凡超过临界值的误差，就判定为粗大误差，应予剔除。

(1) 拉依达（PaйTa）法

对于某一测量列$x_1,x_2,\cdots,x_n$，计算出其算术平均值$\overline{x}$，每个测量值的残差v_i，并按贝塞尔公式(1.15)计算出测量列的标准差σ。若各测量值只含有随机误差，则根据随机误差的正态分布规律，其残余误差落在区间$[-3\sigma,3\sigma]$以外的概率小于0.3%，即在370次测量中只有一次其残余误差的绝对值大于3σ。因此，在测量列中，发现有大于3σ的残余误差的测量值，即

$$|v_i|=|x_i-\overline{x}|>3\sigma \tag{1.18}$$

可以认为该测量值含有粗大误差，应予剔除。用剔除后的数据重新按上述方法计算，再进行检验，直到判定无粗大误差为止。

用拉依达法进行粗大误差的判别比较方便，但它以测量次数充分大为前提，一般要求测量次数n大于30。

(2) 格拉布斯（Grubbs）法

对于某一测量列$x_1,x_2,\cdots,x_n$，计算出其算术平均值$\overline{x}$，每个测量值的残差v_i，并按贝塞尔公式(1.15)计算出测量列的标准差σ。当残余误差的绝对值满足下式

$$|v_i|>\lambda(\alpha,n)\cdot\sigma \tag{1.19}$$

时，认为该测量值含有粗大误差，应予剔除。式中，$\lambda(\alpha,n)$称为格拉布斯系数，见表1.3，表中α为显著水平，一般取0.01或0.05。粗大误差的数据剔除后需重新按上述方法计算，再进行检验，直到判定无粗大误差为止。

表 1.3 格拉布斯系数 $\lambda(\alpha,n)$ 表

n \ α	0.01	0.05	n \ α	0.01	0.05	n \ α	0.01	0.05
3	1.15	1.15	12	2.55	2.29	21	2.91	2.58
4	1.49	1.46	13	2.61	2.33	22	2.94	2.60
5	1.75	1.67	14	2.66	2.37	23	2.96	2.62
6	1.94	1.82	15	2.71	2.41	24	2.99	2.64
7	2.10	1.94	16	2.75	2.44	25	3.01	2.66
8	2.22	2.03	17	2.79	2.47	30	3.10	2.75
9	2.32	2.11	18	2.82	2.50	35	3.18	2.81
10	2.41	2.18	19	2.85	2.53	40	3.24	2.87
11	2.48	2.23	20	2.88	2.56	50	3.34	2.96

显然，格拉布斯法可以用在测量次数不多的实验数据。格拉布斯法和拉依达法比较，二者都使用残余误差与标准差的关系，后者用了固定值 3，而前者用的是与测量次数和显著水平有关的格拉布斯系数 $\lambda(\alpha,n)$。因此，用格拉布斯法来判别粗大误差更具有一般性。

对于例 1.3 表 1.1 中的测量数据，分别用拉依达法和格拉布斯法判断，发现测量数据 $x_3=0.211$ 含有粗大误差，因为其残差与标准差的比值 $|v_i|/\sigma=0.0089/0.00194=4.6>3$，故应该剔除。将该数据去掉后，重新对 29 个测量数据计算，得 $\overline{x}=0.2018$，$\sigma=0.00098$，每次测量的残余误差见表 1.1 中残余误差 2 列。再分别用拉依达法和格拉布斯法判断，发现在余下的 29 个测量数据中不再有粗大误差存在。所有计算结果见表 1.4。可见，去除粗大误差后，前 14 个测量数据与后 15 个测量数据的算术平均值、实验标准差等基本接近或相等，与表 1.2 的计算数据有较大差别。

表 1.4 例 1.3 中去除粗大误差后测量数据的计算结果

项　目	前 14 个测量数据	后 15 个测量数据	全部 29 个测量数据
算术平均值	0.2018	0.2018	0.2018
实验标准差	0.00089	0.00108	0.00098
算术平均值实验标准差	0.00024	0.00028	0.00018

1.3.2.3　系统误差的估计与判别

在测量过程中，由于检测装置方面的因素，如仪表设计原理的缺陷、制造与安装不正确，仪表附件制造偏差，以及测量环境、测量方法、测量人员等各方面的因素，测量结果中往往存在恒值，或按一定规律变化的系统误差。在某些情况下，系统误差的数值还可能比较大，必然影响测量精度。特别是系统误差与随机误差同时存在于测量数据之中，不易发现，多次重复测量也不能减少系统误差对测量结果的影响，因此，研究系统误差的特征及规律性，用一定的方法发现、减小或消除系统误差，就显得十分重要。

分析和处理系统误差的关键，首先在于如何发现和判别测量数据中是否存在系统误差。实际测量过程中根据测量条件，有多种不同的检验方法，系统误差判据的灵敏度也各异。下面简单介绍几种判别系统误差存在与否的一般方法。

(1) 实验对比法

用准确度高一等级的“标准”仪表，即“标准表”，对同一被测量在相同条件下进行测量，与被检定仪表的测量结果进行比较，如果两者之间有差别，说明被检定仪表存在误差，而且该误差就是被检定仪表的系统误差。关于“标准表”的定义见 1.3 节前面部分的内容，

如果找不到合适的“标准表”，也可用与被检定仪表有相同准确度等级（其基本误差相等）的仪表进行比对，若两者的测量结果有明显差别，说明它们之间存在系统误差，但在这种情况下无法判断哪个仪表有系统误差。实验对比法适用于发现恒值系统误差。

（2）残余误差观察法

根据测量列中各数据残余误差大小和符号的变化规律，直接由误差数据或误差曲线来判断是否存在系统误差。这种方法主要应用于判定有规律变化的变值系统误差。根据测量值大小的先后顺序，将测量列各数据的残余误差列表或作图，如图 1.13 所示。图 1.13(a) 表示残余误差大体上正负相间，且无显著变化规律，测量数据中不含有变值系统误差；图 1.13(b) 表示残余误差符号有规律地递增或递减，则存在线性系统误差；图 1.13(c) 表示残余误差符号有规律地正、负循环交替重复变化，则存在周期性系统误差；图 1.13(d) 表示的残余误差变化规律表示测量中可能同时存在线性和周期性系统误差。

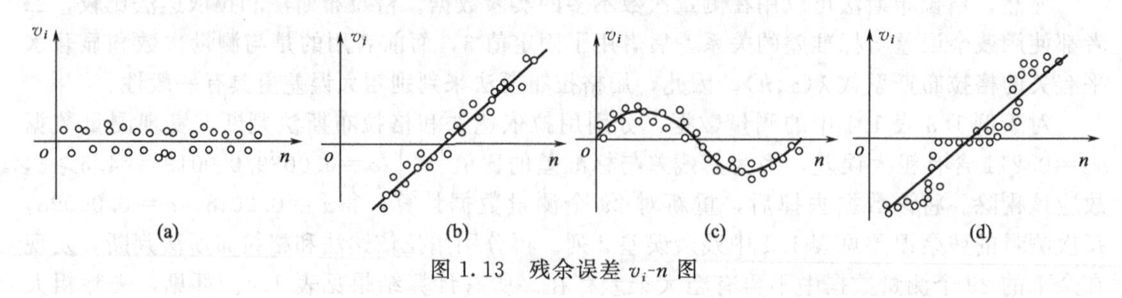

图 1.13　残余误差 v_i-n 图

（3）标准差判据

在工程实际中，对等精度测量的测量列，可用不同的公式计算其标准差 σ，如

贝塞尔（Bessel）公式

$$\sigma_B=\sqrt{\frac{\sum_{i=1}^{n}v_i^2}{n-1}} \tag{1.20}$$

佩特尔斯（Peters）公式

$$\sigma_P=\sqrt{\frac{\pi}{2}}\frac{\sum_{i=1}^{n}|v_i|}{\sqrt{n(-1)}}=1.253\frac{\sum_{i=1}^{n}|v_i|}{\sqrt{n(n-1)}} \tag{1.21}$$

由于 σ_B 和 σ_P 都是理论标准差的估计值，因此存在估计误差。对于同一测量列，σ_B 和 σ_P 估计的一致性取决于测量次数 n 是否趋于无穷大，测量数据中是否存在系统误差。也就是说，当 $n\to\infty$，且不存在系统误差时，则有 $\sigma_B=\sigma_P$。若 n 为有限值，当无系统误差时，σ_B 和 σ_P 两值应相近；当存在系统误差时，σ_B 和 σ_P 两值相远。根据此原理，令 σ_B 和 σ_P 之间的相对量为 μ，即

$$\mu=\frac{\sigma_P-\sigma_B}{\sigma_B}=\frac{\sigma_P}{\sigma_B}-1 \tag{1.22}$$

若

$$|\mu|\geqslant\frac{k}{\sqrt{n-1}}=c \tag{1.23}$$

则怀疑测量列中可能存在变值系统误差。式中，k 为置信概率 $P(x)$ 决定的置信系数，当 $P(x)$ 为 95.44%和 99.73%时，k 分别取 2 和 3。

标准差判据检验测量列中是否存在系统误差的实质，是判定测量数据分布的正态性。由于随测量次数 n 增加，μ、c 值均减小，但其收敛速度不一致，因此该判据使用时必须满足其有效性条件，即测量次数 $n>19$。

1.3.2.4 误差的合成

任何测量结果都包含有一定的测量误差，这是测量过程中各个环节一系列误差因素共同作用的结果。分析和综合各种误差因素，研究单项误差与所构成的总项误差的关系，并正确表述这些误差的综合影响，是误差合成研究的基本内容，也是尽可能减少测量误差，保证测量准确度的一个重要手段。误差合成的基本任务就是从各分项误差对所研究的被测量的误差总和进行最可信估计。

(1) 系统误差的合成

设检测系统的待测参数为 y，而影响 y 的输出的各个量为 $x_i(i=1,2,\cdots,n)$，x_i可以是间接测量中各被测参数（直接测量值），也可以是影响 y 输出的非被测参数或外界影响因素，因此 y 是 x_i的函数，即

$$y=f(x_1,x_2,\cdots,x_n) \tag{1.24}$$

对于多元函数，其函数增量 dy 可用函数的全微分表示

$$dy=\frac{\partial f}{\partial x_1}dx_1+\frac{\partial f}{\partial x_2}dx_2+\cdots+\frac{\partial f}{\partial x_n}dx_n=\sum_{i=1}^{n}\frac{\partial f}{\partial x_i}dx_i \tag{1.25}$$

若已知各环节或各被测参数的系统误差，而且系统误差分项 $\Delta x_1,\Delta x_2,\cdots,\Delta x_n$很小，可近似代表全微分式(1.25) 中的微分量 dx_i，从而得到待测量 y 的总系统误差 Δy，即

$$\Delta y=\frac{\partial f}{\partial x_1}\Delta x_1+\frac{\partial f}{\partial x_2}\Delta x_2+\cdots+\frac{\partial f}{\partial x_n}\Delta x_n=\sum_{i=1}^{n}\frac{\partial f}{\partial x_i}\Delta x_i \tag{1.26}$$

式(1.26) 即为系统误差合成公式，其中$\partial f/\partial x_i(i=1,2,\cdots,n)$为各影响因素或被测参数的系统误差分量的权系数，或称误差传递系数。由式(1.26) 可知系统误差的合成是各分项误差的代数和，但不是简单的代数和，而是由表征该分项误差在总误差中所占比重的权系数$\partial f/\partial x_i$所确定的加权代数和。

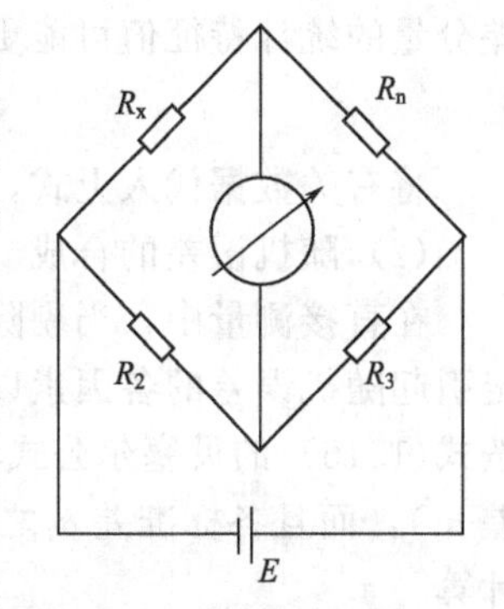

图 1.14 平衡电桥

【例 1.4】 图 1.14 为平衡电桥测量被测电阻 R_x的示意图，桥臂电阻 R_2、R_3和可调电阻 R_n的阻值分别为 100Ω、1000Ω 和 100Ω，各电阻的系统误差分别为 $\Delta R_2=0.1\Omega$、$\Delta R_3=1.0\Omega$ 和 $\Delta R_n=0.01\Omega$。试估计该电桥总的系统误差 ΔR_x。

解 由图 1.14 可知，$R_x=f(R_2,R_3,R_n)$，且 $R_x=R_n(R_2/R_3)$。根据系统误差合成公式(1.26)，可得

$$\Delta R_x=\frac{\partial R_x}{\partial R_2}\Delta R_2+\frac{\partial R_x}{\partial R_3}\Delta R_3+\frac{\partial R_x}{\partial R_n}\Delta R_n$$

$$=\frac{R_n}{R_3}\Delta R_2+\frac{R_2R_n}{(-R_3^2)}\Delta R_3+\frac{R_2}{R_3}\Delta R_n$$

代入各有关数据，可得电桥总的系统误差为 $\Delta R_x=0.01-0.01+0.001=0.001\Omega$。

由例 1.4 可以看出，误差式中的各项有正的，也有负的，使得它们之间能部分相互抵消，从而使总的系统误差减少。但是，如果上例中 ΔR_2、ΔR_3和 ΔR_n的取值不全为正，例如 $\Delta R_3=-1.0\Omega$，而 ΔR_2和 ΔR_n不变，则 $\Delta R_x=0.01+0.01+0.001=0.021$ (Ω)，误差有明显的增加。因此在不知道系统误差的符号的情况下，检测系统的最大系统误差为各项误差的绝对值之和，即

$$\Delta y=\left|\frac{\partial f}{\partial x_1}\Delta x_1\right|+\left|\frac{\partial f}{\partial x_2}\Delta x_2\right|+\cdots+\left|\frac{\partial f}{\partial x_n}\Delta x_n\right|=\sum_{i=1}^{n}\left|\frac{\partial f}{\partial x_i}\Delta x_i\right| \tag{1.27}$$

上面介绍的系统误差是有确定规律的，即各影响参数可以用数学物理方法加以描述分析。但在一些情况下，影响待测参数 y 的各个参数以及这些参数对 y 产生的误差都已知，而这些影响参数与 y 之间没有确定的函数关系（间接测量除外），这就无法用式(1.26) 和式(1.27) 来估计总系统误差。

例如，某检测仪表在正常工作环境（环境温度 20℃±5℃，电源电压 220V AC±5%，湿度<80%，输入信号频率<1kHz）条件下的基本误差（用相对百分误差表示）为 2.5%。同时通过实验得知，当仪表在超出上述范围时产生的附加误差分别为：温度附加误差为 ±0.2%/℃；电源电压附加误差为 $\delta_E=\pm 2\%$；湿度附加误差为 $\delta_\varphi=\pm 1\%$；输入信号频率附加误差为 $\delta_f=\pm 2.5\%$。如果该仪表工作的环境为温度 $t=35$℃，电源电压 $E=220$V AC，湿度 $\varphi=90\%$，信号频率 $f=2$kHz，则可以知道该仪表可能产生的各项误差为

基本误差　　$\delta_B=\pm 2.5\%$

温度附加误差　　$\delta_t=(35-25)\times(\pm 0.2\%)=\pm 2\%$

湿度附加误差　　$\delta_\varphi=\pm 1\%$

电源附加误差　　$\delta_E=0$(因为电源电压在正常工作范围内)

频率附加误差　　$\delta_f=\pm 2.5\%$

考虑到最不利的情况，即这五个误差同时处于最大值，则仪表的总误差为

$$\delta=|\delta_B|+|\delta_t|+|\delta_\varphi|+|\delta_E|+|\delta_f|=8\%$$

这个数据估计显然偏大，因为实际上这些误差同时以最大值出现的概率极小。因此采用各误差分量的统计特征值可能更好，即

$$\delta=\sqrt{\delta_B^2+\delta_t^2+\delta_\varphi^2+\delta_E^2+\delta_f^2}$$

将有关数据代入上式，可得统计特征值 $\delta=4.2\%$。该结果比较符合实际。

(2) 随机误差的合成

在直接测量中，当剔除了粗大误差和系统误差后，余下的误差就是随机误差。在无法确定引起随机误差的各因素以及它们大小的情况下，可通过在相同条件下多次重复测量，直接按式(1.15) 的贝塞尔公式计算标准差。当已知检测系统存在 m 个随机误差（即已知各标准差 σ_i），而且各标准差 σ_i 之间相互独立，则该检测系统的综合随机误差（标准差）可用下式计算

$$\sigma=\left(\sum_{i=1}^{m}\sigma_i^2\right)^{\frac{1}{2}} \tag{1.28}$$

在间接测量情况下，设间接测量量（待测参数）y 与直接测量量（被测参数）x_1，$x_2,\cdots,x_m$ 存在以下函数关系

$$y=f(x_1,x_2,\cdots,x_m) \tag{1.29}$$

设检测系统进行 n 次重复测量，得 $x_{1i},x_{2i},\cdots,x_{mi}(i=1,2,\cdots,n)$，同时由式(1.29) 得 $y_1,y_2,\cdots,y_n$。对于每一次测量，根据式(1.26) 可得 y 的测量误差为

$$\Delta y_i=\frac{\partial f}{\partial x_1}\Delta x_{1i}+\frac{\partial f}{\partial x_2}\Delta x_{2i}+\cdots+\frac{\partial f}{\partial x_m}\Delta x_{mi} \tag{1.30}$$

将上式两边平方，并根据随机误差正负误差出现的概率相等的特点，将非平方项对消，进一步按贝塞尔公式标准差计算的定义，整理后可得检测系统待测量的标准差为

$$\sigma=\sqrt{\left(\frac{\partial f}{\partial x_1}\right)^2\sigma_1^2+\left(\frac{\partial f}{\partial x_2}\right)^2\sigma_2^2+\cdots+\left(\frac{\partial f}{\partial x_m}\right)^2\sigma_m^2} \tag{1.31}$$

式中，$\sigma_1,\sigma_2,\cdots,\sigma_m$为直接测量值$x_1,x_2,\cdots,x_m$的标准差。

(3) 误差的总合成

由于系统误差一般是用最大绝对误差表示，而随机误差用标准差表示，为了统一，在误差总合成时一般用极限误差表示随机误差的大小。极限误差Δy_R为

$$\Delta y_R = k\sigma \tag{1.32}$$

上式表示，含有随机误差的 y 的最大绝对误差的最可信估计为 $k\sigma$，式中，k 为由置信概率决定的置信系数，σ 为随机误差的标准差。当置信概率为 95.44%时，$k=2$；当置信概率为 99.73%时，$k=3$。

若待测参数 y 的系统误差与随机误差均相互独立，总的合成误差 Δy 可用下式表示

$$\Delta y = \sqrt{(\Delta y_S)^2 + (\Delta y_R)^2} \tag{1.33}$$

式中，Δy_S为系统误差，由式(1.26) 或式(1.27) 决定；Δy_R为随机误差，由式(1.32) 决定。

需要说明的是，式(1.33) 表示的总的合成误差是 Δy 的简单、粗略估计式，一般用在 Δy_S和 Δy_R之值相差较大时的情况。另外，在误差合成时，不管是随机误差还是系统误差要根据误差的特点选用合适的误差合成公式来计算，而不能盲目套用。

1.3.3 消除和减少误差的一般方法

为了提高检测仪表和检测系统的测量准确度，必须尽可能地消除和减少测量误差。系统误差、随机误差和粗大误差三类误差的特点各异，因而处理的方法也各不相同。

粗大误差存在于个别的可疑数据中，它既违背统计规律，又不遵循确定性原则。其存在对测量结果产生严重影响。对这一类误差的处理，可用物理或统计的方法判断后剔除，详见本章 1.3.2 节中有关粗大误差判别的内容。下面主要讨论消除和减少随机误差和系统误差的一般方法。

1.3.3.1 减少随机误差的方法

随机误差由于其来源的不可完全预知性和不可克服性，是不可以消除的。但随机误差服从统计规律，它所具有的抵偿性，是它最本质的特征，所以随机误差的处理一般采取提高检测系统准确度、抑制干扰和统计处理等方法。

(1) 提高检测系统准确度

从检测系统的原理、设计和结构上考虑，机械部件间的摩擦、传动机构间隙等是引起随机误差的主要原因。因此，设计中尽量避免采用存在摩擦的可动部分、减少可动部分器件的重量，采用负反馈结构的平衡式测量和应用无间隙传动链等，以减少随机误差。

(2) 对测量结果的统计处理

随机误差具有抵偿性，大部分测量系统的误差分布符合正态规律，因此，可以估计随机误差影响的可能变化区间，即可以估计误差的上界值。从这个意义上说，通过对测量数据的统计平均，求取算术平均值和标准差，可精确地给出测量结果的范围。提高测量次数，可提高算术平均值和标准差的估计准确度，减小随机误差对测量结果的影响。

(3) 抑制噪声干扰

传感器或仪表所获测量信息包含噪声，噪声是随机误差的主要来源之一。因此，采用各种有效的抑制噪声干扰措施，如屏蔽、接地、选频、去耦、隔离传输和滤波等，能有效地减少随机误差。滤波是目前传感器或仪表普遍采用有效方法。该方法是依据有用测量信号和噪声具有不同的频率特性从而实现去噪目的的。通过合理设计的滤波器，使表征被测量参数信息的有用测量信号得到充分保留，而噪声信号得到有效的衰减或抑制。常用的滤波器有中值滤波，低通滤波器、高通滤波器、带通滤波器、带阻滤波器以及自适应滤波器等。具体的实

现方式有模拟滤波器和数字滤波器两种。模拟滤波器由电子元器件（电阻、电容和运算放大器等）组成的电路来实现滤波功能，而数字滤波器则是相应的计算机程序，通过对数字化的测量信息进行相应的运算和变换来实现滤波的目的。随着信息技术的发展，模拟的或数字的滤波器已成为现代传感器或仪表的标准配备组件。

1.3.3.2　减少和消除系统误差的方法

在测量过程中，如果存在有显著的系统误差而未被发现，将严重影响测量结果，因此，必须采取适当的技术措施来减少和消除系统误差。明确产生系统误差的原因（即找到误差源）或是弄清楚系统误差的规律是减少和消除系统误差的前提条件，相应地主要有如下两种方法，消除误差源法和引入修正值法。前者适用于能明确误差产生原因的场合，后者适用于系统误差产生原因不明但误差分布规律已知的场合。

（1）消除误差源法

在测量过程中，对可能产生系统误差的环节进行分析，找到系统误差产生的原因，改进相应的测量方法或检测电路设计，从而从误差根源上消除系统误差。该方法是减少和消除系统误差最根本的方法。

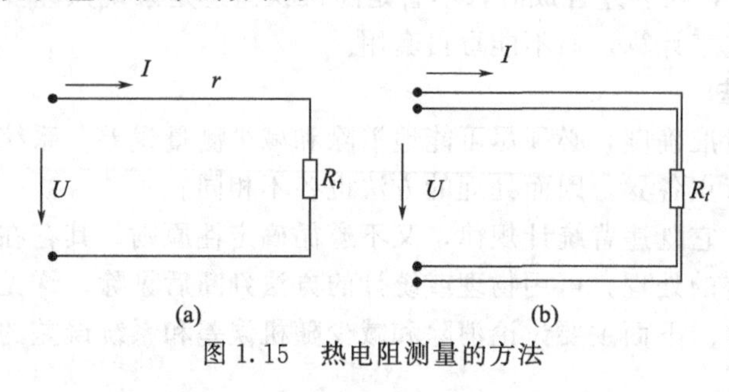

图 1.15　热电阻测量的方法

例如，在金属热电阻使用时，如果处理不当，连接热电阻的导线的电阻将被视为热电阻的阻值，从而引起检测系统误差。如图 1.15(a) 所示，R_t 为热电阻，r 为导线电阻，当导线电流为 I 时，两端电压 U，则 $U/I=R=R_t+r$。为减少导线电阻的影响，其中一个方法是采用图 1.15(b) 的四线制，即电流和电压的测量分别在两组线上，则测得的电压与电流的比值为 $U/I=R_t$，从而基本消除了导线电阻对测量结果的影响。

（2）引入修正值法

根据误差表或误差曲线，弄清楚系统误差的分布规律，做出相应的修正（常称为校正）曲线或修正值图表等获得与误差数值大小相近、符号相反的值作为修正值，将实际测得值加上相应的修正值，即可得到减少该系统误差的测量结果。引入修正值法是减少和消除系统误差最常用的方法。目前大多由微计算机程序来实现，即将获得的系统误差规律和相应的修正值（修正值、修正曲线和修正图表等）存入微机存储器，实际测量时根据具体测量信息通过计算调用相应的修正值，并最终输出经过修正后的测量信息。由于修正值本身也含有一定的误差，且一般情况下修正值难以实现完全补偿，所以经修正后的测量结果中一般仍残留少量的系统误差。由于这种残留的系统误差一般较小且有一定的随机性，因此工程上可将这一残留误差按随机误差进行处理。

1.3.3.3　减少和消除粗大误差的方法

粗大误差是指在规定条件下明显超出预期的误差，表现为测量结果显著异常，在实际应用过程中必须寻求有效的措施以减少或消除粗大误差的影响，否则可能引起相应控制系统的剧烈震荡甚至失效。

如 1.3.1 节所述，导致粗大误差的原因一般有主观和客观两类，因此，减少和消除粗大误差的方法也是从误差原因着手。

减少和消除由主观原因引起的粗大误差主要的方法是加强教育和管理，提高操作人员的责任心，可避免人为因素导致的失误（例如错误记录和操作等），并辅以相应的报警系统等

(例如当操作人员进行错误操作或测量值异常时，有一声光报警器提示操作人员注意)。上述措施实施到位，由主观因素引起的粗大误差可有效消除。

减少和消除由客观原因引起的粗大误差则要相对复杂一些，因为这些客观原因（例如机械振动产生对仪表的冲击，雷暴提起引发的强电磁干扰等）具有不可预测性、偶发性和时效性。基于多年计算机集散控制系统的应用实践，目前已找到减少或消除这类粗大误差的有效方法，即软测量模型方法，基本原理如图 1.16 所示。软测量模型一般根据机理分析和已有的有效测量（包括操作）数据通过数据挖掘技术来建立，由一段计算机程序来实现，为计算机控制系统程序的一部分，并可依据新获得的有效数据进行模型更新。软测量模型能通过已有数据计算获得一个预测测量值。实际工作时，先将实时获取的测量值与软测量模型给出的预测测量进行比较和评估，判别当前的测量值是否属于粗大误差，如实时测量值无异常，不在粗大误差之列，则将该实时测量用于计算机控制系统；如已判定实时测量值出现异常，则不采用实时测量值，而将软测量模型给出的预测测量值用于计算机控制系统。如此，可有效克服粗大误差对系统控制的影响，保证相应系统正常运行。

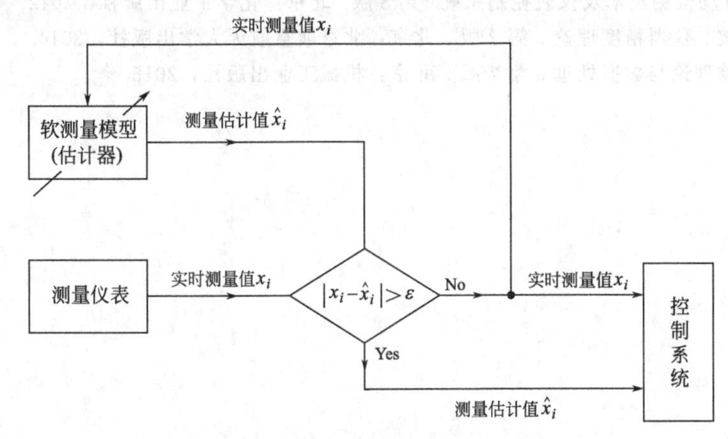

图 1.16　软测量模型方法原理示意图

思考题与习题

1.1　开环结构仪表和闭环结构仪表各有什么优缺点？为什么？

1.2　仪表的量程和仪表的测量范围是同一个概念吗？为什么？

1.3　仪表的准确度等级是如何规定的？请列出常用的一些等级。

1.4　用甲、乙两只仪表对同一个被测对象进行检测，发现甲仪表的绝对误差比乙仪表的要大。问在本次测量中哪个仪表的相对误差较大？你认为哪个仪表的准确度等级高？

1.5　某弹簧管压力表的测量范围为 0～1.6MPa，准确度等级为 2.5 级。校验时在某点出现的最大绝对误差为 0.05MPa，问这块仪表是否合格？为什么？

1.6　什么是约定真值？约定真值如何得到？

1.7　按误差出现的规律分类，测量误差可分为哪几种？它们各有什么特点？

1.8　什么叫仪表的基本误差、测量误差和附加误差？有何区别？

1.9　仪表的可靠性和稳定性有什么异同点？

1.10　测量结果的随机误差为什么要用均方根误差 σ 表示？怎样计算？它的物理意义是什么？

1.11　对某参数进行了多次重复测量，其测量数据列表如下，试求测量过程中可能出现的最大误差。

测量值	8.23	8.24	8.25	8.26	8.27	8.28	8.29	8.30	8.31	8.32	8.41
次数	1	3	5	8	10	11	9	7	5	1	1

参 考 文 献

[1] 张宏建，等. 自动检测技术与装置. 第 2 版. 北京：化学工业出版社，2010.
[2] 王绍纯. 自动检测技术. 北京：冶金工业出版社，1995.
[3] 张宝芬，等. 自动检测技术及仪表控制系统. 北京：化学工业出版社，2000.
[4] 杜维，张宏建. 过程检测技术及仪表. 北京：化学工业出版社，1999.
[5] 张是勉，等. 自动检测. 北京：科学出版社，1987.
[6] 陈忧先. 化工测量及仪表. 第 3 版. 北京：化学工业出版社，2010.
[7] 中国大百科全书. 自动控制与系统工程. 光盘（1.1 版）. 北京：中国大百科全书出版社，2000.
[8] 杜维，等. 化工检测技术及显示仪表. 杭州：浙江大学出版社，1988.
[9] 林宗虎. 工程测量技术手册. 北京：化学工业出版社，1997.
[10] 范玉久. 化工测量及仪表. 第 2 版. 北京：化学工业出版社，2002.
[11] 张宏建，等. 检测控制仪表学习指导. 北京：化学工业出版社，2006.
[12] 王化祥. 自动检测技术. 第 3 版. 北京：化学工业出版社，2018.
[13] 张毅，等. 自动检测技术及仪表控制系统. 第 3 版. 北京：化学工业出版社，2012.
[14] 马宏，王金波. 仪器精度理论. 第 2 版. 北京：北京航空航天大学出版社，2014.
[15] 费业泰. 误差理论与数据处理. 第 7 版. 北京：机械工业出版社，2015.

2　检测技术与检测元件

通过第1章的学习知道，一个检测系统主要由敏感元件、信号变换（处理）和显示等部分组成，其中敏感元件是检测系统的关键，它直接关系到被测参数的可测范围，测量准确度和检测系统的使用条件、使用场合等。因此，本章以敏感元件为主线，介绍基于常用敏感元件的各种检测技术和方法。

敏感元件可以直接感受被测量，并具有信息转换的功能。但有些敏感元件的输出不能直接输出给显示装置，其原因是有的敏感元件的输出信号太小（弱）以至不能驱动显示装置；有的敏感元件的输出信号的形式与显示装置所需要的不匹配。在这种情况下，敏感元件后需要增加一个变换（处理）单元，如图1.2所示。变换（处理）单元可以是一个纯粹的信号放大单元；也可以用类似的敏感元件，把敏感元件的输出量进一步转换成其他形式的、便于信号的处理和显示的物理量，如图2.1所示。这种用作中间信号转换的元件称为转换元件。由于转换元件的信号变换的性质与敏感元件的是一样的，为了方便起见，本章统一使用检测元件这个名词。

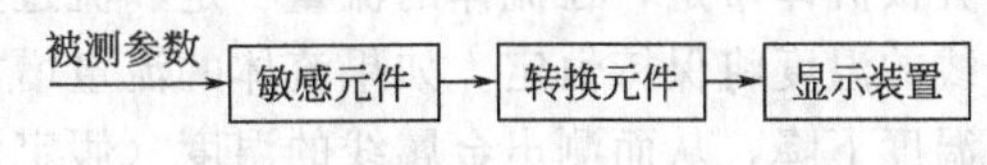

图2.1　具有转换元件的检测仪表

本章的内容是这样安排的：首先介绍参数检测的一般原理和方法，在以后的各节中按检测元件的特性不同分别介绍相应的检测原理、应用范围等。

2.1　检测技术的一般原理

2.1.1　参数检测的一般方法

根据前面的讨论可知，参数的检测是利用检测元件特有的物理、化学和生物等效应，把被测量的变化转换为检测元件某一物理（化学）量的变化。根据检测元件的不同，检测一般有以下几种方法。

（1）光学法

光学法是利用光作用于被测介质时，所产生的散射、透射、辐射、折射和反射规律与被测介质某一个或若干个参数有关这一性质，通常情况下通过光强度（常常是光波波长的函数）等光学参数的测量来获得被测参数的大小。

光强度一般用光敏感元件来接收，光敏感元件也称光电元件，主要有下列几种形式。

① 光敏电阻　这是一种基于光电导效应的光电元件，当光电元件中敏感物质受到光照射时，其内部原子释放的电子留在物质内部而使物质的导电性增加，电阻值下降。

② 光电池　根据光生伏特效应，由PN结组成的半导体在光的照射下能产生一定方向的电动势。在一定范围内，电动势随光强度增大而增大。基于光生伏特效应的光电元件还有光敏二极管和光敏三极管。

③ 光电管　这是一种基于光电子发射效应的光电元件。金属在光的照射下，释放的光电子逸出金属表面，收集后在闭合回路中形成光电流。

（2）力学法

力学法也称机械法，其原理主要分为两类。

① 用敏感元件把被测量转换成敏感元件的机械位移（变形）和振动频率等，这些元件通常称为弹性元件。常见的弹性元件有膜片、弹簧管、波纹管等，它们的共同特点是可以将作用于弹性元件的压力或力转换为弹性元件的位移。

② 用特殊的元件置于被测介质中，将被测量转换成介质中某一参数（通常为机械量）的变化或是该元件产生位移等变化。例如，用特殊形状的柱体（圆柱体、三角柱）插入管道中，当流体流过该柱体并在一定条件下，流经柱体后的流体将产生一系列有规则的旋涡，旋涡的频率与流体的流速成正比。在这个例子中，插入的这个柱体本身不是敏感元件，但它起到了将流体流速转换为旋涡频率的作用，所以它是一个转换元件。进一步通过测量旋涡的频率可获得流体的流速。

（3）热学法

热学法是根据被测介质的热物理量（参数）的差异引起热平衡变化这一原理进行参数的检测。例如，将由于通电具有较高温度的金属线置于温度较低的流体中，金属线发出的热量部分被流体带走，在流体的流量一定和流过金属线的电流一定（即产生的热量不变）时，金属线的温度将保持恒定。如果流体的流量增加，则被流体带走的热量也会增多，导致金属线的温度下降，从而测出金属线的温度（假定供电电流恒定）就可获得流体的流速。

（4）电学法

电学法一般是利用敏感元件把被测量转换成电压、电阻、电容等电学量。有很多的物理效应都与电参数有关，利用这些效应可以制作敏感元件。常见的效应如下。

① 压阻效应　半导体材料受到外力或应力作用时，其电阻率发生变化，从而引起电阻值的变化，利用该效应可以制成压敏电阻，用于力和压力的测量。

② 压电效应　某些电介质沿一定方向受外力作用而变形时，在其特定的两个表面上产生异号电荷，电荷量的大小与所受到的力成正比。由此可制成力或压力敏感元件。

③ 热电效应　两种不同材料的金属导线串接成一闭合回路，当它们的两个结点处于不同温度时，回路内将产生电动势，电动势的大小除与两金属导线的材料有关，还与两结点处的温度有关。根据热电效应构成的热电偶常用于温度检测。

（5）声学法

声学法大多是利用超声波在介质中的传播以及在介质间界面处的反射等性质进行参数的检测。利用声学法实施测量时通常需要一组超声波的发射和接收探头，根据超声波从发射到接收到信号所需要的时间差来实现测量，常见的有两种类型。

① 声波传播的距离一定　例如，利用两组超声波探头分别测出声波在流体中沿顺流和逆流方向传播的时间差来检测流体的流速，这就是超声波流量计的测量原理。

② 声波传播的速度一定　声波传播的距离发生变化时引起声波传播时间的改变，利用此方法可以实现位置（距离）的测量，常见的超声波物位计就是基于上述原理制成的。

（6）磁学法

磁学法利用被测介质有关磁性参数的差异及被测介质或敏感元件在磁场中表现出的特性来实现有关参数的检测。常见的物理效应和原理如下。

① 压磁效应　磁致伸缩材料在外力（应力或应变）作用下，使各磁畴之间的界限产生移动，从而使材料的磁化强度和磁导率发生相应变化，基于压磁效应制成的压磁元件可用于测量力、扭力、转矩等参数。

② 霍尔效应　当电流垂直于外磁场方向通过导体或半导体薄片时，在薄片垂直于电流和磁场方向的两个侧表面之间会产生电位差，电位差的大小除与薄片的材料性质有关外，还与通过薄片的电流和磁场强度成正比关系，基于此原理构成的传感器称为霍尔传感器，可用于位

移、压力、磁场和电流的测量。

③ 电磁感应原理　用于测量流体流量的电磁流量计的原理是：导电流体流经磁场时，由于切割磁力线使流体两端面产生感应电势，其大小与流体的流速成正比。

(7) 射线法

放射线（如 γ 射线）穿过介质时部分能量会被物质吸收，吸收程度与射线所穿过的物质层厚度、物质的密度等性质有关。利用射线法可实现物位检测，也可以用来检测混合物中某一组分的浓度。

(8) 化学法

化学法是利用化学反应原理，检测混合物中某特定物质的浓度，主要有以下三种效应。

① 吸附效应　半导体材料表面吸附气体分子产生化学反应，使材料表面电导率发生变化。利用这一原理可制成气敏传感器和湿敏传感器。

② 光化学效应　利用媒介层与被测物质作用前后物理、化学性质的改变引起光传播特性发生变化这一性质可制成光纤化学传感器。

③ 热化学效应　可燃性气体在催化氧化过程中放出热量引起温度发生变化，温度的变化量与气体的种类和浓度有关，基于该原理的热化学传感器可用于可燃性气体的成分检测。

(9) 生物反应法

生物效应是指生物活性物质能识别某种被测物质，并发生生物学反应，产生物理、化学现象，或产生新的化学物质。生物学反应包括酶反应、微生物反应和免疫反应等。利用生物效应制成的传感器能精确地识别某种物质的存在及其浓度的大小，在医学诊断、环境监测等领域有着广泛的应用。

2.1.2 敏感元件

对于同一参数的检测，从原理上讲可以用上述多种方法，用不同的敏感元件来实现，但由于被测对象是千差万别的，敏感元件的特性也不一样，因此，在选择敏感元件时要考虑以下因素。

(1) 敏感元件的适用范围

一个敏感元件能正常地进行工作和信息的转换，一般对它使用的环境温度、压力、外加电源电压（电流）等都有要求，实际使用时不能超过规定的范围。例如，用压阻元件测量压力一般要求被测介质的温度不超过 150℃。

(2) 敏感元件的参数测量范围

要使敏感元件进行准确的信息转换，除了要保证它工作在其适用范围之内，还要求被测量不超过敏感元件规定的测量范围，否则，敏感元件的输出不能与被测量的变化相对应，甚至会损坏敏感元件。例如，对于弹性元件，当外力作用超过极限值后，弹性元件将产生永久性变形而失去弹性；当外力继续增加，弹性元件将产生断裂或破损。

(3) 敏感元件的输出特性

自然界许多材料都具有对某个（些）参数敏感的功能，但作为用于参数检测的敏感元件，一般要求其输出与被测量之间有明确的单调上升或下降的关系，最好是线性关系，而且要求该函数关系受其他参数（因素）的影响小，重复性要好。

除此之外，在满足静态和动态误差的要求下，还要考虑敏感元件的价格、易复制性以及使用时的安全性和易安装性等因素。

2.2 机械式检测元件

机械式检测元件是将被测量转换为机械量信号（通常是位移、振动频率、转角等）输出，可用于压力、力、加速度、温度等参数的测量，具有结构简单、使用安全可靠、抗干扰能力强等特点。

最常用的机械式检测元件包括弹性式检测元件以及振动式检测元件。

2.2.1 弹性式检测元件

在外力作用下，物体的形状和尺寸会发生变化，若去掉外力，物体能恢复原来的形状和尺寸，此种变形就称为弹性变形。弹性元件就是基于弹性变形原理的一种敏感元件。

弹性元件作为一种敏感元件直接感受被测量的变化，并以变形或应变响应，其输出还可经转换元件变为电信号。可用于测量力、力矩、压力及温度等参数，在检测技术领域有着非常广泛的应用。

2.2.1.1 弹性元件的基本性能

(1) 弹性特性

弹性特性是指弹性元件的输入量（力、力矩、压力、温度等）与由它引起的输出量（应变、位移或转角）之间的关系。弹性特性主要有灵敏度和刚度。

① 灵敏度　灵敏度 S 定义为单位输入量所引起的输出量，弹性元件的灵敏度是指单位作用力所引起的弹性元件的变形，即

$$S=\frac{\mathrm{d}x}{\mathrm{d}F} \tag{2.1}$$

式中，F 为作用在弹性元件上的外力；x 为弹性元件上产生的变形。

② 刚度　刚度 k 定义为弹性元件产生单位变形所需要的外加作用力，刚度是灵敏度的倒数，即

$$k=\frac{\mathrm{d}F}{\mathrm{d}x} \tag{2.2}$$

(2) 滞弹性效应

弹性元件的滞弹性效应是指材料在弹性变形范围内同时伴有微塑性变形，使应力和应变不遵循虎克定律而产生的非线性现象。其主要表现形式为弹性滞后、弹性后效（蠕变）、应力松弛等。

① 弹性滞后　弹性元件在加载和卸载的正反行程中应力 σ 和应变 ε 曲线不重合的现象称为弹性滞后，类似于磁性材料的磁滞回线，如图 2.2 所示。由特性曲线可以看出，当应力 σ 不同时，弹性滞后是不同的。一般用最大相对滞后的百分数来表示，即

$$r=\frac{\max(\Delta\varepsilon)}{\varepsilon_{\max}}\times 100\% \tag{2.3}$$

式中，$\max(\Delta\varepsilon)$ 为最大的应变滞后；$\varepsilon_{\max}$ 为最大载荷下的总应变。

② 弹性后效　在弹性变形范围内，应变 ε 由应力 σ 决定，而且随施加应力的时间变化。在应力 σ 保持不变情况下，应变 ε 随时间的延续而缓慢增加，直到最后达到平衡应变值。这一现象称为弹性后效，也称蠕变。

如图 2.3 所示，在加载时，弹性元件的应变 ε 随应力 σ 变化的特性如 OA 段曲线表示，当应力停止增加时，所产生的总的应变量为 ε_{OD}。在应力不变情况下，弹性元件继续变形，即应变继续增加，其特性曲线由 AB 段表示，$\varepsilon_{CD}(=\varepsilon_C-\varepsilon_D)$ 是在应力保持不变时，经过 t_{OK} 时间渐渐产生的应变值。卸载时，其弹性元件的特性由 BE 曲线表示。在卸载过程中，弹性元件产生应变应为 $\varepsilon_{CE}(=\varepsilon_C-\varepsilon_E)$。卸载完成后弹性元件的剩余应变 ε_E 需要经过一段时间 $t_{KH}(=t_H-t_K)$ 后缓慢消失。

由图 2.3 可见，弹性后效的衰减常常需要延续很长时间，一般采用应力保持 15min 作参考值。其弹性后效可表示为

$$N_{(15)}=\frac{\Delta\varepsilon_{(15)}}{\varepsilon_0}=\frac{E}{\sigma_0}\Delta\varepsilon_{(15)} \tag{2.4}$$

式中，$N_{(15)}$为弹性后效值；$\Delta\varepsilon_{(15)}=\varepsilon_{(15)}-\varepsilon_0$，由试件实测得到；$\varepsilon_{(15)}$为施加应力保持15min后对应的应变值；$\varepsilon_0$为施加应力恒定时刻对应的应变值；$E$为材料的弹性模量；$\sigma_0$为材料的正应力。

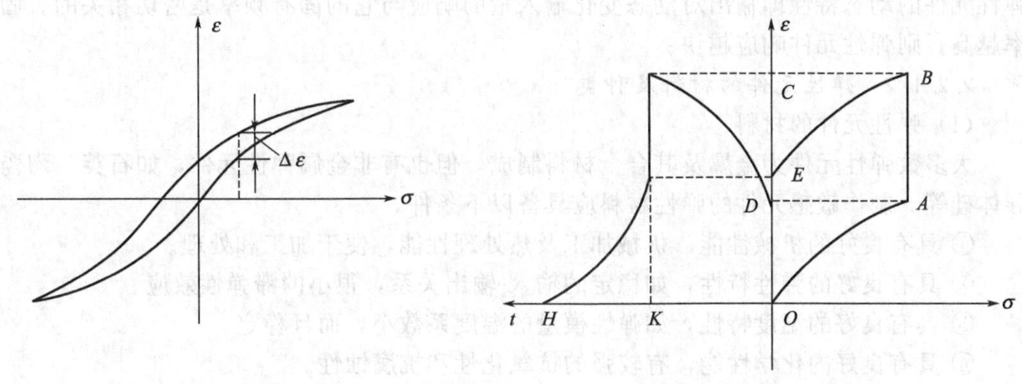

图 2.2　弹性滞后示意　　　　图 2.3　弹性后效示意

实际上，弹性滞后和弹性后效是同时发生的，它们无法区分，因此得到的是两者叠加后的实际滞后回线。

③ 应力松弛　材料在高温下工作，受应力的作用而产生应变。当保持其总的应变量恒定时，材料内部的应力随时间的延续而逐渐降低的现象称应力松弛。其应力松弛率为

$$r_\sigma=\frac{\sigma_0-\sigma_t}{\sigma_0}\times 100\% \tag{2.5}$$

式中，r_σ为应力松弛率；σ_0为初始应力；σ_t为经过时间t后的应力。

在制作弹性元件时，一般要选择具有高抗松弛能力的材料。

(3) 热弹性效应

当工作温度发生变化时，弹性元件的几何尺寸和材料的弹性模量也会随之变化，从而引起测量误差。

① 弹性模量的温度系数　当温度变化时，会引起材料的弹性模量E的变化。通常采用弹性模量的温度系数β_E来表示弹性模量随温度变化的情况。

$$\beta_E=\frac{E-E_0}{E_0(t-t_0)}=\frac{\Delta E}{E_0\Delta t} \tag{2.6}$$

式中，E_0为温度为t_0时材料的弹性模量；E为温度为t时材料的弹性模量。

材料的弹性模量随温度发生变化，将使弹性元件的刚度发生改变，在同一负荷下，元件的输出也会发生改变，从而引起测量误差。

② 频率温度系数　当温度变化时，还会引起材料的谐振频率的变化。通常采用频率的温度系数β_f来表示谐振频率随温度变化的情况。

$$\beta_f=\frac{f-f_0}{f_0(t-t_0)}=\frac{\Delta f}{f_0\Delta t} \tag{2.7}$$

式中，f_0为温度为t_0时弹性元件的谐振频率；f为温度为t时弹性元件的谐振频率。

③ 线膨胀系数　当温度发生变化时材料会产生热膨胀现象。通常用线膨胀系数β_l来表示温度每升高1℃时材料长度的相对变化量。

$$\beta_1=\frac{l-l_0}{l_0(t-t_0)}=\frac{\Delta l}{l_0\Delta t} \tag{2.8}$$

式中，l_0为温度为t_0时材料的长度；l为温度为t时材料的长度。

(4) 固有频率

弹性元件本身具有质量，具有弹性和弹性后效，它们共同决定了弹性元件的固有频率。弹性元件的动态特性即输出对动态变化输入量的响应与它的固有频率是密切相关的。固有频率越高，则弹性元件响应越快。

2.2.1.2 弹性元件的材料及种类

(1) 弹性元件的材料

大多数弹性元件为金属及其合金材料制成，但也有非金属弹性元件，如石英、陶瓷及半导体硅等。制作敏感元件的弹性材料应具备以下条件。

① 具有良好的机械性能、机械加工及热处理性能，便于加工和处理。

② 具有良好的弹性特性，如稳定的输入-输出关系，很小的滞弹性效应。

③ 具有良好的温度特性，如弹性模量的温度系数小，而且稳定。

④ 具有良好的化学性能，有较强的抗氧化性和抗腐蚀性。

根据这些要求，用作弹性元件的主要材料如下。

① 马氏体弥散硬化不锈钢　常见的有17-4PH和15-5PH，这类钢具有高的弹性和耐久性及高的抗微塑变形能力，且焊接性能好，无磁性，并对很多种介质有很强的抗腐蚀能力。制成的弹性敏感元件有高的耐松弛性能。

② Ni基弥散硬化恒弹性合金　常用的Ni基弥散硬化恒弹性合金有3J53(Ni42CrTiAl)和3J58(Ni44CrTiAl)等。弹性高、滞弹性和漂移小，是制造弹性敏感元件和谐振敏感元件的重要材料。这类恒弹性合金耐腐蚀性能差，在潮湿空气中会产生锈斑，焊接性能也远不如17-4PH，具有弱磁性。3J53和3J58是常见的弹性敏感元件材料，但其恒弹性温度范围一般在−60～80℃，超过该温度区，弹性模量的温度系数将增大，影响元件和仪表的稳定性。

③ Nb恒弹性合金　Nb弹性材料为高温（≥180℃）恒弹性合金，具有无磁、耐蚀、弹性模量低、弹性极限高等优良性能，适合于制造高温、高灵敏度的精密弹性敏感元件，其使用温度范围宽（−60～200℃），是高温、腐蚀等特殊使用条件下的重要优选材料。

④ 铍青铜　铍青铜（QBe2）具有优良的弹性、较高的强度、较小的蠕变和滞后，且抗磁、耐疲劳、加工和焊接性能好等优点，是较理想的弹性材料之一，但适用温度范围较窄(150℃以下)，弹性模量温度系数较大。

⑤ 石英晶体　石英晶体的化学成分为SiO_2，纯度一般高于99.9%，密度为2.65×10^3kg/m^3，具有很高的机械强度和稳定的机械性能，一直到负载接近使晶体破碎之前，晶体始终保持弹性。所以，它的抗微塑变形能力极强，机械、电气损耗很小，且滞后和蠕变极小，是一种理想的弹性敏感元件材料。

⑥ 半导体硅材料　硅材料具有非常好的电学性质，非常好的机械性能，其抗微塑变形能力强，滞后和蠕变极小，并且动态响应快，也是一种理想的弹性敏感元件材料。

⑦ 陶瓷材料　氧化铝（Al_2O_3）是典型的结构陶瓷，具有良好的热稳定性和机械性能，其化学稳定性较好。使用温度范围宽，其综合性能略次于石英和硅，但仍是较理想的弹性敏感元件材料。

(2) 弹性元件的种类

弹性元件有弹簧管、波纹管、膜片、膜盒、薄壁圆筒等类型。下面介绍常用弹性元件的检测原理及其弹性特性。

① 弹簧管　大多是由截面为椭圆形或扁圆形的弯曲成一定弧度的空心管所构成，主要用于压力检测。其结构原理如图 2.4 所示，弹簧管的一端封闭，作为自由端，另一端开口，供被测压力进入，并作为固定端。

在压力作用下，管截面将趋于变成圆形，从而使管子趋于伸直，其结果使弹簧管的自由端产生位移，位移大小与输入压力有一定关系。对于椭圆形截面的薄壁弹簧管，其自由端的位移 d 和所受压力 p 之间的关系可表示为

$$d=p\left(\frac{1-\mu^2}{E}\right)\frac{R^3}{bh}\left(1-\frac{b^2}{a^2}\right)\frac{\alpha}{\beta+x^2}\sqrt{(\gamma-\sin\gamma)^2+(1-\cos\gamma)^2} \tag{2.9}$$

式中，μ 和 E 分别为弹簧管材料的泊松比和弹性模量；R 为弹簧管的曲率半径；a 和 b 分别为弹簧管的长半轴和短半轴；h 为弹簧管的壁厚；x 为弹簧管的基本参数，$x=\frac{Rh}{a^2}$；α 和 β 为与 $\frac{a}{b}$ 比值有关的参数；γ 为弹簧管的中心角。

式(2.9) 表明，在弹簧管的材料和机械尺寸确定的情况下，在一定压力范围内，弹簧管具有线性的弹性特性。位移与压力的关系是线性的。

② 薄壁圆筒　其筒径一般是壁厚的 20 倍以上。当筒内腔与被测介质接通并感受压力 p 时，筒壁不发生弯曲变形，只是均匀向外扩散。所以，筒壁的每一单元面积都将在轴向和径向产生拉伸应力和应变。其受力情况如图 2.5 所示，相应的轴向拉伸应力 σ_x 和径向拉伸应力 σ_τ 分别为

$$\sigma_x=\frac{r_0}{2h}p \tag{2.10}$$

$$\sigma_\tau=\frac{r_0}{h}p \tag{2.11}$$

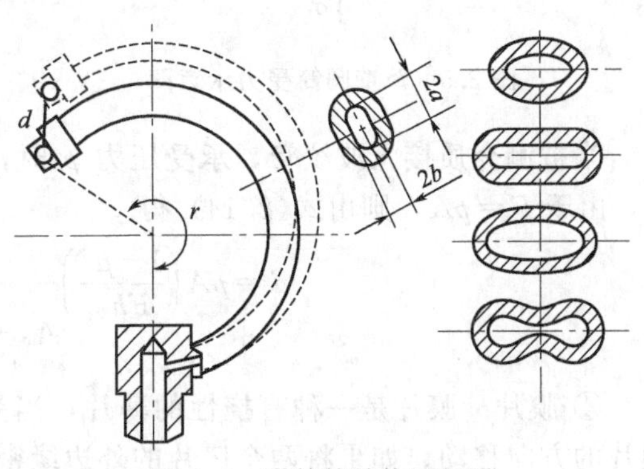

图 2.4　弹簧管结构原理图

式中，r_0 为筒的内半径；h 为筒的壁厚。

轴向应力 σ_x 和径向应力 σ_τ 相互垂直，根据虎克定律可得相应的应变 ε_x 和 ε_τ 为

$$\varepsilon_x=\frac{r_0}{2Eh}(1-2\mu)p \tag{2.12}$$

$$\varepsilon_\tau=\frac{r_0}{Eh}(1-2\mu)p \tag{2.13}$$

式中，E、μ 分别为圆筒材料的弹性模量和泊松比。

薄壁圆筒只能把压力转换成应变，在实际测量时还需要借助于电阻应变片，将应变转化为应变片的电阻值。式(2.12) 和式(2.13) 表明，在相同压力下，薄壁圆筒的径向应变大于其轴向应变。因此，在构成检测系统时，沿径向方向粘贴应变片是有利的。

③ 波纹管　波纹管也是金属制成的薄壁管状的弹性元件，可感受管内压力或管外所加集中力而产生高度方向的形变（拉伸或压缩），其结构如图 2.6 所示。波纹管的特点是线性好、弹性位移大。

将图 2.6 中的波纹管的下端固定在基座上，则波纹管的轴向形变与轴向集中力的关系可表示为

$$d=F\left(\frac{1-\mu^2}{Eh_0}\right)\frac{n}{A_0-\alpha A_1+\alpha^2 A_2+B_0\frac{h_0^2}{R_B^2}} \tag{2.14}$$

式中，F 为轴向集中力；μ、E 分别为波纹管材料的泊松比及弹性模量；n 为波纹管的条数；α 为波纹管平面与水平面的夹角，即波纹的斜角；h_0 为波纹管内半径处的壁厚；A_0、A_1、A_2、B_0 为与波纹管的几何形状有关的系数；R_B 为波纹管的内半径。

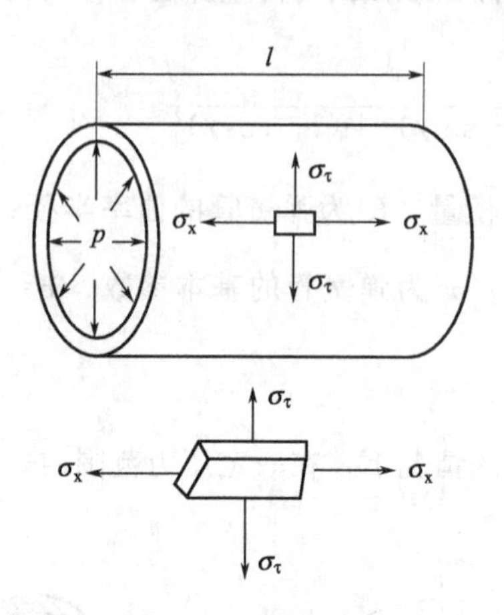

图 2.5　薄壁圆筒受力示意图

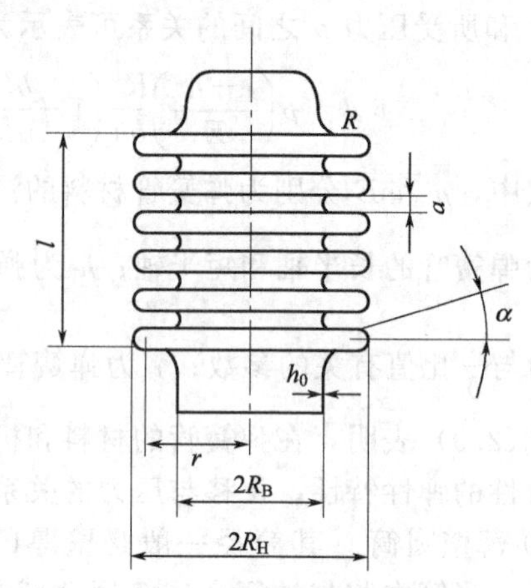

图 2.6　波纹管示意图

当被测介质接入波纹管，承受压力 p 时，波纹管上端会升高。设波纹管的有效面积为 A，由于 $F=pA$，则由式(2.14) 得

$$d=pA\left(\frac{1-\mu^2}{Eh_0}\right)\frac{n}{A_0-\alpha A_1+\alpha^2 A_2+B_0\frac{h_0^2}{R_B^2}} \tag{2.15}$$

④ 膜片　膜片是一种有挠性的薄片，当受到上下不平衡力作用后，其中心将沿垂直于膜片的方向移动。如果将两个膜片的外边缘密封焊接，则由此形成的弹性元件称膜盒。作为敏感元件，膜片和膜盒广泛地用于测量压力。膜片有平膜片和波纹膜片，其波纹有锯齿形、梯形、正弦形、圆弧形等。

边缘固定的圆形平膜片，在材料的弹性范围内，当一面受压力 p 作用时，膜片中心处的弹性位移 d 与膜片各参数的关系可用下式表示

$$p\frac{R_1^4}{E\delta^4}=\frac{16d}{3(1-\mu^2)\delta}+\frac{2(23-9\mu)}{21(1-\mu)}\left(\frac{d}{\delta}\right)^3 \tag{2.16}$$

式中，p 为被测压力；R_1 为膜片自由变形部分的外半径；E 为膜片材料的弹性模量；μ 为膜片材料的泊松比；δ 为膜片的厚度；d 为膜片中心处的位移。

波纹膜片的特性与波纹的形状有关，带波纹的圆膜片的通用表达式为

$$p\frac{R_1^4}{E\delta^4}=a\left(\frac{d}{\delta}\right)+b\left(\frac{d}{\delta}\right)^2+c\left(\frac{d}{\delta}\right)^3 \tag{2.17}$$

式中，a、b、c 是取决于波纹形状、波纹峰峰值和波纹条数的系数，其他符号与式 (2.16) 同。

从膜片的特性表达式可以看出，膜片中心处的位移与所受压力之间是非线性关系，而平膜片的非线性更为严重。

在实际使用中，膜片中心都加装有圆形硬芯，以便安装传动机构。

与膜片相比，膜盒有更大的中心位移和更高的灵敏度。当膜盒处于环境大气压力时，被

测压力接到盒内，膜盒内由于受压而使膜片产生变形，其中心的位移反映被测压力值，即表压。若将膜盒抽成真空，并且密封起来，当外界大气压力变化时，膜盒中心位移就反映大气压力的绝对值。

2.2.2　其他机械式检测元件

振动式检测元件是较为新型的机械式检测元件，它将被测量（如力、压力、密度等）的变化转换为谐振元件的固有频率的变化，利用谐振技术完成参数的检测。由于输出信号为振动频率信号，易于直接与计算机等数字式检测系统配套使用，具有体积小、重量轻、分辨率高、精度高，便于信号的传输和处理等特点。目前较为常用的有振弦式、振筒式等。

(1) 振弦式检测元件

振弦式检测元件利用弹性元件在力或压力作用下，其固有频率发生变化，将作用力转换为频率信号输出，便于数据的传输、处理和存储。具有体积小、重量轻、分辨率高等特点，是很有发展前途的一类检测元件。

振弦式检测元件的基本结构如图 2.7 所示，是由钢弦 2、支承 1、膜片 4 和永久磁铁 3 所组成。钢弦 2 的一端被固定在支承 1 上，另一端固定在膜片 4 上。整个钢弦处在永久磁铁 3 所形成的磁场之中。当膜片 4 的下部受到力的作用时，钢弦的原始张力发生变化，从而导致钢弦的固有频率发生变化，钢弦的固有频率 f_0 与钢弦所受的应力或张力之间的关系为

$$f_0=\frac{1}{2l}\sqrt{\frac{\sigma}{\rho}}=\frac{1}{2l}\sqrt{\frac{T}{\rho'}} \tag{2.18}$$

式中，l 为钢弦长度；σ 为钢弦所受应力；T 为钢弦所受张力；ρ 为钢弦材料密度；ρ' 为钢弦的线密度，即单位弦长的质量。

钢弦激振后，按固有频率振动。由于振动而切割它周围由永久磁铁形成的磁力线，从而在振弦上产生交变的感应电势，此电势的频率等于钢弦的固有振动频率。一般钢弦的长度和密度可视为常数，所以感应电势的频率就与所加的力或应力有关。

(2) 振筒式检测元件

振筒式检测元件也是利用弹性元件的固有振动频率来测量有关的参数，主要用于测量气体的压力和密度。

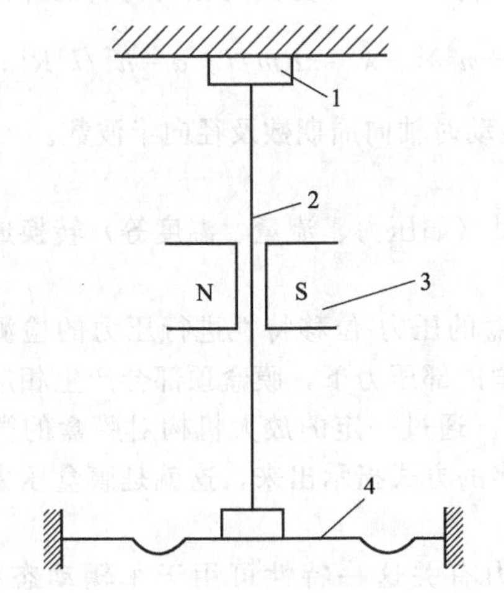

图 2.7　振弦式检测元件的基本结构

1—支承；2—钢弦；3—永久磁铁；4—膜片

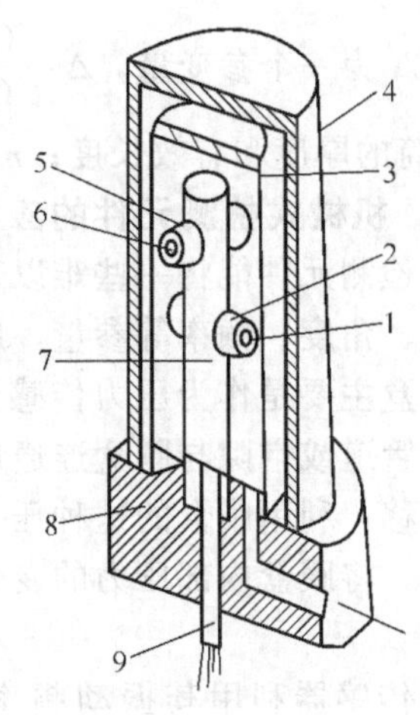

图 2.8　振筒式检测元件的结构原理

1—永磁棒；2—拾振线圈；3—振筒；4—外壳；5—激励线圈；6—磁芯；7—支柱；8—基座；9—引线

振筒式检测元件的结构原理图如图 2.8 所示，它是由振筒 3、外壳 4、基座 8、激励线圈 5 和其内的磁芯 6、拾振线圈 2 和其内的永磁棒 1，引线 9 以及环氧树脂制成的支柱 7 等所组成。振筒为敏感元件，一般由壁厚约为 0.08mm 的铁镍合金制成，通过改变筒壁厚度，可获得不同的测压范围。振筒的一端密封，另一端固定在基座上，其内腔与进气的通道相通，在基座上还固定有支柱 7，支柱上装有相互垂直且有一定距离的激励线圈和拾振线圈。这种安装方式是为了防止和减少两只线圈间的电磁耦合，外壳起着防止外磁场的干扰及机械保护作用。外壳与振筒之间为真空参考室。

在被测压力为零时，要使振筒工作在谐振状态。在电源未接通时，振筒处于静止状态，当激振线圈通以激振电流时，放大器的固有噪声便在激振线圈中产生微弱的随机脉冲，该脉冲通过激振线圈时将引起磁场改变，形成脉动力，从而引起振筒的变形位移。振筒的位移改变了拾振磁场中的磁阻，引起拾振磁路的磁通变化，从而使拾振线圈中产生感应电动势。该电动势经放大器放大后，又反馈给激振线圈以进一步增加激振力，使振筒变形更大，于是振筒在一定固有频率下振动。拾振线圈将振筒的机械振动频率转换成电脉冲信号输出。振筒的固有频率和筒壁所受的应力有关，当筒内气体压力变化时，将会引起筒壁应力变化，使沿轴向和径向被张紧的振筒刚度发生变化，从而改变振筒的谐振频率。拾振线圈一方面直接检测出随压力而变的振动频率增量，通过数字电路转换并显示出来；另一方面不断把感应电势反馈到激振线圈产生激振力使振筒维持振动。振动频率 f 与压力 p 的关系可表示为

$$f=f_0\sqrt{1+\alpha p} \tag{2.19}$$

式中，f_0为振筒所受压力为零时的固有频率；α 为与振筒的材料、尺寸有关的常数。

当振筒所受压力为零时，并假定在理想条件（即无周围介质的影响）振筒的固有频率 f_0可表示为

$$f_0=\frac{1}{2\pi R}\sqrt{\frac{E\Delta}{\rho(1-\mu^2)}} \tag{2.20}$$

式中，R 和 ρ 分别为振筒的半径和振筒材料的密度；E 和 μ 分别为振筒材料的弹性模量和泊松比；Δ 为一个参变量，$\Delta=\frac{(1-\mu^2)\lambda^4}{(\lambda^2+n^2)^2}+\alpha(\lambda^2+n^2)^2$；$\lambda=\pi Rm/l$；$\alpha=h^2/l^2R^2$；$h$ 和 l 分别为振筒的厚度和有效长度；n 和 m 分别为筒振动时轴向周期数及径向半波数。

2.2.3 机械式检测元件的应用

机械式检测元件能将一些难以直接测量的物理量（如压力、流量、温度等）转换成便于测量的长度、角度、频率等参量，应用非常广泛。

弹性膜盒主要是作为压力传感器使用，利用膜盒的压力-位移特性进行压力的检测。当压力源通过管道或空隙与膜盒连通后，在一定的膜盒内部压力下，膜盒顶部会产生相应的弹性变形或位移，利用膜盒的这种压力-位移特性曲线，通过一定的放大机构对膜盒的微小位移进行放大，将膜盒内部压力的变化采用指针或数字的方式指示出来，这就是膜盒压力表的基本原理。

振弦式传感器利用其振动频率与所承受的压力有关这一特性可用于车辆动态称重，在高速公路的超载检测中获得了成功应用，准确度达到 0.1%FS～0.5%FS；并具有很强的抗震动、抗电磁干扰能力；长期稳定性好；良好的过载能力；不怕水，可浸在水中工作等优点。

2.3 电阻式检测元件

电阻式检测元件的类型很多，其基本原理是将被测物理量的变化转换成电阻值的变化，通过对电阻值变化的测量，实现对被测物理量的检测。电阻式检测元件可用于多种参数的检测，如位移、形变、加速度、力、力矩、压力及温度等。

常见的电阻式检测元件有电阻应变片、热电阻、湿敏电阻和气敏电阻等。

2.3.1 应变式检测元件

电阻应变片是将作用在检测件上的应变变化转换成电阻变化的敏感元件。电阻应变片被粘贴在各种弹性元件上，如膜片、薄壁圆筒、悬臂梁等，当被测物理量（如力、压力、位移、扭矩、加速度等）作用在弹性元件，使其产生应变，粘贴在弹性元件上的应变片感受同样的应变并转换成应变片的电阻变化。根据材料的不同，电阻应变片主要分为金属电阻应变片和半导体应变片两类。

应变式检测元件有许多优点。

① 测量范围宽、准确度高　力的测量范围从几牛至几兆牛，准确度可达 0.005% FS；压力的测量范围从几百帕到几百兆帕，准确度可达 0.05% FS；位移测量范围从微米级到厘米级。

② 测量响应速度快　适合静态和动态测量。

③ 使用寿命长、性能稳定可靠。

④ 价格便宜、品种繁多。

⑤ 可在高低温、高速、高压、强振动、强磁场、核辐射和化学腐蚀性强等恶劣环境下工作。

应变式检测元件也有其局限性，如输出信号微弱，抗干扰能力较差，使用时需要采取屏蔽措施；容易受温度等环境因素的影响；在大应变状态下具有较大的非线性。

2.3.1.1 电阻应变片的工作原理

应变片在受到压力或拉力作用时会产生机械变形，其阻值将发生变化，这种现象称为“应变效应”。电阻应变片就是基于应变效应工作的。

设有一根长度为 l，截面积为 A，电阻率为 ρ 的电阻丝，其电阻初值 R 可表示为

$$R=\rho\frac{l}{A} \tag{2.21}$$

若电阻丝受到外力的作用被拉伸或压缩，则会引起 l、A、ρ 的变化从而引起电阻值 R 的变化，电阻值相对变化量可表示为

$$\frac{\Delta R}{R}=\frac{\Delta l}{l}-\frac{\Delta A}{A}+\frac{\Delta\rho}{\rho} \tag{2.22}$$

对半径为 r 的圆形截面电阻丝有 $\Delta A/A=2\Delta r/r$，进一步由材料力学可知，电阻丝的径向和轴向的尺寸变化关系为

$$\frac{\Delta r}{r}=-\mu\frac{\Delta l}{l} \tag{2.23}$$

式中，μ 为材料的泊松比。对于大多数金属材料，μ 的取值范围为 0.3～0.5。经过推导可以得到

$$\frac{\Delta R}{R}=(1+2\mu)\frac{\Delta l}{l}+\frac{\Delta\rho}{\rho} \tag{2.24}$$

由式(2.24) 可以看出，电阻值的变化由两部分组成，右边第一项是由于拉伸或压缩时长度的变化引起的，称为几何尺寸效应；第二项表示应变引起的电阻率变化，称为压阻效应。式中 $\Delta l/l$ 就是拉伸应力所引起的轴向应变 ε，从而式(2.24) 可表示为

$$\frac{\Delta R}{R}=(1+2\mu)\varepsilon+\frac{\Delta\rho}{\rho} \tag{2.25}$$

将式(2.25) 两边除以 ε，得

$$\frac{\Delta R/R}{\varepsilon}=1+2\mu+\frac{\Delta\rho/\rho}{\varepsilon}=K \tag{2.26}$$

式中，K 称为电阻应变片的应变灵敏系数，它的物理意义是单位应变所引起的电阻值相对变化量。

由式(2.26) 可知，应变片的灵敏系数 K 是由两个因素决定的，一是 $1+2\mu$，它是由电阻丝几何尺寸改变引起的；另一个是 $\frac{\Delta\rho/\rho}{\varepsilon}$，它是由电阻丝的电阻率 ρ 随应变的改变而引起的。对于大多数的金属应变片，由于材料的电阻率 ρ 受应变 ε 的影响很少，$1+2\mu$ 对 K 起主要作用；而半导体材料却刚好相反，$\Delta\rho/\rho$ 起主导作用。

【例 2.1】 有一金属电阻应变片 R_x，其应变灵敏系数 $K=2.5$，$R_x=120\Omega$，当工作时其应变为 $1200\mu m/m$，试问相应的电阻值变化多少？

解 根据应变系数的公式

$$\frac{\Delta R}{R_x}=K\varepsilon$$

$$\Delta R=R_x\varepsilon K=120\times1200\times10^{-6}\times2.5=0.36(\Omega)$$

所以承受应变时电阻值变化 0.36Ω。从计算结果可以看出电阻值的相对变化量还是比较小的。

2.3.1.2 应变片的结构及种类

电阻应变片的分类方法很多，常用的方法是按照应变片的制作材料、工作温度范围来分类。按材料分类，可分为金属应变片和半导体应变片两大类，按工作温度可分为常温、中温、高温和低温应变片。

(1) 金属应变片

金属应变片一般分为丝式、箔式和薄膜式。

① 丝式应变片 丝式应变片的结构如图 2.9 所示，由基片、敏感栅、盖片和引线等部分组成。通过黏结剂将基片、敏感栅和盖片黏结在一起，敏感栅的两端通过引线引出，接入测量电路。

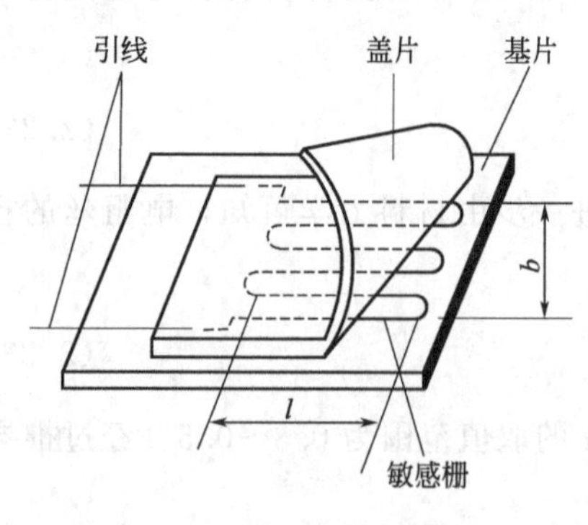

图 2.9 丝式应变片结构图

基片是将构件所受的应变准确地传递到敏感栅上，并起到敏感栅和构件间的绝缘作用，基片通常做得很薄，并具有良好的绝缘性能及抗潮和耐热性能。基片有纸基、纸浸胶基和胶基等种类，其厚度约为 0.02～0.04mm。纸基应变片制造简单、价格便宜、便于粘贴，但耐热和耐潮性较差，一般只在短期的室内实验中使用，使用温度一般在 70℃以下。用酚醛树脂、聚酯树脂等胶液将纸浸透、硬化处理的纸浸胶基其特性得到较大改善，使用温度可达 180℃，抗潮性能也较好，可长期使用。

敏感栅是金属应变片感受构件应变的敏感部分，

将应力转化为电阻值的变化。敏感栅通常用具有高电阻率，直径为0.015～0.05mm的金属丝密密排列成栅状形式而成。在用应变片组成应变测量电路时，应变片的金属丝两端存在一定的电压。为了防止金属丝中流过的电流过大而产生发热和熔断等现象，电阻值不能太小，要求金属丝有一定的长度。但在测量构件的应变时，为测得“一点”的真实应变，又要求尽可能缩短应变片的长度。因此，应变片中的金属丝一般做成栅状，称为敏感栅。

盖片起到保护敏感栅的作用，其材料与基片基本相同。

黏结剂分为有机和无机两大类。有机黏结剂用于低温、常温和中温。常用的有聚丙烯酸酯、有机硅树脂、聚酰亚胺等。无机黏结剂用于高温，常用的有磷酸盐、硅酸盐、硼酸盐等。敏感栅电阻丝两端焊接有引线，用以和外接电路相接，常用的是直径为0.1～0.15mm的镀锡铜线，或扁带形其他金属材料制成。

在一定的变形范围内，金属丝的电阻变化率与应变成线性关系。当将应变片安装在处于单向应力状态的构件表面，并使敏感栅的栅轴方向与应力方向一致时，应变片电阻值的变化率 $\Delta R/R$ 与敏感栅栅轴方向的应变 ε 成正比。

应变片的灵敏系数一般由制造厂家通过实验测定，这一步骤称为应变片的标定。在实际应用时，可根据需要选用不同灵敏系数的应变片。

② 箔式应变片　箔式电阻应变片是用极薄的厚度为3～10μm康铜或镍铬金属片腐蚀而成的。制造时，先在康铜薄片上的一面涂上一薄层聚合胶，使之固化为基底，箔片的另一面涂感光胶，用光刻技术印刷上所需要的丝栅形状，然后放在腐蚀剂中将多余部分腐蚀掉。焊上引线就成了箔式电阻应变片。常见的箔式应变片如图2.10所示。其中图2.10(a) 所示应变片常用于单应力测量，图2.10(b) 所示应变片常用于测量扭矩，图2.10(c) 所示应变片一般用于压力的测量。

箔式应变片由于采用先进的制造技术，能保证敏感栅尺寸准确、线条均匀，且可以根据测量要求制成任意形状，易于大批量生产。应变片与构件接触面积大，粘贴牢固，机械滞后小，散热性能较好，允许通过较大的工作电流，从而增大了输出信号。由于箔式应变片的诸多优点，使它获得了日益广泛的应用。

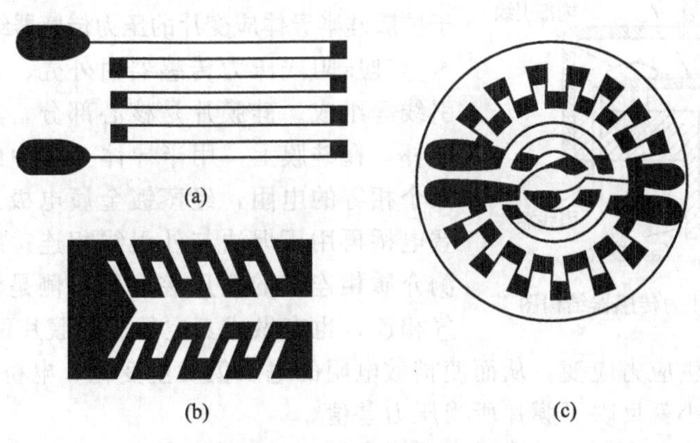

图2.10　常见的箔式应变片

③ 薄膜式应变片　所谓金属薄膜是指厚度在0.1μm以下的金属膜。

金属薄膜应变片是采用真空溅射或真空沉积的方法制成的。它可以将产生应变的金属或合金直接沉积在弹性元件上而不用黏合剂，这样应变片的滞后和蠕变均很小，灵敏度高。

(2) 半导体应变片

金属丝或箔式应变片性能稳定，准确度高，缺点是其应变灵敏系数 K 较小，对粘贴工艺要求严格，不利于生产和使用。20 世纪 50 年代出现了半导体应变片，它是应用固体物理原理和半导体集成制造工艺，以单晶膜片为敏感元件制成的。半导体应变片的主要优点是灵敏系数高，比金属应变片高 50～80 倍，且尺寸小、滞后小、动态特性好。但其温度稳定性较差，在测量较大应变时非线性严重。

当对半导体应变片施加以应力 σ 时，则电阻率的相对变化为

$$\frac{\Delta\rho}{\rho}=\pi\sigma=\pi E\varepsilon \tag{2.27}$$

式中，π 为压阻系数，与半导体种类以及应力方向和晶轴方向之间的夹角有关；E 为材料的弹性模量；ε 为在应力 σ 作用下所产生的应变。

将式(2.27) 代入式(2.25)，可得

$$\frac{\Delta R}{R}=(1+2\mu)\varepsilon+\pi E\varepsilon=(1+2\mu+\pi E)\varepsilon=K\varepsilon \tag{2.28}$$

略去影响相对较小的前两项，则半导体应变片的灵敏系数可表示为

$$K\approx\pi E \tag{2.29}$$

由于 π 和 E 与晶向有关，所以灵敏系数 K 也是与晶向有关的系数。

最常用的半导体应变片材料有硅和锗，在其中掺杂可形成 P 型或 N 型半导体，P 型半导体的 π 及 K 是正值而 N 型半导体的 π 及 K 为负值。

半导体应变片主要有三种类型：体型、薄膜型和扩散型。

体型半导体应变片是将原材料按所需晶向切割成片或条粘贴在弹性元件上使用。

薄膜型半导体应变片是用真空蒸镀的方法将锗敷在绝缘的支持片上形成的。薄膜厚度一般在 0.1μm 以下，也可将薄膜直接蒸镀在传感器的弹性元件上，从而去掉了粘贴工艺，提高了稳定性。

扩散型半导体应变片是在电阻率很大的单晶硅支持片上直接扩散一层 P 型或 N 型杂质，形成一层极薄的 P 型或 N 型导电层，然后在它上面装上电极即成为半导体应变片。有时用硅支持片作为弹性元件（硅梁或硅杯），在它上面直接扩散 P 型或 N 型半导体，制成整体式传感器。图 2.11 给出了一种基于扩散硅半导体应变片的压力传感器结构图。

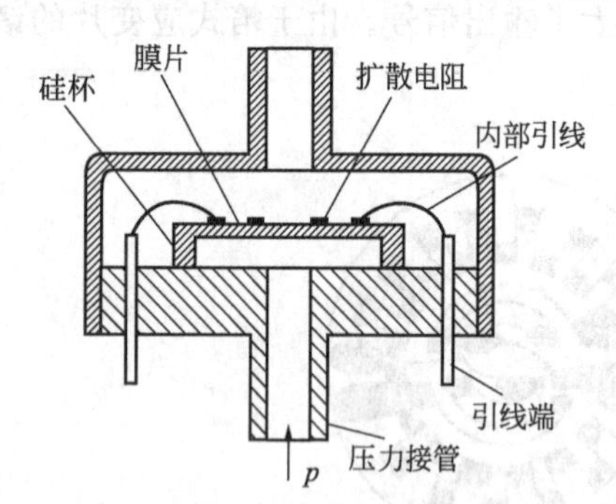

图 2.11　扩散硅压力传感器结构图

硅压阻式压力传感器由外壳、硅膜片（硅杯）和引线等组成。硅膜片是核心部分，其外形状像杯故名硅杯，在硅膜上，用半导体工艺中的扩散掺杂法做成四个相等的电阻，经蒸镀金属电极及连线，接成惠斯登电桥再用压焊法与外引线相连。膜片的一侧是和被测介质相连接的高压腔，另一侧是低压腔，通常和大气相连，也有做成真空的。当膜片两边存在压力差时，膜片发生变形，产生应力应变，从而使扩散电阻的电阻值发生变化，电桥失去平衡，输出相对应的电压，其大小就反映了膜片所受压力差值。

此类检测元件体积小，机械滞后小，蠕变性小，稳定性较好，应用非常普遍。

2.3.1.3　应变片的主要特性

（1）应变片电阻值

应变片在没有受到应力和产生变形前，在室温下测定的电阻值称为初始电阻值。应变片初始电阻值有一定的系列，如 60Ω、120Ω、200Ω、350Ω、1000Ω，其中以 120Ω 最为常用。应变片测量电路应与电阻值的大小相配合。

（2）灵敏系数 K

当应变片安装在构件表面时，在其轴线方向的单向应力作用下，应变片的阻值相对变化 $\Delta R/R$ 与构件上主应力方向的应变 ε 之比，即为灵敏系数，可表示为

$$K=\frac{\Delta R/R}{\varepsilon} \tag{2.30}$$

灵敏系数对测量精度影响很大，一般要求 K 值尽量大而且稳定。实验表明电阻应变片的灵敏系数 K 在很大应变范围内是常数。

(3) 绝缘电阻

绝缘电阻是指已安装的应变片的敏感栅及引线与被测构件之间的电阻值，在室温下，应变片的绝缘电阻在 500～5000MΩ 之间。

(4) 横向效应

应变片横向效应的大小用横向效应系数 H 表示。它的定义为：在同一单向应变作用下垂直于单向应变方向安装的应变片的指示应变与平行于单向应变方向安装的同批应变片的指示应变之比，以百分数表示。在一般情况下，H 都小于 2%。

将丝式应变片粘贴在单向拉伸构件上，应变片的敏感栅与构件一起变形，在各直线段上，电阻丝只感受轴向拉伸应变 ε_x，故各微段电阻值是增加的，但在弯曲的圆弧处，应变片不但承受沿轴向的拉伸应变 ε_x，同时在与轴向相垂直方向产生压应变（横向应变）ε_y。根据泊松关系有 $\varepsilon_y=-\mu\varepsilon_x$。因此，该微段的电阻变化由两部分组成，一部分是纵向应变 ε_x 造成的，另一部分是横向应变 ε_y 造成的。由于横向应变的影响，圆弧段的电阻变化必然小于其等长电阻沿轴向的电阻变化。因此直的线材绕成敏感栅后，即使总长度相同，应变状态一样，应变敏感栅的电阻变化仍要小一些，从而导致灵敏系数 K 的改变，这种现象称为横向效应。

(5) 机械滞后

应变片贴在构件上后，在一定温度下，进行循环的加载和卸载，加载和卸载时的输入-输出特性曲线（$\Delta R/R$-ε 特性曲线）不重合的现象称为机械滞后。一般由同一应变量下，输出 $\Delta R/R$ 的最大差值来表示，如图 2.12 所示。

产生机械滞后的主要原因是敏感栅、基底、黏合剂在承受机械应变后留下的残余变形。为减少机械滞后对测量的影响，要选择性能良好的黏合剂和基底。在正常使用之前，预先加载卸载若干次。

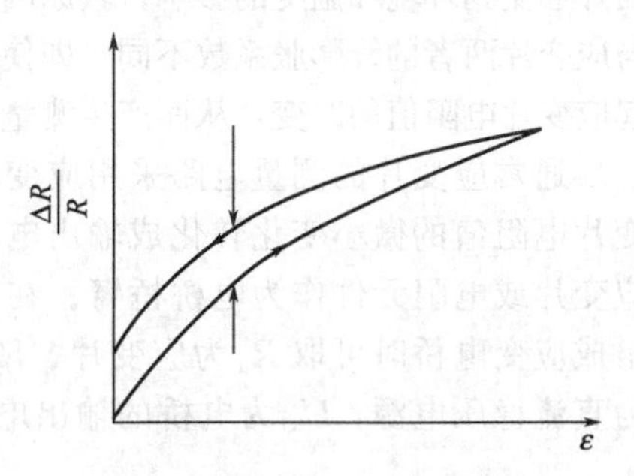

图 2.12 应变片的机械滞后

(6) 零漂和蠕变

对于已安装的应变片，在温度恒定和构件不受应力作用的条件下，指示应变随时间的变化特性通常简称为零漂。应变片的零漂主要是由于绝缘电阻过低以及通过电流产生的热电势等所造成。在恒定温度下，使应变片承受一恒定的机械应变，指示应变值随时间变化的特性称应变片的蠕变。一般在室温下，加一恒定的机械应变，在一小时后的指示应变差值即为蠕变值。

零漂和蠕变是衡量应变片对时间稳定性的重要指标，对长时间测量具有重要意义。

(7) 允许电流

允许电流是指应变片不因电流产生的热量而影响测量准确度所允许通过的最大电流。它与应变片的尺寸、线栅材料、黏合剂、构件材料和尺寸及环境有关。要根据具体情况进行计算。在实际使用中，丝式应变片通常规定静态测量时允许电流为 25mA，动态测量时可达 75～100mA。

(8) 应变极限

理想情况下，应变片电阻值相对变化与所承受的轴向应变成正比，即灵敏系数为常数，这种情况只能在一定范围内才能保持，当构件表面的应变超过某一数值时，它们的比例关系不再保持，应变计的输出将出现非线性，如图 2.13 所示。图中纵坐标表示应变片的指示应变，横坐标是构件表面的真实应变。由于非线性而造成非线性误差，用相对误差形式表示为

$$\delta=\frac{|\varepsilon_s-\varepsilon_z|}{\varepsilon_s}\times 100\% \tag{2.31}$$

式中，ε_s，ε_z分别为应变片的真实应变和指示应变。

应变片的应变极限是指在规定的使用条件下，指示应变与真实应变的相对误差不超过规定值（一般为10%）时的最大真实应变值ε_{lim}。若规定值为10%，则指示应变值为真实应变值的90%时的真实应变值即为应变极限。当应变片承受超过极限应变时，由于胶和基底传递应变能力的减弱，构件的真实应变不能全部作用在敏感栅上，测得的值就不真实。应变极限是衡量应变片的测量范围和过载能力的指标。选用抗剪强度较高的黏结剂和基底材料，可有较高的应变极限。

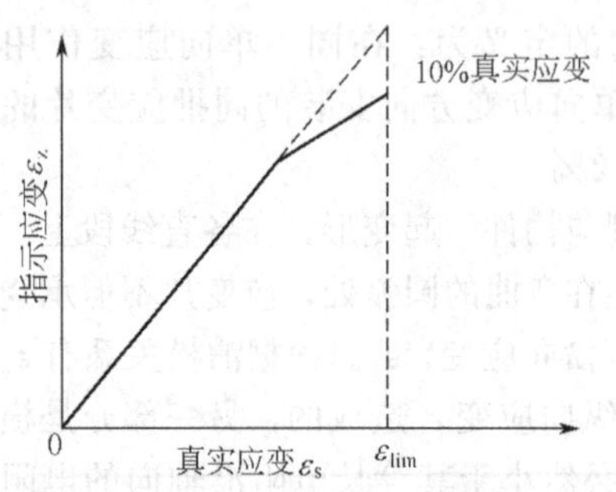

图 2.13　应变片的应变极限

(9) 温度效应及补偿

贴有应变片的构件总是处在某一温度场中。若敏感栅材料的线膨胀系数与构件材料的线膨胀系数不相等，则当温度发生变化时，由于敏感栅与构件的伸长（或缩短）量不相等，在敏感栅上就会受到附加的拉伸（或压缩），从而会引起敏感栅电阻值的变化，这种现象称为温度效应。要消除温度效应而引入的误差，可以采用桥式测量电路进行补偿。

2.3.1.4　应变片的温度效应补偿

普通应变片使用时，用胶粘贴在弹性元件上，利用电桥测出阻值以获得应变或压力。电阻应变片会受到环境和温度的影响，其原因，一是应变片电阻本身具有电阻温度系数；二是弹性元件与应变片两者的线膨胀系数不同，即使无外力作用，即无应变现象，由于环境温度的变化也会引起应变片电阻值的改变，从而产生测量误差。所以必须采取适当的温度补偿措施。

通常应变片的测量电路采用应变电桥，应变片作为电桥的部分或全部桥臂电阻。能把应变片电阻值的微小变化转化成输出电压的变化。应变电桥的原理图如图 2.14 所示，它是以应变片或电阻元件作为电桥桥臂。在室温下不承受应力时，一般选择 $R_1=R_2=R_3=R_4$。在组成应变电桥时可取 R_1为应变片、R_1和 R_2为应变片或 $R_1 \sim R_4$均为应变片等几种形式。U_I为直流稳压电源，U_O为电桥的输出电压。

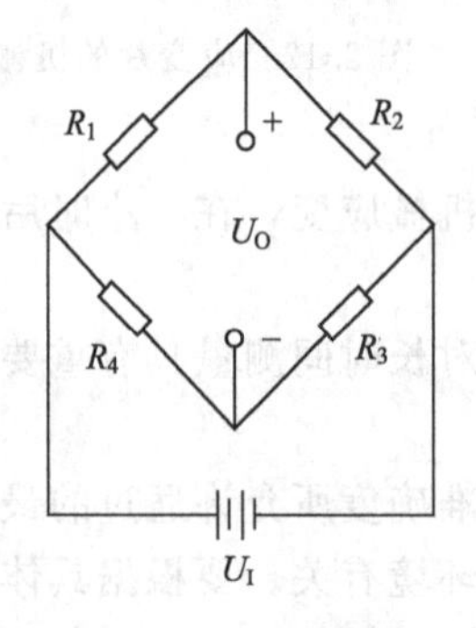

图 2.14　电桥原理

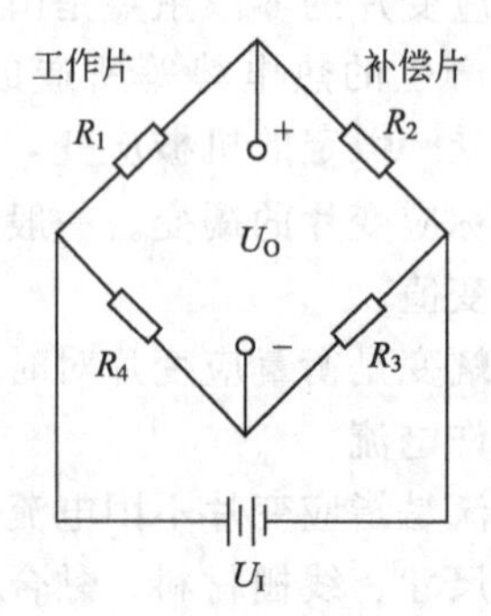

图 2.15　半桥单臂温度补偿接法

根据电桥的性质，温度补偿并不困难。只要用一个应变片作为温度补偿片，将它粘贴在一块与被测构件材料相同但不受力的构件上。将此构件和被测构件放在一起，使它们处于同一温度场中。粘贴在被测构件上的应变片称为工作片。在连接电桥时，使工作片与温度补偿片处于相邻的桥臂，如图 2.15 所示。因为工作片和温度补偿片的温度始终相同，所以它们因温度变化所引起的电阻值的变化也相同，又因为它们处于电桥相邻的两臂，所以并不产生电桥的输出电压，从而使得温度效应的影响被消除。

必须注意，工作片和温度补偿片的电阻值、灵敏系数以及电阻温度系数应相同，分别粘贴在构件上和不受力的试件上，以保证它们因温度变化所引起的应变片电阻值的变化相同。

应变片在电桥中的接法常有以下三种形式。

(1) 半桥单臂接法

如图 2.15 所示，将一个工作片和一个温度补偿片分别接入两个相邻桥臂，另两个桥臂接固定电阻。如果工作片的应变为 ε，则电桥的输出电压为

$$U_{\mathrm{O}}=\frac{KU_{\mathrm{I}}}{4}\varepsilon \tag{2.32}$$

(2) 半桥双臂接法

将两个完全相同的工作应变片贴在弹性元件的不同部位，使得在外力作用下，其中一片受压，一片受拉，然后把这两片接在电桥的相邻桥臂上，另两个桥臂接固定电阻，如图 2.16 所示。温度升降将使相邻的两桥臂的阻值同时增减，不影响平衡。在外力作用时，相邻两桥臂的阻值会一增一减，灵敏度会更高。这种方法既有温度补偿效果，又提高了灵敏度。如果工作片的应变分别为 ε 和 −ε，则电桥的输出电压为

$$U_{\mathrm{O}}=\frac{KU_{\mathrm{I}}}{2}\varepsilon \tag{2.33}$$

即为半桥单臂接法的两倍。

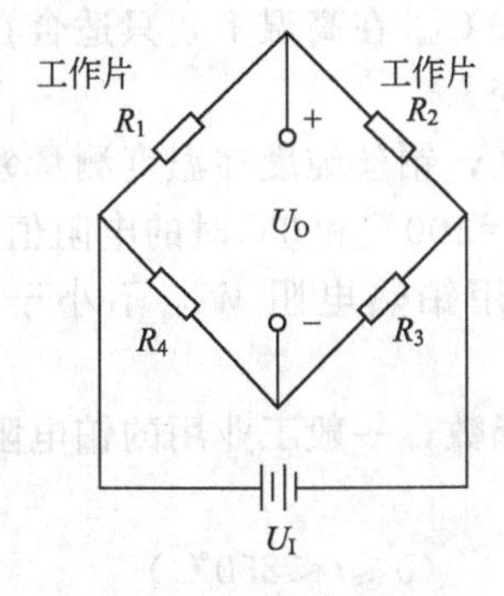

图 2.16 半桥双臂接法

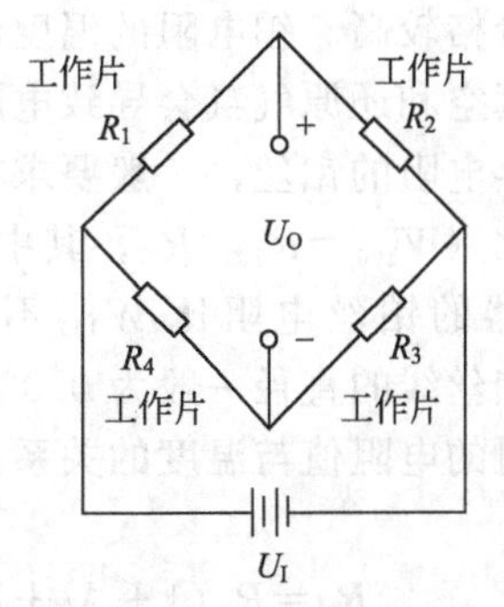

图 2.17 全桥接法

(3) 全桥接法

如图 2.17 所示，电桥的四个桥臂全部接入工作片，如果工作片 R_1、R_3 的应变为 ε，R_2、R_4 的应变为 −ε，则电桥的输出电压为

$$U_{\mathrm{O}}=KU_{\mathrm{I}}\varepsilon \tag{2.34}$$

即为半桥单臂接法的四倍。

必须注意，接入同一电桥各桥臂的应变片（工作片或温度补偿片）的电阻值、灵敏系数和电阻温度系数均应相同。

2.3.2 热电阻检测元件

热电阻是利用导体的电阻率随温度变化这一物理现象来测量温度的。物质的电阻率随温

度的变化而变化的特性称为热电阻效应。热电阻主要用于工业测温，它具有灵敏度高，稳定性、互换性好，精度高等优点。但它需要外加电源，测量温度不能太高，主要用于中、低温度（−200～650℃）范围的温度测量。

热电阻式检测元件分为两大类，金属热电阻和半导体热敏电阻。大多数金属具有正的电阻温度系数，温度越高电阻值越大。一般温度每升高1℃电阻值约增加0.4%～0.6%。由半导体制成的热敏电阻大多具有负温度系数，温度每升高1℃，电阻值约减小2%～6%。利用上述特性，可实现温度的检测。

2.3.2.1 金属热电阻

虽然绝大部分金属的电阻值与温度有关，但作为温度敏感元件的金属材料应满足以下要求。

① 电阻温度系数大，温度增加时，其电阻值有明显增大。

② 在工作范围内，物理和化学性能稳定，不易被介质腐蚀。

③ 较高的电阻率，以便制成小尺寸元件，减小热惯性。

④ 电阻随温度变化保持单值函数，最好是线性关系。

⑤ 易于得到高纯物质，复现性好，价格较便宜。

目前使用的金属热电阻材料有铂、铜和镍等，其中应用最为广泛的是铂、铜材料。由于铂具有很好的稳定性和测量精度，故人们主要把它用于高精度的温度测量和标准测温装置。金属热电阻检测元件通常由电阻体、保护套管和接线盒等部件组成。热电阻丝是绕在骨架上的，骨架采用石英、云母、陶瓷、塑料等材料制成。另外还有箔型、薄膜型等结构形式。

(1) 铂电阻

铂电阻的物理化学性能非常稳定，耐氧化性强，且电阻率较高、复现性好。可用作基准电阻和标准热电阻。但铂电阻的电阻温度系数较小，在还原性介质中工作易于变脆，且铂是贵金属，价格较高。铂电阻的温度测量范围为−200～850℃。在高温下，只适合在氧化气氛中使用，真空和还原气氛会导致电阻值与温度的关系改变。

作为热电阻的铂丝，一般要求有尽可能高的化学纯度，铂丝纯度在温度测量领域中，一般用电阻比（$W_{100}=R_{100}/R_0$，其中R_{100}和R_0分别表示$t=100$℃和0℃时的电阻值）来表示。制作标准器的铂丝电阻比W_{100}不小于1.39250，工业用铂热电阻W_{100}不小于1.3900～1.3920，铂丝线的直径一般为0.03～0.07mm。

铂电阻的电阻值与温度的关系是一个典型的非线性函数，一般工业用的铂电阻可以用下式表示

$$R_t=R_0(1+At+Bt^2) \quad (0\leqslant t<850℃) \tag{2.35}$$

$$R_t=R_0[1+At+Bt^2+Ct^3(t-100)] \quad (-200℃<t<0℃) \tag{2.36}$$

式中，R_t为温度在t℃时铂电阻的电阻值；A、B和C为常数，分别为$A=3.9083\times10^{-3}/℃$；$B=-5.775\times10^{-7}/℃^2$；$C=-4.183\times10^{-12}/℃^4$。

(2) 铜电阻

铜电阻具有电阻温度系数大，容易加工和提纯，线性较好，价格便宜等优点。其缺点是，当温度超过100℃时容易被氧化，电阻率较小，因而体积较大，热惯性较大。其测量范围一般为−50～150℃。

铜电阻的电阻值和温度的关系可以表示为

$$R_t=R_0(1+At+Bt^2+Ct^3) \tag{2.37}$$

式中，R_t为温度在t℃时铜电阻的电阻值；A、B和C为常数，分别为$A=4.28899\times$

$10^{-3}/℃$；$B=-2.133\times10^{-7}/℃^2$；$C=1.2333\times10^{-9}/℃^3$。

常用金属热电阻的温度特性曲线如图 2.17 所示。由式(2.35)～式(2.37) 可见，要确定电阻 R_t与温度 t 的关系，首先要确定 R_0的数值。R_0不同时，R_t与 t 的关系也不同。在工业上，将不同 R_0的 R_t-t 关系制成不同分度号的分度表，可供直接查用。

金属热电阻的特点是精度高，但使用时要注意电阻自身发热以及引线电阻对测量精度的影响。

① 自热误差　在用金属热电阻组成测量电路时，电阻中总要流过一定的电流并消耗一定的电功率，通电后的发热同样会造成电阻值的变化，但这种变化是不希望的。使用中应尽量减小由于电阻通电产生的自热而引起的误差。解决的办法是限制电流，规定其值应不超过 6mA。

② 引线电阻的影响　用于测量的金属热电阻总要有连接导线，由于金属热电阻本身的电阻值较小，所以引线的电阻值及其变化就不能忽略。为此，金属热电阻的引线通常采用三线式或四线式接法。

2.3.2.2　热敏电阻

热敏电阻是利用半导体材料的电阻率随温度变化较显著的特点制成的一种热敏元件。它的测温范围在－50～350℃，具有灵敏度高、体积小、热惯性小、制作简单、价格低廉、使用方便、易于大批量生产等优点。缺点是互换性差、热电特性为非线性。因此，主要用于温度控制和一些精度要求不太高的温度测量中。

热敏电阻的温度系数有正有负，如图 2.19 所示。按温度系数的不同，热敏电阻可分为负温度系数热敏电阻（NTC）和正温度系数的热敏电阻（PTC）两大类。

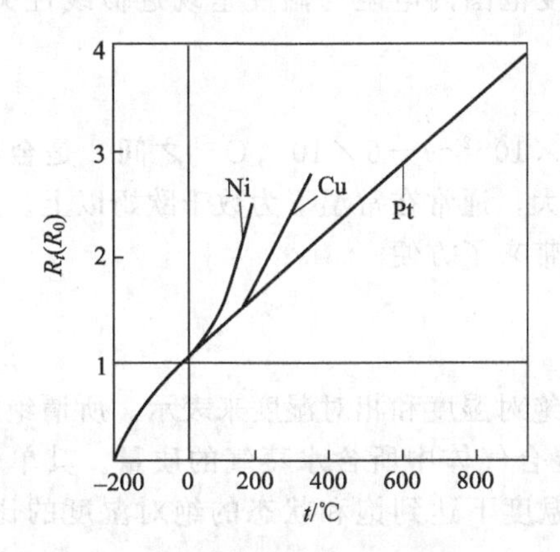

图 2.18　常用金属热电阻的温度特性曲线

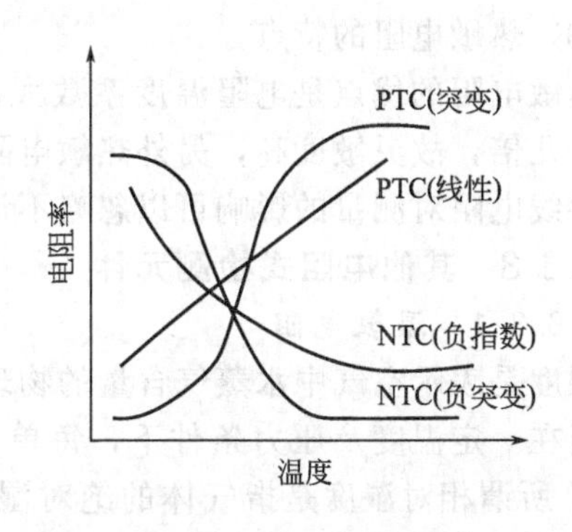

图 2.19　各种热敏电阻的特性

NTC 又分为负指数型和负突变型两类，PTC 分为线性型和突变型两类。

(1) NTC 热敏电阻

NTC 型热敏电阻主要由 Mn、Cu、Ni、Fe 等金属氧化物烧结而成。通过不同的材质组合，能得到不同的电阻值 R_{T_0}及不同的温度特性，呈现负的温度系数。NTC 型热敏电阻具有灵敏度高、热惰性小、寿命长和价格便宜等优点。

NTC 型热敏电阻的阻值与温度的关系近似表示为

$$R_T=R_{T_0}e^{B\left(\frac{1}{T}-\frac{1}{T_0}\right)} \tag{2.38}$$

式中，R_T和 R_{T_0}分别为热力学温度为 T 时和 T_0时热敏电阻的电阻值；B 为热敏电阻的材料常数。

对式(2.38)进行微分后，再除以R_T，可得热敏电阻的温度系数

$$\alpha_T=\frac{1}{R_T}\frac{dR_T}{dT}=-\frac{B}{T^2} \tag{2.39}$$

由式(2.39)可以看出，热敏电阻的电阻温度系数α_T是温度T的非线性函数，且低温段比高温段更灵敏。B值越大灵敏度越高。常用NTC型热敏电阻的B在1500～6000K之间。

热敏电阻可以根据需要制成不同的结构形式，有珠形、片形、杆形、薄膜形等，其直径或厚度约1mm，长度往往不到3mm。在－50～300℃范围，珠形和杆形的金属氧化物热敏电阻的稳定性较好。可作为温度检测和温度补偿元件。

负突变型热敏电阻是一种具有负的温度系数的开关型热敏电阻。它是在某一温度点附近电阻发生突变，且在极度小温区内随温度的增加电阻降低3、4个数量级的热敏元件。具有很好的开关特性，常作为温度控制元件。

(2) PTC热敏电阻

PTC热敏电阻是用$BaTiO_3$掺入稀土元素使之半导体化而制成的，呈现正温度系数特性。典型的电阻-温度特性如图2.19所示。

正温度系数的热敏电阻工作范围较窄，其电阻值与温度的特性可近似用下面实验公式表示

$$R_T=R_{T_0}e^{B_p(T-T_0)} \tag{2.40}$$

式中，B_p为热敏电阻材料常数。

突变型PTC热敏电阻在某一温度点其电阻值将产生阶跃式增加，因而适宜于作为控制元件。而对于线性型PTC热敏电阻，在一定的温度范围内电阻与温度呈现近似线性关系，因而适宜作为温度检测和补偿用。

(3) 热敏电阻的特点

热敏电阻的优点是电阻温度系数大，α_T在$-3\times10^{-2}\sim-6\times10^{-2}$℃$^{-1}$之间，是金属电阻的十几倍，故灵敏度高，另外热敏电阻的电阻值大，通常在常温下为数千欧姆以上。所以连接导线电阻对测量的影响可以忽略不计，给使用带来了方便。

2.3.3 其他电阻式检测元件

2.3.3.1 湿敏电阻

湿度是表示空气中水蒸气含量的物理量，常用绝对湿度和相对湿度来表示。所谓绝对湿度是指在一定温度及压力条件下，每单位体积的混合气体中所含水蒸气的质量。其单位为g/m^3。所谓相对湿度是指气体的绝对湿度与同一温度下达到饱和状态的绝对湿度的比值，记作RH，单位用%表示。

(1) 湿敏电阻的工作原理

湿敏电阻是应用最为广泛的湿度检测元件，具有原理简单、易于实现的特点。图2.20所示为一种常见的高分子电阻式湿敏元件结构图。它是由感湿膜（含保护膜）1、电极2和基片3组成。其基片为不吸水且耐高温的绝缘材料，如聚碳酸酯板、氧化铝瓷等。在基片之上，常用掩膜法真空蒸镀上薄膜，或用丝网印刷法加工出梳状电极，并在电极端处焊接出引线，电极常用不易氧化的导电材料，如金、银等制成。用含浸或旋转涂步法，将感湿膜高分子溶液涂在带有电极的基片上，经过烘干、老化后形成微型

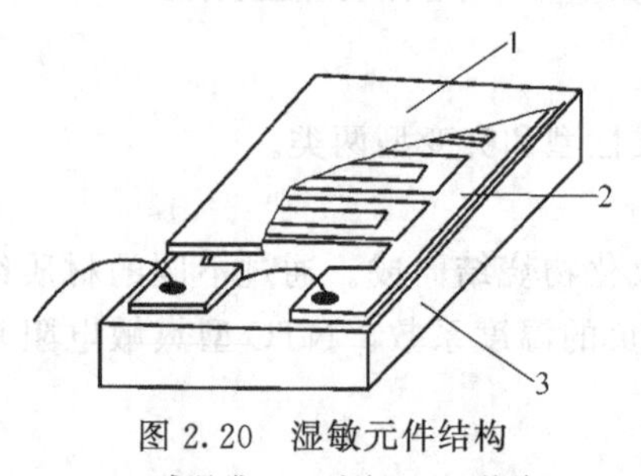

图2.20 湿敏元件结构
1—感湿膜；2—电极；3—基片

孔状结构的感湿膜，它极易吸收其周围空气中的水分，在吸收水分后，感湿膜中的水分子含量增多，从而引起其电阻率或电导率的变化，通过测量电阻或电导就可以达到测量湿度的目的。

(2) 湿敏电阻的特性

湿敏电阻的特性是指其输出（电阻）与输入（被测湿度）之间的关系曲线。图 2.21 示出了一种高分子湿敏电阻的特性曲线。它显示湿敏电阻的阻值随湿度增加而减小。这种湿敏元件的测量范围较宽，RH 值下限达 1%，上限达 100%，响应时间短（可小至几秒）。

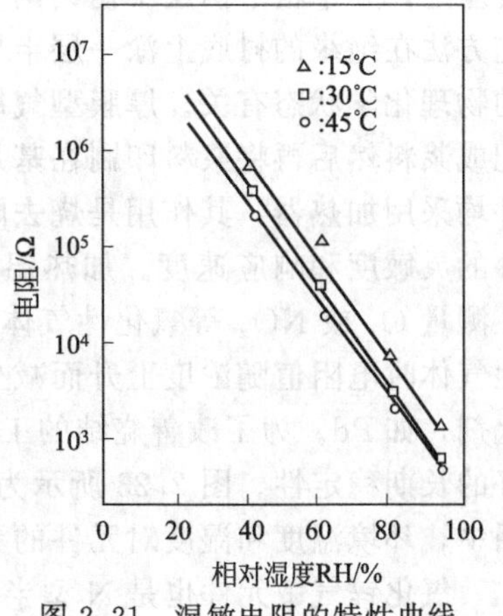

图 2.21 湿敏电阻的特性曲线

湿敏电阻的特性与温度有关，由图 2.21 可以看出同一元件在不同的环境温度下其特性曲线不重叠。因此，当湿敏元件的使用环境温度与标定的温度不同时，其电阻值相对于同一被测湿度会有不同的数值，从而造成测量误差。所以在使用中，要采用温度补偿措施。一般在检测电路中利用热敏电阻进行补偿。大多数湿敏电阻的特性都是非线性的，当准确度要求较高时，需采用线性化处理。

2.3.3.2 气敏电阻

气敏电阻是由某些半导体材料制成，它是利用半导体与特定气体接触时，其电阻值发生变化的效应进行测量的。它主要用于检测可燃性气体的含量，具有灵敏度高、响应快等特点。常见的材料有氧化锡（SnO_2）、氧化锌（ZnO）、三氧化二铁（Fe_2O_3）和五氧化二钒（V_2O_5）等。其中最典型的有氧化锡（SnO_2）和氧化锌（ZnO）。

氧化锡元件是典型的 N 型半导体，其构成形式包括烧结体型、薄膜型、厚膜型，如图 2.22 所示。烧结体型氧化锡元件是以多孔质陶瓷为基本材料，添加不同的物质烧结而成的

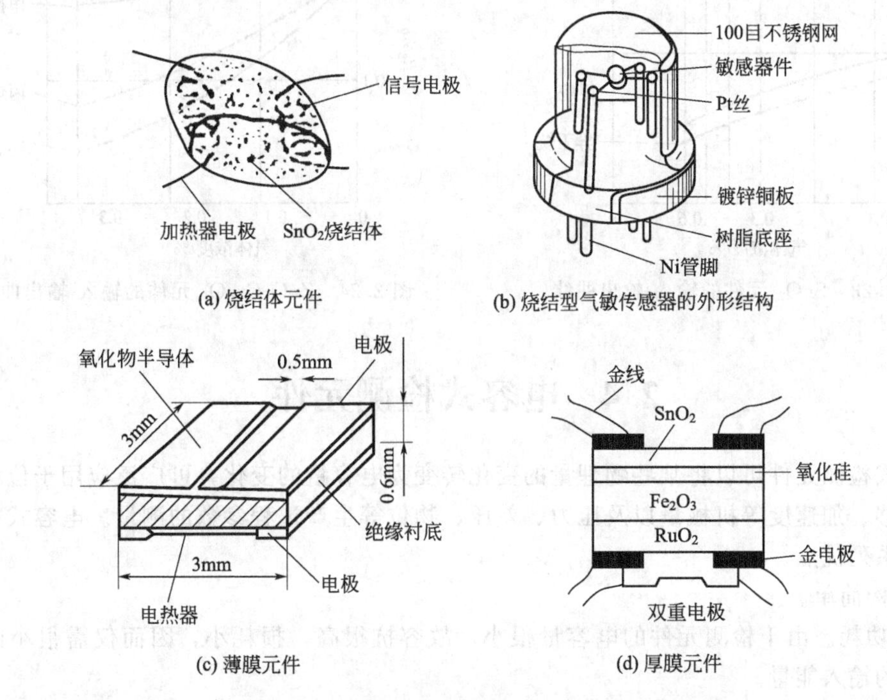

图 2.22 氧化锡元件结构原理图

[见图 2.22(a)]。烧结时埋入加热丝和测量电极制成管芯，最后将加热丝和测量电极焊在管座上，并罩覆于两层不锈钢网中 [见图 2.22(b)]。薄膜型气敏元件采用淀积、溅射等工艺方法在绝缘的衬底上涂一层半导体薄膜而成 [见图 2.22(c)]，其性能与工艺条件和薄膜的物理化学状态有关。厚膜型气敏元件一般是把氧化物材料粉末、添加剂、黏合剂以及载体配成浆料然后再将浆料印刷在基片上而成 [见图 2.22(d)]。无论哪一种类型，这类气敏元件均采用加热器，其作用是烧去附在元件表面上的油污和尘埃，以加速气体的吸附，提高元件的灵敏度和响应速度。加热温度与氧化材料和被测气体种类有关，一般在 200～400℃。在测量 O_2 或 NO_x 等氧化性气体时，其电阻值随浓度增加而增大；在测量 H_2、CO 等还原性气体时电阻值随浓度上升而减少。为提高其灵敏度和选择性，通常在 SnO_2 中掺入少量催化剂，如 Pd。为了改善烧结的工艺性，可加入适量的添加剂如 MnO、CuO 等，使元件有较好的长期稳定性。图 2.23 所示为 SnO_2 元件在测量某些气体时的输入-输出曲线。在实际使用中，环境温度和湿度对元件的灵敏度都会产生干扰，因而对测量结果都有影响。

氧化锌气敏元件也是 N 型半导体，它所用的添加剂有 Sb_2O_3、Cr_2O_3。同样，加入适当的催化剂可提高元件的灵敏度和选择性，催化剂主要有 Pt、Pd 等。在 ZnO 与 Cr_2O_3 构成的元件中，使用 Pt 作为催化剂时，对乙烷、丙烷、异丁烷相当敏感，对氢、一氧化碳、甲烷不敏感。加入 Pd 作为催化剂时，特性刚好相反，可提高对氢、一氧化碳、甲烷的灵敏度，而对乙烷、丙烷、异丁烷不敏感。利用这一特点，通过选用不同的催化剂，就能使元件具有某种选择性。设元件在洁净空气中的电阻值为 R_0，在被测气体中的电阻值为 R_g，则比值 R_g/R_0 与气体浓度的关系如图 2.24 所示。图中曲线是以 Pt 为催化剂由 ZnO 与 Cr_2O_3 构成的敏感元件的输入-输出特性。

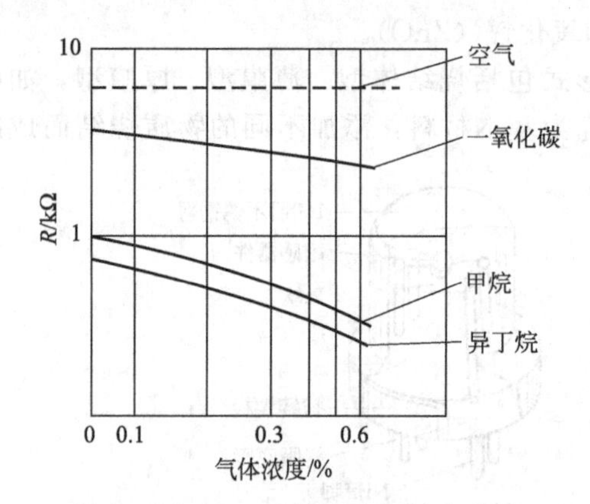

图 2.23 SnO_2 元件的输入-输出曲线

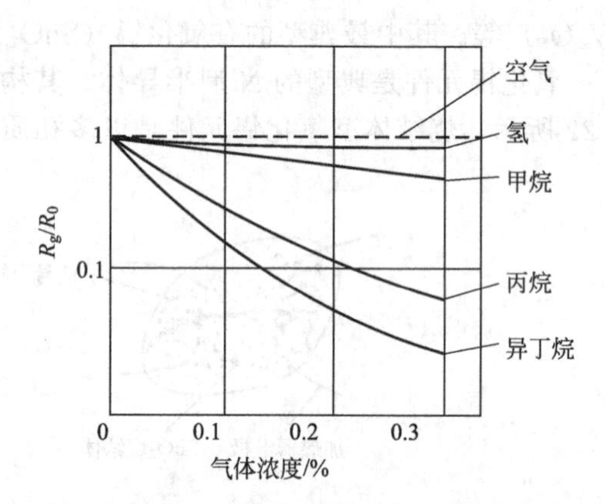

图 2.24 ZnO-Cr_2O_3 元件的输入-输出曲线

2.4 电容式检测元件

电容式检测元件可以将某些物理量的变化转变为电容量的变化，可广泛应用于位移、振动、角位移、加速度等机械量以及压力、差压、物位等生产过程参数的测量。电容式检测元件具有一系列优点。

① 结构简单。

② 低功耗。由于检测元件的电容量很小，故容抗很高，损耗小，因而仅需很小的输入力和很低的输入能量。

③ 动态特性好。电容式检测元件具有较高的固有频率和良好的动态特性，可在数兆赫

的频率下工作。

④ 非接触式测量。工作适应性强、可进行非接触式测量。

电容式检测元件也存在一些局限性。由于检测元件的电容起始值较小，且电容的变化量更小，容易受寄生式杂散电容以及外界各种干扰的影响，必须采取良好的屏蔽和绝缘措施。

2.4.1 电容检测元件的工作原理

电容检测元件实际上是各种类型的可变电容器，它能将被测量的改变转换为电容量的变化。通过一定的测量线路，电容的变化量进一步转换为电压、电流、频率等电信号。按极板形状，电容式检测元件通常有平板和圆筒形两种，如图 2.25 所示。对于平板形电容器，当忽略该电容器的边缘效应时，其电容量 C 为

$$C=\varepsilon\frac{A}{d}=\varepsilon_0\varepsilon_r\frac{A}{d} \qquad (2.41)$$

式中，A 为极板面积；d 为两极板间的距离；ε 为极板间介质的介电常数；ε_0为真空介电常数（8.85×10^{-12} F/m）；ε_r为介质相对真空的相对介电常数。

对于圆筒形电容器，其电容量为

$$C=\frac{2\pi\varepsilon_0\varepsilon_r l}{\ln\dfrac{R}{r}} \qquad (2.42)$$

式中，l 为圆筒的工作长度；R 为外圆筒内半径；r 为内圆筒外半径；其他符号与式(2.41) 相同。

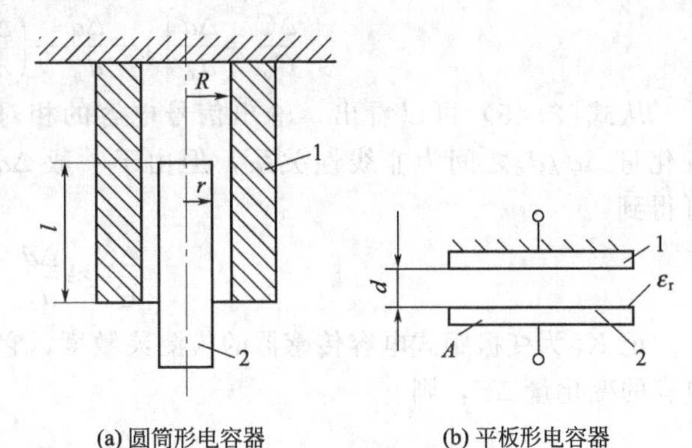

图 2.25 两种常见的电容器结构

1—固定极板；2—可动极板

由式(2.41) 及式(2.42) 可知，当电容器参数 d、A（或 l）和 ε_r中任一个发生变化时，电容量 C 也就随之变化。所以，电容器根据其工作原理可分为三种类型：即变极距式，变面积式和变介电常数式。变极距式和变面积式可以反映位移等机械量或压力等过程参数的变化；变介电常数式可以反映液位高度、材料温度和组分含量等的变化。

2.4.2 电容元件的结构和特性

(1) 变极距式电容器

图 2.26 给出了几种变极距式电容器构成的结构原理。图中 1、3 为固定极板，2 为可动极板。当某个被测量变化时，会引起动极板 2 的位移，从而改变极板间的距离 d，导致电容量 C 的变化。

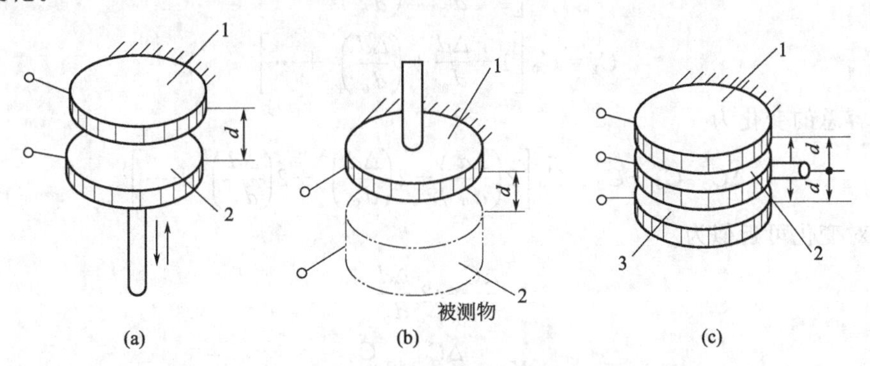

图 2.26 变极距式电容器的结构原理

1,3—固定极板；2—可动极板

设极板间的介质为空气，即 $\varepsilon_r=1$，若极板初始间距为 d_0，则初始电容量为 $C_0=\varepsilon_0\dfrac{A}{d_0}$。当极板间距由 d_0减小 $\Delta d(\Delta d \ll d_0)$ 时，相应的电容量变为

$$C=C_0+\Delta C=\frac{\varepsilon_0 A}{d_0-\Delta d}=C_0\left(\frac{1}{1-\dfrac{\Delta d}{d_0}}\right) \tag{2.43}$$

$$\frac{\Delta C}{C_0}=\frac{\Delta d/d_0}{1-\dfrac{\Delta d}{d_0}} \tag{2.44}$$

若 $\Delta d \ll d_0$，将式(2.44) 按幂级数展开，则

$$\frac{\Delta C}{C_0}=\frac{\Delta d}{d_0}\left[1+\frac{\Delta d}{d_0}+\left(\frac{\Delta d}{d_0}\right)^2+\cdots\right] \tag{2.45}$$

从式(2.45) 可以看出，输出信号电容的相对变化值 $\Delta C/C_0$与输入信号位移的相对变化量 $\Delta d/d_0$之间为非线性关系，但由于一般 $\Delta d/d_0 \ll 1$，则式(2.45) 可略去高次项，可得到

$$\frac{\Delta C}{C_0}\approx\frac{\Delta d}{d_0} \tag{2.46}$$

记 K_C为变极距式电容传感器的检测灵敏度，它反映了单位位移变化量 Δd 所能引起的电容的变化量 ΔC，则

$$K_C=\frac{\Delta C}{\Delta d}=\frac{C_0}{d_0}=\frac{\varepsilon A}{d_0^2} \tag{2.47}$$

从式(2.47) 可以看出，变极距式电容传感器的灵敏度与初始极板间距 d_0的平方成反比。从这个意义上来说，要提高灵敏度希望 d_0越小越好；但 d_0过小，容易引起电容器击穿或极板间短路。

由于略去了高次项所引起的相对非线性误差 δ 为

$$\delta=\frac{\Delta C-\Delta C'}{\Delta C}=-\frac{\Delta d}{d_0}\left[1+\left(\frac{\Delta d}{d_0}\right)+\left(\frac{\Delta d}{d_0}\right)^2+\cdots\right] \tag{2.48}$$

图 2.26(c) 是一个差动变极距式电容位移检测元件结构，在两个固定极板之间设置可移动极板，使固定极板对中间可移动极板成对称结构，当可移动极板位移变化 Δd 时会使其中一个电容器的电容量增加，另一个电容器的电容量减小，即

$$C_1=C_0\left[1+\frac{\Delta d}{d_0}+\left(\frac{\Delta d}{d_0}\right)^2+\cdots\right] \tag{2.49}$$

$$C_2=C_0\left[1-\frac{\Delta d}{d_0}+\left(\frac{\Delta d}{d_0}\right)^2+\cdots\right] \tag{2.50}$$

则电容总的变化为

$$\Delta C=C_1-C_2=C_0\left[2\left(\frac{\Delta d}{d_0}\right)+2\left(\frac{\Delta d}{d_0}\right)^3+2\left(\frac{\Delta d}{d_0}\right)^5+\cdots\right] \tag{2.51}$$

其相对变化可近似为

$$\frac{\Delta C}{C_0}\approx 2\,\frac{\Delta d}{d_0} \tag{2.52}$$

灵敏度

$$K_C=\frac{\Delta C}{\Delta d}=2\,\frac{C_0}{d_0} \tag{2.53}$$

由式(2.51) 和式(2.53) 可见，差动式电容检测提高了灵敏度，另外，最小的非线性项

是3次项，其值远小于2次项，比较式(2.45) 可以看出，采用差动结构明显改善了线性特性。另外当温度变化时上下电容器的值同时发生变化，因此可以有效地改善温度等环境因素和静电引力给测量带来的影响，所以在实际应用中差动式更为常见。

【例2.2】 已知两极板电容传感器，如图2.26(a) 所示，其极板面积为A，两极板间介质为空气，极板间距1mm，当极距减少0.1mm时，求其电容变化量$\Delta C=C-C_0$和相对变化率$\Delta C/C_0$。若参数不变，将其改为差动结构，如图2.26(c) 所示，当极距变化0.1mm时，假设C_1的极板间距减小而C_2的极板间距增大，求其电容量的差C_1-C_2和相对变化率$(C_1-C_2)/C_0$。

解 极板间距1mm时，电容量 $C_0=\dfrac{\varepsilon_0 A}{d}=\dfrac{8.85\times10^{-12}A}{1\times10^{-3}}=8.85\times10^{-9}A$

极距减少0.1mm时，电容量 $C=\dfrac{\varepsilon_0 A}{d-\Delta d}=\dfrac{8.85\times10^{-12}A}{0.9\times10^{-3}}=9.83\times10^{-9}A$

电容变化量 $\Delta C=C-C_0=(9.83-8.85)\times10^{-9}A=0.98\times10^{-9}A$

电容相对变化率 $\dfrac{\Delta C}{C_0}=\dfrac{0.98\times10^{-9}A}{8.85\times10^{-9}A}=11\%$

改为差动结构后

$$C_1=9.83\times10^{-9}A$$

$$C_2=\frac{8.85\times10^{-12}A}{1.1\times10^{-3}}=8.04\times10^{-9}A$$

电容变化量 $\Delta C=(9.83-8.04)\times10^{-9}A=1.79\times10^{-9}A$

电容相对变化率 $\dfrac{\Delta C}{C_0}=\dfrac{1.79\times10^{-9}A}{8.85\times10^{-9}A}=20.2\%$

从计算结果可以看出，采用差动式结构可以明显提高灵敏度。

(2) 变面积式电容器

图2.27为几种常见的变面积式电容器原理图，其中图2.27(a) 和 (b) 为平板式，前者可测直线位移，后者可测角位移；图2.27(c) 和 (d) 为圆筒式，可测较大的直线位移或角位移。图中1、3为固定极板，2为可动极板。

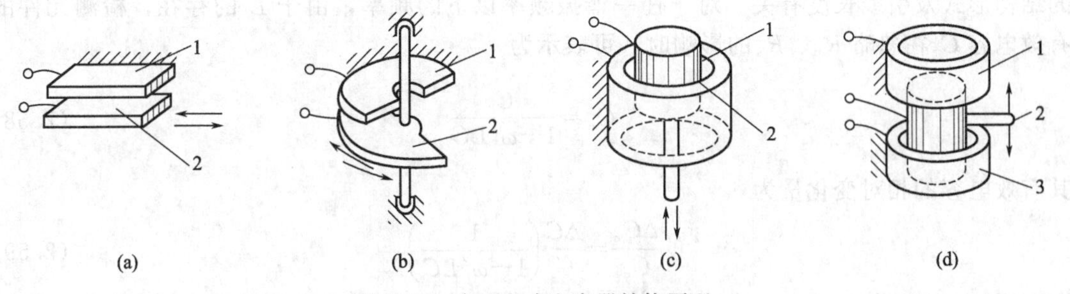

图2.27　变面积式电容器结构原理

1,3—固定极板；2—可动极板

当可动极板在被测量的作用下发生位移，使两极板相对有效面积改变ΔA，则会导致电容器的电容量的变化ΔC

$$\Delta C=\frac{\varepsilon}{d_0}\Delta A \tag{2.54}$$

灵敏度
$$K_C=\Delta C/\Delta A=\varepsilon/d_0 \tag{2.55}$$

为常数，说明变面积式电容元件的输入-输出关系在理论上是线性的。

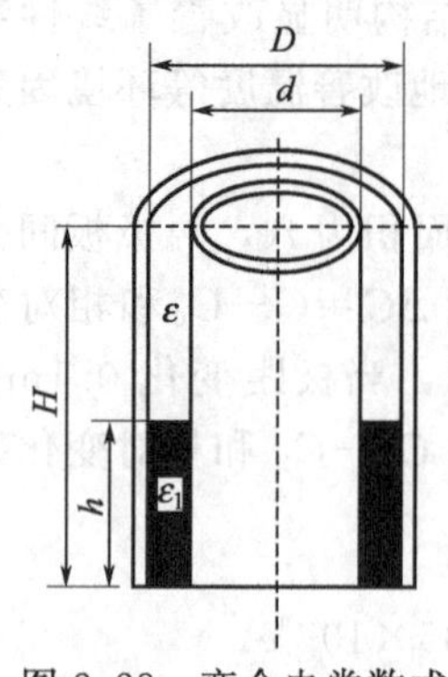

图 2.28 变介电常数式液位传感器原理图

(3) 变介电常数式电容器

当两极板间介质的介电常数 ε 变化 Δε，由此引起的电容改变量 ΔC 为

$$\Delta C=\frac{A}{d_0}\Delta\varepsilon \tag{2.56}$$

引起两极板间介质介电常数变化的因素，可以是介质含水量，介质厚度或高度，介质组分含量的变化。因此可以用来测量含水量、物位以及介质厚度等物理参数。图 2.28 所示为采用变介电常数式电容传感器测量液位的原理图。当液位高度为 h 时，传感器的电容值为

$$C=\frac{2\pi\varepsilon_1 h}{\ln\dfrac{D}{d}}+\frac{2\pi\varepsilon(H-h)}{\ln\dfrac{D}{d}}=\frac{2\pi\varepsilon H}{\ln\dfrac{D}{d}}+\frac{2\pi h(\varepsilon_1-\varepsilon)}{\ln\dfrac{D}{d}}=C_0+\frac{2\pi h(\varepsilon_1-\varepsilon)}{\ln\dfrac{D}{d}} \tag{2.57}$$

式中，C_0为由基本尺寸决定的初始电容值，即 $C_0=\dfrac{2\pi\varepsilon H}{\ln\dfrac{D}{d}}$。

由上式可见，传感器的电容增量正比于被测液位高度 h。

(4) 等效电路

在一般情况下，电容式检测元件可视为一个纯电容。但在低频率或在高温高湿条件下，电容损耗、电感效应、极板间等效电阻必须考虑，此时电容的等效电路如图 2.29 所示。等效电路中，R_p为并联损耗，它包括极板间的泄漏电阻和介质损耗等。R_s称串联损耗，包括引线电阻、极板电阻和支架电阻。L 是由电容器本身的自身电感和引线电感组成，与电容器的结构形式及引线长度有关。对于任一谐振频率以下的频率，由于 L 的存在，检测元件的有效电容 C_e在忽略 R_p、R_s的影响时，可表示为

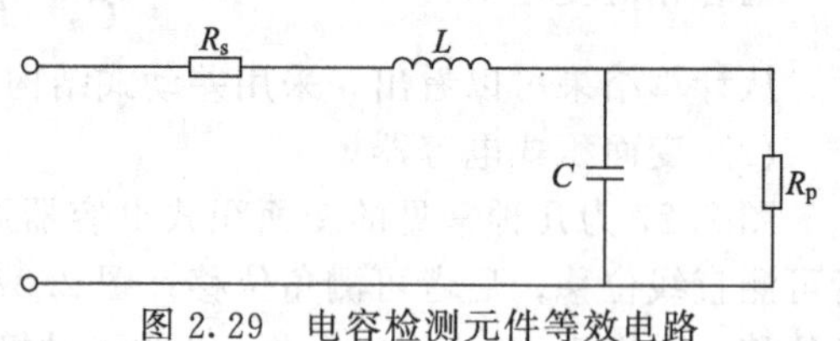

图 2.29 电容检测元件等效电路

$$C_e=\frac{C}{1-\omega^2 LC} \tag{2.58}$$

其有效电容的相对变化量为

$$\frac{\Delta C_e}{C_e}=\frac{\Delta C}{C}\left(\frac{1}{1-\omega^2 LC}\right) \tag{2.59}$$

因此测量时必须与校准时处在同样条件下，其电源频率与引线长度不能改变。

2.4.3 电容式检测元件的温度补偿及抗干扰问题

(1) 电容式检测元件的温度补偿

温度影响电容式检测元件的输出主要有两个方面。

① 温度变化能引起电容式检测元件各组成零件的几何尺寸的变化，使电容极板间隙或面积发生改变，从而导致电容的变化，产生附加误差。减少温度引起的这种误差的方法是元件要选用温度系数小并且稳定的材料，如近年来采用在陶瓷、石英等材料上喷镀金、银的工艺。

② 温度的变化还能引起极板间介质的介电常数的变化，直接影响电容值，带来测量误差。特别是当介质为液体时这种影响会很大。该误差一般是在转换电路中采用补偿的措施加以消除。

(2) 消除寄生电容的影响

电容式传感器具有温度稳定性好，结构简单，适应性强，动态响应好等优点，广泛应用于位移、振动、液位、压力等测量中。电容式检测元件除了极板间的电容外，极板还可能与周围物体之间产生电容联系，该电容称为寄生电容。但由于电容式传感器的初始电容量很小，而连接传感器与电子线路的引线电缆电容、电子线路的杂散电容以及传感器内极板与周围导体构成的电容等所形成的寄生电容却较大，不仅降低了传感器的灵敏度，而且这些电容是随机变化的，使得仪器工作很不稳定，影响测量精度，甚至使传感器无法工作，必须设法消除寄生电容对传感器的影响。

① 增加初始电容值　采用增加初始电容值的方法可以使寄生电容相对电容传感器的电容量减小。可采用减小极片或极筒间的间距，如平板式间距可减小为 0.2mm 或更小，圆筒式间距可减小为 0.15mm，增加工作面积或工作长度来增加初始电容值，但此种方法要受到加工和装配工艺、精度、示值范围、击穿电压等限制，一般电容变化值在 $10^{-3}\sim10^{3}$pF 之间。

② 集成法　将传感器与电子线路的前置级装在一个壳体内，省去传感器至前置级的电缆，这样，寄生电容大为减小而且固定不变。但这种方法因电子元器件的存在而不能在高温或环境恶劣的地方使用。还可利用集成工艺，把传感器和调理电路集成于同一芯片，构成集成电容传感器。

③ 驱动电缆技术　所谓“驱动电缆技术”又称“双层屏蔽等电位传输技术”，即电容器与转换电路之间的连接电缆采用内外双层屏蔽，而且其内屏蔽层与信号传输线通过 1∶1 放大器实现等电位，以有效消除引线与屏蔽层之间的寄生电容，图 2.30 为驱动电缆原理示意图。传感器与测量电路前置级间的引线为双屏蔽层电缆，其内屏蔽层与信号传输线（即电缆芯线）通过 1∶1 放大器实现等电位，从而消除了芯线与内屏蔽层之间的电容。由于屏蔽线上有随传感器输出信号变化而变化的电压，因此称为“驱动电缆”。采用这种技术可使电缆线长达 10m 之远也不影响传感器的性能。外屏蔽层接大地（或接传感器地）用来防止外界电场的干扰。内外屏蔽层之间的电容是 1∶1 放大器的负载。1∶1 放大器是一个输入阻抗要求很高、具有容性负载、放大倍数为 1（准确度要求达 1/1000）的同相（要求相移为零）放大器。因此“驱动电缆”技术对 1∶1 放大器要求很高，电路复杂，但能保证电容式传感器的电容值小于 1pF 时，也能正常工作。

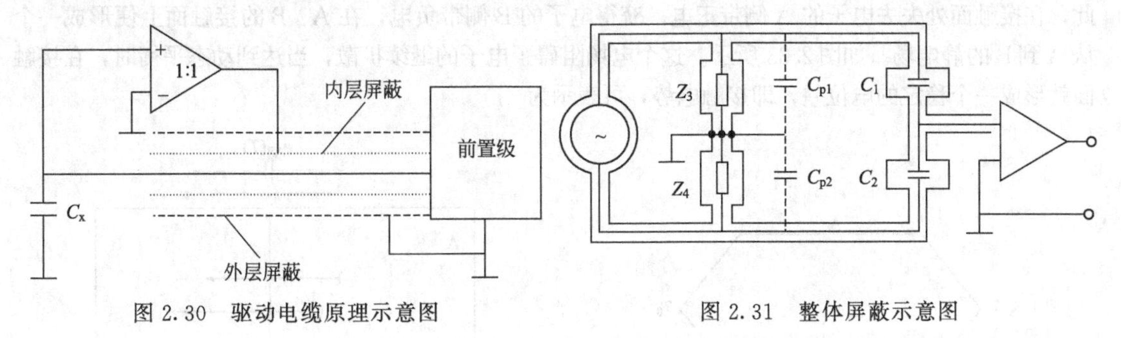

图 2.30　驱动电缆原理示意图　　　图 2.31　整体屏蔽示意图

④ 整体屏蔽技术　整体屏蔽将电容式传感器和所采用的转换电路、传输电缆等用同一个屏蔽壳屏蔽起来，正确选取接地点可减小寄生电容的影响和防止外界的干扰。图 2.31 所示是差动电容式传感器交流电桥所采用的整体屏蔽系统，屏蔽层接地点选择在两固定辅助阻

抗臂 Z_3 和 Z_4 中间，使电缆芯线与其屏蔽层之间的寄生电容 C_{p1} 和 C_{p2} 分别与 Z_3 和 Z_4 相并联。如果 Z_3 和 Z_4 比 C_{p1} 和 C_{p2} 的容抗小得多，则寄生电容 C_{p1} 和 C_{p2} 对电桥的平衡状态的影响就很小。整体屏蔽技术应用较为广泛，屏蔽效果也比较好。

2.4.4 电容式检测元件的应用

电容式检测元件应用非常广泛，可以实现位移、角位移等机械量以及压力、物位等过程参数的测量。

目前广泛使用的差压变送器主要采用电容式差压传感器，其基本的工作原理是，压力变送器将被测介质的两种压力通入高、低两压力室，作用在敏感元件的两侧隔离膜片上，通过隔离片和元件内的填充液传送到测量膜片两侧。测量膜片与两侧绝缘片上的电极各组成一个电容器。当两侧压力不一致时，致使测量膜片产生位移，其位移量和压力差成正比，故两侧电容量就不等，经测量电路转换为统一的标准信号。

2.5 热电式检测元件

热电式检测元件是利用敏感元件将温度变化转换为电量的变化，从而达到测量温度的目的。最典型的热电式检测元件是热电偶，具有结构简单、使用方便、测量准确度高、测温范围宽等优点。

2.5.1 热电偶检测元件

2.5.1.1 热电效应及测温原理

将两种不同的导体 A、B 连接成闭合回路如图 2.32 所示。将它们的两个接点分别置于温度为 T 及 T_0（设 $T>T_0$）的热源中，则在该回路内就会产生热电动势。这种现象称之为热电效应。将两种材料的导体组合称为热电偶。导体 A 和 B 称为热电极。温度高的接点 T 称为热端（或工作端），温度低的接点 T_0 称为冷端（或自由端）。热电偶回路中所产生的电动势由两部分组成：其一是不同材料的两种导体之间的接触电势（或称帕尔贴电势）；其二是单一导体两端温度不同而形成的温差电势（或称汤姆逊电势）。

（1）接触电势

当两种导体 A、B 接触时，由于不同材料其电子密度不同，在接触面上会发生电子扩散。电子扩散速率与两种导体的电子密度有关，并与接触区的温度成正比。设导体 A 和 B 的电子密度为 N_A 和 N_B，且有 $N_A>N_B$。则在接触面上由 A 扩散到 B 的电子将必然地比由 B 扩散到 A 的电子多。因此，在接触面处失去电子的 A 侧带正电，获得电子的 B 侧带负电，在 A、B 的接触面上便形成一个从 A 到 B 的静电场。如图 2.33 所示。这个电场阻碍了电子的继续扩散，当达到动态平衡时，在接触面就形成一个稳定的电位差，即接触电势，可表示为

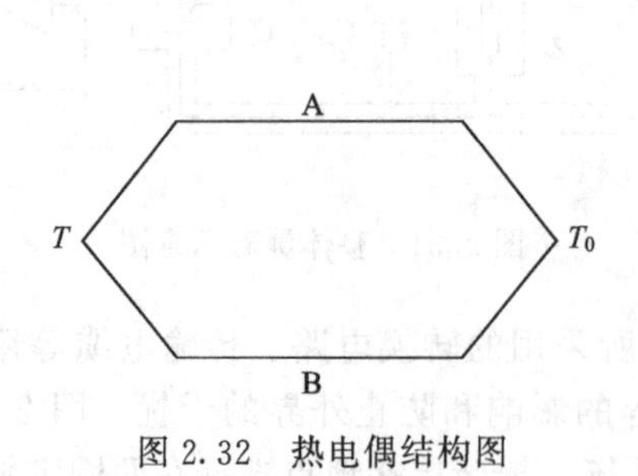

图 2.32 热电偶结构图

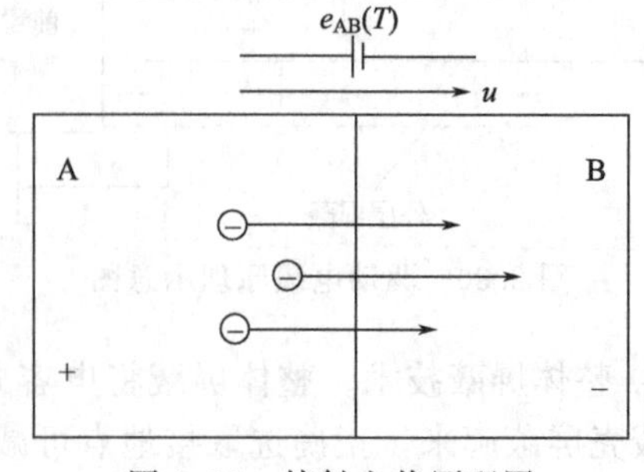

图 2.33 接触电势原理图

$$e_{AB}(T)=\frac{kT}{e}\ln\frac{N_A}{N_B} \tag{2.60}$$

式中，$e_{AB}(T)$ 为导体 A 和 B 的接点在温度 T 时形成的接触电势；k 为玻耳兹曼常数，$k=1.38\times10^{-23}$J/K；e 为电子电荷量，$e=1.602\times10^{-19}$C；N_A、N_B分别为导体 A 和 B 的电子密度。

(2) 温差电势

单一导体中，如果两端温度不同（$T>T_0$），导体内自由电子在高温端具有较大的动能，因而向低温端扩散。结果高温端因失去电子而带正电，低温端因得到电子而带负电，从而形成一个静电场，电场方向为高温端指向低温端，该电场阻碍电子继续扩散，当达到动态平衡时，在导体的两端便产生一个相应的电位差。该电位差就称为温差电势。可表示为

$$e_A(T,T_0)=\int_{T_0}^{T}\sigma_A\mathrm{d}T \tag{2.61}$$

式中，$e_A(T,T_0)$为导体 A 两端温度分别为 T，T_0时形成的温差电势；σ_A为导体 A 的汤姆逊（Thomson）系数，它表示一导体两端温差为 1℃时所产生的温差电势，其值与材料性质及两端温度有关。

(3) 热电偶回路热电势

对于由导体 A、B 组成的热电偶闭合回路，当 $T>T_0$，$N_A>N_B$时，闭合回路总的热电势为 $E_{AB}(T, T_0)$，包含了 2 个接触电势和 2 个温差电势，如图 2.34 所示。

$$\begin{aligned}E_{AB}(T,T_0)&=[e_{AB}(T)-e_{AB}(T_0)]+[-e_A(T,T_0)+e_B(T,T_0)]\\&=\frac{kT}{e}\ln\frac{N_{AT}}{N_{BT}}-\frac{kT_0}{e}\ln\frac{N_{AT_0}}{N_{BT_0}}+\int_{T_0}^{T}(\sigma_B-\sigma_A)\mathrm{d}T\end{aligned} \tag{2.62}$$

由式(2.62) 可知如下几点。

① 热电动势的大小只与热电极材料及两端温度有关，与热电极的几何尺寸无关。因此在设计和制造热电偶时为降低材料消耗，在机械强度允许的情况下热电极尽可能制作得细一些。

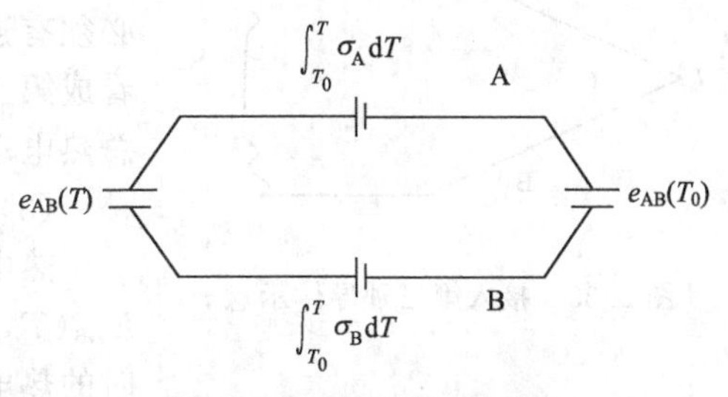

图 2.34 热电偶闭合回路

② 若组成热电偶的两个电极是同种材料组成，则 $N_A=N_B$，$\sigma_A=\sigma_B$，此时，无论 T 与 T_0有多大差异，都有 $E_{AB}(T, T_0)=0$。因此，热电偶必须由两种材料不同的两个电极构成。

③ 若组成热电偶的两个电极是不同材料组成，并且 $N_A\neq N_B$，$\sigma_A\neq\sigma_B$，若 $T=T_0$，则 $E_{AB}(T, T_0)=0$。因此如果两接触端温度相同，则回路中不产生热电动势。

④ 热电极材料确定之后，热电势的大小只与 T,T_0有关，若保持 T_0一定，则热电偶回路总热电势就可以看成是温度 T 的单值函数。这就是用热电偶测温的基本原理。

如果热电偶的两根热电极由两种均质导体组成，那么，热电偶的热电动势仅与两接点的温度有关，与热电偶的温度分布无关；如果热电极为非均质电极，并处于具有温度梯度的温场时，将产生附加电势，如果仅从热电偶的热电动势大小来判断温度的高低就会引起误差。

2.5.1.2 热电偶的基本定律

通过前面的分析，我们可以得到热电偶的一些基本定律。

(1) 均质导体定律

由一种均质导体组成的闭合回路，不论导体的横截面积，长度以及温度分布如何均不产生热电动势。

(2) 中间导体定律

在热电偶回路中接入第三种材料的导体，只要其两端的温度相等，该导体的接入就不会影响热电偶回路的总热电动势。

证明如下。

在图 2.35 所示的热电偶回路中，回路总热电势为

$$
\begin{aligned}
E_{\mathrm{ABC}}(T,T_0) &= e_{\mathrm{AB}}(T)+e_{\mathrm{BC}}(T_0)+e_{\mathrm{CA}}(T_0)-\int_{T_0}^{T}\sigma_{\mathrm{A}}\mathrm{d}T+\int_{T_0}^{T}\sigma_{\mathrm{B}}\mathrm{d}T \\
&= e_{\mathrm{AB}}(T)+e_{\mathrm{BC}}(T_0)+e_{\mathrm{CA}}(T_0)-\int_{T_0}^{T}(\sigma_{\mathrm{A}}-\sigma_{\mathrm{B}})\mathrm{d}T \\
&= \frac{kT}{e}\left(\ln\frac{N_{\mathrm{A}T}}{N_{\mathrm{B}T}}\right)+\frac{kT_0}{e}\left(\ln\frac{N_{\mathrm{B}T_0}}{N_{\mathrm{C}T_0}}+\ln\frac{N_{\mathrm{C}T_0}}{N_{\mathrm{A}T_0}}\right)-\int_{T_0}^{T}(\sigma_{\mathrm{A}}-\sigma_{\mathrm{B}})\mathrm{d}T \\
&= \frac{kT}{e}\left(\ln\frac{N_{\mathrm{A}T}}{N_{\mathrm{B}T}}\right)+\frac{kT_0}{e}\ln\frac{N_{\mathrm{B}T_0}}{N_{\mathrm{A}T_0}}-\int_{T_0}^{T}(\sigma_{\mathrm{A}}-\sigma_{\mathrm{B}})\mathrm{d}T \\
&= \frac{kT}{e}\left(\ln\frac{N_{\mathrm{A}T}}{N_{\mathrm{B}T}}\right)-\frac{kT_0}{e}\ln\frac{N_{\mathrm{A}T_0}}{N_{\mathrm{B}T_0}}-\int_{T_0}^{T}(\sigma_{\mathrm{A}}-\sigma_{\mathrm{B}})\mathrm{d}T \\
&= e_{\mathrm{AB}}(T)-e_{\mathrm{AB}}(T_0)+\int_{T_0}^{T}(\sigma_{\mathrm{B}}-\sigma_{\mathrm{A}})\mathrm{d}T \\
&= E_{\mathrm{AB}}(T,T_0)
\end{aligned}
$$

根据这一定律，可以将热电偶的一个接点断开接入第三种导体，也可以将热电偶的一种导体断开接入第三种导体，只要该种导体的两端温度相同，均不影响回路的总热电动势。在实际测温电路中，必须有连接导线和显示仪器，若把连接导线和显示仪器看成第三种导体，只要他们的两端温度相同，则不影响总热电动势。

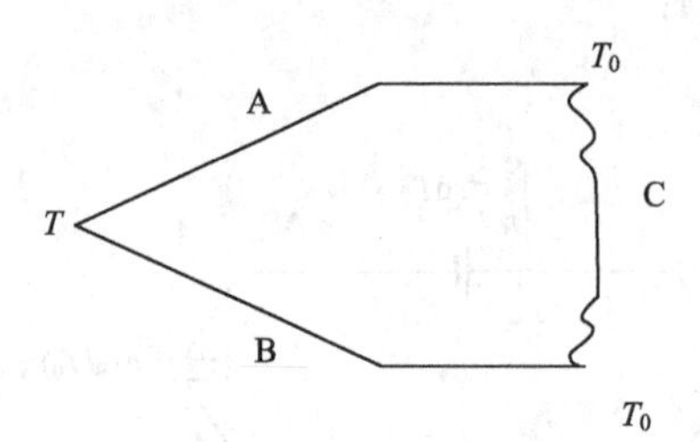

图 2.35　接入第三种导体示意

(3) 中间温度定律

热电偶 A、B 在接点温度为 T、T_0 时的热电势 $E_{\mathrm{AB}}(T,T_0)$，等于热电偶 A、B 在接点温度为 T、T_{C} 时的热电势 $E_{\mathrm{AB}}(T,T_{\mathrm{C}})$ 和接点温度为 T_{C}、T_0 的热电势 $E_{\mathrm{AB}}(T_{\mathrm{C}},T_0)$ 的代数和，即

$$E_{\mathrm{AB}}(T,T_0)=E_{\mathrm{AB}}(T,T_{\mathrm{C}})+E_{\mathrm{AB}}(T_{\mathrm{C}},T_0) \tag{2.63}$$

根据这一定律，只要列出热电势在冷端温度为0℃的分度表，就可以求出冷端在其他温度时的热电势值。

由于热电偶的热电动势与温度之间通常呈非线性关系，当冷端温度不为 0℃时，不能利用已知回路实际热电势 $E_{\mathrm{AB}}(T,T_0)$ 查表直接获取热端温度值；也不能利用已知回路实际热电势直接查表获取的温度值，再加上冷端温度确定热端被测温度值，需按中间温度定律进行修正。

(4) 标准导体（电极）定律

如果两种导体分别与第三种导体组成的热电偶所产生的热电动势已知，则由这两种导体组成的热电偶所产生的热电动势也就已知，这个定律就称为标准电极定律。

标准电极定律是一个极为实用的定律。可以想象，纯金属的种类很多，而合金类型更多。因此，要得出这些金属之间组合而成的热电偶的电动势，其工作量是极大的。由于铂的

物理、化学性质稳定，熔点高，易提纯，所以，通常选用高纯铂丝作为标准电极，只要测得各种金属与纯铂组成的热电偶的热电动势，则各种金属之间相互组合而成的热电偶的热电动势可根据该定律直接计算出来。

【例 2.3】 用镍铬-镍硅热电偶测炉温。当冷端温度 $T_0=30$℃时，测得热电势为 $E(T, T_0)=39.17\text{mV}$，若被测温度不变，而冷端温度为−20℃，则该热电偶测得的热电势为多少［已知该热电偶有 $E(30,0)=1.2\text{mV}$，$E(-20,0)=-0.77\text{mV}$］？

解 根据中间温度定律

$$E(T,T_0')=E(T,T_0)+E(T_0,T_0')$$

其中，$T_0=30$℃，$T_0'=-20$℃。

$$E(T_0,T_0')=E(T_0,0)-E(T_0',0)=1.2-(-0.77)=1.97$$

$$E(T,T_0')=39.17+1.97=41.14\text{mV}$$

得到冷端温度为−20℃时，测得的热电势应为 41.14mV。所以用热电偶测量温度时必须考虑冷端的温度，否则会引入误差。

2.5.1.3 热电偶的材料与结构

适于制作热电偶的材料有 300 多种，其中广泛应用的有 40～50 种。国际电工委员会向世界各国推荐 8 种热电偶作为标准化热电偶。我国标准化热电偶也有 8 种，分别是：铂铑10-铂（分度号为 S）、铂铑 13-铂（R）、铂铑 30-铂铑 6（B）、镍铬-镍硅（K）、镍铬-康铜（E）、铁-康铜（J）、铜-康铜（T）和镍铬硅-镍硅（N）。

为了保证热电偶可靠、稳定地工作，对它的结构要求如下：组成热电偶的两个热电极的焊接必须牢固；两个热电极彼此之间应很好地绝缘，以防短路；补偿导线与热电偶自由端的连接要方便可靠；保护套管应能保证热电极与有害介质充分隔离。

按热电偶的用途不同，常制成以下几种结构形式：普通型热电偶、铠装热电偶、表面热电偶、薄膜式热电偶和快速消耗型热电偶。热电偶详细的结构和种类介绍参见第 3 章的内容。

2.5.1.4 热电偶冷端的温度补偿

根据热电偶测温原理，只有当热电偶的冷端的温度保持不变时，热电动势才是被测温度的单值函数。人们经常使用的分度表及显示仪表，都是以热电偶冷端的温度为 0℃为先决条件的。但是在实际使用中，因热电偶长度受到一定限制，冷端温度直接受到被测介质与环境温度的影响，不仅难于保持 0℃，而且往往是波动的。因此，要对热电偶冷端进行温度补偿。通常的补偿方法见 3.2 节相关内容。

2.5.1.5 热电偶的误差

（1）分度引起的误差

因为热电偶的输出电势与温度之间是非线性关系，因此工业上常用的热电偶分度都用标准分度表进行的，一些特殊的热电偶单独分度，其分度误差都是不可避免的。其值必须限制在规定的误差范围内。

（2）冷端温度引起的误差

工业上使用的热电偶分度表和根据分度表刻度的显示仪表都是在冷端温度为零时进行的。实际测量过程中，冷端温度通常不为零，从而会引入误差，必须采用适当的温度补偿措施。

（3）测量线路及仪表误差

测量中必须使用与热电偶配套的测量电路和相应的仪表，要选用合适的仪表量程，热电偶与仪表连接时应选用电阻小且恒定的导线。以上这些环节如有处理不当，均会产生较大的测量误差。

(4) 干扰和漏电引起的误差

热电偶测温时周围的电磁场的影响可能会使得热电偶回路产生附加电势而引起误差。若绝缘不好可能造成热电势的分流，也可能把被测对象所用电源泄漏到热电偶回路中，造成漏电误差，因此一定要保证热电偶的良好绝缘。

除上述一些误差外，在热电偶测温时，还存在由于热电偶的材料不均匀、补偿导线与热电偶的热电特性不完全一致等等所引起的误差，以及由于热电偶的热惰性引起的动态误差等。

2.5.2 晶体管温度检测元件

(1) PN结温度检测元件

根据半导体原理，晶体管PN结的伏安特性与温度有关，利用这一特性可构成温度检测元件。

设流经晶体二极管的正向电流为 I_d，则它与PN结上的电压 V_d 的关系可表示为

$$I_d=I_s(e^{\frac{qV_d}{kT}}-1) \tag{2.64}$$

式中，q 为电子电荷量；k 为玻耳兹曼常数；T 为热力学温度；I_s为反向饱和电流。

当 T 在250～430K时，$e^{\frac{qV_d}{kT}}\gg 1$，则上式可变为

$$I_d=I_s e^{\frac{qV_d}{kT}} \tag{2.65}$$

PN结的反向饱和电流 I_s是与PN结材料的禁带宽度 V_{g0} 和热力学温度 T 有关的函数，即

$$I_s=BT^{\eta}e^{-\frac{qV_{g0}}{kT}} \tag{2.66}$$

式中，B 是与PN结结面积和掺杂浓度等有关的常数；η 为常数（η 的数值决定于少数载流子迁移率对温度的关系，通常 $\eta=3.4$）。将式(2.66) 代入式(2.65)，两边取对数，得

$$V_d=V_{g0}-\frac{kT}{q}\left(\ln\frac{B}{I_d}+\ln T^{\eta}\right) \tag{2.67}$$

上式为PN结正向偏压与正向电流和温度的关系式。如令 I_d为常数，即流过PN结的电流不变时，则正向偏压仅随温度变化，对于通常的硅PN结材料来说，在－50～150℃的温度区间内，其非线性项$\frac{kT}{q}\ln T^{\eta}$很小，可以忽略。

式(2.67) 表明了PN结的正向电压与温度的关系。图2.36示出了锗二极管及硅二极管的 V_d 与温度的关系，由图可知，在－40～100℃的温度范围内，其PN结电压与温度具有较好的线性关系。温度升高会导致电压下降。PN结就是利用这一特性进行温度测量的。与热电偶相比具有较高的灵敏度。

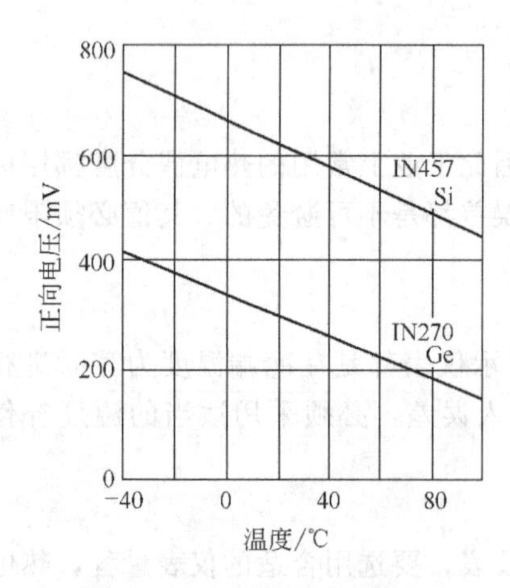

图2.36 二极管的温度特性

(2) 晶体三极管温度检测元件

根据半导体原理，处于正向工作状态的晶体三极管，其发射极电流 I_e 与基极-发射极间的电压 V_{be} 的关系可表示为

$$I_e=I_{se}(e^{\frac{qV_{be}}{kT}}-1) \tag{2.68}$$

式中，I_{se}为发射极的反向饱和电流。

当发射结处于正向偏置时，一般都能满足 $V_{be}\gg kT/q$ 的条件，所以式(2.68) 可近似表示为

$$I_e=I_{se}e^{\frac{qV_{be}}{kT}} \tag{2.69}$$

将式(2.69) 取对数，得

$$V_{be}=\frac{kT}{q}\ln\frac{I_e}{I_{se}} \tag{2.70}$$

图 2.37 给出了硅晶体管的 V_{be}与温度 T 的关系；图 2.38 给出了 V_{be}及 dV_{be}/dT 与温度之间的关系。

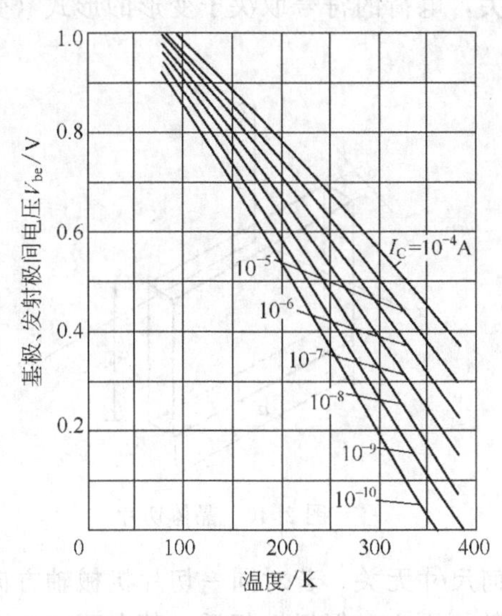

图 2.37　硅晶体管的 V_{be}与温度 T 的特性曲线

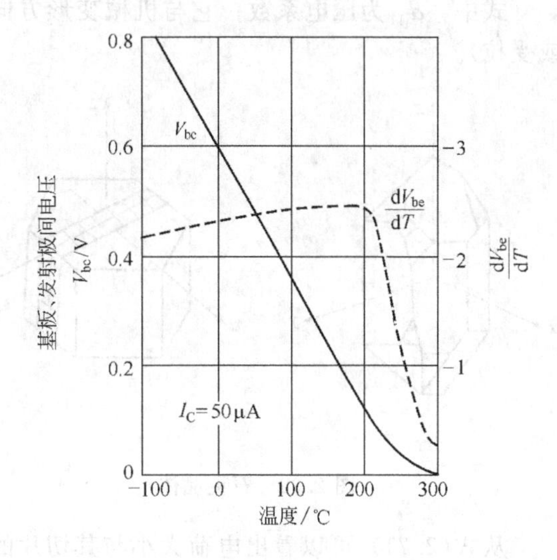

图 2.38　硅晶体管的 V_{be}及 dV_{be}/dT 与温度的特性曲线

2.6　压电式检测元件

压电式检测元件是利用压电材料作为敏感元件，以其受外力的作用时在晶体表面产生电荷的压电效应为基础来实现参数测量的。可以实现力、压力、加速度和扭矩等物理量的测量。

压电式检测元件具有使用频带宽、灵敏度高、结构简单、工作可靠、重量轻等优点。近年来随着与之配套的二次仪表以及低噪声、小电容、高绝缘电阻电缆的出现，使压电式检测元件的使用更为方便，在许多技术领域获得广泛应用。

2.6.1　压电效应与压电材料

(1) 压电效应

某些电介质在沿一定方向受外力（压力或拉力）作用时，其内部会产生极化现象，同时在它的两个相对表面上出现正负相反的电荷。当外力去掉后，它又会恢复到不带电的状态，这种现象称为正压电效应。当作用力的方向改变时，电荷的极性也随之改变。所受的作用力越大，则机械变形越大，所产生的电荷量越多。

压电效应是可逆的，当在电介质的极化方向上施加电场，这些电介质也会发生变形，电场去掉后，电介质的变形随之消失，这种现象称为逆压电效应，或称为电致伸缩现象。具有这种效应的电介质材料称为压电材料。最常用的压电材料是石英晶体和压电陶瓷。

现以石英晶体为例进一步说明压电材料的压电效应。石英晶体的压电效应与其内部结构有关。石英晶体是高纯度的二氧化硅，它的化学式为 SiO_2。图 2.39 给出了天然结构的石英晶体。它是个六角形晶体，在晶体学上，可以把它用三根互相垂直的轴来表示。其中纵向轴 z 轴称为光轴，平行于六面体的棱线并垂直于光轴的 x 轴称为电轴，与 x 轴和 z 轴都垂直的 y 轴（垂至于六面体的棱线）称为机械轴。

从晶体上沿轴线方向切下的薄片称为晶体切片，如图 2.40 所示。在每一切片上，当沿电轴方向施加作用力 F_x时，则在与电轴垂直的平面上会产生电荷 Q_x，其大小表示为

$$Q_x = d_{11} \cdot F_x \tag{2.71}$$

式中，d_{11}为压电系数；它与机械变形方向有关，电荷的符号取决于变形的形式（受压或受拉）。

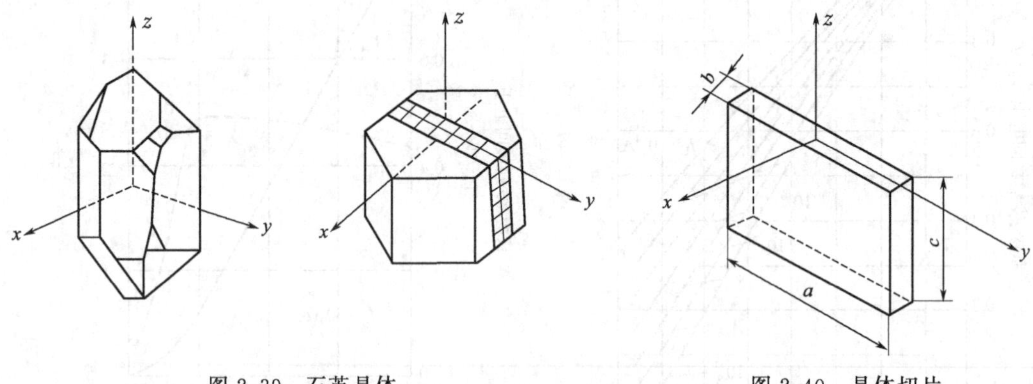

图 2.39　石英晶体　　　　图 2.40　晶体切片

从式(2.71) 可以看出电荷大小与其切片的几何尺寸无关。若对同一切片机械轴方向施加作用力 F_y，其产生电荷仍会出现在与 x 轴垂直的平面上，但极性相反，其电荷大小可表示为

$$Q_y = d_{12}\frac{a}{b}F_y = -d_{11}\frac{a}{b}F_y \tag{2.72}$$

式中，a 和 b 为如图 2.40 所示的切片的长度和厚度；d_{12}为 y 轴方向受力时的压电系数，对石英晶体来说 $d_{12}=-d_{11}$。

从式(2.72) 可以看出，沿机械轴方向的力作用在晶体上产生的电荷大小与晶体切片的几何尺寸有关。式中“－”号说明沿 y 轴的压力所引起的电荷极性与沿 x 轴的压力所引起的电荷极性是相反的。

若施加的作用力的方向改变，则电荷的符号也发生变化。晶体切片上受力后产生电荷极性与受力方向的关系如图 2.41 所示。

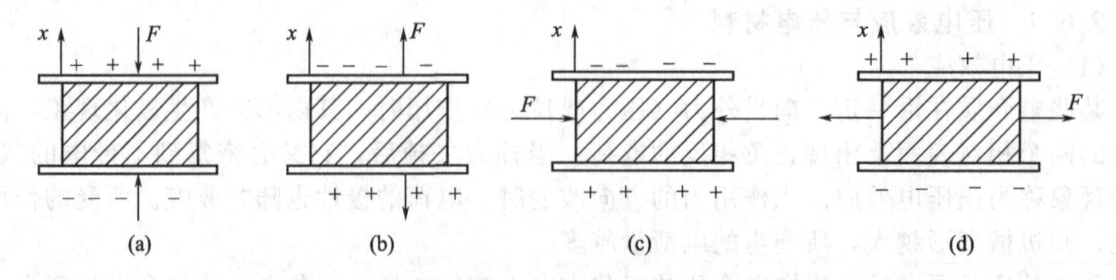

图 2.41　晶体切片受力后电荷极性与受力方向的关系

（2）压电材料

常用的压电材料有压电晶体、压电陶瓷等。

最典型的压电晶体是石英晶体，石英是一种天然单晶体，它具有不需要人工极化、没有

热释电效应、介电常数和压电系数的温度稳定性好，且自振频率高、动态响应好、机械强度高、绝缘性能好、迟滞小、重复性好、线性范围宽等优点。但是，石英晶体的压电系数较低，且价格较高。

压电陶瓷是人工制造的多晶体压电材料，常用的如下。

① 钛酸钡　它具有很高的压电系数和介电常数，但居里温度较低，温度稳定性和机械强度较石英晶体差。

② 锆钛酸铅系压电陶瓷（PZT）　它是由 $PbTiO_3$ 和 $PbZrO_3$ 组成的固溶体。其压电系数更大，居里温度在300℃以上，各项机电参数受温度影响较小、稳定性好。在锆钛酸铅中添加一种或两种其他元素（铌、锑、锡、锰等），还可以获得不同性能的PZT材料。

表2.1列出了几种常见的压电材料的主要性能。

表 2.1　常见的压电材料的主要性能

压电材料	形状	压电系数/(10^{-12}C/N)	相对介电常数(ε_r)	居里温度/℃	机械品质因数	密度/(10^3kg/m^3)	最大安全应力/(10^6N/m^2)	体积电阻率/(Ω·m)
石英	单晶	$d_{11}=2.31$ $d_{14}=0.73$	4.5	573	$10^5\sim10^6$	2.65	95～100	$>10^{12}$
钛酸钡	陶瓷	$d_{15}=260$ $d_{31}=-78$ $d_{33}=200$	1200	120	300	5.7	81	10^{10}
锆钛酸铅 PZT-4	陶瓷	$d_{15}=410$ $d_{31}=-100$ $d_{33}=200$	1050	310	≥500	7.45	76	$\geqslant10^{10}$

2.6.2　压电式检测元件的等效电路及连接方式

(1) 等效电路

当压电元件受外力作用时，会在压电元件一定方向上的两个表面（极板）上产生电荷，一个极板上聚集正电荷，另一个极板上聚集等量的负电荷，因此它相当于一个电荷源（静电发生器）。当压电元件电极表面聚集电荷时，它又相当于一个以压电材料为电解质的电容器，其电容量 C_a 为

$$C_a=\frac{\varepsilon A}{d}=\frac{\varepsilon_r\varepsilon_0 A}{d} \tag{2.73}$$

式中，A 为压电元件的极板面积；d 为压电元件极板间的厚度；ε 为压电材料的介电常数；ε_r为压电材料的相对介电常数；ε_0 为真空介电常数（$\varepsilon_0=8.85\times10^{-12}$F/m）。

由于它既是电荷源，又是电容器，因此可以把压电式检测元件等效为一个电荷源 q 和一个电容 C_a 相并联，其等效电路如图 2.42(a) 所示。由于电容器上的电压 U、电荷 q 与电容 C_a三者存在如下关系

$$q=UC_a \tag{2.74}$$

因此，压电式检测元件也可以等效为一个电压源和一个电容串联的等效电路，如图 2.42(b) 所示。

需要说明的是，上述等效电路及其输出，只有在压电元件自身理想绝缘、无泄漏、输出端开路（即其绝缘电阻很大）条件下才成立。压电元件的输出信号非常微弱，一般要把其输出信号通过电缆送入前置放大器放大，这样，在等效电路中就必须考虑前置放大器的输入电阻、输入电容、电缆电容以及传感器的泄漏电阻（绝缘电阻）。实际的等效电路如图 2.43 所示。其中 R_a 为压电元件的漏电阻。工作时，压电元件与二次仪表配套使用必定与测量电路

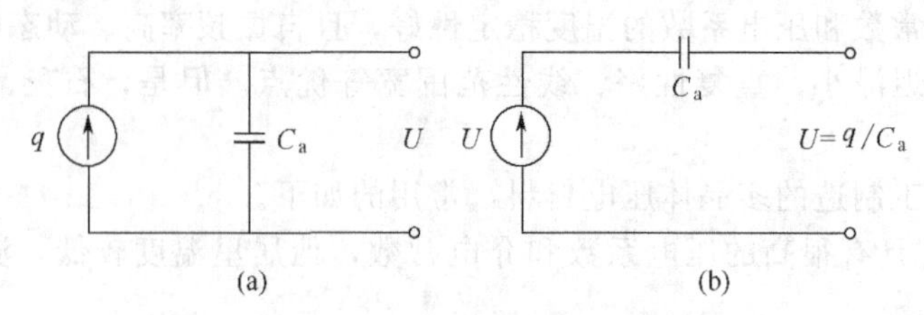

图 2.42　压电元件等效电路图

相连接，这就要考虑连接电缆电容 C_c、放大器的输入电阻 R_i 和输入电容 C_i。图 2.43(a) 为电荷等效电路，图 2.43(b) 为电压等效电路，这两种电路是完全等效的。

外力作用在压电材料上产生的电荷，只有在无泄漏的情况下才能保存。即要精确地测出这种电荷，就需要测量回路具有无限大的输入阻抗。这在实际中是做不到的。这就限制了压电传感器在一固定外力作用下的静态测量。压电材料在交变力的作用下，电荷可以不断补充，供给测量回路以一定的电流，因此，压电传感器只适宜于动态测量。

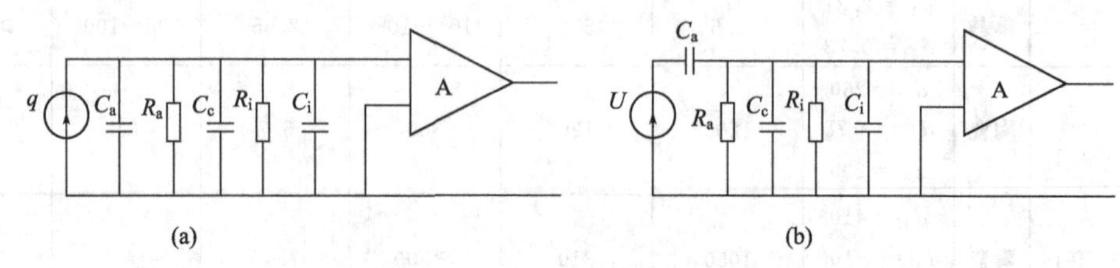

图 2.43　压电元件实际等效电路图

(2) 压电传感器中压电片的连接

在压电传感器中，压电片一般不止一片，常常采用两片（或两片以上）黏结在一起。由于压电片的电荷是有极性的，因此连接方式有两种，如图 2.44 所示。

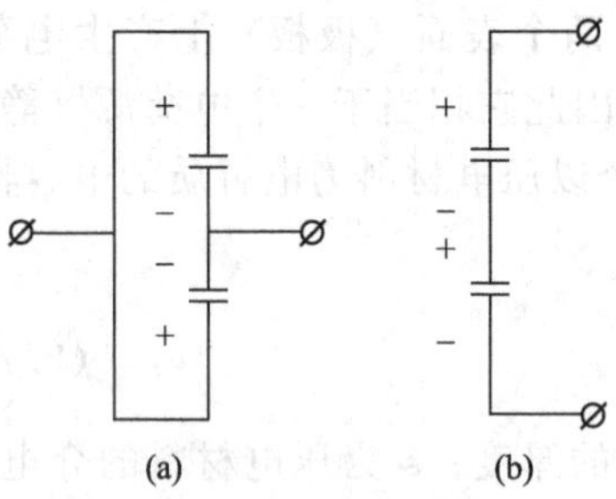

(a)　(b)

图 2.44　压电片的连接方式

图 2.44(a) 为电气上的并联连接方式，两压电片的负电荷都集中在中间负电极上，正电荷在上、下两正电极上。这种情况相当于两只电容并联，其输出电容为单片电容的两倍，但输出电压等于单片电压，极板上的电荷量等于单片电荷量的两倍。

图 2.44(b) 为电气上的串联连接方式，正电荷集中在上极板，负电荷集中在下极板，在中间极板，上片产生的负电荷与下片产生的正电荷相互抵消。输出的总电荷等于单片电荷，输出电压为单片电压的两倍，总电容为单片电容的一半。

2.6.3　压电式检测元件的误差

(1) 温度引起的误差

环境温度的变化会引起压电材料的压电系数、介电常数、体电阻和弹性模量等参数发生变化。温度对检测元件的电容量和体电阻影响较大，当温度升高时，电容量增大，体电阻减小，从而导致电荷灵敏度和电压灵敏度发生变化，在 100℃时，相对于常温，其电荷灵敏度变化由百分之几到百分之几十。因此，在高温下需要精密测量时，要选用灵敏度随温度变化较小的检测元件。此外，由于风吹或红外线等因素会引起环境温度的瞬态变化，对检测元件也会产生较大影响。甚至，在高温下测量小信号时，瞬变温度引起的热电输出有时会大于有用信号，为此，应采取补偿措施。由于压电元件的热电效应产生的电荷量随检测元件的结构不同而异，所以可以采用受瞬变温度影响较小的检测元件，如剪断式检测元件。另外，也可以采用隔热片，即在压电元件与膜片之间放置氧化铝或非极化的陶瓷片等热导率小的绝缘片，以减少温度的影响。或采用温度补偿片，在压电元件与膜片之间放置尺寸适当的温度补偿片，在一定高温下，温度补偿片的热膨胀变形起抵消壳体等部件变形的作用，从而消除温度引起的传感器输出漂移。

压电式检测元件的最高使用温度是由构成检测元件的压电材料、电缆、绝缘材料等耐热性能所决定。通常压电材料的压电效应温度上限为1/2居里温度。超过有效温度会引起较大测量误差。

(2) 电缆噪声

不带有阻抗变换器的检测元件呈现纯电容性，输出阻抗非常高，若电缆受到振动或弯曲变形，使屏蔽线与绝缘层分离，则电缆线与绝缘体之间，以及绝缘体与金属屏蔽线之间就可能发生相对移动，由于摩擦会产生静电感应电荷，此电荷将与压电元件的输入信号一起输入到电荷放大器中，从而，在输入信号中混有较大噪声。为此，一定要选用在电缆的绝缘层表面上经过导电膜处理的低噪声电缆。带有阻抗变换器的检测元件输出阻抗较低，若再选用低噪声电缆效果会更好。在测量过程中最好将电缆固紧，以免相对运动引起摩擦。

(3) 灵敏度变化

压电传感器的灵敏度在出厂时做了标定，但随着使用时间的延续会有些变化，其主要原因是压电片性能有了变化。试验表明，压电陶瓷的压电常数随着使用时间的延续而减小。因此，为了保证传感器的测量精度，最好每隔半年进行一次灵敏度校正。石英晶体的长期稳定性很好，灵敏度基本上不变化，无需经常校正。

另外，压电片在加工时即使研磨得很好，也难保证接触面的绝对平坦，为保证全面均匀接触，在制作、使用压电传感器时，要事先给压电片有一定的预应力。但这个预应力不能太大，否则将影响压电传感器的灵敏度。

2.6.4 压电式检测元件的应用

压电式检测元件利用压电效应可以实现力、压力、加速度和扭矩等物理量的测量。在压力传感器、加速度传感器、超声换能器等传感器中作为敏感元件广泛应用。

压电式加速度传感器又称压电加速度计，是利用石英晶体的压电效应，在加速度计受振时，质量块加在压电元件上的力也随之变化。当被测振动频率远低于加速度计的固有频率时，则力的变化与被测加速度成正比。作用力通过压电效应产生电荷量，测量电荷量间接得到被测加速度。

【例 2.4】 用压电式加速度传感器和电荷放大器测量振动，若传感器的灵敏度为7pC/g，电荷放大器的灵敏度为100mV/pC，试确定加速度为$3g$时系统的输出电压（g为重力加速度）。

解 加速度为$3g$时压电式加速度传感器产生的电荷量为

$$q=7\times3=21\text{pC}$$

由于电荷放大器的灵敏度为100mV/pC，所以测量系统的输出电压为

$$U=Sq=100\times21=2100\text{mV}=2.1\text{V}$$

涡街流量计通常采用压电晶体元件检测旋涡分离频率。旋涡在柱体后部两侧交替分离，产生压力脉动，安装在柱体后面尾流中的探头感受到交变力；埋设在探头体内部的压电晶体元件受到交变力的作用产生交变电荷；交变电荷信号经检测放大器处理后，以频率信号输出，经过信号处理和计算就可以得到流量。

2.7 光电式检测元件

光电式检测元件是一种将光信号转换为电信号的元件，其物理基础是光电效应。基于光电检测元件的检测系统一般由光源、光学元件和光电变换器三部分组成。光源发射出一定光强的光线，由光学元件形成光路经被测对象照射到光电变换器上，在测量时，被测量的变化转换成光信号的变化，从而引起电信号的相应变化。该测量方法具有结构简单、非接触、高可靠性、高精度和反应快等特点。

2.7.1 光电效应

光电效应是指光照射到物质上引起其电特性（电子发射、电导率、电位、电流等）发生变化的现象。光电效应分为外光电效应和内光电效应。

(1) 外光电效应

在光线作用下，使其内部电子逸出物体表面的现象称为外光电效应，亦称为光电发射效应。基于外光电效应的光电器件有光电管、光电倍增管。

外光电效应服从下列规律。

① 当入射光频谱的成分不变时，光电流的大小与入射光的强度成正比。即光照越强，光电流越大。也就是说入射的光子数目越多，逸出的电子数目越多。

② 光电子的最大动能与入射光的频率呈线性关系，而与入射光的强度无关，频率越高、光电子的能量越大。其数学表达式为

$$E_{\max}=\frac{1}{2}mv_{\max}^2=h\gamma-h\gamma_0=h\gamma-A_0 \tag{2.75}$$

式中，$E_{\max}$为光电子的最大动能；m为光电子质量；$v_{\max}$为光电子逸出最大速度；A_0为金属逸出功；h为普朗克（Planck）常量，$h=6.6261\times10^{-34}$ J·s；γ为入射光的频率；γ_0为金属产生光电发射的极限频率。

③ 光电子能否产生，取决于$h\gamma$是否大于A_0，这意味着每种物体都有一个对应的光频阈值，称为红限频率。小于红限频率，光强再大也不会产生光电发射。

④ 光电管即使没有阳极电压，由于光电子有初始动能，也会有光电流产生。

(2) 内光电效应

物体在光线作用下，其内部的原子释放电子，但这些电子并不逸出物体表面，而仍然留在内部，从而导致物体的电阻率发生变化或产生电动势，这种现象称为内光电效应。使电阻率发生变化的现象称为光电导效应，基于光电导效应的光电器件有光敏电阻。而产生电动势的现象称为光生伏特效应，基于该效应的光电器件有光电池、光敏二极管、光敏三极管等。

2.7.2 光电器件的基本特性

(1) 光谱灵敏度 $S(\lambda)$

光电器件对单色光辐射通量的反应称为光谱灵敏度

$$S(\lambda)=\frac{\mathrm{d}I}{\mathrm{d}\phi} \tag{2.76}$$

式中，I为光电器件输出光电流；ϕ为入射辐射通量。$S(\lambda)$随λ变化而变化，在λ_m处有最大值$S(\lambda_m)$，λ_m称峰值波长。

(2) 相对光谱灵敏度 $S_r(\lambda)$

光电器件在波长为λ处的灵敏度和峰值波长λ_m处的灵敏度之比称为相对光谱灵敏度。

$$S_r(\lambda)=\frac{S(\lambda)}{S(\lambda_m)} \tag{2.77}$$

(3) 积分灵敏度 S

光电器件对连续光通量的反应称为积分灵敏度。

$$S=\frac{I}{\phi} \tag{2.78}$$

(4) 光照特性

当光电器件加上一定的外加电压时，其输出光电流 I 或端电压 U 与入射光照度 E 之间的关系称为光照特性。一般可表示为

$$I=f(E) \tag{2.79}$$

有时也表示为光电器件的积分或光谱灵敏度与入射光照度的关系。

$$S=f(E) \tag{2.80}$$

(5) 光谱特性

光谱特性表示光线波长与相对光谱灵敏度之间的关系。

$$S_{\mathrm{r}}=f(\lambda) \tag{2.81}$$

(6) 频率特性

光电器件的相对光谱灵敏度或输出光电流（或端电压）的振幅随入射光通量的调制频率变化的关系称为光电器件的频率特性。可表示为

$$S_{\mathrm{r}}=\varphi(f) \tag{2.82}$$

或
$$I=\varphi(f) \tag{2.83}$$

(7) 温度特性

环境温度变化后，光电器件的光学性质也随之变化，这种现象称为光电器件的温度特性。一般由灵敏度或暗（光）电流与 T 的关系来表示。

2.7.3 光敏元件及特性

光电变换器一般采用基于光电效应制成的光敏元件，它具有体积小、重量轻、灵敏度高、功耗低、便于集成等优点，被广泛地应用于科研及工业领域。

2.7.3.1 光敏电阻及特性

(1) 光敏电阻的工作原理和结构

光敏电阻是利用光电导效应的原理工作的。光敏电阻一般是由半导体材料制成的。它具有灵敏度高，光谱响应范围宽，体积小，重量轻，寿命长等特点，其结构如图 2.45 所示。光敏电阻包括玻璃 1、光电导层 2、电极 3、绝缘衬底 4、金属壳 5、黑色绝缘玻璃 6 及引线 7。在无光照射时，光敏电阻呈高阻态，回路中仅有微弱的暗电流流过。在有光照射下，半导体吸收光能，内部载流子增加，回路中有较强的亮电流流过，从而加强了导电性能，其阻值降低。光照越强，阻值变得越小，亮电流越大。光照停止后，电阻恢复原值。从而实现了光电转换。

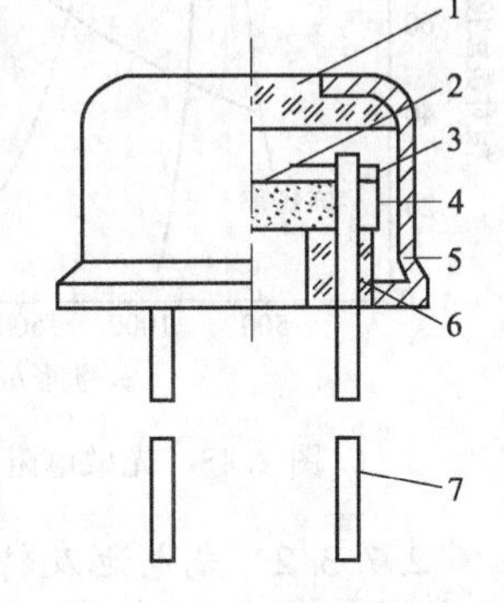

图 2.45 光敏电阻结构
1—玻璃；2—光电导层；3—电极；4—绝缘衬底；5—金属壳；6—黑色绝缘玻璃；7—引线

(2) 光敏电阻的主要参数及基本特性

光敏电阻的种类很多，较常用的有硫化镉、硫化铅、硫化铊、硒化镉、硒化铅等。由于所用材料、工艺过程不同，其光电性能也相差很大。光敏电阻有以下主要参数。

① 暗电阻和暗电流　所谓暗电阻是指在无光照时，所测得的电阻值。这时在给定工作电压下流过光敏电阻的电流称为暗电流。

② 亮电阻与亮电流　在受光照时，光敏电阻的阻值称为亮电阻，此时的电流称为亮电流。

③ 光电流　亮电流与暗电流之差称为光电流。亮电阻与暗电阻相差越大，说明光敏电阻性能越好。实际用的光敏电阻，其暗电阻一般为1～100MΩ，而亮电阻在几千欧以下。

光敏电阻的基本特性包括光照特性、伏安特性、光谱特性、温度特性等。

① 光照特性　光敏电阻的光电流与光照强度的关系称为光敏电阻的光照特性。不同光敏电阻的光照特性是不同的，但在大多数情况下是非线性的，只是在微小的区域内呈线性，曲线形状如图 2.46 所示。

② 伏安特性　光敏电阻的伏安特性是指光敏电阻两端所加电压和流过的光电流的关系。其光电流随外加电压而线性增加，如图 2.47 所示。

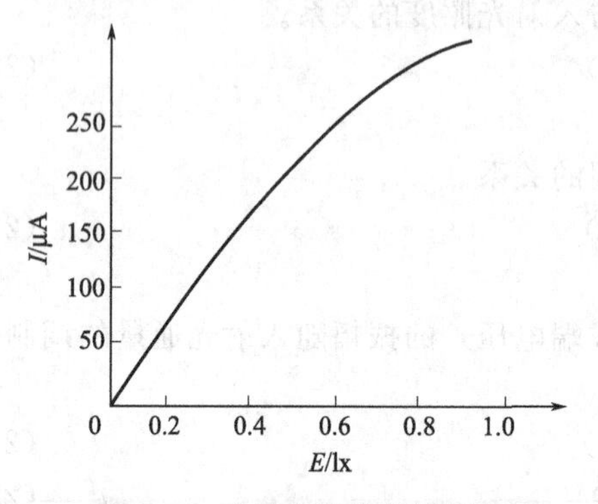

图 2.46　光敏电阻的光照特性

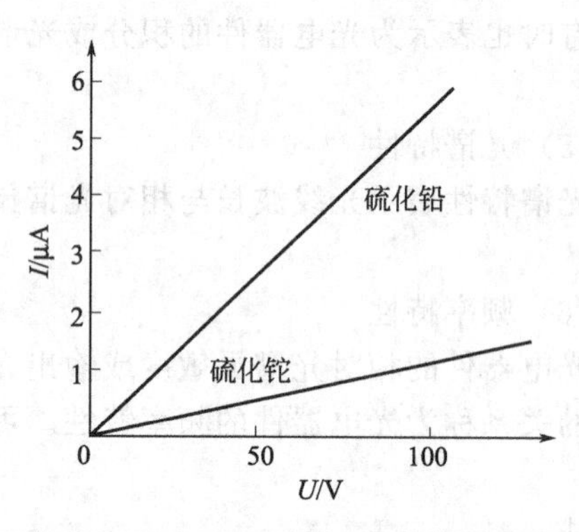

图 2.47　光敏电阻的伏安特性

③ 光谱特性　光敏电阻的光谱特性是指光敏电阻在不同波长的单色光照射下的灵敏度，如图 2.48 所示。硫化镉和硫化铊元件其光谱特性在可见光或近红外对照度变化有较高的灵敏度，光谱响应峰很尖锐。

④ 温度特性　光敏电阻的光电效应受温度影响很大，不少的光敏电阻在低温下光电灵敏度较高，而在高温下则灵敏度降低，因此光电流随温度升高而减少，其关系较复杂，如图 2.49 所示。温度变化不仅影响灵敏度、暗电阻，而且也对光谱特性有很大影响，即随着温度的升高，峰值波长向短波方向移动，如图 2.50 所示。因此这类元件宜用于低温环境。

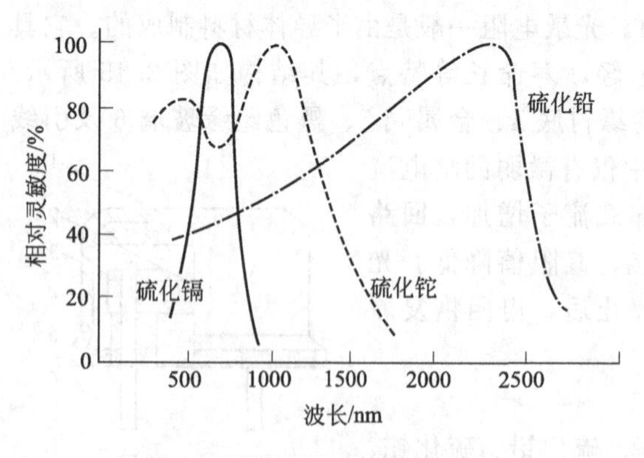

图 2.48　光敏电阻的光谱特性

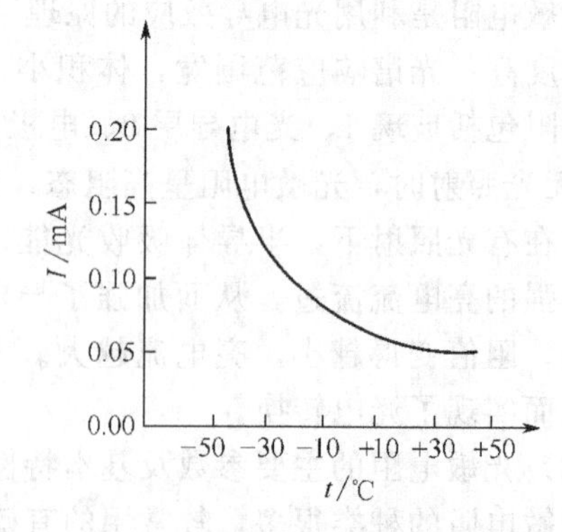

图 2.49　光敏电阻的温度特性

2.7.3.2　光电池及特性

(1) 光电池的工作原理和结构

光电池是一种直接将光能转换为电能的光敏元件。光电池种类繁多，其中最为广泛应用的是硅光电池，它具有稳定性好，光谱范围窄，频率特性好，转换效率高，耐高温辐射等特点。

硅光电池是利用光生伏特效应制成的。硅光电池是在一块N型硅片上，用扩散的方法掺入一些P型杂质而形成一个大面积PN结，由于P层很薄，从而形成光线能穿透的PN结，当一定波长的光照射在PN结上时，就产生电子-空穴对，在PN结内电场作用下，空穴移向P区，电子移向N区，结果使P区带正电，N区带负电，于是P区和N区之间产生了电压即光生电动势，其结构如图2.51所示。若将光电池与外电路相连接，则在外电路上有电流I流过，在负载R_L上可测得电压值。光强度不同则流过的电流I和R_L上的电压也不同。

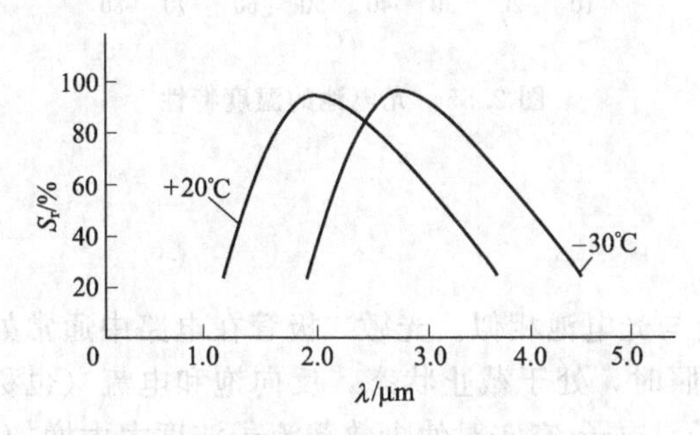

图2.50 硫化铅光敏电阻光谱温度特性

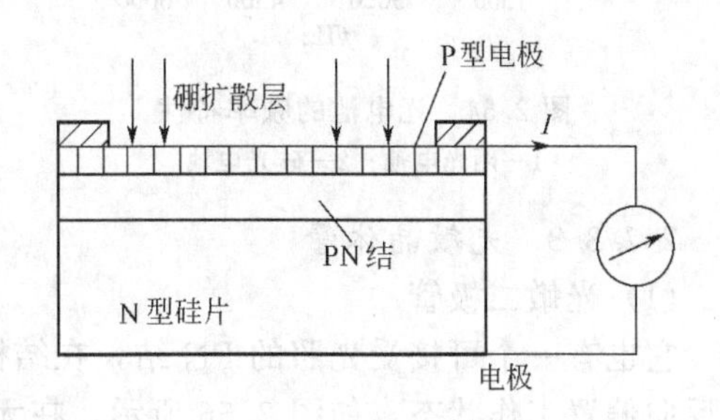

图2.51 硅光电池结构

(2) 光电池的基本特性

① 光照特性 硅光电池的光照特性如图2.52所示。其中光生电动势与照度的关系称为开路电压曲线（见图中的曲线1）；光生电流与照度的关系称为短路电流曲线（见图中的曲线2）。从图中可以看出：在外接电阻$R_L=0$时，光生电流随照度的增加而线性增加，光生电流与光照度的线性关系保持在一定的照度范围内。光生电势与光照度的关系是非线性的，且照度在2000lx（勒克斯）时趋于饱和。饱和值一般在0.4～0.6V之间，与光电池的面积大小无关。

② 光谱特性 光电池的光谱特性如图2.53所示。其中，曲线1为硒光电池的光谱特性，曲线2为硅光电池的光谱特性。

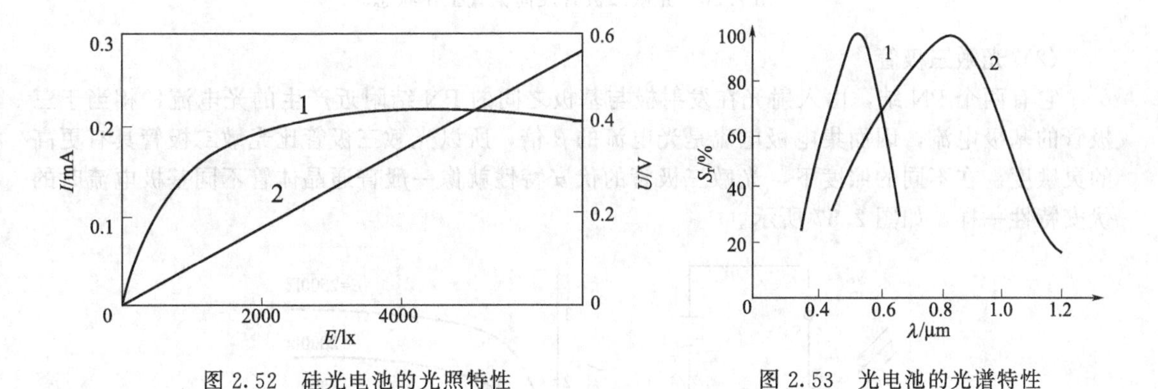

图2.52 硅光电池的光照特性

图2.53 光电池的光谱特性

③ 频率特性 光电池的频率特性是指相对输出电流I_r与调制光的调制频率f之间的关系，所谓相对输出电流是高频时的输出电流与低频最大输出电流之比，如图2.54所示。

④ 温度特性 温度特性是指开路电压和短路电流随温度变化的关系，如图2.55所示。

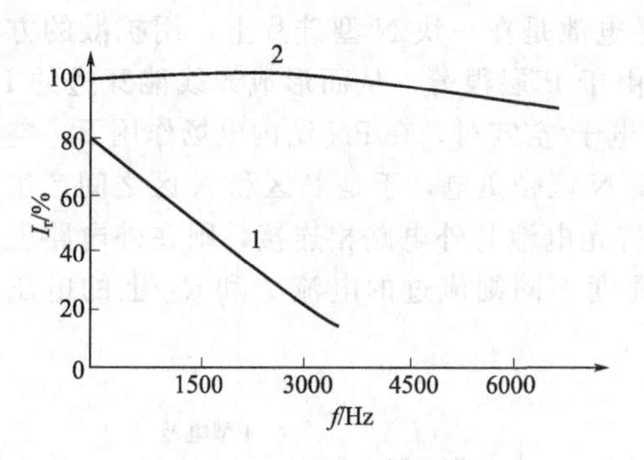

图 2.54　光电池的频率特性

1—硒光电池；2—硅光电池

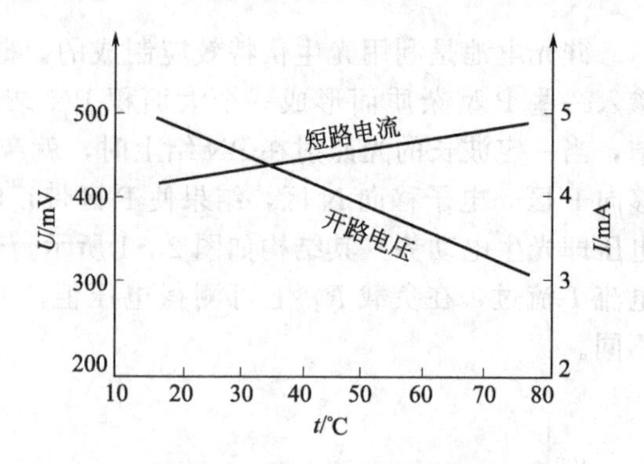

图 2.55　光电池的温度特性

2.7.3.3　光敏晶体管

(1) 光敏二极管

它也有一个可接受光照的PN结，在结构上与光电池相似。光敏二极管在电路中通常处于反向偏置工作状态，如图2.56所示。在无光照时，处于截止状态，反向饱和电流（也称暗电流）极小。当受到光照时，产生光生载流子，电子-空穴对使少数载流子浓度大大增加，致使通过PN结的反向饱和电流大大增加，大约是无光照反向饱和电流的1000倍。光生反向饱和电流随入射光照度的变化而成比例的变化，具有极好的线性，此外光敏二极管具有比光电池更好的频率特性。

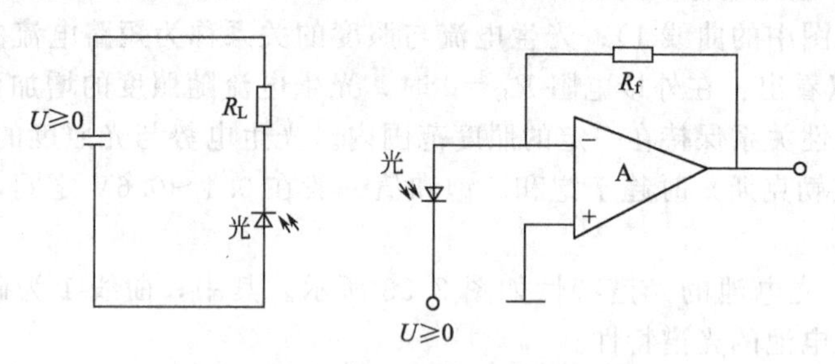

图 2.56　光敏二极管反向偏置工作状态

(2) 光敏三极管

它有两个PN结，由入射光在发射极与基极之间的PN结附近产生的光电流，相当于三极管的基极电流，因而集电极电流是光电流的β倍，所以光敏三极管比光敏二极管具有更高的灵敏度。在不同的照度下，光敏三极管的伏安特性就像一般普通晶体管不同基极电流时的伏安特性一样，如图2.57所示。

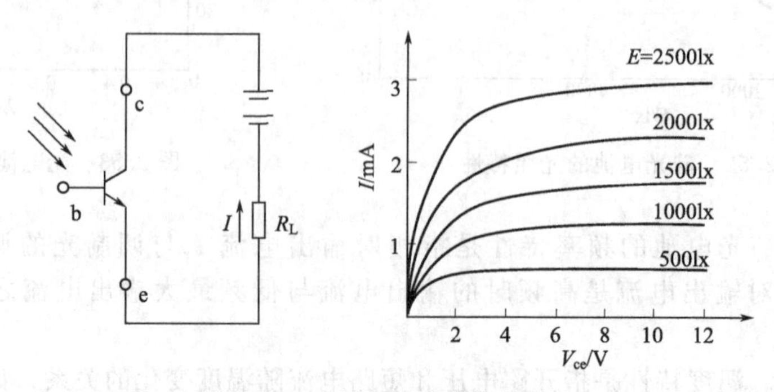

图 2.57　光敏三极管的伏安特性

2.7.3.4 光电管

光电管是根据外光电效应制成的，其种类很多，最典型的是真空光电管及光电倍增管。

(1) 真空光电管

真空光电管的结构如图 2.58 所示。它由一个阴极和一个阳极构成，共同封装在一个真空玻璃泡内，阴极和电源负极相连，阳极通过负载电阻同电源正极相连。因此管内形成电场，当光照射到阴极时，电子便从阴极逸出，在电场作用下，被阳极收集，形成电流。该电流及负载电阻上的电压随光照强弱而变化，从而实现了光电信号的转换。

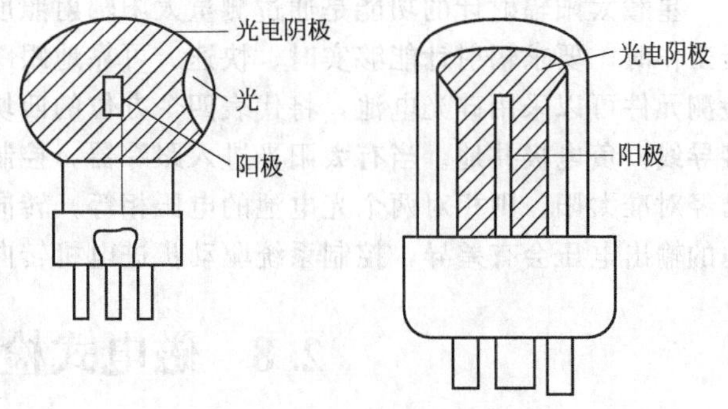

图 2.58 真空光电管的结构

(2) 光电倍增管

当入射光很弱时，光电管产生的光电流很弱（零点几微安），不易检测，误差也大。这时常用光电倍增管对光电流放大，以提高灵敏度。在光电管的阴极 K 和阳极 A 之间安装若干个倍增极 D_1, D_2, …, D_n，就构成了光电倍增管，如图 2.59 所示。

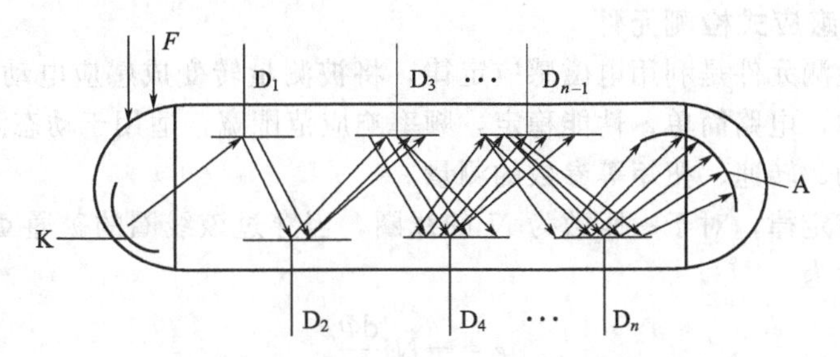

图 2.59 光电倍增管原理

光电倍增管的工作原理是建立在光电发射、二次电子发射和电子光学理论基础上的。工作时倍增极电位是逐级增高的，而且相邻之间电极应使二次发射系数大于1。即

$$U_{D1}<U_{D2}<U_{D3}<\cdots<U_{Dn}$$

当入射光照射光电倍增管阴极 K 时，立刻有电子逸出，逸出的电子受到第一倍增极 D_1 正电位作用，使之加速打在倍增极 D_1 上，产生二次电子发射，同理更多的发射电子在 D_2 更高正电位的作用下再次被加速打在 D_2 极上，D_2 又会产生二次电子发射，这样逐级前进，一个电子将激发更多的二次发射电子，直到电子被阳极收集为止。

假设每个电子落在任一倍增极上都打出 σ 个电子，则阳极电流为

$$I=I_0\sigma^n \tag{2.84}$$

式中，I_0 为光电倍增管阴极发出的信号电流；n 为光电倍增级数（一般为 9～11 个）。所以光电倍增管的电流放大倍数为 $\beta=I/I_0=\sigma^n$。

与普通光电管相比，光电倍增管的灵敏度获得了很大的提高。

2.7.4 光电式检测元件的应用

光电式传感器可用于检测直接引起光量变化的非电量，如光强、光照度、辐射测量、气体成分分析等；也可用于检测能转换成光量变化的其他非电量，如应变、位移、振动、速度、加速度等。光电式传感器具有结构简单、精度高、响应快、非接触、性能可靠等优点。

在环保领域，为了消除工业烟尘污染，需要知道烟尘排放量，必须对烟尘源进行监测、自动显示和超标报警。烟道里的烟尘浊度是通过光在烟道传输过程中的变化来检测的。如果烟道浊度增加，光源发出的光被烟尘颗粒吸收和折射后，到达检测器的光量减少，因此光检测器输出信号的强弱便可反映烟道浊度的变化。

星载太阳辐射计的功能是通过测量太阳辐射照度的变化，为分析气候变化提供数据。仪器工作时，要求辐射计能够实时、快速、可靠地跟踪太阳。辐射计的太阳跟踪系统中核心的检测元件可以采用硅光电池，将代表四个方位的四块硅光电池呈十字分布，每块光电池两端接导线，负电极共地。当有太阳光进入跟踪器，控制系统采集四块光电池的值，如果跟踪器已经对准太阳，则相对两个光电池的电压相等，转向电机不动。当跟踪器跟踪偏离时，光电池的输出电压会有差异，控制系统驱动步进电机转向。

2.8 磁电式检测元件

磁电式检测元件是利用电磁感应原理，将运动速度、转速等物理量变换成感应电势输出的敏感元件。它不需要辅助电源，就能把被测对象的机械能转换成易于测量的电信号，是一种有源传感器，有时也称作电动式或感应式传感器。主要包括磁电感应式检测元件和霍尔元件等。

2.8.1 磁电感应式检测元件

磁电感应式检测元件是利用电磁感应定律，将被测量转变成感应电动势而进行测量的。它不需要供电电源，电路简单，性能稳定，频率响应范围宽，适用于动态测量。这种检测元件通常可用于振动、转速、扭矩等参数的测量。

根据电磁感应定律，对于一匝数为 N 的线圈，当穿过该线圈的磁通 Φ 发生变化时，其感应电动势可表示为

$$e=-N\frac{\mathrm{d}\Phi}{\mathrm{d}t} \tag{2.85}$$

由式(2.85)可见，线圈中感应电动势 e 的大小，取决于匝数 N 和穿过线圈的磁通变化率 $\frac{\mathrm{d}\Phi}{\mathrm{d}t}$。磁通变化率是由磁场强度、磁路磁阻及线圈的运动速度决定的。所以改变其中一个因素，就会改变线圈的感应电动势。因此电磁变换器只要配备不同的结构就可以组成测量不同物理量的磁电感应式检测元件。其主要结构形式按工作原理分为两种：恒磁阻式和变磁阻式。

2.8.1.1 恒磁阻式检测元件

磁路系统产生恒定的直流磁场，磁路中的工作气隙固定不变，因而磁路中的磁阻也是恒定不变的，测量线圈中产生感应电动势是由于线圈与永久磁铁间的相对运动切割磁力线导致磁通量发生变化。常见的恒磁阻式检测元件主要有动圈式和动铁式，如图 2.60 所示。动圈式检测元件［图 2.60(a)］的运动部件是线圈，动圈式检测元件中的磁路系统由圆柱形永久磁铁和极掌、圆筒形磁轭及空气隙组成。气隙中的磁场均匀分布，测量线圈绕在筒形骨架上，经膜片弹簧悬挂于气隙磁场中。当检测元件随被测对象一起运动时，除了测量线圈外其他部件均随被测对象一起运动。由于弹簧是弹性体，测量线圈有惯性，来不及随其他部件一起运动，就和磁铁间发生相对运动而切割磁力线，线圈中就会产生感应电动势。动铁式检测元件［图 2.60(b)］的工作原理与动圈式类似，此时线圈随被测对象一起运动，而磁铁由于惯性就会和线圈之间发生相对运动，从而在线圈中产生感应电动势。

恒磁阻式检测元件工作时产生的感应电动势大小与线圈与磁铁间的相对运动速度、磁场的磁感应强度、线圈切割磁力线的有效长度和线圈匝数等有关，线圈切割磁力线产生的感应电势为

$$e=NBlv \tag{2.86}$$

式中，B 为磁场的磁感应强度；N 为线圈匝数；l 为线圈的有效长度；v 为线圈与磁铁的相对运动速度。

由于速度与位移具有积分的关系，与加速度之间具有微分关系，因此如果在信号转换电路中接一个积分电路或微分电路，也可以测量位移或加速度。

2.8.1.2 变磁阻式检测元件

变磁阻式检测元件的线圈与磁铁之间没有相对运动，由运动着的被测物体（一般是导磁材料）来改变磁路的磁阻，引起磁通量变化，从而在线圈中产生感应电动势。变磁阻式检测元件一般做成转速式，产生的感应电势的频率作为输出。

变磁阻式转速检测元件在结构上分为开磁路式和闭磁路式两种。

(1) 开磁路式

开磁路式转速检测元件如图 2.61 所示，它主要由永久磁铁 1、衔铁 2 和感应线圈 3 组成，齿轮 4 装在被测转轴上，与转轴一起转动。当齿轮旋转时，由齿轮的凸凹引起磁阻的变化，从而使穿过线圈的磁通量发生变化，进而在感应线圈 3 中感应出交变电势，该电势的频率 f 等于齿轮的齿数 z 和转轴的转速 n 的乘积。即

$$f=zn \tag{2.87}$$

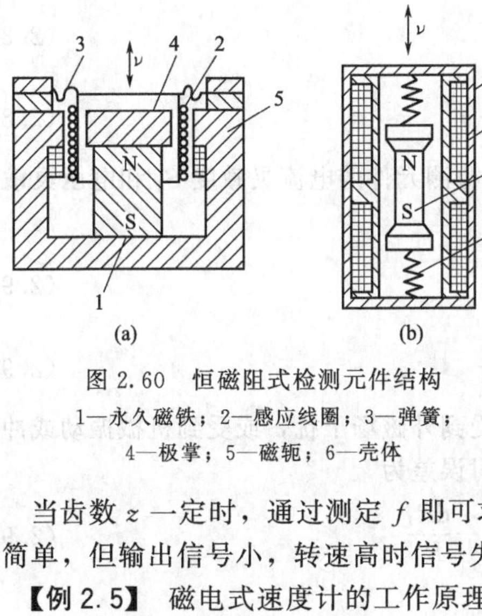

图 2.60 恒磁阻式检测元件结构

1—永久磁铁；2—感应线圈；3—弹簧；4—极掌；5—磁轭；6—壳体

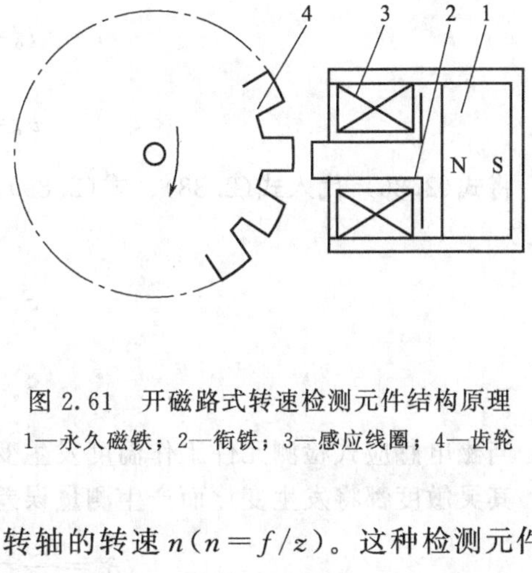

图 2.61 开磁路式转速检测元件结构原理

1—永久磁铁；2—衔铁；3—感应线圈；4—齿轮

当齿数 z 一定时，通过测定 f 即可求出被测转轴的转速 $n(n=f/z)$。这种检测元件结构简单，但输出信号小，转速高时信号失真较大。

【例 2.5】 磁电式速度计的工作原理如图 2.61 所示。齿轮随被测轴转动，已知齿数 $z=60$，当频率计测得感应电势频率 $f=2400\text{Hz}$ 时，求被测轴的转速（r/min）。

解 被测转轴的转速 $n=f/z=2400/60=40(\text{r/s})=2400(\text{r/min})$。

(2) 闭磁路式

闭磁路式转速检测元件的结构原理如图 2.62 所示，它是由安装在转轴 1 上的内齿轮 2 和永久磁铁 5、外齿轮 3a、3b 及线圈 4 构成。内外齿轮的齿数相等，测量时，转轴与被测轴相连。当转轴旋转时，内外齿轮的相对运动使磁路气隙发生变化，导致磁阻发生变化，并使穿过线圈的磁通发生变化，在线圈中产生感应电势。与开路式相同，这种检测元件可通过测量感应电势的频率得到被测轴的转速。在振动信号或转速高的场合，其测量精度高于开磁

路式的。

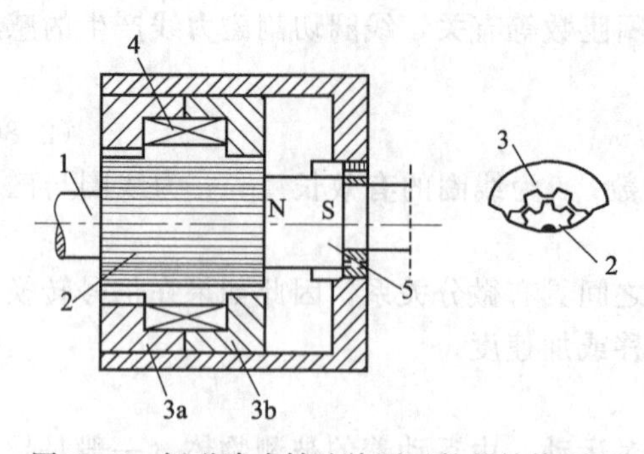

图 2.62　闭磁路式转速检测元件的结构原理

1—转轴；2—内齿轮；3a、3b—外齿轮；4—线圈；5—永久磁铁

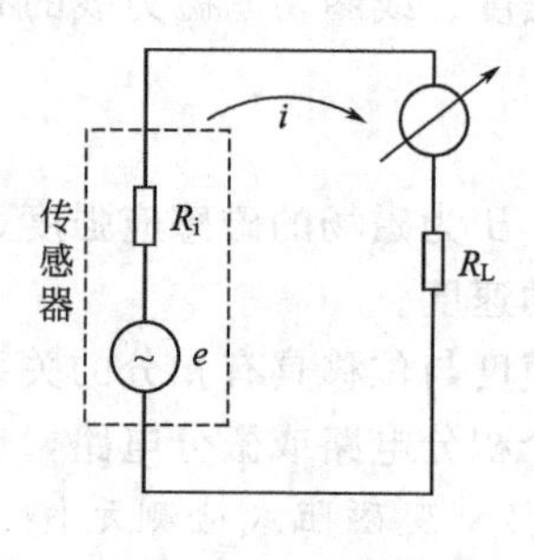

图 2.63　磁电感应式检测元件的等效电路

变磁阻式检测元件的输出电势取决于线圈中磁场的变化速度，当转速过低时，输出电势太小，会导致无法测量。所以该检测元件有一个下限工作频率，一般为 50Hz。闭磁路转速检测元件的下限频率可低至 30Hz。

2.8.1.3　*磁电感应式检测元件的误差及补偿*

在实际工作中，磁电感应式检测元件相当于一个电源，其等效电路如图 2.63 所示。图中 R_i 为磁电感应式检测元件的内阻，R_L 为负载电阻，则磁电感应式检测元件的输出电流 i_o 以及在负载电阻 R_L 上的电压 u_o 为

$$i_o=\frac{e}{R_i+R_L} \tag{2.88}$$

$$u_o=\frac{eR_L}{R_i+R_L} \tag{2.89}$$

将式(2.86) 代入式(2.88)、式(2.89)，则可得检测元件的电流灵敏度 S_i 和电压灵敏度 S_v 为

$$S_i=\frac{NBl}{R_i+R_L} \tag{2.90}$$

$$S_v=\frac{NBlR_L}{R_i+R_L} \tag{2.91}$$

当磁电感应式检测元件工作温度发生变化，或受到外磁场干扰，或受到机械振动或冲击时，其灵敏度都将发生变化而产生测量误差，其相对误差为

$$\delta_r=\frac{dS}{S}=\frac{dB}{B}+\frac{dl}{l}-\frac{dR_i}{R_i} \tag{2.92}$$

(1) 温度误差

在磁电感应式检测元件中，由于 B，l，R 都随温度而变化，所以温度的影响是误差的主要来源。其中磁感应强度的温度系数为负，而线圈及负载电阻的温度系数是正的。温度每变化 1℃，对于铜线有 $dl/l\approx 0.167\times 10^{-4}$；$dR/R\approx 0.43\times 10^{-2}$；$dB/B\approx -0.02\times 10^{-2}$（取决于材料性质）。

为了减小温度的影响，需要进行温度补偿。常用的补偿方法是采用热磁分流器，它是由具有负温度系数的热磁合金材料加在磁路系统的两个极靴上制成的。在正常温度下，热磁分流器将空气隙磁通分流一部分，当温度升高时，热磁分流器的磁导率显著下降，经它分流掉的磁通占总磁通的比例较正常温度下显著降低，从而保持空气隙中的工作磁通不随温度变

化，维持了检测元件的灵敏度为一常数。设当温度变化 ΔT 时，永久磁铁的总磁通 Φ 的变化量为 $\Delta\Phi$，热磁分流器中磁通 Φ_h 的变化量为 $\Delta\Phi_h$，两者之间的关系可表示为 $\Delta\Phi_h \approx \Delta\Phi$。那么有

$$\alpha_h \Phi_h \Delta T = \alpha_T \Phi \Delta T \tag{2.93}$$

式中，Φ、Φ_h分别为正常工作温度下永久磁铁的总磁通和热磁分流器的分流磁通；α_T、α_h分别为永久磁铁和热磁分流器磁导的温度系数。

考虑到磁通分流比 $\Phi_h : \Phi = (A_h) : (A_h + A_0)$，由式(2.93) 可得

$$\alpha_h = \left(1 + \frac{A_0}{A_h}\right)\alpha_T \tag{2.94}$$

式中，A_h为正常工作温度下热磁分流器的磁导；A_0为包括漏磁导在内的气隙磁导。

式(2.94) 表明，热磁分流器必须选用具有较永久磁铁大得多的温度系数的材料制成，当材料选定之后，该式可以作为计算热磁分流器结构尺寸的基础。

某些热磁材料的 $B = f(T)$ 特性曲线如图 2.64 所示。

(2) 永久磁铁不稳定误差

当测量电路满足 $R_i \ll R_L$ 时，由式(2.91) 可知，电磁感应式检测元件的电压灵敏度可近似为

$$S_v = NBl \tag{2.95}$$

则灵敏度的相对误差为

$$\delta_r = \frac{dS_v}{S_v} = \frac{dB}{B} + \frac{dl}{l} \tag{2.96}$$

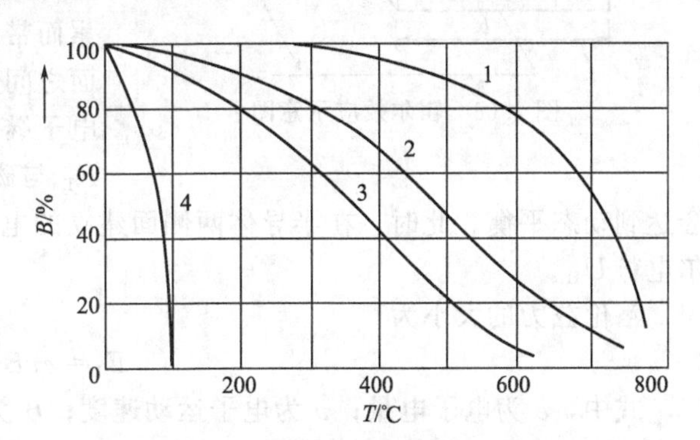

图 2.64　磁性材料磁感应强度 B 与温度 T 的关系曲线

1—镍铝合金；2—钴钢；3—钨钢；4—热磁合金

一般线圈长度随时间的变化较小，具有较好的时间稳定性，而经磁化的永久磁铁的磁性一般会随时间而发生变化，因此永久磁铁的稳定性就成为误差的决定性因素。永久磁铁的磁性随时间变化是由于材料在铸造后其内部组织不均匀，存在应力，而随着时间的推移，内部组织趋于均匀，应力逐渐消失等原因。由于永久磁铁磁感应强度会直接影响工作气隙中磁感应强度。因此永久磁铁的不稳定性就会造成检测元件的不稳定性。从而引起灵敏度的变化，成为误差的一个重要因素。为了提高永磁材料的时间稳定性，永磁材料在充磁前需要先进行退火处理，以消除内应力。充磁后再进行老化处理。

(3) 非线性误差

当线圈内有电流 i 通过时，将产生一定的交变的磁通 Φ_1，此交变磁通叠加在永久磁铁的工作磁通上，从而使实际磁通量减少，由磁电感应式检测元件的工作原理可知，其线圈相对于永久磁铁的运动速度 v 越大，产生的电动势 e 越大，则电流 i 也越大，对永久磁场的削弱作用就越强。因此检测元件的灵敏度随被测速度数值的增加而降低，引起严重的非线性。

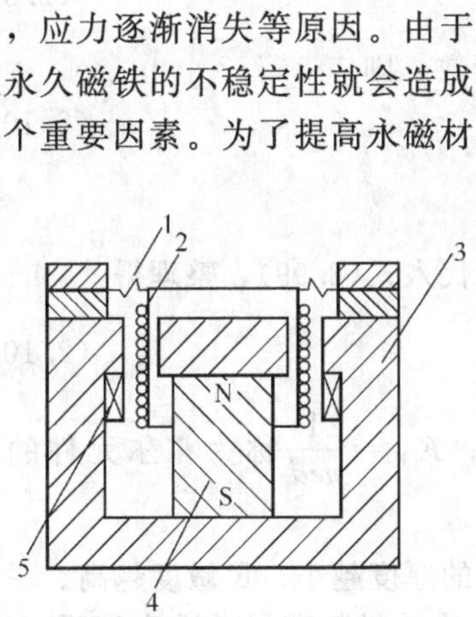

图 2.65　非线性补偿示意

1—弹簧；2—线圈；3—磁轭；4—永久磁铁；5—补偿线圈

非线性误差一般采用补偿线圈来补偿，如图 2.65 所示。补偿线圈中的电流是经放大器反馈回来的。当线圈中的电流为 i，放大系数为 A，则补偿线圈的反馈电流为

$i_k=Ai$。该电流产生的磁通 Φ_2 与线圈中由于电流 i 产生的磁通 Φ_1 方向相反，大小接近，从而起到补偿作用。调整放大系数 A 的大小，可改变反馈电流 i_k，起到调整补偿作用的大小。

2.8.2 霍尔检测元件

霍尔检测元件是以霍尔效应作为理论基础，以霍尔元件为核心部件的磁敏式检测元件。它可将被测量，如电流、磁场、位移、压力等转换成霍尔电压。霍尔器件结构简单、工艺成熟、线性好、频带宽、体积小、使用寿命长，因而得到了广泛的应用。

2.8.2.1 霍尔效应

图 2.66 为一片状半导体材料，垂直放置于磁感应强度为 B 的磁场中，当有电流通过时，在垂直于电流和磁场的方向上将产生电动势 U_H，这种现象叫霍尔效应。设半导体薄片通以电流 I，半导体中的电子将沿着与电流相反的方向运动，由于受到外磁场的作用，电子的运动轨迹将发生偏移。结果使半导体片的一侧因电子积累而带负电，另一侧因电子缺失而带正电，两侧面之间形成电场 E_H。该电场产生的电场力阻止电子继续偏移，当电场作用在运动电子上的力 F_E 与磁场力（洛伦兹力）F_L 的大小相等时，则会达到动态平衡。此时，在半导体两侧面建立的电场称为霍尔电场 E_H，相应的电势就称霍尔电势 U_H。

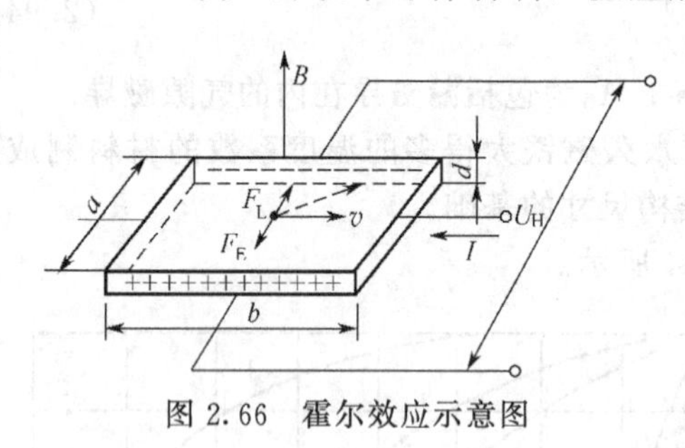

图 2.66 霍尔效应示意图

洛伦兹力的大小为

$$F_L=evB \tag{2.97}$$

式中，e 为电子电量；v 为电子运动速度；B 为磁感应强度。

电场力为

$$F_E=eE_H=e\frac{U_H}{a} \tag{2.98}$$

式中，a 为霍尔元件的宽度。

因为 F_E 与 F_L 的方向相反，所以当达到动态平衡时有

$$evB=e\frac{U_H}{a} \tag{2.99}$$

若以 n 表示半导体中的电子浓度，即单位体积中的电子数，则

$$I=-nevad \tag{2.100}$$

或写成

$$v=-\frac{I}{nead}$$

式中，负号表示电流方向与电子运动方向相反，将上式代入式(2.99)，整理得

$$U_H=\frac{IB}{ned}=R_H\frac{IB}{d}=K_HIB \tag{2.101}$$

式中，$R_H=\frac{1}{ne}$ 称为霍尔系数，是由半导体材料决定；$K_H=\frac{1}{ned}$ 称为霍尔元件的灵敏度。

霍尔元件灵敏度 K_H 与元件材料和几何尺寸有关，元件的厚度越小，灵敏度越高。一般 $d=0.1\sim0.2$mm，薄型霍尔元件只有 1μm 左右。在半导体片的材料和尺寸选定以后，R_H 或 K_H 保持常数，霍尔电压 U_H 就和 I 与 B 的乘积成正比。

2.8.2.2 霍尔元件及其特性

目前最常用的霍尔元件是由锗、硅、锑化铟和砷化铟等半导体材料制成的。霍尔元件的

几何形状为长方形。长宽比为 2∶1。在长度方向两端面上焊有两根引线，称为控制电流引线，在薄片的另两端面的中间焊有另两根引线称为霍尔电压引出线。两组引线的焊接都应该呈纯电阻性质（欧姆接触），否则会影响输出。霍尔元件的壳体是非导磁金属陶瓷或环氧树脂封装。

在电流恒定的情况下，霍尔电压 U_H 与磁感应强度 B 的关系在一定的范围内保持线性，如图 2.67 所示。一般要求 $B<0.5T$。当磁场为交变时，霍尔电压 U_H 也是交变的，但是频率限制在几千赫以下。当磁场与环境温度一定时，霍尔电压 U_H 与控制电流 I 具有良好的线性关系，如图 2.68 所示。

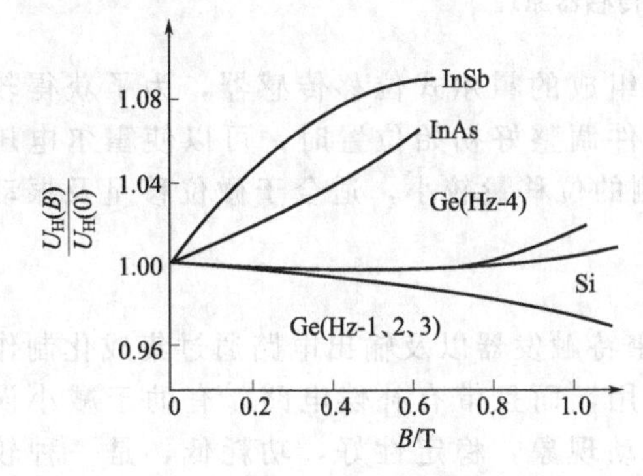

图 2.67　霍尔电压 U_H 与磁感应强度 B 的关系

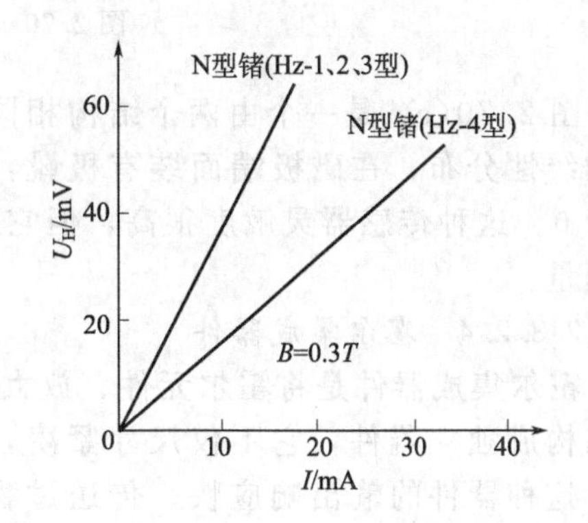

图 2.68　霍尔电压 U_H 与控制电流 I 的关系

霍尔元件的内阻随磁场的绝对值增加而增加，图 2.69 给出了霍尔元件的输出电阻与磁场的关系曲线。

2.8.2.3　霍尔元件的应用

由于霍尔元件对磁场敏感，且有测量电路简单、频率响应宽、动态范围大、寿命长、非接触等优点，因此，在测量领域得到了广泛应用。

① 当控制电流不变，将传感器处于非均匀磁场中，传感器的输出正比于磁感应强度，可反映位置、角度或激磁电流的变化。在这方面的应用有磁场测量、磁场中的微位移测量等。

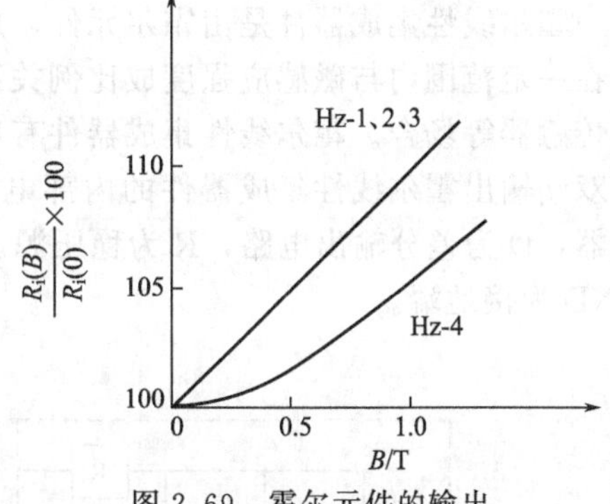

图 2.69　霍尔元件的输出电阻与磁场的关系曲线

② 当控制电流与磁感应强度都为变量时，传感器的输出与两者乘积成正比。这方面的应用有乘法器、功率计等。

③ 当保持磁感应强度恒定不变时，则利用霍尔元件的输出与控制电流的关系，可以组成回转器、隔离器等。

下面简单介绍一下霍尔位移传感器。

图 2.70 所示为用霍尔位移传感器测量位移的几种情况。

图 2.70(a) 所示是一种结构简单的霍尔位移传感器，由一块永久磁铁组成磁路，霍尔元件在极靴间的气隙中跟随被测件沿 x 方向移动。霍尔元件发生位移时，磁感应强度发生变化，霍尔元件两端的霍尔电压也随之变化。

图 2.70(b) 所示，磁场强度相同的两块永久磁铁，同极性相对地放置，霍尔元件处在两块磁铁的中间。磁铁中间的磁感应强度 $B=0$，霍尔电压也等于零，此时位移 $\Delta x=0$。若霍尔元件产生相对位移，磁感应强度也随之改变，其量值大小反映出霍尔元件与磁铁之间相

对位置的变化量，其动态范围可达5mm，分辨率为0.001mm。

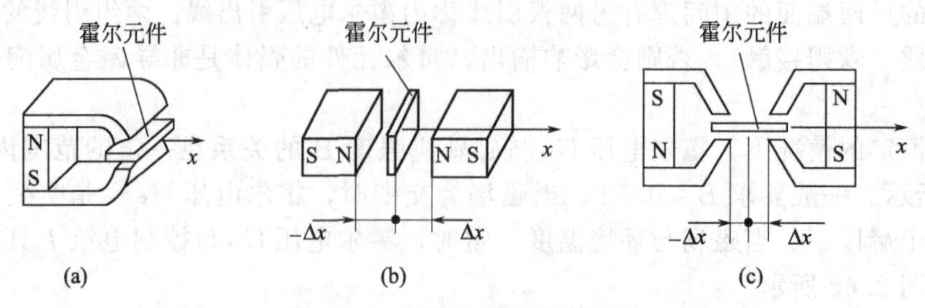

图2.70　霍尔位移传感器原理

图2.70(c)是一个由两个结构相同的磁路组成的霍尔式位移传感器，为了获得较好的线性分布，在磁极端面装有极靴，霍尔元件调整好初始位置时，可以使霍尔电压等于0。这种传感器灵敏度很高，但它所能检测的位移量较小，适合于微位移量及振动的测量。

2.8.2.4　霍尔集成器件

霍尔集成器件是将霍尔元件、放大器、施密特触发器以及输出电路通过集成化制作工艺构成独立器件，它不仅尺寸紧凑，便于应用，而且带有补偿电路，有助于减小误差。这种器件的输出响应快、传送过程中无抖动现象，稳定性好，功耗低，是一种较完善的磁敏式检测元件。根据功能不同，霍尔集成器件分为线性集成器件和开关集成器件。

(1) 霍尔线性集成器件

霍尔线性集成器件是由霍尔元件、放大器、差分输出电路及稳压电源等组成。其输出电压在一定范围内与磁感应强度成比例关系，可广泛使用于无触点电位器、无刷直流电机、位移传感器等场合。霍尔线性集成器件有单端输出与双端输出（差分输出两种），图2.71示出了双端输出霍尔线性集成器件的内部电路框图及输出特性。图中HG为霍尔元件，A为放大器，D为差分输出电路，R为稳压源。V_{CC}为电源电压，OUT_1，OUT_2为输出电压信号，GND为接地端。

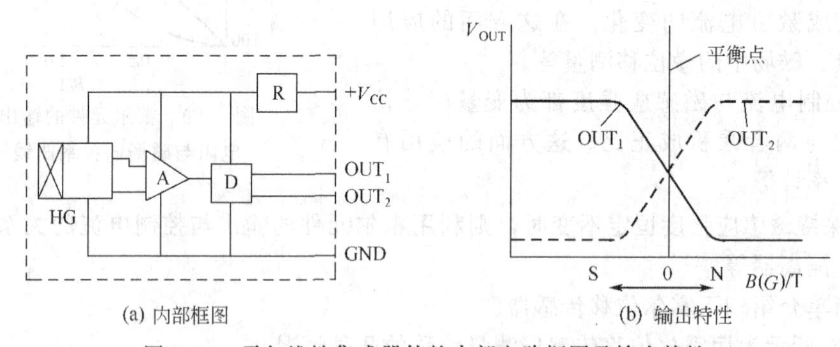

图2.71　霍尔线性集成器件的内部电路框图及输出特性

(2) 霍尔开关器件

霍尔开关器件是由霍尔元件HG、差分放大器A、施密特触发器C、功率放大输出、稳压源R等组成，用于将被测磁场强度转换为电平的高低输出，是开关作用的检测元件。其内部框图及输出特性如图2.72所示。当磁感应强度为S_1（称下工作点），输出高电平，当磁感应强度为N_1（称上工作点），输出低电平。由于内设施密特电路，其高低电平的转变所对应的磁感应强度不相等，开关特性具有切换差（回差），因此有较好的抗干扰能力，可有效防止干扰引起的误动作。内部所设的稳压电源具有较宽的电压范围，一般可为 3～16V。

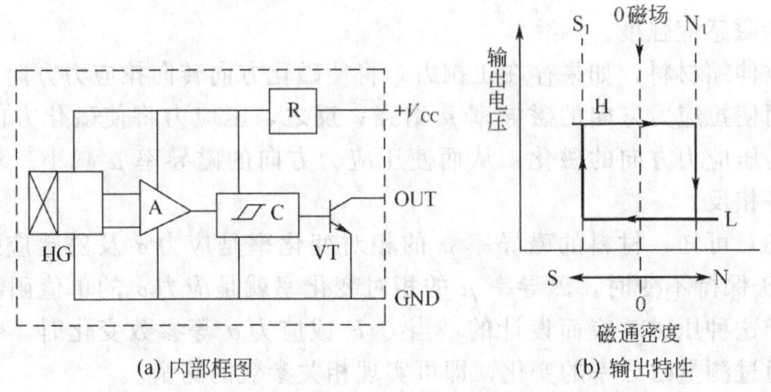

图 2.72　霍尔开关器件的内部电路框图及输出特性

2.9　磁弹性式检测元件

磁弹性式检测元件也称为压磁式检测元件，简称压磁元件，是一种新型的检测元件。它是基于铁磁材料的磁弹性效应工作的，即某些铁磁材料在受到机械力作用后，其内部会产生机械应力，从而引起磁阻或磁导率的变化。这种检测元件具有输出功率大，抗干扰能力及过载能力强，便于制造，经济实用，并能在恶劣的条件下长期使用等特点。但其测量精度不高（误差约为 1%），反应速度较慢。因此，这类检测元件主要用于测力、称重、温度测量及应力无损检测等方面。

2.9.1　磁弹性效应

铁磁材料的磁弹性效应有两种形式：磁致伸缩效应和压磁效应。

(1) 磁致伸缩效应

铁磁材料内部存在强大的“分子场”，即使无外磁场，也能使内部自发地磁化；自发磁化的小区域称为磁畴，由于不同磁畴的磁性取向是随机的，因此，材料整体并不体现出磁性。如果外加一个磁场，磁场会使本来随机排列的磁畴发生转向，称为磁化。材料被磁化后成为磁体，具有电磁铁一样的磁性。当外加磁场去除后，材料仍会剩余一些磁场，或者说材料“记忆”了它们被磁化的历史，这种现象叫作剩磁。当温度很高时，由于无规则热运动的增强，磁性会消失，这个临界温度叫居里温度。

所谓磁致伸缩效应是指铁磁材料在外磁场作用下其磁化矢量发生转动（或称磁化），而使其形状发生变化（沿磁场方向伸长或缩短），但体积保持不变的现象。磁致伸缩系数 λ 反映了铁磁材料被磁化时形变大小，其定义为

$$\lambda=\frac{\Delta l}{l} \tag{2.102}$$

式中，$\frac{\Delta l}{l}$为伸缩比，一般约为 10^{-5}～10^{-6}。当 λ 为正值时，称为正磁致伸缩；λ 为负值时，称为负磁致伸缩。

(2) 压磁效应

当铁磁材料因磁化而引起伸缩或受到外部施加的作用力时，它的内部发生应变，进一步

会产生应力 σ，从而导致材料的磁导率 μ 发生变化，这种现象称为压磁效应。

铁磁材料的相对磁导率变化与应力 σ 的关系可表示为

$$\frac{\Delta\mu}{\mu}=\frac{2\lambda}{B^2}\sigma\mu \tag{2.103}$$

式中，B 为磁感应强度。

对于正磁致伸缩材料，如果存在正拉力，将使磁化方向转向拉应力方向，加强拉应力方向的磁化，从而使拉应力方向的磁导率 μ 增强；反之，压应力将使磁化方向转向垂直于应力的方向，削弱压应力方向的磁化，从而使压应力方向的磁导率 μ 减小。对于负磁致伸缩材料，情况正好相反。

由式(2.103) 可知，材料的磁导率 μ 的相对变化率是应力 σ 及磁感应强度 B 的函数。当磁感应强度 B 保持不变时，磁导率 μ 的相对变化率就是应力 σ 的单值函数。磁弹性式检测元件就是基于这种压磁效应而设计的，当力 F 或应力 σ 等参数变化时，会引起磁导率 μ 的变化，所以通过测量磁导率的变化，即可实现相关参数的测量。

2.9.2 磁弹性式检测元件的结构及工作原理

2.9.2.1 磁弹性式检测元件的工作原理

能制成磁弹性式检测元件的材料应满足如下条件：能承受较大压力，磁导率要高，剩磁要小，稳定性要好。目前常用的材料为硅钢片。

典型的磁弹性式检测元件的结构原理如图 2.73 所示。它主要由压磁元件 1、弹性元件 3 和传力元件 4（钢球）以及基座 2 构成。

压磁元件由磁性材料构成，作为敏感元件产生压磁效应。弹性元件是由弹簧钢制成的，弹性体两边的形状是使力垂直作用于压磁元件上，并且要求弹性体与压磁元件的接触面有一定的平面度和粗糙度，同时给压磁元件施加一定的预压力，以保证在长期使用过程中压磁元件的受力点位置不变。钢球进一步保证被测力能垂直集中地作用于压磁元件上，并具有良好的复现性。

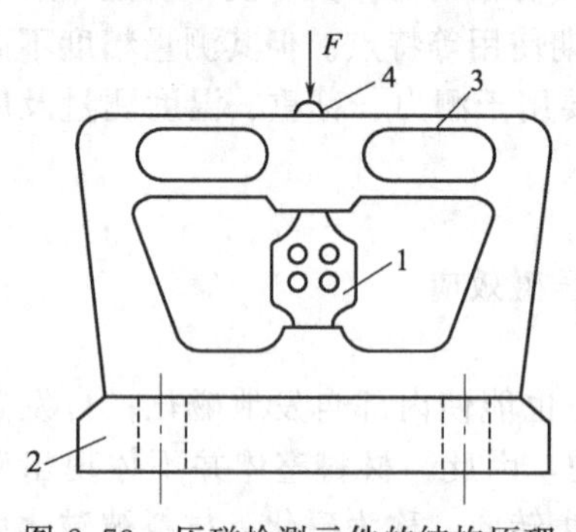

图 2.73 压磁检测元件的结构原理

1—压磁元件；2—基座；3—弹性元件；4—传力元件

压磁元件是采用具有正磁致伸缩特性的硅钢片粘叠而成的。如图 2.74 所示，在硅钢片上冲有互相垂直的四个孔。在孔 1、2 间绕有激励绕组 W_{12}（也称初级绕组），在孔 3、4 间绕有测量绕组 W_{34}（也称次级绕组），孔 1、2、3、4 将压磁元件分成 A、B、C、D 四个部分，如图 2.74(a) 所示，它们具有相同的磁导率。在无外力作用时，当在激励绕组 W_{12} 中通以电流时，则在线圈中产生磁场 H。由于 A、B、C、D 各处磁导率 μ 相同，磁力线成轴对称分布，磁场方向平行于测量线圈平面，如图 2.74(b) 所示。在磁场作用下，磁导体沿 H 方向磁化，磁通密度与 H 取向相同，此时测量绕组 W_{34} 无磁通通过，故不产生感应电势。若对压磁元件施加作用力 F，如图 2.74(c) 所示，在 A、B 区将产生很大的压应力 σ，而在 C、D 区基本仍处于自由状态。对于正磁致伸缩材料，压应力 σ 使其磁化方向转向垂直于压力方向，因此，A、B 区磁导率 μ 下降，磁阻增大，而与应力垂直方向的 μ 值上升，磁阻减小，使磁通密度偏向水平方向，与测量绕组 W_{34} 交链，使 W_{34} 中产生感应电势 e。作用力 F 越大，交链的磁通越多，感应电势 e 越大。经变换处理后，即能用电流或电压来表示被测力 F 的大小。

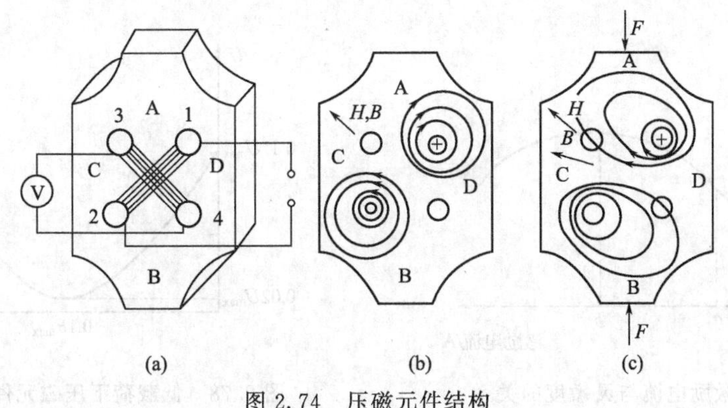

图 2.74 压磁元件结构

2.9.2.2 磁弹性式检测元件的误差分析

磁弹性式检测元件具有输出功率大、线性好、寿命长、适应恶劣环境等优点，但由于铁磁材料特性受许多因素影响，使测量结果出现误差。降低这些因素的影响，是提高磁弹性式检测元件准确度的有效措施。

(1) 磁场强度的影响

在不同的磁场强度下，对检测元件施加作用力，可得如图 2.75 所示的特性。由图可知，当磁场强度不同时，检测元件的特性是不同的。若磁场强度选择合理，检测元件的输出具有良好的线性特征。而当磁场强度选择不当时，则会出现非线性，从而引起误差。

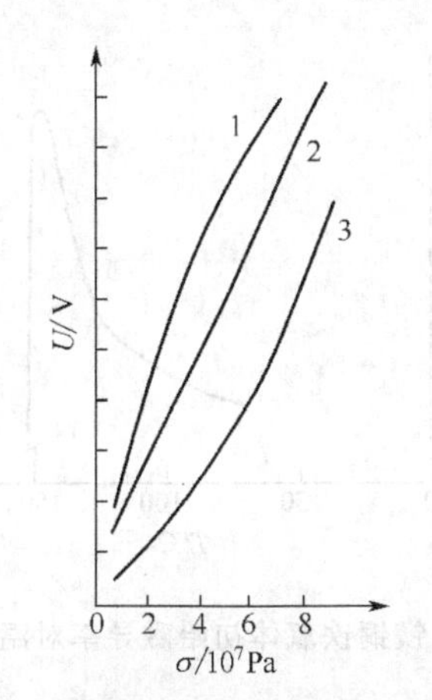

图 2.75 不同磁场强度与输出特性曲线

1—H<716A/m；2—H=716～796A/m；3—H>796A/m

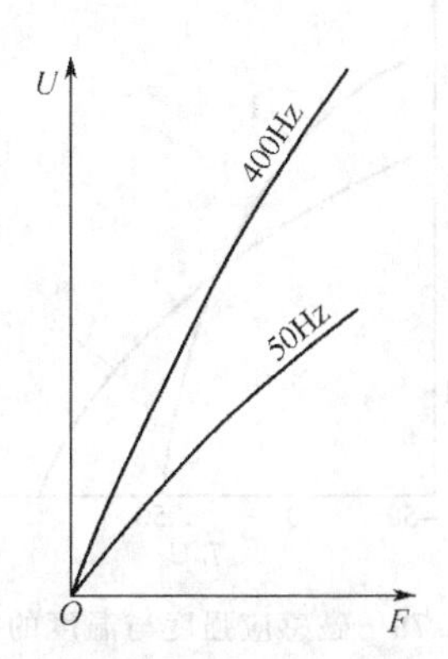

图 2.76 不同激励频率时的输出特性曲线

(2) 激励频率的影响

因为测量线圈所感应的电势等于通过绕组平面的磁链对时间的导数，所以检测元件的输出特性与激励频率有关。图 2.76 为在相同磁场下，不同激励频率时的输出特性曲线。可以看出，激励频率越高，检测元件灵敏度越高，线性越好。因此提高频率对改善检测元件的特性、减少误差有利，但应考虑铁芯损耗的因素。

(3) 激励电流的影响

检测元件的灵敏度与激励电流有关。如图 2.77 所示，当激励电流选择在 $a \sim b$ 区间内，并在工作过程中保持激励电流恒定，则检测元件具有良好的灵敏度。若激励电流发生变化，则会造成测量误差。

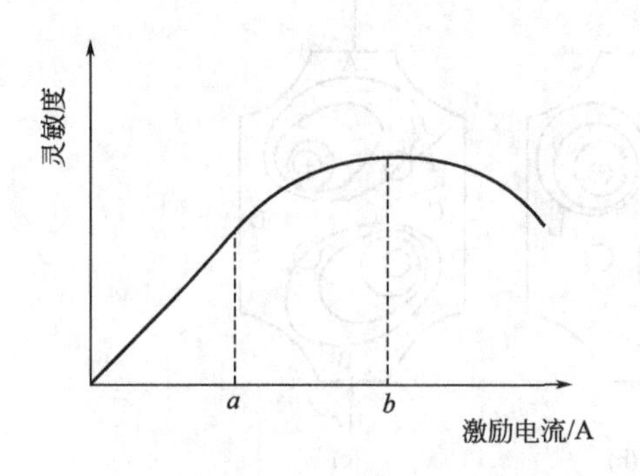

图 2.77　激励电流与灵敏度的关系

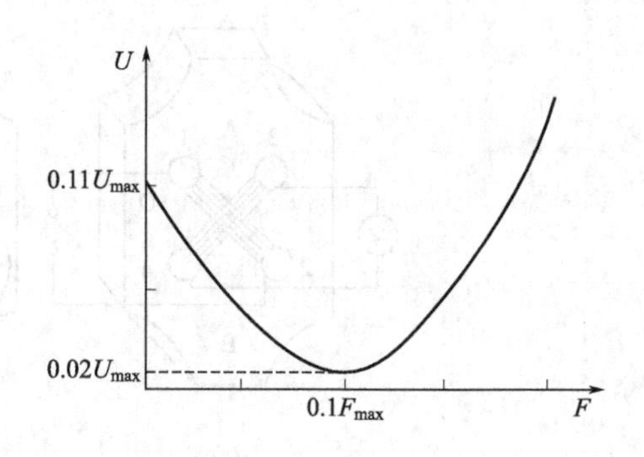

图 2.78　低载荷下压磁元件的输出特性

(4) 预加载荷的影响

在额定载荷 F_{max} 的 10%以下范围内，由于接触面间隙等影响，检测元件的输出特性通常存在严重的非线性，如图 2.78 所示。为此，在设计检测元件的结构时，应保证压磁元件受到一定的预应力。通常预加载荷为额定载荷的 10%～20%。

(5) 温度的影响

温度也是造成磁弹性式检测元件误差的原因之一。铁磁材料铁镍合金、镁铜铁氧体、镍铜合金等的磁特性对温度都很敏感。一般当温度上升时最大磁感应强度 B_m 均减小，到居里点附近就急剧减小，如图 2.79 所示。图中曲线 1 的居里点约为 50℃。

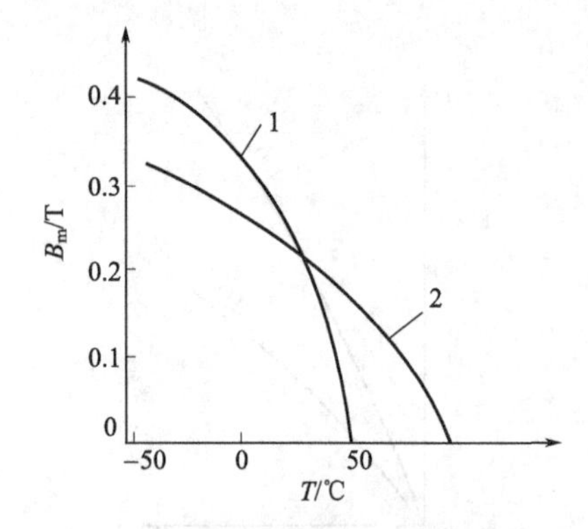

图 2.79　磁感应强度与温度的关系

1—铁镍合金；2—镁铜铁氧体

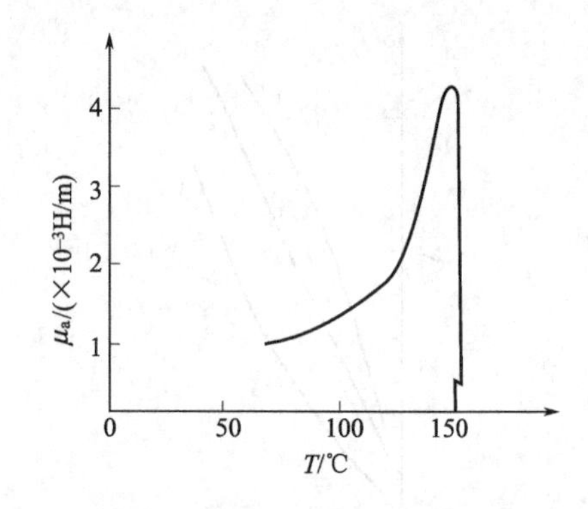

图 2.80　镁铜铁氧体初始磁导率对温度的关系

磁导率随温度的变化与激磁频率和磁场强度有关。图 2.80 给出了在 $f=1\text{kHz}$，$H_{max}=0.8\text{A/m}$ 时，镁铜铁氧体初始磁导率对温度的关系曲线。随温度增加，磁导率上升，当达到居里点时磁导率快速下降到零。

对于一般型号的铁磁材料，其磁化性能随温度的变化系数约为 0.2%/℃，而且不是常数，它随材料型号、磁场强度、机械负荷性能不同而波动。为此，通常需采取温度补偿措施。

此外，由于铁芯材料的磁滞特性与弹性滞后、弹性后效、电源的性能参数及环境温度的波动都会对铁磁材料的磁化特性产生影响，从而造成检测元件的测量误差。为此，可对制成的检测元件多次重复加载、去载，并在额定载荷下进行老化处理；选用合理的电源，例如，对准确度要求较高的检测元件，可选用变频电源以选择最佳频率，同时选择稳频恒流电源，并采用合适的温度补偿措施等。

2.10 核辐射式检测元件

核辐射式检测元件是利用被测物质对射线的吸收、散射、反射或射线对被测物质的电离作用而工作的，可用来检测厚度、物位、密度、成分等各种参数，还可用于金属探伤等。由于核辐射式检测方法可以实现非接触式测量，且不受许多化学和物理特性的影响，所以特别适合于具有腐蚀的、高温、剧毒、爆炸性物质及环境恶劣的场合。

核辐射式检测元件主要由放射源、探测器及转换电路组成。在本节的内容中重点介绍常用的核辐射探测器。

2.10.1 放射源

在检测仪表中，常用的放射源是放射性同位素，放射性同位素的原子核不稳定，在无任何外因作用下，原子核会自动衰变，同时会放出粒子或射线而变为另外的同位素，这种现象称为核衰变。核衰变中放出不同的带有一定能量的粒子或射线的放射性现象称核辐射。根据核衰变过程中释放出粒子种类的不同，核辐射的种类可以分为α，β，γ和中子辐射。如钴（^{60}Co）能发出γ和X射线，锶（^{90}Sr）能发出β粒子，铯（^{134}Cs）能发出β粒子及γ射线等。不同的射线，性质也不同。

2.10.1.1 射线的种类和特点

α粒子是从原子核中发射出的带有两个正电荷的粒子，由两个中子和两个质子组成。其质量为4.002775u（原子质量单位），能量一般在4～9MeV范围内，速度约为20000km/s。由于粒子质量较重，所带电荷较多，电离作用最强，但贯穿能力最小。主要用于气体成分分析，气体的压力及流量测量。

β粒子是中子转变为质子的过程中释放出的带有一个负电荷的高速运动的电子，其质量为0.000549u（原子质量单位），能量一般小于2MeV，速度约为2×10^5km/s，比α粒子快得多。β粒子具有较强的贯穿能力和较弱的电离能力。

γ射线是核跃迁或粒子湮没过程中发射出来的电磁辐射，具有明显的粒子性，通常也称之为光子，静止质量为0，不带电，能量通常在几十keV至几MeV之间，以光速运动。它具有极强的贯穿能力，但电离作用极小。由量子力学知道，光子的能量为

$$E=h\nu=\frac{hc}{\lambda} \tag{2.104}$$

式中，h为普朗克（Planck）常量，$h=6.6261\times10^{-34}\,\text{J}\cdot\text{s}$；$\nu$为γ射线的频率；$c$为光速；$\lambda$为波长。

对某一个原子核来说，在何时衰变完全是偶然的。但是就大量这种原子核作为整体来说，在t到$t+\mathrm{d}t$时间内衰变的原子核数$\mathrm{d}N$和时间间隔$\mathrm{d}t$及t时刻的放射性原子核数N成正比

$$-\frac{\mathrm{d}N}{N}=\lambda\,\mathrm{d}t \tag{2.105}$$

负号表示N随时间减少。式中的常数λ称为衰变常数，表示某种放射性核素的一个核在单位时间内进行衰变的概率。

显然，λ的大小决定了衰变的快慢，每种放射性核素都有一个特定的λ值。因此，它是放射性原子核的特征量。设初始时放射性原子核数为N_0，将式(2.105)积分就可得到t时刻的放射性原子核数目

$$N=N_0\mathrm{e}^{-\lambda t} \tag{2.106}$$

可见，放射性核的数目随时间按指数规律减少，正因为如此，故称为放射性核衰变。

组成核辐射检测器时，某个时刻放射源中还存在多少个放射性原子核没有衰变并不重要，重要的是单位时间内有多少个核发生衰变。在给定时刻，单位时间内的核衰变数称为放射性活度，用A表示

$$A=-\frac{dN}{dt} \tag{2.107}$$

将式(2.106) 代入式(2.107)，得到放射性活度可以表示为

$$A=\lambda N=\lambda N_0 e^{-\lambda t}=A_0 e^{-\lambda t} \tag{2.108}$$

式中，A_0是初始时刻的放射性活度。式(2.108) 表明放射性活度随时间成指数规律衰减。放射性活度的国际单位制单位是“贝可勒尔”，符号为“Bq”。

放射性活度，以往常称为放射性强度。为习惯起见，这里仍用放射性强度的提法。

对半衰期较短的放射源，谈及强度时，一定要标明时间，即放射性强度是什么时候的强度，否则没意义。

描述放射性原子核衰变除了用衰变常数外，还可用半衰期、平均寿命等参数。在单一的放射性衰变过程中，放射性活度降至其原有值的一半时所需的时间称为半衰期，符号为$T_{1/2}$，当$t=T_{1/2}$时，$A=1/2A_0$，代入式(2.108)，可得到

$$T_{1/2}=\frac{\ln 2}{\lambda}=\frac{0.693}{\lambda} \tag{2.109}$$

平均寿命是指在某特定状态下放射性核数减少到原来的1/e的平均时间，符号为τ。将$A=\frac{1}{e}A_0$代入式(2.108)，可得

$$\tau=\frac{1}{\lambda} \tag{2.110}$$

2.10.1.2　射线与物质的作用

(1) 带电粒子和物质的作用

带电粒子和物质的作用主要是电离、激发和散射。

① 电离和激发　带电粒子与核外电子之间存在库仑作用，导致带电粒子损失能量，物质原子被电离或激发。这是带电粒子与物质相互作用的主要方式。绝大多数探测器都是利用这种电离和激发效应来探测带电粒子的。

当入射粒子靠近原子时和物质中的原子发生静电作用，使原子中的束缚电子产生加速运动而变为自由电子；若入射粒子距原子远，束缚电子所获得的能量还不够使它逃逸出来时，则原子核由低能级跳到高能级而处于激发状态。前者称为直接电离，后者称为间接电离。α粒子质量大，所带电荷也大，因而在物质中能引起很强的电离，但射程（即在物质中穿行的直线距离）较短。

② 散射　带电粒子穿过物质因受原子核的电场作用而改变运动方向称为散射。对β粒子，与物质相互作用时散射损失是其重要的一种能量损失方式。

当射线穿过物质时，会发生电离、激发和散射等现象，其结果就表现为对射线的吸收。当一平行射线穿过物质层时，其强度衰减规律可表示为

$$I=I_0 e^{-\mu_m \rho x} \tag{2.111}$$

式中，I为穿过厚度为x的物质后的辐射强度；I_0为射入物质前的辐射强度；μ_m为物质的吸收系数；ρ为物质的密度。

(2) γ射线和物质的作用

γ射线本质上是电磁辐射（各种能量的光子）。γ光子是通过次级效应（一种“单次性”的随机事件）与物质的原子或原子核外电子作用，一旦γ光子与物质发生作用，γ光子或者消失或者受到散射而损失其能量，同时产生次级电子。

次级效应主要的方式有三种，即光电效应、康普顿效应和电子对效应。

① 光电效应　当γ光子穿过物质时，γ光子和物质中的原子发生碰撞而把自己的能量交给原子核外的一个电子使它脱离原子而运动，而γ光子本身则被吸收，这种现象称为光电效应。

光电子的最大动能与入射光的频率呈线性关系，而与入射光的强度无关，频率越高、光电子的能量越大。其数学表达式为

$$E_{max}=h\nu-A_0 \tag{2.112}$$

式中，E_{max}为光电子的最大动能；A_0为金属逸出功；h为普朗克（Planck）常量，$h=6.6261\times10^{-34}$J·s；ν为入射光的频率。

② 康普顿效应　随着入射γ光子能量的增加，能量损失主要表现在康普顿散射。它实际上是入射γ光子和物质中的电子发生弹性碰撞，即γ光子偏离它原来的运动方向，失去一部分能量，然后将能量转移给了电子。使电子从原子内部冲出来，被反冲出来的电子称康普顿电子。

康普顿效应为入射光子与核外电子的非弹性碰撞。在这作用过程中，入射光子的一部分能量转移给电子，使它脱离原子成为反冲电子，而光子受到散射，其运动方向和能量都发生变化，称为散射光子。康普顿效应一般发生在束缚得最松的外层电子。由于外层电子的结合能小，在处理时可把外层电子看成自由电子，按弹性碰撞来处理。

③ 电子对效应　当入射γ光子能量足够高，从原子核旁经过时，在核库仑场的作用下，γ光子转化为一个正电子和一个负电子，而γ光子则消失了，这种现象称为电子对效应。γ光子的能量$h\nu$转化为正、负电子的动能E_{e+}、E_{e-}以及正、负电子的静止质量所对应的能量$2m_0c^2$。该过程满足能量守恒，即

$$h\nu=E_{e+}+E_{e-}+2m_0c^2 \tag{2.113}$$

式中，m_0为正、负电子的质量；c为光速。

另外，发生电子对效应还应满足该过程的动量守恒，必须要求有原子核的参与，同时要求γ光子能量大于$2m_0c^2=1.022$MeV。

由于γ射线与物质之间存在上述三种效应，当γ射线通过物质时，其强度逐渐减弱，通过厚度为x的物质后的辐射强度I可由下式表示

$$I=I_0e^{-\mu x} \tag{2.114}$$

式中，I_0为通过物质前的辐射强度；μ为物质对射线的吸收系数。

吸收系数μ随吸收物质的材料和γ射线的能量而改变，它是三种效应的综合结果，即

$$\mu=\tau+\sigma+\kappa \tag{2.115}$$

式中，τ为光电吸收系数；σ为康普顿吸收系数；κ为电子对生成吸收系数。

2.10.2 探测器

核辐射检测器又称核辐射接收器，是以射线和物质的相互作用为基础而设计的，它的主要用途是将核辐射信号转换成电信号，以检测出射线强度的变化，进而实现被测参数的检测。探测器按其探测介质类型及作用机制主要分为气体探测器、闪烁探测器和半导体探测器三种。

2.10.2.1 气体探测器

气体探测器以气体为工作介质，射线穿过工作气体时产生电子-正离子对，通过在平行

板电容器极板上施加电压来收集电子-正离子对来获得输出信号，收集到的电信号与射线的种类和强度有关。气体探测器的突出优点是探测器灵敏体积大小和形状几乎不受限制，没有核辐射损伤或极易恢复以及运行经济可靠等。

气体探测器通过收集射线穿过工作气体时产生的电子-正离子对来获得核辐射量的信息，收集到的离子数量与所加电场电压之间的关系曲线如图 2.81 所示，曲线显现五个不同区域。

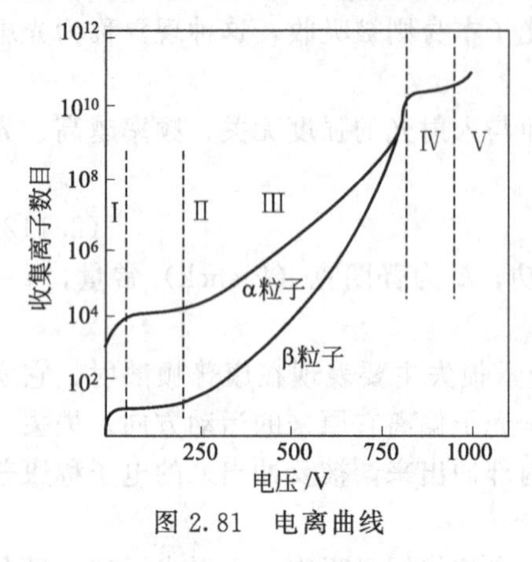

图 2.81　电离曲线

Ⅰ区称收集前复合区。在这个区，收集的离子对数目随收集电压的增加而增大。

Ⅱ区称饱和区或电离室区。在这个区，收集电压实现了对射线粒子在工作气体中产生的离子对的完全收集，加在两极间的电压称为该电离室的饱和电压。饱和电压具有相当宽的范围，在此范围内，收集离子对数目不随工作电压而变化。因此，电离室对电源电压的稳定度没有很高的要求。

Ⅲ区称正比区或限制正比区。在两个电极间施加的电压超过饱和电压时，由于电场强度增加，造成由电离产生的电子有足够能量在气体中进一步产生次级电离，甚至次级电离的电子又产生新的离子对。这样由电极收集到的电荷远大于起始电离数，而且与电极间的电压有关，这就是气体放大作用，也就是正比计数管的工作原理。正比计数管一般由一个中心细丝阳极和一个与其同轴的圆筒形阴极所组成。这样可以提高在阳极附近的电场强度。由于它具有放大作用，在测量低能射线时可以给出较大的脉冲。但它的放大倍数与极间电压有关，故对供电电源电压稳定度要求较高。

Ⅳ区称雪崩区。盖革-弥勒计数管（简称盖革计数管或 G-M 计数管）和雪崩室就工作在这个区域。在这个区域内，收集的离子对数目与射线粒子在工作气体中产生的比电离无关，即使在工作气体中只产生一对离子对，收集的离子对数目也是很大的，其数值完全由气体探测器本身的特性及测量电路来决定。

Ⅴ区称放电区。由激发分子退激所发射的大量光子会引起新的雪崩，在工作区形成正离子通道而造成连续放电。

根据所处区域的不同，气体探测器主要有三种类型：电离室、正比室和 G-M 计数管。下面对电离室和 G-M 计数管作简单介绍。

(1) 电离室

电离室工作在电离曲线的饱和区，是一种以气体为介质的射线探测器，在射线作用下气体被电离而产生正、负离子，带电粒子在电场作用下运动形成电流。电离室可以用来探测 α 射线，β 射线和 γ 射线。对于不同的射线，电离室在结构上是不一样的。

测量 α 射线的电离室的工作原理如图 2.82(a) 所示。它是一个置于空气中的一个平行极板电容器，1 为收集电极，2 为高压电极。为了减少泄漏电流，收集电极周围有绝缘层 4 和环形保护电极 3，保护电极接到测量电路的地。工作时，加上上百伏的极化电压，使得在电容器的极板间产生电场，这时如果有核辐射照射到极板之间的空气，则空气分子将被核辐射电离，从而产生正离子和电子。在极化电压的作用下，正离子将向负极移动，而电子将向正极移动，从而形成电流，这种由于核辐射引起的电流称为电离电流。辐射强度越高，产生的正离子和电子越多，电离电流越大。图 2.82(b) 为电离室的等效电路，虚线框内为平行极板电容器，R_{2-3} 为高压电极对地的绝缘电阻，R_{1-3} 为收集电极与保护电极之间的绝缘电阻，R_f为电流放大回路的输入等效电阻。为了提高电离室的灵敏度，必须尽量使其工作体积大一些，以便让射线粒子在电离室内多消耗一些能量，为了防护电离室不受外界β粒子和γ射线的影响，电离室外包上很厚的铅屏蔽层。

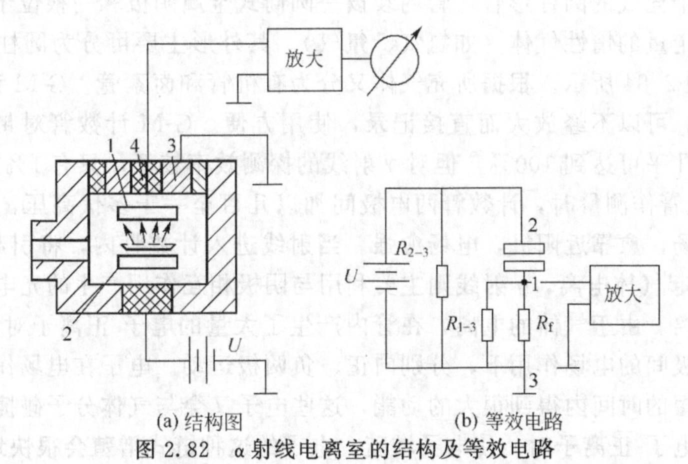

图 2.82　α射线电离室的结构及等效电路

1—收集电极；2—高压电极；3—保护电极；4—绝缘层

测量β射线的电离室的容积比α射线的要大得多。图 2.83 是β射线的多电极电离室结构图，电离室在对准射线源处有薄窗口，窗口一般用 5～10μm 厚的铝箔制成。圆柱电极 5 和 6 与端子 1 相接，电极 3 和 4 与端子 2 相接。电极距离不太大，电压不必太高，电离室的容积和窗口面积要足够大。

电离室的工作气体常采用 Ar、Ne 等惰性气体和 N_2，这是因为它们俘获电子的概率都很小，可以防止负离子的形成，从而减小了离子复合的概率。

电离室有两种工作方式，一种是记录单个入射粒子引起的电脉冲，称为脉冲工作方式。另一种是记录大量入射粒子在单位时间内产生的平均电流，称为电流工作方式，两种工作方式在电离室的结构上以及信号产生的机制上无本质的差别，其差异仅在于输出回路的时间常数和电离室电极间绝缘结构的不同。

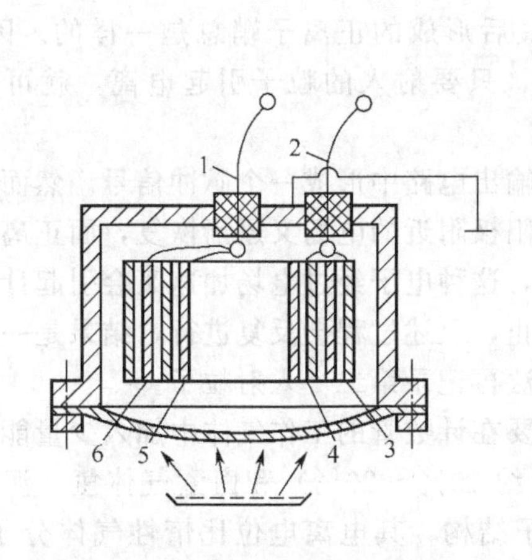

图 2.83　β射线的多电极电离室结构

1,2—端子；3,4—电极；5,6—圆柱电极

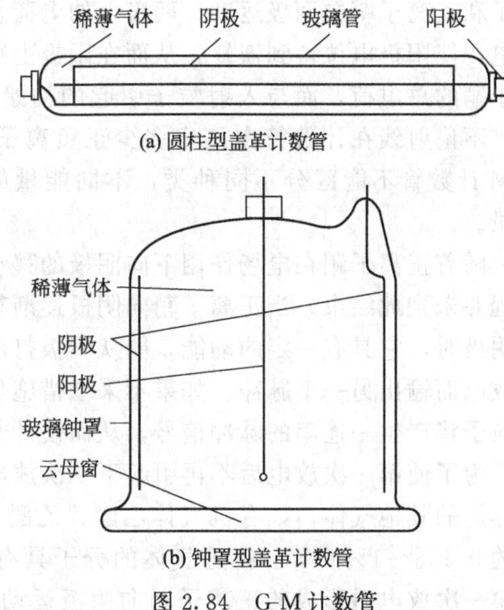

图 2.84　G-M 计数管

(2) G-M计数管

G-M计数管工作在电离曲线的雪崩区，它是用发明人H.盖革等人的姓名命名的。G-M计数管通常是一个充气的圆柱形管，管内装设一圆筒式金属阴极和一根位于中心的细丝作阳极，管内充有一定量的惰性气体（如氩气、氖气）。其外形主要可分为圆柱型和钟罩型（或称端窗式），如图2.84所示。根据所充气体又分为有机管和卤素管。G-M计数管灵敏度高，输出脉冲幅度大，可以不经放大而直接记录，使用方便。G-M计数管对带电粒子如α和β粒子的探测效率几乎可达到100%，但对γ射线的探测效率较低，只有1%左右。

用G-M计数管作测量时，计数管两电极间加以几百至一千多伏高压，于是在两极间产生一个柱对称电场，愈靠近阳极，电场愈强。当射线进入计数管内，将引起管内气体电离，α、β射线直接引起气体电离，γ射线则主要利用与阴极相互作用产生的光电子、康普顿电子等来引起气体电离。由于气体的电离，在管内产生了大量的电子-正离子对，这些电子-正离子对在计数管两极间的电场作用下，分别向正、负两极运动。电子在电场作用下，加速向阳极运动，并在很短的时间内得到很大的动能，这些电子又会与气体分子碰撞引起气体分子的电离，产生新的电子-正离子对，使电子增殖。电子的这种链式增殖会很快地相继发展下去，从而使电子在阳极附近的极小区域（约0.1mm）内产生爆发性增殖，这称为电子雪崩。在此同时，也有大量的气体分子受到电子碰撞被激发，这些受激发的气体分子退激及离子复合时均会放出大量的光子，这些光子会在计数管阴极和气体分子上打出光电子来，光电子在电场作用下同样会产生新的电子雪崩。依此类推，计数管被一个入射粒子触发后就会不断地产生雪崩过程，很快地（约10^{-7}s）导致全管放电。

经过多次雪崩后，在阳极丝周围形成了大量的离子对，由于电子的漂移速度较快（约10^4m/s），电子很快被阳极收集，而正离子由于质量大，向阴极运动速度慢（漂移速度约10m/s）而滞留在阳极丝附近，形成了一个圆筒形的空间电荷区，称为正离子鞘。随着正离子鞘的形成和增厚，阳极附近的电场将逐渐减弱，最后导致雪崩过程的停止。此后，正离子鞘在电场作用下向阴极运动。

G-M计数管的两极间具有一定的电容，加上高电压就使两极带有一定量的电荷。随着电子和正离子鞘向两极运动，两极上的电荷量减小，阳极电位降低，于是高压电源向计数管充电，使阳极电位得到恢复，从而在阳极上得到一个负电压脉冲。此脉冲的幅度只决定于正离子鞘的总电荷，而与入射粒子引起的初始离子对数目无关。换言之，在一定的外加电压下，不论射线在计数管内打出多少正负离子对，最后形成的正离子鞘总是一样的。因此，G-M计数管不能区分不同种类，不同能量的粒子，只要射入的粒子引起电离，就可以被记录。

随着正离子鞘在电场作用下向阴极的移动，在输出电路中形成一个脉冲信号。然而整个过程并未到此结束。当正离子鞘向阴极逐渐靠近，阳极附近的电场又逐渐恢复，而正离子到达阴极时，它具有一定的动能，能从阴极打出电子，这种电子经过电场加速又会引起计数管的放电而输出另一个脉冲。如果不采取措施加以制止，上述过程会反复进行，结果是一个入射粒子将产生一连串的脉冲信号，从而使计数管无法再记录第二个入射粒子。

为了使第一次放电后不再引起下一次放电，需要在计数管的工作气体中加入少量能使放电猝熄的其他气体，如有机气体乙醇、乙醚（含量约10%～20%）和卤素气体氯、溴（含量约0.1%～1%）等。猝熄气体的分子具有多原子结构，其电离电位比惰性气体分子低。当第一次放电后形成的正离子鞘向阴极运动时，与猝熄气体分子相碰撞，很容易使后者电离，惰性气体离子吸收其放出的电子而成为中性的分子。于是到达阴极时几乎全是猝熄气体的正离子，它们在阴极上吸收电子后，不再打出电子，所吸收的能量将消耗于其自身离解，成为小分子。于是，第二次放电被猝熄。

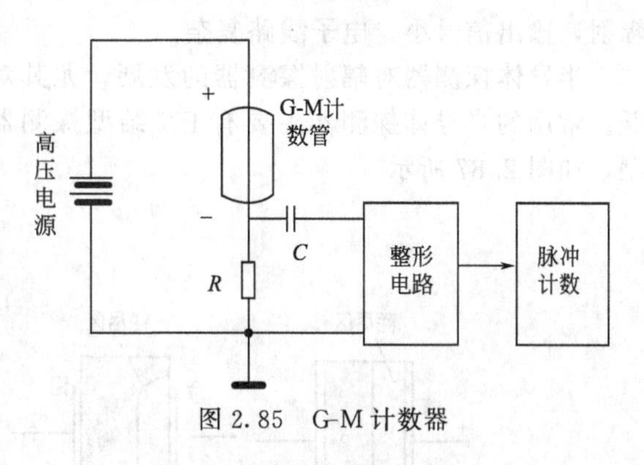

图 2.85 G-M 计数器

G-M 计数器是核辐射测量中最基本的气体探测器之一，它主要用来测量γ射线和β射线的强度，也可用于测量α射线和 X 射线。它具有结构简单，使用方便，造价低廉的特点。G-M 计数器通常由 G-M 计数管、高压电源及定标器等组成，如图 2.85 所示。G-M 计数管在射线作用下可以产生电脉冲，高压电源提供计数管的工作电压，而定标器则用来记录计数管输出的脉冲数。

2.10.2.2 闪烁探测器

闪烁探测器也称闪烁计数器，它是先将辐射能变为光能，再将光能变为电能而进行测量的。它由闪烁晶体、光电倍增管和输出电路所组成，如图 2.86 所示。

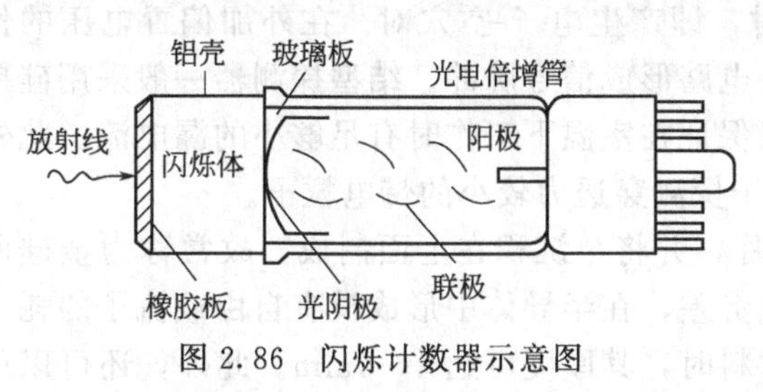

图 2.86 闪烁计数器示意图

闪烁晶体是一种受激发光物质，当射线进入闪烁体时，闪烁体的原子被电离和激发，受激原子退激时会发光。闪烁晶体按材料可分为无机和有机两大类，其形状有固态、液态、气态三种。无机闪烁体的特点是对入射粒子的阻止本领大、发光效率高、有很高的探测效率。碘化钠是常用的一种无机闪烁晶体，用于γ射线的检测。有机闪烁体的特点是发光时间短，必须与分辨性能较高的光电倍增管相配合方能使用。在探测β粒子时，常用有机闪烁体。在探测α粒子时，用硫化锌等作为闪烁体。

闪烁探测器的工作过程如下。

① 辐射射入闪烁体使闪烁体原子电离或激发，受激原子退激而发出波长在可见光的荧光。

② 荧光光子被收集到光电倍增管的光阴极，通过光电效应打出光电子。

③ 光电倍增管内电子倍增，并在阳极输出回路输出电流脉冲。

与电离室相比，闪烁计数器的效率高、分辨时间短。它不仅能探测γ射线，而且能探测各种带电和不带电的粒子，在核辐射检测中有着广泛的应用。

2.10.2.3 半导体探测器

半导体探测器是以半导体材料为探测介质的辐射探测器。最常用的半导体材料是锗和硅。

半导体探测器的基本原理与气体电离室相类似，在两个电极之间，加有一定的偏压。当入射粒子进入半导体探测器的灵敏区时，即产生电子-空穴对。在两极电场的作用下，电荷载流子就向两极作漂移运动，收集电极上会感应出电荷，从而在外电路形成信号脉冲。

在半导体探测器中，入射粒子产生一个电子—空穴对所需消耗的平均能量为气体电离室产生一个离子对所需消耗的十分之一左右，因此半导体探测器比闪烁探测器和气体电离探测器的能量分辨率高得多，可用于测量低能量的 X 射线。半导体探测器的另一个特点是探测器体积小，重量轻，结构简单，使用方便。但是半导体探测器不能做大做厚，难以测量高能辐射，输出信号小，电子线路复杂。

半导体探测器对辐射探测器的发展，尤其对带电粒子能谱学和γ射线谱学带来重大飞跃。常用的半导体探测器主要有PN结型探测器、面垒型探测器、高纯锗探测器等几种类型，如图2.87所示。

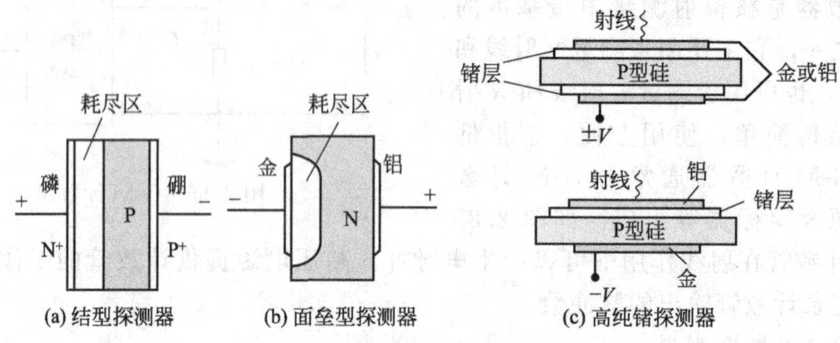

图 2.87　半导体探测器主要类型

① 结型探测器　结构类似结型半导体二极管，但用于探测粒子时要加上足够的反向偏压。当入射粒子进入半导体探测器的灵敏区时，即产生电子-空穴对。在外加偏置电压的作用下，电荷载流子就向两极作漂移运动，在外电路形成信号脉冲。结型探测器一般采用硅单晶，这是因为硅具有较大的禁带宽度，可用以保证在室温下工作时有足够小的漏电流。此外它的灵敏层厚度一般只有1mm左右，故只适于探测穿透力较小的带电粒子。

② 面垒型探测器　一般采用N型单晶硅片，并将金沉积在上面制成，故常称为金硅面垒型探测器。它是利用金和半导体之间接触电势差，在半导体中形成没有自由载流子的耗尽层，即是探测器的灵敏区。在采用高纯度硅材料时，其厚度可达4～5mm。此外，还可以用极薄的硅片做成全耗尽型探测器，最薄可达1～2μm。入射粒子可以穿过它并根据其能量损失率而鉴别粒子种类。

③ 高纯锗探测器　随着锗半导体材料提纯技术的发展，已可直接用高纯锗材料制备辐射探测器。它具有工艺简单、制造周期短和可在室温下保存等优点。

2.10.3　核辐射式检测元件的应用

核辐射式检测元件的应用范围极为广泛，除应用于核物理、原子分子物理研究外，还广泛应用于固体物理、材料科学、化学、生物学、地质、考古、天体物理等科学研究领域。在成分分析、辐射探伤和测厚、医学诊断等方面都得到了日益广泛的应用。

为确保公众安全，避免核辐射污染，环保系统都要对工业生产中用到的放射源加强监管，其中的一项重要内容是实时监测辐射剂量，防止发生核辐射泄漏和放射源丢失。通常可以采用G-M计数管用于γ剂量率的测量。考虑到放射源的核衰变是个随机过程，通常用5min的脉冲数取平均。

核辐射测厚仪是利用被测件对射线的吸收程度与其厚度有关这一原理来测量厚度，测厚仪的测量范围用质量厚度表示，即物质的密度与厚度的乘积，β射线厚度计的测量范围为0.5～6.0kg/m^2，γ射线能测量质量厚度较大的材料，一般为30～800kg/m^2，适用于冷、热轧钢板。

2.11　红外传感器

利用红外线的物理性质进行参数检测的传感器，称为红外传感器。利用红外传感器可实现非接触温度测量、气体成分分析、测距和无损探伤等，在医学、军事、空间技术和环境工程等领域得到广泛应用。

红外线又称为红外光，红外辐射，是热辐射的一种形式。红外线是特定区段的电磁波，其波长范围为0.76～1000μm。红外线在电磁波谱中的位置如图2.88所示。在红外技术中，一般将红外辐射分成四个区域，即近红外区、中红外区、远红外区及极远红外区。此处所说的远近，是指红外辐射在电磁波谱中与可见光的距离。

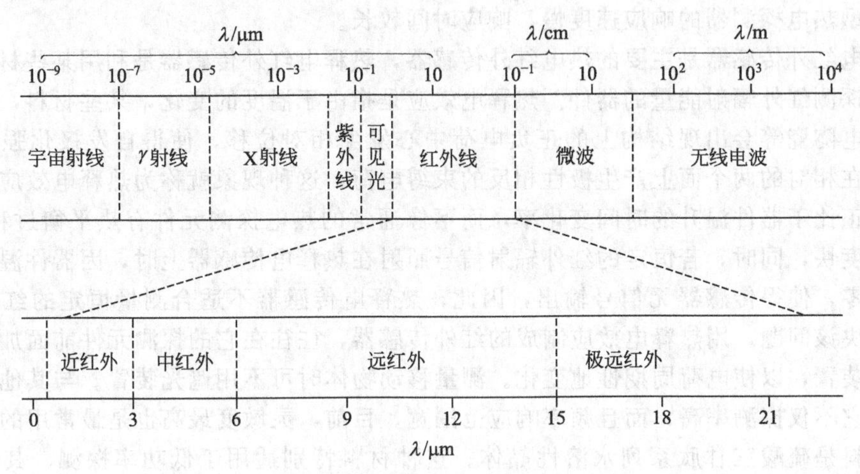

图2.88 红外线在电磁波谱中的位置

红外辐射的物理本质是热辐射。任何物体，只要其温度高于热力学温度零度，就会向周围空间辐射红外线。物体的温度越高，辐射出的红外线越多，红外辐射的能量就越强。研究发现，太阳光谱中各种单色光的热效应从紫色到红色是逐渐增强的，最强热效应出现在红外频率范围，因此红外辐射又称为热辐射。红外辐射被物体吸收后可以转化为热能，引起物体温度的升高。

红外辐射作为电磁波的一种形式，和其他的电磁波一样，可以以波的形式在空间直线传播，具有电磁波的一般特性，如反射、折射、散射、干涉和吸收等。

红外辐射在大气中传播时，由于大气中的气体分子、水蒸气以及固体微粒、尘埃等物质的吸收和散射作用，会使辐射强度在传输过程中逐渐衰减。大气对红外辐射的吸收，实际上是大气中的水蒸气、二氧化碳、臭氧、氧化氮、甲烷和一氧化碳等具有极性分子的气体有选择地吸收一定波长的红外辐射。而空气中非极性的双原子分子，如N_2、H_2、O_2不吸收红外辐射，因而不会造成红外辐射在传输过程中的衰减。由于上述的各种气体分子只对一定波长红外辐射产生吸收，所以就造成了大气对不同波长的红外辐射具有不同的透过率。在大气层中有三个波段的红外辐射透过率高，这三个波段分别在2～2.6μm、3～5μm、8～14μm处，统称为“大气窗口”。红外探测器一般都工作在这三个大气窗口内。

2.11.1 红外传感器的分类

红外传感器是利用红外辐射与物质相互作用所呈现的物理效应来实现参数检测的，是一种能将红外辐射能转换成电能的器件。红外传感器一般由光学系统、探测器和信号调理电路等部分组成。按工作原理的不同，可分为热电红外传感器和光电红外传感器两大类。

2.11.1.1 热电红外传感器

热电红外传感器是利用红外辐射的热电效应原理工作的。当一些晶体受热时，在晶体两端将会产生数量相等而符号相反的电荷，这种由于热变化产生的电极化现象就是热电效应。能产生热电效应的晶体称为热电体，又称热电元件，热电红外传感器主要就是采用高热电系数的热敏材料，如锆钛酸铅系陶瓷、钽酸锂、硫酸三甘肽等制成探测元件。探测元件探测并吸收红外辐射使得自身温度升高进而引起有关物理参数（如阻值）发生变化，然后通过测量该物理参数的变化来确定探测器所吸收的红外辐射。

热电探测器的主要优点是响应波段宽，响应范围可扩展到整个红外区域，可以在常温下工作，使用方便，应用相当广泛。常用的热电探测器有热敏电阻型、热电偶型、高莱气动型及热释电型。由于热敏材料的热效应需要一定的平衡时间，因此，热敏电阻型、热电偶型和高莱气动型热电探测器的响应速度慢，响应时间较长。

热释电红外传感器是主要的热电红外传感器，热释电红外传感器是利用某些材料的热释电效应来探测红外辐射能量的器件。热释电效应是指由于温度的变化，某些材料，如热释电晶体和压电陶瓷等会出现结构上的正负电荷中心发生相对位移，使得自发极化强度发生变化，从而在相对的两个面上产生极性相反的束缚电荷，这种现象就称为热释电效应。由于热释电信号正比于器件温升的时间变化率，而不像通常的热电探测元件有热平衡过程，因此，其响应速度快，同时，若恒定的红外辐射信号照射在热释电传感器上时，因器件温升的时间变化率为零，使得传感器无信号输出，因此，热释电传感器不适合测量恒定的红外辐射信号。为解决该问题，用热释电效应制成的红外传感器，往往在它的探测元件前面加机械式的周期遮光装置，以使电荷周期性地变化。测量移动物体时可不用遮光装置。与其他热电探测器相比，它不仅探测率高，而且频率响应范围宽。目前，灵敏度最高也是最常用的热释电红外敏感材料是硫酸三甘肽系列水溶性晶体。这种材料特别适用于低功率探测，其缺点是脆弱、居里温度低、易于极化、不能经受较高的辐射功率等。

2.11.1.2 光电红外传感器

光电红外传感器是利用红外辐射的光电效应原理工作的，其核心是光电元件，这类传感器主要有红外二极管、红外三极管等半导体器件，也可以是电真空器件，如光电管、光电倍增管。当入射辐射波的频率大于某一特定频率时，入射辐射波的光子能量被光电元件吸收，从而改变光电元件电子的能量状态，使得其电量发生改变，经测量电路转变成微弱的电压信号，放大后向外输出。光电红外传感器的主要特点是灵敏度高，响应速度快，具有较宽的响应频率，但探测波段较窄，一般需在低温下工作。光电红外传感器的灵敏度依赖于传感器自身的温度。要得到较高的灵敏度，就必须将光电红外传感器冷却至较低的温度。通常采用的冷却剂为液氮。

作为特定波长上的光电式传感器，光电红外传感器也可分为内光电和外光电传感器两种，而内光电传感器又可分为光电导传感器、光生伏特传感器和光磁电传感器三种。利用红外辐射的光电导传感器、光生伏特传感器与2.7节光电式传感器中的特性相似，不再重复。当红外辐射照射在某些半导体材料的表面时，材料表面的电子和空穴将向内扩散，在扩散中若受强磁场的作用，电子和空穴则各偏向一边，因而产生开路电压，这种现象称为光磁电效应。利用此效应制成的红外传感器称为光磁电传感器。值得一提的是，外光电式红外传感器要产生外光电效应，要求入射光子具有较高的能量，因此只适宜工作在近红外辐射区域。

2.11.2 红外传感器的基本特性

(1) 灵敏度

当经过调制的红外光照射到传感器的敏感面上时，传感器的输出电压与输入红外辐射功率之比称为灵敏度，也称为电压响应率。

$$R_V=\frac{u_o}{pA_d} \tag{2.116}$$

式中，u_o为红外传感器的输出电压，V；p为照射到红外敏感元件单位面积上的红外辐射功率，W/cm^2；A_d为红外传感器敏感元件的面积，cm^2。

(2) 响应波长范围

响应波长范围也称光谱响应，表示传感器的电压响应与入射红外辐射波长之间的关系，一般用曲线表示。热电传感器的电压响应率与波长无关，而光电型传感器的电压响应率曲线是一条随波长变化的曲线。一般将响应率最大值所对应的波长称为峰值波长 λ_m，而在峰值波长两边，响应率下降到最大值的一半所对应的波长称为截止波长 λ_c。由两个截止波长所围成的光谱区域表示红外传感器使用的波长范围。

(3) 噪声等效功率

噪声等效功率（Noise Equivalent Power，NEP）是指信噪比为1时的入射红外辐射功率，也是红外器件探测到的最小辐射功率。红外传感器光敏器件的输出电压较低，外界噪声对它的影响很大，因此要用噪声等效功率这一参数来衡量红外传感器的性能，可表示为

$$\mathrm{NEP}=\frac{U_{\mathrm{N}}}{R_{\mathrm{V}}} \tag{2.117}$$

式中，U_N为红外传感器输出的噪声电平；R_V为灵敏度（即电压响应率）。NEP值越小，红外传感器越灵敏。

(4) 探测率

探测率 D 是噪声等效功率的倒数，即

$$D=\frac{1}{\mathrm{NEP}}=\frac{R_{\mathrm{V}}}{U_{\mathrm{N}}} \tag{2.118}$$

红外传感器探测率越高，表明传感器所能探测的最小辐射功率越小，传感器越灵敏。

(5) 比探测率

比探测率又叫归一化探测率，或者叫探测灵敏度。实质上就是当传感器的敏感元件面积为单位面积 A_0，放大器的带宽 Δf 为 1Hz 时，单位辐射功率所产生的信号电压与噪声电压之比，通常用符号 D^* 表示。

$$D^{*}=(1/\mathrm{NEP})\sqrt{A_{0}\Delta f}=D\sqrt{A_{0}\Delta f}=(R_{\mathrm{V}}/U_{\mathrm{N}})\sqrt{A_{0}\Delta f} \tag{2.119}$$

由上式可知，比探测率与传感器的敏感元件面积和放大器的带宽无关。在一般情况下，比探测率越高，传感器的灵敏度越高，性能越好。

(6) 时间常数

时间常数衡量红外传感器的输出信号随红外辐射变化的速率（响应快慢）。输出信号滞后于红外辐射的时间，称为传感器的时间常数，即

$$\tau=\frac{1}{2\pi f_{c}} \tag{2.120}$$

式中，f_c为响应率下降到最大值的0.707倍（3dB）时的调制频率。

2.11.3 红外辐射的基本定律

(1) 基尔霍夫定律

物体向周围发射红外辐射时，同时也吸收周围物体发射的红外辐射。如果几个物体处于同一温度场中，各物体的热发射本领正比于它的吸收本领，这就是基尔霍夫定律。可用下式表示。

$$W_{\mathrm{R}}=\alpha \cdot W_{\mathrm{o}} \tag{2.121}$$

式中，W_R为物体在单位时间和单位面积内辐射出的辐射能；α 为物体辐射吸收度；W_o为常数，为黑体在相同条件下辐射出的辐射能。

(2) 斯蒂芬-玻尔兹曼定律

物体温度越高，发射的红外辐射能越多，在单位时间内其单位面积辐射的总能量与温度的四次方成正比，即

$$W=\sigma\varepsilon T^4 \tag{2.122}$$

式中，ε 为温度为 T 时全波长范围的材料发射率，也称为黑度系数，即物体表面辐射本领与黑体辐射本领之比值，通常物体的 ε 处于 0～1，$\varepsilon=1$ 的物体称为黑体；σ 为斯蒂芬-玻尔兹曼常数，$\sigma=5.67\times10^{-8}\text{W}/(\text{m}^2\cdot\text{K}^4)$；$T$ 为物体的热力学温度。

(3) 维恩位移定律

红外辐射的电磁波中，包含着各种波长，其峰值辐射波长 λ_m 与物体自身的热力学温度 T 成反比，即

$$\lambda_m=\frac{2.897\times10^{-3}}{T}\ (\mu\text{m}) \tag{2.123}$$

图 2.89 为不同温度下的光谱辐射分布曲线，图中虚线表示了峰值辐射波长 λ_m 随温度的变化关系曲线。从图中可以看出，随着温度的升高，其峰值波长向短波方向偏移，在温度不是很高的情况下，峰值辐射波长在红外区域。

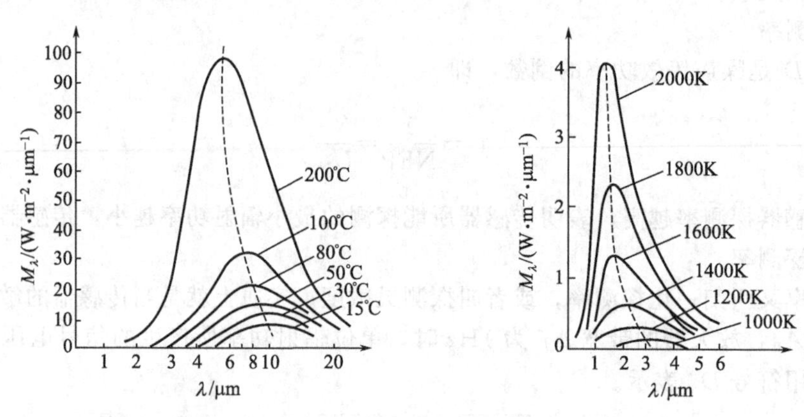

图 2.89 不同温度下光谱辐射随波长的分布曲线

2.11.4 红外传感器的结构

红外传感器一般由光学系统、敏感元件、前置放大器和信号调制器组成。光学系统是红外传感器的重要组成部分。根据传感器中光学系统的结构不同，红外传感器可分为透射式红外传感器和反射式红外传感器。

2.11.4.1 透射式红外传感器

透射式红外传感器是采用多个组合在一起的透镜将红外辐射聚焦在红外敏感元件上。图 2.90 为透射式红外传感器的光学系统。其光学系统的元件采用红外光学材料，并且根据所探测的红外波长来选择光学材料。在近红外区，可用一般的光学玻璃和石英材料；在中红外区，可用氟化镁、氧化镁等材料；在远红外区，可用锗、硅等材料。

2.11.4.2 反射式红外传感器

反射式红外传感器是采用凹面玻璃反射镜，将红外辐射聚焦到敏感元件上。其光学系统的结构示意图如图 2.91 所示。反射式的光学系统元件表面镀金、铝或镍铬等对红外波段反射率较高的材料。

2.11.5 红外传感器的应用

红外传感器在科学研究、军事工程和医学等领域具有极其重要的作用，如红外测温、红外成像、红外遥感、红外测距等。红外测温仪通过探测目标的红外辐射强度，从而测定其温度。红外测温计既可用于高温测温，又可用于冰点以下的温度测量。

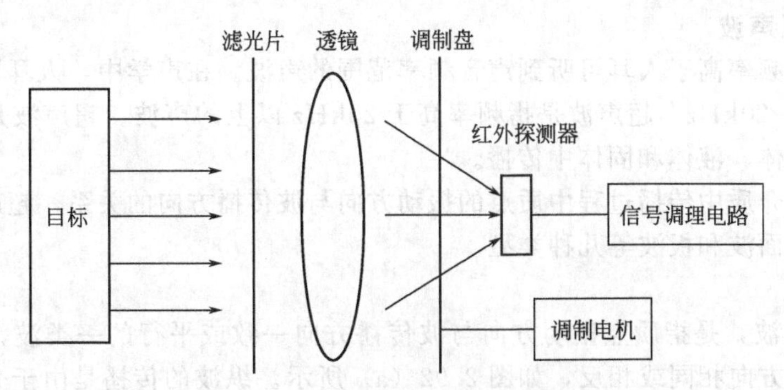

图 2.90 透射式红外传感器的结构

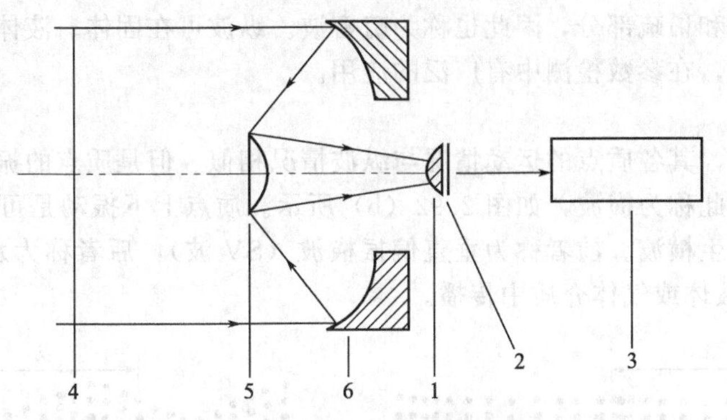

图 2.91 反射式红外传感器的结构

1—浸没透镜；2—检测元件；3—前置放大器；4—聚乙烯薄膜；
5—次反射镜；6—主反射镜

红外测温有以下特点：

① 测量过程中不影响被测目标的温度分布，可用于对远距离、带电，以及其他不能直接接触的物体进行温度测量；

② 响应速度快，可应用于对高速运动物体进行测量；

③ 灵敏度高，能分辨微小的温度变化；

④ 测温范围宽，能测量－10～1300℃之间的温度。

红外测距仪是利用红外线传播时的不扩散原理。长距离的测距仪都会考虑红外线或激光，红外线的传播是需要时间的，测距仪发出红外线，碰到障碍物，红外线被反射回来，再根据红外线从发出到接收所需的时间以及红外线的传播速度就可以算出距离，所以红外测距仪也称为激光红外光电测距仪。红外光不受周围可见光的影响，故在同样条件下，可昼夜测量。

大气对某些特定波长范围的红外光吸收甚少，这些波段的红外光穿透大气层的能力较好，故适用于遥感技术。运用红外光电探测器和光学机械扫描成像技术构成的现代遥测装置，可代替空中照相技术，从空中获取地球环境的各种图像资料。

2.12 超声波传感器

压电式检测元件在检测领域的一种重要应用形式是作为超声换能器。超声换能器也称为超声探头或超声波传感器，可用于产生或接收超声波信号，实现距离、流量、液位、厚度等参数的检测。

2.12.1 超声波

超声波是指频率高于人耳可听到声音频率范围的声波。在声学中，人耳可听到声音的频率范围为20Hz～20kHz。超声波是指频率高于20kHz以上的声波。超声波是一种弹性机械波，它可以在气体、液体和固体中传播。

按照声波在介质中传播过程中质点的振动方向与波传播方向的关系，超声波一般可分为纵波、横波、表面波和板波等几种类型。

(1) 纵波

纵波简称L波，是指质点振动方向与波传播方向一致或平行的一类波，即质点的运动方向同波的运动方向相同或相反，如图2.92 (a) 所示。纵波的传播是由于介质中各体元发生压缩和拉伸的变形，并产生使体元回复原状的纵向弹性力而实现的。纵波在介质中传播时会产生质点的稠密和稀疏部分，因此也称为疏密波。纵波可在固体、液体和气体中传播。纵波容易激发和接收，在参数检测中有广泛的应用。

(2) 横波

横波简称S波，其各质点的运动情况与纵波情况相似。但是质点的振动方向与波的传播方向是垂直的，因此称为横波，如图2.92 (b) 所示。质点上下振动是可以产生横波，前后振动时同样可以产生横波。前者称为垂直偏振横波（SV波），后者称为水平偏振横波（SH波）。横波不能在液体或气体介质中传播。

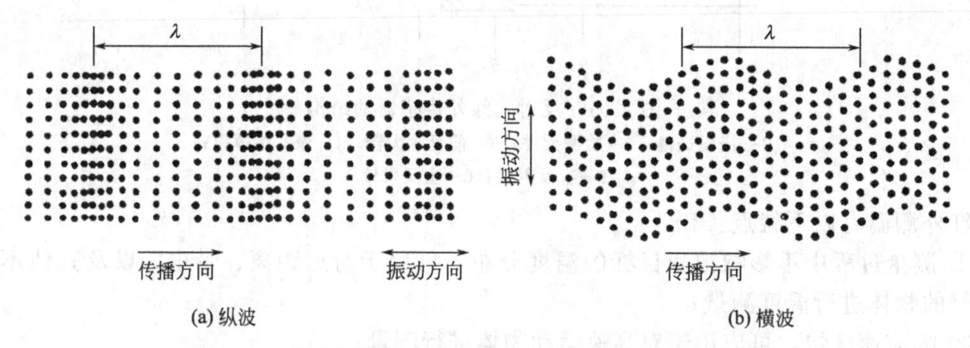

图2.92 纵波与横波中质点振动方向与波传播方向间关系

(3) 表面波

表面波也称为瑞利波（Rayleigh波），在半无限大固体介质与气体介质的交界面可以产生瑞利波。表面波在固体介质表面的运动轨迹为椭圆形，如图2.93所示，椭圆运动可视为纵向振动和横向振动的合成，即纵波和横波的合成，质点位移的长轴垂直于传播方向，短轴平行于传播方向。表面波只能在厚度远大于波长的固体表面层中传播，而且其振幅随着深度的增加衰减很快。表面波不能在液体或者气体介质中传播。表面波常用于材料表面缺陷的检测。

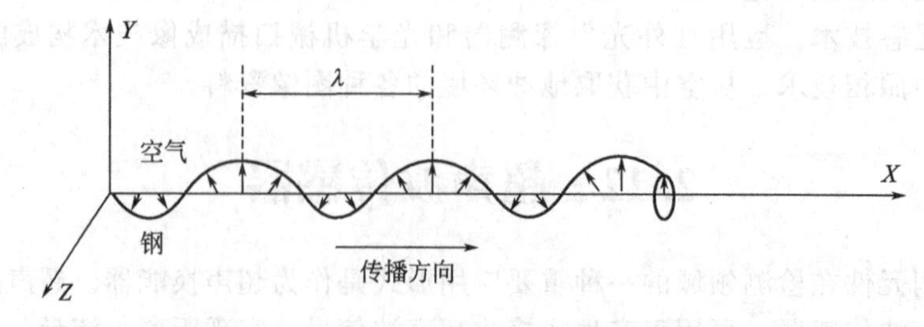

图2.93 表面波的质点振动方向与波传播方向关系

(4) 板波

板波是在板厚与波长相当的板中传播的波。兰姆波（Lamb 波）是板波中最重要的一种波，狭义上来讲，通常所说的板波指的就是兰姆波。兰姆波可以看成是两个 Rayleigh 波在板的上下表面上相互作用的结果。兰姆波可用于检测板厚、分层和裂纹等缺陷。

2.12.2　超声波的传播特性

(1) 波长、频率和声速

超声波在气体、液体及固体中传播有不同的传播速度，主要取决于介质的弹性系数、介质的密度以及声阻抗（介质密度与声速的乘积）。此外，介质所处的状态也会影响到传播速度。例如，对空气来说，温度越高，超声波的传播速度也越快。

超声波的声速 c 等于频率 f 与波长 λ 的乘积。

$$c=f\lambda \tag{2.124}$$

波长、频率、声速是超声波非常重要的特性。在超声波的传播方向上，相邻两个振动相位相同的点之间的距离称为波长，常用希腊字母 λ 表示，如图 2.94 所示。

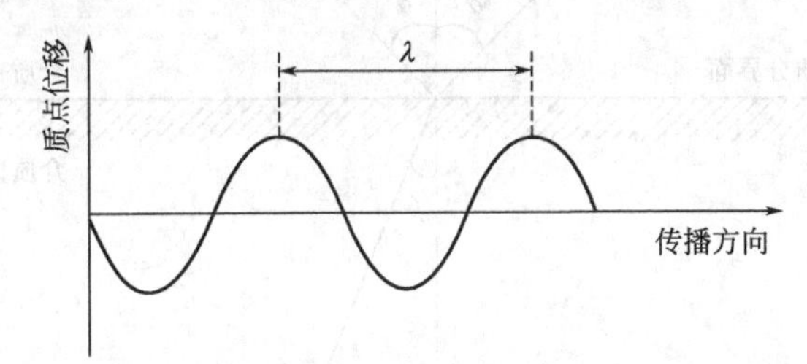

图 2.94　超声波传播过程中质点的位移

对纵波、横波和表面波来说，在各向同性的无限大弹性固体介质中，声速可表示为

$$c=M\sqrt{\frac{E}{\rho}} \tag{2.125}$$

式中，E 表示介质的杨氏弹性模量；ρ 表示介质密度；M 是与波型有关的常数。

从式中可以看出，介质的弹性性能越强（E 越大），密度越小，则声速越快。对于无限固体介质，横波声速约为纵波声速的一半；表面波声速约为横波声速的 90%。

板波的声速不仅与介质特性有关，还与板厚、超声波频率有关。

(2) 声场参量

超声波在介质中传播会引起内部压强的变化，形成超声场。为描述声场特性，可采用声压、声强等特征参量。

在超声波传播的介质中，某一点的瞬时压强与没有声波时该点的静压强之差称为该点的声压。在质点的振动过程中，声压是个交变量。因此，通常将声压幅度简称为声压，用符号 p 表示。可以证明，对于无衰减的平面余弦行波来说 $p=\rho cu$，其中 ρ 为介质密度；c 为介质中声速；u 为质点振动速度。

在垂直于声波传播方向上，单位面积上在单位时间内所通过的声能量称为声强（声的能流密度），用符号 I 表示。

$$I=\frac{p^2}{2\rho c} \tag{2.126}$$

式中，ρ 为介质密度；c 为介质中声速；p 为声压。

从声压和声强的表达式可以看出，两者都与介质密度 ρ 以及介质中声速 c 的乘积有关。在同一声压 p 下，ρc 越大，质点振动速度 u 越小；反之，ρc 越小，质点振动速度 u 越大，

因此将 ρc 称为介质的声阻抗，用符号 Z 来表示。

(3) 折射和反射定律

如图 2.95 所示，当声波从介质Ⅰ传播到介质Ⅱ时，在两种介质的分界面上，一部分能量反射回介质Ⅰ，形成反射波；另一部分能量透过分界面进入介质Ⅱ内继续传播，形成折射波。超声波在产生反射、折射时，遵循几何光学的反射定律和折射定律。反射角与入射角相等，折射角与入射角之间满足以下关系：

$$\frac{\sin\alpha}{\sin\beta}=\frac{c_1}{c_2} \tag{2.127}$$

式中，α 表示入射角；β 表示折射角；c_1，c_2分别表示两种介质中的声速。

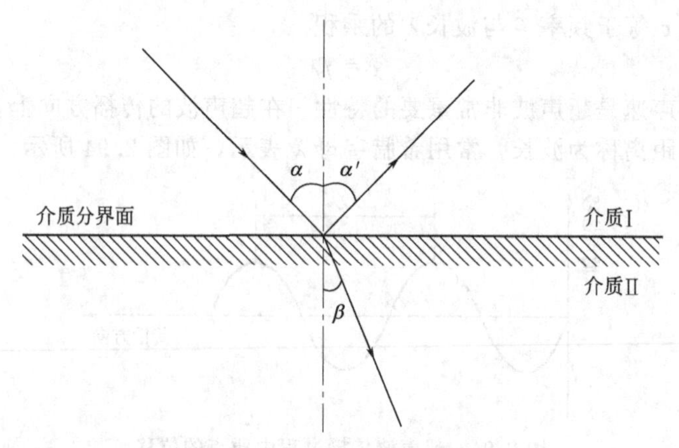

图 2.95　声波的反射与折射

超声波垂直入射到声特性阻抗不同的两种介质的分界面时，如图 2.96 所示，则入射波能量的一部分进入介质Ⅱ，产生透射波，传播方向和波型均与入射波相同；另一部分能量被界面反射回来，仍在介质Ⅰ中传播，但传播方向相反，称为反射波。为描述入射波能量在透射波和反射波中的分配比例，可分别定义反射系数和透射系数。

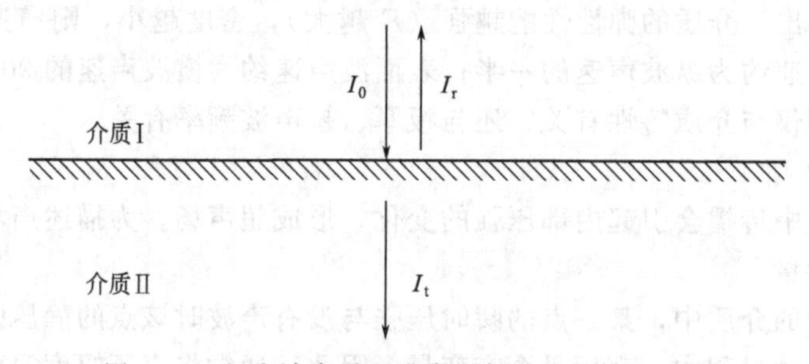

图 2.96　超声波在界面垂直入射时的反射和透射

声压反射系数为反射波的声压与入射波的声压之比

$$r=\frac{Z_2-Z_1}{Z_2+Z_1} \tag{2.128}$$

声压透射系数为透射波的声压与入射波的声压之比

$$t=\frac{2Z_2}{Z_2+Z_1} \tag{2.129}$$

由于声强与声压之间具有如下关系

$$I=\frac{p^2}{2Z} \tag{2.130}$$

相应地，描述反射波声强与入射波声强之比的声强反射系数可表述为

$$R=\frac{I_r}{I_0}=r^2=\left(\frac{Z_2-Z_1}{Z_2+Z_1}\right)^2 \tag{2.131}$$

描述投射波声强与入射波声强之比的声强投射系数可表述为

$$T=\frac{I_t}{I_0}=\frac{4Z_1Z_2}{(Z_2+Z_1)^2} \tag{2.132}$$

对式（2.128）～式（2.132）进行分析，可以得到以下结论。

① 当 $Z_2>Z_1$ 时，$r>0$，入射波声压 p_i 与反射波声压 p_r 同相，在界面上合成声压 p_i+p_r 增大；当 $Z_2\to\infty$ 时，$t=2$，透射声压 $p_t=2p_i$，透射声压振幅达到最大值；而 $R=1$，$T=0$，声能全反射。

② 当 $Z_2<Z_1$ 时，$r<0$，入射波声压 p_i 与反射波声压 p_r 反相，在界面上合成声压 p_i+p_r 减小；当 $Z_2=0$ 时，$t=0$，透射声压 $p_t=0$；而 $R=1$，$T=0$，声能仍全反射。

2.12.3 超声波的激发与接收

超声波的激发有两种形式：电气方式和机械方式。电气激发方式包括采用压电型、磁致伸缩型和电动型。机械方式的激发包括采用加尔统笛、液哨和气流旋笛等。不同形式的超声波传感器的原理及内部结构不同，因此产生的超声波无论在频率、功率等声波特性方面都有很大的不同，应用领域也不同。目前最为常见的是压电式超声波传感器。

压电式超声波传感器是利用压电效应原理工作的。探头由于其结构的不同可分为直探头（纵波）、斜探头（横波）、表面波探头（表面波）、兰姆波探头（兰姆波）、可变角探头（纵波、横波、表面波、兰姆波）、双晶探头（一个探头内含两个晶片，一个用于发射，另一个用于接收）、聚焦探头（将声波聚集为一细束）等，其中以纵波直探头在检测领域中应用最为广泛。考虑到不同的应用场合，探头的外形各异，但内部结构是基本相似的，图 2.97 所示为纵波直探头的内部结构。

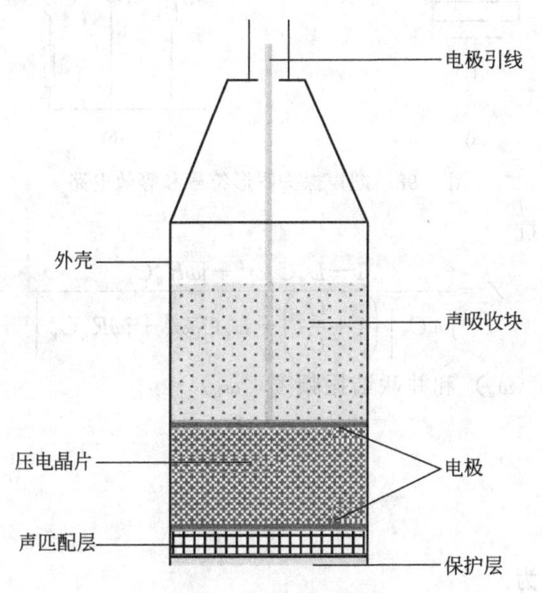

图 2.97　压电式纵波直探头内部结构

超声波探头由压电晶片、声吸收块（吸声块）、声匹配层、保护层、外壳和电极引线等部分组成。压电晶片的作用是发射和接收超声波，是探头在激励信号作用下产生超声波的最关键的元件，也是在接收超声波信号时将声波信号转换为电信号的转换元件，一般压电晶片采用石

英、压电陶瓷等具有压电效应的材料制作而成。压电晶片的两表面涂有导电银层作为电极，使晶片表面上各点都具有相同的电位。将晶片接于高频电源时，晶片两面便以相同的相位产生拉伸或压缩效应，从而辐射出声能。吸声块也称为阻尼块，它的作用是吸收晶片内部的多次反射波，减小超声波噪声。吸声块一般是由环氧树脂、钨粉和固化剂等按一定比例配置而成，其声阻抗尽可能接近压电晶片的声阻抗，紧贴在压电晶片后面。吸声块对压电晶片的振动起阻尼作用，一是可使晶片起振后尽快停下来，从而使脉冲宽度减小，分辨力提高；二是吸声块还可以吸收晶片向其背面发射的超声波；三是对晶片起支撑作用。声匹配层的作用是提高探头与工件（或介质）之间的阻抗匹配能力，有效拓宽换能器的工作频带，进一步提高超声检测设备分辨率和工作适应能力。压电晶片的声阻抗与被测工件声阻抗的匹配是非常重要的，声阻抗差异大会导致声能在压电晶片表面上的大量损失。声匹配层通常采用复合材料制作，采用氧化铝粉末等为填料，环氧树脂等固化剂为基体，采用浇铸法或刮刀法等工艺制作。为实现声阻抗的过渡，超声波探头匹配层声阻抗应为压电材料和被测体声阻抗乘积的几何平均值，对于一个给定中心频率的超声波探头，匹配层的厚度应为其中心频率所对应波长的四分之一。保护层是一层保护膜，其作用是保护压电晶片不被磨损或损坏。保护膜分硬保护膜和软保护膜。硬保护膜用于表面光洁的工件检测。软保护膜可用于表面较粗糙的工件检测。选择保护膜是要求材料具有较好的耐磨性和声波透射率。石英晶片不易磨损，可不加保护膜。探头外壳有金属外壳和塑料外壳，外壳起到支撑固定、保护以及电磁屏蔽等作用。

2.12.4 超声探头的频率特性与指向性

超声探头的图形符号表示和等效电路如图 2.98 所示。在等效电路中，R_a为介电损耗并联漏电阻；C_a为极间电容；R_g、C_g和 L_g 分别为机械共振回路等效电阻、电容和电感。

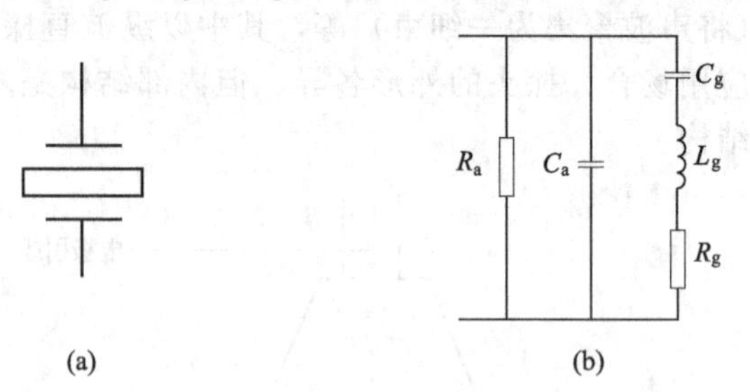

图 2.98 超声探头图形符号和等效电路

超声探头的等效阻抗

$$Z=\frac{1-L_gC_g\omega^2+j\omega R_gC_g}{j\omega C_a\left[\left(1+\frac{C_g}{C_a}\right)-L_gC_g\omega^2+j\omega R_gC_g\right]} \tag{2.133}$$

定义串联谐振频率（ω_a）和并联谐振频率（ω_b）

$$\omega_a^2=\frac{1}{L_gC_g} \tag{2.134}$$

$$\omega_b^2=\omega_a^2\left(1+\frac{C_g}{C_a}\right) \tag{2.135}$$

则等效阻抗可变换为

$$Z=\frac{1-\frac{\omega^2}{\omega_a^2}+j\omega R_gC_g}{j\omega C_a\left(\frac{\omega_b^2-\omega^2}{\omega_a^2}+j\omega R_gC_g\right)} \tag{2.136}$$

由式（2.136）可作阻抗谐振特性曲线如图 2.99。其中 ω_a是由 $R_gL_gC_g$ 支路决定的串联谐振的共振频率；ω_b是由 $L_gC_gC_a$ 并联电路决定的并联共振频率。当 $\omega_a<\omega<\omega_b$时，呈感性谐振特性；当 $\omega<\omega_a$或 $\omega>\omega_b$时呈容性谐振特性。这种谐振特性是具有高 Q 值的陶瓷振子才有的特性，因此可以利用这种特性构成超声传感器特有电路。超声陶瓷元件在低频共振点 ω_a的阻抗低，发送灵敏度高；在高频共振点 ω_b的阻抗高，接收灵敏度高，如图 2.99 中虚线所示。实际上正是利用这种特性，分别做成超声发送器和超声接收器。由于超声陶瓷元件的这种共振特性，即使用方波驱动发送器，通过接收器接收的输出信号也是正弦波信号。

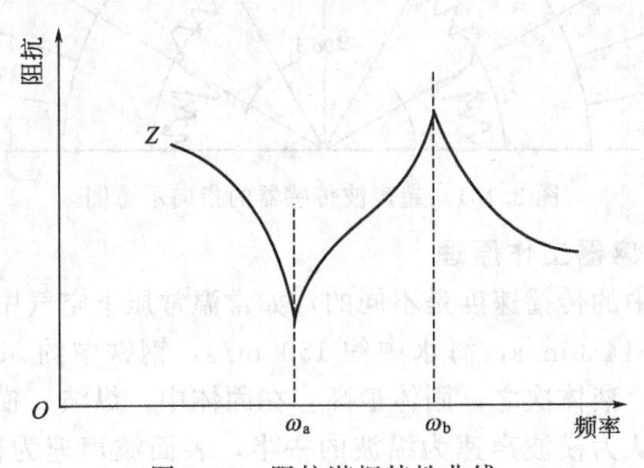

图 2.99 阻抗谐振特性曲线

图 2.100 所示为某中心频率为 f_0的超声波发射传感器的频率特性曲线。在中心频率处，超声探头所产生的超声波信号最强，也就是说在此处所产生的超声声压能级最高。在偏离中心频率后，声压能级迅速衰减。因此，超声波探头要采用工作在中心频率的稳定交流电压来激励。

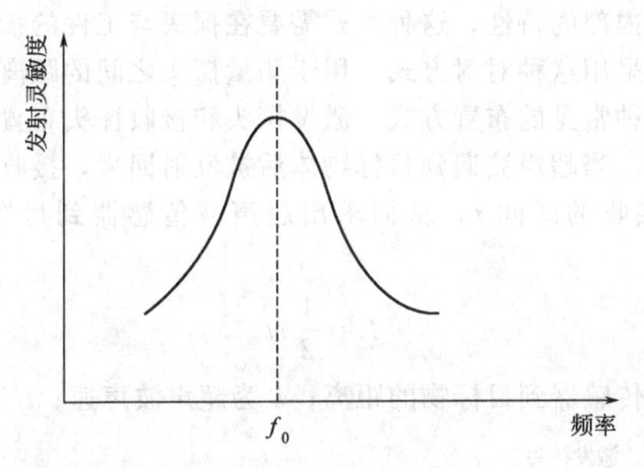

图 2.100 超声探头频率特性

超声探头产生的超声波具有一定的指向特性：超声探头在发射超声波时沿探头中轴线的延长线（垂直于传感器表面）方向上的超声辐射能量最大。由此向外其他方向上的声波能量逐渐减弱。以传感器中轴线的延长线为轴线，由此向外，至能量强度减少一半（−3dB）处的角度称为波束角。

超声波传感器内部有压电晶片，若将表面上每个点看成个振荡源，则所有的振荡源向外辐射出一个半球面波（子波），但它们不具有方向性。而空间某处的声压是这些子波叠加产生的，具有方向性。指向特性能够通过指向图表示，图 2.101 是超声波传感器指向示意图。它是由一个主瓣和几个副瓣构成，其物理意义是角度为 0（正对方向）时声压最大，当角度增加的时候，声压减小。

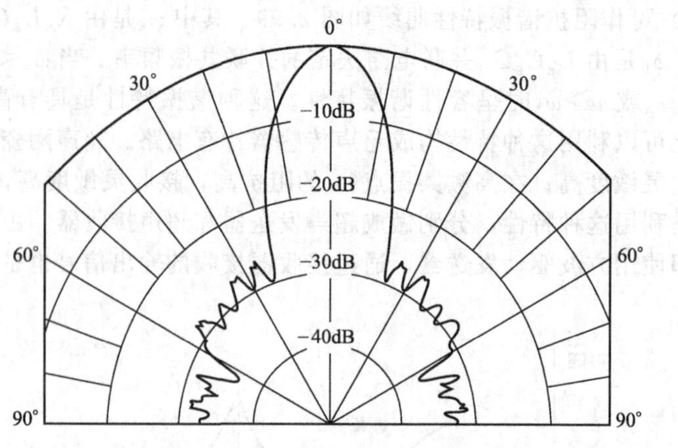

图 2.101 超声波传感器的指向示意图

2.12.5 超声波传感器工作原理

超声波在不同介质中的传播速度是不同的，如常温常压下空气中的超声波纵波的速度是344m/s，自来水中约为1430m/s，海水中约1500m/s，钢铁中约5800m/s。超声波纵波在气体中的传播速度最低，液体次之，固体最高。在固体中，纵波、横波及表面波的声速之间有一定的关系。通常可认为横波声速为纵波的一半，表面波声速为横波声速的90%。但在确定的工作条件下，在确定的介质中，其传播速度是确定的。根据这一特性，可采用超声波测量工件的厚度、液体的液位、管道中流体的流速、目标物的距离等。

超声波传感器在实际应用中有两种探头的布置方式：透射式（或对射式）和反射式，如图2.102所示。在透射式（对射式）布置方式中，如果介质是固体工件，需要将激发探头和接收探头分别布置在被测工件的两端，可以根据超声波穿过被测工件的时间或声强的衰减来检测工件的厚度或工件内部的特性，这种方式需要在探头与工件的接触面涂抹耦合剂。在液体和气体介质中，也会采用这种对射方式，用于测量探头之间的距离或者流体的流速。

反射式结构是另一种常见的布置方式，激发探头和接收探头布置在同一侧。传感器工作时激发探头发射超声波，当超声波遇到目标物体后被反射回来，接收探头接收超声波，通过测量超声波从激发到接收的时间 t，从而求出超声波传感器到目标物的距离 L，计算公式为：

$$L=\frac{1}{2}vt \tag{2.137}$$

式中，L 为超声波传感器到目标物的距离；v 为超声波声速；t 为从激发到接收的时间。

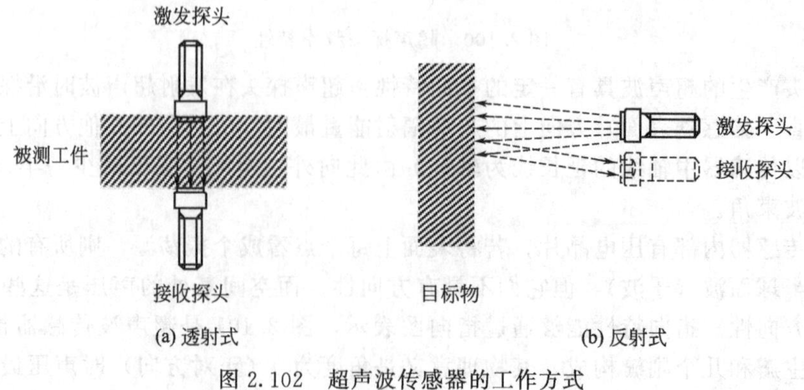

图 2.102 超声波传感器的工作方式

2.12.6 误差影响因素

超声波在介质中传播时其传播速度与介质密度有关，密度越大，传播速度越快。传播速度还受到温度的影响。超声波在空气中的传播速度受温度影响，它们之间的关系为

$$v=\sqrt{\frac{rRT}{M}} \tag{2.138}$$

式中，v 为超声波传播速度；M 为气体的摩尔质量；r 为气体的定压比热 c_p 与定容比热 c_V 之比；R 为摩尔气体常数；T 为热力学温度。对于一定的气体，r、R、M 均为固定值。

上式可近似表达为

$$v=331.5+0.607t \tag{2.139}$$

式中，t 为介质中的实际温度，单位为℃。

超声波传播速度随周围环境温度的变化而变化。因此，要精确测量与某个物体之间的距离时，需要考虑被测量物体周围的环境温度，并通过温度补偿的方法加以校正。

2.12.7 超声波传感器的应用

超声波可以在气体、液体及固体中传播，其传播速度不同，并且在传播过程中有衰减。在空气中衰减较快，而在液体及固体中传播时衰减较小。另外，超声波从一种介质进入两一种介质会存在折射和反射现象。利用超声波的这些特性，可以做成各种超声传感器，配上不同的电路，制成各种超声测量仪器及装置。

利用超声波在不同介质中传播速度的不同，在诸如液位检测、移动机器人测距和避障、材料厚度测量、汽车倒车雷达等系统中得到了广泛的应用。在渔业上，渔民将超声波发生器（也叫声呐）安装在渔船上，向水下各个方向发射超声波，当遇到鱼群时就可以接收到超声波反射信号，从而可以知道鱼群的位置。该装置也可以用来探测水下暗礁、潜艇以及海水的深度。在测量液位方面，接触式检测存在易渗漏、腐蚀、维护困难等缺点，采用超声波测距具有非接触特性，与其他测距方法相比，超声液位测距凭借其结构简单、非接触、安装、维护方便、性能可靠等优势，被越来越多的使用。在移动机器人视觉和避障方面，超声波测距同样发挥着不可替代的作用。超声波测距仪可以比作是机器人的一双眼睛，可以实时地测量出机器人距离障碍物的距离，使机器人安全避开障碍物。汽车司机在进行倒车的时候，由于存在视觉的盲区，很难看清车子后面的障碍物，因此很容易撞到车辆后面的人或物体。通过在汽车尾部安装超声波测距仪可以有效地测出车辆尾部离障碍物的距离，提醒司机当前的距离是否在安全距离之内，从而避免倒车事故的发生，提高了驾驶的安全性。

利用超声波在流体中传播时，在静止流体和流动流体中的传播速度的不同，可实现流体流速和流量的测量。工作时，超声波传感器成对地安装在管道上、下游的同一水平面上。当流体静止时，上游传感器激发的超声波到达下游传感器的时间（即渡越时间）和下游传感器激发的超声波到达上游传感器的时间是一样的。当流体流动时，顺流的渡越时间和逆流的渡越时间是不同的，顺流的超声波信号会被加速，而逆流的超声波信号会被减速。顺、逆渡越时间的差值与管道中流体的流速成正比。

利用超声波从一种介质进入另外一种介质时会在界面边缘发生反射的特性可用来检查零件的内部缺陷。当超声波束自零件表面由探头通至金属内部，遇到缺陷与零件底面时就分别发生反射，在荧光屏上形成脉冲波形，根据这些脉冲波形可判断缺陷位置和大小。

思考题与习题

2.1 检测元件在检测系统中有什么作用？

2.2 说明电阻应变片的组成和种类？金属材料与半导体材料的电阻应变效应有什么不同？

2.3 有一金属电阻应变片，其灵敏系数为 2.5，不工作时电阻值 $R=120\Omega$，设工作时其应变为 $1200\mu m/m$，问 ΔR 是多少？若将此应变片与 2V 直流电源组成回路，试求无应变时和有应变时回路的电流各是多少？

2.4 试述应变片温度误差的概念、原因和补偿方法。

2.5 热电阻式检测元件主要分为几种？各适合于何种场合？

2.6 金属热电阻与半导体热敏电阻各有什么特点？

2.7 试讨论用金属热电阻设计流量传感器。

2.8 根据变换原理电容式检测元件有哪几种类型？有何特点？可用来测量哪些参数？

2.9 试讨论电容式检测元件如何消除寄生电容的影响。

2.10 有一电容测微仪，其传感器的圆形板极半径 $r=5mm$，开始初始间隙 $\delta=0.3mm$，问：

(1) 工作时，如果传感器与工件的间隙缩小 $1\mu m$，电容变化量是多少？

(2) 若测量电路灵敏度 $S_1=100mV/pF$，读数仪表的灵敏度 $S_2=5$ 格/mV，上述情况下，仪表的指示值变化多少格？

2.11 解释热电效应、热电势、接触电势和温差电势。

2.12 简述热电偶能够工作的两个条件。

2.13 什么叫中间导体定律和标准电极定律？

2.14 热电偶和晶体管温度检测元件有何异同？

2.15 什么是压电效应？压电材料有哪些种类？压电式检测元件有何应用特点？

2.16 试讨论光电倍增管和光电管在结构和工作原理方面的异同点。

2.17 光敏电阻和光敏晶体管伏安特性的特点是什么？

2.18 试讨论如何用光电管实现路灯的自动控制。

2.19 磁电式检测元件直接测量量是什么？经何种改造可用于测量位移或加速度？

2.20 动圈式和动铁式检测元件有何异同？

2.21 磁电式传感式的误差及其补偿办法是什么？

2.22 试分析压磁式检测元件的误差产生原因及减少误差的方法。

2.23 试讨论如何提高压磁式检测元件的灵敏度。

2.24 在检测领域常用的射线有哪些？各有什么特点？

2.25 α射线电离室和β射线的电离室在结构上有何差异？

2.26 什么叫检测元件的温度系数？如何克服温度对检测元件的影响？试举例说明。

2.27 反射式红外传感器与透射式红外传感器各有什么特点？

2.28 试分析哪些因素会对超声波测距引入误差，应如何克服。

2.29 在本章的各种检测元件中哪些可用于测量材料的厚度，试分析其工作原理。

参 考 文 献

[1] 李科杰. 新编传感器技术手册. 北京：国防工业出版社，2002.
[2] 何希才. 传感器及其应用. 北京：国防工业出版社，2001.
[3] 王家桢，王俊杰. 传感器与变送器. 北京：清华大学出版社，1996.
[4] 周泽存，刘馨媛. 检测技术. 北京：机械工业出版社，1993.
[5] 刘君华. 现代检测技术与测试系统设计. 西安：西安交通大学出版社，1999.
[6] 高魁明. 热工测量仪表. 北京：冶金工业出版社，1993.
[7] 单成祥. 传感器的理论与设计基础及其应用. 北京：国防工业出版社，1999.
[8] 曾繁情，杨业智. 现代分析仪器原理. 武汉：武汉大学出版社，2000.
[9] 杜维，张宏建. 过程检测技术及仪表. 北京：化学工业出版社，1999.
[10] 张靖，刘少强. 检测技术与系统设计. 北京：中国电力出版社，2002.
[11] 金篆芷，王明时. 现代传感器技术. 北京：电子工业出版社，1995.
[12] 李科杰. 现代传感技术. 北京：电子工业出版社，2005.

[13] 贾伯年，俞朴，宋爱国. 传感器技术. 南京：东南大学出版社，2007.
[14] 凌球，郭兰英. 核辐射探测. 北京：原子能出版社，2002.
[15] 张宏建，蒙建波. 自动检测技术与装置. 北京：化学工业出版社，2004.
[16] 海涛，李啸骢，韦善革，陈苏，等. 传感器与检测技术. 重庆：重庆大学出版社，2016.
[17] 王雪梅. 无损检测技术及其在轨道交通中的应用. 成都：西南交通大学出版社，2010.

3 检测仪表

敏感元件无疑是检测仪表或检测系统中最关键的一个组成部分，但是仅有敏感元件还不能实现完整的检测。究其原因主要有三：①大多数敏感元件的输出信号一般较为微弱难以直接感知，需要放大；②敏感元件本身一般没有显示装置，因此，即使有些敏感元件有较强的信号输出，也无法让观察者获得被测量的信息；③大多数敏感元件的输出信号为非标准的测量信号，需要转换为标准信号才能实际应用于工业现场的检测和控制。

检测仪表就是在敏感元件的基础上，合理配置各种功能的转换元件或转换电路（统称为信号变换），对敏感元件的输出信号进行处理，最终直接显示被测量的大小并输出符合工业检测和控制要求的标准信号。

检测仪表的种类有很多，本章主要介绍目前流程工业中温度、压力、物位、流量和成分五大重要工业参数的检测方法和测量仪表。同时，对相关的显示仪表也作简要介绍。

本章的内容是这样安排的，首先介绍检测仪表的构成和一般设计方法，然后分别介绍温度、压力、物位、流量和气体成分等的检测方法和仪表，最后介绍显示记录仪表与装置等。

3.1 检测仪表的构成和设计方法

3.1.1 检测仪表的组成

图 3.1 示出了检测仪表或检测系统一般组成形式，主要由敏感元件、信号变换、信号处理、信号传输、数据存储以及显示装置等功能模块。

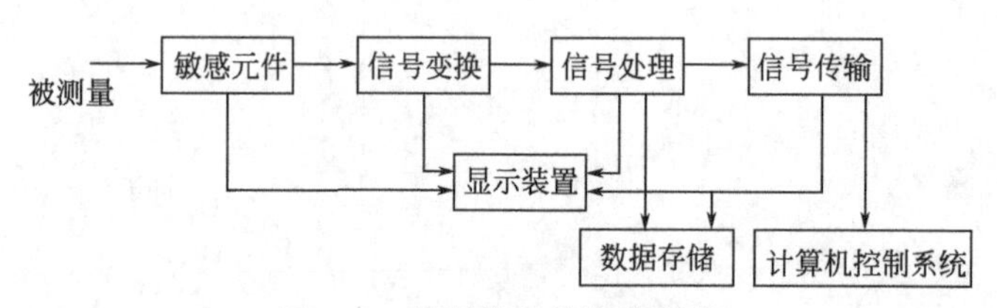

图 3.1 检测仪表的组成形式

由于敏感元件的特性不同和检测目的与要求的不同，每个检测仪表的具体组成各有不同，但敏感元件和显示装置是必不可少的基本功能模块。

常见的玻璃管温度计是简单检测仪表的一个典型例子，它只有敏感元件和显示装置两部分组成。玻璃温包中的水银为敏感元件，玻璃上的刻度即为显示装置。水银受温度的升高体积膨胀，并沿毛细管向上，玻璃管刻度上的读数显示出水银所感知温度的测量值。而智能型温度测量仪表则包含了图 3.1 所示出的各个功能模块。热电阻和热电偶是常用的敏感元件，其输出常用电桥电路转换（信号变换）为电压信号。该电压信号经以微计算机芯片为核心的电子电路处理（信号处理）后，由显示装置（例如液晶面板）显示出温度测量值，由信号传输模块将转换好后的标准信号传送给计算机控制系统或其他仪表，而数据存储模块则用于保存温度测量的历史和实时的数据以及测量所需的各种预设参数等。

同时需要指出的是：同种检测仪表（指敏感元件相同），由于使用要求和条件的不同，在组成测量系统的结构形式上也不完全相同。

检测仪表的结构形式主要有一体化型和组合型仪表两种。所谓一体化型仪表是指敏感元件、信号变换和显示装置（指示）等为一个整体，使用时不能分开。大部分具有现场指示功能的仪表就属于这一类，常见的弹性式压力表、一体型热电阻温度计、玻璃管转子流量计等等。组合型仪表是指检测仪表中敏感元件、信号变换和显示装置等各个模块在结构上是各自分列的，实际使用时再根据测量需求和条件进行功能组合，并构成完整的检测系统。图 3.2 给出了热电偶温度检测系统的几种结构形式。图 3.2(a) 是常见的一种检测系统，热电偶安装在检测点处，延伸热电偶的热电极到热电偶温度变送器，变送器将热电偶的热电势进行放大并变换为与温度对应的标准信号（一般为 4～20mA 的电流），变送器的输出用信号线连接到集中监控室，由相应的温度显示仪表指示被测温度。由此可见，该温度检测系统由三个相对独立的仪表或元件组成，即热电偶、温度变送器和温度显示仪表。图 3.2(b) 与图 3.2(a) 的结构形式相同，区别是变送器不仅进行信号变换，同时带现场显示，以方便现场的操作和维护。图 3.2(c) 的特点是现场不设变送器，热电偶的热电极从检测点一直延伸到集中监控室的温度显示仪表。该温度显示仪表直接接受热电偶的电势信号并指示温度值，它既不同于图 3.2(a) 和图 3.2(b) 中的变送器，也不同于这两个图中的温度显示仪表。

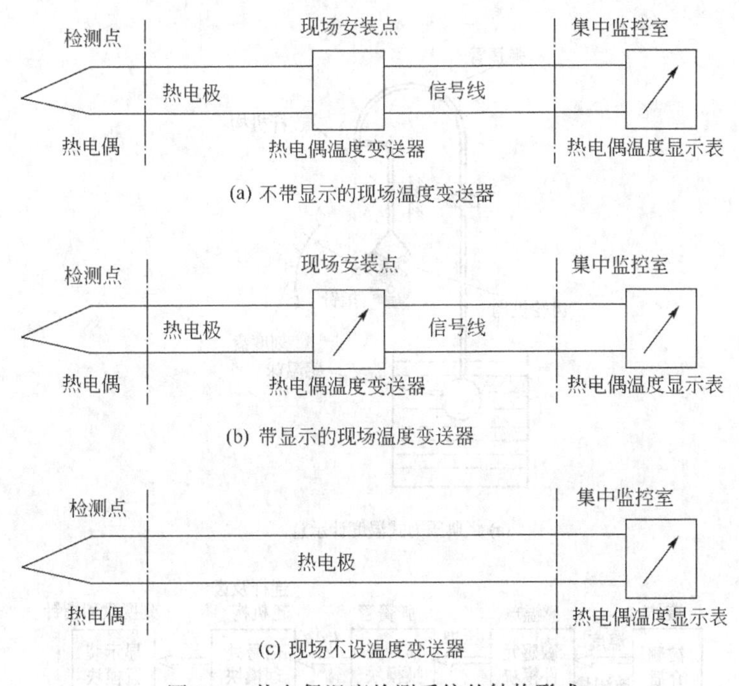

图 3.2　热电偶温度检测系统的结构形式

3.1.2　检测仪表的设计方法

检测仪表的准确性和长期运行的稳定性或可靠性是检测仪表实际工业应用中最重要的两个性能指标。同时，如 3.1.1 节所述，检测仪表是由若干个功能模块组成的，则每个模块的特性都对整个仪表的性能产生影响。此外，由于使用条件和应用对象的不同，工业实际应用现场对具体检测仪表的性能也有不同的测量需求，例如有些测量现场仅需要低成本的就地显示检测仪表，而有些测量现场，因计算机自动控制的需要，相应的检测仪表不仅精度要高，还要求具备就地数字显示，标准信号远传和计算机通信，以及数据存储等功能。因此，检测仪表的设计要统筹兼顾，合理选择和配置仪表的各个功能模块，以使整个仪表的性能和功能符合现场实际应用要求。

检测仪表的设计方法按结构形式来划分主要有直接串联式（直接变换式）、差动式、参比式和平衡（反馈）式为四种方法。直接串联式、差动式、参比式等属开环结构设计法，而平衡（反馈）式属闭环结构设计法。四种仪表设计方法都有各自的特性和优缺点，一般情况下，多是融合多种设计方法，互相取长补短，以设计出符合实际测量需求的功能模块或整个检测仪表（系统）。

3.1.2.1 直接串联式

（1）实施方式

直接串联式设计方法在许多场合也常称为直接变换式设计方法，是一种最为常用的设计方法，它是将涉及测量的各个环节直接串联起来以构成功能模块或整个检测仪表。如图 3.3(a) 所示的经典压力式温度计。当介质温度发生变化时，感温球内填充液体的热胀冷缩特性导致球内压力的变化，该压力变化通过弹簧管转化为位移，此位移通过连杆机构和齿轮机构使指针获得合适的角度，指针和刻度盘则示出了温度的测量值。显然，压力式温度计的测量信息是单向流动的，敏感元件（感温球）、信号变换（弹簧管）、信号处理（连杆和齿轮机构）和显示装置（指针和刻度盘）等功能模块的直接串接即构成了整个测量系统，其框图见图 3.3(b)。

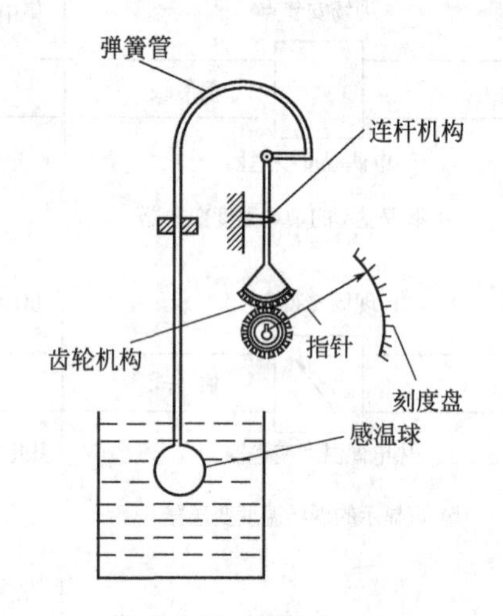

(a) 经典压力式温度计示意

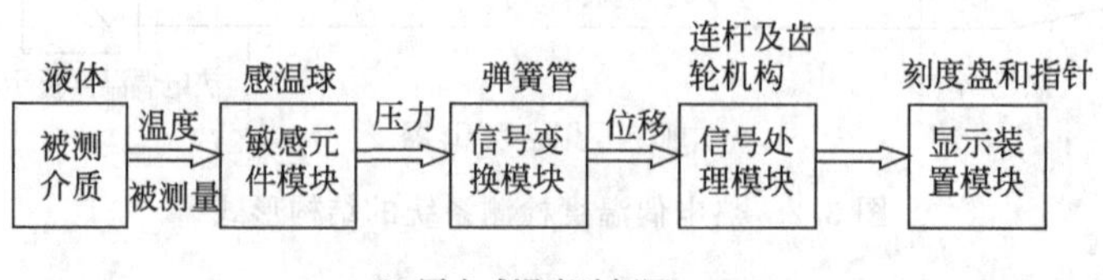

(b) 压力式温度计框图

图 3.3 压力式温度计

（2）特性分析

基于直接串联式设计方法的检测仪表或系统是典型的开环结构式仪表，在整个测量过程中，测量信息单向流动，仪表总的传递函数是每个功能模块的传递函数之积。基于直接串联式设计方法的检测仪表的特点主要如下。

① 整个检测仪表由各个功能模块直接串联而成。由于开环式仪表的相对误差为各个环节相对误差之和，环节越多，则相对误差一般也越大，因此仪表精度一般较低。

② 构成仪表的各个环节（功能模块）的性能均对整个仪表的性能有较大影响，因此，基于直接串联式设计方法的检测仪表只有在各个功能模块的性能都要达到一定水准的条件下才能保证仪表的整体性能。

③ 当组成仪表的某个环节有非线性时，整个仪表就存在非线性，如果有多个环节呈现非线性，则仪表的非线性度可能变得相当严重，因此基于直接串联式设计方法的检测仪表的线性度一般较差。

④ 由于检测仪表是由各个功能模块（环节）直接串接构成的，若串接的各个功能模块（环节）由电子电路构成，需要考虑各个功能模块（环节）间的阻抗匹配问题。

⑤ 基于直接串联式设计方法的检测仪表是开环式的，只要设计合理，一般情况下仪表的稳定性较好，与其他类型的仪表相比具有结构简单、工作可靠、价格比较便宜等优点，因此目前有广泛的应用。

3.1.2.2　差动式

（1）实施方式

差动式设计方法常用于检测仪表（系统）信号变换模块的设计，可提高检测仪表（系统）的灵敏度和线性度，减小或消除环境等因素的影响。

信号变换模块采用差动式设计常称为差动式变换，即用两个性能完全相同的转换元件同时感受敏感元件的输出量，把它转换成两个性质相同但沿反方向变化的物理量（常见的是电学参数量），并以这两个物理量的差值作为模块的输出，如图 3.4 所示。

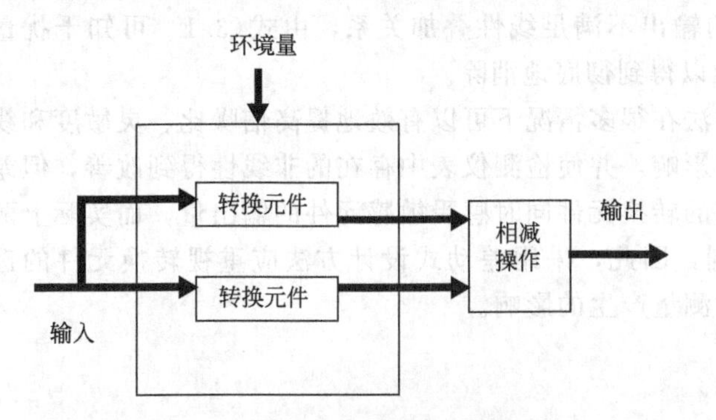

图 3.4　差动式信号变换原理框图

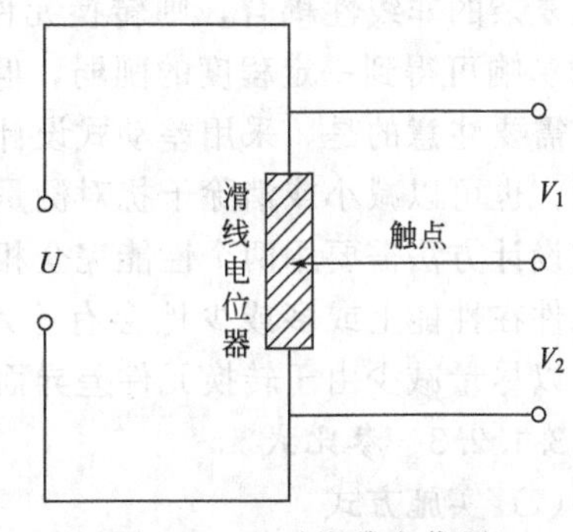

图 3.5　差动滑线电位器

图 3.5 是一个差动式变换的应用实例——差动滑线电位器式位移-电压转换模块。滑线电位器的总电压 U 保持恒定，滑线电位器的触头感受位移变化，触头本质上将滑线电位器分为两个性能相同但沿触头位移反方向变化的转换环节，它们的输出分别为 V_1 和 V_2，V_1 和 V_2 之差即为整个位移-电压转换模块的输出。当触头位于滑线电阻器中间位置时，$V_1=V_2=V_o$，位移-电压转换的输出为 $V_1-V_2=0$。当触头向下移动时，V_1 产生增量 ΔV，$V_1=V_o+\Delta V$，而 V_2 反向减小，$V_2=V_o-\Delta V$，则整个位移-电压转换模块的输出变为 $V_1-V_2=2\Delta V$。由此可见，采用差动式设计后位移-电压转换的输出信号强度增加了一倍，提高了位移测量的灵敏度和信噪比。

差动式变换在检测仪表中有十分广泛的应用，例如本章下面几节中将要介绍的差动式变压器（或差动式电感器）和差动式电容器等都为差动式变换的典型范例。

（2）特性分析

设转换元件的输入量为 x_1，其增量为 Δx_1。在差动式变换中，由于使用的转换元件的性能是一样的，要使两个转换元件的输出信号沿反向变化，实际上是使转换元件以两个相反方向感受同一被测量，则转换元件 1 感受的被测量为 $x_1+\Delta x_1$，转换元件 2 感受的被测量为 $x_1-\Delta x_1$。又设环境引入的干扰量为 x_2，其增量为 Δx_2，它同时作用于两个转换元件。这样，在输入量 x_1和干扰量 x_2的作用下，两个转换元件的输出均为 $f(x_1, x_2)$。当输入量产生增量 Δx_1，干扰量产生增量 Δx_2时，两个转换元件的输出分别为 $f(x_1+\Delta x_1, x_2+\Delta x_2)$，$f(x_1-\Delta x_1, x_2+\Delta x_2)$，取它们之差，并用泰勒多项式展开，忽略二次以上高阶量，得

$$f(x_1+\Delta x_1,x_2+\Delta x_2)-f(x_1-\Delta x_1,x_2+\Delta x_2)=2\frac{\partial f}{\partial x_1}\cdot\Delta x_1+2\frac{\partial^2 f}{\partial x_1\partial x_2}\cdot\Delta x_1\cdot\Delta x_2 \tag{3.1}$$

而单个转换元件的输出函数为 $f(x_1+\Delta x_1, x_2+\Delta x_2)$，用多项式展开，忽略二次以上高阶量，为

$$f(x_1+\Delta x_1,x_2+\Delta x_2)=f(x_1,x_2)+\frac{\partial f}{\partial x_1}\cdot\Delta x_1+\frac{\partial f}{\partial x_2}\cdot\Delta x_2+\frac{1}{2}\left[\frac{\partial^2 f}{\partial x_1^2}(\Delta x_1)^2+2\frac{\partial^2 f}{\partial x_1\partial x_2}\cdot\Delta x_1\cdot\Delta x_2+\frac{\partial^2 f}{\partial x_2^2}(\Delta x_2)^2\right] \tag{3.2}$$

比较式(3.1) 与式(3.2) 可知：采用差动式变换，有效输出信号提高了一倍，信噪比得到改善。在式(3.1) 中消除了非线性项 $(\Delta x_1)^2$和 $(\Delta x_2)^2$，从而改善了检测仪表的非线性。如果转换元件的输入 x_1和干扰 x_2为相互独立分布，在转换元件的输出上呈现线性叠加关系，即 $f(x_1,x_2)=a_1f_1(x_1)\pm a_2f_2(x_2)$，可以证明$\partial^2 f/(\partial x_1\partial x_2)=0$，则式(3.1) 中的二次项为零，说明干扰量 x_2的影响可以完全消除。如果转换元件、输入 x_1与干扰 x_2彼此间也存在复杂的非线性耦合，则转换元件的输出不满足线性叠加关系，由式(3.1) 可知干扰量 x_2的影响可得到一定程度的削弱，但难以得到彻底地消除。

需要注意的是，采用差动式设计方法在很多情况下可以有效地提高信噪比、灵敏度和线性度，也可以减小或消除干扰对测量的影响，并使检测仪表中存在的非线性得到改善，但差动式设计方法需要用两个性能完全相同的转换元件同时感受敏感元件的输出量，而实际上两个元件在性能上或多或少地会有些差别，因此，采用差动式设计方法应重视转换元件的选择，以尽量减少由于转换元件差异而对测量产生的影响。

3.1.2.3 参比式

(1) 实施方式

参比式设计方法也常称为补偿式设计方法。采用参比式设计可有效地消除或削弱环境条件变化（如温度变化，电源电压波动等干扰因素）对参数检测的影响。

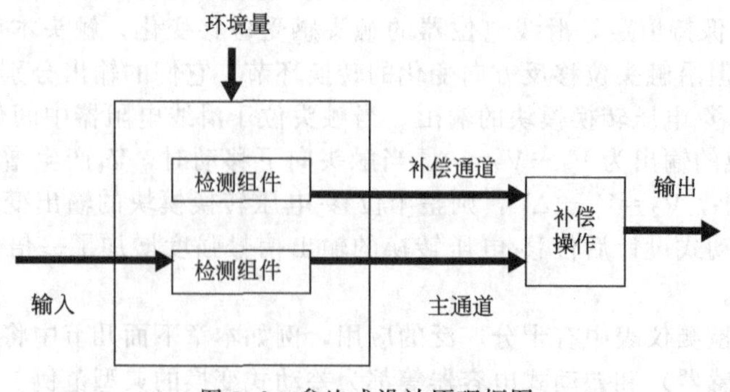

图 3.6 参比式设计原理框图

图 3.6 是参比式设计方法的原理框图，图中的检测组件表示它可以是检测仪表或系统中的某一功能模块（例如单一信号转换模块），也可以是多个功能模块的组合（例如敏感元件加信号转换的组合）。参比式设计方法采用两个性能完全相同的检测组件，其中一个检测组件感受被测量和环境条件量为主通道，另一个检测组件只感受环境条件量为补偿通道，通过补偿操作（常将主通道输出和补偿通道输出相减或相除等），把主通道输出中包含环境条件量的干扰信息消去，补偿掉环境条件对测量的影响，从而达到消除或削弱环境干扰的效果。

图 3.7 是一个采用参比式设计的光学气体成分含量测量系统的示意图，参比室内充有含量为下限值的被测气体，测量室通入被测气体，二个气室采用同一光源 I_0，光经过测量室和参比室后的输出信号分别为 I_1 和 I_2，再经过光电转换以及除法运算后得到输出 y。通过分析可以知道，光源 I_0 的波动会影响输出 I_1，并与 I_0 正比例地变化，同样 I_2 受 I_0 的影响与 I_1 一样。另外，光电转换也易受环境温度等的影响。但是，引入参比后输出 $y(=I_1/I_2)$ 将不受 I_0 波动的影响，也不会受环境温度的影响，从而提高了仪表的抗干扰能力。

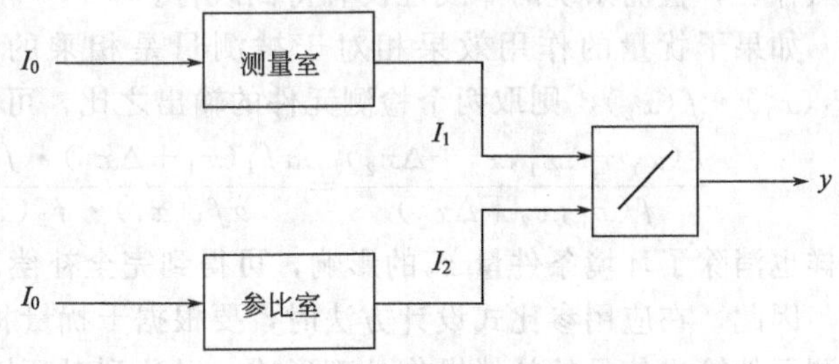

图 3.7　参比式光学气体成分含量测量系统

如果环境条件量主要作用在转换元件上，采用参比式设计的信号变换（参比式变换）则和差动式变换类似。参比式变换中的一个转换元件既感受敏感元件的输出，又感受环境条件量，另一个只感受环境条件量。

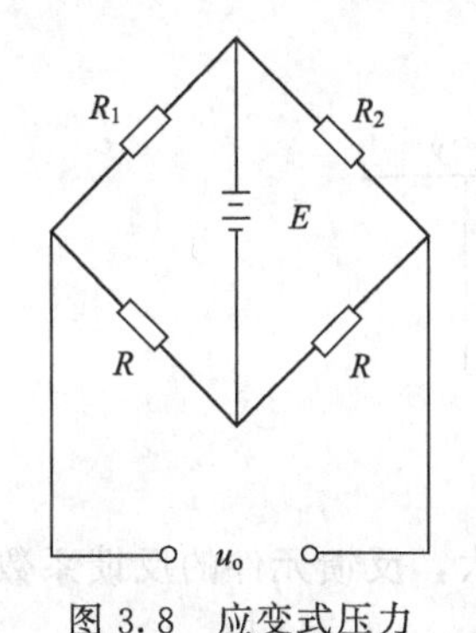

图 3.8　应变式压力传感器的参比式变换电桥电路

图 3.8 为一种应变式压力传感器的参比式变换电桥电路，其中 R 为固定电阻，R_1 为工作应变片，它粘贴在弹性元件上，R_2 是补偿用的应变片，安装在材料与 R_1 相同的补偿件上，温度与 R_1 相同，但不承受应变。设 R_1 和 R_2 的温度系数相同，则

$$R_1=R_{10}(1+\alpha\Delta t)(1+\kappa\varepsilon)\quad R_2=R_{20}(1+\alpha\Delta t)$$

式中，R_{10} 和 R_{20} 为工作应变片和补偿应变片的初始电阻值，一般取 $R_{10}=R_{20}=R$；α 为应变片电阻温度系数；κ 为工作应变片 R_1 的应变灵敏系数；ε 为工作应变片 R_1 所感受的应变量。

可求得电桥的输出电压 u_o 为

$$u_o=\frac{\kappa\varepsilon E}{2(2+\kappa\varepsilon)}\approx\frac{1}{4}\kappa\varepsilon E$$

因此，电桥的输出电压只与工作应变片感受的应变量有关，而与温度变化无关。采用参比式变换克服了环境温度对测量的影响。

(2) 特性分析

设 x_1 为被测量，x_2 为环境条件量，也即干扰量，被测量和干扰量的增量分别为 Δx_1 和 Δx_2。根据参比式设计的原理，同时感受被测量和干扰量的检测组件的输出为 $f(x_1+\Delta x_1, x_2+\Delta x_2)$，只感受干扰量的检测组件的输出为 $f(x_1, x_2+\Delta x_2)$。

如果检测组件的输入 x_1 和干扰 x_2 为相互独立分布，相对于输入量，干扰量的作用效果是相加的，在检测组件的输出上呈现线性叠加关系，即 $f(x_1,x_2)=a_1f_1(x_1)+a_2f(x_2)$，则 $\partial^2 f/(\partial x_1\partial x_2)=0$。将 $f(x_1,x_2+\Delta x_2)$ 在 x_1、x_2 附近展开，并忽略二次以上的高阶

项，得

$$f(x_1,x_2+\Delta x_2)=f(x_1,x_2)+\frac{\partial f}{\partial x_2}\cdot\Delta x_2+\frac{\partial^2 f}{\partial x_2^2}(\Delta x_2)^2 \tag{3.3}$$

取两个检测元件的输出之差，并利用式(3.2)，可得

$$f(x_1+\Delta x_1,x_2+\Delta x_2)-f(x_1,x_2+\Delta x_2)=\frac{\partial f}{\partial x_1}\cdot\Delta x_1+\frac{1}{2}\frac{\partial^2 f}{\partial {x_1}^2}(\Delta x_1)^2 \tag{3.4}$$

由上式可知，环境条件量 x_2 的影响得以消除，达到了完全补偿的目的。但是 Δx_1 的二次项仍然存在，检测系统的非线性没有得到改善。

如果干扰量的作用效果相对于被测量是相乘的，检测组件的输出为：$f(x_1,x_2)=af_1(x_1)\cdot f(x_2)$，则取两个检测元件的输出之比，可得

$$\frac{f(x_1+\Delta x_1,x_2+\Delta x_2)}{f(x_1,x_2+\Delta x_2)}=\frac{af_1(x_1+\Delta x_1)\cdot f_2(x_2+\Delta x_2)}{af_1(x_1)\cdot f_2(x_2+\Delta x_2)}=\frac{f_1(x_1+\Delta x)}{f_1(x_1)} \tag{3.5}$$

同样也消除了环境条件量 x_2 的影响，可得到完全补偿。

因此，在应用参比式设计方法时，要根据干扰量相对于被测量的作用效果，来确定两个检测元件输出信号的补偿操作处理形式，以达到对环境条件量的完全补偿。另外，和差动式设计方法一样，参比式设计中所用的两个检测组件的性能也要求完全一致，实际应用需要慎重选择，否则会引起附加误差。

3.1.2.4 平衡（反馈）式

(1) 实施方式

平衡式设计方法也称反馈式设计方法，采用该方法设计的功能模块或检测仪表（系统）存在如图 3.9 所示的典型闭环负反馈机构。涉及测量的某些环节串联起来构成前向通道，另一些涉及测量的环节（反馈元件）构成反馈通道。

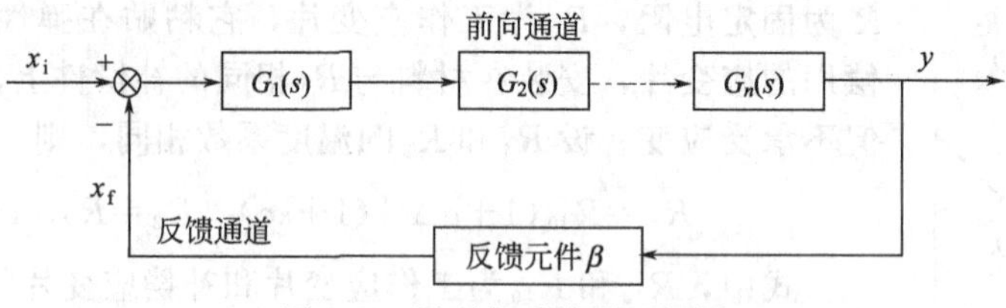

图 3.9 闭环负反馈原理框图

由第 1 章可知，如果闭环负反馈机构前向通道的放大倍数足够大，反馈元件的反馈系数为 $\beta(=x_f/y)$，则整个闭环负反馈机构信号的输入输出关系可近似为 $y/x_i=\frac{1}{\beta}$，即整个闭环负反馈机构的性能主要由反馈环节决定，而前向通道各个环节对整体性能的影响较小。

一般情况下，信号变换等环节和环境干扰等因素位于（或作用于）前向通道，采用的反馈元件的数量也较少。根据上述分析，采用平衡式设计，只要对少数的反馈元件精工细作保证反馈系数 β 的准确性和稳定性，则设计出的功能模块或整个检测仪表（系统）就可以达到较高的准确度，而前向通道各环节所产生的不利因素（例如转换元件和转换电路的非线性，以及环境干扰等）对测量的影响可在较大程度上得到削弱，相应地前向通道各环节的设计要求也可适当放宽。

工程上常根据闭环负反馈结构输入 x_i 的不同，对相应的平衡式仪表进行分类，例如如果输入 x_i 为力或力矩，则比较器将进行力或力矩的比较，整个闭环负反馈将努力使输入信号 x_i 和反馈信号 x_f 平衡，则称为力平衡式或力矩平衡式仪表；如果 x_i 为电压或电流信号，

则比较器将进行电压或电流的比较，则称为电压平衡式或电流平衡式仪表。同时，根据平衡时输入信号 x_i和反馈 x_f之间是否存在差值，也可将平衡式仪表分为有差随动式和无差随动式两类。

下面主要通过两个典型实例对平衡式设计方法的具体实施作一介绍。一是 DDZ-Ⅱ型差压变送器，它是一个典型的力矩平衡式仪表和有差随动式仪表。另一是无差随动式温度检测仪表，它是一个典型的电压平衡式仪表和无差随动式仪表。

① DDZ-Ⅱ型差压变送器　图 3.10(a) 是 DDZ-Ⅱ型差压变送器的结构原理图。被测量差压 $\Delta p=p_1-p_2$作用在敏感元件膜片 1 上，产生作用力 $F_x=A\Delta p$，其中 A 为膜片的有效面积。F_x通过簧片 2 作用在杠杆 3 的 A 点上产生力矩 $M_x=L_1F_x$，使杠杆逆时针绕 O 点偏转，并带动杠杆 3 的 B 端向上转动，致使检测片 4 靠近检测线圈 5 而使线圈的电感量增加，从而放大器 7 的输入端的电压 Δu 增加，放大器输出电流 I_o也相应增加。电流通过反馈元件中的反馈线圈 6，使其在永久磁钢磁场的作用下产生反馈力 F_y，它作用在杠杆 3 的 B 点上，从而产生反馈力矩 $M_y=L_2F_y$，使杠杆 3 顺时针绕 O 点偏转，直到两力矩 M_x和 M_y达到平衡，这时杠杆 3 处于新的平衡位置。但要注意，这里所说的平衡，只是近似平衡，即 $M_x\approx M_y$，而不能完全平衡。由图 3.10(b) 可知，DDZ-Ⅱ型差压变送器所采用闭环负反馈结构中的前向通道由放大器组成（即呈现比例作用）。从自动控制原理可知，一个闭环负反馈系统前向通道仅有比例作用可使余差逐渐减小，但不能完全消除余差，因此，DDZ-Ⅱ型差压变送器只能达到近似平衡，或多或少会存在一些余差，该种差压变送器是一种有差的力矩平衡式变换。

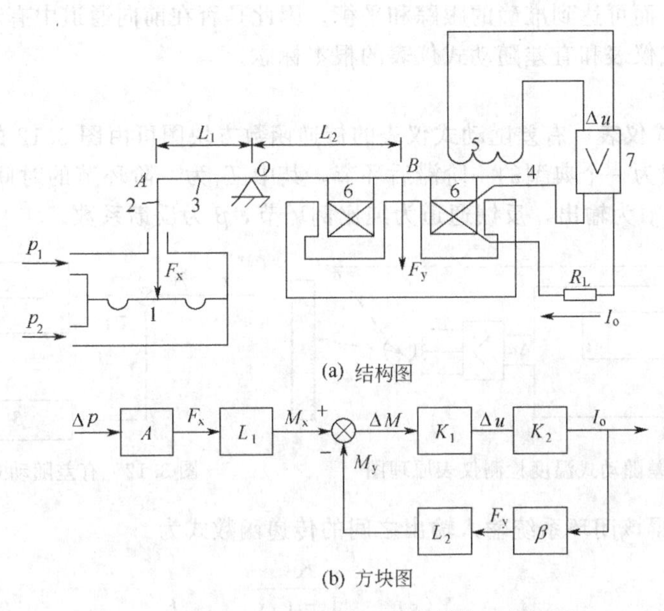

图 3.10　DDZ-Ⅱ型差压变送器的结构及方块图

1—膜片；2—簧片；3—杠杆；4—检测片；5—检测线圈；6—反馈线圈；7—放大器

图 3.10(b) 是差压变送器的方块图，图中 K_1为转换元件的放大倍数，K_2为放大器的放大倍数。由图 3.10(b) 可得

$$M_x=AL_1\Delta p \tag{3.6}$$

$$M_y=\beta L_2I_o \tag{3.7}$$

当 $K_1K_2\gg 1$，则在系统达到平衡时，有

$$M_x - M_y = \Delta M \approx 0 \tag{3.8}$$

将式(3.6) 和式(3.7) 代入式(3.8)，得

$$I_o = \frac{AL_1}{\beta L_2}\Delta p \tag{3.9}$$

由上式可知，输出电流 I_o只与几何量 A、L_1、L_2 以及电磁反馈系统的反馈系数 β 有关，而这些量可以做得比较精确，它们的稳定性也比较好，因此输出电流可达到较高的准确度。另外，由于主通道放大倍数 $K = K_1 K_2$ 很大，所以杠杆端部的位移极小，对应的膜片位移也极小，因而弹性元件的非线性和弹性滞后等影响可大大减小。

② 无差随动式温度检测仪表　图 3.11 是无差随动式温度检测仪表的原理图。敏感元件为热电偶，当被测温度为 t 时，热电偶的输出电势为 u_x，它和电压 u_{AB} 比较，得 $\Delta u = u_x - u_{AB}$，作为放大器的输入。放大器对 Δu 进行放大和调制，推动可逆电机 M，产生转角 φ，同时带动滑线电阻 R_P，从而改变电压 u_{AB}。当 $\Delta u \neq 0$ 时，则放大器有输出，电机将按原方向继续转动，直到 $\Delta u = 0$ 电机才停止转动。当被测温度 t 上升，u_x也增加，则 $\Delta u > 0$，可逆电机将按顺时针方向转动，使滑线电阻 R_P的触点向右移动，u_{AB}增加。电机转动时同时带动指针向下移动。当 $u_{AB} = u_x$时，电机停止转动，指针在标尺的某个位置，标尺在该位置上的读数代表了被测温度的大小。

图 3.11 所示的仪表之所以为无差平衡，关键在于采用了可逆电机 M，只有当 $\Delta u = 0$ 时，电机才会停止转动。可逆电机用传递函数可表示为 K/s，相当于一个积分环节。闭环负反馈前向通道中存在起积分作用的环节，从自动控制原理的角度而言即可以消除闭环负反馈结构的余差，从而可达到准确的跟踪和平衡。因此是否在前向通道中有起积分作用的环节是区分无差随动式仪表和有差随动式仪表的根本标志。

(2) 特性分析

① 有差随动式仪表　有差随动式仪表的传递函数方块图可由图 3.12 的简要表示，前向通道的特性可近似为一个典型的一阶滞后环节，其中 T_1 为一阶环节的时间常数，K_1 为放大倍数，x 为输入，y 为输出，反馈通道为纯比例环节，β 为反馈系数。

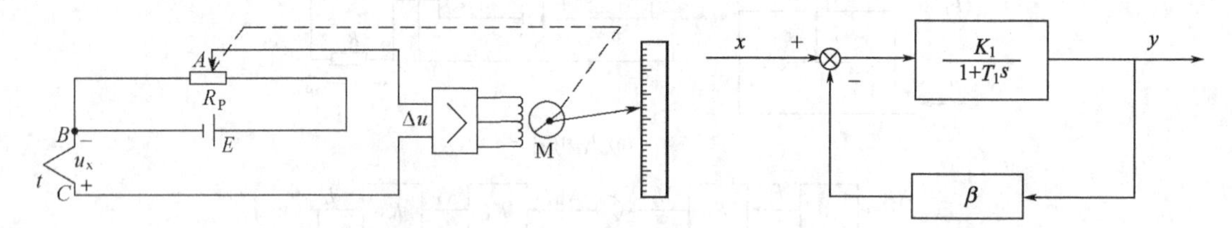

图 3.11　无差随动式温度检测仪表原理图　　图 3.12　有差随动式仪表方块图

由图 3.12 可得该闭环系统输入输出之间的传递函数式为

$$G(s) = \frac{Y(s)}{X(s)} = \frac{\dfrac{K_1}{1+T_1 s}}{1+\dfrac{K_1\beta}{1+T_1 s}} = \frac{K'}{1+T's} \tag{3.10}$$

式中，$K' = \dfrac{K_1}{1+K_1\beta}$为闭环系统的放大倍数；$T' = \dfrac{T_1}{1+K_1\beta}$为闭环系统的时间常数。

式(3.10) 表明，该闭环系统仍为一阶滞后环节，且放大倍数 K'和时间常数 T'皆为开环系统的 $1/(1+K_1\beta)$ 倍，这表明这种闭环结构式仪表较开环结构式仪表的时间响应快 $(1+K_1\beta)$ 倍，而对于输入信号的灵敏度也将下降 $(1+K_1\beta)$ 倍。

当 K_1 足够大时，有

$$K'=\frac{K_1}{1+K_1\beta}\approx\frac{1}{\beta} \tag{3.11}$$

表明闭环结构的平衡式仪表的稳态特性主要取决于反馈回路。因此对反馈回路有严格的要求，如它必须具有高的零点稳定性和高的灵敏度稳定性和小的惯性等以保证整个闭环系统的特性。对于主通道，不一定要严格保证放大倍数的稳定度，而只要求有很高的放大倍数 K_1，以保证式(3.11) 成立。而对于由于闭环而引起的灵敏度下降问题，则可在闭环结构后串接一个精密放大器来补救，这在工程上是易于实现的。

需要指出的是，前向通道的放大倍数 K_1 并非越大越好。一方面 K_1 增加到一定程度，对准确度的提高已基本不起作用；另一方面，随着放大倍数的增加，系统的稳定性将变差，因此要合理地选择放大倍数 K_1。

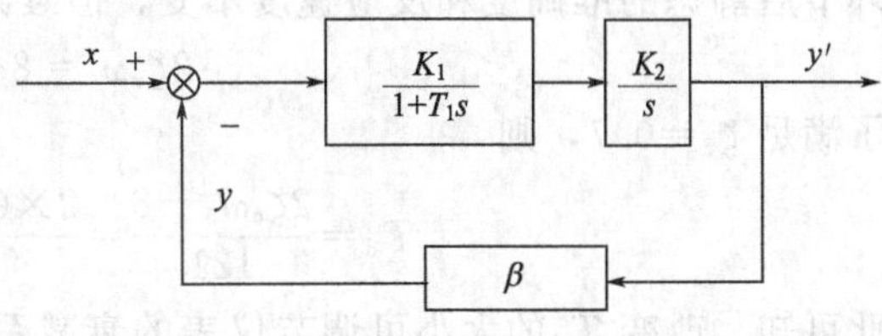

图 3.13　无差随动式仪表系统方块图

② 无差随动式仪表　无差随动式仪表的传递函数的方块图可由图 3.13 简要表示。主通道可近似为一个一阶滞后环节和一个积分环节组成反馈通道仍近似为一比例环节，其反馈系数为 β。

该闭环系统输入输出之间的传递函数式为

$$G(s)=\frac{Y(s)}{X(s)}=\frac{\dfrac{K_1K_2\beta}{s(1+T_1s)}}{1+\dfrac{K_1K_2\beta}{s(1+T_1s)}}=\frac{K_1K_2\beta/T_1}{s^2+\dfrac{1}{T_1}s+\dfrac{K_1K_2\beta}{T_1}}=\frac{\omega_0^2}{s^2+2\zeta\omega_0s+\omega_0^2} \tag{3.12}$$

式中，$\omega_0=\sqrt{\dfrac{K_1K_2\beta}{T_1}}$ 为自然角频率；$\zeta=\dfrac{1}{2\sqrt{K_1K_2\beta T_1}}$ 为衰减系数。

式(3.12) 表明，无差随动式仪表是一个典型的二阶系统，仪表的特性取决于 ζ 和 ω_0 的值。稳定性和准确度取决于 ζ，要使仪表稳定性好，具有足够的稳定裕度，则 ζ 的值应取较大；而要提高仪表的准确度，则 ζ 值不能太大。兼顾稳定性和准确度这两方面的要求，衰减系数 ζ 一般选择在 0.4～0.8。仪表的反应速度由 ζ 和 ω_0 决定，在一般的 ζ 取值范围内，ω_0 越大，则仪表的反应速度越快。

由式(3.12) 及有关 ζ 和 ω_0 的定义式可知，增大 $K_1K_2\beta$，则 ζ 减小，ω_0 增大，说明有利于提高仪表的准确度和反应速度，但使系统的稳定性变差。具体仪表设计时，为了解决提高仪表准确度和反应速度与保证仪表的稳定性之间的矛盾，一种方法是选择适当的 $K_1K_2\beta$ 值，在保证仪表具有一定的稳定性的条件下，尽可能使仪表有较快的响应速度和较高的准确度；另一种方法是加校正环节，即在不降低仪表准确度（保证 $K_1K_2\beta$ 值）的条件下，通过在回路中加入适当的校正环节，使 ζ 达到 0.7 左右，保证仪表具有足够的稳定裕度。下面通过举例来说明校正环节的设计。

【例 3.1】 如图 3.13 所示的无差随动式变换仪表的方块图，设 $K_1=151.25$，$K_2=1$，$\beta=0.1$，$T_1=0.125$，则其闭环传递函数为

$$F(s)=\frac{121}{s^2+8s+121}$$

其中

$$\omega_0=\sqrt{121}=11$$

$$\zeta=\frac{8}{2\omega_0}=0.364$$

由于衰减系数较小，仪表的稳定性较差。要设法在不降低 K_1、K_2、β 乘积的情况下，把衰减系数 ζ 提高到 0.7，其方法是在前向通道中加超前校正环节 $G_c(s)$，如图 3.14 所示，校正环节的传递函数为 $G_c(s)=(1+T_ds)$。这时闭环系统的传递函数为

$$F_c(s)=\frac{121(1+T_ds)}{s^2+(8+121T_d)s+121}$$

比较 $F_c(s)$ 和 $F(s)$ 后发现，两者结构均为二阶系统，且 ω_0（即 $K_1K_2\beta$）相同。即加入校正环节后静态的准确度和反应速度不变，但衰减系数变了。设这时的衰减系数为 ζ_c，则

$$2\zeta_c\omega_0=8+121T_d$$

为了满足 $\zeta_c=0.7$，则

$$T_d=\frac{2\zeta_c\omega_0-8}{121}=\frac{2\times0.7\times11-8}{121}=0.061$$

由此可知，改变 T_d 的大小可调节仪表的衰减系数 ζ，从而保证了仪表既有高的准确度和反应速度，又有高的稳定度。

校正环节也可以通过增加局部反馈通路来解决，在增加的反馈通路上加入速度反馈，其传递函数为 $G_b(s)=bs$。根据衰减系数的需要值来确定 b 的大小，如图 3.15 所示。

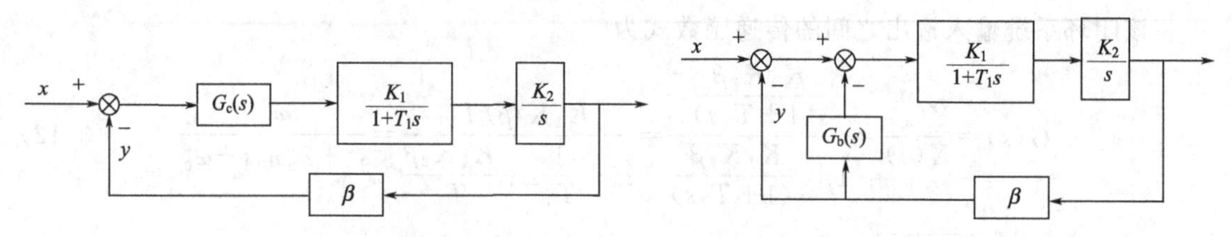

图 3.14 在主通道上加校正环节　　　图 3.15 在反馈通道上加校正环节

3.1.3 检测仪表中常见的信号变换方法

信号变换是如图 3.1 所示检测仪表各功能模块中的一个关键的环节。敏感元件是将被测参数转换成位移、电阻、电荷、电容、电感、光强等中间物理量。受检测原理与物理机制的限制，这些中间物理量往往较为微弱、非通用和难以处理。信号变换模块则是将这些中间物理量转换为后续功能模块（例如信号处理和显示等模块）易于操作的物理量。由于大多数信号变换是将敏感元件输出的中间物理量转化为电信号（电压或电流），检测仪表各功能模块间的信息传输也多采用电压或电流形式进行，因此，本节主要介绍检测仪表常用的中间物理量与电压（电流）之间的变换和转换电路，包括位移与电信号间的变换、电阻与电信号间的变换，电容与电信号间的转换以及电压与电流间的转换等。

3.1.3.1 位移与电信号的变换

在第 2 章介绍的各种检测元件中，有一些检测元件是将被测量转换成位移，例如，弹性元件（如弹簧管、膜片等）的作用是将压力和力等转换成弹性元件的位移等。位移量可直接带动有关传动机构进行指示，但不能远传。因此，为便于信号处理和传输，一般需要利用转换元件将位移转换成电信号。检测仪表中常用的位移与电信号间的转换元件有霍尔元件、电容器和差动变压器等。

(1) 霍尔元件

由第 2 章 2.8.2 节有关霍尔检测元件的内容可知，霍尔元件（即霍尔片）在外磁场作用下，当有电流以垂直于外磁场方向通过它时，在薄片垂直于电流和磁场方向的两侧表面之间

将产生霍尔电势。霍尔电势的大小与磁场强度和电流的乘积成正比，即

$$U_H = K_H IB$$

将均匀磁场改为沿 x 方向线性变化的非均匀磁场，可利用霍尔元件实现位移-电压的转换，如图 3.16 所示。当霍尔元件沿 x 方向移动时，作用于霍尔元件的磁场强度随之而变，从而改变霍尔元件的输出电势 U_H。B 与 x 之间存在线性关系，则 U_H 与霍尔元件的位移也为线性比例关系，从而实现了位移-电压的转换。

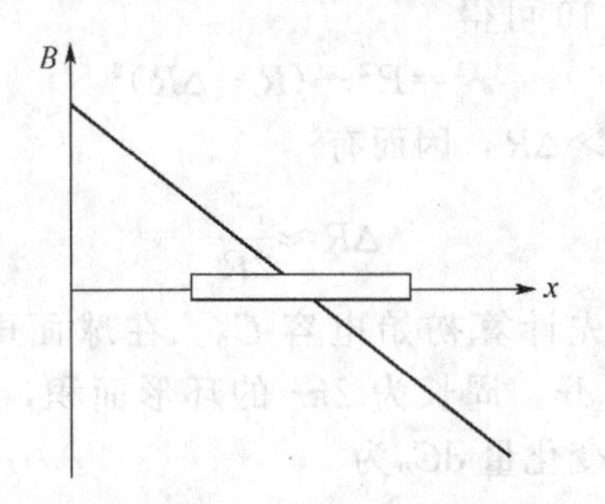

图 3.16　霍尔元件在非均匀磁场中

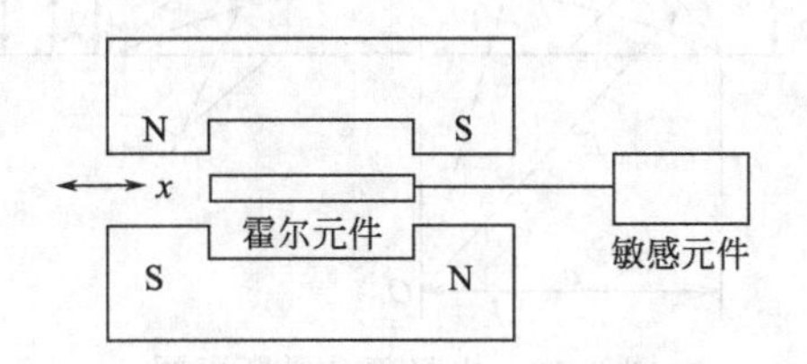

图 3.17　霍尔元件应用于位移测量

为了产生如图 3.16 所示的沿 x 方向线性变化的非均匀磁场，可用两对磁极，如图 3.17 所示，其中一对磁极的 N 极在左边，S 极在右边，另一对磁极倒过来放置，则在两对磁极间便形成了近似的线性磁场。霍尔元件置于这两对磁极的中间，并与敏感元件（能产生位移）的自由端刚性连接。当被测量作用于敏感元件时，其自由端产生位移，并带动霍尔元件。霍尔元件的位移改变了所受磁场强度的大小，导致霍尔电势的变化。假设敏感元件产生的位移量正比于被测量，则霍尔电势正比于被测量。

(2) 电容器

第 2 章已对检测仪表中电容元件（电容器）的原理做了详细的分析和介绍。作为常用的位移-电信号转换元件，在实际应用时，为了减小非线性和介电常数受温度的影响，提高灵敏度和精度，电容器常采用差动式结构，其原理如图 2.26(c) 所示。此外，固定极板的几何形状并非都是平板，也可为成凹球面等形状。图 3.18 为电容式差压传感器的结构原理图，测量室的两边为两电容器的固定极板，测量膜片对称地位于两个固定极板的中间。在测量膜片的左右两室中充满硅油，用来传递两边的压力。当左右压力相等，即差压 $\Delta p = p_H - p_L = 0$ 时，测量膜片左右两电容器的容量完全相等，即 $C_H = C_L = C_0$。当 $\Delta p > 0$ 时，测量膜片向左发生变形，即向低压侧的固定极板靠近，其结果是使 C_L 增加，而 C_H 减小。按电容器串联公式可得

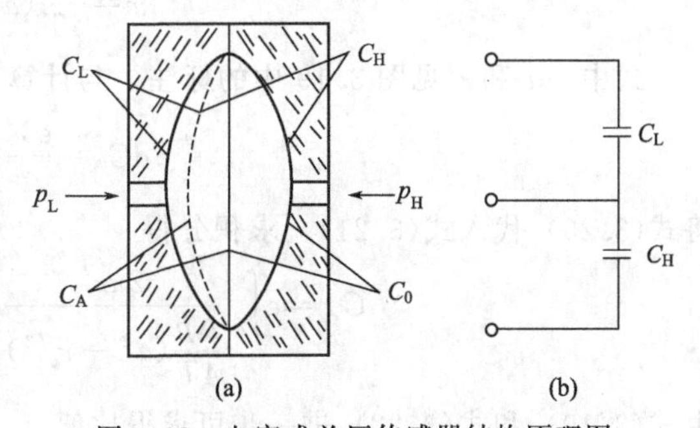

图 3.18　电容式差压传感器结构原理图

$$\frac{1}{C_L} = \frac{1}{C_0} - \frac{1}{C_A} \tag{3.13}$$

$$\frac{1}{C_H} = \frac{1}{C_0} + \frac{1}{C_A} \tag{3.14}$$

式中，C_A 为膜片变形后的位置［图 3.18(a) 中的虚线］与初始位置间的假想电容器的电容值。改写式(3.13) 和式(3.14) 得

$$C_L=\frac{C_0C_A}{C_A-C_0} \tag{3.15}$$

$$C_H=\frac{C_0C_A}{C_A+C_0} \tag{3.16}$$

下面来求各个电容值。将图 3.18(a) 中低压侧电容的纵断面放大，得图 3.19。图中固定极板的曲率中心在 O 点，曲率半径为 R，由图 3.19 可得

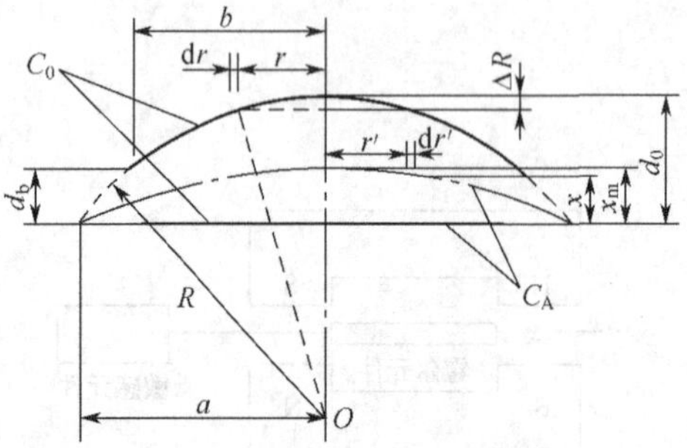

$$r^2=R^2-(R-\Delta R)^2$$

由于 $R\gg\Delta R$，因而有

$$\Delta R\approx\frac{r^2}{2R} \tag{3.17}$$

图 3.19 电极部分纵断面图

首先计算初始电容 C_0。在球面电极上，宽度为 $\mathrm{d}r$，周长为 $2\pi r$ 的环形面积，其相应的电容变化量 $\mathrm{d}C_0$ 为

$$\mathrm{d}C_0=\frac{\varepsilon\times2\pi r\,\mathrm{d}r}{d_0-\Delta R} \tag{3.18}$$

式中，ε 为硅油的介电常数；d_0为固定的球面电极中心与测量膜片在初始位置时的距离。将式(3.17) 代入式(3.18)，并积分，得

$$C_0=\varepsilon\int_0^b\frac{2\pi r}{d_0-\dfrac{r^2}{2R}}\mathrm{d}r=2\pi\varepsilon R\ln\frac{d_0}{d_b} \tag{3.19}$$

式中，d_b为固定的球面电极边缘与测量膜片间的距离。

为计算假想电容 C_A，设有初始张力 T 的平膜片，在差压 Δp 的作用下，其挠度 x 可近似地表示成下式

$$x=\frac{\Delta p}{4T}(a^2-r'^2) \tag{3.20}$$

式中，a 和 r'见图 3.19 中的标注。与计算 C_0一样，$\mathrm{d}C_A$为

$$\mathrm{d}C_A=\frac{\varepsilon\times2\pi r'\mathrm{d}r'}{x} \tag{3.21}$$

将式(3.20) 代入式(3.21)，求积分得

$$C_A=\varepsilon\int_0^b\frac{2\pi r'}{\dfrac{\Delta p}{4T}(a^2-r'^2)}\mathrm{d}r'=\frac{4\pi\varepsilon T}{\Delta p}\ln\frac{a^2}{a^2-b^2} \tag{3.22}$$

由式(3.19) 和式(3.22) 进一步可求得比值

$$\frac{C_0}{C_A}=\frac{R\Delta p\ln\dfrac{d_0}{d_b}}{2T\ln\dfrac{a^2}{a^2-b^2}}=K\Delta p \tag{3.23}$$

式中，K 为结构常数。

由式(3.15) 和式(3.16) 可知，比值 C_0/C_A只与电容 C_L和 C_H有关，并可推得

$$\frac{C_0}{C_A}=\frac{C_L-C_H}{C_L+C_H} \tag{3.24}$$

这说明，利用 C_L和 C_H可获得比值 C_0/C_A，而该比值与差压成正比，且与介电常数无关。

从而实现了差压-电容的转换，其中中间变量为位移。

(3) 差动变压器

差动变压器是利用互感原理把位移转换成电信号的一种常用转换元件，其原理如图3.20所示。它由骨架1、原边线圈2、副边线圈3和铁芯4组成，铁芯与产生位移信号的敏感元件刚性相连，能随敏感元件的位移而改变在线圈中的位置。线圈骨架呈“王”字形结构，分上下相等长度的两段。原边线圈以相同匝数均匀地绕在上下段内层，并以顺相串联方式连接。副边线圈分别以相同的匝数绕在上下段的外层，但以反相方式连接。

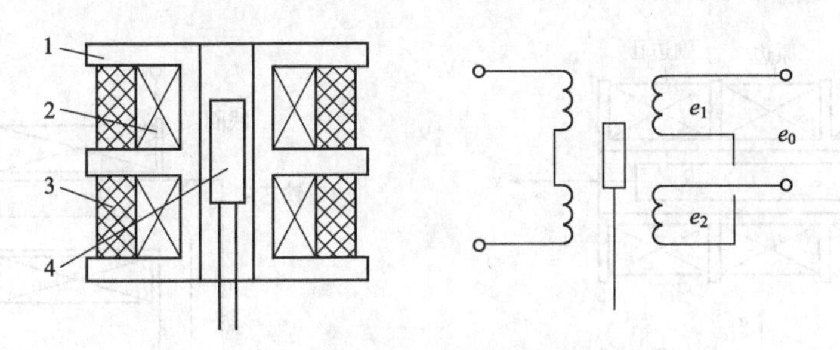

图3.20 差动变压器结构原理

1—骨架；2—原边线圈；3—副边线圈；4—铁芯

变压器的原边由交流供电。当铁芯在中间位置时，上下两段副边线圈产生的感应电动势e_1和e_2大小相等。由于它们是反相串联的，则$e_0=e_1-e_2=0$。当铁芯在敏感元件的带动下向上移动时，则e_1增大，而e_2减小，使e_0增大，e_0的大小与铁芯的位移成正比。当铁芯向下移动时，e_1减小，e_2增大，使e_0负向增大，从而实现了位移-电压的转换，其输出特性如图3.21所示。

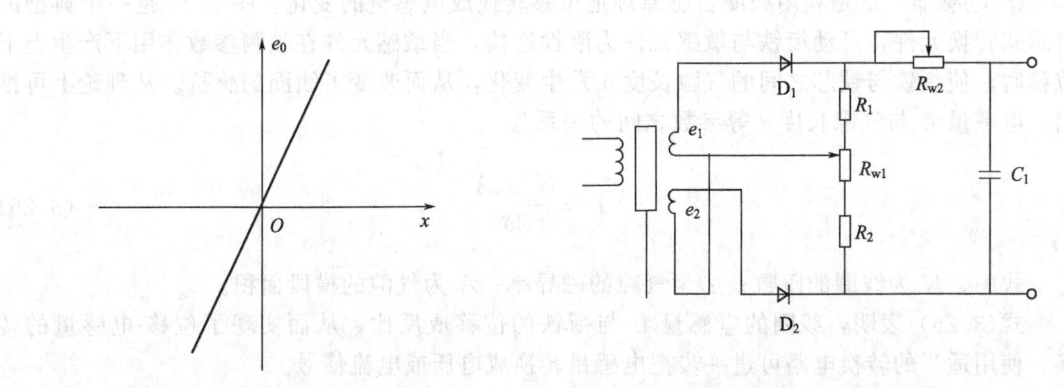

图3.21 差动变压器输出特性

图3.22 整流和滤波电路

副边输出的电信号是与原边同频率的交流电压，经整流和滤波后变为直流电压信号，其电路原理如图3.22所示。图中D_1、D_2、R_1、R_2和R_{w1}组成半波相敏整流，当差动变压器的铁芯处于非电气平衡位置时，感应电动势e_1和e_2分别经D_1和D_2整流后在电阻R_1和R_2产生半波直流电压，它们的极性相反，而且大小也不等，其电压差经R_{w2}和C_1滤波后得到直流电压U_o。

由于两副边线圈不可能一切参数都完全相同，不容易做到十分对称，铁芯的磁化曲线也难免有非线性，因此铁芯在中央位置时e_0往往不等于零，即存在所谓残余电压。为了消除零点残余电压，在图3.22中使用了电位器R_{w1}。通过电位器R_{w1}的调整，改变上下两支路的电阻分配，可使铁芯在正中央时输出为零。图3.22中的另一个电位器R_{w2}可作为调整仪表的量程范围之用。

差动变压器除了图 3.20 所示的结构外，还有很多其他型式，图 3.23 为应用较多的螺管式差动变压器结构示意图。线圈骨架分为三段，其中原边线圈绕在中间段，副边分为匝数相等的两部分各绕在原边的两端。螺管式差动变压器的输出电势 e_0 与铁芯位移 x 之间的关系为图 3.23 所示。这种差动变压器结构简单，容易制作，常用于有较大位移的检测和信号转换。

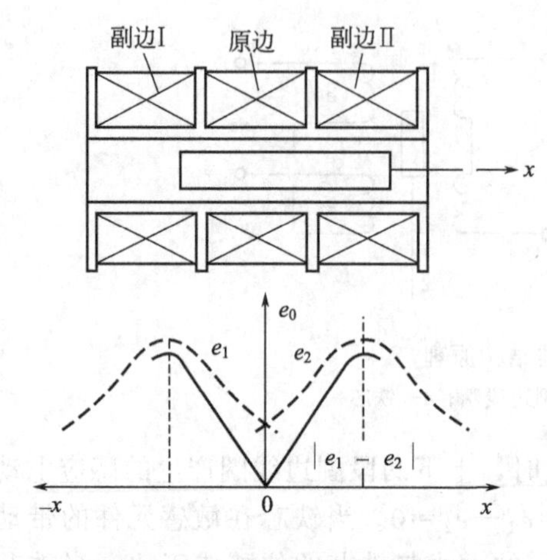

图 3.23　螺管式差动变压器

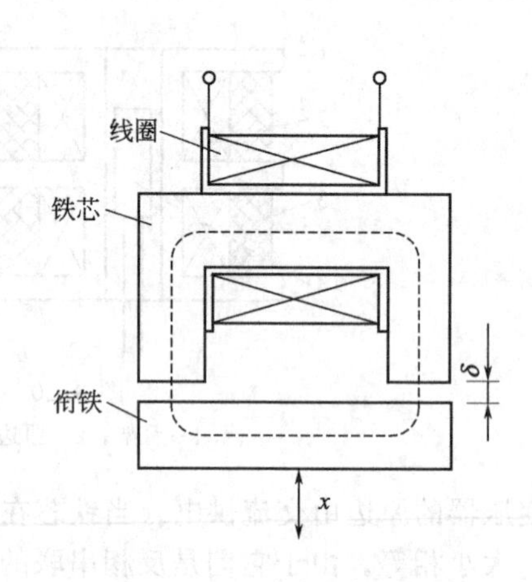

图 3.24　自感式转换元件

(4) 其他转换元件或方法

① 电感器　这是利用线圈自感原理把位移转换成电感量的变化。图 3.24 是一个典型的自感式转换元件，可动衔铁与敏感元件为刚性连接，当敏感元件在被测参数作用下产生上下位移时，使衔铁与铁芯之间的气隙长度 δ 发生变化，从而改变了线圈的感抗。从理论上可推出，电感量 L 与气隙长度 δ 等参数之间的关系为

$$L\approx\frac{N^2\mu_0 A}{2\delta} \tag{3.25}$$

式中，N 为线圈的匝数；μ_0 为气隙的磁导率；A 为气隙的横段面积。

式(3.25) 表明，线圈的电感量 L 与衔铁的位移成反比，从而实现了位移-电感量的转换，使用适当的转换电路可进一步把电感量转换成电压或电流信号。

② 光学法　光学法的原理是：首先将位移量转换成光强的变化，进一步用光敏元件把光信号转换成电信号。目前用来进行位移量转换的方法主要有反射法和透射法。图 3.25 是应用透射法进行位移-电信号转换的原理图。光纤 1 和光纤 2 之间有一缝隙，当挡板在该缝隙外面，即位移 $x=0$ 时，光纤 1 发出的光几乎被光纤 2 全部接收，光敏元件输出的电信号为最大。当挡板向下移动进入两光纤间的缝隙时，光纤 2 接收到的光强减弱，使光敏元件输出的电信号也减小。挡板的位移越大，则相应的输出信号就越小，从而实现了位移-电信号的转换。透射法的转换原理简单，但可

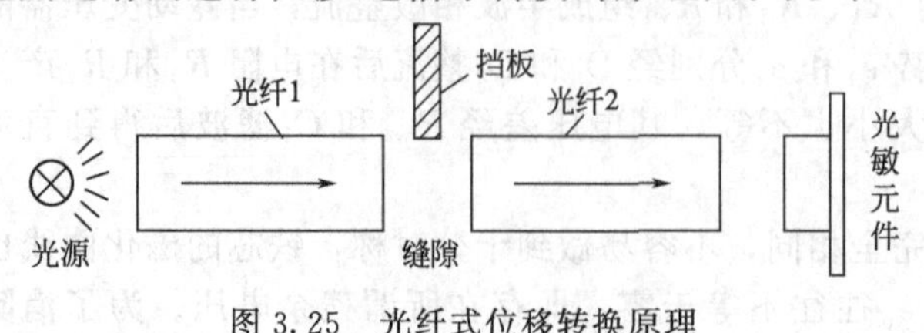

图 3.25　光纤式位移转换原理

测位移范围较小，线性度也不太好，主要用于开关式检测。

3.1.3.2 电阻与电压的变换

在参数检测中，经常把被测量转换成电阻量，这是因为电阻体容易制成，而且可以做得很精确，另外电阻量也很方便转换成电压或电流量，转换技术也比较成熟。第2章中已指出，可以用敏感元件（实际上是一个电阻体）将很多参数的变化转换成电阻量的变化，例如，金属热电阻随被测温度的升高而导致电阻值上升；根据压阻效应，一些半导体电阻的阻值随所受的压力的变化而增加或降低；光敏电阻、湿敏电阻、气敏电阻等能分别将光强、湿度、气含量等参数转换成阻值的变化。

把电阻信号转换成电压（或电流）主要有两种方法：一是外加电源，并和被测电阻一起构成回路，测量回路中的电流或某一固定电阻上的压降，这是典型的串联式转换电路，但是它存在着转换电路初始输出不为零，易受环境温度等参数以及引线电阻的影响和灵敏度不高等问题；另一种方法是利用电桥进行转换。

应用电桥转换可以较好地解决串联式转换电路中存在的问题。

首先，当被测量为初始状态 x_0时，设敏感元件的初始电阻为 R_0，则可以调整电桥其他桥臂上的电阻值，使电桥达到平衡，这样可以保证当被测量为“0”时，电桥的输出电压为零。

其次，利用电桥还能进行温度补偿，以补偿敏感元件的电阻值随温度变化的影响。有关这方面的应用实例参见图3.8及与之相关的内容。

最后，如果同时使用两个敏感元件或转换元件，并且它们能产生差动输出，即 $R_1=R_{10}+\Delta R$，$R_2=R_{20}-\Delta R$，则电桥的输出电压将增加一倍，同时从理论上讲非线性误差可降为零。如果采用四个电阻为检测元件，并且是两两差动，则输出电压还将增加一倍。因此，采用电桥转换电路有利于提高灵敏度。

电桥变换有多种形式，如不平衡电桥，平衡电桥以及双电桥等。其中不平衡电桥应用最多。平衡电桥主要在显示仪表中使用，将在本章3.7节中详细讨论。双电桥在气体成分参数检测中用得较多。下面主要讨论不平衡电桥，并对双电桥作一简单介绍。

(1) 不平衡电桥的电压灵敏度

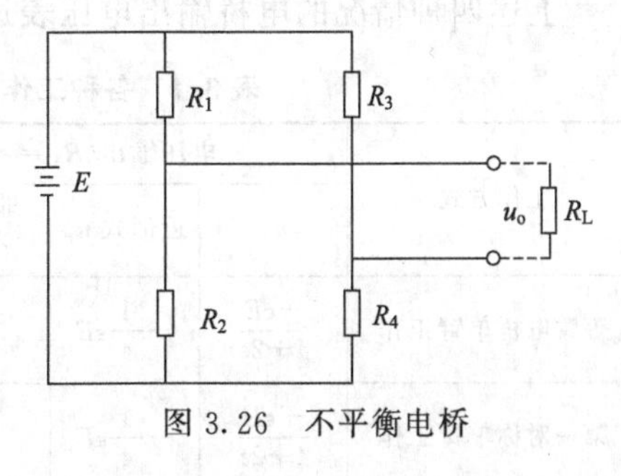

图3.26 不平衡电桥

图3.26所示为典型的不平衡电桥（为了叙述方便以下简称电桥）。电桥应用在不同的场合须采用不同的灵敏度。当电桥的输出端接输入阻抗很大的放大器或其他仪表时，则最关心的是电桥输出的电压灵敏度，其定义为单位被测电阻变化时所获得的输出电压值。设 $R_L=\infty$，则电桥的输出电压（也是负载电阻 R_L上的电压）为

$$u_o=u_{AC}=\left(\frac{R_2}{R_1+R_2}-\frac{R_4}{R_3+R_4}\right)E \tag{3.26}$$

设初始状态时，电桥上各电阻的阻值分别为 R_{10}、R_{20}、R_{30}、R_{40}，并且满足 $R_{10}R_{40}=R_{20}R_{30}$，这时电桥达到平衡，输出电压 $u_o=0$。

下面分几种情况分别进行讨论：

① 等臂电桥、单臂工作 所谓等臂电桥是指在初始状态时电桥四臂的电阻均相等，即 $R_{10}=R_{20}=R_{30}=R_{40}=R$。单臂工作是指只有 R_1为敏感元件，且 $R_1=R_{10}+\Delta R$。在这种情

况下，式(3.26) 变为

$$u_o=\frac{-R\Delta RE}{2R(2R+\Delta R)}=\frac{-\varepsilon E}{4+2\varepsilon} \tag{3.27}$$

式中，$\varepsilon=\Delta R/R$ 为敏感元件电阻的相对变化量。

② 第一对称、单臂工作　所谓第一对称是指 $R_{10}=R_{20}$，$R_{30}=R_{40}$，且工作臂电阻 $R_1=R_{10}+\Delta R$，则可求得输出电压为

$$u_o=\frac{-\Delta RE}{2(2R_{10}+\Delta R)}=\frac{-\varepsilon E}{4+2\varepsilon} \tag{3.28}$$

式中，$\varepsilon=\Delta R/R_{10}$。上式表明，在单臂工作情况下第一对称与等臂电桥的输出电压式完全一样。

③ 等臂电桥、双臂工作　这是指 $R_{10}=R_{20}=R_{30}=R_{40}=R$，且 $R_1=R_{10}+\Delta R_1$，$R_2=R_{20}-\Delta R_2$，并且 $\Delta R_1=\Delta R_2=\Delta R$，在这种情况下，$u_o$为

$$u_o=-\frac{\Delta RE}{2R}=-\frac{1}{2}\varepsilon E \tag{3.29}$$

④ 等臂电桥、四臂工作　这是指 $R_{10}=R_{20}=R_{30}=R_{40}=R$，且四个桥臂电阻都随被测量而变化，它们满足 $R_1=R_{10}+\Delta R_1$，$R_2=R_{20}-\Delta R_2$，$R_3=R_{30}-\Delta R_{30}$，$R_4=R_{40}+\Delta R_{40}$，其中 $\Delta R_{10}=\Delta R_{20}=\Delta R_{30}=\Delta R_{40}=\Delta R$，在这种情况下，由式(3.26) 可得

$$u_o=-\frac{\Delta RE}{R}=-\varepsilon E \tag{3.30}$$

上述四种情况的电桥输出电压表达式汇总于表 3.1。

表 3.1　各种工作方式的电桥的输出电压与电流表达式

工作方式	电压输出($R_L=\infty$)			电流输出($R_L=R_{TH}$)		
	u_o	近似式 u_o'	非线性误差($\varepsilon=10\%$)	I_o	近似式 I_o'	非线性误差($\varepsilon=10\%$)
等臂电桥单臂工作	$\frac{-\varepsilon E}{4+2\varepsilon}$	$-\frac{1}{4}\varepsilon E$	5%	$\frac{-\varepsilon E}{R(8+5\varepsilon)}$	$\frac{-\varepsilon E}{8R}$	6.25%
第一对称单臂工作	$\frac{-\varepsilon E}{4+2\varepsilon}$	$-\frac{1}{4}\varepsilon E$	5%	$\frac{-\varepsilon E}{R_{10}(4+3\varepsilon)+R_{30}(4+2\varepsilon)}$	$\frac{-\varepsilon E}{4(R_{10}+R_{30})}$	5.4% ($5R_{10}=R_{30}$)
等臂电桥双臂工作	$-\frac{1}{2}\varepsilon E$	$-\frac{1}{2}\varepsilon E$	0	$\frac{-\varepsilon E}{R(4-\varepsilon^2)}$	$\frac{-\varepsilon E}{4R}$	0.25%
等臂电桥四臂工作	$-\varepsilon E$	$-\varepsilon E$	0	$\frac{-\varepsilon E}{R(2-\varepsilon^2)}$	$\frac{-\varepsilon E}{2R}$	0.25%

(2) 不平衡电桥的电流灵敏度

当电桥输出接至磁电式仪表（如动圈式仪表）作直接显示时，由于这些显示仪表的内阻较小，而驱动动圈的力矩是与电流大小有关，所以需要考虑电流灵敏度，其定义为单位被测电阻变化时所获得的输出电流值（有时也用功率来表示）。在这种情况下，$R_L\neq\infty$，故负载电阻 R_L的影响应加以考虑。为了分析方便起见，根据戴维南定理可将图 3.27(a) 的电桥部分的电路等效为图 3.27(b) 所示的等效电路，其中的等效电动势 E_{TH}和等效电阻 R_{TH}分别

由式(3.31)和式(3.32)给出。

$$E_{\mathrm{TH}}=\left(\frac{R_2}{R_1+R_2}-\frac{R_4}{R_3+R_4}\right)E \tag{3.31}$$

$$R_{\mathrm{TH}}=\frac{R_1R_2}{R_1+R_2}+\frac{R_3R_4}{R_3+R_4} \tag{3.32}$$

按照信息能量传递效率最高原则，负载电阻R_{L}必须与R_{TH}匹配，即$R_{\mathrm{L}}=R_{\mathrm{TH0}}$（$R_{\mathrm{TH0}}$为电桥为初始状态时的等效电阻）。在这种条件下，流过负载电阻R_{L}的电流I_{o}为

$$I_{\mathrm{o}}=\frac{E_{\mathrm{TH}}}{R_{\mathrm{TH}}+R_{\mathrm{L}}}=\frac{E_{\mathrm{TH}}}{R_{\mathrm{TH}}+R_{\mathrm{TH0}}} \tag{3.33}$$

把不同电桥结构的有关电阻值代入式(3.33)可求得相应的输出电流，所有结果列于表3.1中。

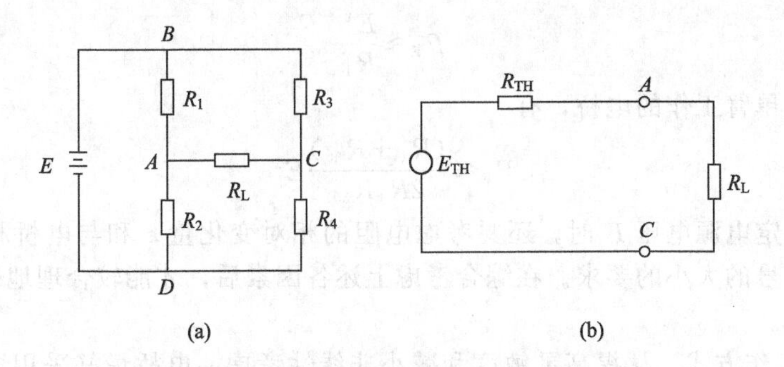

图3.27 电桥转换电路及等效电路

(3) 不平衡电桥的特性分析

通过对表3.1的分析可以得出如下几点。

① 在输出电压和电流表达式中，除了双臂和四臂工作的电压灵敏度外，其余与ε之间均存在一定程度的非线性，只有当ε很小时，u_{o}(I_{o})与ε之间才可近似为线性关系。表3.1给出了当ε=10%时各输出值的非线性误差，当ε超过10%时，该误差值还会有明显的增加。② 输出值u_{o}(I_{o})均与ε和E成正比，因此提高这两个量有利于提高电桥的输出值。但是提高电阻的相对变化量ε会使非线性误差上升，而提高电源电压E虽然不影响非线性，但受到元件允许耗散功率的限制。另外，由于输出值与E有关，因此电源电压的稳定度直接影响输出精度。

③ 电桥的工作方式不一样，灵敏度大小也不一样，单臂工作的电桥的灵敏度最低，其次为双臂工作的电桥，四臂工作的电桥的灵敏度为最高，而且后两者的非线性误差也为最小。因此，在有可能的情况下，应尽量采用这两种工作方式的电桥。

④ 在输出电压u_{o}表达式中，u_{o}与电阻本身的绝对值无关，仅与相对变化量ε有关；而在输出电流I_{o}表达式中，I_{o}与两者均有关系。

(4) 不平衡电桥的设计

在电桥设计时，一般情况下，作为检测元件的电阻已定，与电桥配套用的仪表（主要是负载特性及负载电阻大小）也已知，因此，电桥设计的任务是确定电桥所需的电源电压、电桥的工作方式和电桥各桥臂上的电阻值。

① 电桥的电源电压和功率　由前面的分析可知，电桥的输出与电源电压成正比，这就要求一方面要尽量提高电源电压，另一方面要尽量提高电源的稳定性。提高电源电压同时会使检测元件上的耗散功率增大。因此，应从敏感元件的允许耗散功率 P_{Tg} 来考虑电源电压的大小。设敏感元件的电阻值为 R_1，当电源电压为 E 时，在 R_1 上的耗散功率为 P_T，则由图 3.26 可得

$$P_T=\left(\frac{E}{R_1+R_2}\right)^2 R_1 \tag{3.34}$$

对于前面所述的四种电桥工作方式，$R_1 \approx R_2$，有

$$E=2\sqrt{R_1 P_T}<2\sqrt{R_1 P_{Tg}} \tag{3.35}$$

此外，还要知道电桥上各电阻的消耗功率，以获得电源的供给功率 P_E。P_E 可以按下式计算

$$P_E=\frac{E^2}{R_1+R_2}+\frac{E^2}{R_3+R_4} \tag{3.36}$$

对于等臂电桥，有

$$P_E \approx \frac{E^2}{R_1} \tag{3.37}$$

对于第一对称、单臂工作的电桥，有

$$P_E \approx \frac{(R_1+R_{30})}{2R_1 R_{30}}E^2 \tag{3.38}$$

最后，在确定电源电压 E 时，还要考虑电阻的相对变化量 ε 和与电桥相配的仪表或电路对电桥输出信号的大小的要求。在综合考虑上述各因素后，才能较合理地确定电源的电压以及电源的功率。

② 电桥的工作方式　从提高灵敏度和减小非线性考虑，电桥最好采用多臂工作，如双臂工作或四臂工作方式。但是在许多情况下这不易做到，只能有一个电阻作为敏感元件，这时电桥只能为单臂工作方式。

对于单臂工作方式的电桥还要进一步选择是等臂电桥、还是第一对称或是其他对称（如第二对称，即 $R_{10}=R_{30}$，$R_{20}=R_{40}$）电桥。下面主要讨论等臂电桥与第一对称电桥的选择。

根据表 3.1 可以看到，在电压输出时，等臂电桥和第一对称电桥的电压灵敏度和非线性误差是一样的。而在电流输出时，第一对称电桥的非线性误差不仅与 ε 有关，而且随比值 $m(=R_{30}/R_{10})$ 而变。当 $\varepsilon=10\%$，$m<1$ 时，误差在 6.25%～7.5%之间，而当 $m>1$ 时，误差在 6.25%～5.0%。因此，选择合适的比值 m 可以适当减小非线性误差。

从电源的消耗功率看，由式(3.37) 和式(3.38) 的分析可知，当采用第一对称电桥，而且使 $R_{30}>R_{10}$ 时，则电源的功耗可以减小。

当电桥为电流输出时，需要更多地考虑能在负载上获得的有效功率。由表 3.1 可得，等臂电桥和第一对称电桥的输出电流分别为

等臂电桥

$$I_o=\frac{-\varepsilon E}{R(8+5\varepsilon)} \tag{3.39}$$

第一对称电桥

$$I_o=\frac{-\varepsilon E}{R_{10}(4+3\varepsilon)+R_{30}(4+2\varepsilon)} \tag{3.40}$$

设 $m=R_{30}/R_{10}$，则式(3.40) 变为

$$I_o=\frac{-\varepsilon E}{R_{10}[(4+3\varepsilon)+m(4+2\varepsilon)]} \tag{3.41}$$

比较式(3.41) 和式(3.39) 可得：当 $m<1$ 时，由式(3.41) 得到的电流值要比由式

(3.39) 得到的电流大，这说明，采用第一对称电桥，随着 R_{30} 的减小（即 m 值的减小），I_o 将上升，使负载上获得的有效功率增加。但是，随着 m 值的减小，非线性误差将随之增大。

所以，确定采用哪种形式的电桥时，要综合考虑非线性、灵敏度和电源的功耗等多个因素。

③ 电桥的电阻值　当使用等臂电桥时，只要满足各桥臂上的其他电阻值与 R_{10} 相等。当采用第一对称电桥（单臂工作情况下）时，需要分两种情况讨论。

a. 电桥为电压输出。因为电压灵敏度与桥臂电阻没有直接关系，所以在设计电桥电阻时只要根据敏感元件的 R_{10} 大小，选 $R_{20}=R_{10}$，至于 R_{30} 和 R_{40} 应选多大在理论上没有任何约束条件。一般情况下可适当选大一些，这样可减小电源的功耗，但 R_{30} 选得过大，会使电桥的等效电阻 R_{TH} 增加，当负载电阻不能满足 $R_L \gg R_{TH}$ 条件时，会影响电桥的输出精度。

b. 电桥为电流输出。在 R_{10} 和负载电阻 R_L 为已知时，为使负载电阻达到最佳匹配，则应有

$$R_L = R_{TH0} = \frac{R_{10}}{2} + \frac{R_{30}}{2} \tag{3.42}$$

于是 $R_{30}=2R_L-R_{10}$。如果 $R_{10}>2R_L$，则 R_{30} 为负值，这说明 R_L 与 R_{10} 在数值的配合上不能采用第一对称电桥，而应采用其他形式的电桥，或者应重新选用初始值不同的敏感电阻。

如果 R_L 为不确定，则在电源供给功率允许的条件下，应尽可能取小的 R_{30}，以获得最大的电流输出，同时给出配套仪表的最佳匹配（负载）电阻值。

为确保电桥的稳定性，电桥上的各电阻的阻值应该是不随温度和时间而变化。所以，在选用电阻时，应选择精度高，温漂和时漂很小的电阻作为桥臂上的固定电阻。目前这些电阻一般可用锰铜丝绕成。

下面通过举例来说明电桥的设计。

【例 3.2】 现用分度号为 Cu_{100} 的热电阻检测温度，用动圈仪表来显示，请设计相应的电桥（设热电阻的允许耗散功率为 3.6mW）。

解　考虑到电桥输出直接驱动显示表的动圈，因此电桥应为电流输出型。

当被测温度 $t=100$℃，ε 可达 0.4，因此电阻的灵敏度较高，同时电桥的非线性影响也就较大。为了减小非线性误差，电桥采用第二对称方式，即 $R_{10}=R_{30}$，$R_{20}=R_{40}$，其中 $R_1=R_{10}+\Delta R$。在这种情况下，由图 3.27 和式(3.31) 和式(3.32) 可得

$$E_{TH} = \frac{-R_{20}\Delta RE}{(R_{10}+R_{20}+\Delta R)(R_{10}+R_{20})} \tag{3.43}$$

$$R_{TH} = \frac{R_{20}(2R_{10}^2+2R_{10}\Delta R+R_{20}\Delta R+2R_{10}R_{20})}{(R_{10}+R_{20}+\Delta R)(R_{10}+R_{20})} \tag{3.44}$$

$$R_{TH0} = \frac{2R_{10}R_{20}}{R_{10}+R_{20}} \tag{3.45}$$

设 $R_L=R_{TH0}$，则可求得电桥的输出电流 I_o 为

$$I_o = \frac{-\varepsilon mE}{R_{10}[4m+4+\varepsilon(4m+1)]} \tag{3.46}$$

式中，$\varepsilon=\Delta R/R_{10}$，$m=R_{10}/R_{20}$。

设 ε 很小，则 I_o 的近似式 I_o' 为

$$I_o' = \frac{-\varepsilon mE}{4R_{10}(m+1)} \tag{3.47}$$

由 I_o' 代替 I_o 引起的非线性误差为

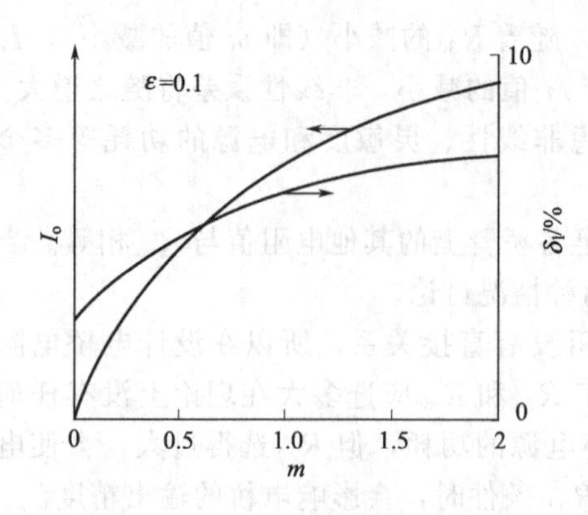

图 3.28 电桥输出电流和非线性误差与 m 的关系曲线

$$\delta_1=\frac{|I_o-I'_o|}{I_o}=\frac{\varepsilon(4m+1)}{4(m+1)}\times 100\% \quad (3.48)$$

图 3.28 给出电桥输出电流 I_o和非线性误差 δ_1随 m 变化情况，其中 ε 取 0.1。

由图 3.28 可知，非线性误差 δ_1随 m 的减小而明显下降。当 $m=1$ 时，$\delta_1=6.25\%$，与表 3.1 中等臂电桥、单臂工作的一样；而当 $m=0.1$ 时，$\delta_1=3.18\%$，误差下降近一半。因此，为了减小非线性误差，应增大 R_{20}，使 $m\ll 1$。但是，当 m 减小时，电桥的输出电流 I_o也将明显下降。所以为了提高电桥的输出电流，应减小 R_{20}，使 $m\gg 1$。

铜电阻的耗散功率为

$$P_T=\left(\frac{E}{R_1+R_{20}}\right)^2 R_1 \quad (3.49)$$

该式表明，增大 R_{20}将有助于减小热电阻上的耗散功率。

综合考虑非线性、输出电流以及耗散功率等因素并结合本例特点，选 $m=\frac{1}{7}$，则 $R_{20}=R_{40}=700\Omega$，$R_{10}=R_{30}=100\Omega$。

由式(3.49) 可求得电源电压

$$E=(R_1+R_{20})\sqrt{\frac{P_T}{R_1}}<(R_{10}+R_{20})\sqrt{\frac{P_{Tg}}{R_{10}}}=4.8\text{V}$$

故可选电源电压 $E=4$V。

(5) 双电桥

前面介绍的是不平衡的单电桥，这种转换电路结构简单，易于实现，但是由于不平衡电桥的输出与电源电压成正比，因此对电源电压的波动十分敏感。此外，电桥上的电阻易受环境温度的影响，使电桥产生漂移。使用双电桥形式可以较好地解决这些问题。双电桥在气体成分参数检测中应用较多，图 3.29 是热导式气体分析仪中使用的双电桥式变换原理图。双电桥电路中除了测量电桥（图中的电桥Ⅰ）外还增加了参比电桥（图中的电桥Ⅱ）。测量电桥是双臂串并联型不平衡电桥，R_1和 R_3为测量热导池中的热电丝（其电阻值与被测气体的浓度有关），R_2和 R_4为参比热导池中的热电丝，参比热导池中密封着标准气体样品（其浓度为测量气体的下限值）。在参比电桥中，电阻丝 R_5和 R_7所在的气室充有测量气体上限的标准气体，而 R_6和 R_8所在的气室充有测量气体下限的标准气样。电桥采用交流电源供电，电源变压器的副边绕组相同，所以供两个电桥的电压是相等的，即 $u_{ab}=u_{ef}$。测量电桥和参比电桥的输出电压分别为 u_{cd}和 u_{gh}。参比电桥由于四个桥臂是四个密封着固定浓度气体的热导池，所以它输出的不平衡电压 u_{gh}是一固定值。这个电压加在滑线电阻 R_P的两端。测量电桥的两个桥臂通过被测气体的热导池，所以它输出的不平衡电压 u_{cd}随被测气体的浓度的变化而改变。u_{cd}与滑线电阻 A、C 间的电压 u_{AC}差 $\Delta u=u_{cd}-u_{AC}$送到放大器中，信号经放大后带动可逆电机，推动滑线电阻 R_P上的滑点 C，使 C 点沿着 $|\Delta u|$ 减小方向滑动。当 $u_{cd}=u_{AC}$时，系统达到平衡。滑线电阻 R_P上带有标尺，它直接以被测气体的浓度值刻度，所以平衡点 C 反映了被测气体中待测组分的浓度。当浓度不变时，若电源电压增加，将同时使 u_{cd}和 u_{gh}增加，而 u_{AC}是 u_{gh}的一个分压，因此它也增加，其结果是 $\Delta u=0$ 不变，这样滑点 C 的位置也不改变。

由上面的分析可以知道，图 3.29 所示的双电桥结构一方面由于采用了参比电桥（属于参比式变换）可以有效地克服电源电压波动和环境温度波动给测量带来的影响。另一方面它又采用了无差平衡式变换。因此，变换精度较高。

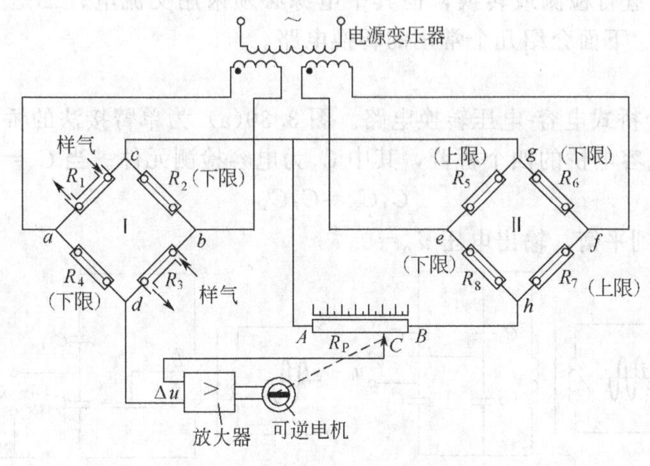

图 3.29　双电桥式变换电路

(6) 交流电桥

交流电桥是指供给电桥工作的电源是交流电。电阻-电压的变换可以用直流电，也可以用交流电，但对于电容、电感等阻抗的变换则必须用交流电桥。直流电桥有灵敏度和精度都较高等特点，而交流电桥的特点是输出为交流信号，可以直接用没有零漂的交流放大器进行放大。交流电桥的分析方法与直流电桥基本相同，对于纯电阻电桥，电桥平衡的条件（参见图 3.26）是

$$R_1R_4=R_2R_3 \tag{3.50}$$

对于一般阻抗构成的电桥，当电桥达到平衡时则有

$$Z_1Z_4=Z_2Z_3 \tag{3.51}$$

把阻抗写成实部和虚部

$$Z_i=R_i+\mathrm{j}X_i \tag{3.52}$$

式中，X_i 为电抗。

把式(3.52) 代入式(3.51)，整理后分成实部相等和虚部相等，得

$$R_1R_4-X_1X_4=R_2R_3-X_2X_3\text{（实部相等）}$$

$$R_1X_4+R_4X_1=R_2X_3+R_3X_2\text{（虚部相等）}$$

用阻抗代替直流电桥中的相应电阻，即可得到交流电桥的输出电压或电流表达式。至于电桥的具体性能分析，仍然可按前面直流电桥的类似方法进行，在此不再作具体讨论。

3.1.3.3　电容与电压的变换

电容器作为一种检测元件（敏感元件或是转换元件）可以把一些被测量（或中间物理量）转换成电容器的电容量，然后再用转换电路将电容转换为电压。

电容器的形状可以有多种多样，常见的有平行板电容器、双圆筒式电容器和球面状电容器等，详见第 2 章中有关内容。作为检测元件用的电容器的电容量变化可以是不同的原因引起的，主要有由于被测量变化而改变几何形状（如电容器两极板间的距离）以及改变电容器中两极板间的介电常数。不管是哪种原因引起的电容变化，它们的外特性表现都相同。下面主要讨论电容-电压转换的一般原理和通用方法。

电容量的检测一般采用频率较高的交流电源，以利于检测各容抗间的差别。由于频率过

高会使寄生电容的影响增大，对测量或信号转换反而不利。因此，一般多采用频率为几千赫的交流电源。

电容检测或信号转换的主要方法有两个：一是把电容作为一个阻抗元件，按照类似电阻-电压转换的方式进行检测或转换，但其中电源必须采用交流电；二是充分利用电容的充放电特性进行变换。下面介绍几个常用的转换电路。

(1) 桥式电路

图 3.30 为两个桥式电容-电压转换电路。图 3.30(a) 为单臂接法的桥式电路，电容 C_1、C_2、C_3、C_x构成电容电桥的四个桥臂，其中 C_x为电容检测元件。当 $C_x=C_{x0}$，且

$$C_1C_3=C_2C_{x0} \tag{3.53}$$

时，该交流电桥达到平衡，输出电压 $\dot{u}_o=0$。

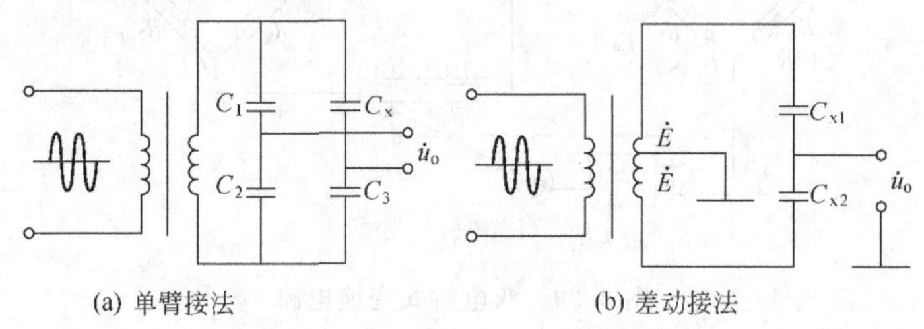

(a) 单臂接法　　(b) 差动接法

图 3.30　桥式电容-电压转换电路

当被测变量变化而使 C_x变化时，电桥的输出电压为

$$\dot{u}_o=\frac{\frac{1}{j\omega C_2}\dot{u}}{\frac{1}{j\omega C_1}+\frac{1}{j\omega C_2}}-\frac{\frac{1}{j\omega C_3}}{\frac{1}{j\omega C_3}+\frac{1}{j\omega C_x}}=\frac{-C_2\Delta C\dot{u}}{(C_1+C_2)(C_3+C_{x0}+\Delta C)}=K\Delta C\dot{u} \tag{3.54}$$

式中，ω 为电源的角频率；$\dot{u}$ 为电源电压；$\Delta C=C_x-C_{x0}$为检测元件的电容增量。$K=-C_2/(C_1+C_2)(C_3+C_{x0}+\Delta C)$。当 $\Delta C\ll C_{x0}$时，K 可视为常数。则由式(3.54) 可知，输出电压 $\dot{u}_o$是与电源同频率、与检测元件的电容增量 ΔC 成正比的高频交流电压。

图 3.30(b) 为差动桥式转换电路，其左边两臂为电源变压器的副边绕组，设感应电势均为 $\dot{E}$，另外两臂为检测元件的电容器，并且有 $C_{x1}=C_0+\Delta C$ 和 $C_{x2}=C_0-\Delta C$，则电桥的空载输出电压 $\dot{u}_o$为

$$\dot{u}_o=\frac{C_{x1}-C_{x2}}{C_{x1}+C_{x2}}\dot{E}=\frac{\Delta C}{C_0}\dot{E} \tag{3.55}$$

由式(3.55) 可以看出，差动式转换电路有较高的灵敏度和良好的线性特性，因此电容测量的准确度较高。

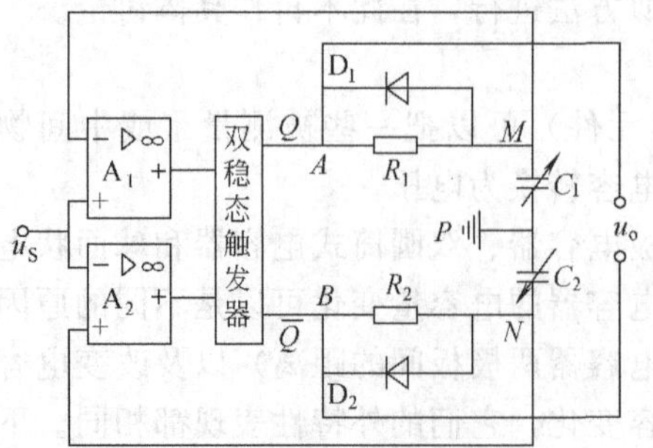

图 3.31　差动脉宽调制原理图

(2) 脉宽调制电路

图 3.31 为脉冲宽度调制电路原理图。图中 C_1、C_2为两个作为检测元件的电容，并且有 $C_1=C_0+\Delta C$，$C_2=C_0-\Delta C$。双稳态触发器的两个输出端 Q 及 $\overline{Q}$ 产生反相的方波脉冲电压。当 Q 端为高电平时，u_A经 R_1对 C_1充电，使 u_M升高。充电过程可用下式来描述

$$u_M=u_A(1-e^{-\frac{t}{T_1}}) \tag{3.56}$$

当忽略双稳定触发器的输出电阻，并认为二极管

D_1反向电阻无穷大时，则式(3.56)中的充电时间常数$T_1=R_1C_1$。若$t \ll T_1$，则有

$$u_M=\frac{u_A}{T_1}t \tag{3.57}$$

式(3.57)表明，若C_1越大，T_1也越大，则u_M对t的斜率就越小，说明充电过程慢。当$u_M>u_S$时，比较器A_1产生脉冲使双稳态触发器翻转，Q端变为低电平，$\overline{Q}$端变成高电平。这时C_1上的电压经D_1迅速放电趋近零，而$\overline{Q}$端的高电平开始向C_2充电，充电的过程与式(3.56)描述的一样，其中时间常数变为$T_2=R_2C_2$。当C_2上的电压u_N超过参考电压u_S，即$u_N>u_S$时，比较器A_2产生脉冲使双稳态触发器重新变为初始状态。如此周而复始，Q和$\overline{Q}$端（即A、B两点间）便可输出方波。

由上述的分析可知，若取$R_1=R_2$，则当$C_1=C_2=C_0$时，$T_1=T_2$，两个电容器的充电过程完全一样，A、B间的电压u_{AB}为对称的方波，其直流分量为零。图3.32(a)给出了在$C_1=C_2$时各点的波形情况。若$C_1>C_2$($C_1=C_0+\Delta C$；$C_2=C_0-\Delta C$)，则C_1的充电过程的时间常数T_1就要延长，而C_2的充电过程的时间常数T_2就要缩短，这时u_{AB}的方波将不对称，各点的波形如图3.32(b)所示。u_{AB}的直流分量将大于零，其直流输出为

$$u_o=(u_{AB})_{DC}=\frac{T_1u_{Am}-T_2u_{Bm}}{T_1+T_2}=\frac{R_1C_1u_{Am}-R_2C_2u_{Bm}}{R_1C_1+R_2C_2} \tag{3.58}$$

式中，u_{Am}、u_{Bm}为u_A、u_B的幅值。当$u_{Am}=u_{Bm}=u_m$，$R_1=R_2$时，则式(3.58)变为

$$u_o=\frac{C_1-C_2}{C_1+C_2}u_m=\frac{\Delta C}{C_0}u_m \tag{3.59}$$

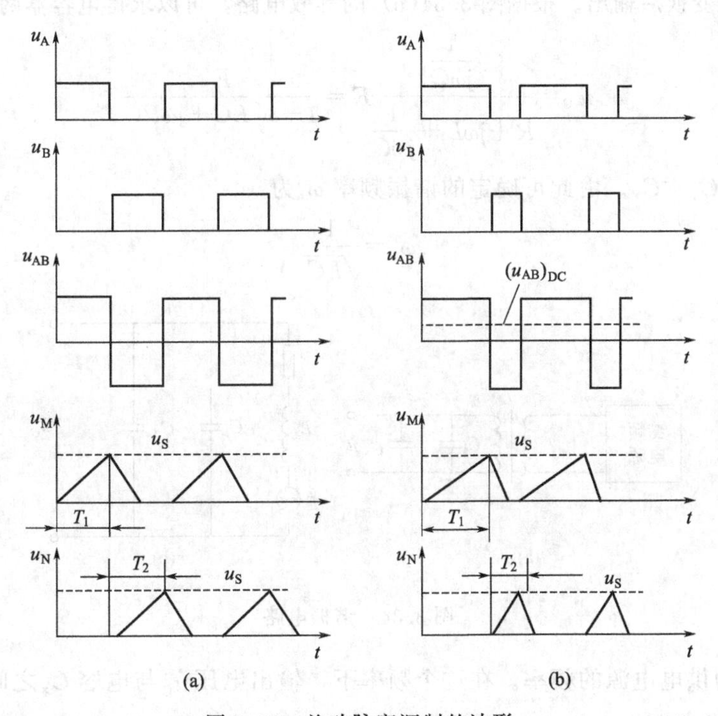

图3.32 差动脉宽调制的波形

(3) 运算放大器电路

上述两种转换电路主要适用于差动电容，对于由单个电容组成的检测元件可采用简单的运算放大器电路来实现电容-电压的转换，其转换电路如图3.33所示。图中，C_0为已知电

容，作为输入容抗，C_x为被测电容，作为反馈容抗，$\dot{E}$ 为外加的高频电源。根据运算放大器的一般原理，在放大器放大倍数和输入阻抗足够大时，放大器的输出电压为

$$u_o=-\frac{\dfrac{1}{j\omega C_x}}{\dfrac{1}{j\omega C_0}}\dot{E}=-\frac{C_0}{C_x}\dot{E} \tag{3.60}$$

上式表明，放大器的输出 u_o与被测电容 C_x成反比。如果被测电容是位移检测用的平行板，因 C_x与位移 x 成反比，则 u_o与 x 成线性正比关系。

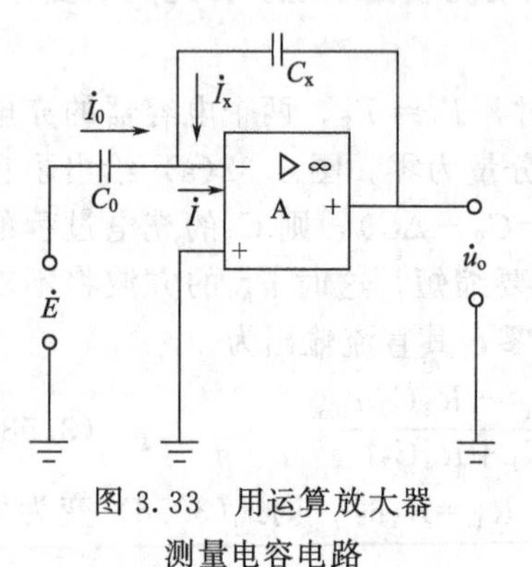

图 3.33 用运算放大器测量电容电路

图 3.33 所示的运算放大器电路虽然易于实现，但它主要存在两个问题：一是该电路没有零输出，也就是说当 C_x为初始状态时，输出电压不为零，为解决这个问题，需要增加零点调整电路；二是被测电容 C_x的引线等的寄生电容影响较大，而且这种影响不是一般屏蔽和接地所能克服的，必须用等电位屏蔽，也就是采用"驱动电缆"技术，它需要严格保证放大倍数 1∶1 的放大器和双层屏蔽电缆，这一般不容易做到。

(4) 谐振电路

谐振电路如图 3.34 所示，高频电源经变压器给由 L、C_1、C_x构成的谐振电路供电，取被测电容 C_x两端的电压 $\dot{u}_C$经放大器放大及变换后输出。根据图 3.34(b) 的等效电路，可以求得电容器两端的电压 $\dot{u}_C$为

$$\dot{u}_C=\frac{\dfrac{1}{j\omega C}}{R+j\omega L+\dfrac{1}{j\omega C}}\dot{E}=\frac{\dot{E}}{1-\omega^2LC+j\omega RC} \tag{3.61}$$

式中，$C=C_1+C_x$。由此可确定的谐振频率 ω_r为

$$\omega_r=\frac{1}{\sqrt{LC}} \tag{3.62}$$

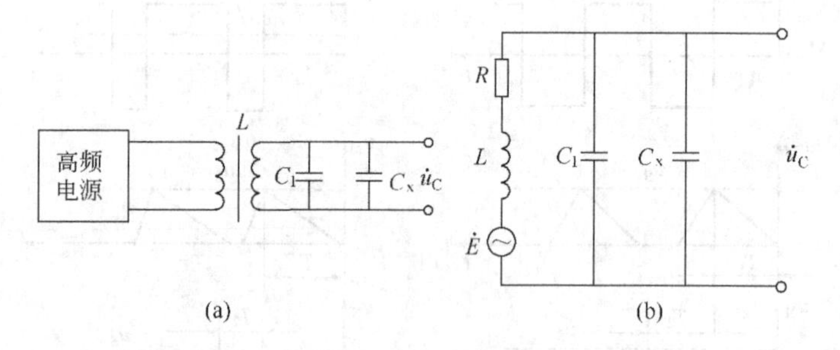

图 3.34 谐振电路

该频率即为供电电源的频率。在这个频率下，输出电压 $\dot{u}_C$与电容 C_x之间的特性曲线如图 3.35 所示。改变调谐电容 C_1，使输出电压 $\dot{u}_C$为谐振电压 $\dot{u}_{Cm}$的一半，这时电路在特性曲线的 N 点上。该点称为工作点，是特性曲线右半直线段的中间处，这样就保证了输出 $\dot{u}_C$与电容变化量 ΔC 的线性关系。如果被测量在测量范围内使 ΔC 的变化值不超过特性曲线的右半段直线区，则能确保输出与被测量间的单值线性关系。

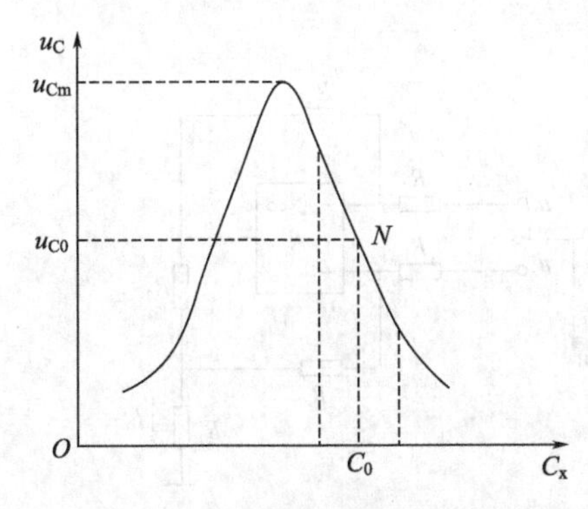

图 3.35　谐振电路的特性曲线

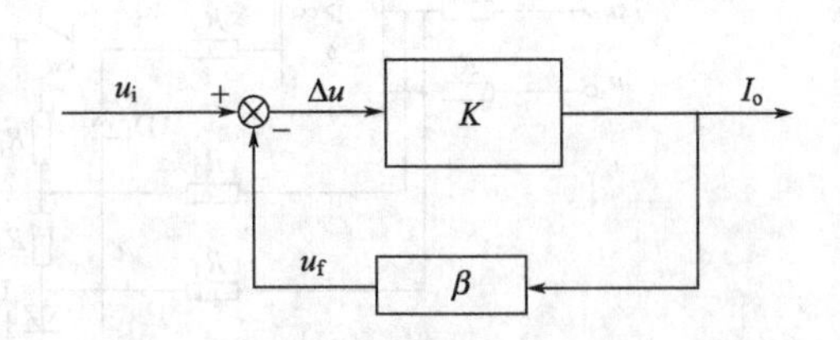

图 3.36　电压-电流转换的原理框图

3.1.3.4　电压与电流之间的变换

在检测仪表的转换电路中，经常需要将电压信号转换成电流信号，或将电流信号转换成电压信号。

(1) 电压-电流的转换

电压-电流转换的原理框图如图 3.36 所示。由图可得输出电流与输入电压之间的关系为

$$I_o=\frac{K}{1+K\beta}u_i \tag{3.63}$$

由上式不难看出，当放大器的放大倍数 K 足够大，且 $K\beta\gg1$ 时，输出电流 $I_o\approx u_i/\beta$ 只与反馈系数 β 有关。由图 3.36 可知，要得到具有恒流特性的输出电流 I_o，要求电路有电流负反馈。根据上述原理组成的电路有很多，下面是其中的两个例子。

图 3.37 是一个最常见的电压-电流转换电路。设放大器 A 的放大倍数很大，两输入端的电位可近似相等；又设晶体管 T 的基极电流忽略不计，则流过电阻 R_4 的电流与流过 R_L 的电流近似相等。当输入电压为 u_i 时，输出电流为

$$I_o=\frac{u_i}{R_4} \tag{3.64}$$

取 $R_4=100\Omega$，则当 $u_i=0\sim1\text{V}$ 时，输出电流 $I_o=0\sim10\text{mA}$。

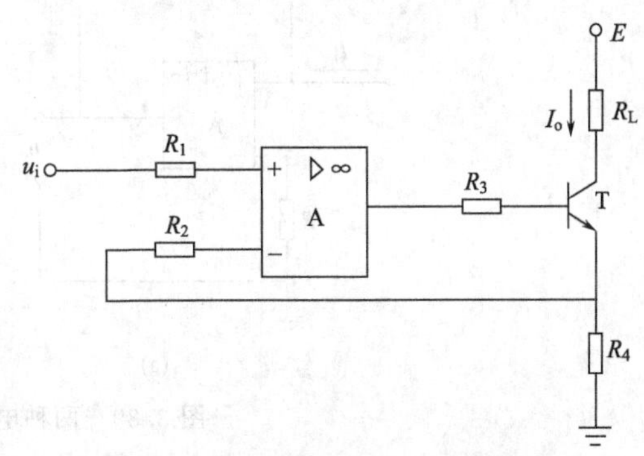

图 3.37　常见的电压-电流转换电路

图 3.38(a) 为另一个电压-电流转换电路。它和图 3.39 的主要区别是输入信号 u_i 是以 u_B 为基准的电压，加入放大器的反相端；另外，在放大器的同相端加有相对于基准电压 u_B 为 u_z 的电压。为了分析方便，可以把晶体管 T 看成为 A 的一部分，化简后的等效电路为图 3.38(b)。设计时使 $R_1=R_2=R_3=R_4$，则可以求得 R_7 上的电压为

$$u_{R7}=-u_i+u_z \tag{3.65}$$

由于 $R_4(1\text{M}\Omega)\gg R_L(<1.5\text{k}\Omega)$，可以认为流过负载电阻 R_L 的电流 I_o 等于流过 R_7 的电流，因此

$$I_o=\frac{u_{R7}}{R_7}=\frac{-u_i+u_z}{R_7} \tag{3.66}$$

取 R_7 为 250Ω，并使 $u_z=1\text{V}$，则由式(3.66) 可知，当 u_i 在 0～−4V 变化时，$I_o=$

4～20mA。

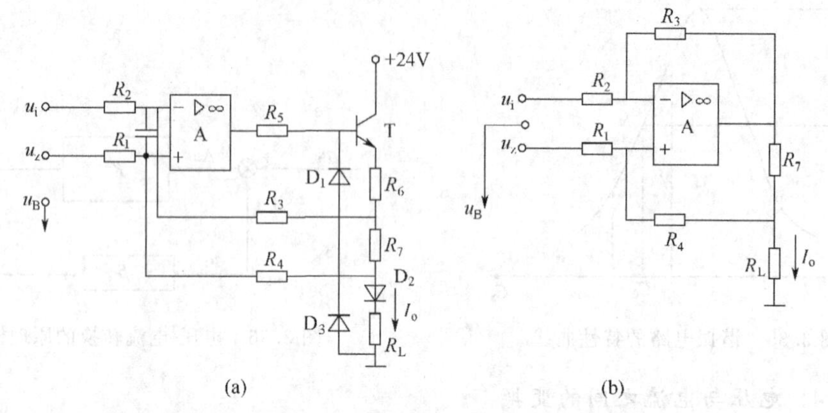

图 3.38　有基准电压的电压-电流转换电路及等效电路

（2）电流-电压的转换

电流-电压的转换比较简单，一般只需用一个集成运算放大器就能实现。图 3.39 是两个典型的电流-电压转换电路，其中图 3.39(a) 的输出电压 u_o与输入电流 I_i之间的关系为

$$u_o=-R_f I_i \tag{3.67}$$

图 3.39(b) 的输出电压为

$$u_o=R_0\left(1+\frac{R_2}{R_1}\right)I_i \tag{3.68}$$

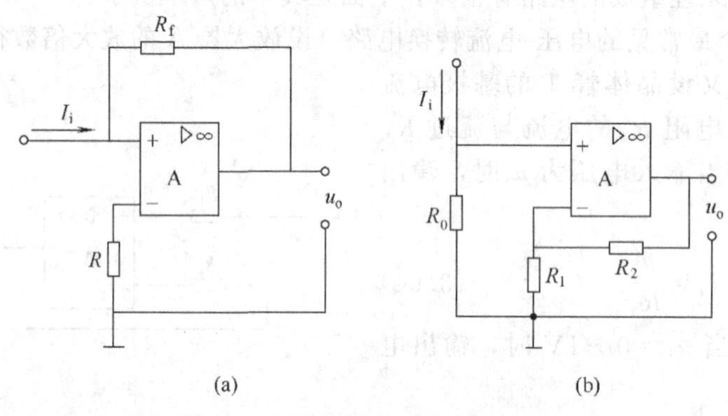

图 3.39　两种电流-电压转换电路

3.1.4　检测仪表常用非线性补偿方法

检测仪表（或系统）使用时，总是希望其输出信号与被测参数之间呈线性关系，由于检测仪表测量原理的限制和构成检测仪表各环节特性的不同等因素的影响，检测仪表的输出与被测参数之间往往存在着非线性关系，因此，需要进行非线性补偿和校正，以使检测仪表的输出信号 y 与被测参数 x 之间呈线性关系。

非线性补偿方法主要有直接串联法、非线性负反馈法和软件线性化法等。直接串联法和非线性负反馈法多用于模拟式仪表，以硬件方式来实现非线性补偿。数字式智能化仪表则多采用软件线性化法。

（1）直接串联法

直接串联法即是在需要补偿的测量环节后面直接串联具有相反非线性特性的元件或非线性补偿器以达到非线性补偿的效果。DDZ-Ⅱ和 DDZ-Ⅲ系列模拟仪表中，为克服节流元件法测量流体流量产生的非线性所配置的模拟式开方器即为直接串联非线性补偿方法的一个应用范例。由节流元件流量测量的原理（详见本章 3.5 节）可知流体流过节流元件产生的差压信号（由差压变送器测量）与被测流体的流量呈非线性平方关系，而开方和平方正好是相反的非线性特性，在差压变送器后串接一个开方器，开方器的输出即与被测流体流量呈线性关系。

（2）非线性负反馈法

如图 3.40 所示，某一检测仪表，由于测量原理的限制导致检测元件的输出呈现非线性。为实现非线性补偿，在后续环节中串联一个非线性负反馈环节，并使反馈通道具有与检测元件相同的非线性特性。如前 3.1.2 节所述，在深度负反馈条件下，整个负反馈环节的特性主要由反馈通道的特性决定，整个负反馈的输出特性为反馈通道特性的倒特性，因此负反馈环节的特性与检测元件的非线性关系相反，有效地实现了非线性补偿，最终使得检测仪表的输出信号 Y 与输入信号 X 之间呈线性关系。

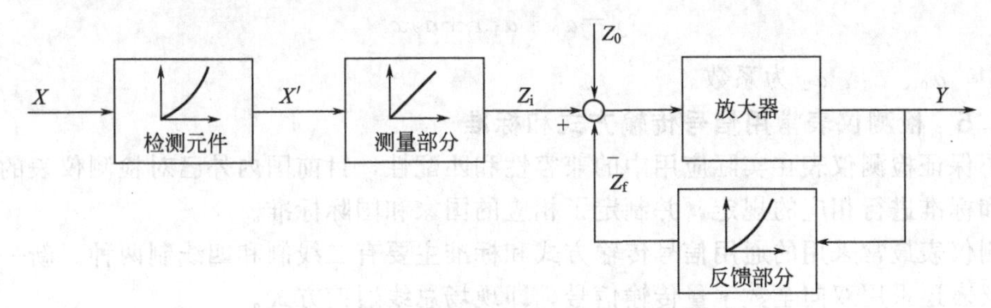

图 3.40　在反馈通道中设置非线性补偿环节

（3）软件线性化法

软件线性化法是利用微计算机的存储和计算功能来实现非线性补偿的。该方法首先将需要进行补偿的非线性关系存储在微机中，然后根据具体的非线性特性进行相应的运算实现非线性补偿。

若需要补偿的非线性存在明确的函数关系，则可编制相应的计算机程序通过运算来实现线性化。

若需要补偿的非线性难以用明确的函数关系来表征则大多采用查表法来实现。查表法首先获得标准数据，然后利用标准数据采用各种曲线拟合技术构造出反映非线性特性的标准校正曲线（本质上为一个曲线拟合公式或多个拟合公式的组合）并将其存储在微机内；实际测量时，利用标准校正曲线的一一对应关系，通过相应的运算以查表的方式实现非线性补偿法。依据获得标准校正曲线所采用的曲线拟合方式的不同，查表法可分为整段校正法和分段校正法两大类。

① 整段校正法　整段校正法是利用所获得标准数据，采用某种曲线拟合技术一次性地构造出整段标准校正曲线（即一个曲线拟合公式），并进而实现非线性补偿。多项式是工程常采用的标准校正曲线函数，其具体表达式为

$$P(x)=a_1+a_2x+\cdots+a_mx^m \tag{3.69}$$

式中，系数 a_i 是可采用最小二乘多项式曲线拟合法或切比雪夫多项式函数逼近法等曲线拟合方法根据标准试验数据确定。

② 分段校正法　分段校正法是利用所获得标准数据，采用一种或多种曲线拟合技术逐段构造不同范围的拟合曲线并组合成整段标准校正曲线以实现非线性补偿。显然，所获得的标准校正曲线本质上是多个曲线拟合公式的组合。若需补偿的非线性特性较为简单和明确，则各分段的曲线拟合可统一采用一种拟合方法。若需补偿的非线性特性较为复杂，则需根据

各分段具体的非线性特性采用不同的曲线拟合方法。

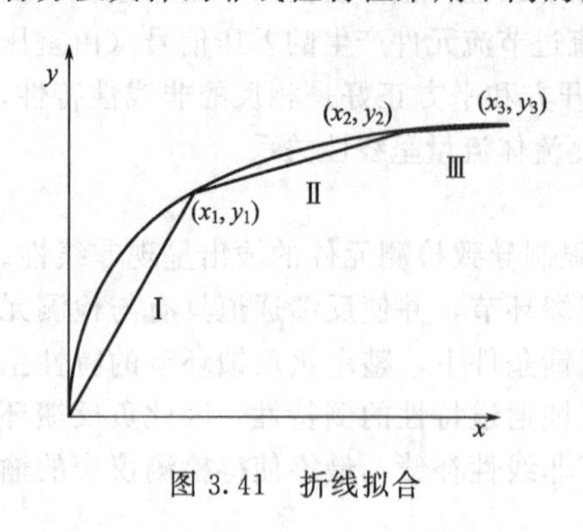

图 3.41　折线拟合

利用多段直线逼近需补偿的非线性特性并构造相应的校正曲线常称为折线拟合校正法，是最常用的一种分段校正方法，如图 3.41 所示。图中，y 是输出变量，x 是输入变量，用 3 段直线来逼近系统的非线性特性，拟合直线可由下列方程描述。

$$y=ax+b \tag{3.70}$$

式中，a、b 是系数。

另外，采用二次抛物线拟合方法来获得标准校正曲线各分段也是工程中常用的分段校正法，常称为平方插值校正法，各分段的拟合公式由下式描述

$$y=a_0+a_1x+a_2x^2 \tag{3.71}$$

式中，a_0、a_1、a_2 为系数。

3.1.5　检测仪表常用信号传输方式和标准

为了保证检测仪表在实际应用中的兼容性和匹配性，目前国内外已对检测仪表的信号传输方式和标准进行相应的规定，并制定了相应的国家和国际标准。

检测仪表最常采用的通用信号传输方式和标准主要有二线制和四线制两种。新一代智能型检测仪表还采用双向全数字量传输信号，即现场总线通信方式。

3.1.5.1　二线制和四线制信号传输

电动模拟式检测仪表的二线制和四线制传输方式如图 3.42 所示。

图 3.42(a) 为二线制传输方式，采用二线制信号传输方式的检测仪表称为二线制检测仪表。二线制信号传输方式的特点是电源线和信号线共用两根电缆线，即利用二根导线同时为检测仪表提供电源并输出电流信号。同时，国标也对二线制信号传输方式的仪表电源、输出电流信号和负载电阻 R_L 范围等进行了统一规定。目前，对于二线制仪表工程上常采用的电源标准是 24V 直流电源，输出电流标准是 4～20mA 直流电流，负载电阻 R_L 范围为 250～750Ω。

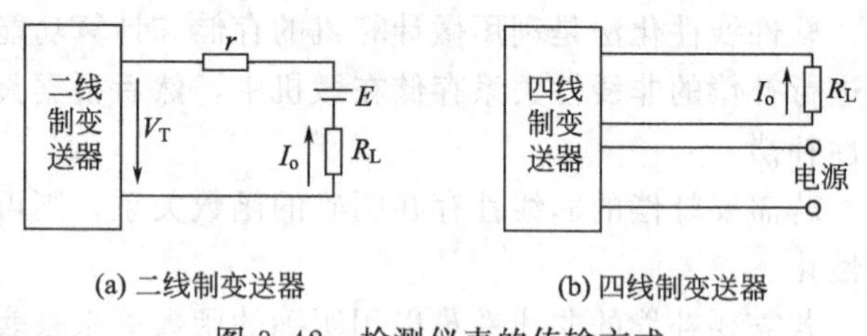

图 3.42　检测仪表的传输方式

图 3.42(b) 为四线制传输方式，采用四线制信号传输方式的检测仪表称为四线制检测仪表。四线制传输方式的特点是利用二根导线为检测仪表提供电源，利用另外二根导线输出电流信号，即电源线和信号线是分列。目前，对于四线制仪表工程上常采用的电源标准有 220V 交流电和 24V 直流两种，输出电流的标准也有 0～10mA 和 4～20mA 直流电流两种。

二线制变送器同四线制变送器相比，不仅节省了连接电缆，同时也有利于安全防爆和抗干扰等，可显著大大降低安装费用，减少自动化系统投资，因此，二线制仪表是目前检测仪表的主流。

3.1.5.2　数字信号传输（现场总线通信方式）

目前，智能型检测仪表常采用的现场总线通信方式主要 HART 协议通信方式和现场总线协议通信方式两种。

(1) HART 协议通信方式

① HART通信协议介绍 HART(Highway Addressable Remote Transducer) 通信协议是数字式仪表实现数字通信的一种协议。该协议考虑了与电动模拟式仪表信号的兼容性，是目前广泛采用一种过渡方式，具有HART通信协议的变送器可以在一条电缆上同时传输4～20mA DC的模拟信号和数字信号。

HART通信协议是依照国际标准化组织（ISO）的开放式系统互连（OSI）参考模型，简化并引用其中三层：物理层、数据链路层和应用层而制定的。

a. 物理层。规定了信号的传输方法和传输介质。HART信号传输是基于Bell202通信标准，采用频移键控（FSK）方法，在4～20mA DC基础上叠加幅度为±0.5mA的正弦调制波作为数字信号，1200Hz频率代表逻辑“1”，2200Hz代表逻辑“0”。这种类型的数字信号通常称为FSK信号，其传送速率为1200bit/s。由于数字FSK信号相位连续，其平均值为零，故不会影响4～20mA DC的模拟信号。传输介质为电缆线，通常单芯带屏蔽双绞电缆距离可达3000m，多芯带屏蔽双绞电缆可达1500m，短距离可使用非屏蔽电缆。

b. 数据链路层。规定了数据帧的格式和数据通信规程。数据帧的基本格式如图3.43所示，它由链路同步信息、寻址信息、用户信息及校验和组成，其中，定界符定义了帧的类型和寻址格式。地址有短格式和长格式两种，前者地址长度为一个字节，地址范围为0～15，即在总线上最多只能挂15台变送器；长格式地址长度为五个字节共40位，后38位中6位为仪表制造厂商标识代号，8位为仪表类型代码，24位为仪表序列号，前2位分别为主站编号和变送器阵发允许。使用长格式地址寻址，理论上在总线上所挂变送器的数量可以不受限制，可根据通信扫描频率、传输介质、功耗等决定。响应码在变送器向主设备通信时才有，它表示数据通信状态和变送器工作状态。

链路同步码	定界符	地址	命令号	字节长度	响应码	数据字节	校验和

图3.43 数据帧的基本格式

HART协议按主/从方式通信，这意味着只有在主站呼叫时，现场设备（从站）才传送信息。在一个HART网络中，允许有主、副两个主站，并可以与一个从设备通信。为主的主站可以是DCS、PLC、基于计算机的控制或监测系统，副主站可以是手持终端，手持终端几乎可以连接在网络任何地方，在不影响主站通信的情况下与任何一个现场设备通信。HART协议可以有三种不同的通信模式。

• 点对点模式。同时在一条电缆上传输4～20mA DC的模拟信号和数字信号，这是最常用的模式。

• 多点模式。一条电缆连接多个现场设备，这是全数字通信模式。

• 阵发模式。允许总线上单一的从站自动、连续地发送一个标准的HART响应信息。

c. 应用层。规定了通信命令的内容。HART通信基于命令，也就是说主站发布命令，从站作出响应。通信命令有三种类型。

• 通用命令。适用于所有符合HART协议的现场仪表，包括制造厂商和仪表类型、变量值和单位、阻尼时间、系列号和极限等。

• 通用操作命令。适用于大部分符合HART协议的现场仪表，包括读变量、改变上限（下限）值、调零和调量程、仪表自检等。

• 特殊命令。各制造厂的产品自己所特有的命令，用于对仪表中的专门参数或仪表的特有功能进行自由定义，如开始、结束或清累积，读写校正系数，使能PID，改变给定值等。

通用命令和通用操作命令使得符合HART通信协议的仪表之间可互操作。

② HART协议通信方式的实现方法　HART协议通信方式由微处理器、数模转换器AD421、HART通信模块、波形整形电路和带通滤波器组成的电路实现，其原理框图如图3.44所示。微处理器输出的与被测参数成比例的数字信号，经AD421转换为4～20mA直流信号输出，同时微处理器将需进行数字通信的二进制数字信号由串行口的发送端RX输出至HART通信模块调制为FSK信号，再经波形整形电路送至AD421叠加到4～20mA直流信号上；而由其他仪表（如手持通信器）或上位机加载在4～20mA直流信号上的FSK信号，经带通滤波器送至HART通信模块解调为二进制的数字信号，送至微处理器串行口的接收端TX。

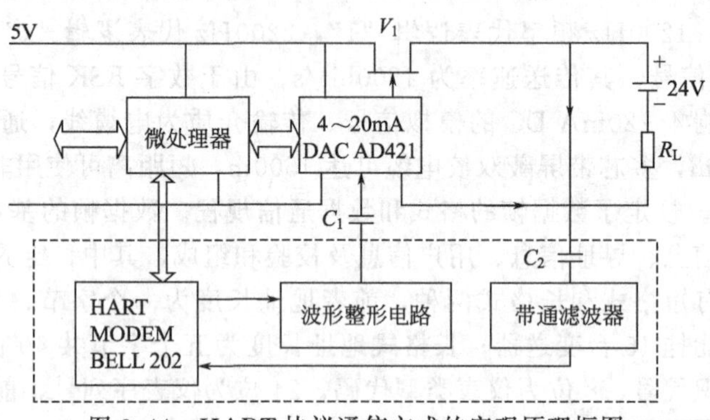

图3.44　HART协议通信方式的实现原理框图

输出波形整形电路是为了使得输出信号波形的上升沿/下降沿的时间满足HART物理层规范要求，较平缓的上升沿/下降沿的时间可以降低加载到传输线上的杂散频率和谐波，以造成干扰。带通滤波器具有只能通过某一频段的信号，而将此频段两端以外的信号加以抑制或衰减的特性，用于抑制接收信号中的感应噪声，其频宽（通过频段的宽度）大约为1200～2200Hz。

(2) 现场总线通信方式

现场总线是连接智能现场设备和自动化系统的数字式、双向传输、多分支结构的通信网络。智能式变送器属于智能现场设备，它可以挂接在现场总线的通信电缆上，与其他各种智能化的现场控制设备以及上层管理控制计算机实现双向信息通信。

现场总线的国际标准由8种类型现场总线组成，各种类型现场总线的通信协议尽管不同的，但都是由物理层、链路层和应用层以及通信媒体共同构成。

现场总线通信方式由微处理器CPU、通信控制单元和媒体访问单元MPU组成的电路实现，其原理框图如图3.45所示。

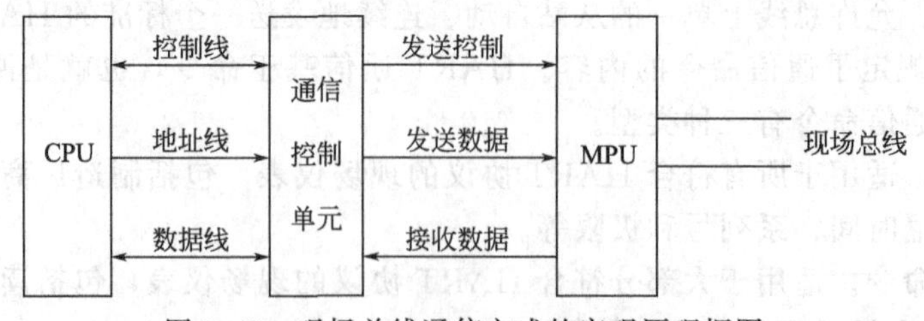

图3.45　现场总线通信方式的实现原理框图

微处理器CPU实现数据链路层和应用层的功能。

通信控制单元实现物理层的功能，完成信息帧的编码和解码、帧校验、数据的发送与接收。通信控制单元的性能主要取决于所采用的通信控制芯片。

媒体访问单元 MPU 的主要功能是发送与接收符合现场总线规范的信号，包括对通信控制单元传送来的信号频带进行限制、向总线上发送耦合信号波形、接收总线上耦合的信号波形、对接收波形的滤波和预处理等，其具有功能根据所采用的通信控制芯片的不同将略有差异。

3.2 温度检测仪表

3.2.1 概述

温度是描述系统不同自由度之间能量分布状况的基本物理量，是决定一系统是否与其他系统处于热平衡的宏观性质，一切互为热平衡的系统都具有相同的温度。根据物理学理论，温度是与大量分子的平均动能相联系，它反映了物体内部分子无规则运动的剧烈程度。物质的许多物理现象和化学性质都与温度有关，同时许多生产过程，特别是化学反应过程，都是在一定的温度范围内进行的。所以，在工业生产和科学研究中，人们经常会遇到温度和温度检测与控制的问题。

3.2.1.1 温标

温标是温度的数值表示法，用来量度物体温度高低的标准。一个温标主要包括两个方面的内容：一是给出温度数值化的一套规则和方法，例如规定温度的读数起点（零点）；二是给出温度的测量单位。

(1) 常用温标简介

① 经验温标　借助于某一种物质的物理量与温度变化的关系，用实验方法或经验公式所确定的温标称作经验温标。它主要指摄氏温标和华氏温标两种。这两种温标都是根据液体（水银）受热后体积膨胀的性质建立起来。

摄氏温标是把在标准大气压下水的冰点定为零度，把水的沸点定为 100 度的一种温标。在零度到 100 度之间划分 100 等分，每一等分为一摄氏度，单位符号为℃。摄氏温标虽不是国际统一规定的温标，但我国目前还继续使用。

华氏温标规定在标准大气压下水的冰点为 32 度，水的沸点为 212 度，中间划分为 180 等分，每一等分为一华氏度，单位符号为℉。华氏温标已被我国所淘汰，但在美国等国家还在继续使用。

由此可见，用不同温标所确定的温度数值是不同的。另外，上述经验温标是用水银作温度计的测温介质，由于依附于具体物质的性质而带有任意性，不能严格地保证世界各国所采用的基本测温单位完全一致。

② 热力学温标　又称开尔文温标，单位为开尔文（Kelvin），用符号 K 表示。热力学温标是以热力学第二定律为基础的一种理论温标，已由国际计量大会采纳作为国际统一的基本温标。它有一个绝对零度，低于该零度的温度不可能存在。热力学温标的特点是不与某一特定的温度计相联系，并与测温物质的性质无关，是由卡诺定理推导出来的，所以用热力学温标所表示的热力学温度被认为是最理想的温度数值。

热力学中的卡诺热机是一种理想的机器，实际上并不存在，因此热力学温标是一种纯理论的理想温标，无法直接实现。

③ 国际实用温标　为了实用方便，国际上协商决定，建立一种既能体现热力学温度（即能保证较高的准确度），又使用方便、容易实现的温标，这就是国际实用温标，又称国际温标。该温标选择了一些固定点（可复现的平衡态）温度作为温标基准点。规定了不同温度范围内的基准仪器。固定点温度间采用内插公式，这些公式建立了标准仪器示值与国际温标

数值间的关系。随着科学技术的发展，固定点温度的数值和基准仪器的准确度会越来越高，内插公式的精度也会不断提高，因此国际温标在不断更新和完善，准确度会不断提高，并尽可能接近热力学温标。

第一个国际温标是1927年建立的，记为ITS-27。1948年、1968年和1990年进行了几次较大修改，相继有ITS-48、ITS-68和ITS-90。我国从1994年1月1日起全面实行ITS-90。

(2) 1990年国际温标（ITS-90）简介

① 定义固定点　ITS-90中定义固定点有17个，如表3.2所示。

表3.2　ITS-90中定义固定点

物　质	T_{90}/K	t_{90}/℃	物　质	T_{90}/K	t_{90}/℃
氦蒸气压，He(vp)	3～5	−270.15～−268.15	镓熔点，Ga(mp)	302.9146	29.7646
平衡氢三相点，e-H_2(tp)	13.8033	−259.3467	铟凝固点，In(fp)	429.7485	156.5985
平衡氢蒸气压，e-H_2(vp)	～17	～256.15	锡凝固点，Sn(fp)	505.078	231.928
平衡氢蒸气压，e-H_2(vp)	～20.3	～252.85	锌凝固点，Zn(fp)	692.677	419.527
氖三相点，Ne(tp)	24.5561	−248.5939	铝凝固点，Al(fp)	933.473	660.323
氧三相点，O_2(tp)	54.3584	−218.7916	银凝固点，Ag(fp)	1234.93	961.78
氩三相点，Ar(tp)	83.8058	−189.3442	金凝固点，Au(fp)	1337.33	1064.18
汞三相点，Hg(tp)	234.3156	−38.8344	铜凝固点，Cu(fp)	1357.77	1084.62
水三相点，H_2O(tp)	273.16	0.01			

② 标准仪器　ITS-90的内插用标准仪器，是将整个温标分4个温区。温标的下限为0.65K，向上到用单色辐射的普朗克辐射定律实际可测得的最高温度。

a. 0.65～5.0K。^{3}He和^{4}He蒸气压温度计，其中^{3}He蒸气压温度计覆盖0.65～3.2K，^{4}He蒸气压温度计覆盖1.25～5.0K。

b. 3.0～24.5561K。^{3}He、^{4}He定容气体温度计。

c. 13.8033～1234.93K。铂电阻温度计。

d. 1234.93K以上。光学或光电高温计。

③ 内插公式　每种内插标准仪器在n个固定点温度下分度，以此求得相应温度区内插公式中的常数。有关各温度区的内插公式请参阅ITS-90的相关资料。

3.2.1.2　温度检测仪表的分类

温度检测仪表根据敏感元件与被测介质接触与否，可以分成接触式和非接触式两大类。接触式检测仪表主要包括基于物体受热体积膨胀或长度伸缩性质的膨胀式温度检测仪表（如玻璃管水银温度计、双金属温度计）、基于导体或半导体电阻值随温度变化的热电阻温度检测仪表以及基于热电效应的热电偶温度检测仪表等。非接触式检测仪表是利用物体的热辐射特性与温度之间的对应关系，对物体的温度进行检测，主要有亮度法、全辐射法和比色法等。

各种温度检测仪表各有自己的特点和各自的测温范围，详见表3.3。本节将重点介绍目前工业生产和科学研究中最常用热电偶和热电阻温度检测仪表的原理和使用方法，并对其他温度检测仪表的原理和使用方法也做一概要介绍。

表 3.3 主要温度检测方法及特点

测温方法	测温种类和仪表		测温范围/℃	主要特点
接触式	膨胀式	玻璃液体	−100～600	结构简单、使用方便、测量精度较高、价格低廉；测量上限和精度受玻璃质量的限制，易碎，不能远传
		双金属	−80～600	结构紧凑、牢固、可靠；测量精度较低、量程和使用范围有限
	压力式	液体	−40～200	耐震、坚固、防爆、价格低廉；工业用压力式温度计精度较低、测温距离短、滞后大
		气体	−100～500	
	热电阻	铂电阻	−260～850	测量精度高，便于远距离、多点、集中检测和自动控制；不能测高温，须注意环境温度的影响
		铜电阻	−50～150	
		半导体热敏电阻	−50～300	灵敏度高、体积小、结构简单、使用方便；互换性较差，测量范围有一定限制
	热电效应	热电偶	−200～1800	测温范围广、测量精度高、便于远距离、多点、集中检测和自动控制；需自由端温度补偿，在低温段测量精度较低
非接触式	辐射式		0～3500	不破坏温度场，测温范围大，可测运动物体的温度；易受外界环境的影响，标定较困难

3.2.2 热电偶温度计

根据 2.5 节热电式检测元件的热电效应，任何两种不同的导体组成的闭合回路，如图 2.32 所示，如果将它们的两个接点分别置于温度各为 t 及 t_0 的热源中（这里温度符号 t 表示温度的单位采用摄氏度℃），则在该回路内就会产生热电势，电势值由式(2.62) 给出。这两种不同导体的组合称为热电偶。每根单独的导体称为热电极。两个接点中，t 端称为工作端（假定该端置于被测的热源中），又称测量端或热端。t_0 端称为自由端，又称参考端或冷端。

由热电效应可知，闭合回路中所产生的热电势由两部分组成，即接触电势和温差电势。实验结果表明，温差电势比接触电势小很多，可忽略不计，则热电偶的电势可表示为

$$E_{AB}(t,t_0)=e_{AB}(t)-e_{AB}(t_0) \tag{3.72}$$

这就是热电偶测温的基本公式。

3.2.2.1 标准化热电偶与分度表

根据热电偶的测温原理，似乎任何两种导体都可以组成热电偶，用来测量温度。但是为了保证在工程应用的可靠性和准确度性，就不是所有材料都能作为热电偶材料。一般说来，组成热电偶的电极材料有以下要求。

① 在测温范围内，热电性质稳定，不随时间和被测介质变化。物理化学性能稳定，不易氧化或腐蚀。

② 电导率要高，并且电阻温度系数要小。

③ 由它们组成的热电偶，热电势随温度的变化率要大，并且希望该变化率在测温范围内接近常数。

④ 材料的机械强度要高，复制性要好，复制工艺要简单，价格便宜。

实际上并非所有材料都能满足上述全部要求。目前在国际上被公认的比较好的热电材料只有几种。根据国际电工委员会（IEC）推荐，目前我国已经为八种热电偶制定了标准，称为标准热电偶。对于同一型号的标准化热电偶国家规定了统一的热电极材料及其化学成分、热电性质和允许偏差，以保证同一型号的标准化热电偶具有良好的互换性。

表 3.4 给出了这些标准化热电偶的名称、分度号（即热电偶的型号）以及可测的温度范围和主要性能。表中所列的每一种型号的热电材料前者为热电偶的正极，后者为负极。

由式 (3.72) 可知，当 t_0 为一定时，$e_{AB}(t_0)=C$ 为常数。则对给定的热电偶，其总电势就只与温度 t 成单值函数关系，即

$$E_{AB}(t,t_0)=e_{AB}(t)-C \tag{3.73}$$

表 3.4 标准化热电偶

热电偶名称	分度号	测温范围/℃		特点及应用场合
		长期使用	短期使用	
铂铑$_{10}$-铂	S	0～1300	1700	热电特性稳定，抗氧化性强，测温范围广，测量精度高，热电势小，线性差且价格高。可作为基准热电偶，用于精密测量
铂铑$_{13}$-铂	R	0～1300	1700	与S型热电偶的性能几乎相同，只是热电势同比大15%左右
铂铑$_{30}$-铂铑$_6$	B	0～1600	1800	测量上限高，稳定性好，在冷端低于100℃不用考虑温度补偿问题，热电势小，线性较差，价格贵使用寿命远高于S型和R型
镍铬-镍硅	K	−270～1000	1300	热电势较大，线性好，性能稳定，价格较便宜，抗氧化性强，广泛应用于中高温测量
镍铬硅-镍硅	N	−270～1200	1300	在相同条件下，特别在1100～1300℃高温条件下，高温稳定性及使用寿命较K型有成倍提高，其价格远低于S型热电偶，而性能相近，在−200～1300℃范围内，有全面代替廉价金属热电偶和部分S型热电偶的趋势
铜-铜镍(康铜)	T	−270～350	400	准确度较高，价格便宜，广泛用于低温测量
镍铬-铜镍(康铜)	E	−270～870	1000	热电势大，中低温稳定性好，耐磨蚀，价格便宜，广泛应用于中低温测量
铁-铜镍(康铜)	J	−210～750	1200	价格便宜，耐 H_2 和 CO_2 气体腐蚀，在含碳或铁的条件下使用也很稳定，适用于化工生产过程的温度测量

根据国际温标规定：$t_0=0$℃时，用实验的方法测出各种不同热电极组合的热电偶在不同的工作温度下所产生的热电势值，列成一张张表格，这就是常说的分度表。显然，当 $t=0$℃时，热电势为零。温度与热电势之间的关系也可以用函数式表示，称为参考函数。新的ITS—90的分度表和参考函数是由国际电工委员会和国际计量委员会合作，由国际上有权威的研究机构（包括中国在内）共同参与完成的，它是热电偶测温的主要依据。有关标准热电偶的分度表和参考函数详见附录1和附录2。图3.46给出了几种常见热电偶的温度与热电势的特性曲线。

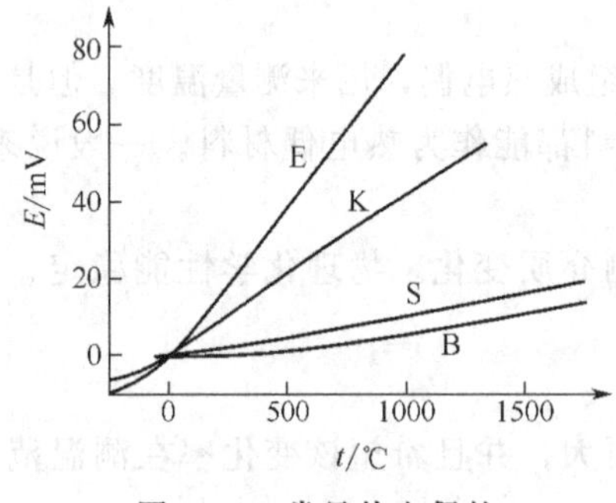

图 3.46 常见热电偶的热电特性曲线

根据上述热电偶的分度表（参考函数），可以得出如下结论。

① $t=0$℃时，所有型号的热电偶的热电势均为零，温度越高，热电势越大。当 $t<0$℃时，热电势为负值。

② 不同型号的热电偶在相同温度下，热电势一般有较大的差别。在所有标准化热电偶中，B型热电偶的热电势为最小，E型热电偶为最大。

③ 如果把温度和热电势作成曲线，如图3.46所示，则可以看到温度与电势之间的关系一般为非线性。正由于热电偶的这种非线性特性，当自由端温度 $t_0\neq0$℃时，则不能用测得的电势 $E(t,\ t_0)$ 直接查分度表得 t'，然后再加 t_0，而应该根据下列公式先求出 $E(t,\ 0)$

$$E(t,\ 0)=E(t,\ t_0)+E(t_0,\ 0) \tag{3.74}$$

然后再查分度表得到温度 t。

【例 3.3】 S型热电偶在工作时自由端温度 $t_0=30℃$，现测得热电偶的电势为7.5mV，求被测介质实际温度。

解 由题意热电偶测得的电势为 $E(t,30)$，即 $E(t,30)=7.5\text{mV}$，其中 t 为被测介质温度。由分度表可查得 $E(30,0)=0.173\text{mV}$，则

$$E(t,0)=E(t,30)+E(30,0)=7.5+0.173=7.673\text{mV}$$

再由分度表中查出与其对应的实际温度为830℃。

3.2.2.2 热电偶自由端温度的处理

从热电偶测温基本公式可以看到，热电偶产生的热电势，对某一种热电偶来说只与工作端温度 t 和自由端温度 t_0 有关，即

$$E_{AB}(t,t_0)=e_{AB}(t)-e_{AB}(t_0) \tag{3.75}$$

根据国际温标规定，热电偶的分度表是以 $t_0=0℃$ 作为基准进行分度的，而在实际使用过程中，自由端温度 t_0 往往不能维持在0℃。那么工作端温度为 t 时在分度表中所对应的热电势 $E(t,0)$ 与热电偶实际输出的电势值 $E(t,t_0)$ 之间的误差为

$$\begin{aligned}E_{AB}(t,0)-E_{AB}(t,t_0)&=e_{AB}(t)-e_{AB}(0)-e_{AB}(t)+e_{AB}(t_0)\\&=e_{AB}(t_0)-e_{AB}(0)=E(t_0,0)\end{aligned} \tag{3.76}$$

由此可见，差值 $E(t_0,0)$ 是自由端温度 t_0 的函数，因此需要对热电偶自由端温度进行处理。

(1) 补偿导线法

热电偶一般做得较短，应用时常常需要把热电偶输出的电势信号传输到远离数十米的控制室里，送给显示仪表或其他控制仪表。如果用一般导线（如铜导线）把信号从热电偶末端引至控制室，则根据热电偶的中间导体定律，该热电偶回路的热电势为 $E(t,t_0')$，如图3.47所示，热电偶末端（即自由端）仍在被测介质（设备）附近，而且 t_0' 易随现场环境变化。如果设想把热电偶延长并直接引到控制室，这样热电偶回路的热电势为 $E(t,t_0)$，自由端温度 t_0 由于远离现场就比较稳定。用这种加长热电偶电极的办法对于廉价金属热电偶还可以，而对于贵金属热电偶来说价格就太高了。因此，希望用一对廉价的金属导线把热电偶末端接至控制室，同时使得该对导线和热电偶组成的回路产生的热电势为 $E(t,t_0)$。这对导线称为“补偿导线”。这样可以不用原热电偶电极而使热电偶的自由端延长，显然这要求补偿导线的热电特性在 $t_0'\sim t_0$ 范围内要与热电偶相同或基本相同。

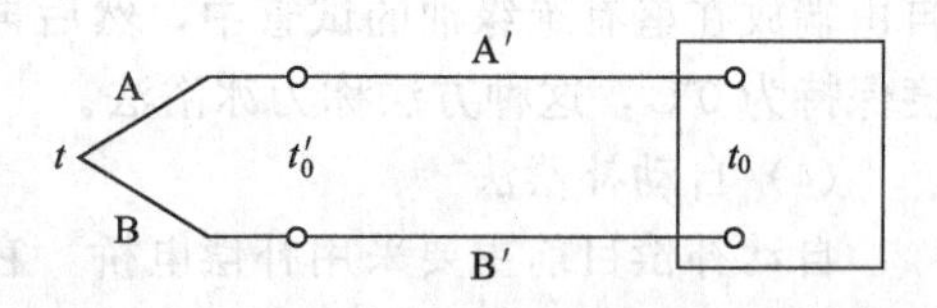

图 3.47 带补偿导线的热电偶测温原理图

在图3.47中，A′B′为补偿导线。设补偿导线产生的热电势为 $E_{A'B'}(t_0',t_0)$，则图3.47的回路总电势为 $E_{AB}(t,t_0')+E_{A'B'}(t_0',t_0)$。根据补偿导线的性质，有

$$E_{A'B'}(t_0',t_0)=E_{AB}(t_0',t_0)$$

则由热电偶的等值替代定律可得回路总电势

$$E=E_{AB}(t,t_0')+E_{AB}(t_0',t_0)=E_{AB}(t,t_0) \tag{3.77}$$

因此，补偿导线A′B′可视为热电偶电极AB的延长，使热电偶的自由端从 t_0' 处移到 t_0 处，热电偶回路的热电势只与 t 和 t_0 有关，t_0' 的变化不再影响总电势。

常用热电偶的补偿导线如表3.5所示。表中补偿导线型号的头一个字母与配用热电偶的型号相对应；第二个字母“X”表示延伸型补偿导线（补偿导线的材料与热电偶电极的材料相同）；字母“C”表示补偿型补偿导线。

表 3.5 常用补偿导线

补偿导线型号	配用热电偶型号	补偿导线		绝缘层颜色	
		正极	负极	正极	负极
SC	S	SPC(铜)	SNC(铜镍)	红	绿
KC	K	KPC(铜)	KNC(康铜)	红	蓝
KX	K	KPX(镍铬)	KNX(镍硅)	红	黑
EX	E	EPX(镍铬)	ENX(铜镍)	红	棕

在使用补偿导线时必须注意以下问题。

① 补偿导线只能在规定的温度范围内（一般为 0～100℃）与热电偶的热电势相等或相近，即 $0<t_0'<100$℃。

② 不同型号的热电偶有不同的补偿导线。

③ 热电偶和补偿导线的两个接点处要保持同温度。

④ 补偿导线有正、负极，需分别与热电偶的正、负极相连。

⑤ 补偿导线的作用只是延伸热电偶的自由端，当自由端温度 $t_0\neq0$ 时，还需进行其他补偿与修正。

(2) 计算修正法

当用补偿导线把热电偶的自由端延长到 t_0 处（通常是环境温度），只要知道该温度值，并测出热电偶回路的电势值，通过查表计算的方法，就可以求得被测实际温度。

假设被测温度为 t，热电偶自由端温度为 t_0，所测得的电势值为 $E(t, t_0)$。利用分度表先查出 $E(t_0, 0)$的数值，然后根据式(3.74) 可计算出对应被测温度为 t 的分度电势 $E(t, 0)$，最后按照该值再查分度表得出被测温度 t。计算过程详见例 3.3。

这种方法主要应用于实验室的测温，由于需要人工计算、查表，不能应用于生产过程的连续测量。

(3) 自由端恒温法

在工业应用时，一般把补偿导线的末端（即热电偶的自由端）引至恒温器中，使其维持在某一恒定的温度。一个恒温器可供多支热电偶同时使用。在实验室及精密测量中，通常把自由端放在盛有绝缘油的试管中，然后再将其放入装满冰水混合物的容器中，以使自由端温度保持为 0℃，这种方法称为冰浴法。

(4) 自动补偿法

自动补偿目前主要采用补偿电桥，它是利用不平衡电桥产生的电势来补偿热电偶因自由端温度变化而引起的热电势的变化值。如图 3.48 所示，电桥由 r_1、r_2、r_3（均为锰铜电阻）和 r_{Cu}（铜电阻）组成，串联在热电偶回路中，热电偶自由端与电桥中 r_{Cu} 处于相同温度。当 $t_0=0$℃时，$r_{Cu}=r_1=r_2=r_3=1\Omega$，这时电桥平衡，无电压输出，回路中的电势就是热电偶产生的电势，即为 $E(t, 0)$。当 t_0变化时，r_{Cu}也将改变，于是电桥两端 a、b 就会输出一个不平衡电压 u_{ab}。如选择适当的 R_s，可使电桥的输出电压 $u_{ab}=E(t_0, 0)$，从而使回路中的总电势仍为 $E(t, 0)$，起到了自由端温度的自动补偿。由补偿电桥以及为电桥供电的电源和 R_s组成的电路称为自由端温度补偿器，简称补偿器。由于不同型号热电偶的 $E(t_0, 0)$是不一样的，因此补偿器要和热电偶一一对应配套使用。

【例 3.4】 有一个实际的热电偶测温系统，如图 3.49 所示。两个热电极的材料为镍铬和镍硅，L_1 和 L_2 分别是配镍铬-镍硅热电偶的补偿导线，测量系统配用 K 型热电偶的温度显示仪表（带补偿电桥）来显示被测温度的大小。设 $t=300$℃，$t_c=50$℃，$t_0=20$℃。①求测量回路的总电势以及温度显示仪表的读数。②如果补偿导线为普通铜导线，或显示仪表为配E型热电偶的，则测量回路的总电势和温度的显示值又各为多少？

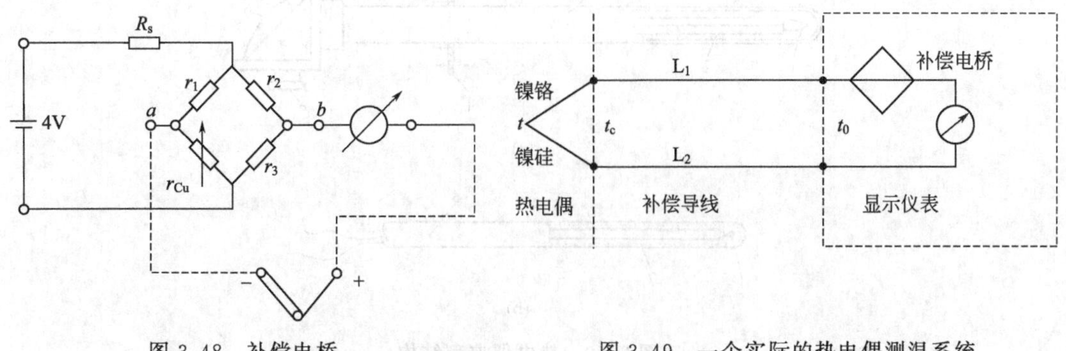

图3.48 补偿电桥　　　　图3.49 一个实际的热电偶测温系统

解 ① 由题意可知，使用的热电偶的分度号为K型，则回路总电势为

$$E=E_K(t, t_c)+E_{K补}(t_c, t_0)+E_{补}(t_0, 0)$$

式中，$E_K(t, t_c)$为K型热电偶产生的热电势，$E_{K补}(t_c, t_0)$为配K型热电偶的补偿导线产生的电势，$E_{补}(t_0, 0)$为补偿电桥提供的电势。由于补偿导线和补偿电桥都是配K型热电偶的，因此这两部分产生的电势可近似为$E_K(t_c, t_0)$和$E_K(t_0, 0)$，所以总电势可进一步写为

$$E=E_K(t, t_c)+E_K(t_c, t_0)+E_K(t_0, 0)=E_K(t, 0)$$

把$t=300℃$代入上式，并查K型热电偶的分度表，得$E=12.209\text{mV}$。显然，显示仪表得读数应该为300℃。

② 当补偿导线为普通铜导线时（显示仪表为配K型热电偶），则$E_{K补}(t_c, t_0)=0$，那么回路总电势为

$$\begin{aligned}E&=E_K(t, t_c)+E_{补}(t_0, 0)=E_K(300, 50)+E_K(20, 0)\\&=(12.209-2.023)+(0.798-0)=10.984\text{mV}\end{aligned}$$

查K型热电偶分度表，可得$t_{显示}=270.3℃$。

当显示仪表为配E型热电偶的（补偿导线接法正确），则$E_{补}(t_0, 0)=E_E(t_0, 0)$，那么回路的总电势为

$$\begin{aligned}E&=E_K(t, t_c)+E_K(t_c, t_0)+E_E(t_0, 0)\\&=12.209-2.023+2.023-0.798+1.192-0=12.603\text{mV}\end{aligned}$$

由于显示仪表是配E型热电偶的，因此显示仪表的读数值要根据上述计算得到的电势值查E型热电偶的分度表，可得$t_{显示}=188.9℃$。

通过该题的计算可以发现，在热电偶测量系统中采用不正确的补偿导线，或采用的不匹配的显示仪表型号等都会引起错误的测量结果。

3.2.2.3 热电偶的结构型式

(1) 普通型热电偶

普通型热电偶按其安装时的连接型式可分为固定螺纹连接、固定法兰连接［如图3.50(a)所示］、活动法兰连接、无固定装置等多种形式。虽然它们的结构和外形不尽相同，但其基本组成部分大致是一样的。通常都是由热电极、绝缘材料、保护套管和接线盒等主要部分组成。

热电极的直径由材料的价格、机械强度、电导率以及热电偶的测温范围等决定。贵金属的热电极大多采用直径为0.3～0.65mm的细丝，普通金属的热电极直径一般为0.5～3.2mm。

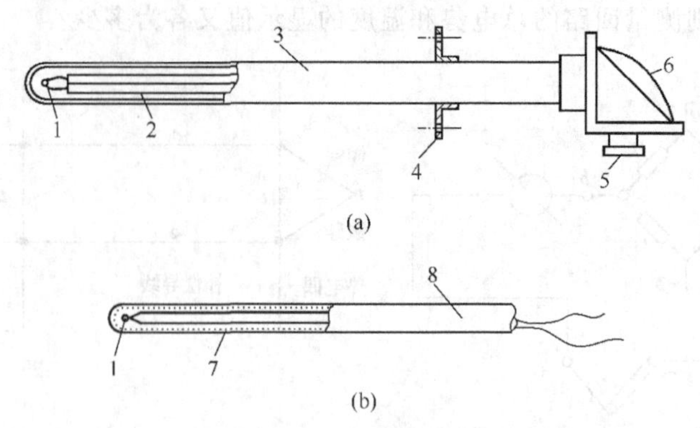

图 3.50 热电偶典型结构

1—焊点；2—绝缘套管；3—保护套管；4—安装固定件；
5—引线口；6—接线盒；7—耐热绝缘物；8—金属套管

绝缘套管用于保证热电偶两电极之间以及电极与保护套管之间的电气绝缘，通常采用带孔的耐高温陶瓷管，热电极从陶瓷管的孔内穿过。

保护套管在热电极和绝缘套管外边，其作用是保护热电极（绝缘材料）不受化学腐蚀和机械损伤。保护套管的材料应具有耐高温、耐腐蚀、气密性好、机械强度高、导热系数高等性能，目前有金属、非金属和金属陶瓷 3 类，其中不锈钢是最常用的一种，可用于温度在 900℃以下的场合。

接线盒用于连接热电偶电极末端和引出线，引出线一般是与该热电偶配套的补偿导线。接线盒兼有密封和保护接线端不受腐蚀的作用。

(2) 铠装热电偶

铠装热电偶是由热电偶丝、绝缘材料和金属套管三者经拉伸加工而成的坚实组合体，如图 3.50(b) 所示。它可以做得很细、很长，在使用中可以随测量需要任意弯曲。套管材料一般为铜、不锈钢或镍基高温合金等。热电极与套管之间填满了绝缘材料的粉末，常用的绝缘材料有氧化镁、氧化铝等。

铠装热电偶的主要特点是测量端热容量小，动态响应快，机械强度高，挠性好，可安装在结构复杂的装置上，因此已被广泛用在许多工业部门中。

(3) 薄膜热电偶

薄膜热电偶是由两种金属薄膜在绝缘基板上连接而成的一种特殊结构的热电偶，如图 3.51 所示。绝缘基板的厚度一般为 0.2mm，热电极膜是采用真空蒸镀方法形成的，它的厚度只有 3～6μm。在热电极膜的上面还要再蒸镀一层二氧化硅薄膜作为绝缘和保护层。使用时一般用胶直接贴附或压在被测物体的表面上，故可以实现物体表面的温度的测量。由于薄膜热电偶的体积很小，所以热容量小，可以用于具有快速温度变化的物体表面温度的测量，时间常数一般小于 10ms。

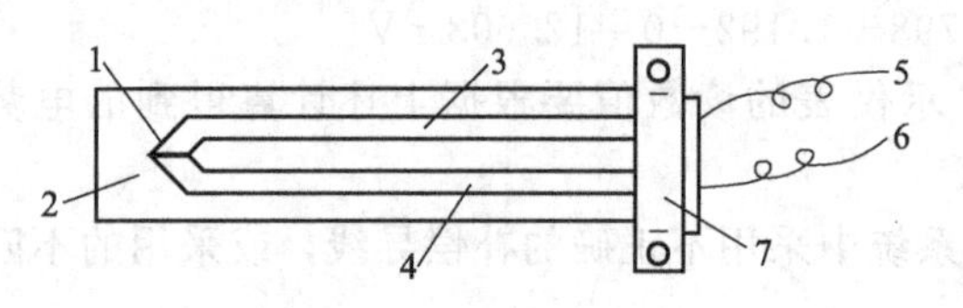

图 3.51 薄膜热电偶

1—测量端；2—绝缘基板；3,4—热电极；5,6—引出线；7—接头夹具

3.2.2.4 热电偶温度检测系统

使用热电偶组成一个温度检测系统，主要有两种情况，一是热电偶直接与显示仪表相连，显示仪表显示被测温度值所示；二是热电偶先接到热电偶温度变送器，变送器输出的标准信号与被测温度成线性对应关系，并送到显示仪表显示温度值。

对于第一种情况，显示仪表必须要与热电偶配套使用。显示仪表可以是模拟指针式的，也可以是数字式的，但必须包含与热电偶对应的自由端温度补偿器。补偿器产生的电势连同热电偶的电势一起作为显示仪表的输入信号。对于模拟指针式温度显示仪表，由于指针的偏转角与输入电势的大小成正比，而热电势与温度之间是一个非线性关系，因此显示表的标尺上的温度刻度也是非线性的。数字式温度显示仪表一般先将输入电势（毫伏信号）进行放大，再通过A/D转换送入单片机，由单片机输出驱动数码显示。如果不经过特别处理，数码显示值与输入电势成良好的线性正比关系。为了使显示值直接对应被测温度，在电路中或在单片机软件中需要加入非线性补偿，同时还要进行标度变换。有关显示仪表的内容详见3.7节。

对于第二种情况，温度变送器也必须要和热电偶配套使用，必须包含与热电偶对应的自由端温度补偿器。通用的温度变送器，还应包含非线性补偿环节，使其输出值正比于热电偶工作端的被测温度。因此，与变送器相连的温度显示仪表可以是一种通用的显示仪表，它的输入信号为统一的标准信号（如0～10mA，或4～20mA）。只要更换与热电偶和变送器对应的温度标尺（模拟式仪表）或调整标度变换就能显示温度值，而且不需要烦琐的非线性刻度和非线性补偿。

随着电子技术和计算机技术的迅速发展，现在出现了一些智能化的温度显示仪表和变送器，其中一个重要功能是它们能与大部分的热电偶直接配套使用，而不再需要一一配套。当热电偶型号改变时，显示仪表或变送器只需作简单的设置就可以实现配套使用。

3.2.3 热电阻温度计

由第2章知道，大部分的导体或半导体的电阻值随温度的升高而增加或减小，根据这个性质，它们可以作为温度检测元件，相应的电阻体称为热电阻。目前国际上最常见的热电阻有铂、铜及半导体热敏电阻等。

3.2.3.1 金属热电阻的分度号与分度表

金属热电阻的检测仪表主要有铂电阻温度计和铜电阻温度计，铂电阻和铜电阻的电阻值都是随温度的升高而增大，温度与电阻值之间的关系分别由式(2.35)～式(2.37)给出。

由于热电阻在温度 t 时的电阻值与 R_0 有关，所以对 R_0 的允许误差有严格的要求。另外 R_0 的大小也有相应的规定。R_0 愈大，则电阻体体积增大，不仅需要较多的材料，而且使测量的时间常数增大，同时电流通过电阻丝产生的热量也增加，但引线电阻及其变化的影响变小。R_0 愈小，情况与上述相反。因此，需要综合考虑选用合适的 R_0。目前，我国规定工业用铂电阻温度计有 $R_0=10\Omega$ 和 $R_0=100\Omega$ 两种，其分度号分别为 Pt_{10} 和 Pt_{100}。铜电阻温度计也有 $R_0=50\Omega$ 和 $R_0=100\Omega$ 两种，其分度号分别为 Cu_{50} 和 Cu_{100}。

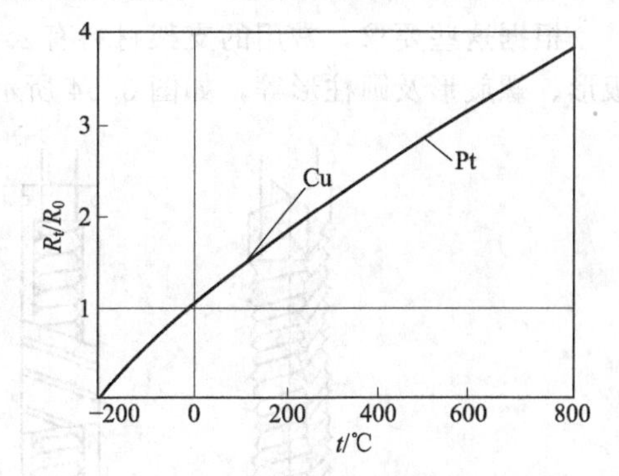

图3.52 常用热电阻的特性曲线

类似于热电偶的分度表，用表格形式给出在不同温度下各种热电阻分度号的电阻值称为热电阻的分度表。附录3中的附表3-1和附表3-2分别列出了 Pt_{100} 和 Cu_{100} 两个热电阻温度计的分度表。图3.52给出了电阻比 R_t/R_0 与温度 t 的特性曲线。由图可见，铜电阻的特性比较接近直线。而铂电阻的特性呈现出一定的非线性，温度越高，电阻的变化率越小。

3.2.3.2 热电阻的结构型式

工业用热电阻的结构如图3.53(a)所示，它主要由电阻体、绝缘套管、保护套管和接线盒等部分组成。

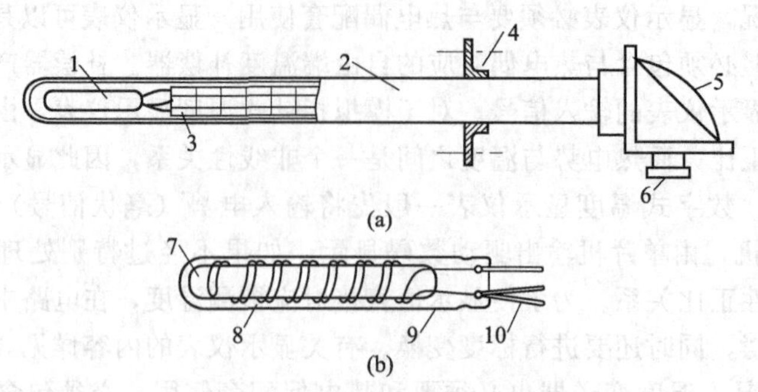

图 3.53　热电阻的结构型式

1—电阻体；2—保护套管；3—绝缘套管；4—安装固定件；5—接线盒；
6—引线口；7—芯柱；8—电阻丝；9—保护膜；10—引线端

电阻体是由细铂丝或铜丝绕在支架上构成。由于铂的电阻率较大，而且相对机械强度较大，通常铂丝的直径在 0.05mm 以下，因此电阻丝不是太长，往往只绕一层，而且是裸丝，每匝间留有空隙以防短路。铜的机械强度较低，电阻丝的直径需较大，一般为 0.1mm，由于铜电阻的电阻率很小，要保证 R_0需要很长的铜丝，因此不得不将铜丝绕成多层，这就必须用漆包铜线或丝包铜线。为了使电阻感温体没有电感，无论哪种热电阻都必须采用无感绕法，即先将电阻丝对折起来，像图 3.53(b) 那样双绕，使两个端头都处于支架的同一端。

支架的质量会直接影响热电阻的性能，作为支架材料在使用温度范围内一般应满足以下要求。

① 有良好的电绝缘性能。

② 热膨胀系数要与热电丝的一致或相近。

③ 有较高的热导率，较小的比热容。

④ 有稳定的物理、化学性能，不会产生有害物质污染电阻丝。

⑤ 有足够的机械强度，有良好的加工性能。

根据这些要求，常用的支架材料有云母、石英玻璃、陶瓷等。支架的形状有十字形、平板形、螺旋形及圆柱形等，如图 3.54 所示。

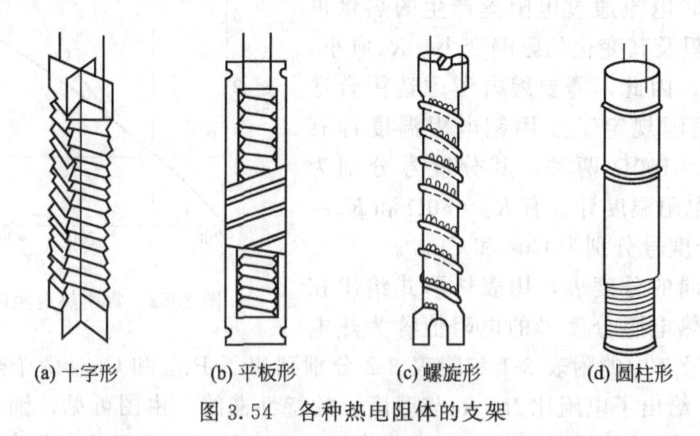

图 3.54　各种热电阻体的支架

绝缘套管和保护套管的作用与材料与热电偶的类似。

连接电阻体引出端和接线盒之间的线称为内引线，它位于绝缘套管内，其材料是与电阻丝相同（铜电阻），或与电阻丝的接触电势较小的材料（铂电阻的内引线为镍丝或银丝），以免产生附加电势。同时内引线的线径应比电阻丝大很多，一般在1mm左右，以减少引线电阻的影响。

和铠装热电偶相似，热电阻也有铠装结构的。铠装热电阻的组成和特点与铠装热电偶基本相同。

3.2.3.3 热电阻温度检测系统

使用热电阻组成温度检测系统时，其结构形式与热电偶的相似，即热电阻可以直接与专用的显示仪表相连，也可以使用热电阻变送器将热电阻的阻值的变化转换为与被测温度成线性关系的标准信号，再用通用的显示仪表显示温度。

和热电偶测温系统一样，热电阻测温系统在使用时其显示仪表或变送器要注意和热电阻配套使用，其中的显示仪表或变送器要有非线性补偿或处理功能（因为热电阻的电阻值与温度之间的关系是非线性的）。但是，两种测温系统也有区别，主要表现如下。

① 因为热电偶和热电阻的信号形式是不一样的，所以变送器以及显示仪表的输入电路形式也不同。热电偶变送器和热电偶显示仪表一般都需要有自由端温度补偿器，而配热电阻的变送器和显示仪表必有一个测量电桥，热电阻作为测量电桥的一个桥臂。

② 从热电偶接线盒到变送器或显示仪表的引线应该是与热电偶配套的补偿导线，在连接时应尽可能减小接触电势，减小两导线连接端的温差。而从热电阻接线盒到热电阻变送器或显示仪表的引线可以是一般的导线，由于引线上的电阻会计入热电阻的阻值，因此要尽可能减小引线电阻（并保持恒定），减小引线间的接触电阻和接触电势。

由上述分析可知，在热电阻温度检测系统中，引线电阻大小对测量结果有较大的影响。对于铂电阻，引线每增加5Ω，将会引起大约10℃左右的测量误差。为了减小引线电阻的影响，引线采用三线制接法。如图3.55所示，其中两根引线来自热电阻的一个引出端，另一根引线接至热电阻的另一个引出端。三根引线分别接到变送器或显示仪表输入电路的电桥的电源和两个桥臂。由于引线分别接在电桥的两个桥臂上，受温度或长度的变化引起引线电阻的变化将同时影响两个桥臂的电阻，但对电桥的输出影响不大，从而较好地消除了引线电阻的影响，提高测量的准确度。所以，工业热电阻多采用三线制接法。

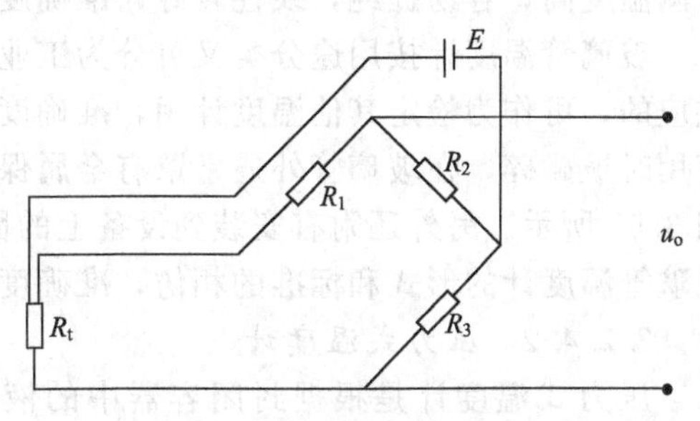

图3.55 热电阻的三线制接法

3.2.4 其他接触式温度检测仪表

接触式温度检测仪表除了热电偶温度计和热电阻温度计外，常见还有玻璃管温度计、压力式温度计和双金属温度计等，它们常用作现场温度指示。近年来，还出现了新的集成温度传感器。下面分别对这些温度检测仪表的原理、结构及应用特点作一简单介绍。

3.2.4.1 玻璃管温度计

玻璃管液体温度计是应用最广泛的一种温度计，其结构简单、使用方便、准确度高、价格低廉。

如图3.56所示，它主要包含玻璃温包、毛细管、工作液体和刻度标尺等。玻璃管液体温度计是利用了液体受热后体积随温度膨胀的原理。玻璃温包内充有工作液体，当玻璃温包插入被测介质中，由于被测介质的温度变化，使其中的液体膨胀或收缩，因而沿毛细管上升或下降，由刻度标尺显示出温度的数值。液体受热后体积膨胀与温度之间的关系可用下式表示

$$V_t=V_{t0}(\alpha-\alpha')(t-t_0) \tag{3.78}$$

式中，V_t为液体在温度为t时的体积；V_{t0}为液体在温度为t_0时的体积；α为液体的体

积膨胀系数；α'为盛液容器的体积膨胀系数。

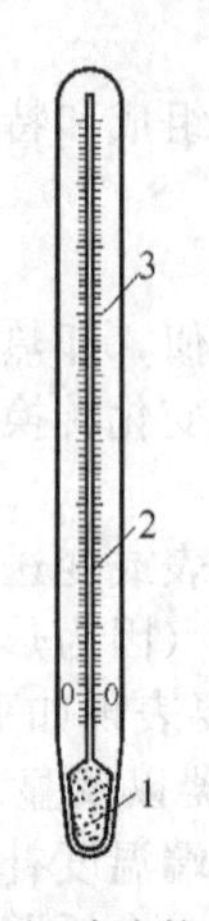

图 3.56　玻璃管温度计

1—玻璃温包；2—毛细管；3—刻度标尺

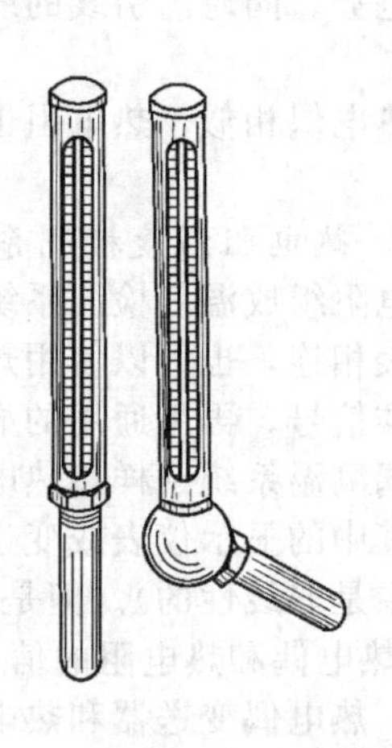

图 3.57　工业用玻璃管液体温度计

从式(3.78) 可以看出，液体的膨胀系数 α 越大，温度计的灵敏度就越高。一般多采用水银和酒精作为工作液，其中水银工作液较其他液体有许多优点，如不粘玻璃，不易氧化，可测温度高，容易提纯，线性较好，准确度高等。

玻璃管温度计按用途分类又可分为工业、标准和实验室用三种。标准玻璃温度计是成套供应的，可作为检定其他温度计用，准确度可达 0.05～0.1℃；工业用玻璃温度计为了避免使用时被碰碎，在玻璃管外通常罩有金属保护套管，仅露出标尺部分，供操作人员读数，如图 3.57 所示。另外还附有安装到设备上的固定连接装置，一般采用螺纹连接。实验室用的玻璃管温度计的形式和标准的相仿，准确度也较高。

3.2.4.2　压力式温度计

压力式温度计是根据封闭容器中的液体、气体或低沸点液体的饱和蒸气，受热后体积膨胀或压力增大这个原理而制作的，并用压力表来测量此变化，故又称为压力表式温度计。

压力式温度计的基本结构如图 3.58 所示。它是由充有感温介质的温包、传递压力的毛细管、压力敏感元件（弹簧管）和指示表构成。温包内充填的感温介质有气体、液体或蒸气液体等。测温时将温包置于被测介质中，温包内的工作介质因温度升高体积膨胀而导致压力增大。该压力经毛细管传递给弹簧管并使其产生一定的形变，带动指针转动，指示出相应的温度。按所用工作介质不同，这类温度计分为液体压力式温度计、气体压力式温度计和蒸气压力式温度计。它们的测温原理有一定的差别，但结构基本相同。

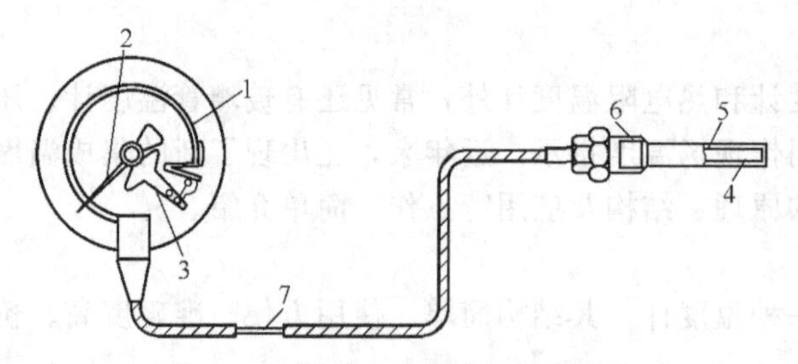

图 3.58　压力式温度计的基本结构

1—弹簧管；2—指针；3—传动机构；4—工作介质；5—温包；6—螺纹连接件；7—毛细管

对于液体压力温度计，如果忽略温包、毛细管和弹性元件所组成的仪表密封系统容积的变化，即把系统看成一个理想的刚性系统时，对一定质量的液体，它的压力与温度之间的关系可用下式表示

$$p_t - p_{t0} = \frac{\alpha}{\beta}(t - t_0) \tag{3.79}$$

式中，p_t为工作液在温度为 t 时的压力；p_{t0} 为工作液在温度为 t_0时的压力；α 为工作液的体积膨胀系数；β 为工作液的可压缩系数。

对于气体压力温度计，可以把整个封闭系统视为定容系统。假设封闭系统中的初始压力为 p_0；热力学温度为 T_0；工作气体满足理想气体方程式，则当温包感受绝对温度为 T 时，气体的压力为

$$p = \frac{p_0}{T_0} \frac{V_A + V_B}{\frac{V_A}{T} + \frac{V_B}{T_0}} \tag{3.80}$$

式中，V_A为温包的容积；V_B为除温包外封闭系统其余部分的容积。当$V_A \gg V_B$时，有

$$p = \frac{p_0}{T_0} T \tag{3.81}$$

对于蒸汽压力温度计，各种液体饱和蒸汽压与温度之间的关系可以用下式表示

$$\lg p = \frac{a}{T} + 1.75 \lg T - bT + c \tag{3.82}$$

式中，p 为液体的饱和蒸汽压；T 为温包内自由液面的温度（热力学温度）；a、b、c 为与液体性质有关的常数。

根据上述各种压力式温度计的测量原理，由于毛细管以及弹簧管周围环境温度会影响系统内的压力，因此设计时应尽量减小它们的容积，使它们远小于温包的容积（对于气体压力温度计还可以改善线性特性）。但是减小毛细管的体积，在长度一定的条件下意味着要使毛细管变小，这会增大压力传递的阻力，产生较大的滞后。合理地选择弹性元件和传动机构可以在一定程度上减小环境温度的影响，也有利于减小非线性的影响。

3.2.4.3　双金属温度计

双金属温度计是利用两种膨胀系数不同的金属元件来测量温度的。其结构简单、牢固，可部分取代水银温度计，用于气体、液体及蒸汽的温度测量。

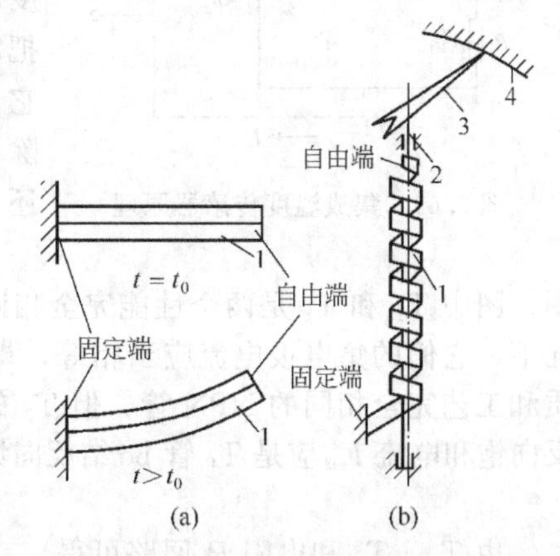

图 3.59　双金属温度计测温原理

1—双金属片；2—指针轴；3—指针；4—刻度盘

双金属温度计是两种膨胀系数不同的金属薄片叠焊在一起制成的测温元件，如图 3.59(a) 所示，其中双金属片的一端为固定端，另一端为自由端。在 $t=t_0$时，两金属片都处于水平位置；当 $t>t_0$时，双金属片受热后由于两种金属片的膨胀系数不同而使自由端产生弯曲变形，弯曲的程度与温度的高低成正比，即

$$x = G\frac{l^2}{d}(t - t_0) \tag{3.83}$$

式中，x 为双金属片自由端的位移；l 为双金属片的长度；d 为双金属片的厚度；G 为弯曲率，取决于双金属片的材料。

为了提高仪表的灵敏度，工业上应用的双金属温度计常将双金属片制成螺旋形，如图 3.59(b) 所示。实际的双金属温度计的结构如图 3.60 所示，螺旋形双金属片的一端固定在测量管的下部，另一端为自由端，与指针轴焊接在一起。当被测温度发生变化时，双金属片

自由端发生位移，使指针轴转动，经传动放大机构，由指针指示出被测温度值。

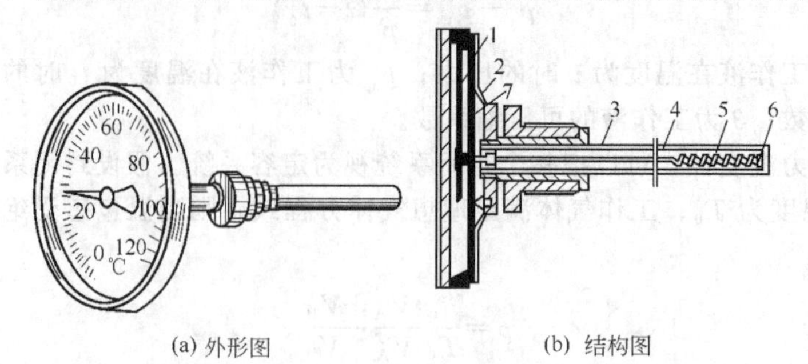

(a) 外形图　　(b) 结构图

图 3.60　双金属温度计

1—指针；2—表壳；3—金属保护管；4—指针轴；5—双金属感温元件；6—固定端；7—刻度盘

双金属温度计的测量范围较宽，为－80～600℃，准确度等级为1～2.5级，但测量滞后较大。

3.2.4.4　集成温度传感器

由2.5节可知，处于正向工作状态的晶体三极管，其发射结电压 u_{be} 正比于晶体管所处的温度 T，它们之间的关系由式(2.70) 给出。由于晶体管反向饱和电流 I_{se} 也是温度的函数，因此不能简单地直接用晶体管作为温度敏感元件。集成温度传感器是利用晶体管的上述特性，把敏感元件、放大电路和补偿电路等部分集成化，并把它们封装在同一壳体里的一种一体化温度检测元件。它除了与半导体热敏电阻一样有体积小、反应快的优点外，还具有线性好、性能高、价格低等特点。

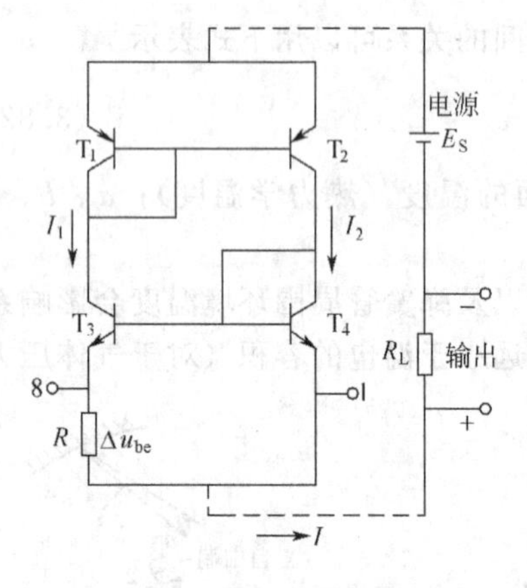

图 3.61　集成温度传感器原理

图 3.61 是广泛应用的集成温度传感器的基本原理图。图中 T_1 和 T_2 是两个性能完全相同的PNP晶体管，起恒流作用，在忽略基极电流的情况下，它们的集电极电流应当相等，即 $I_1=I_2$。T_3 和 T_4 是感温用的晶体管，这是两只材质和工艺完全相同的NPN管，但 T_3 的发射结是 T_4 发射结面积的 n 倍，因此 T_3 管be结的反向饱和电流 I_{se3} 应是 T_4 管be结反向饱和电流 I_{se4} 的几倍，即

$$I_{se3}=nI_{se4} \tag{3.84}$$

由 T_3、T_4 和电阻 R 回路可得

$$I_1=\frac{u_{be4}-u_{be3}}{R}=\frac{\Delta u_{be}}{R} \tag{3.85}$$

根据式(2.70) 可写出 Δu_{be} 为

$$\Delta u_{be}=u_{be4}-u_{be3}=\frac{kT}{q}\ln\frac{I_{e4}}{I_{se4}}-\frac{kT}{q}\ln\frac{I_{e3}}{I_{se3}}=\frac{kT}{q}\ln\frac{I_{e4}}{I_{e3}}\frac{I_{se3}}{I_{se4}} \tag{3.86}$$

因为 $I_{e3}=I_{e4}=I_1$，再将式(3.84) 代入式(3.86) 可得

$$\Delta u_{be}=\frac{kT}{q}\ln n \tag{3.87}$$

由于电路的总电流 $I=I_1+I_2=2I_1$，则将式(3.87) 代入式(3.85) 得

$$I=2I_1=\frac{2kT}{qR}\ln n \tag{3.88}$$

显然，当 R 和 n 一定时，电路的输出电流与温度具有良好的线性关系。

基于上述原理制成的集成温度传感器有美国 AD 公司生产的 AD590，我国也于 1985 年开发出同类型的 SG590。它的基本电路与图 3.61 一样，只是增加了一些启动电路，防止电源反接以及使左右两支路对称的附加电路，以进一步提高性能。电路设计 $n=8$，并通过激光修正电阻 R 的阻值，使传感器在基准温度下得到 1μA/K 的电流值。

AD590 的电源电压为 5～30V。可测温度的范围是－55～150℃。它的外形基本上就像是一只三极管。但它的输出信号不是标准信号，因此在使用 AD590 组成温度测量系统时，需要配专门的转换电路才能与显示仪表相连。

3.2.5 非接触式温度检测仪表

非接触式温度检测仪表主要是利用物体的辐射能随温度而变化的原理制成。这样的温度检测仪表也称辐射式温度计。辐射式温度计在应用时，只需把温度计对准被测物体，而不必与被测物体直接接触，可以用于运动物体以及高温物体表面的温度检测，且不会破坏被测对象的温度场。

3.2.5.1 检测原理

温度为 T 的物体对外辐射的能量 E 可用普朗克定律描述，即

$$E(\lambda, T)=\varepsilon_T C_1 \lambda^{-5}\left(e^{\frac{C_2}{\lambda T}}-1\right)^{-1} \tag{3.89}$$

式中，ε_T为物体在温度 T 下的辐射率（也称“黑度系数”）；λ 为辐射波长；C_1为第一辐射常数，$C_1=3.741832\times10^{-16}\mathrm{W\cdot m^2}$，$C_2$为第二辐射常数，$C_2=1.438786\times10^{-2}\mathrm{m\cdot K}$。

设 $\varepsilon_T=1$，将式(3.89) 在波长自零到无穷大进行积分，可得在整个波长范围内全部辐射能量的总和 E

$$E=\int_0^{\infty} E(\lambda, T)\mathrm{d}\lambda=\sigma T^4=F(T) \tag{3.90}$$

式中，常数 $\sigma=5.67032\times10^{-8}\mathrm{W/(m^2\cdot K^4)}$为黑体的斯蒂芬-玻尔兹曼常数（Stefan-Boltzmann constant）。

式(3.90) 为斯蒂芬-玻尔兹曼定律的数学表达式。它表明黑体（$\varepsilon_T=1$）在整个波长范围内的辐射能量与温度的四次方成正比。但是一般物体都不是绝对“黑体”（即 $\varepsilon_T<1$），而且 ε_T不仅与温度有关，而且与波长也有关。

令普朗克公式(3.89) 中的波长为常数 λ_C，则

$$E(\lambda_C, T)=\varepsilon_T C_1 \lambda_C^{-5}\left(e^{\frac{C_2}{\lambda_C T}}-1\right)^{-1}=f(T) \tag{3.91}$$

它表明物体在特定波长上的辐射能是温度 T 的单一函数。

取两个不同波长 λ_1和 λ_2，则在这两个特定波长上的辐射能之比为

$$\frac{E(\lambda_1, T)}{E(\lambda_2, T)}=\left(\frac{\lambda_1}{\lambda_2}\right)^{-5} e^{\frac{C_2}{T}\left(\frac{1}{\lambda_2}-\frac{1}{\lambda_1}\right)}=\Phi(T) \tag{3.92}$$

上式称为维恩公式，它表明两个特定波长上的辐射能之比 $\Phi(T)$ 也是温度的单值函数。

由式(3.90)～式(3.92) 可知，只要设法获得 $F(T)$，$f(T)$和 $\Phi(T)$，就可求得对应的温度。因此辐射测温主要有如下三种基本方法。

① 全辐射法　测出物体在整个波长范围内的辐射能量 $F(T)$，并以其辐射率 ε_T校正后确定被测物体的温度。

② 亮度法　测出物体在某一波长（实际上是一个波长段 $\lambda\sim\lambda+\Delta\lambda$）上的辐射能量 $f(T)$，经辐射率 ε_T校正后确定被测物体的温度。

③ 比色法　测出物体在两个特定波长段上的辐射能比值 $\Phi(T)$，经辐射率 ε_T修正后确

定被测物体的温度。

无论采用何种辐射测温法，辐射温度计主要由光学系统、检测元件、转换电路和信号处理等部分组成，如图 3.62 所示。

光学系统是通过光学透镜以及其他光学元件将物体的辐射能中的特定光谱聚焦到检测元件，检测元件将辐射能转换成电信号，经信号放大、辐射率的修正和标度变换后输出与被测温度相对应的信号。部分辐射温度计需要参考光源。

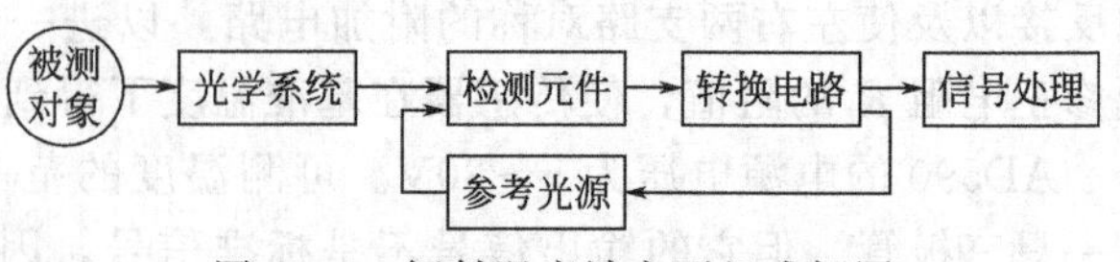

图 3.62　辐射温度计主要组成框图

3.2.5.2　辐射温度计

根据辐射测温法的原理不同，辐射温度计主要有全辐射高温计、光电温度计和比色温度计、红外温度计等。

(1) 全辐射高温计

全辐射高温计是通过接受被测物体全部辐射能量来测定温度的。这种高温计的光学系统有透镜式和反射镜式两种结构。透镜式系统将物体的全辐射能透过透镜及光阑、滤光片等聚焦于检测元件，如图 3.63(a) 所示；反射镜式系统则将全辐射能利用反射聚光镜反射后聚焦在检测元件上，如图 3.63(b) 所示。前者主要用来测量高温，后者用于测量中温。

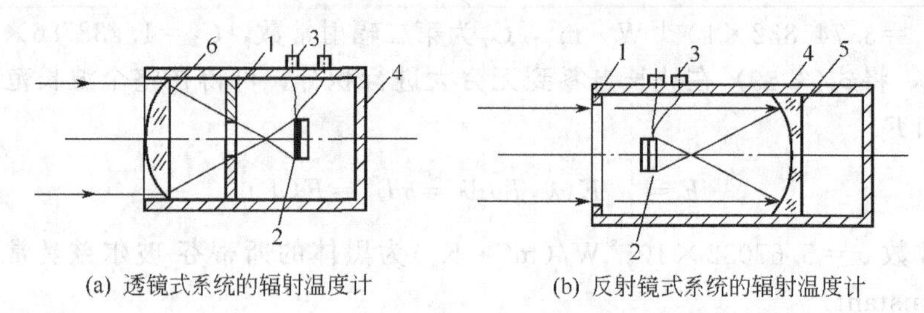

(a) 透镜式系统的辐射温度计　(b) 反射镜式系统的辐射温度计

图 3.63　透镜式和反射镜式系统的示意

1—光阑；2—检测元件；3—输出端子；4—外壳；5—反射聚光镜；6—透镜

常用的检测元件有热电偶堆、热释电元件、硅光电池和热敏电阻等，其中热电偶堆最为常见。热电偶堆是用多个热电偶串联组成作为感温元件，以提高输出电势。

全辐射高温计在使用时必须注意两个问题。

① 温度计是非接触式的，但它与被测物体间的距离必须按测量距离与被测物体直径的关系曲线确定，同时还必须使被测物体的影像光全充满瞄准视物，以确保检测元件充分接收辐射能量。测量距离一般为 1000～2000mm(对于透镜式) 和 500～1500mm(对于反射镜式)。

② 温度计显示的温度为全辐射温度 T_p，被测物体的实际测量温度 T 应用下式修正式得到

$$T=T_p\sqrt[4]{\frac{1}{\varepsilon_T}} \tag{3.93}$$

式中，ε_T 为被测物体的辐射率。由于不同物体的辐射率是不一样的，温度计的修正值应随被测物体而变。

全辐射高温计接受的辐射能量大，有利于提高仪表的灵敏度，同时仪表的结构比较简单，使用方便，缺点是容易受环境的干扰，对测量距离有较高的要求。全辐射高温计的温度测量范围一般在 400～2000℃(根据不同的结构形式)，测量误差在 1.5%～2.0%左右。

（2）光电温度计

光电温度计采用光电元件作为敏感元件感受辐射源的亮度变化，并根据被测物体亮度与温度的关系确定温度的高低。图 3.64(a) 给出了光电温度计的工作原理，被测物体的辐射能量通过物镜 1、孔径 2、带孔的遮光板 6、滤光片投射到光电器件 4 上。反馈灯 15 的辐射能量通过遮光板上的另一个孔和同一滤光片，也投射到同一光电器件 4 上。在遮光板前面装有调制片，调制片在电磁场作用下作机械振动，交替打开和遮住孔 3 和孔 5，使上述两束辐射能交替投射到光电器件 4 上。当这两束辐射能量（即亮度）不同时，光电元件输出对应于两辐射能量差的交变电信号。此信号经放大电路放大后用来改变反馈灯的电流，从而改变反馈灯的亮度，直到差值信号为零。这时反馈灯的亮度与被测物体的亮度相同，因此通过反馈灯电流的大小就可以确定被测物体的温度。

为保证物像能清晰地聚焦到光电元件的受光面上，光电温度计一般设有人工瞄准系统，它由如图 3.64 中的反射镜 11、透镜 10 和观察孔 12 组成。

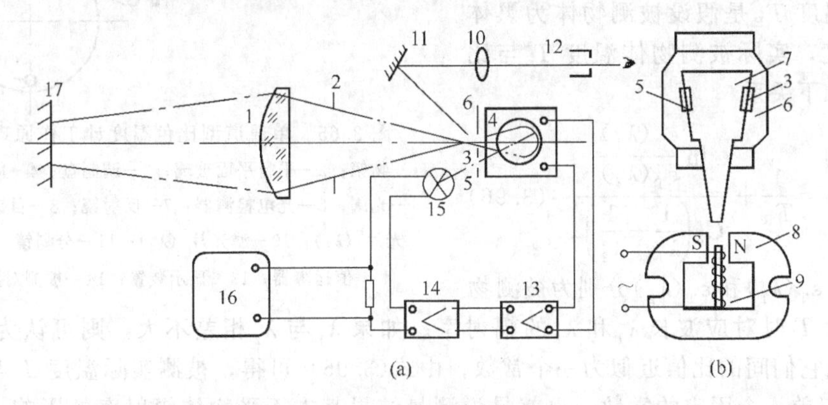

图 3.64　光电温度计的工作原理

1—物镜；2—孔径；3,5—孔；4—光电器件；6—遮光板；7—调制片；8—永久磁铁；9—激磁绕组；10—透镜；11—反射镜；12—观察孔；13—前置放大器；14—主放大器；15—反馈灯；16—电位差计；17—被测物体

光电温度计也有测量距离的要求，一般用距离系数（测量距离与被测目标直径之比）表示。根据型号的不同，距离系数一般为 30～90，由此可利用已知的测量距离得到被测目标的可测直径，反之亦然。测量距离一般为 0.5～3m。

光电温度计也要根据被测物体的辐射率修正其测量值，设温度计显示值为 T_L，光学系统所用滤光片的波长为 λ，则实际被测物体的温度 T 可由下式确定

$$\frac{1}{T}=\frac{1}{T_L}+\frac{\lambda}{C_2}\ln\varepsilon_T \tag{3.94}$$

式中，C_2为第二辐射常数。

光电温度计虽然和全辐射高温计相比仪器结构复杂，接受的能量较小，但抗环境干扰的能力强，有利于提高测量的稳定性。光电温度计的温度测量范围一般为 200～1500℃（通过分挡实现），测量误差在 1.0%～1.5%左右，响应时间在 1.5～5s 之间。

（3）比色温度计

比色温度计是基于维恩位移定律工作的。根据维恩位移定律，物体温度变化时，辐射强度最大值所对应的波长要发生移动，从而使特定波长 λ_1 和 λ_2 下的亮度发生变化，其比值由式(3.92) 给出。测出这两个波长对应的亮度比 $\Phi(T)$，就可以求出被测物体温度，由式(3.92) 可得

$$T_R=\frac{C_2\left(\frac{1}{\lambda_2}-\frac{1}{\lambda_1}\right)}{\ln\Phi(T)-5\ln\frac{\lambda_2}{\lambda_1}} \tag{3.95}$$

比色温度计分单通道型、双通道型和色敏型。图 3.65 为单通道型比色温度计测量原理图，同步电机 4 带动调制盘 3 旋转，盘上嵌着两种波长的滤光片 9、10，使被测物体的辐射能中对应波长为 λ_1 和 λ_2 的辐射交替地投射到同一光电检测器 6 上，并转换为电信号，通过信号放大和比值运算后显示比色温度。图中分划镜 11、反射镜 7 和目镜 8 组成了温度计的瞄准系统。

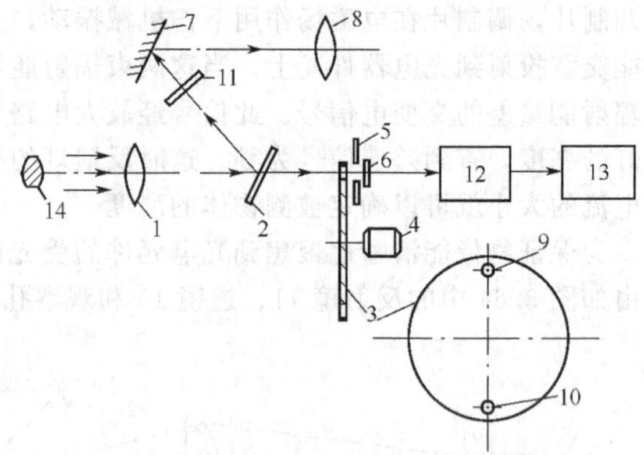

图 3.65 单通道型比色温度计工作原理示意
1—物镜；2—平行平面玻璃；3—调制盘；4—同步电机；5—光阑；6—光电检测器；7—反射镜；8—目镜；9—滤光片 (λ_1)；10—滤光片 (λ_2)；11—分划镜；12—比值运算器；13—显示装置；14—被测对象

比色温度 T_R 是假设被测物体为黑体的辐射温度，实际被测物体温度 T 与比色温度有如下关系

$$\frac{1}{T}=\frac{1}{T_R}+\frac{\ln\frac{\varepsilon_T(\lambda_1)}{\varepsilon_T(\lambda_2)}}{C_2\left(\frac{1}{\lambda_1}-\frac{1}{\lambda_2}\right)} \tag{3.96}$$

式中，$\varepsilon_T(\lambda_1)$ 和 $\varepsilon_T(\lambda_2)$ 分别为被测物体在温度为 T 时对应波长 λ_1 和 λ_2 的辐射率。如果 λ_1 与 λ_2 相差不大，则可认为 $\varepsilon_T(\lambda_1)\approx\varepsilon_T(\lambda_2)$，或它们间的比值近似为一个常数，由式(3.96) 可得，被测实际温度 T 与比色温度 T_R 之间也仅差一个固定的常数，也就是说测量结果基本不受物体辐射率的影响。但是比色温度计结构比较复杂，仪表设计和制造要求较高。这种温度计的测量范围一般为 400～2000℃，基本测量误差为±1%。

（4）红外温度计

红外温度计也是一种辐射温度计。其结构与其他辐射温度计相似，区别是光学系统和光电检测元件接受的是被测物体产生的红外波长段的辐射能。由于光电温度计受物体辐射率的影响比较小，故红外温度计一般也较多采用类似光电温度计的结构。

红外温度计的光电检测元件须用红外检测器。根据温度计中使用的透射和反射镜材料的不同，可透过或反射的红外波长也不同，从而测温范围也不一样，详见表 3.6 中有关数据。

表 3.6 红外温度计常用光学元件材料及特性

光学元件材料	适用波长/μm	测温范围/℃
光学玻璃、石英	0.76～3.0	≥700
氟化镁、氧化镁	3.0～5.0	100～700
硅、锗	5.0～14.0	≤100

3.2.6 温度检测仪表的使用

根据目前工业实际应用的现状，在绝大多数场合采用的是接触式温度仪表。由于价格较高、结构复杂和低温段温度测量性能无优势等因素，全辐射高温计、光电温度计、比色温度计和红外温度计等辐射式非接触式温度测量仪表主要用于实际生产过程中接触式温度测量仪表不能胜任的测量场合。

基于热电偶和金属热电阻的温度测量仪表，可用于集中显示、记录和过程控制，相关配套仪表也相当完备，是目前应用最为广泛的主流工业温度检测仪表，可解决工业过程的大多数温度测量问题。另外，热电阻（尤其是铂电阻）由于精度高和性能稳定，工业生产和科学研究中还常常作为标准仪器来使用。

工业玻璃管温度计、压力式温度计和双金属温度计等膨胀式温度仪表一般常用于工业现场就地指示，其中压力式温度计和双金属温度计由于具有结构坚固、耐震和价格低廉等优点现场就地显示应用尤其广泛。

半导体热敏电阻和集成温度传感器由于价格低，使用方便等特点，目前在各种非工业生产过程领域（例如实验研究等场合）中得到了较为广泛的应用。但是，由于输出信号不标准和温度测量范围较为有限等缺点，该类温度测量仪表的工业实际应用还较为有限，有待于今后进一步拓展。

接触式温度检测仪表在实际使用时还需注意如下问题。

① 正确选择测温位置　接触式温度测量仪表的测温点应处于能充分体现生产过程工艺装置或管道温度特性和测量要求的位置。

② 同等条件下尽可能缩小温度敏感元件和保护套管的体积　工业实际应用中一般采用在敏感元件外加保护套管方式来解决实际温度测量中存在的结构强度或防腐蚀等问题，若敏感元件和保护套管的体积较大将导致温度检测的响应时间较长，且可能对被测对象的温度场和工艺操作工况等产生较大的不利影响。

③ 正确的安装以保证被测介质与敏感元件间充分的热交换　接触式温度测量仪表一般均在敏感元件外加保护套管（共同构成测温元件），为保证热交换的充分，套管需要有足够的插入深度。插入深度应大于保护套管内敏感元件的长度。同时，测温元件应迎着被测介质的流向插入，如图 3.66(a) 所示，至少与被测介质流向呈垂直安装，如图 3.66(b) 所示，切忌顺流安装，如图 3.66(c) 所示。对于管道测温对象，若管径较小，为保证足够的插入深度，可选择管道合适的弯头处安装，如图 3.66(d) 所示，或加装扩大管再进行安装，如图 3.66(e) 所示。

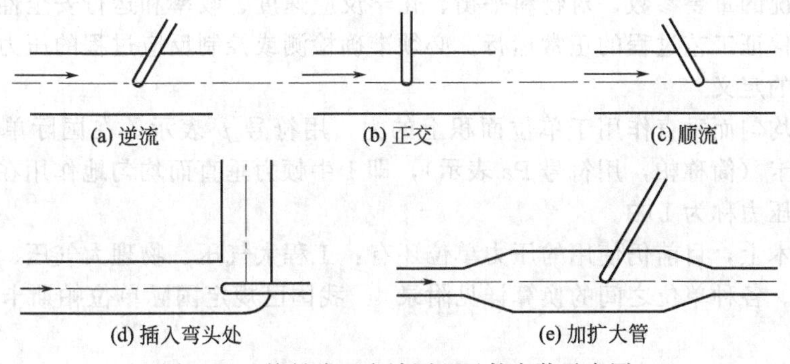

图 3.66　接触式温度计测温元件安装示意图

另外，近年来，与测温元件配合使用的各种温度变送器也得到了较快的发展，使温度检测仪表或系统的集成度越来越高，功能也越来越强，为解决工业现场的温度检测和控制问题提供了很大的便利。一体型温度变送器和智能温度变送器即为其中的典型代表，得到了十分广泛的应用。

一体型温度变送器是将测温元件（例如热电阻或热电偶）和变送器模块两部分集成为一个整体，并输出反映温度测量信息的统一标准信号（一般为 4～20mA 的标准直流电流信号)。由于测温元件和变送器模块为一个整体，一体型温度变送器可以直接安装在被测温度的工艺设备上，具有体积小、重量轻、现场安装方便、节省安装费用以及抗干扰能力强便于远距离传输等优点，因此，一体型化温度变送器在工业生产中得到了广泛使用。

智能型温度变送器可作为单纯的温度变送模块使用，也可集成测温元件以构成一体型的温度检测仪表。智能型温度变送器的特色和突出优势主要体现在它的功能上，主要如下。

① 适用性和通用性强　智能式温度变送器可接受多种类型的测量信号。一台智能式温度变送器既可实现与各种热电阻（分度号 Cu_{10}、Ni_{120}、Pt_{50}、Pt_{100}、Pt_{500} 等）或热电偶（分度号 B、E、J、K、N、R、S、T、L、U 等）的配合使用，也可接受其他传感器输出的电阻或毫伏（mV）信号，量程可调范围很宽，且量程比大。

② 具有各种补偿功能　可实现不同分度号热电偶、热电阻的非线性补偿，热电阻的引线补偿，热电偶冷端温度补偿等，且补偿精度高。同时，也可实现温度测量零点和满量程的自校正等。

③ 标准信号输出和通信　不仅可输出 4～20mA 的标准直流电流信号，而且具有通信功能，可以采用 HART 协议通信方式（或其他各种现场总线通信方式）与其他各种智能化的现场检测和控制仪表以及控制计算机系统等实现双向信息通信。

④ 操作使用方便灵活且具有自诊断功能　可对所接收信号的类型、规格以及量程进行任意组态，并可对变送器的零点和满度值进行远距离调整。可进行故障监测和报警，例如对零点和满度值进行自校正，以避免产生漂移；可实现输入信号和输出信号回路断线报警，被测参数超限报警，变送器内部各芯片自诊断，工作异常时给出报警信号等。

⑤ 有些智能变送器具有控制功能，可实现简单的现场就地控制。

3.3 压力检测仪表

3.3.1 概述

压力是工业生产过程中的重要基本参数之一。特别是在化学反应体系中，压力是表征化学反应操作工况的重要参数，对物料平衡、化学反应速度、收率和运行安全性等均有重要影响，因此，为保证工艺过程的正常运行，必须准确检测或控制反应过程的压力。

(1) 压力的定义

压力是指均匀而垂直作用于单位面积上的力，用符号 p 表示。在国际单位制中，压力的单位为帕斯卡（简称帕，用符号 Pa 表示），即 1 牛顿力垂直而均匀地作用在 1 平方米的面积上所产生的压力称为 1 帕。

在工程技术上，目前仍使用的压力单位还有：工程大气压、物理大气压、巴、毫米汞柱和毫米水柱等。各种单位之间的换算详见附录 4。我国已规定国际单位帕斯卡为压力的法定计量单位。

(2) 压力的表示方式

压力的表示方式有四种，即绝对压力 p_a、表压力 p、真空度或负压 p_h 和差压。他们之间的关系见图 3.67。

① 绝对压力　是指物体所受的实际压力，一般用 p_a 表示，如图 3.67(a) 所示。

② 表压力　简称表压，是指用一般处于大气压力下的压力检测仪表所测得的压力，它是高于大气压的绝对压力与大气压力 p_0 之差，如图 3.67(a) 所示。

$$p=p_a-p_0 \tag{3.97}$$

③ 真空度　是指大气压与低于大气压的绝对压力之差，有时也称负压，如图 3.67(b)

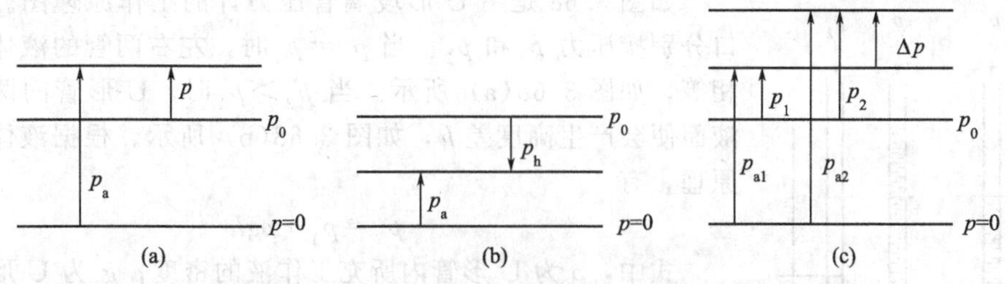

图 3.67 几种压力表示方法之间的关系

所示。

$$p_h = p_0 - p_a \tag{3.98}$$

④ 差压 是指某两个压力之差，用 Δp 表示。如图 3.67(c) 所示，设某个压力为 p_1，另一个压力为 p_2，则它们之间的差压为

$$\Delta p = p_2 - p_1 = p_{a2} - p_{a1} \tag{3.99}$$

表压实际上就是 $p_1 = p_0$时的差压。

由于各种工艺设备和检测仪表通常处于大气之中，本身就承受着大气压力，所以工程上习惯采用表压和真空度来表示压力的大小。同样，一般的压力检测仪表所指示的压力也是表压或真空度。因此，以后所提压力，如无特殊说明，均指表压力。

(3) 压力检测的主要方法及压力检测仪表的分类

压力检测的方法很多，按敏感元件和转换原理的特性不同，一般分为四类。

① 液体压力计 它是根据流体静力学原理，把被测压力或差压转换成液体高度（差），压力计一般采用充有水或水银的玻璃 U 形管或单管。

② 弹性式压力计 它是根据弹性元件受力变形的原理，将被测压力转换成弹性元件的位移，并通过机械传动机构直接带动指针指示。常见的弹性式压力计有弹簧管压力表、膜盒压力表、波纹管压力表。

③ 电远传式压力仪表 这类仪表的敏感元件一般也是弹性元件，通过进一步应用转换元件（或装置）和转换电路将与被测压力成正比的弹性元件的位移转换为电信号输出，实现信号的远距离输送。这类仪表包括力平衡式压力变送器、电容式压力变送器、霍尔式压力传感器等。

④ 物性型压力传感器 它是基于在压力的作用下，敏感元件的某些物理特性发生变化的原理。目前常见的物性型压力传感器有应变式压力传感器、压阻式压力传感器、压电式压力传感器等，它们都具有电远传功能。

压力检测仪表根据压力表示方式的不同，也可分为各种类型，例如用来测量绝对压力的称为绝压表或绝压传感器；用来测量真空度的称为真空表；用来测量大气压力的称为气压计；用来测量差压的称为差压计或差压传感器、差压变送器。上述的各种压力测量方法中有的既可以测量表压，也可以测量差压，还可以测量真空度；有的测量方法只能用来测量其中一种形式的压力。所以，在下面的学习中要注意各种测量方法的应用范围。另外，为简单起见，以下如无特殊说明，不管压力检测仪表是测量何种类型（压力、差压或真空度等）的参数，统一使用压力计、压力表、压力传感器、压力变送器等术语。

3.3.2 液体压力计

液体压力计是以流体静力学原理为基础的。压力计一般由 U 形玻璃管或单管构成，管内用已知密度的水银或水为工作液。常用于低压、负压或差压的检测。

(1) 工作原理

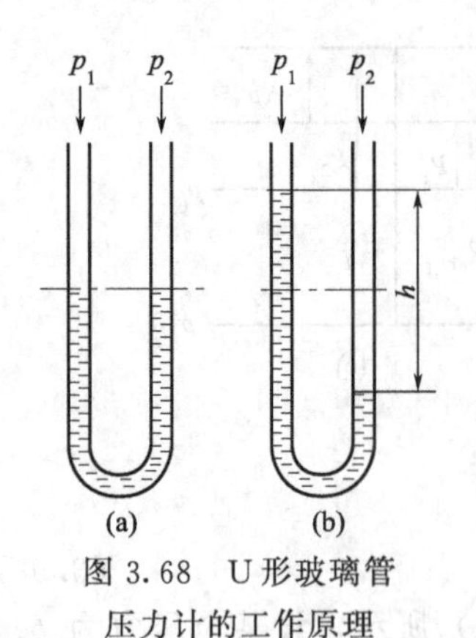

图 3.68 U形玻璃管压力计的工作原理

如图 3.68 是用U形玻璃管压力计的工作原理图。两个管口分别接压力 p_1 和 p_2。当 $p_1=p_2$ 时，左右两管的液体的高度相等，如图 3.68(a) 所示。当 $p_2>p_1$ 时，U形管的两管内的液面便会产生高度差 h，如图 3.68(b) 所示。根据液体静力学原理，有

$$p_2=p_1+\rho gh \tag{3.100}$$

式中，ρ 为U形管内所充工作液的密度；g 为U形管所在地的重力加速度；h 为U形管左右两管的液面高度差。

式(3.100) 可改写为

$$h=\frac{1}{\rho g}(p_2-p_1) \tag{3.101}$$

上式表明U形管内两边液面的高度差 h 与两管口的被测压力之差成正比。如果将 p_1 管通大气，即 $p_1=p_0$，则

$$h=\frac{p}{\rho g} \tag{3.102}$$

式中，$p=p_2-p_0$ 为 p_2 管的表压。由此可见，用U形管压力计可用于检测两被测压力之间的差值（即差压），也可检测某个表压。

在U形管的中间有一标尺，分别读取两液柱的高度，并求出它们之间的差值，即得 h 值。由式(3.102) 可知，若提高U形管工作液的密度 ρ，则在相同的压力作用下，h 值将下降。因此，提高工作液密度将增加压力的测量范围，但灵敏度要降低。

为了改进U形管压力计在读取液柱高度差时需读两次数的缺陷，可采用单管式液体压力计，如图 3.69 所示。它由一杯形容器与一玻璃管组成，在玻璃管一侧单边读取液柱高度。设玻璃管开口侧通大气，则被测压力 p 与玻璃管上升液面 h 之间有以下关系

$$p=\rho gh\left(1+\frac{d^2}{D^2}\right) \tag{3.103}$$

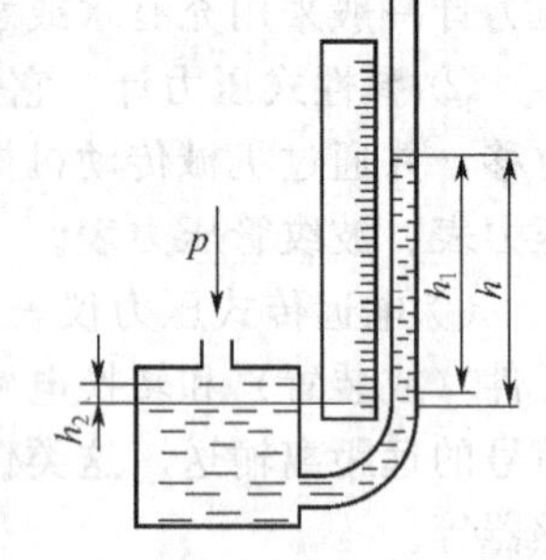

图 3.69 单管式液体压力计

式中，d 为玻璃管的内直径；D 为杯形容器的内直径。如果杯形容器的直径远大于玻璃管直径，即 $d\ll D$，则式(3.103) 的第二项可忽略不计，即有 $p=\rho gh_1$（h_1 为单管读数值）。

当被测压力较小时，液面高度差随之减小，读数误差对测量结果的影响将显著增大。为了减小这一影响，可采用斜管式液体压力计，其工作原理图如图 3.70 所示。设倾斜管的倾角为 α，斜管中液柱长度为 L，被测压力为 p，则

$$p=\rho gL\left(\sin\alpha+\frac{d^2}{D^2}\right) \tag{3.104}$$

显然，α 越小，则相同液柱长度对应的被测压力就越小，有利于提高测量微小压力的准确度。一般 α 为 15°～30°。

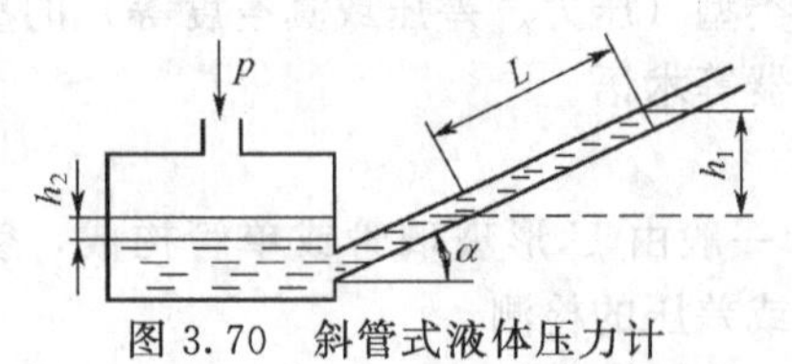

图 3.70 斜管式液体压力计

(2) 液体压力计的误差分析

用液体压力计进行压力检测，其误差来源主要有以下几个方面。

① 温度误差 这是指由于压力计所处环境温度的变化引起的测量误差。主要包括两方面：一是标尺长

度随温度的变化，一般要求标尺所用的材料的温度系数尽可能小；二是工作液密度随温度的变化。例如水，当温度从10℃变到20℃时，其密度从999.8kg/m^{3}减小到998.3kg/m^3，相对变化量为0.15%。

② 安装误差　当压力计安装不垂直时将会产生安装误差。

③ 重力加速度误差　由式（3.100）可知，重力加速度 g 也是影响测量精度的因素之一。当对压力检测精度要求比较高时，需要准确测出当地的重力加速度。

④ 传压介质误差　在前面的原理分析时，不考虑工作液上方的传压介质的影响，即认为它的密度为零。在实际使用时，一般传压介质就是被测压力的介质。当传压介质为气体时，如果引压管的高度差相差较大且气体的密度又较大时须考虑引压管传压介质对工作液的压力作用。若温度变化较大，还需同时考虑传压介质的密度随温度变化的影响。当传压介质为液体时，除了要考虑上述各因素外，还要注意传压介质和工作液不能产生溶解和化学反应等。

⑤ 读数误差　读数误差主要是由于玻璃管内工作液的毛细作用而引起。由于毛细现象，管内的液柱可产生附加升高或降低，其大小与工作液的种类、工作液的温度和玻璃管内径等因素有关。当管内径大于等于10mm时，玻璃管的单管读数的最大绝对误差一般为1mm。

(3) 液体压力计的使用

液体压力计具有直观、数据可靠、准确度高等优点，它不仅能测表压、差压、还能测负压、是科学研究和实验研究中常用的压力检测工具。但是，用U形管只能测量较低的压力或差压（不可能将玻璃管做得很长），最大测量范围约为0～16kPa，另外它只能现场指示，压力值须通过读数并进行计算得到，使用不太方便。

液体压力计在使用时，须注意以下问题。

① 压力计工作时，如实际工作温度和当地重力加速度偏离仪表设计值，应对仪表读数进行修正。当地重力加速度可按下式计算

$$g=\frac{g_0(1-0.00265\cos 2\phi)}{1+\dfrac{H}{2R}} \tag{3.105}$$

式中，g_0为标准重力加速度，等于9.80665m/s^2；ϕ 为当地的纬度；H 为当地海拔高度；R 为地球半径，等于6.371×10^{6}m。

② 压力计应垂直安装使用。如果不能垂直安装，应对读数进行修正，对于U形玻璃管压力计修正公式如下

$$\Delta h=d\tan\alpha \tag{3.106}$$

式中，d 为两液柱之间的距离；α 为压力计中心线与铅垂线之间的夹角。

③ 应根据被测介质的特性和压力的测量范围选择合适的工作液。工作液不能与被测介质相溶或发生化学反应。当被测压力较高时，应选用密度较大的工作液，如水银；当被测压力较低时，应尽可能选用密度较小的工作液。

④ 在使用时，被测压力的瞬时值不能超过测量范围，否则工作液会被冲到引压管外，甚至是被测设备内，造成压力计不能正常工作。

3.3.3 弹性式压力检测仪表

弹性式压力检测仪表是用弹性元件作为压力敏感元件把压力转换成弹性元件的位移，并经适当的机械传动和放大机构，通过指针指示被测压力大小的一种压力表，统称弹性式压力表。

弹性式压力表所用的敏感元件包括弹簧管、膜片、膜盒、波纹管等。有关弹性元件的特

性详见 2.2.1 节。各种弹性元件组成了多种形式的弹性式压力表，常见的有弹簧管压力表、波纹管压力表、膜盒（片）压力表。

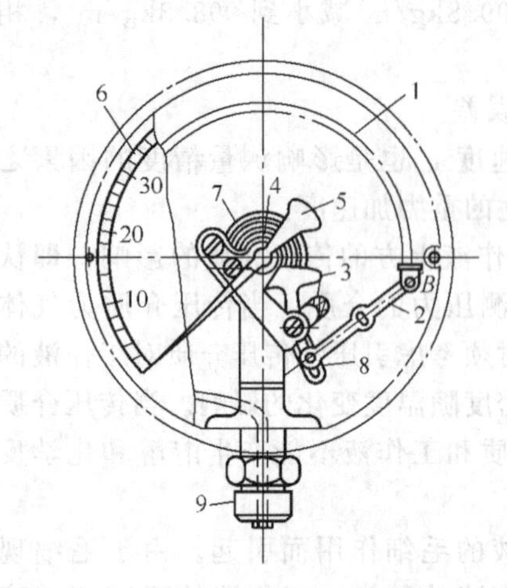

图 3.71　弹簧管压力表结构
1—弹簧管；2—拉杆；3—扇形齿轮；4—中心齿轮；5—指针；6—面板；7—游丝；8—调整螺钉；9—接头

（1）弹簧管压力表

弹簧管压力表是最常用的一种指示式压力检测仪表，其结构如图 3.71 所示。被测压力由接头 9 输入，使弹簧管 1 的自由端产生位移，通过拉杆 2 使扇形齿轮 3 做逆时针偏转，于是指针 5 通过同轴的中心齿轮 4 的带动而作顺时针偏转，在面板 6 的刻度标尺上显示出被测压力的数值。游丝 7 是用来克服因扇形齿轮和中心齿轮的间隙所产生的仪表变差。改变调整螺钉 8 的位置（即改变机械传动的放大系数），可以实现压力表的量程调节。由于弹簧管自由端的位移与被测压力成线性正比关系，因此压力表的面板上的刻度标尺是线性的。

弹簧管压力表结构简单、使用方便、价格低廉，它测量范围宽，可以测量负压、微压、低压、中压和高压（可达 1000MPa），因此应用十分广泛。根据制造的要求，仪表的准确度等级最高为 0.1 级。

被测介质的性质和被测介质的压力高低决定了弹簧管的材料。对于普通介质，当 $p<20\text{MPa}$ 时，弹簧管采用磷铜；当 $p>20\text{MPa}$ 时，则采用不锈钢或合金钢。对于腐蚀性介质，一方面可采用隔离膜和隔离液；另一方面也可采用耐腐蚀的弹簧管材料。如测氨介质时须采用不锈钢弹簧管等耐氨材料，测量氧气压力时，则严禁沾有油脂，并需采用专用的氧用压力表以确保安全使用。

（2）波纹管差压计

弹簧管压力表只能测量压力，利用其他弹性元件如膜片、膜盒、波纹管不仅可以组成压力表，而且也可以组成差压计。图 3.72 给出了一个波纹管差压计的结构示意图。它主要由波纹管、连杆、扭力管等部分组成。测量用的波纹管分高压波纹管和低压波纹管，它们分别感受高压和低压。两个波纹管内部填充液体以传递压力，并由连杆连接。由于波纹管两边压力不一样，使低压波纹管自由端带动连杆移动。连杆上设有挡板，推动摆杆使扭力管的芯轴扭转，扭转角度的大小与被测差压成正比关系。扭力管的芯轴可直接带动显示机构（如指针）指示差压值（图中未画出）。

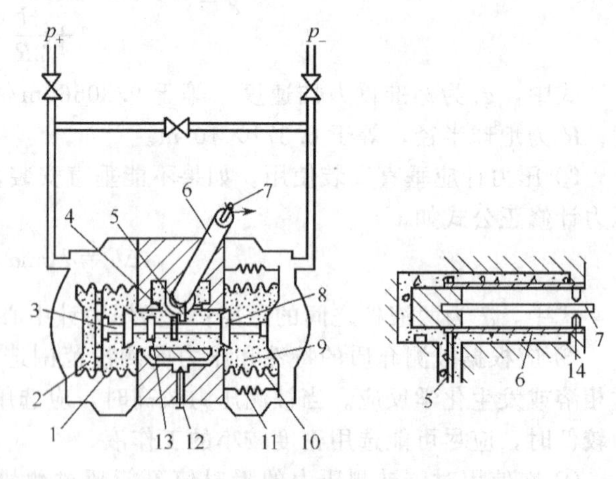

图 3.72　波纹管差压计结构示意
1—高压波纹管；2—补偿波纹管；3—连杆；4—挡板；5—摆杆；6—扭力管；7—芯轴；8—保护阀；9—填充液；10—低压波纹管；11—量程弹簧；12—阻尼阀；13—阻尼环；14—轴承

量程弹簧的弹性力和波纹管的弹性变形力一起与被测差压的作用力相平衡，因此改变量程弹簧的弹性力大小可以调整仪表的量程。高压波纹管与补偿波纹管相连，用来补偿填充液体因温度变化而产生的体积膨胀。

波纹管也可以用来测量压力，其结构和工作原理与波纹管差压计基本相同。和弹簧管压力表相比，波纹管压力表的测量范围较小，一般为0～0.4MPa，仪表的准确度等级为1.5～2.5级。

(3) 其他弹性式压力表

除了弹簧管和波纹管外，膜片和膜盒也常常被用作压力测量的弹性元件，从而构成膜片压力表和膜盒压力表。图3.73为一膜盒压力表的结构及工作原理图。被测压力由引压管入口14引入膜盒，使膜盒的自由端产生位移，并带动与自由端相连的弧形架4、曲柄7、拉杆9、拐臂10，最后使指针5发生偏转，指示压力读数。

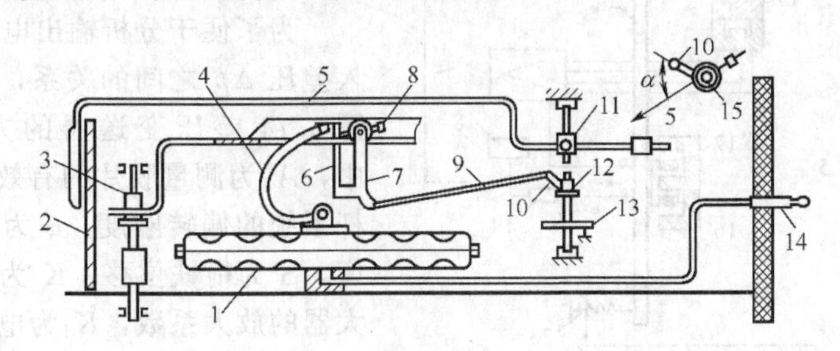

图3.73 膜盒压力表的结构及工作原理

1—膜盒；2—刻度盘；3—零位调整器；4—弧形架；5—指针；6—簧片；7—曲柄；8—调整螺丝；9—拉杆；10—拐臂；11—固定指针套；12—固定轴；13—游丝；14—引压管入口；15—指针固定用螺丝

膜盒压力表主要用于测量较低压力或负压的气体压力，压力测量范围一般为－20～40kPa，仪表的准确度等级一般为1.5～2.5级。

膜片压力表的工作原理与膜盒压力表相近，测量准确度也差不多，但膜片压力表的可测压力范围较宽，最高可达2.5MPa。另外，作为弹性元件的膜片常常和其他转换元件一起使用构成电远传式压力仪表。

3.3.4 电远传式压力检测仪表

一般弹性式压力检测仪表虽然应用十分广泛，但只能现场安装，就地指示。电远传式压力仪表也是利用弹性元件作为敏感元件，但在仪表中增加了转换元件（或装置）和转换电路能将弹性元件的位移转换为电信号输出，实现信号的远传。电远传式压力仪表常称压力（或差压）传感器。如果输出的电信号为标准的电流或电压信号，则称为压力（或差压）变送器。

3.3.4.1 力平衡式压力变送器

力平衡是力矩平衡的简称。根据输出信号的不同有气动压力变送器和电动压力变送器。气动压力变送器使用140kPa的空气压力作为气源，其输出为20～100kPa的空气压力信号。电动压力变送器又有DDZ-Ⅱ型和DDZ-Ⅲ型两种，前者使用220V交流电压，输出为0～10mA的电流信号。后者使用24V直流电源，输出为4～20mA的电流信号。目前使用最多的是DDZ-Ⅲ型电动压力变送器。

图3.74是DDZ-Ⅲ型差压变送器的结构原理图，弹性元件为膜片3，膜片与主杠杆5刚性联结。变送器有高、低压室2、1，当两个压室有差压存在时，膜片将向低压室方向产生位移，并对主杠杆5下端施以力F_i，使主杠杆以轴封膜片4为支点顺时针偏转，同时以力F_1沿水平方向推动矢量机构8。矢量机构将推力F_1分解成F_2和F_3，F_2使矢量机构的推板向上偏转，并带动副杠杆14以支点M逆时针偏转，这使固定在副杠杆上的衔铁12靠近差动变压器13，两者之间距离的变化量通过低频位移检测放大器15转换并放大为4～

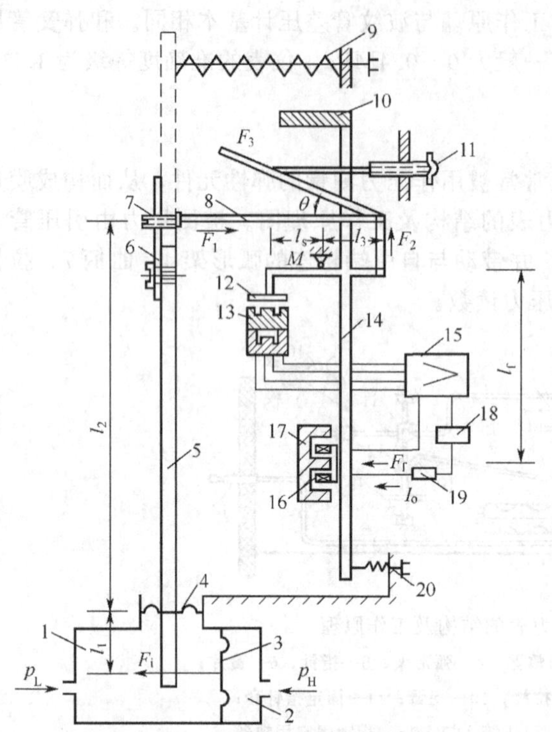

图 3.74　DDZ-Ⅲ型差压变送器结构原理

1—低压室；2—高压室；3—膜片；4—轴封膜片；5—主杠杆；6—过载保护簧片；7—静压调整螺钉；8—矢量机构；9—零点迁移弹簧；10—平衡锤；11—量程调整螺钉；12—位移检测片（衔铁）；13—差动变压器；14—副杠杆；15—低频位移检测放大器；16—反馈线圈；17—永久磁钢；18—电源；19—负载；20—调零弹簧

20mA的直流电流 I_o 作为变送器的输出，同时该电流又流过电磁反馈装置的反馈线圈16，产生电磁反馈力 F_f，使副杠杆顺时针偏转。当输入力与反馈力对杠杆系统所产生的力矩达到平衡时，变送器便达到一个新的平衡状态。这时，低频位移检测放大器的输出电流 I_o 反映了输入差压 Δp 的大小。

为了便于分析输出电流与电流 I_o 与输入差压 Δp 之间的关系，可以画出对应于图3.74差压变送器的方框图。图3.75中，A_d 为测量膜片的有效面积，C 为副杠杆系统的偏转刚度，α 为副杠杆的偏转角度，S 为衔铁位移，K 为低频位移检测放大器的放大系数，K_f 为电磁反馈装置的转换系数，其余符号见图3.74的标注。

由图3.75可知，当 $l_s KK_f l_f/C \gg 1$ 时，差压变送器的输入与输出之间由如下关系

$$I_o = \frac{A_d l_1 l_3 \tan\theta}{l_2 l_f K_f}\Delta p \qquad (3.107)$$

式(3.107)中，A_d、l_1、l_2、l_3、l_f 是固定不变的常数，因此，输出电流与输入差压之间的比例关系可通过调整 $\tan\theta$ 和 K_f 来改变；从而改变了变送器的量程。$\tan\theta$ 的改变是通过调节量程调整螺钉（图3.74中的11）来调整矢量机构的夹角 θ 实现的，θ 增大，I_o 增大，量程变小。θ 角的可调节范围一般为4°～15°。K_f 的改变是通过改变反馈线圈W的匝数实现的。反馈线圈由 W_1 和 W_2 两部分组成，在高量程挡时，W_1 与 W_2 串联使用，产生的反馈力 F_f 较大；在低量程挡时，W_2 被短路，由此产生的反馈力较小。有关反馈线圈的连接方式参见图3.76。

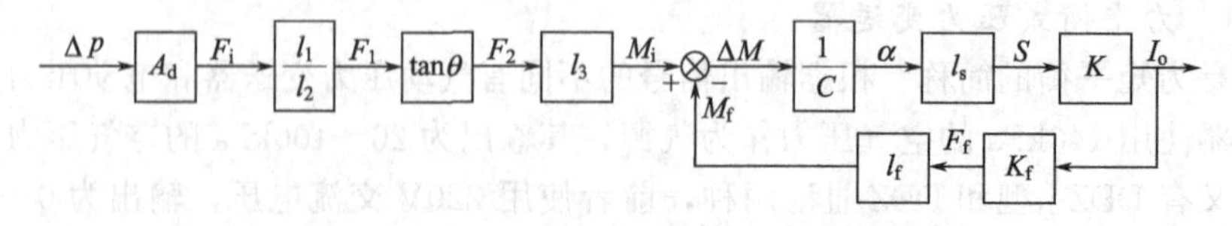

图3.75　DDZ-Ⅲ型差压变送器方框图

图3.76为低频位移检测放大器原理图，它的作用是将衔铁（图3.74中的12）相对于差动变压器的位移变化转换成电流输出。晶体管 T_1、差动变压器的初级线圈 L_{AB} 和次级线圈 L_{CD}、C_4 等组成低频振荡器，其中 L_{AB} 和 C_4 构成并联谐振回路。控制衔铁与差动变压器之间的距离在一定的范围内，则可保证 u_{AB} 和 u_{CD} 同相位，满足振荡的相位条件。当衔铁位移改变时，耦合系数 M 随之改变，即改变了振荡电路的正反馈系数，从而使 u_{CD} 和 u_{AB} 发生变化。低频振荡器的输出电压 u_{AB} 经二极管 D_4 整流，并通过由电阻 R_8 和电容 C_5 组成的Γ

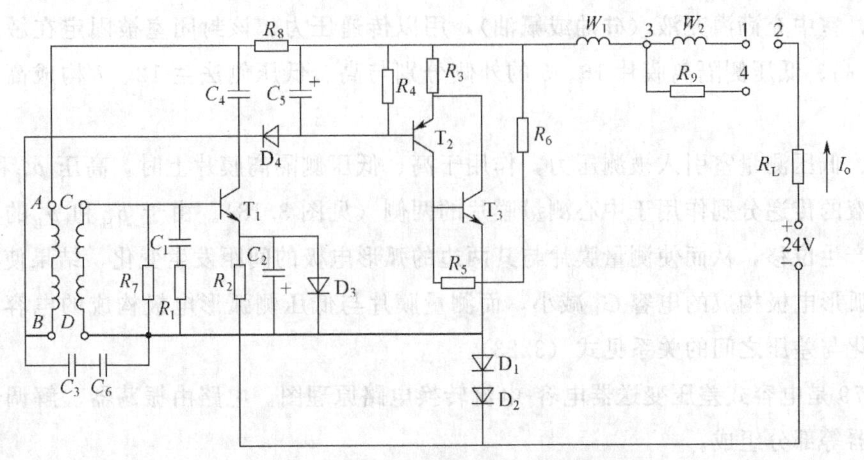

图 3.76 低频位移检测放大器电路原理

形滤波器滤波。滤波后的信号经 T_2 和 T_3 进行功率放大，使输出电流为 4～20mA。作为功率放大器的负载之一，反馈线圈 W_1 和 W_2 串联在输出回路中，当 1—2 短接时，反馈系数 K_f 较大，为高量程挡；当 1—3 和 2—4 短接时，反馈系数 K_f 较小，为低量程挡。

3.3.4.2 电容式差压变送器

电容式差压变送器的外形结构见图 3.77。它主要由检测部分和信号变换部分构成，前者的作用是把差压 Δp 转换成电容量的变化，后者是进一步将电容的变化量转换成标准的电流信号。

检测部分的结构如图 3.78 所示。检测部分的核心是差动电容器，包括作为敏感元件的中心测量膜片 6(即差动电容的可动电极)，高、低压侧弧形电极 10、8(即差动电容的固定电极)。中心测量膜片 6 分别与高、低压侧弧形电极 10、8 以及高、低压侧隔离膜片 16、5 构

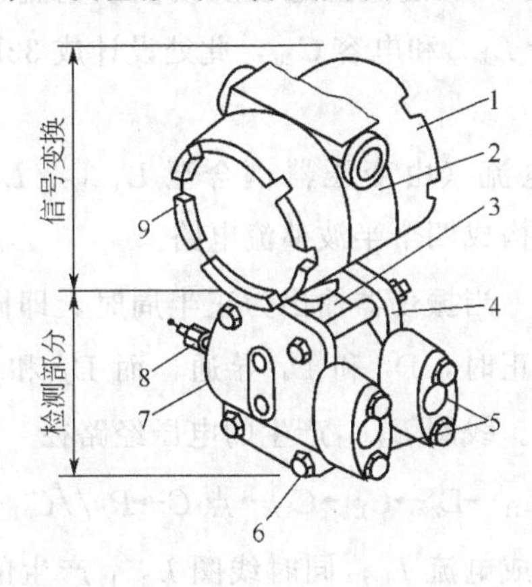

图 3.77 电容式差压变送器外形

1—线路板罩盖；2—线路板壳体；3—差动电容敏感部件；4—低压侧法兰；5—引压管接头；6—紧固螺栓；7—高压侧法兰；8—排气/排液阀；9—排线端罩盖

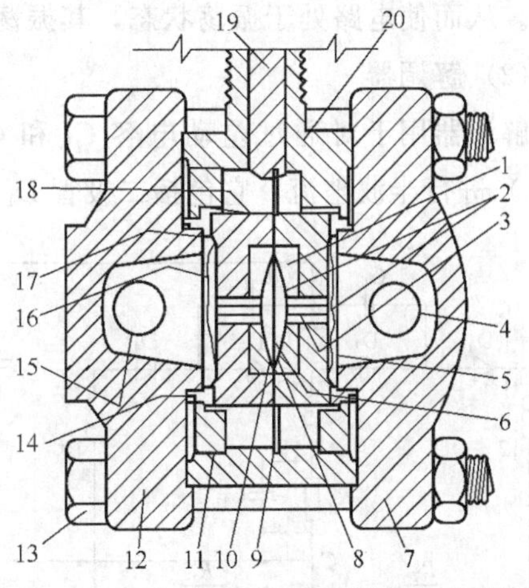

图 3.78 电容式差压变送器检测部分结构

1—玻璃绝缘体；2—灌充液；3—陶瓷导管；4—低压侧引压口；5—低压侧隔离膜片；6—中心测量膜片；7—低压侧法兰；8—低压侧弧形电极；9—电路板；10—高压侧弧形电极；11—压环；12—高压侧法兰；13—固定螺栓；14—焊接密封环；15—高压侧引压口；16—高压侧隔离膜片；17—O 形密封环；18—敏感部件基座；19—密封管；20—敏感部件壳体

成封闭室，室中充满灌充液（硅油或氟油），用以传递压力。该封闭室被固定在敏感部件基座18上。高、低压侧隔离膜片16、5的外侧分别与高、低压侧法兰12、7构成高、低压测量室。

当高、低压测量室引入被测压力，作用于高、低压侧隔离膜片上时，高压p_H和低压p_L通过灌充液的传递分别作用于中心测量膜片的两侧（见图3.18）。由于p_H和p_L的压力差使测量膜片产生位移，从而使测量膜片与其两边的弧形电极的间距发生变化，结果使测量膜片与高压侧弧形电极构成的电容C_H减小，而测量膜片与低压侧弧形电极构成的电容C_L增加。电容的变化与差压之间的关系见式（3.23）。

图3.79是电容式差压变送器电容-电流转换电路原理图。电路由振荡器、解调器和振荡控制放大器等部分组成。

（1）振荡器

振荡器由晶体管T_1、电阻R_{29}、电容C_{20}以及变压器线圈L_{5-7}和L_{6-8}组成，其作用是向被测电容C_L和C_H提供高频电源。

振荡器的供电电压为u_{EF}，它由运算放大器A_1的输出供给，u_{EF}的大小可以控制振荡器的输出幅度。图中L_{6-8}和L_{5-7}为同一变压器的两组线圈，该变压器的磁芯上还有其他三组线圈：L_{1-12}、L_{2-11}和L_{3-10}(参见图3.79)。线圈L_{6-8}和电容C_{20}构成串联谐振回路，接在晶体管T_1的发射极和基极间。R_{29}决定T_1的静态偏流。当线圈L_{5-7}电流增大时，7端的电位下降，由变压器耦合到线圈L_{6-8}上，使同名端6的电位下降，引起基极电流加大，进而加大了集电极电流。反之，流过线圈L_{5-7}的电流减小时又通过上述正反馈使该电流进一步减小。从而使电路处于振荡状态，其振荡频率决定于L_{6-8}和电容C_{20}，此处设计成32kHz。

（2）解调器

解调器用于对通过差动电容C_L和C_H的高频电流（由变压器耦合至L_{1-12}、L_{2-11}和L_{3-10}）进行半波整流，它包括二极管D_1～D_4，分别构成四个半波整流电路。

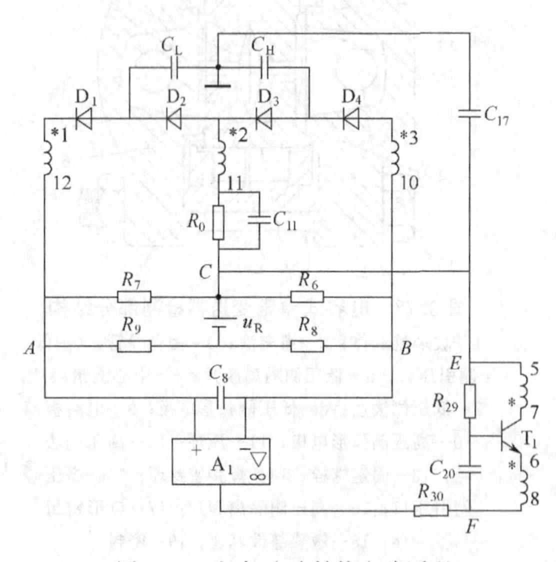

图3.79 电容-电流转换电路原理

当振荡器输出为正半周时，即同名端为正时，D_2和D_4导通，而D_1和D_3截止。线圈L_{2-11}产生的电压经路径

$L_{2-11} \rightarrow D_2 \rightarrow C_L \rightarrow C_{17} \rightarrow$点$C \rightarrow R_0 // C_{11} \rightarrow L_{2-11}$

形成电流I_L；同时线圈L_{3-10}产生的电压经路径

$L_{3-10} \rightarrow D_4 \rightarrow C_H \rightarrow C_{17} \rightarrow$点$C \rightarrow R_6 // R_8 \rightarrow L_{3-10}$

形成电流I_H。

当振荡器输出为负半周时，D_1和D_3导通，而D_2和D_4截止。线圈L_{1-12}产生的电压经路径

$L_{1-12} \rightarrow R_7 // R_9 \rightarrow$点$C \rightarrow C_{17} \rightarrow C_L \rightarrow D_1 \rightarrow L_{1-12}$

形成电流I'_L；同时线圈L_{2-11}产生的电压

经路径

$$L_{2-11} \rightarrow R_0 // C_{11} \rightarrow \text{点 } C \rightarrow C_{17} \rightarrow C_H \rightarrow D_3 \rightarrow L_{2-11}$$

形成电流 I'_H。

考虑到在各个电流路径上都是以 C_H 或 C_L 的电抗为主要成分，其他电阻及电容的阻抗相对来说都非常小，可以忽略，所以按半波整流的平均电流关系，可以写出

$$I_H = \frac{u_m}{\pi} 2\pi f C_H = 2u_m f C_H \tag{3.108}$$

$$I_L = \frac{u_m}{\pi} 2\pi f C_L = 2u_m f C_L \tag{3.109}$$

式中，u_m 为线圈 L_{1-12}、L_{2-11} 和 L_{3-10} 的电压峰值；f 为振荡电源的频率。

在波形对称的情况下，有

$$I_H = I'_H, \ I_L = I'_L$$

这样，流过 $R_0 // C_{11}$ 的电流为

$$I_d = I_L - I'_H = I_L - I_H = 2u_m f (C_L - C_H) \tag{3.110}$$

该电流即为解调器输出的差动信号，作为下一级电流放大器的输入信号。

(3) 振荡控制放大器

振荡控制放大器 A_1 的作用是使流过 D_1 和 D_4 的电流和 $I'_L + I_H$ 等于常数。

由图 3.79 可知，放大器 A_1 的输入端有两个电压信号作用：一个是基准电压 u_R（由稳压电路提供）在由 R_6、R_7、R_8 和 R_9 组成的不平衡电桥上的输出电压 u_1；另一个是电流 I'_L 在 $R_7 // R_9$ 上的电压与 I_H 在 $R_6 // R_8$ 上电压之和 u_2。它们分别为

$$u_1 = \frac{R_8}{R_8 + R_6} u_R - \frac{R_9}{R_7 + R_9} u_R \tag{3.111a}$$

$$u_2 = \frac{R_7 R_9}{R_7 + R_9} I'_L + \frac{R_6 R_8}{R_6 + R_8} I_H \tag{3.111b}$$

由于 $R_6 = R_9$，$R_7 = R_8$，$I'_L = I_L$，故上式可改写为

$$u_1 = \frac{R_8 - R_9}{R_6 + R_8} u_R \tag{3.112a}$$

$$u_2 = \frac{R_6 R_8}{R_6 + R_8} (I_L + I_H) \tag{3.112b}$$

因为电压 u_1 和 u_2 的方向相反，又考虑到放大器 A_1 的倍数很高，理想情况下两个输入端之间的电压为零，因此有 $u_1 = u_2$，则由式(3.112) 可得

$$I_L + I_H = \frac{R_8 - R_9}{R_6 R_8} u_R \tag{3.113}$$

式(3.113) 中 R_6、R_8、R_9 和 u_R 均恒定不变，因此 $I_L + I_H$ 也是恒定不变。

由式(3.108) 和式(3.109) 可得

$$I_L + I_H = 2u_m f (C_L + C_H) \tag{3.114}$$

把式(3.113) 和式(3.114) 代入式(3.110)，整理后得

$$I_d = I_L - I_H = \frac{(R_8 - R_9) u_R}{R_6 R_8} \cdot \frac{C_L - C_H}{C_L + C_H} = K_1 \frac{C_0}{C_A} \tag{3.115}$$

式中，$K_1 = (R_8 - R_9) u_R / (R_6 R_8)$ 为常数。又由式(3.23) 可进一步将式(3.115) 改

写为

$$I_d = I_L - I_H = K_1 K \Delta p \tag{3.116}$$

式(3.116)表明，差动信号 I_d 正比于被测差压，该电流流经 $R_0//C_{11}$ 作为后级运算放大器 A_3 的输入，其中 R_0 为对电容 C_{11} 而言两端的等效电阻。

(4) 电流放大及输出电路

1151 系列电容式差压变送器的电路图中除了电容-电流的转换（其等效电路如图 3.79 所示）外，还有电流放大、量程调整、零点调整以及补偿等功能，其等效简图为如图 3.80 所示，其中与运算放大器 A_3 有关的电路为核心电路。

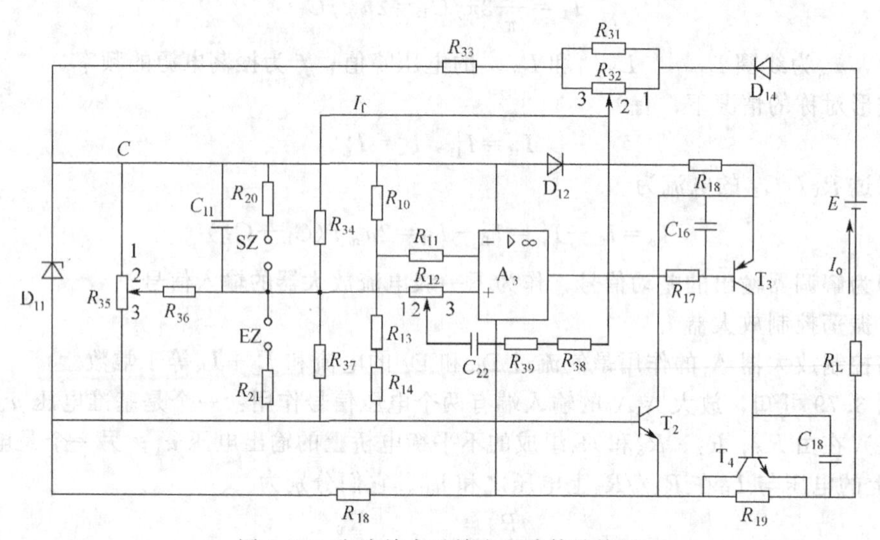

图 3.80 电流放大及输出电路等效简图

在图 3.80 中，运算放大器 A_3 和晶体管 T_3、T_4 及有关元件组成电流放大电路，其中 A_3 起电压放大作用，T_3 和 T_4 组成复合管将 A_3 的输出电压转换为变送器的输出电流 I_o。

由前面的分析可知，当差压 Δp 的作用产生差动信号 I_d 后，对 C_{11} 充电，使运算放大器 A_3 的同相输入端电位减小（设 A_3 的电源正极为零电位），A_3 的输出电位也下降，即 T_3 的发射结电压增加，其集电极电流，也就是 T_4 的基极电流增加，使 T_4 的发射极电流增大，该电流即为变送器的输出电流 ΔI_o，ΔI_o 经由 R_{31}、R_{32}、R_{33} 和 R_{34} 组成的反馈网络，所形成的反馈电流 ΔI_f 也增加。ΔI_f 经 R_{34} 对 C_{11} 反向充电，使 A_3 同相输入端的电位提高。当 $\Delta I_f \approx I_d$ 时，该电位保持一定，相应的输出电流 ΔI_o 也为一定，这时 ΔI_o 与 I_d 成正比，由图 3.80 可求得 ΔI_f 与 ΔI_o 的关系为

$$\Delta I_f = \frac{R_{33} + R_a}{R_{33} + R_a + R_b + R_{34}} \Delta I_o \tag{3.117}$$

式中，$R_a = \frac{R_{31} R_{32(2-3)}}{R_{31} + R_{32}}$，$R_b = \frac{R_{32(1-2)} R_{32(2-3)}}{R_{31} + R_{32}}$。

由于 $R_{34} \gg (R_{33} + R_a + R_b)$，而且 $\Delta I_f \approx I_d$，则

$$\Delta I_o = \frac{R_{34}}{R_{33} + R_a} I_d \tag{3.118}$$

上式表明，输出电流变化量 ΔI_o 与 I_d 成正比关系，并且只与 R_a、R_{33} 和 R_{34} 电阻有关。改变 R_a 的大小，即调节电位器 R_{32} 可改变输出 ΔI_o 的大小，实现量程的调节。

稳压管 D_{11} 两端电压为 6.4V，此电压经电位器 R_{35} 和电阻 R_{36}、R_{37} 的分压送往 A_3 的

同相输入端，经过 T_3 和 T_4 放大后得到输出电流 I_o，在差压 $\Delta p=0$ 时，即 $I_d=0$，调节 R_{35}，可使输出电流 $I_o=4mA$(实际上，I_o中还包括线路中各元件如运算放大器、电阻等的工作电流，其值约为 2.7mA)，因此 R_{35} 为调零电位器。如果要加大零点的调整幅度，如进行正负迁移，可将 SZ 或 EZ 短接，使 A_3的同相输入端有较大的电位改变，然后再由 R_{35}进行微调。

图 3.80 中的 D_{12}、R_{18}和 T_2 组成输出限幅电路。当输出电流 I_o增大时，R_{18}上的压降也增大，T_2 的集电极与发射极之间的电压 u_{ce}减小，当 I_o增大到一定值时，使 T_2 进入饱和区，这时 I_o不能再增加，从而限制了输出电流。该电路的最大输出电流约为 30mA。

电阻 R_{38}、R_{39}，电位器 R_{12}和电容 C_{22}构成阻尼电路，其中 R_{12}为阻尼时间调整电位器，阻尼时间的可调范围为 0.2～1.67s。

二极管 D_{14}用于电源极性反向保护，同时当变送器指示表未接通时，为输出电流提供通路。

3.3.4.3 其他电远传式压力检测仪表

(1) 霍尔压力传感器

图 3.81 为霍尔压力传感器原理图，它主要有弹簧管、霍尔元件和磁极组成。被测压力由弹簧管 1 的固定端引入，弹簧管自由端与霍尔元件 2 连接，在霍尔元件的上下方垂直安放两对磁极，使霍尔元件处于两对磁极形成的线性磁场中。霍尔元件的四个端面引出四根导线，其中与磁极平行的两根导线接恒流源，另两根导线作为霍尔元件的输出。

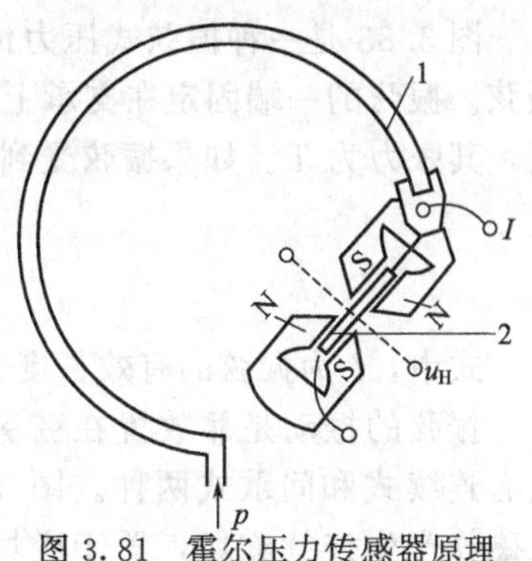

图 3.81 霍尔压力传感器原理

1—弹簧管；2—霍尔元件

当被测压力为零时，霍尔元件处于两对磁极中间，等效磁场强度为零，这时即使在霍尔元件上通以电流，也不会有电势输出。当被测压力升高时，弹簧管自由端产生位移，因而改变了霍尔元件在线性磁场中的位置，导致霍尔元件输出霍尔电势。霍尔电势的大小由式(2.101) 给出。由于弹簧管自由端的位移大小与被测压力成正比，而处于线性磁场中的霍尔元件所受等效磁场强度与其位移成正比，因此霍尔电势的大小与被测压力成正比，被测压力越大，霍尔元件的位移越大，输出的霍尔电势也越高。

霍尔元件输出的霍尔电势一般为毫伏信号，实际使用时常常需要进行电压放大。霍尔压力传感器的使用和特点与弹簧管压力表相似，所不同的是前者不直接指示被测压力值，而是输出电势信号，可以实现信号的远传，但显示时需要配专门二次仪表。

(2) 电感式压力传感器

在电感式压力传感器中，首先用弹性元件将被测压力转换成弹性元件的位移，再用电学的方法将位移转换成自感或互感系数的变化，最后由测量电路转换成与被测压力成正比的电流或电压输出。有关位移与电信号之间的变换方法详见本章 3.1.3 节中的内容。作为例子，图 3.82 给出了一个差动自感式压力传感器原理图。衔铁 2 与弹簧管 1 的自由端刚性连接，当被测压力变化时，弹簧管自由端产生位移，带动衔铁上下移动，使两个线圈 3 和 4 的电感器一个增加，一个减小。由于铁芯 5 和 6 是固定的，因此电路的输出信号的大小和相位取决于衔铁位移的大小和方向。图 3.82 中的调零螺钉用来调节传感器的机械零点。

(3) 谐振式压力传感器

谐振式压力传感器是依靠被测压力改变弹性元件或与弹性元件相连的振动元件的谐振频率，经过适当的电路输出脉冲频率信号或电流（电压）信号。根据谐振原理的不同，谐振式压力传感器有振弦式、振膜式及振筒式几种。

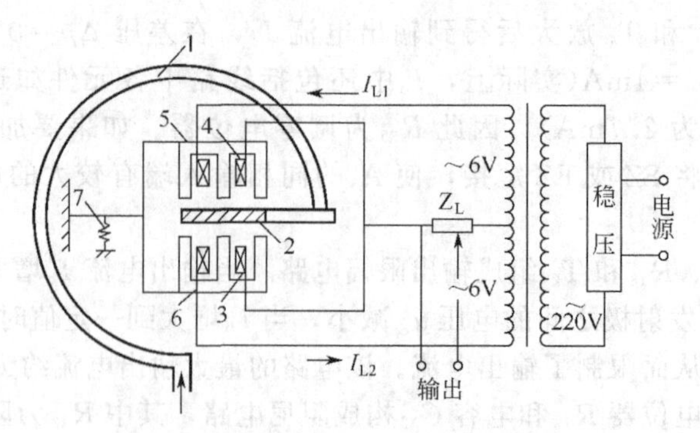

图 3.82　差动自感式压力传感器原理

1—弹簧管；2—衔铁；3,4—线圈；5,6—铁芯；7—调零螺钉

图 3.83 是一种振弦式压力传感器的工作原理图。振动元件是一根张紧的金属丝，称为振弦。振弦的一端固定在支承上，另一端与测量膜片相连。当膜片受压力作用时，振弦被拉紧，其张力为 T。如果振弦受到激励作用，它就会产生振动，其固有振动频率为

$$f_0=\frac{1}{2l}\sqrt{\frac{T}{\rho}} \tag{3.119}$$

式中，l 为振弦的有效长度，ρ 为振弦的线密度。

振弦的振动是靠放置在弦旁的磁场的电磁力的作用产生和维持的。电磁力的激振方式有连续式和间歇式两种。图 3.84 是连续式激振方式的压力传感器电路图。图中利用永久磁铁产生连续磁场，置于磁场中的振弦只要受到扰动就会以固有频率振动，并形成感应电势。感应电势经放大器 A 放大后输出，其频率即为振弦的频率。同时输出电势经 R_4、D、R_5及 C 组成的半波整流电路控制场效应管 T 的栅极，改变场效应管的源漏极之间的等效电阻（相当于 R_1的阻值），进一步改变放大器的负反馈系数，从而起到电路的自动稳定振幅的作用。

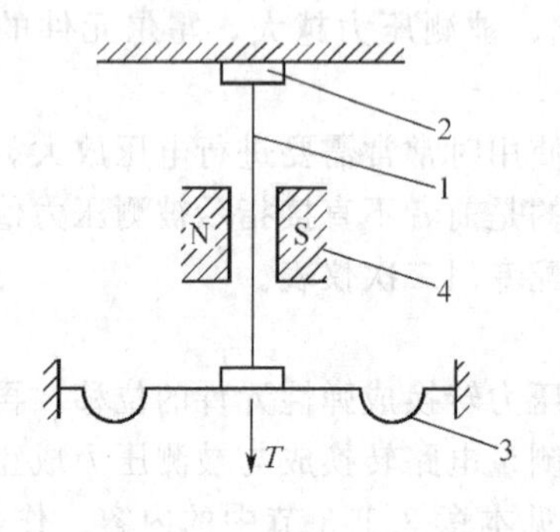

图 3.83　振弦式压力传感器工作原理

1—振弦；2—支承；3—测量膜片；4—永久磁铁

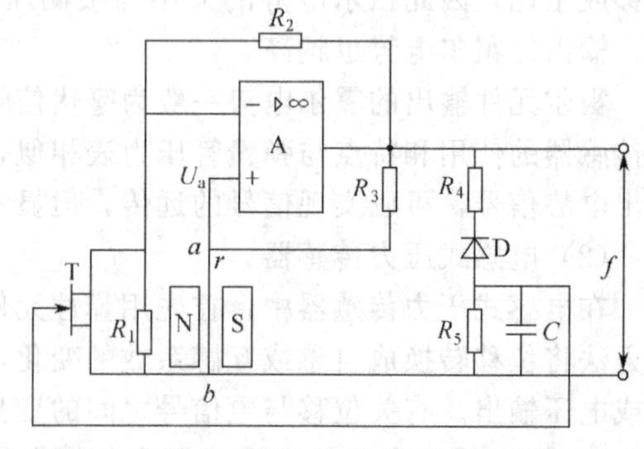

图 3.84　连续式激振方式的压力传感器电路

3.3.5　物性型压力传感器

前面介绍的电远传式压力检测仪表都是基于弹性元件的，也就是说弹性元件作为压力检测敏感元件，首先将压力转换成位移信号，然后再用转换元件以及相应的转换电路转换成与被测压力成对应关系的电信号。本节所要介绍的物性型压力传感器的测量原理是基于物质定律基础上的，敏感元件感受被测压力，并将压力的大小转换成敏感元件的某个物理量输出。

由于该物理量常常是一种电量信号，因此这类传感器也是电远传式的。

物性型压力传感器主要有应变式压力传感器、压阻式压力传感器和压电式压力传感器等。

(1) 应变式压力传感器

由 2.3 节内容可知，电阻应变片能将元件所受的应变转换成电阻的变化，其关系式由式(2.25) 给出。利用应变片作为敏感元件的压力传感器称为应变式压力传感器。

为了使应变片能在受压力作用时产生应变，应变片一般要和弹性元件一起使用。弹性元件可以是金属膜片、膜盒、弹簧管及其他弹性体，敏感元件（应变片）主要有金属或合金丝、箔等。它们可以以粘贴或非粘贴的形式与弹性体连接在一起。

应变式压力传感器是由弹性元件、应变片以及相应的测量电路组成。应变式压力传感器有很多结构形式。图 3.85 是一种粘贴式的应变片压力传感器的原理图。被测压力作用在膜的下方，应变片贴在膜的上表面。当膜片受压力作用变形向上凸起时，膜片上任一点的径向应变 ε_r 和切向应变 ε_t 分别为

$$\varepsilon_r = \frac{3p}{8\delta^2 E}(1-\nu^2)(r_0^2 - 3r^2) \tag{3.120}$$

$$\varepsilon_t = \frac{3p}{8\delta^2 E}(1-\nu^2)(r_0^2 - r^2) \tag{3.121}$$

式中，δ 为膜片的厚度；E 为膜片材料的弹性模量；ν 为膜片材料的泊松比；r_0 为膜片自由变形部分的半径。

图 3.85(b) 是 ε_r 和 ε_t 沿径向的分布曲线。可以看出，在 $r=0$ 处，ε_r 和 ε_t 都达到最大值，且相等；在 $r=r_0/\sqrt{3}\approx 0.58r_0$ 处，$\varepsilon_r=0$；当 $r>0.58r_0$ 时 ε_r 成为负值；当 $r=r_0$ 时，ε_r 达到负的最大值。

膜片上应变片的粘贴位置就是根据上述应变分布规律来确定的，如图 3.85(a) 所示。图中贴有四个应变片 R_1、R_2、R_3 和 R_4，在膜片受压力作用时，R_2 和 R_3 受到正 ε_t 的拉伸，电阻值增大；R_1 和 R_4 受到负的 ε_r 作用，电阻值减小。把这四个应变片接在一个桥路的四个桥臂上，其中 R_1 和 R_4，R_2 和 R_3 互为对边，则桥路的输出信号反映了被测压力的大小。

由于金属材料有电阻温度系数，特别是弹性元件和应变片两者的膨胀系数不等，会造成应变片的电阻值随环境温度而变，因此，该种压力传感器需要考虑温度补偿措施。目前最常用的方法是采用图 3.85(a) 所示的形式，四个应变片的静态性能完全相同，它们处在同一电桥的不同桥臂上，温度升降将使这两个电阻同时增减，从而不影响电桥平衡；有压力作用时，相邻两臂的阻值一增一减，使电桥能有较大的输出（参见图 2.17)。但尽管这样，应变式压力传感器仍有比较明显的温漂和时漂。同时，由于应变式压力传感器的响应速度较快，

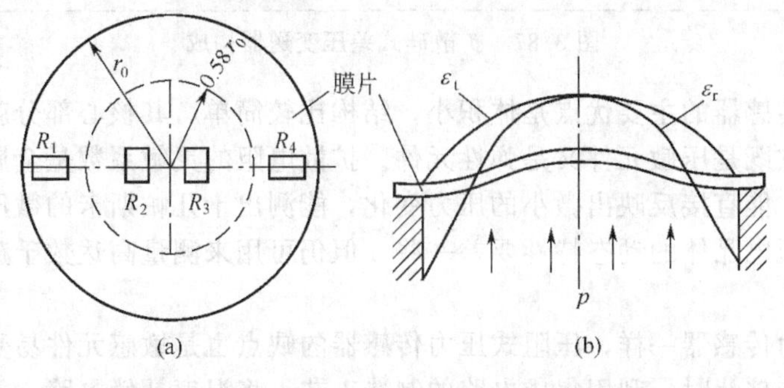

图 3.85　平膜片上的应变片分布及应力曲线

故这种压力传感器较多地用于一般要求的动态压力检测。

(2) 压阻式压力传感器

压阻式压力传感器中的敏感元件也是一种应变片，和应变式压力传感器不同的是，这种应变片是半导体材料，其压阻系数 π 很大［详见式(2.27)］。因此，当应变片受力作用产生应变时，其电阻值的变化主要是压阻效应引起的，这种半导体应变片也称压阻元件，由此构成的压力传感器称压阻式压力传感器。

半导体应变片的种类和特性详见 2.3 节有关内容，图 2.11 给出了一种典型的压阻式压力（差压）传感器的结构示意图，其敏感元件是扩散硅半导体。在硅杯上的膜片上布置了四个扩散电阻，R_1、R_2、R_3 和 R_4（图 3.86）。将这四个电阻组成电桥，则电桥的输出电压与膜片承受的压力（差）成比例。

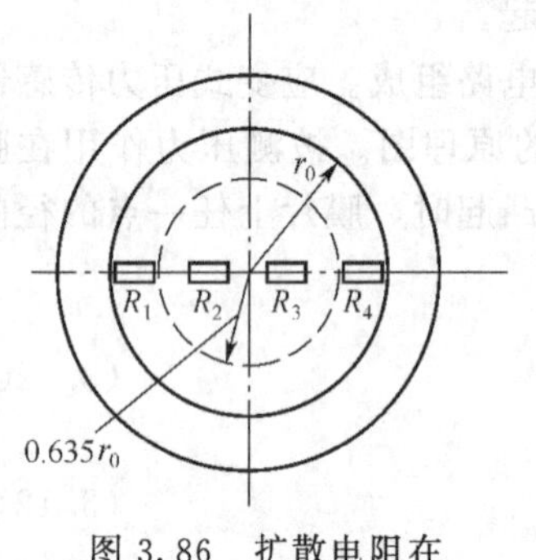

图 3.86　扩散电阻在硅膜片上的分布

下面以目前工业中应用十分广泛的扩散硅式差压变送器为例作一简要介绍。

典型扩散硅式差压变送器的构成如图 3.87 所示。传感器供电电路的作用是为传感器提供恒定的桥路工作电流。扩散硅压阻传感器构成如图 3.88(a) 所示，硅杯 4 是核心检测元件，硅杯由硅片组成，采用离子注入和激光修正等方法在硅片上形成 4 个阻值相等的扩散电阻 R_1～R_4，并将这 4 个扩散电阻通过导线联结成电桥形式，如图 3.88(b) 所示。硅杯两面分别与正、负压侧隔离膜片构成封闭室，室中充满硅油以传递压力。被测压力 p_1 和 p_2 首先分别作用于正、负压侧隔离膜片上，然后通过硅油传递，作用于硅杯压阻传感器。p_1 和 p_2 之差（被测差压 Δp）使硅杯上的扩散电阻因压阻效应导致阻值发生变化，结果使桥路输出电压 U_S 发生变化，U_S 大小与被测差压 Δp 成正比。前置放大器主要起电压放大作用，而电压/电流转换器的作用是把前置放大器的输出电压 U_{o1} 转换成 4～20mA 的直流输出电流 I_o，并实现零点调整和输出限幅功能。

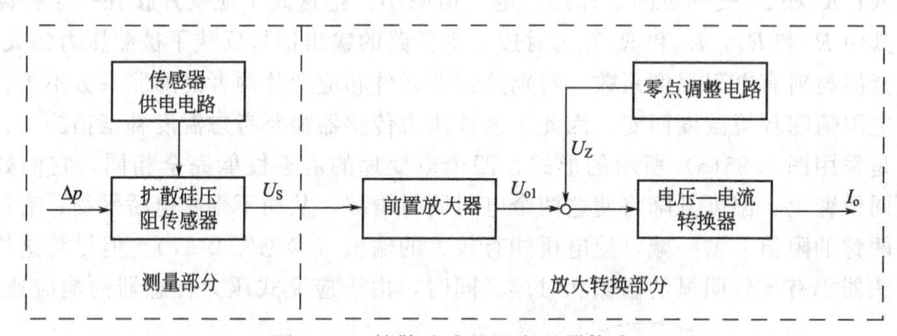

图 3.87　扩散硅式差压变送器构成

压阻式压力传感器的主要优点是体积小，结构比较简单，其核心部分就是一个附有扩散电阻的硅膜片，它既是压敏元件又是弹性元件。扩散电阻的灵敏系数是金属应变片的灵敏系数的 50～100 倍，能直接反映出微小的压力变化，能测出十几帕斯卡的微压。它的动态响应也很好，虽然比压电晶体的动态特性要差一些，但仍可用来测量高达数千赫兹乃至更高的脉动压力。

和应变式压力传感器一样，压阻式压力传感器的缺点也是敏感元件易受温度的影响。解决的方法是在制造硅片时，利用集成电路的制造工艺，将温度补偿电路、放大电路甚至将电

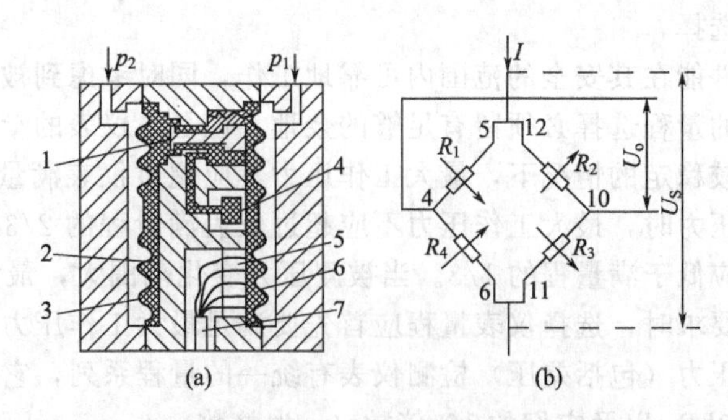

图 3.88 扩散硅压阻传感器

1—过滤保护装置；2—负压测隔离膜片；3—硅油；4—硅杯；5—玻璃密封件；6—正压测隔离膜片；7—引出线；$R_1 \sim R_4$—扩散硅压阻

源变换电路集成在同一块单晶硅膜片上，从而可以大大提高传感器的静态特性和稳定性。因此，这种传感器也称固态压力传感器，有时也叫集成压力传感器。由于制造工艺和设计水平的不断提高，压阻式压力传感器的温度稳定性、可靠性正日益提高，这种传感器正逐渐成为主流压力检测仪表之一。

(3) 压电式压力传感器

由 2.6 节的压电效应可知，压电元件受压时会在其表面产生电荷，其电荷量与所受的压力成正比。利用压电元件构成的压力传感器称为压电式压力传感器。

图 3.89 是一种压电式压力传感器的结构图。压电元件被夹在两块弹性膜片之间，当压力作用于膜片，使压电元件受力而产生电荷。电荷量经放大可转换成电压或电流输出，输出信号的大小与输入压力成正比关系。

压电式压力传感器结构简单、紧凑，小巧轻便，工作可靠，具有线性度好，频率响应高，量程范围宽等优点。但是，由于晶体上产生的电荷量很小，一般是以皮库仑计，因此需要配套较高阻抗的直流放大器。近年来已将场效应管与运算放大器组成的电荷放大器直接与压电元件配套使用以提高其准确度。另外，由于在晶体边界上存在漏电现象，这类传感器一般不用于稳态测量，主要用于快速变化的动态压力测量，例如内燃机燃烧室内压力测量等。

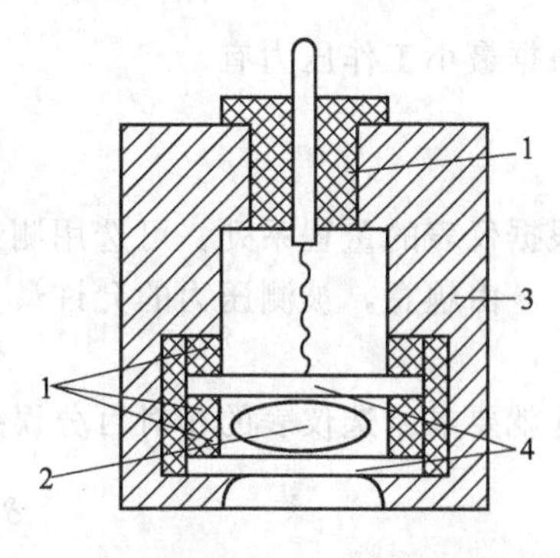

图 3.89 压电式压力传感器结构示意

1—绝缘体；2—压电元件；3—壳体；4—膜片

3.3.6 压力检测仪表的使用

压力检测仪表在使用时主要应注意两个问题：一是压力仪表的选用；二是取压点及引压管路的设计。

3.3.6.1 压力仪表的选用

温度检测仪表的测量范围（量程）主要由温度敏感元件决定，也就是说一旦选定了敏感元件，温度检测仪表的量程也就基本确定了。另外，温度检测仪表的准确度的大小也主要由敏感元件决定。但是，压力测量范围很宽，小的和大的要差好几个数量级，为了保证压力测量的准确度，应选择量程合适的压力仪表。同时压力仪表根据使用的要求不同，有一系列准确度等级可选。因此，压力仪表的选择比温度检测仪表的选择更重要。总体上在压力仪表的选用时，应根据生产工艺对压力检测的要求、被测介质的特性、现场使用环境等条件，本着节约的原则合理地考虑仪表的量程、准确度等级和类型。

(1) 仪表量程的选择

为了保证敏感元件能在其安全的范围内可靠地工作，同时考虑到被测对象可能发生的异常超压情况，对仪表的量程选择必须留有足够的余地。但是，仪表的量程选的过大也不好。

一般在被测压力较稳定的情况下，最大工作压力不应超过仪表满量程的3/4；在被测压力波动较大或测脉动压力时，最大工作压力不应超过仪表满量程的2/3。为了保证测量准确度，最小工作压力不应低于满量程的1/3。当被测压力变化范围大，最大和最小工作压力可能不能同时满足上述要求时，选择仪表量程应首先要满足最大工作压力条件。

目前我国出厂的压力（包括差压）检测仪表有统一的量程系列，它们是1kPa、1.6kPa、2.5kPa、4.0kPa、6.0kPa以及它们的10^n倍数（n为整数）。

(2) 仪表准确度等级的选择

压力检测仪表的准确度等级主要根据允许的最大误差来确定，即要求仪表的基本误差应小于实际被测压力允许的最大绝对误差。另外，在选择时应坚持节约的原则，只要仪表的准确度能满足生产的要求，就不必追求用过高准确度等级的仪表。

【例3.5】 有一个压力容器在正常工作时压力范围为0.4～0.6MPa，要求使用弹簧管压力表进行检测，并使测量误差不大于被测压力的4%，试确定该表的量程和准确度等级。

解 由题意可知，被测对象的压力比较稳定，设弹簧管压力表的量程为A，则根据最大工作压力有

$$A>0.6\div\frac{3}{4}=0.8\text{MPa}$$

根据最小工作压力有

$$A<0.4\div\frac{1}{3}=1.2\text{MPa}$$

根据仪表的量程系列，可选用测量范围为0～1.0MPa的弹簧管压力表。

由题意，被测压力的允许最大绝对误差为

$$\Delta_{\max}=0.4\times4\%=0.016\text{MPa}$$

这就要求所选仪表的相对百分误差为

$$\delta_{\max}<\frac{0.016}{1.0-0}\times100\%=1.6\%$$

按照仪表的准确度等级，可选择1.5级的压力表。该仪表的基本误差为$1.0\times1.5\%=0.015$MPa，小于允许的最大绝对误差0.016MPa，故所选仪表满足测量要求。

(3) 仪表类型的选择

压力检测仪表类型的选择主要应考虑以下几个方面。

① 被测介质的性质　对腐蚀性较强的介质应使用像不锈钢之类的弹性元件或敏感元件；对氨气、氧气、乙炔等介质应选用专用的压力仪表。

② 对仪表输出信号的要求　对于只需要观察压力变化的情况，应选用如弹簧管压力表那样的直接指示型的仪表；如需将压力信号远传到控制室或其他电动仪表，则可选用电远传式压力检测仪表（例如各种压力/差压变送器）或其他具有电信号输出的仪表（例如霍尔压力传感器等）；如果要检测快速变化的压力信号，可选用压阻式压力传感器等物性型压力检测仪表。

③ 使用的环境　对爆炸性较强的环境，应选择防爆型压力仪表；对于温度特别高或特别低的环境，应选择温度系数小的敏感元件以及其他变换元件。

对于差压检测仪表，还需要考虑高、低压侧的实际工作压力的大小，该压力也称静压。

所选差压检测仪表的额定静压值应是实际工作压力的1.5～2.0倍左右。

3.3.6.2 压力检测系统

到目前为止，几乎所有的压力测量都是接触式的，也就是说在测量时需要被测压力传递到压力检测仪表的引压入口，并进入测量室。因此一个完整的压力检测系统包括：取压口（在被测对象上开设的专门引出介质压力的孔或装置）；引压管路（连接取压口与压力仪表引压入口的管路，使被测压力传递到压力仪表）和压力检测仪表。根据被测介质的性质不同和测量要求的不同，压力检测系统有的非常简单，如图3.90所示，有的比较复杂。为了保证准确测量压力，检测系统中有时还需要增加一些辅件。

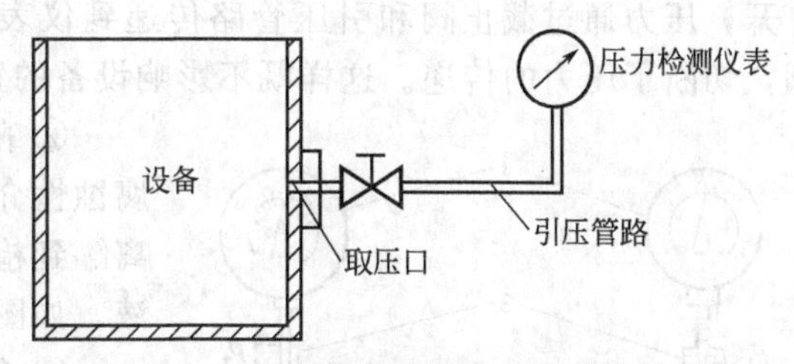

图3.90 一个简单的压力检测系统示意

（1）取压口

取压口要具有代表性，能真实地反映被测对象压力的变化。取压口位置在选择时要尽可能方便引压管路和压力仪表的安装与维护，同时还应遵循以下原则。

① 取压口位置要选在被测介质直线流动的管段或容器的壁面部分，不要靠近管路中有阻力件或容器的死角附近。

② 取压口开孔的轴线应垂直被测设备的壁面，其内端面与设备内壁平齐，以保证测取的是流体的静压信号。

③ 对于水平管道和水平安装的设备，当被测介质为液体时，取压口应在设备横截面的中下侧，使引压管路内不积存气体，也不易被沉淀物堵塞取压口；被测介质为气体时，取压口应在设备横截面的上部，以免引压管路中积存液体，如图3.91所示。

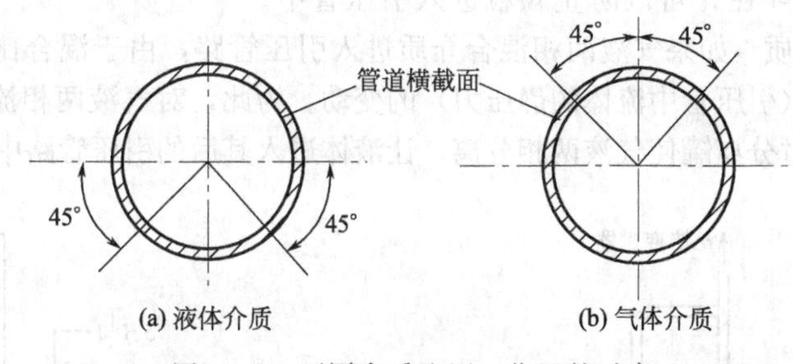

图3.91 不同介质取压口位置的示意

（2）引压管路

引压管路的敷设应保证压力传递的实时、可靠和准确。所谓实时性，就是说不能因为引压管路影响压力传递的速度。引压管路必须有防止杂质进入或由于被测介质本身凝固造成堵塞的措施，以确保压力检测系统的可靠性。引压管路在传递压力的同时，由于该管路中介质的静压力作用会对压力仪表产生附加压力。正常情况下，该附加压力可以通过对压力仪表的零点调整或计算进行修正，这就要求引压管路中的介质的特性（即密度）必须稳定，否则会产生较大的测量误差。因此，引压管路在敷设时应注意以下原则。

① 引压管路的内径一般为6～10mm，长度不得超过50m。引压管路越长，介质的黏度越大（或含杂质越多），引压管的内径要求越大。

② 引压管路水平敷设时，要保持1∶10～1∶20的倾斜度。被测介质为液体时，从引压管到仪表方向向下倾斜；介质为气体时，则向上倾斜。

③ 当被测介质为易冷凝易结晶易凝固流体时，引压管路需有保温伴热措施。

（3）引压管路中常用的一些辅件

① 截止阀　引压管在靠近取压口附近常接一个截止阀。检测系统正常工作时，截止阀打开，压力通过截止阀和引压管路传递到仪表；当仪表或引压管路需要维修时，关闭截止阀，切断了压力的传递。这样既不影响设备的正常运行，也不会对维修工作带来危险性。

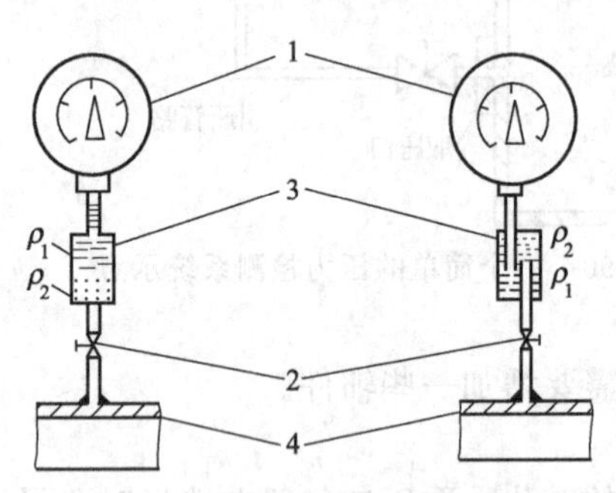

图 3.92　引压管路中的隔离罐

1—压力表；2—截止阀；3—隔离罐；4—生产设备

② 隔离罐　当被测介质腐蚀性较强时，为了防止腐蚀性介质直接作用到检测仪表，须采用隔离罐，隔离罐到检测仪表之间的引压管路中为中性介质的隔离液，如图 3.92 所示。

③ 集气器　被测介质为液体时，在引压管路的最上方安装集气器，收集介质中的气体，防止气体进入引压管路。

④ 集液器　被测介质为湿气体时，在引压管路的最下方安装集液器，收集介质中的液体，防止液体进入引压管路。

⑤ 冷凝器　被测介质为蒸汽时，在取压口附近安装冷凝器使其后的引压管路中充满冷凝水。

（4）一些特殊介质的取压方式

① 气固两相流介质　细小的固体颗粒进入取压口会造成取压口或引压管路的堵塞。如果颗粒较大，而且粉尘性颗粒含量很小，则可以在取压口上安装一个过滤网，阻止颗粒进入引压管路。更常见的方法是采用反吹技术，如图 3.93 所示。可以证明，当反吹风量很小而且恒定，并保证 $p_2 \leqslant 0.528p_1$ 时，接至压力仪表的引压管路中的压力 p_2 与被测压力 p 基本相等。由于反吹风的存在，可以防止颗粒进入引压管中。

② 气液两相流介质　如果气液两相混合介质进入引压管路，由于混合比例的不确定性会造成引压管路附加压力（引压管中流体的静压力）的变动。为此，对气液两相流介质，在引压管路中需增加分离罐。通过分离罐使气液两相分离，让液体进入其后的引压管路中，如图 3.94 所示。

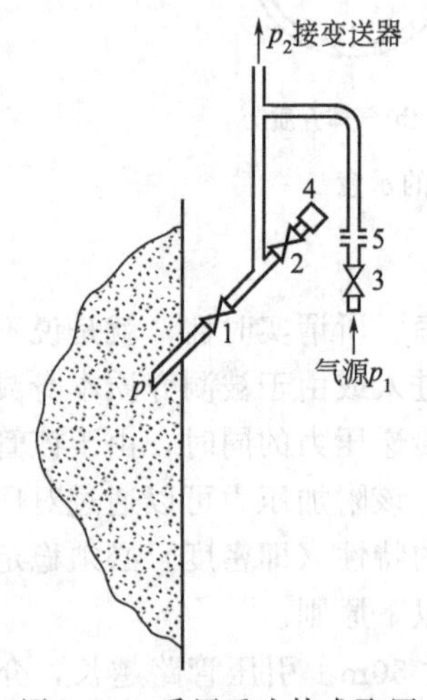

图 3.93　采用反吹技术取压

1～3—针阀；4—堵头；5—限流孔板

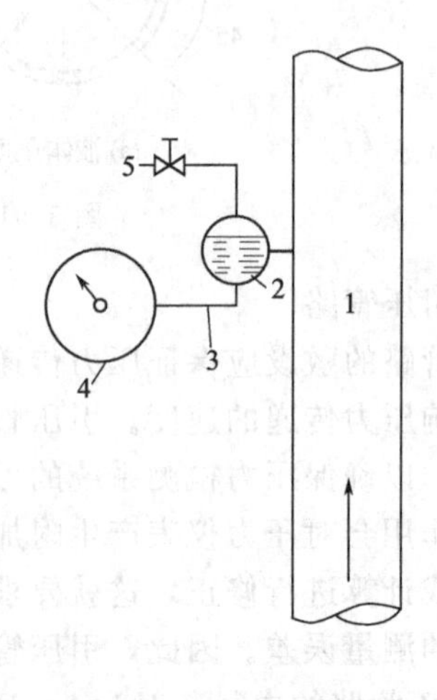

图 3.94　气液两相流介质取压系统

1—被测管道；2—分离小罐；3—连接管；4—压力计；5—排气阀

③ 高黏度、易结晶介质　这种介质在进入引压管路后一旦温度下降会造成因凝固或结晶而使引压管堵塞，为此可采用隔离罐，必要时可采用夹套方式用蒸汽加热或保温，如图3.95所示。另外也可以采用法兰式压力（差压）变送器。变送器的法兰直接与容器取压口的法兰连接，如图3.96所示。作为敏感元件的测量头（金属膜盒）经充满中性介质的毛细管与变送器的测量室相连通，从而把被测差压传递给差压变送器。毛细管中一般充有硅油，它既作为传压介质，也起到了隔离液作用。这种法兰式差压（压力）变送器也可以用在腐蚀性介质的差压（压力）测量。

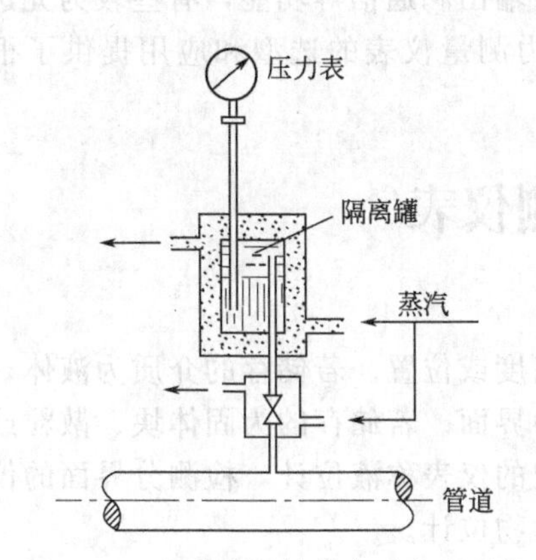

图 3.95　高黏度易结晶介质取压系统

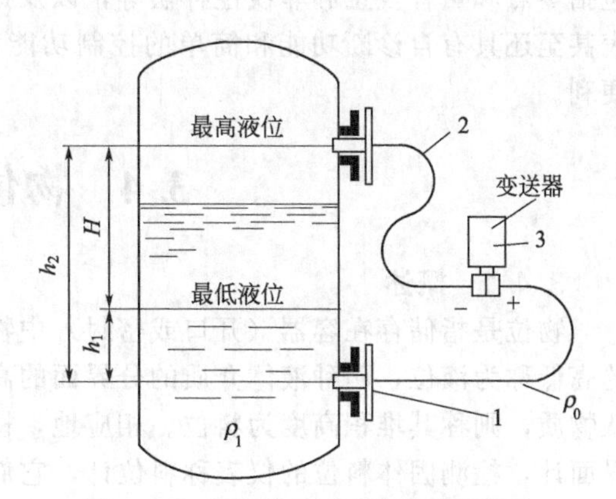

图 3.96　法兰式差压变送器取压系统

1—法兰式测量头；2—毛细管；3—变送器

各种压力检测仪表各有自己的特点和适用范围。液体压力计结构简单、使用方便，数据可靠，可用来测量低压、低差压和负压。但测量准确度受工作液的毛细作用、密度及视差等因素的影响。测量范围较窄，若工作液为水，则最大测量范围只有0～20kPa，若工作液采用水银，则测量范围可提高到0～250kPa左右。弹簧管压力表具有结构简单，使用方便和价格低廉的特点，由于它应用范围广，测量范围宽，因此在工业生产中使用十分普遍。但弹簧管压力表只能测表压和负压，只能就地指示。为了使压力信号传远，弹性元件常和其他转换元件一起使用组成各种电远传式压力检测仪表，其中力平衡式压力变送器和电容式压力变送器在工业过程中应用比较广泛。物性型压力传感器由于使用的压敏元件体积小，且大多为半导体材料，它不仅可将压力直接转换成电信号，而且还具有很高的频率响应，可测快速变化的压力。作为压敏元件的压电晶体的频响最高，可达100kHz，其次是压阻元件，达10kHz。不过由压电晶体、压阻元件和应变片等构成的各种压力传感器的灵敏度易受温度的影响，静态漂移较大，对压电晶体来说不能用来测量静态压力。固态压力传感器由于采用了集成电路的制造工艺，将敏感元件和补偿电路等集成在一起，较好地克服了温度对压阻元件灵敏度的影响，从而既有很好的动态特性又有较稳定的静态特性，因此，一般认为固态压力传感器是今后压力检测仪表的发展重点。

压力检测仪表虽有统一的量程系列，但在使用时有些仪表可根据实际需要进行量程调整，但调整意味着必须重新标定。另外，当实际压力与原仪表量程相差很大时就无法通过量程调整来实现，这就是说需要再买一台另一量程的压力检测仪表，这给使用者带来不便和经济负担。因此，能在很大的测压范围内进行量程调整而不需要重新标定是目前压力检测仪表和检测方法研究的一个热门课题。现在已有一些商品化的压力检测仪表在不需重新标定的情况下能较大范围地调节仪表的量程。

压力检测的特点是压力敏感元件必须与被测介质接触。一般的做法是在被测对象上开一个取压口，通过引压管路将被测介质的压力引入压力检测仪表的敏感元件处。因此，引压管路的性能和可靠性左右着整个压力测量系统，必须针对介质的不同采取不同的措施保证压力测量的准确性。在压力容器上开孔引压的方法产生的另一个问题是由于开孔使压力容器的强度大大降低。因此，若能发现一种非接触式的压力检测方法意义将十分重大。

同时，与温度检测仪表类似，随着科技的进步，数字型或智能型压力变送器日益成熟，使用也越来越广泛。目前已有不少压力变送器可接受多种类型的测量信号，并可方便地实现包括零点和量程校正和非线性补偿等，以及标准信号输出和通信等功能，有些较为先进的仪表甚至还具有自诊断功能和简单的控制功能，为压力测量仪表的选型和应用提供了很大的便利。

3.4 物位检测仪表

3.4.1 概述

物位是指储存在容器（开口或密封）中物质的高度或位置。若储存的介质为液体，液面的高低称为液位，两种液体介质的分界面的高低称为界面。若储存的为固体块、散粒或粉料状物质，则称其堆积高度为料位。相应地，检测液位的仪表称液位计，检测分界面的仪表称界面计，检测固体料位的仪表称料位计，它们统称为物位计。

1979 年 3 月 28 日，成千上万的人不得不逃离三英岛（靠近巴拿马的哈里斯巴格），因为那里核反应器的冷却系统发生了故障。当专家检查靠近反应器顶部的冷却水时，发现造成事故的原因是液位控制出现问题关断了流入反应器的冷却水。不幸的是，冷却水未流入反应器的顶部而在缸中有太多的冷却水，并且在极短的时间内蒸发、膨胀到顶部。从该事例可看出，物位测量的复杂性和重要性。

物位检测在现代工业生产过程中具有重要地位。通过物位检测可以确定容器中被测介质的储存量，以保证生产过程的物料平衡，也为经济核算提供可靠依据。同时，通过物位检测并加以控制可以使物位维持在规定的范围内，这对于保证产品的产量和质量，保证安全生产具有重要意义。例如，火力发电厂锅炉汽包水位，若水位过高，将造成蒸汽中带水，它不仅会加重管道和汽轮机积垢，降低压力和效率，而且严重时会使汽轮机发生事故；水位过低对水循环不利，有可能使水冷壁管局部过热甚至爆炸。因此必须对汽包水位进行准确的检测，并把它控制在一定的范围之内。

在工业生产中，物位检测对象有液位，也有料位等，有几十米高的大容器，也有几毫米的微型容器，介质的特性更是千差万别。因此，物位检测方法很多，以适应各种不同的检测要求。

常见的也是最直观的物位检测是直读式方法，它是在容器上开一些窗口（称为视镜）以便进行观测。对于液位检测，可以使用与被测容器相连通的玻璃管（或玻璃板）来显示容器内的液体高度。这种方法可靠、结果准确，但它只能适用于容器压力不高，只需现场指示的被测对象。除此之外，目前常用的物位检测方法可分为下列几种。

① 静压式物位计　根据流体静力学原理，静止介质内某一点的静压力与介质上方自由空间压力之差与该点上方的介质高度成正比，因此可根据差压来检测液位。

② 浮力式物位计　利用漂浮于液面上浮子随液面变化位置，或者部分浸没于液体中物体的浮力随液位而变化来检测液位，前者称为恒浮力法，后者称变浮力法，二者均用于液位的检测。

③ 电气式物位计　把敏感元件做成一定形状的电极置于被测介质中，则电极之间的电

气参数，如电阻、电容等，随物位的变化而改变。这种方法既可用于液位检测，也可用于料位检测，有时还可用于界位的检测。

④ 声学式物位计　利用超声波在介质中的传播速度或在不同相界面之间的反射特性来检测物位。液位和料位的检测都可以用此方法。

⑤ 射线式物位计　放射性同位素所放出的射线（如β射线、γ射线等）穿过被测介质（液体或固体颗粒）时，其辐射能量因吸收作用而减弱，能量将衰减，其衰减程度与物位有关。利用这一原理可实现物位的非接触式检测。

⑥ 微波物位计　又称雷达物位仪，由于微波属电磁波，在一定条件下，传播速度是一定的，因此可以利用测量微波从传感器传播至物料表面并返回到传感器所用的时间来实现物位的测量。

⑦ 磁致伸缩物位计　利用磁致伸缩的效应实现物位的测量。

除此之外还有光学法、重锤法等。在物位检测中，尽管各种检测方法所用的技术各不相同，但可把它们归纳为以下几个检测原理。

① 基于力学原理　敏感元件所受到的力（压力）的大小与物位成正比，它包括静压式、浮力式和重锤式物位检测等。

② 基于相对变化原理　当物位变化时，物位与容器底部或顶部的距离发生改变，通过测量距离的相对变化可获得物位的信息。这种检测原理包括声学法、微波法和光学法等。

③ 基于某强度性物理量随物位的升高而增加原理　例如对射线的吸收强度，电容器的电容量等。

3.4.2 静压式液位计

3.4.2.1 检测原理

静压式液位计是基于液位高度变化时，由液柱产生的静压也随之变化的原理。如图3.97所示，A 代表实际液面，B 代表零液位，H 为液柱高度，根据流体静力学原理可知，A、B 两点的压力差为

$$\Delta p = p_B - p_A = H\rho g \tag{3.122}$$

式中，p_A和 p_B为容器中 A 点和 B 点的静压，其中 p_A应理解为液面上方气相的压力，当被测对象为敞口容器，则 p_A为大气压，上式变为

$$p = p_B - p_0 = H\rho g \tag{3.123}$$

式中，p 为 B 点的表压力。

由式(3.122) 和式(3.123) 可知，当被测介质密度 ρ 为已知时（一般可视为常数），A、B 两点的压力差 Δp 或 B 点的表压力 p 与液位高度 H 成正比。这样就把液位检测转化为压力差或压力的检测，选择合适的压力（差压）检测仪表即可实现液位的检测。

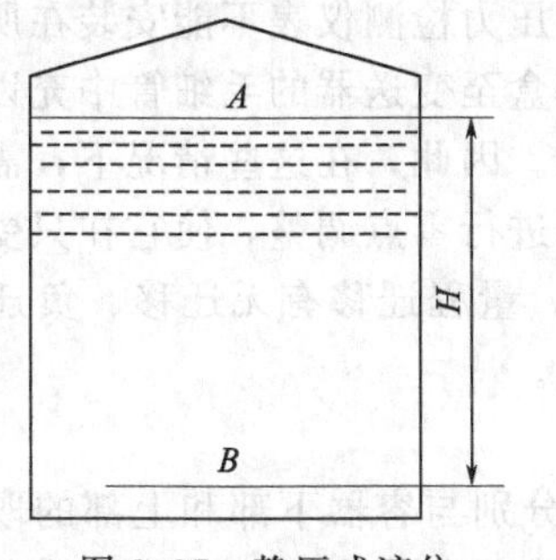

图 3.97　静压式液位计检测原理

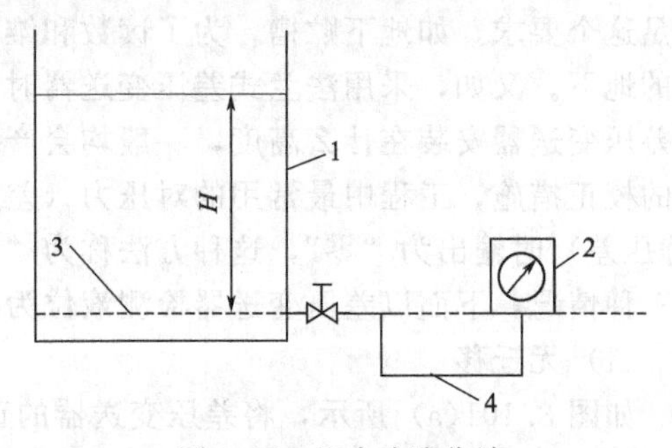

图 3.98　压力式液位计

1—容器；2—压力表；3—零液位；4—引压管路

3.4.2.2　实现方法

如果被测对象为敞口容器，可以直接用压力检测仪表对液位进行检测。方法是将压力仪表通过引压管路与容器底侧零液位相连，如图 3.98 所示。压力指示值与液位高度满足式(3.123)。这种方法要求液体密度为定值，否则会引起误差。另外，压力仪表实际指示的压力是液面至压力仪表入口之间的静压力，当压力仪表与取压点（零液位）不在同一水平位置时，应对其位置高差而引起的固定压力进行修正，否则仪表指示值不能直接用式（3.123）计算得到液位。

在密闭容器中，容器下部的液体压力除与液位高度有关外，还与液面上部介质压力有关。根据式（3.122）可知，在这种情况下，可以用测量差压的方法来获得液位，如图 3.99 所示。与压力检测法一样，差压检测法的差压指示值除了与液位高度有关外，还与液体密度和差压仪表的安装位置有关。当这些因素影响较大时必须进行修正。对于安装位置引起的指示偏差可采用后述的“量程迁移”来解决。

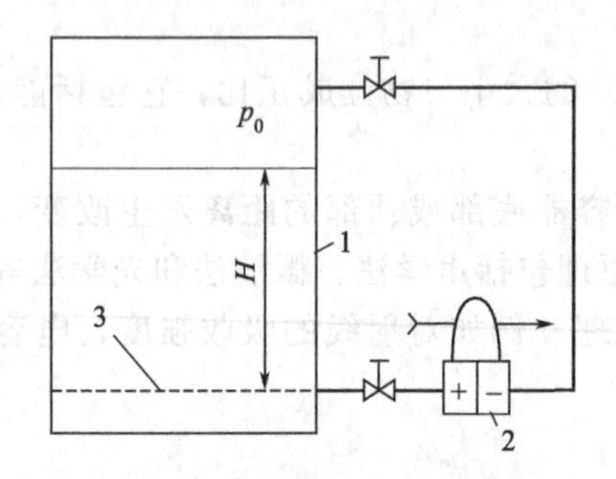

图 3.99　差压式液位计示意

1—容器；2—差压计；3—零液位

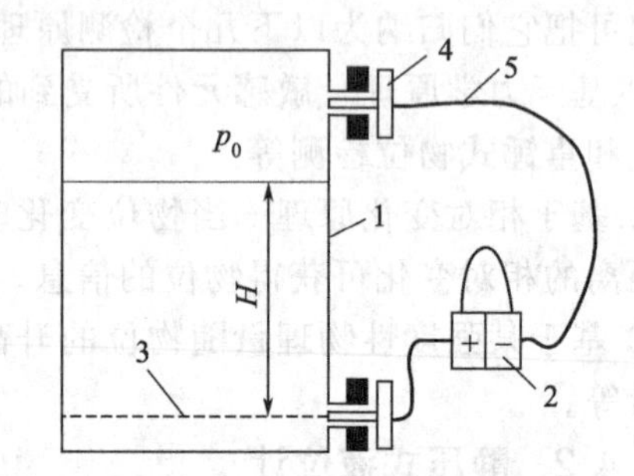

图 3.100　法兰式液位计示意

1—容器；2—差压计；3—零液位；4—法兰；5—毛细管

对于具有腐蚀性或含有结晶颗粒以及黏度大、易凝固的液体介质，引压导管易被腐蚀或堵塞，影响测量准确度，甚至不能测量，这时应用法兰式差压（压力）变送器。这种仪表是用法兰直接与容器上的法兰相连，如图 3.100 所示。敏感元件为金属膜盒，它直接与被测介质接触，省去引压导管，从而克服导管的腐蚀和阻塞问题。膜盒经毛细管与变送器的测量室相通，它们所组成的密闭系统内充以硅油，作为传压介质。为了使毛细管经久耐用，其外部均套有金属蛇皮保护管。

3.4.2.3　量程迁移

前面已提到无论是压力检测法还是差压检测法都要求取压口（零液位）与压力（差压）检测仪表的入口在同一水平高度，否则会产生附加静压误差。但是，在实际安装时不一定能满足这个要求。如地下贮槽，为了读数和维护的方便，压力检测仪表不能安装在所谓零液位处的地下。又如，采用法兰式差压变送器时，由于从膜盒至变送器的毛细管中充以硅油，无论差压变送器安装在什么高度，一般均会产生附加静压。因此，在这些情况下，需要采取相应的校正措施，工程中最常用的对压力（差压）变送器进行零点调整，使它在只受附加静压(静压差）时输出为“零”，这种方法称为“量程迁移”。量程迁移有无迁移、负迁移和正迁移三种情况，下面以差压变送器检测液位为例进行介绍。

(1) 无迁移

如图 3.101(a) 所示，将差压变送器的正、负压室分别与容器下部和上部的取压点相连通，并保证正压室与零液位等高。连接负压室与容器上部取压点的引压管中充满与容器液位上方相同的气体，由于气体密度相对于液体小得多，则取压点与负压室之间的静压差很小，

可以忽略。设差压变送器正、负压室所受到的压力分别为 p_+ 和 p_-，则有

$$p_+=p_0+H\rho_1 g$$

$$p_-=p_0$$

$$\Delta p=p_+-p_-=H\rho_1 g \tag{3.124}$$

可见，当 $H=0$ 时，$\Delta p=0$，差压变送器未受任何附加静压；当 $H=H_{max}$ 时，$\Delta p=\Delta p_{max}$。这说明差压变送器无需迁移。

差压变送器的作用是将输入差压转化为统一的标准信号输出。以工程中最常用 DDZ-Ⅲ型系列电动单元组合仪表为例，其输出信号为 4～20mA 的标准直流电流。如果选取合适的差压变送器量程，使 $H=H_{max}$ 时，最大差压值 Δp_{max} 为差压变送器的满量程。则在无迁移情况下，当差压变送器输出 $I=4$mA 时，表示输入差压值为零，也即 $H=0$；当差压变送器输出 $I=20$mA 时，表示输入差压达 Δp_{max}，也即 $H=H_{max}$。因此，差压变送器的输出电流 I 与液位 H 呈线性关系。图 3.102 中的 a 线表示了液位 H 与差压 Δp 以及差压 Δp 与输出电流 ΔI 之间的关系。

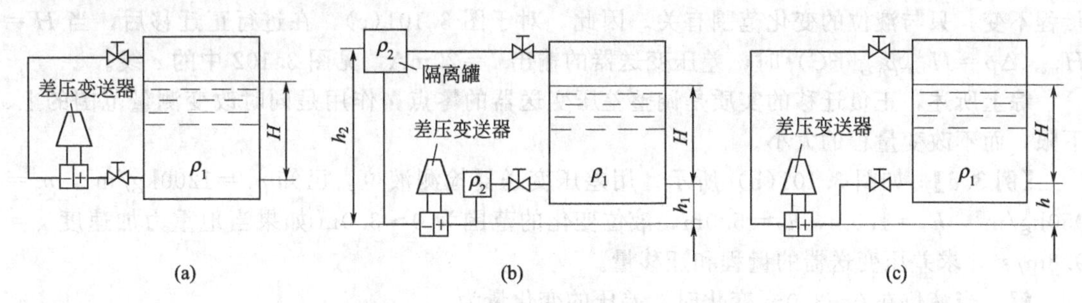

图 3.101　差压变送器测量液位原理

（2）负迁移

如图 3.101(b)，在许多工程应用场合，为了防腐或便于安装的需要，常常在差压变送器正、负压室与取压点之间分别装有隔离罐（和引压管），并充以隔离液。设隔离液的密度为 ρ_2，这时差压变送器正、负压室所受到的压力分别为

$$p_+=h_1\rho_2 g+H\rho_1 g+p_0$$

$$p_-=h_2\rho_2 g+p_0$$

则
$$\Delta p=p_++p_-=H\rho_1 g+h_1\rho_2 g-h_2\rho_2 g=H\rho_1 g-B \tag{3.125}$$

式中，$B=(h_2-h_1)\rho_2 g$，h_1 和 h_2 参见图 3.101(b)。

由上式可见，当 $H=0$ 时，$\Delta p=-B<0$，差压变送器受到一个附加的差压作用，使差压变送器的输出 $I<4$mA。为使 $H=0$ 时，差压变送器输出 $I=4$mA，就要设法消去 $-B$ 的作用，这称为量程迁移。由于要迁移的量为负值，因此称负迁移，负迁移量为 B。

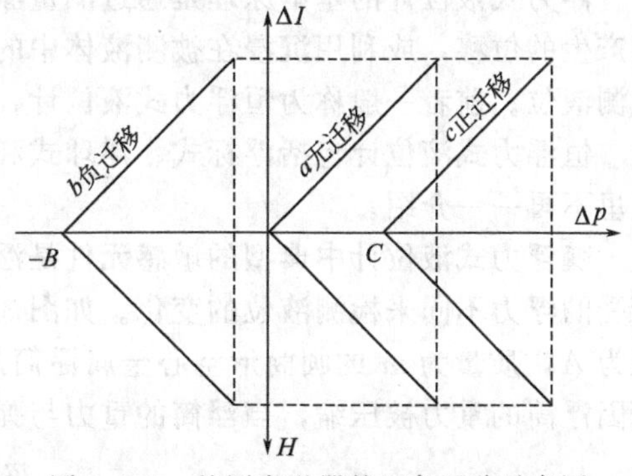

图 3.102　差压变送器的正负迁移示意图

对于 DDZ-Ⅲ型差压变送器，量程迁移是使变送器在 $\Delta p=-B$（对应于 $H=0$ 的差压值）时，输出电流 $I=4$mA。当液位 H 在 $0\sim H_{max}$ 变化时，差压的变化量为 $H_{max}\rho_1 g$，该值即为差压变送器的量程。这样，当 $H=H_{max}$ 时，$\Delta p=H_{max}\rho_1 g-B$，差变的输出电流 $I=20$mA，从而实现了差变输出与液位之间的线

性关系，见图 3.102 中的 b 线。

(3) 正迁移

如图 3.101(c) 所示，假定连接负压室与容器上部取压点的引压管中充满气体，并忽略气体产生的静压力，但差压变送器安装在零液位水平线以下 h 位置，则差压变送器正、负压室所受的压力为

$$p_+ = H\rho_1 g + h\rho_1 g + p_0$$

$$p_- = p_0$$

则
$$\Delta p = p_+ - p_- = H\rho_1 g + h\rho_1 g = H\rho_1 g + C \tag{3.126}$$

由上式可见，当 $H=0$ 时，$\Delta p = C$，差压变送器受到一个附加正差压作用，使差压变送器的输出 $I>4\text{mA}$。为使 $H=0$ 时，$I=4\text{mA}$，就需设法消去 C 的作用。由于 $C>0$，故需要正迁移，迁移量为 C。

由式(3.126) 可知，当液位 H 在 $0\sim H_{max}$ 变化时，差压的变化量为 $H_{max}\rho_1 g$，与前面两种情况相同。这说明尽管由于差压变送器的安装位置等原因需要差变进行量程迁移，但其量程不变，只与液位的变化范围有关。因此，对于图 3.101(c)，在进行正迁移后，当 $H=H_{max}$($\Delta p = H_{max}\rho_1 g + C$) 时，差压变送器的输出 $I=20\text{mA}$，见图 3.102 中的 c 线。

综上所述，正负迁移的实质是调整差压变送器的零点，作用是同时改变测量范围的上、下限，而不改变量程的大小。

【例 3.6】 如图 3.101(b) 所示，用差压变送器检测液位。已知 $\rho_1 = 1200\text{kg/m}^3$，$\rho_2 = 950\text{kg/m}^3$，$h_1 = 1.0\text{m}$，$h_2 = 5.0\text{m}$，液位变化的范围为 0～3.0m 如果当地重力加速度 $g = 9.8\text{m/s}^2$，求差压变送器的量程和迁移量。

解 当液位在 0～3.0m 变化时，差压的变化量为

$$H_{max}\rho_1 g = 3.0\times 1200\times 9.8 = 35280\ (\text{Pa})$$

根据差压变送器的量程系列，可选差变的量程为 40kPa。

由式(3.125) 可知，当 $H=0$ 时，有

$$\Delta p = -(h_2 - h_1)\rho_2 g = -(5.0-1.0)\times 950\times 9.8 = -37240\ (\text{Pa})$$

所以，差压变送器需要进行负迁移，负迁移量为 37.24kPa。迁移后该差变的测量范围为－37.24～2.76kPa。若选用 DDZ-Ⅲ型仪表，则当变送器输出 $I=4\text{mA}$ 时，表示 $H=0$；当 $I=20\text{mA}$ 时，$H=40\times 3.0/35.28=3.4$ (m)，即实际可测液位范围为 0～3.4m。

上例中，如果要求 $H=3.0\text{m}$ 时差变输出满刻度（20mA），则可在负迁移后再进行量程调节，使得当 $\Delta p = -37.24+35.28 = -1.96$ (kPa) 时，差变的输出达到 20mA。

3.4.3 浮力式液位计

浮力式液位计的基本原理是通过测量漂浮于被测液面上的浮子（也称浮标）随液面变化而产生的位移，或利用沉浸在被测液体中的浮筒（也称沉筒）所受的浮力与液面位置的关系检测液位。前者一般称为恒浮力式液位计，后者称为变浮力式液位计。

恒浮力式液位计包括浮标式、浮球式和翻板式等各种方法，由于它们的原理比较简单，这里不再一一介绍。

变浮力式液位计中典型的敏感元件是浮筒，它是利用浮筒由于被液体浸没高度不同以致所受的浮力不同来检测液位的变化。如图 3.103 所示是浮筒式液位计的原理图。将一横截面积为 A，质量为 m 的圆筒形空心金属浮筒悬挂在弹簧上，由于弹簧的下端被固定，因此弹簧因浮筒的重力被压缩，当浮筒的重力与弹簧力达到平衡时，则有

$$mg = Cx_0 \tag{3.127}$$

式中，C 为弹簧的刚度；x_0 为弹簧由于浮筒重力被压缩所产生的位移。

当浮筒的一部分被液体浸没时，浮筒受到液体对它的浮力作用而向上移动。当它与弹簧力和浮筒的重力平衡时，浮筒停止移动。设液位高度为 H，浮筒由于向上移动实际浸没在液体中的长度为 h，浮筒移动的距离，也就是弹簧的位移改变量为 Δx，则

$$H=h+\Delta x \tag{3.128}$$

根据力平衡可得

$$mg-Ah\rho g=C(x_0-\Delta x) \tag{3.129}$$

式中，ρ 为浸没浮筒的液体密度。将式(3.127) 代入上式，整理后便得

$$Ah\rho g=C\Delta x \tag{3.130}$$

一般情况下，$h\gg\Delta x$，由式(3.128) 可得 $H\approx h$，从而被测液位 H 可表示为

$$H=\frac{C}{A\rho g}\Delta x \tag{3.131}$$

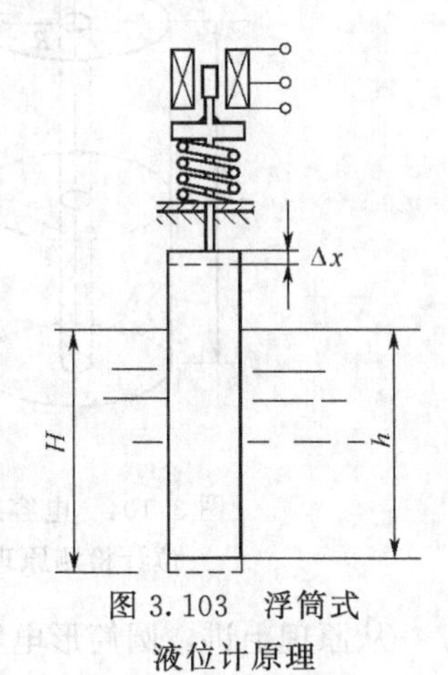

图 3.103　浮筒式液位计原理

式(3.131) 表明，当液位变化时，使浮筒产生位移，其位移量 Δx 与液位高度 H 成正比关系。因此变浮力物位检测方法实质上就是将液位转换成敏感元件（在这里为浮筒）的位移。

在浮筒的连杆上安装一铁芯，并随浮筒一起上下移动，通过差动变压器使输出电压与位移成正比关系。另外，也可以将浮筒所受的浮力通过扭力管达到力矩平衡，把浮筒的位移变成扭力管的角位移，进一步用其他转换元件转换为电信号，构成一个完整的液位计。浮筒式液位计不仅能检测液位，而且还能检测界面。

3.4.4　电容式物位计

电容式物位计是利用敏感元件（电容器）直接把物位变化转换为电容量的变化，常见的电容器结构为圆筒形，其检测原理如图 3.104 所示。它是由两个长度为 L，半径分别为 R 和 r 的圆筒形金属导体组成。当两圆筒间充以介电常数为 ε_1 的气体时，则由该圆筒组成的电容器的电容量为

$$C_0=\frac{2\pi\varepsilon_1 L}{\ln\dfrac{R}{r}} \tag{3.132}$$

如果两圆筒形电极间的一部分被介电常数为 ε_2 的液体所浸没，设被浸没的电极长度为 H，此时的电容量为

$$C=C_1+C_2=\frac{2\pi\varepsilon_1(L-H)}{\ln\dfrac{R}{r}}+\frac{2\pi\varepsilon_2 H}{\ln\dfrac{R}{r}} \tag{3.133}$$

经整理后可得

$$C=C_0+\Delta C \tag{3.134}$$

式中

$$\Delta C=\frac{2\pi(\varepsilon_2-\varepsilon_1)}{\ln\dfrac{R}{r}}H \tag{3.135}$$

式(3.134) 和式(3.135) 表明：当圆筒形电容器的几何尺寸 L、R 和 r 保持不变，且介电常数也不变时，电容器电容增量 ΔC 与电极被介电常数为 ε_2 的介质所浸没的高度 H 成正比关

系。另外，两种介质的介电常数的差值$\varepsilon_2-\varepsilon_1$越大，则$\Delta C$也越大，说明相对灵敏度越高。

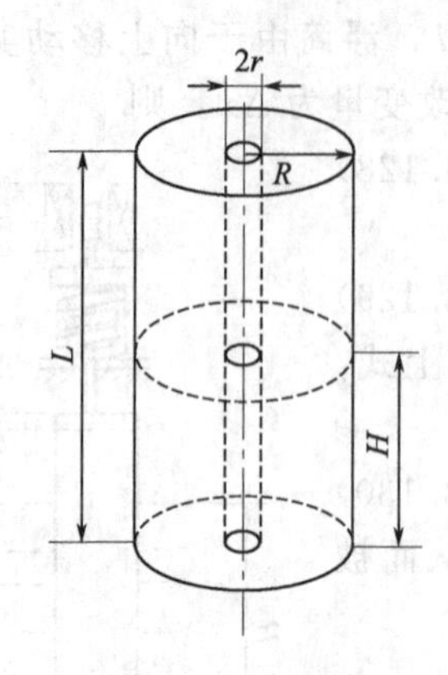

图 3.104 电容式物位计检测原理

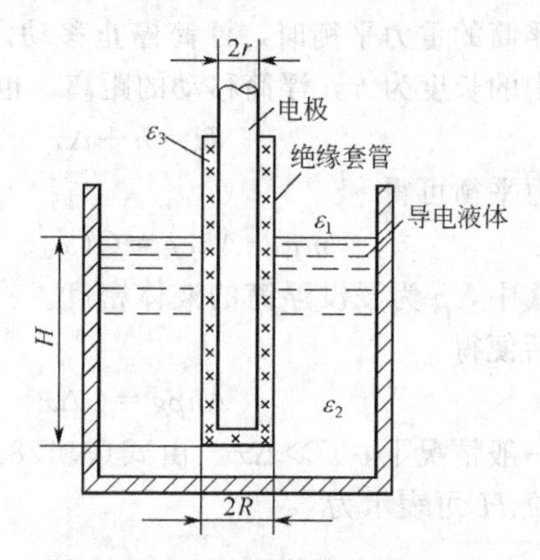

图 3.105 导电液体液位测量示意

从原理上讲，圆筒形电容器既可用于非导电液体的液位检测，也可用于固体颗粒的料位检测。如果被测介质为导电性液体，上述圆筒形电极将被导电的液体所短路。因此，对于这种介质的液位检测，电极要用绝缘物（如聚乙烯）覆盖作为中间介质，而液体和外圆筒一起作为外电极，如图 3.105 所示。由此构成的等效电容C为图 3.106 所示，图中的电容C_{11}、C_{12}和C_2分别为

$$\left.\begin{aligned} C_{11}&=\frac{2\pi\varepsilon_3(L-H)}{\ln\dfrac{R}{r}}\\ C_{12}&=\frac{2\pi\varepsilon_1(L-H)}{\ln\dfrac{R_i}{R}}\\ C_2&=\frac{2\pi\varepsilon_3 H}{\ln\dfrac{R}{r}}\end{aligned}\right\}\tag{3.136}$$

式中，ε_1、ε_3分别为被测液位上方气体和覆盖电极用绝缘物的介电常数；R_i为容器的内半径。

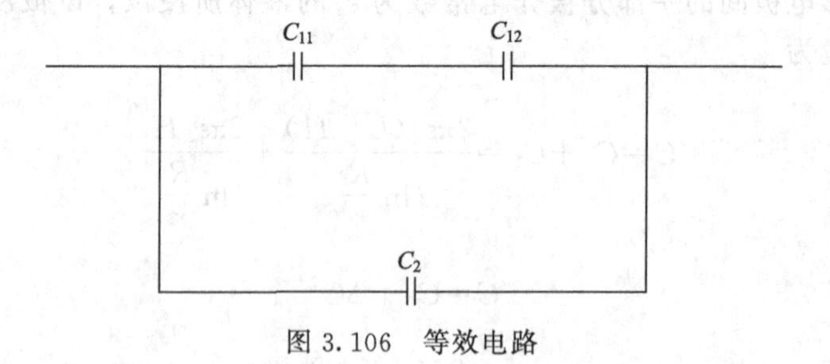

图 3.106 等效电路

由于在一般情况下，$\varepsilon_3\gg\varepsilon_1$，并且$R_i\gg R$，因此有$C_{12}\ll C_{11}$，则图 3.106 的等效电容$C$可写为

$$C=C_{12}+C_2=\frac{2\pi\varepsilon_1 L}{\ln\dfrac{R_i}{R}}-\frac{2\pi\varepsilon_1 H}{\ln\dfrac{R_i}{R}}+\frac{2\pi\varepsilon_3 H}{\ln\dfrac{R}{r}}$$

显然，上式的第 2 项远比第 3 项小得多，可忽略不计，故有

$$C=\frac{2\pi\varepsilon_1 L}{\ln\frac{R_i}{R}}+\frac{2\pi\varepsilon_3 H}{\ln\frac{R}{r}}=C_0'+KH \tag{3.137}$$

式中，$C_0'=2\pi\varepsilon_1 L/\ln\frac{R_i}{R}$；$K=2\pi\varepsilon_3/\ln\frac{R}{r}$。

上式表明：电容器的电容量或电容的增量 $\Delta C=C-C_0'$ 随液位的升高而线性增加。因此，电容式物位计的基本原理是将物位的变化转换为由插入电极所构成的电容器电容量的改变。

电容式物位计主要由电极（敏感元件）和电容检测电路组成。由于电容的变化量较小，因此准确检测电容量是物位检测的关键。目前在物位检测中，常见的电容检测方法主要有交流电桥法、充放电法和谐振电路法等，有关电容与电压（电流）的转换详见 3.1 节中的有关内容。

3.4.5　超声波物位计

声波是一种机械波，是机械振动在介质中的传播过程，当振动频率在十余赫兹到万余赫兹时可以引起人的听觉，称为闻声波。更低频率的机械波称为次声波，20kHz 以上频率的机械波称为超声波。作为物位检测，一般应用超声波。

3.4.5.1　检测原理

超声学是一门学科，已有几十年历史，其应用范围很广泛。超声波不仅用来进行各种参数的检测，而且广泛应用于加工和处理技术。超声波用于物位检测主要利用了它的以下性质。

① 和其他声波一样，超声波可以在气体、液体及固体中传播，并有各自的传播速度。例如在常温下空气中的声速约为 334m/s，在水中的声速约为 1440m/s，而在钢铁中约为 5000m/s。声速不仅与介质有关，而且还与介质所处的状态（如温度）有关。例如理想气体的声速与绝对温度 T 的平方根成正比，对于空气来说影响声速的主要因素是温度，并可用下式计算声速 v 的近似值

$$v=20.067\sqrt{T} \tag{3.138}$$

在许多固体和液体中，声速一般随温度的增高而降低。

② 声波在介质中传播时会被吸收而衰减，气体吸收最强而衰减最大，液体其次，固体吸收最小因而衰减最小，因此对于一给定强度的声波，在气体中传播的距离会明显比在液体和固体中传播的距离短。另外声波在介质中传播时衰减的程度还与声波的频率有关，频率越高，声波的衰减也越大，因此超声波比其他声波在传播时的衰减更明显。

③ 声波传播时的方向性随声波的频率的升高而变强，发射的声束也越尖锐，超声波可近似为直线传播，具有很好的方向性。

④ 当声波从一种介质向另一种介质传播时，因为两种介质的密度不同和声波在其中传播的速度不同，在分界面上声波会产生反射和折射，其反射系数 R 为

$$R=\frac{I_R}{I_0}=\left(\frac{Z_2\cos\alpha-Z_1\cos\beta}{Z_2\cos\alpha+Z_1\cos\beta}\right)^2 \tag{3.139}$$

式中，I_R、I_0 为反射和入射声波的声强；α、β 为声波的入射角和反射角；Z_1、Z_2 为两种介质的声阻抗，其值为 $Z_1=\rho_1 v_1$，$Z_2=\rho_2 v_2$。

在声波垂直入射时，$\alpha=0$，则 $\beta=0$，其反射系数变为

$$R=\left(\frac{Z_2-Z_1}{Z_2+Z_1}\right)^2 \tag{3.140}$$

设想声波从水传播到空气，在常温下它们的声阻抗约为$Z_1=1.44\times10^6$，$Z_2=4\times10^2$，代入式(3.140) 则得$R=0.999$。这说明当声波从液体或固体传播到气体，或相反的情况下，由于两种介质的声阻抗相差悬殊，声波几乎全部被反射。

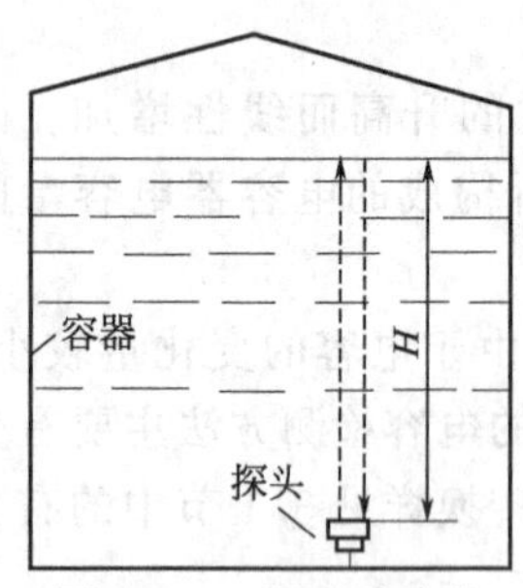

图 3.107　超声波液位检测原理

声学式物位检测方法就是利用声波的这种特性，通过测量声波从发射至接收到被物位界面所反射的回波的时间间隔来确定物位的高低。图 3.107 是用超声波检测物位的原理图。超声波发射器被置于容器底部，当它向液面发短促的脉冲时，在液面处产生反射，回波被超声接收器接收。若超声发射器和接收器（图中简称探头）到液面的距离为H，声波在液体中的传播速度为v，则有如下简单关系

$$H=\frac{1}{2}vt \tag{3.141}$$

式中，t为超声脉冲从发射到接收所经过的时间。当超声波的传播速度v为已知时，利用上式便可求得物位。

3.4.5.2　超声波的接收和发射

超声波的接收和发射是基于压电效应和逆压电效应。具有压电效应的压电晶体在受到声波声压的作用时，晶体两端将会产生与声压变化同步的电荷，从而把声波（机械能）转换成电能。反之，如果将交变电压加在晶体两个端面的电极上，沿着晶体厚度方向将产生与所加交变电压同频率的机械振动，向外发射声波，实现了电能与机械能的转换。因此，用作超声发射和接收的压电晶体也称换能器。

换能器的核心是压电片，根据不同的需要，压电片的振动方式有很多，如薄片的厚度振动，纵片的长度振动，横片的长度振动，圆片的径向振动，圆管的厚度、长度、径向和扭转振动，弯曲振动等。其中以薄片厚度振动用得最多。由于压电晶体本身较脆，并因各种绝缘、密封、防腐蚀、阻抗匹配及防护不良环境要求，压电元件往往装在一壳体内而构成探头。如图 3.108 所示为超声波换能器探头的常用结构，其振动频率可在几百千赫兹以上，一般采用厚度振动的压电片。

在超声检测中，需选择合适的超声波能量。采用较高能量的超声波，可以增加声波在介质中传播的距离，以适用于物位测量范围较大的检测系统。另外，提高超声波发射的能量，则经物位表面反射到达接收器的声能也增加，有利于提高检测系统的测量准确度。但是，声能过强会引起一些不利的超声效应，对测量产生影响。例如，具有较高能量的超声波在液体介质中传播易产生空化效应，大量空化气泡的形成将使超声能量在这空化区域内消耗而不能传到较远处；超声波在介质中传播时被吸收，同时引起介质的温升效应，超声能量越高，温升也越高，易使介质特性发生变化，从而降低测量准确度。

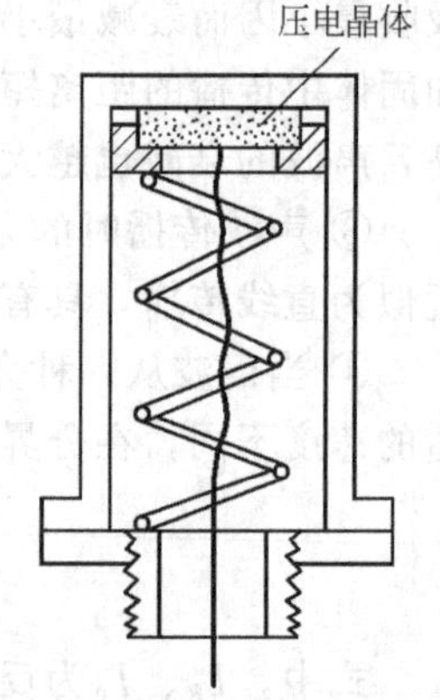

图 3.108　超声波换能器探头的常用结构

为了减小上述各种不利的超声效应，同时也为了便于测量超声波的传播时间，在物位检测中一般采用较高频的超声脉冲。这样既减小了单位时间内超声波的发射能量，同时又可提高超声脉冲的幅值，前者有利于减小空化效应、温升效应等以及节约仪器的能耗，后者可提高测量准确度。

超声换能器除了采用压电材料外，还有磁致伸缩材料。在某些铁磁材料及其合金（如镍、镍铁合金、铝铁合金等）和某些铁氧体做成的磁性体棒中，若沿某一方向施加磁场，则随着磁场的强弱变化，材料沿这一方向的长度就会发生变化，当施加的交变磁场的频率与该磁性体棒的机械固有频率相等时，磁性体棒就会产生共振，其伸缩量加大，这种现象称为磁致伸缩效应，能产生这种效应的材料称为磁致伸缩材料。利用磁致伸缩效应可以用来产生超声波。

磁致伸缩材料在外力（或应力、应变）作用下，引起内部发生形变，产生应力，使各磁畴之间的界限发生移动，磁畴磁化强度矢量转动，从而使材料的磁化强度和磁导率发生相应的变化。这种由于应力使磁性材料磁性质变化的现象称为压磁效应，又称逆磁致伸缩效应。在磁致伸缩材料外加一个线圈，可以把材料的磁性的变化转化为线圈电流的变化，因此可用来接收超声波。

3.4.5.3 实现方法

根据声波传播的介质不同，超声波物位计可分为固介式、液介式和气介式三种。超声换能器探头可以使用两个，也可以只用一个。前者是一个探头发射超声波，另一个探头用来接收。后者是发射与接收声波均由一个探头完成，只是发射与接收时间相互错开。

由式(3.141) 可知，物位检测的准确度主要取决于超声脉冲的传播时间 t 和超声波在介质中的传播速度 v 两个量。前者可用适当的电路进行精确测量，后者易受介质温度、成分等变化的影响，因此，需要采取有效的补偿措施，超声波传播速度的补偿方法主要有以下几种。

(1) 温度补偿

如果声波在被测介质中的传播速度主要随温度而变，声速与温度的关系为已知，而且假设声波所穿越的介质的温度处处相等，则可以在超声换能器附近安装一个温度传感器，根据已知的声速与温度之间的函数关系，自动进行声速的补偿。

(2) 设置校正具

在被测介质中安装两组换能器探头，一组用作测量探头，另一组用作构成声速校正用的探头，如图 3.109 所示。校正的方法是将校正用的探头固定在校正具（一般是金属圆筒）的一端，校正具的另一端是一块反射板。由于校正探头到反射板的距离 L_0 为已知的固定长度，测出声脉冲从校正探头到反射板的往返时间 t_0，则可得声波在介质中的传播速度为

$$v_0=\frac{2L_0}{t_0} \tag{3.142}$$

因为校正探头和测量探头是在同一个介质中，如果两者的传播速度相等，即 $v_0=v$，则代入式(3.141) 可得

$$H=\frac{L_0}{t_0}t \tag{3.143}$$

由上式可知，只要测出时间 t 和 t_0，就能获得料位的高度 H，从而消除了声速变化引起的测量误差。

根据介质的特性，校正具可以采用固定型的，如图 3.109(a)；也可以用活动型的，如图 3.109(b)。前者适用于容器中介质的声速各处相同，后者主要用于声速沿高度方向变化的介质。

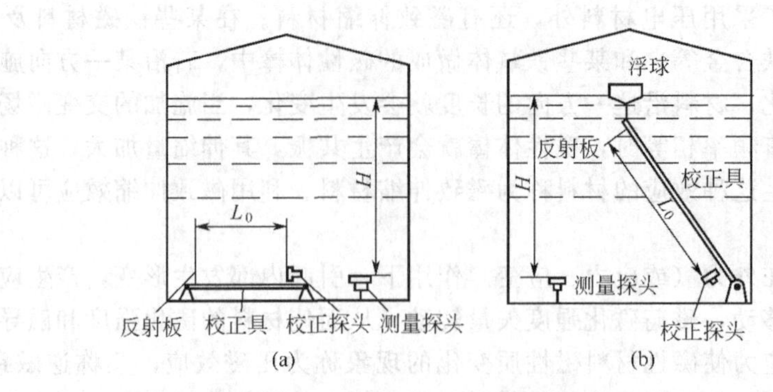

图 3.109 应用校正具检测液位原理

3.4.6 射线式物位计

放射性同位素在蜕变过程中会放射出 α、β、γ 三种射线。α 射线是从放射性同位素原子核中放射出来的，它由两个质子和两个中子所组成（即实际上是氦原子核），带有正电荷，它的电离本领最强，但穿透能力最弱。β 射线是电子流，电离本领比 α 射线弱，而穿透能力较 α 射线强。γ 射线是一种从原子核中发出的电磁波，它的波长较短，不带电荷，它在物质中的穿透能力比 α 和 β 射线都强，但电离本领最弱。

由于射线的可穿透性，它们常被用于情况特殊或环境条件恶劣的场合实现各种参数的非接触式检测，如位移、材料的厚度及成分、流体密度、流量、物位等。物位检测是其中一个典型的应用示例。

(1) 检测原理

当射线射入一定厚度的介质时，部分能量被介质所吸收，所穿透的射线强度随着所通过的介质厚度增加而减弱，它的变化规律为

$$I=I_0 e^{-\mu H} \tag{3.144}$$

式中，I_0、I 为射入介质前和通过介质后的射线强度；μ 为介质对射线的吸收系数；H 为射线所通过的介质厚度。

介质不同，吸收射线的能力也不同。一般固体吸收能力最强，液体其次，气体最弱。当射线源和被测介质一定时，I_0 和 μ 都为常数。测出通过介质后的射线强度 I，便可求出被测介质的厚度 H。图 3.110 为用射线方法检测物位的基本原理图。

(2) 检测系统组成

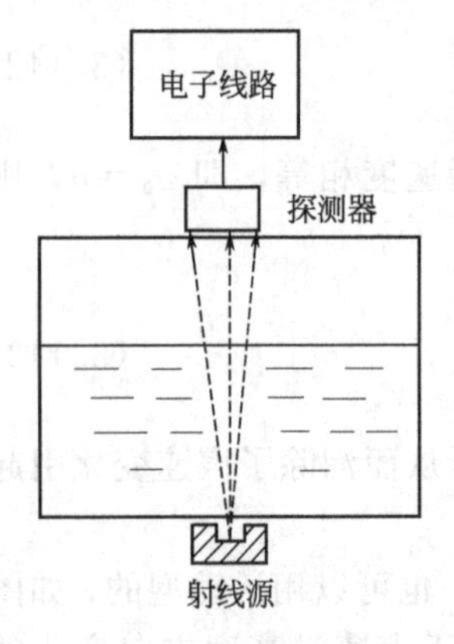

图 3.110 射线式物位检测原理

由图 3.110 可见，射线式物位检测系统主要由射线源、探测器和电子线路等部分组成。

① 射线源 主要从射线的种类、强度以及使用的时间等方面考虑选择合适的放射性同位素和所使用的量。由于在物位检测中一般需要射线穿透的距离较长，因此常采用穿透能力较强的 γ 射线。能产生 γ 射线的放射性同位素主要是 ^{60}Co(钴) 和 ^{137}Cs(铯)，它们的半衰期分别为 5.3 年和 33 年。另外，由 ^{60}Co 产生的 γ 射线能量较 ^{137}Cs 大，在介质中平均质量吸收系数小，因此它的穿透能力较 ^{137}Cs 强。但是，^{60}Co 由于半衰期较短，使用若干年后，射线强度的减弱会使检测系统的准确度下降，必要时还需要更换射线源。若更换过程操作不慎，废弃的射线源处理不当，很容易引起不安全因素。放射源的强度取决于所使用的放射性同位素的质

量。质量越大，所释放的射线强度也越大，这对提高测量准确度，提高仪器的反应速度有利，但同时也给防护带来了困难，因此必须是两者兼顾，在保证测量满足要求的前提下尽量减小其强度，以简化防护和保证安全。

② 探测器　射线探测器的作用是将其接收到的射线强度转变成电信号，并输给下一级电子线路。作为γ射线的检测，常用的探测器是闪烁计数管，此外，还有电离室和盖革-弥勒计数管等。

闪烁计数管主要是由闪烁体和光电倍增管两部分组成，如图 3.111 所示。闪烁体是一种能将射线的能量转变为光能的物质，而光电倍增管的作用为接受闪烁体发射的光子将其转变为电子，并将这些电子倍增放大为可测量的电脉冲。对于不同射线的探测，所用的闪烁体是不同的。探测γ射线的闪烁体为碘化钠（NaI）晶体。

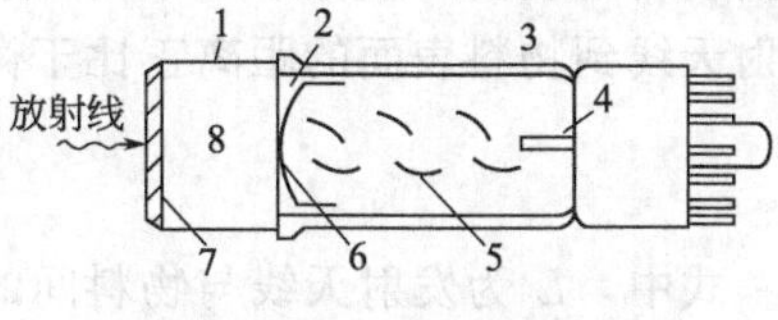

图 3.111　闪烁计数管

1—铝壳；2—玻璃板；3—光电倍增管；4—阳极；5—联级；6—光阴极；7—橡胶板；8—闪烁体

③ 电子线路　将探测器输出的电脉冲信号进行放大处理并转换为统一的标准信号。

(3) 实现方法

应用γ射线检测物位的方法有很多，图 3.112 给出了其中一些典型的应用实例。图中 I_0 为射线源，有点源和线源两种；D 为探测器，也有单点探测器和线探测器两种。它们的不同组合和安装方式便形成了不同的测量效果。

图 3.112(a) 是定点测量的方法。将射线源与探测器安装在同一平面上，由于气体对射线的吸收能力远比液体或固体弱，因而当物位超过和低于此平面时，探测器接收到的射线强度发生急剧变化。所以，这种方法不能进行物位的连续测量。

图 3.112(b) 是将射线源和探测器分别安装在容器的下部和上部，射线穿过容器中的被测介质和介质上方的气体后到达探测器。显然，探测器接收到的射线强弱与物位的高度有关。这种方法可对物位进行连续测量，但是测量范围比较窄（一般为 300～500mm），测量准确度较低。

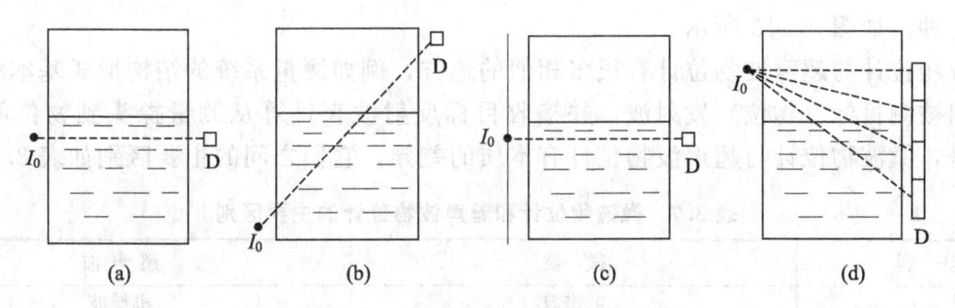

图 3.112　γ射线检测物位的应用实例

为了克服图 3.112(b) 存在的上述缺点，可采用线状的射线源［图 3.112(c)］或采用线状的探测器［图 3.112(d)］。虽然对射线源或探测器的要求提高了，但这两种方法既可以适应宽量程的需要，又可以改善线性特性。

此外对于卧式容器可以把射线源安装在容器下面，将探测器放在容器的上部相对应的位置上，以实现物位的连续测量。

3.4.7　微波物位计

微波物位计又称雷达物位仪，是 20 世纪 60 年代中期从油轮的液面测量上发展起来的一种仪表。它运用先进的微波测量技术，具有无盲区、非接触测量、几乎不受被测介质物理特性变化的影响等优点，以其独特的优良性能，在物位测量中占据着越来越重要的地位。近年来在石化、冶金、化工等领域得到了广泛的应用，尤其是在槽罐中温度高、蒸汽大、介质腐蚀性强等恶劣的测量条件下，更显示出其优越的性能，在生产中发挥着不可替代的作用。

微波物位计运用了微波的特性，在一定条件下，微波传播速度是一定的，所以可以通过测量微波从传感器传播至物料表面并返回到传感器所用的时间来计算出所测量的物位。微波物位计的天线向被测对象发射出较短波段的微波脉冲，一部分微波穿过介质，另外一部分在被测物料的表面产生反射后，由发射器接收，也就是说，发射器同时还起着接收器的作用。发射天线到物料表面的距离正比于微波脉冲的运行时间

$$L=\frac{1}{2}ct \tag{3.145}$$

式中，L 为发射天线与物料间的距离；c 为光速；t 为微波的传播时间。

由于微波传播速度很快（在真空中为 3×10^8m/s），一般不能采用与超声波物位计相同的方法来测量微波的传播时间。假设有一个 40m 高的空罐，微波往返的时间大约是 0.27μs，而当逐渐满罐时，往返时间还会逐渐减少，在如此小的测量范围内，要想达到高准确度（1mm），用测量时间的办法来计算准确的距离是十分困难的。于是，复合脉冲雷达技术应运而生。应用这种技术，一段经调制的脉冲被同一天线发射和接收，由被测介质表面返回的脉冲信号不断地与天线发射的一个固定频段的脉冲信号做比较，其频差代表了所测距离，从而测得物位高度。根据微波物位计使用的天线形式的不同，又可分为号角天线和棒状天线等几种，如图 3.113 所示。

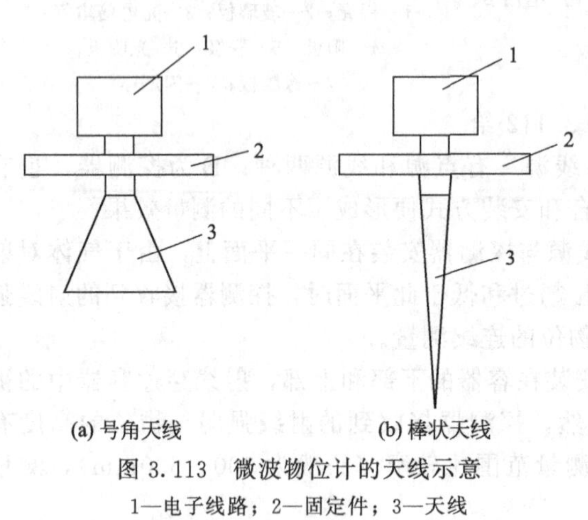

图 3.113 微波物位计的天线示意

1—电子线路；2—固定件；3—天线

微波物位计与超声波物位计有很多相似的地方，例如测量系统的结构形式基本相同。都是采用向被测目标（物位）发射波，并接收目标反射波来计算从测量探头到物位间的距离等。但是，微波物位计与超声波物位计有本质的差异，它们之间的主要区别如表 3.7 所示。

表 3.7 微波物位计和超声波物位计的主要区别

差别	微波	超声波
波类型	电磁波	机械波
反射特性	在不同介电常数的界面上反射	在不同声阻抗的界面上反射
压力影响	微不足道	很小
温度影响	微不足道	需温度补偿
传播速度	约 3×10^8m/s(真空中)	约 344m/s(空气中,20℃)
测量盲区	到天线顶端	离辐射面>250mm
动态范围	高达 150dB	达 100dB
传播环境	很少受气相环境影响	要求均一的气体环境

由表 3.7 可见，微波物位计与超声波物位计相比有很多突出的优点。作为一种较新型的物位检测方法，微波物位计有以下主要特点。

① 测量准确，微波物位计与介质表面无接触，不受温度、压力、气体的影响，可快速且精确的测量不同介质的物位，无论是腐蚀性化学品，钢水，还是高温的焦炭，易结疤、黏稠度高的料浆。

② 可靠性强、寿命长。通过使用高级材料，微波物位计对于极复杂的化学和物理条件都很耐用，它可以提供准确可靠且长期稳定的模拟量或数字量物位信号。

③ 几乎可以测量所有介质。微波信号与可见光相似，可以穿透空间，其反射功率取决于两个因素：被测介质的导电性，被测介质的介电常数。介电常数越大，回波信号的反射效果越好。

④ 安全节能。传感器发射功率很小（$3.18\mu W/cm^2$），因此它可以不受任何限制地应用于各种场合，微波的发射功率非常小，可被金属容器外壁静电屏蔽。它可以在高温高压下进行测量。

3.4.8 磁致伸缩式液位计

所谓磁致伸缩效应可定义为铁磁材料或亚铁磁材料在居里点温度以下，由于其磁状态的变化而使物质在形状和尺寸上变化的现象。从微观上讲，当有外磁场作用时，材料内部磁场平衡受到破坏，所有磁畴的磁场方向与外磁场平行，由于在磁化过程中磁畴的界限发生移动，晶体产生形变，因而导致材料产生机械变形。磁致伸缩的效果是十分细微的，通常镍铁合金是30ppm[❶]。不过，现在已设计出更新的物质，可将磁致伸缩效果升至1500ppm以上。

磁致伸缩式液位计由测量头（也称传感头，包括脉冲发生、回波接收、信号检测与处理电路）、波导线和磁浮子等组成。其中测量头装置在罐体之外，波导管外有不锈钢或其他材料的保护套管并插入液体之中。磁浮子可以是一个或是两个，当使用一个磁浮子时可用于测量普通的液位。当使用两个磁浮子时可用来测量界位和上液位。

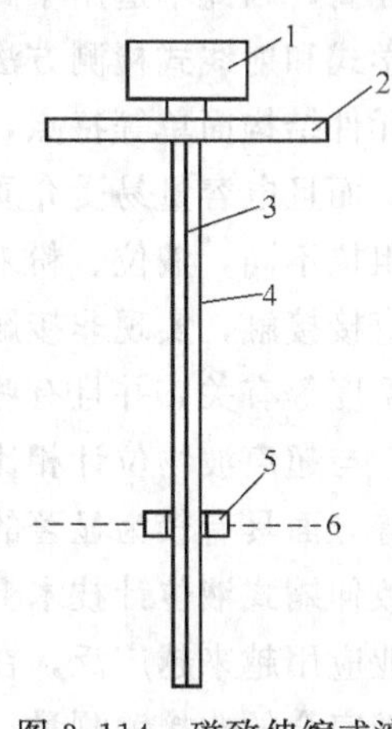

图 3.114 磁致伸缩式液位计原理

1—传感头；2—固定件；3—波导线；4—保护管；5—磁浮子；6—液面

磁致伸缩式液位计原理如图 3.114 所示。磁浮子位于波导线外面，浮在液面上。磁浮子产生一个固定的磁场，在波导管附近的磁场方向平行于波导管。当传感头向波导线发出一个电流脉冲时，则在波导线附近又形成一个新的磁场，其磁力线是以波导线为圆心的同心圆。这两个磁场的合成结果是形成螺旋形向上的瞬时磁场。由于波导线是由磁致伸缩材料做的，该瞬时磁场的作用使波导线产生应变脉冲，应变脉冲以机械波的方式向上传播，被传感头所接收。由于电流的传输时间可以忽略不计，因此从发出电流脉冲到接收到返回的应变脉冲的时间取决于机械波的传播速度和传感器与磁浮子之间的距离。当液位变化时，磁浮子与传感头之间的距离也随之而变，所以根据测得的时间可获得液位的高低。

习惯上，在磁致伸缩式液位计中把传播速度的倒数称为倾斜度。例如，某个磁致伸缩式液位计的倾斜度为 $354.33\mu s/m$，现测得传播时间为 $130.555\mu s$，则传感器到液面的距离为

$$L=\frac{\text{时间}(\mu s)}{\text{倾斜度}(\mu s/m)}-\text{零点位置}=\frac{130.500\mu s}{354.33\mu s/m}-0.114m=0.254m$$

上述的零点位置 0.114m 是指传感器的死区和零区之和。

❶ $1ppm=1\times10^{-6}$。

磁致伸缩式液位计的测量精确度极高，可达0.05%FS.，而分辨率和重复性优于0.002%FS.。

波导线是选用特别材料制造的，所以其温度稳定性也极佳。波导线的温度系数为5.4ppm/℃或更佳。

由于传感头可探测由同一询问脉冲所产生的连续磁波，所以在同一传感头上可装配多个活动磁铁。这样做可省去额外所需的传感头以降低成本。由于传感器所需电量非常低，它在易爆环境中可释放的能量有限且低于燃烧点很多，故称之为本质安全（必须加上认可安全栅以符合国际标准要求，如美国FM）。本质安全传感器在油类计量、储存、采矿业及印刷业应用尤为普遍。

3.4.9 物位检测的使用

在各种物位检测方法中，有的方法仅适用于液位检测，有的方法既可用于液位检测，也可用于料位检测。在液位检测中，静压式和浮力式检测方法是最常用的，它们具有结构简单、工作可靠、准确度较高等优点。但是，它们需要在容器上开孔安装引压管或在介质中插入浮筒，因此不适用于高黏度介质或易燃、易爆等危险性较大的介质的液位检测。电容式、声学式和射线式检测方法均可用于液位和料位的检测，其中电容式物位计具有检测原理和敏感元件结构简单等特点，缺点是电容量及电容随物位的变化量较小，对电子线路的要求较高，而且电容量易受介质的介电常数变化的影响。超声波物位计使用范围较广，只要界面的声阻抗不同，液位、粉末、块状的物位均可测量，敏感元件（换能器探头）可以不与被测介质直接接触，实现非接触式测量，但是，由于探头本身不能承受过高的温度，声速又与介质的温度等有关，并且有些介质对声波吸收能力很强，因而超声波物位计的应用受到一定限制。与超声波物位计相比微波物位计有很多突出的优点，在测量精度、测量适用范围和可靠性等方面具有较为显著的优势，但该种物位计测量系统较复杂，价格也相对较高。近年来，磁致伸缩式液位计技术上日渐成熟，由于该种液位计机构紧凑，测量精度较高，因此，目前工业应用越来越广泛，在许多场合已逐步替代传统浮力式和静压式液位计。射线式物位计可实现完全的非接触测量，特别适用于低温、高温、高压容器的高黏度、高腐蚀性、易燃、易爆等特殊测量对象（介质）的物位检测，而且射线源产生的射线强度不受温度、压力的影响，测量值比较稳定，但由于射线对人体有较大的危害作用，使用不当会产生不安全事故，因而在选用上必须慎重。

物位检测方法除了前面所介绍的外，还有重锤式、振动式、激光式等。物位检测一般要求是实现连续测量，以准确知道物位的实际高度。但在不少场合下，只要求知道物位是否已到某个规定的高度，这种检测叫定点检测。能用于定点物位检测的有浮球式液位计、电学式（电阻、电容、电感）物位计、超声波物位计、射线式物位计、激光物位计、微波物位计和振动式（音叉）物位计等。

物位检测的特点是敏感元件所接收到的信号一般与被测介质的某一特性参数有关，例如静压式和浮力式液位计与介质的密度有关；电容式物位计与介质的介电常数有关；超声波物位计与声波在介质中的传播速度有关；而射线式物位计与介质对射线的线性吸收系数有关。当被测介质的温度、组分等改变时，这些参数可能也要变化，从而影响测量准确度。另外，大型容器会出现各处温度、密度和组分等的不均匀，引起特性参数在容器内的不均匀，同样也会影响测量准确度。因此，当工况变化比较大时，必须对有关的参数进行补偿或修正。超声波物位检测中的速度补偿就是一个典型例子。

3.5 流量检测仪表

3.5.1 概述

在工业生产过程中，为了有效地指导生产操作、监视和控制生产过程，常常需要检测生产过程中各种流动介质（如液体、气体或蒸汽、固体粉末）的流量，以便为管理和控制生产提供依据。同时，厂与厂、车间与车间之间经常有物料的输送，需要对它们进行精确的计量，作为经济核算的重要依据。所以，流量检测在现代化生产中显得十分重要。

流量是指单位时间内流动介质流经管道（或通道，统称流道）中某截面的数量，也称瞬时流量。而在某一段时间内流过的流体总和，即瞬时流量在某一段时间内的累积值，称为累积流量。如果流道中流过的流体是单一流体或混合物，则称为单相流；如果流体中含有两种或两种以上互不均匀混合的流体，则称为多相流。

3.5.1.1 流量的相关参数

（1）单相流

当流体为单相流时，流量一般用体积流量和质量流量描述。

① 体积流量　单位时间内流过某截面的流体的体积，用符号 q_v表示，单位为 m^3/s。根据定义，体积流量可用下式表示

$$q_v=\int_A v\mathrm{d}A \tag{3.146}$$

式中，v 为截面 A 中某一微元 $\mathrm{d}A$ 上的流速。如果流体在该截面上的流速处处相等，则体积流量可简写成

$$q_v=vA \tag{3.147}$$

式中，A 为流道截面积。实际上，流体在有限的流道中流动时，同一截面上各处的速度并不相等，这时上式中的 v 应理解为在截面 A 上的平均速度。在本节讨论中，若未加特殊说明，一般都是指平均速度。

② 质量流量　单位时间内通过某截面的流体的质量，用符号 q_m表示，单位为 kg/s。根据定义，质量流量可用下式表示

$$q_m=\int_A \rho v\mathrm{d}A \tag{3.148}$$

式中，ρ 为截面 A 中某一微元面积 $\mathrm{d}A$ 上的流体密度。如果流体在该截面上的密度和流速处处相等，则质量流量可简写为

$$q_m=\rho vA=\rho q_v \tag{3.149}$$

由于流体的体积受流体的工作状态影响，所以在用体积流量表示时，必须同时给出流体的压力和温度。压力和温度的变化实际上引起流体密度的改变。对于液体，压力变化对密度的影响非常小，一般可以忽略不计，温度对密度的影响要大一些，一般温度每变化10℃，液体的密度变化约在1%以内。对于气体，密度受温度、压力变化影响较大，例如，在常温常压附近，温度每变化10℃或压力每变化10kPa，密度变化约为3%。因此，在气体流量检测时，为了便于比较，常将在工作状态下测得的体积流量换算成标准状态下（温度为20℃，压力为1.0132×10^5Pa）的体积流量，用符号 q_{vN}表示，单位为 Nm^3/s。

由于在工业生产过程中，物料的输送绝大部分是在管道中进行的，因此，在下面的讨论中主要介绍用于管道流动的流量检测方法。

（2）多相流

多相流是指在流道中流过的流体为两种或三种或更多种互相独立的流体（也可以其中含有固体颗粒），常见的多相流有气-液（如空气和水、水蒸气和水、天然气和原油）、液-液（油和水）、气-固（空气和煤粉、空气和颗粒物）、液-固（油和砂粒）、气-液-固（天然气和原油和砂粒）、气-液-液-固（天然气和水和原油和砂粒）等。对于多相流，流量检测就比较复杂，要检测的量也比较多，主要有以下参数。

① 分相流量　在流道中流过的气体或液体或固体单独的流量，他们可以用体积流量表示，也可以用质量流量表示。

② 总流量　在流道中流过的所有介质（流体与固体）的体积流量或质量流量。

③ 相含率　流道中每种介质占所有介质的比例。相含率又可分为截面相含率和流量相含率。截面相含率是指流道中某一横截面上每种介质所占面积与流道全面积的比例；流量相含率是指单位时间内流过流道的每种介质的流量占全部流过的介质的流量的比例。流量相含率又有体积流量相含率和质量流量相含率。

3.5.1.2　流量检测方法分类

由于流量检测条件的多样性和复杂性，流量检测的方法非常多，是工业生产过程常见参数中检测方法最多的。据估计，目前在全世界流量检测的方法至少已有上百种，其中有十多种是工业生产和科学研究中常用的。

流量检测方法的分类，是比较错综复杂的问题，目前还没有统一的分类方法。就检测量的不同可分为体积流量和质量流量两大类。

(1) 体积流量

① 直接法　也称容积法，在单位时间内以标准固定体积对流动介质连续不断地进行度量，以排出流体固定容积数来计算流量。基于这种检测方法的流量检测仪表主要有：椭圆齿轮流量计、旋转活塞式流量计和刮板流量计等。容积式流量计受流体的流动状态影响较小，特别适用于测量高黏度、低雷诺数的流体。

② 间接法　也称速度法，这种方法是先测出管道内的平均流速，再乘以管道截面积求得流体的体积流量。主要的检测仪表类型有以下几种。

a. 节流式流量计。利用节流件前后的差压与流速之间的关系，通过差压值获得流体的流速。

b. 电磁流量计。导电流体在磁场中流动切割磁力线产生感应电势，感应电势的大小正比于流体的平均流速。

c. 转子流量计。它是基于力平衡原理，流体流经垂直的内含可动转子的下小上大的锥形管，推动转子向上移动并达到某个平衡位置，转子的高度代表了流体流量的大小。

d. 涡街流量计。流体在流动中遇到一定形状的物体会在其周围产生有规则的旋涡，旋涡释放的频率正比于流速。

e. 涡轮流量计。流体对置于管内涡轮的作用力，使涡轮转动，其转动速度在一定流速范围内与管内流体的流速成正比。

f. 超声波流量计。根据超声波在流动的流体中传播速度的变化可获得流体的流速。

速度式流量计有较宽的使用范围，可用于各种工况下的单相流体的流量检测。有的方法，如节流式流量计、容积式流量计等也可以用于多相流的检测（但还需要配其他检测仪表才能完成所有参数的检测）。

由于速度法是利用平均流速计算流量，所以管路条件的影响很大，流动产生涡流以及截面上流速分布不对称等都会给测量带来误差。

(2) 质量流量

质量流量的检测也有直接法和间接法两类。

① 直接法　指检测元件的输出信号直接反映质量流量。直接式质量流量的检测方法主要有利用孔板和定量泵组合实现的差压式检测方法；利用同轴双涡轮组合的角动量式检测方法；应用麦纳斯效应的检测方法和基于科里奥利力效应的检测方法等。

② 间接法　用两个检测元件分别测出两个相应参数，通过运算间接获取流体的质量流量，检测元件的组合主要有如下形式。

a. ρq_v^2检测元件和 ρ 检测元件的组合。

b. q_v检测元件和 ρ 检测元件的组合。

c. ρq_v^2检测元件和 q_v检测元件的组合。

其中 ρq_v^2可用节流式流量计、靶式流量计等得到；q_v可用容积式流量计、电磁流量计、涡轮流量计、涡街流量计等得到；ρ 可用在线式密度计或通过测量介质的温度和压力经有关计算公式获得。

直接式质量流量计和组合式检测方法可以用于部分的多相流流量参数的测量，详见3.5.10节中的内容。

3.5.2 节流式流量计

如果在管道中安置一个固定的阻力件，它的中间是一个比管道截面小的孔，当流体流过该阻力件的小孔时，由于流体流束的收缩而使流速加快、静压力降低，其结果是在阻力件前后产生一个较大压力差。它与流量（流速）的大小有关，流量越大，差压也越大。因此，只要测出阻力件前后的差压就可以推算出流量。通常把流体流过阻力件流束的收缩造成压力变化的过程称节流过程，其中的阻力件成为节流件，由此构成的流量计称节流式流量计。

作为流量检测用的节流件有标准的和特殊的两种。标准节流件包括标准孔板、标准喷嘴和标准文丘里管，如图3.115所示。对于标准化的节流件，在设计计算时都有统一的标准，可直接按照标准制造、安装和使用，不必进行标定。

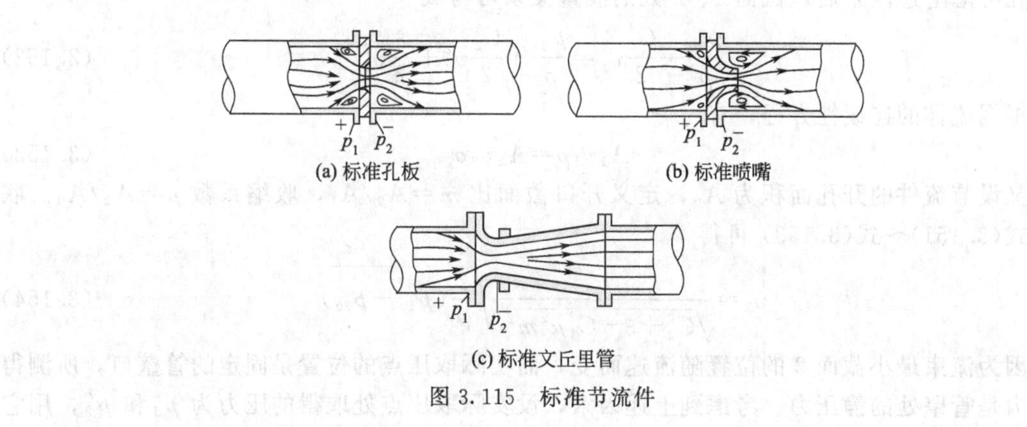

图3.115　标准节流件

特殊节流件也称非标准节流件，如双重孔板、偏心孔板、圆缺孔板、1/4圆缺喷嘴等，它们可以利用已有实验数据进行估算，但必须用实验方法单独标定。特殊节流件主要用于特殊介质或特殊工况条件的流量检测。

目前最常见的节流件是标准孔板，所以在以下的讨论中将主要以标准孔板为例介绍节流式流量计的测量原理和实现方法等。

3.5.2.1　检测原理

设稳定流动的流体沿水平管流经节流件，流体在节流件前后将产生压力和速度的变化，如图 3.116 所示。在截面 1 处流体未受节流件影响，流束充满管道，管道截面为 A_1，流体静压力为 p_1，平均流速为 v_1，流体密度为 ρ_1。截面 2 是经节流件后流束收缩的最小截面，其截面积为 A_2，压力为 p_2，平均流速为 v_2，流体密度为 ρ_2。图 3.116 中的压力曲线用点划线代表管道中心处静压力，实线代表管壁处静压力。流体的静压力和流速在节流件前后的变化情况，充分地反映了能量形式的转换。在节流件前，流体向中心加速，至截面 2 处，流束截面收缩到最小，流速达到最大，静压力最低。然后流束扩张，流速逐渐降低，静压力升高，直到截面 3 处。由于涡流区的存在，导致流体能量损失，因此在截面 3 处的静压力 p_3 不等于原先静压力 p_1，而产生永久的压力损失 δ_p。

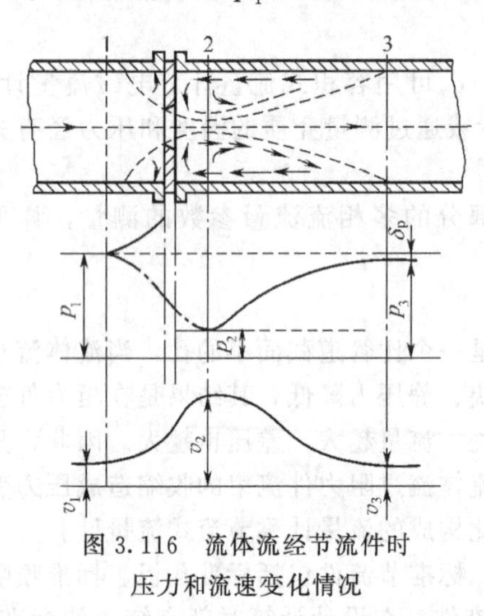

图 3.116　流体流经节流件时压力和流速变化情况

设流体为不可压缩的理想流体，在流经节流件时，流体不对外做功，和外界没有热能交换，流体本身也没有温度变化，则根据伯努利方程，对于截面 1、2 处沿管中心的流线有以下能量关系

$$\frac{p_{10}}{\rho_1}+\frac{v_{10}^2}{2}=\frac{p_{20}}{\rho_2}+\frac{v_{20}^2}{2} \tag{3.150}$$

因为是不可压缩流体，则 $\rho_1=\rho_2=\rho$。由于流速分布的不均匀，截面 A_1、A_2 上平均流速与管中心的流速有以下关系

$$v_{10}=C_1v_1,\ v_{20}=C_2v_2 \tag{3.151}$$

式中，C_1、C_2 为截面 1、2 处流速分布不均匀的修正系数。

考虑到实际流体有黏性，在流动时必然会产生摩擦力，其损失的能量为 $\frac{1}{2}\xi v_2^2$，ξ 为能量损失系数。

在考虑上述因素后，截面 1、2 处的能量关系可写成

$$\frac{p_{10}}{\rho}+\frac{C_1^2}{2}v_1^2=\frac{p_{20}}{\rho}+\frac{C_2^2}{2}v_2^2+\frac{\xi}{2}v_2^2 \tag{3.152}$$

根据流体的连续性方程，有

$$A_1v_1\rho=A_2v_2\rho \tag{3.153}$$

又设节流件的开孔面积为 A_0，定义开口截面比 $m=A_0/A_1$，收缩系数 $\mu=A_2/A_0$。联立解式(3.151)～式(3.153) 可得

$$v_2=\frac{1}{\sqrt{C_2^2+\xi-C_1^2\mu^2m^2}}\sqrt{\frac{2}{\rho}(p_{10}-p_{20})} \tag{3.154}$$

因为流束最小截面 2 的位置随流速而变，而实际取压点的位置是固定的管壁口，所测得的压力是管壁处的静压力。考虑到上述因素，设实际取压点处取得的压力为 p_1' 和 p_2'，用它代替式(3.154) 中管中心的静压力 p_{10} 和 p_{20} 时，需引入一个取压系数 ψ，并且取

$$\psi=\frac{p_{10}-p_{20}}{p_1'-p_2'} \tag{3.155}$$

将式(3.155) 代入式(3.154)，并根据质量流量定义，可写出质量流量与差压 $\Delta p=p_1'-p_2'$ 的关系

$$q_m=v_2A_2\rho=\frac{\mu\sqrt{\psi}A_0}{\sqrt{C_2^2+\xi-C_1^2\mu^2m^2}}\sqrt{2\rho\Delta p} \tag{3.156}$$

令流量系数 α 为

$$\alpha=\frac{\mu\sqrt{\psi}}{\sqrt{C_2^2+\xi-C_1^2\mu^2m^2}} \tag{3.157}$$

于是流体的质量流量可简写为

$$q_m=\alpha A_0\sqrt{2\rho\Delta p} \tag{3.158}$$

体积流量为

$$q_v=\alpha A_0\sqrt{\frac{2}{\rho}\Delta p} \tag{3.159}$$

式(3.158)与式(3.159)称为不可压缩性流体的流量方程，简称流量公式。对于可压缩性流体，考虑到气体流经节流件时，由于时间很短，流体介质与外界来不及进行热交换，可认为其状态变化是等熵过程，这样，可压缩性流体的流量公式与不可压缩性流体的流量公式就有所不同。但是，为了方便起见，可以采用和不可压缩性流体相同的公式形式和流量系数 α，只是引入一个考虑到流体膨胀的校正系数 ε，称可膨胀性系数，并规定在流量公式中使用节流件前的流体密度 ρ_1，则可压缩性流体的流量与差压的关系为

$$q_m=\alpha\varepsilon A_0\sqrt{2\rho_1\Delta p} \tag{3.160}$$

$$q_v=\alpha\varepsilon A_0\sqrt{\frac{2}{\rho_1}\Delta p} \tag{3.161}$$

式中，可膨胀性系数 ε 的取值为小于等于 1，如果是不可压缩性流体，则 $\varepsilon=1$。

在实际应用时，流量系数 α 常用流出系数 C 来表示，它们之间的关系为

$$C=\alpha\sqrt{1-\beta^4} \tag{3.162}$$

式中，$\beta=\frac{d}{D}$，称为直径比，d 和 D 分别为节流件开孔直径和管道内径。这样，流量方程也可写成

$$q_m=\frac{C\varepsilon A_0}{\sqrt{1-\beta^4}}\sqrt{2\rho_1\Delta p} \tag{3.163}$$

$$q_v=\frac{C\varepsilon A_0}{\sqrt{1-\beta^4}}\sqrt{\frac{2}{\rho_1}\Delta p} \tag{3.164}$$

3.5.2.2 流量方程的讨论

(1) 流量系数 α（或流出系数 C）

由流量系数 α 的定义式（3.157）可知，流量系数主要与节流件的形式和开孔直径（主要对应于 m 和 μ）、取压方式（即取压点的位置，对应于 ψ）、流体的流动状态（包括雷诺数、管道直径等，对应于 C_1 和 C_2）和管道条件（如管道内壁的粗糙度，对应于 ξ）等因素有关。因此，它是一个影响因素复杂、变化范围较大的重要系数，也是节流式流量计能否准确测量流量的关键所在。对于标准节流件，流量系数的主要影响因素有以下几个方面。

① 取压方式　对于给定的节流件和流动条件，由图 3.116 可知，取压点的位置不同，所得的差压值 Δp 也不一样，从而影响流量系数的大小。目前标准的取压方式主要有三种。

a. 角接取压法。在紧靠节流件上下游两侧取压。这种取压方式适用于标准孔板、标准喷嘴和标准文丘里管，取压示意图参见图 3.115。

b. 法兰取压法。这种取压法仅适用于标准孔板，其取压装置是由一对带有取压口的法兰组成，取压口轴线距孔板端面距离为 25.4mm。

c. D-$\frac{D}{2}$取压法。这也是仅适用于标准孔板的一种取压方式，其取压装置就是设有取压口的管段，上下游取压口轴线与相应的孔板端面之间的距离分别为一个 D 和 $\frac{D}{2}$（D 为管道直径）。

法兰取压法和$D\text{-}\frac{D}{2}$取压法的示意图见图3.117。图中的l_1、l_2分别是取压口距孔板的距离，其中法兰取压口的间距l_1、l_2是分别从孔板上、下游端面量起，而$D\text{-}\frac{D}{2}$取压口的间距l_1、l_2都是从节流件上游端量起。

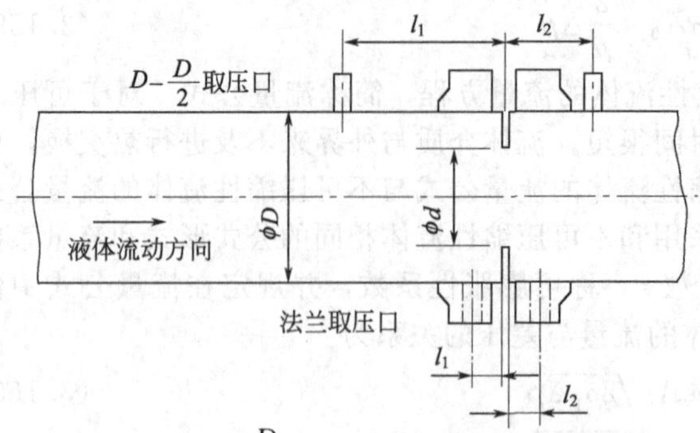

图 3.117　$D\text{-}\frac{D}{2}$取压口和法兰取压口的间距

当采用角接取压法时，则可以认为流量系数α（或流出系数C）只是雷诺数Re和直径比β的函数，即

$$\alpha=f(Re,\beta)\text{或}C=f(Re,\beta) \tag{3.165}$$

式中，雷诺数$Re=\frac{Dv\rho}{\eta}$，其中D为管道内径；v为流体的平均流速；ρ为流体密度；η为流体黏度。图3.118给出了标准孔板和喷嘴的流量系数与雷诺数的关系曲线。

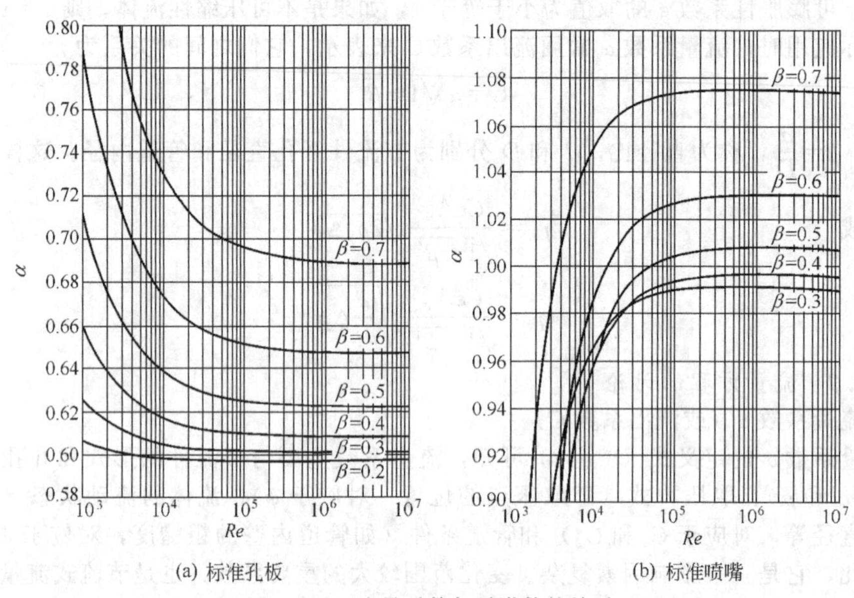

图 3.118　流量系数与雷诺数的关系

对于标准孔板，当参数d、β、D、Re的使用范围，孔板的安装条件都满足要求时，流出系数可用以下经验公式计算（角接取压法）

$$C=0.5959+0.0312\beta^{2.1}-0.1840\beta^{8}+0.0029\beta^{2.5}\left(\frac{10^6}{Re}\right)^{0.75} \tag{3.166}$$

对于标准喷嘴，在$50\text{mm}\leqslant D\leqslant 500\text{mm}$；$0.3\leqslant\beta\leqslant 0.44$，$7\times10^4\leqslant Re\leqslant 10^7$或$0.44\leqslant\beta\leqslant 0.8$，$2\times10^4\leqslant Re\leqslant 10^7$范围内，其流出系数为

$$C=0.9900-0.2262\beta^{4.1}-(0.00175\beta^2-0.0033\beta^{4.15})\times\left(\frac{10^6}{Re}\right)^{1.15} \tag{3.167}$$

② 雷诺数Re　雷诺数表示了流体的流动状态，对于给定的流体和流动条件，它反映了

流体的流动速度。图 3.118 表明：对于给定的节流件和直径比 β 值，当 Re 大于某一临界值 Re_K 时，流量系数将不再随 Re 的变化，而趋向定值；β 值越小，则 Re_K 也越小。在流量检测时，为保证测量的准确度，一般要求流量系数保持常数，为此需要 $Re > Re_K$，这就限制了节流式流量计的测量下限。从原理上讲测量上限没有限制，但是，由于与节流件配套使用的差压计的量程是有限的，另外，一般希望节流件产生的压力降占总管道中的压力降比例不宜过大，因此，节流式流量计一般均有一个量程比（可测的最大流量与最小流量之比），由标准节流件构成的节流式流量计的量程比通常为 3：1。

③ 直径比 β　由图 3.118 还可以看到，只要直径比 β 值一定，则流量系数只是雷诺数的函数。这说明，对于几何相似的节流件，不论管道直径 D 为多大，当雷诺数 $Re > Re_K$ 时，其流量系数是相等（该结论仅使适用于角接取压法）。图 3.118 还表明：β 值对流量系数的影响较大。β 值越小，α 也越小，说明在相同流量下节流件前后两端的差压越大，从而导致永久的压力损失 δ_p 增加，造成过大的能量损失。但是减小 β 值，可以降低临界雷诺数 Re_K，即流量计的允许流量测量下限减小，有利于测量小流量。所以，在节流件设计时，要根据被测流体的最小流量以及允许的压力损失合理选择 β 值。

④ 管壁粗糙度　现有的流量系数是纯实验数据，它与实验管道内壁的粗糙程度有关，因此，必须注意在节流装置前后的管道粗糙度应符合有关规定。对于标准孔板的流量系数，角接取压法是在相对平均粗糙度 $K/D \leqslant 3.8\times10^{-4}$ 的管道中测定的，法兰取压法和 D-$\frac{D}{2}$ 取压法是在 $K/D \leqslant 10\times10^{-4}$ 的管道中测定的，其中 K 是管道内壁绝对平均粗糙度。K 值可通过对特定管道的取样长度进行压力损失实验来确定，新的、光滑管一般 K 值小于 0.05mm，其他新的钢管在 0.05～0.1mm，有腐蚀的管子 K 值会大于 0.1mm。

在实际应用时，要求孔板上游 10D 之内的管内表面相对平均粗糙度 K/D 应满足表 3.8 的限值。当所选用的管材 K/D 值小于表 3.8 中的规定时，则认为该管材的内表面是光滑的，称为光滑管，标准孔板的流量系数可直接用式(3.166) 计算；当 K/D 值大于表中所列值时，则认为该管是粗糙的。

表 3.8　孔板上游管道内壁 K/D 的上限值

β	≤0.3	0.32	0.34	0.36	0.38	0.4	0.45	0.50	0.60	0.75
$10^4K/D$	25.0	18.1	12.9	10.0	8.3	7.1	5.6	4.9	4.2	4.0

(2) 可膨胀性系数 ε

应用节流件检测可压缩性流体流量时，由于可压缩性流体经过节流件时会发生体积膨胀，所以要引入可膨胀性系数 ε 进行修正。膨胀系数的大小与 β、$\Delta p/p_1$ 和被测气体的等熵指数 κ 等因素有关。对于标准孔板，在符合使用范围时，可膨胀性系数 ε 可用下列公式计算

$$\varepsilon = 1-(0.41+0.35\beta^4)\frac{\Delta p}{\kappa p_1} \tag{3.168}$$

同时还应满足 $\Delta p/p_1 \leqslant 0.25$。上式对角接取压、法兰取压和 D-$\frac{D}{2}$ 取压方式均适用。

标准喷嘴的可膨胀性系数由下式给出

$$\varepsilon = \frac{\kappa\tau^{\frac{2}{\kappa}}}{\kappa-1}\cdot\left(\frac{1-\beta^4}{1-\beta^4\tau^{\frac{2}{\kappa}}}\right)\left(\frac{1-\tau^{\frac{\kappa-1}{\kappa}}}{1-\tau}\right)^{\frac{1}{2}} \tag{3.169}$$

式中，$\tau = 1-\Delta p/p_1$。

对于一个给定的节流装置和被测流体，β 和 κ 是定值，而 $\Delta p/p_1$ 随流量而变，同样也会

引起ε的变化。为减小因ε变化而引起的误差，在设计时应采用常用差压Δp_{com}来计算ε值。当未给出常用值时，可以取差压上限值Δp的64%作为常用差压值进行计算。

(3) 节流件的开孔面积A_0与材料的热膨胀系数λ

在流量公式中，节流件的开孔面积A_0(或节流孔直径d)以及在计算流量系数和可膨胀性系数中要用到的直径比β都是指在流体流动时的工作状态下的值。但是，在设计和加工时一般都是在常温20℃下的值。当温度发生变化时，这些参数也要变化。因此，根据它们各自的热膨胀系数需要把节流件和管道内径换算到实际工作温度下的值。其换算公式为

$$d=d_{20}[1+\lambda_d(t-20)] \tag{3.170}$$

$$D=D_{20}[1+\lambda_D(t-20)] \tag{3.171}$$

式中，d_{20}为20℃时节流件的开孔直径；D_{20}为20℃时管道的内径；λ_d为节流件材料的热膨胀系数；λ_D为管道材料的热膨胀系数；t为工作状态下被测流体的温度。

普通钢材的热膨胀系数为$\lambda \approx 1.2\times10^{-5}$，不锈钢（1Cr18Ni9Ti）和铜为$\lambda \approx 1.7\times10^{-5}$。另外，热膨胀系数还与温度有关，详见附录5。

(4) 流体密度ρ

在流量公式中包含了流体的密度，按规定，公式中的密度为节流件前流体的实际密度。但是，在实际工作时，流体的密度会随流体的压力和温度而变。当密度改变时，若流量系数不变（密度改变后的雷诺数Re仍大于临界雷诺数Re_K），则只要用实际密度代入流量公式，根据测得的差压值求出实际流量；否则要重新计算流量系数。

对于由节流件、取压装置、差压计和显示仪表组成的节流式流量计，当被测流体的密度与设计时的密度不相等时，应对流量指示值进行修正。假设流量系数不变，则可用下列公式修正

$$q'_m=q_m\sqrt{\frac{\rho'}{\rho}} \tag{3.172}$$

$$q'_v=q_v\sqrt{\frac{\rho}{\rho'}} \tag{3.173}$$

式中，在右上角加“′”的符号表示实际工作状态下的密度和流量，无上标“′”的表示显示值或设计值。

(5) 压力损失δ_p

压力损失虽然在流量公式中没有直接反映出来，但是在节流件设计时它是必须要考虑的重要因素之一。压力损失的产生是由于当流体通过节流件时因流束突然收缩和扩大造成涡流及能量损失。显然它与节流件的直径比β等因素有关。按照规定，所有标准节流件的压力损失都可以用下式估算

$$\delta_p=\frac{\sqrt{1-\beta^4}-C\beta^2}{\sqrt{1-\beta^4}+C\beta^2}\Delta p \tag{3.174}$$

由于文丘里管的流出系数较大（一般为0.985～0.995），喷嘴的流出系数在相同β下也比孔板的流出系数要大，因此，在相同的差压Δp下，文丘里管和喷嘴的压力损失较小，而孔板的压力损失相对最大。

3.5.2.3 节流式流量计的构成

节流式流量计主要由节流装置、检测差压信号的差压计或差压变送器和流量显示仪表三部分组成，如图3.119所示。

(1) 节流装置

节流装置是节流式流量计的关键部件，它直接影响流量的测量准确度。节流装置包括节流件、取压装置和符合要求的前、后直管段，其作用是将流体的流量转换成与之对应的节流件前后的差压信号。

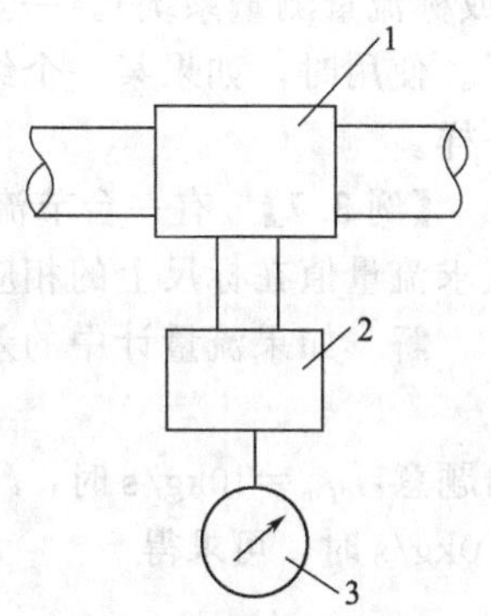

图 3.119 节流式流量计的组成
1—节流装置；2—差压计；3—显示仪表

标准节流装置是指节流件和取压装置都标准化，节流件前后的测量管道也符合有关规定。它是通过大量试验总结出来的，装置一经设计和加工完毕便可直接投入使用，无需进行单独标定。这意味着，在标准节流装置的设计、加工、安装和使用中必须严格按照规定的技术要求、规程和数据进行，以保证流量测量的准确度。以标准孔板为例，主要的规定（详见标准 GB/T 2624—2006）有

① 标准孔板的节流孔直径在任何情况必须同时满足

$$d \geqslant 12.5\text{mm} \quad 和 \quad 0.20 \leqslant \frac{d}{D} \leqslant 0.75$$

同时，节流孔直径 d 值应取相互之间大致有相等角度的四个直径测量结果的平均值，并要求任意一个单测值与平均值之差不得超过直径平均值的 ±0.05%。节流孔应为圆桶形并垂直于上游端面。

② 节流孔厚度 e 应在 $0.005D$ 与 $0.02D$ 之间；孔板厚度 E 应在 e 与 $0.05D$ 之间（当 $50\text{mm} \leqslant D \leqslant 64\text{mm}$ 时，E 可以等于 3.2mm）；如果 $E > e$，孔板的下游侧应有一个扩散的圆锥表面，圆锥面的斜角 F 为 45°±15°。

③ 上游端面的粗糙度必须小于或等于 $10^{-4}d$，而下游端面应通过目视检查。

此外，还对孔板的边缘等做出了相应规定。

不同的节流件应采用不同形式的取压装置。对于标准孔板，我国国家规定，标准的取压方式有角接取压法、法兰取压法和 D-$\frac{D}{2}$取压法。对于标准喷嘴和文丘里管，标准的取压方式只有角接取压法。

特别是，标准节流装置应安装在符合要求的前后两段直管段之间。其中

① 直管段应是有恒定的横截面积的圆桶形管道，用目测检查管道应该是直的。

② 管道内表面应该清洁，无积垢和其他杂质。节流件上游 $10D$ 的内表面相对平均粗糙度应符合有关规定，对于标准孔板的规定见表 3.8 。

③ 节流装置上、下游侧最短直管段长度随上游侧阻力件的形式和节流件的直径比而异，上游直管段一般在 $10D$～$50D$，或更长；而下游要求稍低一些，通常在 $5D$～$15D$ 之间。此外，上游第一与第二个局部阻力件之间也要有一定的距离。

(2) 差压计（差压变送器）

节流装置把流体流量 $q_m(q_v)$ 转换成差压 $\Delta p = K_1 q_m^2$，通过引压管道传送到差压计，差压计的作用是将差压信号进一步转换为电流输出 $\Delta I = K_2 \Delta p$。

选择差压计时，不仅要保证差压量程符合要求，而且差压计的耐静压指标要大于管道内流体的压力。特别是最好选择内置开方器的差压计（这种差压计称带开方器的差压计），这样可以使得差压计的输出与流量呈线性关系。

(3) 显示仪表

显示仪表是接收差压计输出的电流信号通过内部的标度变换（一般是线性的），以标尺的形式指示流量值，或以数字的形式显示流量的数值。

由上述的介绍可以看到，节流装置、差压计和显示仪表组成了一个完整的节流式流量计(或称流量测量系统)。一旦流量计设计完成，相应的 K_1、K_2 以及标度变换系数等都确定了。使用时，如果某一个组成部分需要更换，其主要技术指标和相应的参数必须与原来的一样。

【例 3.7】 有一台节流式流量计，满量程为 10kg/s，当流量为满刻度的 65%和 30%时，试求流量值在标尺上的相应位置（距标尺起始点），设标尺总长度为 100mm。

解 如果流量计中的差压计不带开方器，则标尺长度与流量的关系为

$$l=Kq_m^2$$

由题意，$q_m=10$kg/s 时，$l=100$mm，则有 $K=1\text{mm/kg}\cdot\text{s}^{-1}$；当 $q_m=10\times65\%=6.5$kg/s 和 3.0kg/s 时，可求得

$$l_{65\%}=42.25\text{mm},\quad l_{30\%}=9.0\text{mm}$$

如果流量计中的差压计带开方器，则标尺长度与流量为线性关系，当 $q_m=6.5$kg/s 和 3.0kg/s 时，标尺离起始点的距离分别为

$$l_{65\%}=65.0\text{mm},\quad l_{30\%}=30.0\text{mm}$$

【例 3.8】 有一节流式流量计，用于测量水蒸气流量，设计时的水蒸气密度为 $\rho=8.93\text{kg/m}^3$。但实际使用时被测介质的压力下降，使实际密度减小为 8.12kg/m^3。试求当流量计读数为 8.5kg/s 时，实际流量为多少？由于密度变化使流量指示值产生的相对误差为多少？

解 当密度变化时，实际流量可用式(3.172) 求得

$$q'_m=q_m\sqrt{\frac{\rho'}{\rho}}=8.5\sqrt{\frac{8.12}{8.93}}=8.105(\text{kg/s})$$

相对误差为

$$\delta=\frac{q'_m-q_m}{q'_m}\times100\%=\frac{8.105-8.5}{8.105}\times100\%=-4.9\%$$

由该例题可以看出：当密度改变时，流量的实际值与指示值之间将产生较大的误差，实际密度与设计值相差越大，则测量误差也越大。

在上例计算时，没有考虑由于压力变化引起气体可膨胀性系数 ε 的改变。实际上，当压力 p_1 减小时，由式(3.168) 和式(3.169) 可知，可膨胀性系数将比设计值要小，其结果将使实际流量值比上述计算结果还要小，流量误差会超过−5.0%。

3.5.2.4 节流式流量计的设计与应用

(1) 标准节流装置的设计

标准节流装置的设计有两类形式。

① 已知管道内径，节流件开孔直径，取压方式，被测流体参数等必要条件，根据所测得的差压值，计算被测流体的流量。这类问题属于已经有了标准节流装置，要求算出差压值所对应的流量。

② 已知管道内径，被测流体参数，预计的流量范围以及其他必要条件，要求选择（确定）适当的差压计（差压量程等）、节流装置（节流件及开孔直径、取压方式和安装条件等）的形式。在此基础上选择流量显示仪表的形式，并确定其标度变换系数，使仪表的显示值与实际流量相对应。这类问题属于要求设计新的节流装置，满足测量要求。具体的设计与计算方法请参阅有关书籍和设计手册。

(2) 节流式流量计的应用

节流式流量计具有结构简单，便于制造，工作可靠，使用寿命较长，适应性强等优点。

几乎能测量各种工况下的介质流量，是一种应用很普遍的流量计。使用标准节流装置，只要严格按照有关规定和规程设计、加工和安装节流装置，流量计不需进行标定可直接使用。但是节流式流量计压力损失大，不适用压力较低的流体的流量测量，流量测量范围也较窄，正常情况下量程比只有 3∶1，一般不能测量直径在 50mm 以下的小口径与大于 1000mm 的大口径的流量，也不能测量脏污介质和黏度较大的介质的流量，同时还要求流体的雷诺数要大于某个临界值。

节流式流量计在安装和使用时要注意以下问题。

① 节流件的方向安装要正确，图 3.115 中的箭头方向应为流体流动方向。同时，节流件的轴线应与管道的轴线重合。

② 安装节流件的管道应该是光滑的，并且前后应有足够的直管段长度。

③ 节流式流量计在使用过程中应定期检定，使用时间过长可能会导致孔板的变形或节流件的磨损，从而引起较大的测量误差。

④ 从节流装置到差压计之间一般有较长的距离，引压管的长度、管内径、走向等应按照规范安装，并定期维护。根据被测流体的性质不同，必要时在引压管路上要安装集气罐、隔离罐等，在差压计前还要安装三阀组。

⑤ 当流量显示值小于满刻度的 30%时，流量显示值的准确度开始下降（除非流量计的量程比大于 3∶1）。

⑥ 当流量显示值出现异常时，应分别对显示仪表、差压计、引压管和节流装置一一检查。

3.5.3 转子流量计

常用的转子流量计是利用在下窄上宽的锥形管中的浮子所受的力平衡原理工作的。由于流量不同，浮子的高度不同，亦即环形的流通面积要随流量变化。下面主要讨论转子流量计的检测原理、特性和特点。

3.5.3.1 检测原理

如图 3.120 所示，在一个垂直的锥形管中，放置一阻力件——浮子（也称转子）。当流体自下而上流经锥形管时，受到浮子阻挡产生一个差压，并对浮子形成一个向上作用力。同时浮子在流体中受到向上的浮力。当这两个垂直向上的合力超过浮子本身所受重力时，浮子便要向上运动。随着浮子的上升，浮子与锥形管间的环形流通面积增大，使流速减低，流体作用在浮子上的阻力减小，直到作用在浮子上的各个力达到平衡，浮子停留在某一高度。当流量发生变化时，浮子将移到新的位置，继续保持新的平衡。在锥形管外设置标尺并沿高度方向以流量刻度时，则从浮子最高边缘所处的位置便可以读出流量的大小。由于无论浮子处于哪个平衡高度，其前后的压力差（也即流体对浮子的阻力）总是相同的，故这种方法又称恒压降式流量检测方法。

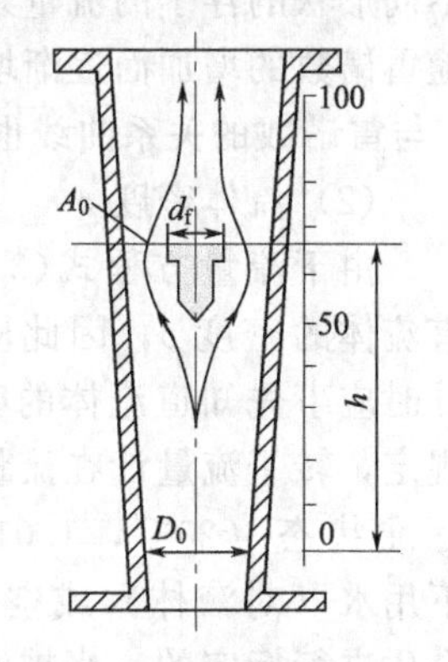

图 3.120 转子流量计检测原理

浮子在锥形管中所受到的力有以下几种。

浮子本身垂直向下的重力 f_1

$$f_1=V_f\rho_f g \tag{3.175}$$

流体对浮子所产生的垂直向上的浮力 f_2

$$f_2=V_f\rho g \tag{3.176}$$

和流体作用在浮子上垂直向上的阻力 f_3

$$f_3=\zeta A_f\frac{\rho v^2}{2} \tag{3.177}$$

式(3.175)～式(3.177) 中，V_f为浮子的体积；ρ_f为浮子的密度；ρ 为流体的密度；A_f为浮子的最大截面积；ζ 为阻力系数；v 为流体在环形流通截面上的平均流速。

当浮子在某一位置平衡时，则

$$f_1-f_2-f_3=0 \tag{3.178}$$

将式(3.175)～式(3.177) 代入式(3.178)，整理后得流体通过环形流通面的流速为

$$v=\sqrt{\frac{2V_f(\rho_f-\rho)g}{\zeta A_f\rho}} \tag{3.179}$$

设环形流通面积为 A_0，则流体的体积流量为

$$q_v=A_0v=\alpha A_0\sqrt{\frac{2V_f(\rho_f-\rho)g}{A_f\rho}} \tag{3.180}$$

式中，$\alpha=\sqrt{\frac{1}{\zeta}}$，称转子流量计的流量系数。式(3.180) 是转子流量计的基本流量方程式。可以看出，当锥形管、浮子形状和材料一定时，流过锥形管的流体的体积流量与环形流通面积 A_0呈线性关系。而 A_0又与锥形管的高度 h 有明确的关系，由图 3.120 可知

$$A_0=\frac{\pi}{4}[(D_0+2h\tan\varphi)^2-d_f^2] \tag{3.181}$$

式中，D_0为标尺零处锥形管直径；φ 为锥形管锥半角；d_f为浮子最大直径。

在制造时，一般使 $D_0\approx d_f$。由于锥角 φ 很小，一般在 $12'\sim11°31'$左右，所以 $\tan\varphi$ 很小，如果忽略 $(h\tan\varphi)^2$项，则

$$A_0=\pi hD_0\tan\varphi \tag{3.182}$$

将式(3.182) 代入式(3.180)，有

$$q_v=\pi\alpha hD_0\tan\varphi\sqrt{\frac{2V_f(\rho_f-\rho)g}{A_f\rho}} \tag{3.183}$$

由此可见，体积流量与浮子在锥形管中的高度近似呈线性关系，流量越大，则浮子所处的平衡位置越高。

3.5.3.2　对流量方程各参数的讨论

(1) 流量系数 α

实验证明：流量系数 α 与锥形管的锥度，浮子的几何形状以及被测流体的雷诺数等因素有关。在锥形管和浮子的形状已经确定的情况下，流量系数随雷诺数变化。图 3.121 是三种不同形状的浮子的流量系数与雷诺数的关系曲线。从图中可以看出，当雷诺数比较小时，α 随雷诺数的增加而逐渐增大，当雷诺数达到一定值后，α 基本上保持平稳。不同形状浮子的 α 与雷诺数的关系曲线也不同。

(2) 流体密度 ρ

由于流量方程式(3.180) 中包括有流体的密度 ρ，因此应用转子流量计时应事先知道流体的密度。按国家规定，转子流量计在流量刻度时是在标准状态（20℃，1.0132×10^5 Pa）下用水（对液体）或空气（对气体）介质进行标定的。当被测介质或工况改变时，应对仪表刻度进行修正。设

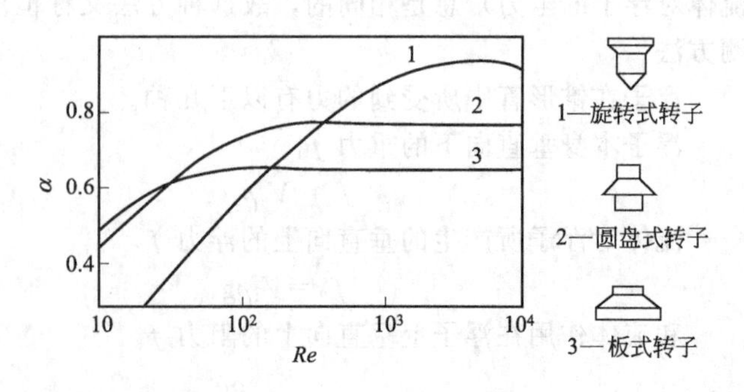

图 3.121　流量系数与雷诺数的关系曲线

被测介质的实际密度为 ρ'，当流量计指示值为 q_v 时，实际流体的流量 q'_v 为

$$q'_v = q_v \sqrt{\frac{(\rho_f - \rho')\rho}{(\rho_f - \rho)\rho'}} \tag{3.184}$$

上式是在假设介质改变或密度改变时流体的黏度与标定用的水或空气的黏度相差不大条件下得出的。如果黏度变化比较大，会导致阻力系数 ζ 的变化，从而影响流量系数 α。

【例 3.9】 用转子流量计来测量某油品的流量，其密度为 780m³/kg。当流量计读数为 3.2 m³/h 时，求该油品的实际流量。设转子的密度为 7900 m³/kg。

解 由题意，该转子流量计的读数是出厂时以标准状态下的水的流量进行刻度的，当被测介质变化时，流量计的读数不能代表实际流量。由式(3.184) 实际流量为

$$q'_v = 3.2 \times \sqrt{\frac{(7900-780)\times 998.3}{(7900-998.3)\times 780}} = 3.68\text{m}^3/\text{h}$$

由此可以看到，由于被测介质的密度的变化，流量计的读数值与实际流量之间存在较大的差别。在使用时要特别注意。

3.5.3.3 转子流量计的分类与应用

转子流量计根据显示方式的不同可分为两类：一类是直接指示型的转子流量计，其锥形管一般由玻璃制成，并在管壁上标有流量刻度，因此可以直接根据转子的高度进行读数，这类流量计也称玻璃转子流量计；另一类为电远传转子流量计，如图 3.122 所示，它主要由金属锥形管、转子、连动杆、铁芯、差动线圈和电子线路等组成。当被测流体的流量变化时，转子在锥形管内上下移动。由于转子、连动杆和铁芯为刚性连接，转子的运动将带动铁芯一起产生位移，从而改变差动变压器的输出，通过电子线路将信号放大后可使输出与流量成一一对应关系的电压或电流信号。

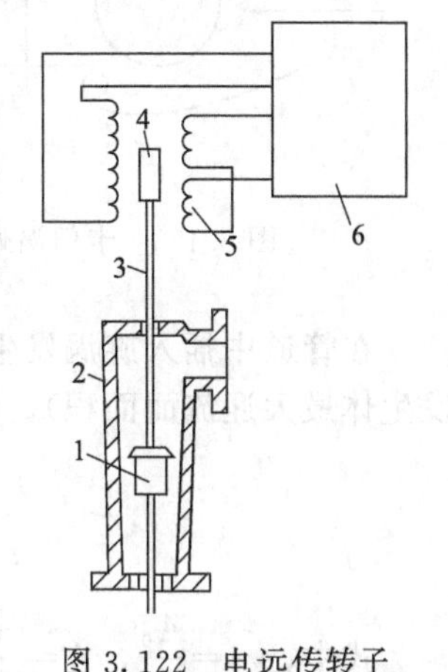

图 3.122 电远传转子流量计原理

1—转子；2—锥形管；3—连动杆；4—铁芯；5—差动线圈；6—电子线路

转子流量计具有以下特点。

① 转子流量计主要适用于中小管径，小的可以为几个毫米，最大一般不超过 100mm。

② 转子流量计通常用于较低雷诺数的中小流量的检测，相同口径下可测最小流速比节流式的流量计要小，而且量程比可达 10∶1。

③ 流量计结构简单，使用方便，工作可靠，仪表前直管段长度要求不高，但要求垂直安装。

④ 流量计的测量准确度易受被测介质密度、黏度、温度、压力、纯净度、安装质量等的影响，正常情况下流量计的基本误差约为仪表量程的± (1%～2%)。

⑤ 使用时，当被测介质为非标准状态下的水或空气时，流量计的指示值要进行修正；当介质密度发生变化时也要修正其指示值。

3.5.4 涡街流量计

旋涡式流量检测方法是 20 世纪 70 年代发展起来按流体振荡原理工作的。目前已经应用的有两种：一种是应用自然振荡的卡门旋涡列原理；另一种是应用强迫振荡的旋涡旋进原理。应用上述原理制成的流量仪表，前者称为涡街流量计，后者称为旋进旋涡流量计。下面主要介绍涡街流量计。

(1) 检测原理

在流体中垂直于流动方向放置一个非流线型的物体（如圆柱体、棱柱体），在它的下游两侧就会交替出现旋涡（图 3.123），两侧旋涡的旋转方向相反，并轮流地从柱体上分离出来。这两排平行但不对称的旋涡列称为卡门涡列（也称涡街）。由于涡列之间的相互作用，旋涡的涡列一般是不稳定的。实验证明，只有当两列旋涡的间距 h 与同列中相邻旋涡的间距 l 满足 $h/l=0.281$ 条件时，卡门涡列才是稳定的。并且，单列旋涡产生的频率 f 与柱体附近的流体流速 v 成正比，与柱体的特征尺寸 d（旋涡发生体的迎面最大宽度）成反比，即

$$f=St\frac{v}{d} \tag{3.185}$$

式中，St 称为斯特劳哈尔数，是一个无因次数。St 主要与旋涡发生体的形状和流体的雷诺数有关。在一定的雷诺数范围内，St 基本上为一常数，如图 3.124 所示。对于圆柱体 $St=0.20$；对于三角柱 $St=0.16$，在此范围内可以认为频率 f 只受流速 v 和旋涡发生体特征尺寸 d 的支配，而不受流体的温度、压力、密度、黏度等的影响。

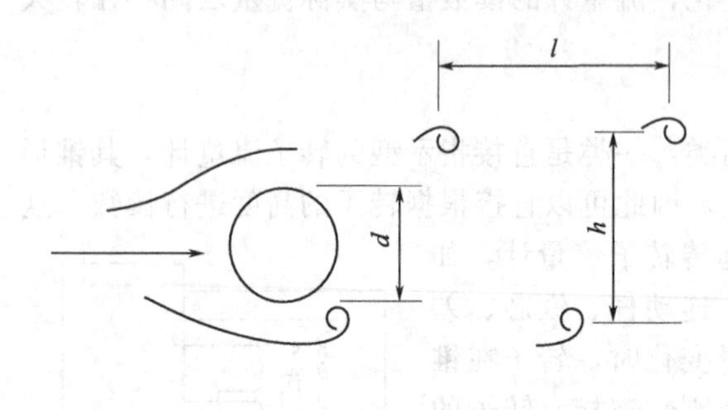

图 3.123　卡门涡列形成原理

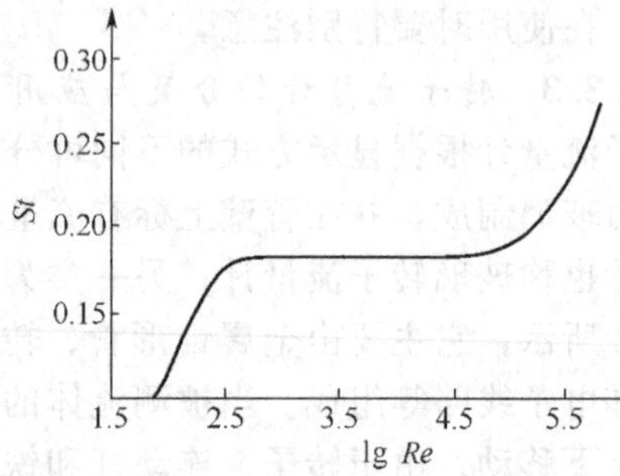

图 3.124　斯特劳哈尔数与雷诺数的关系

在管道中插入旋涡发生体时，假设在发生体处的流通截面积为 A_0（等于管道截面积减去发生体最大迎流面面积），则流体的体积流量与旋涡频率的关系为

$$q_v=vA_0=\frac{\pi D^2 md}{4St}f=\frac{f}{K} \tag{3.186}$$

式中，$m=\frac{A_0}{A}$，$A=\frac{\pi}{4}D^2$；$K=\frac{4St}{\pi D^2 md}$为流量计的仪表系数，单位为脉冲数/m^3。

由式(3.186) 可知，仪表系数 K 与旋涡发生体、管道的几何尺寸有关，与斯特劳哈尔数有关。有实验表明，对于圆柱形发生体，管道雷诺数在$Re_D=2\times10^4\sim7\times10^6$范围内，$St$ 可视为常数。根据管道雷诺数的范围可以进一步确定流速的可测范围。

(2) 旋涡发生体

旋涡发生体是流量检测的核心，它的形状和尺寸对于流量计的性能具有决定性作用。图 3.125 给出了常见的几种旋涡发生体的断面，其中圆柱形、方柱形和三角柱形更为通用，称为基形旋涡发生体。

圆柱形旋涡发生体的 St 较高，压力损失小，但旋涡强度较弱，低流速时旋涡的检测较困难；方柱形和三角柱形旋涡发生体产生的旋涡强烈并且稳定，有利于旋涡的检测，但前者压力损失大，而后者 St 较小。

(3) 旋涡频率的检测

旋涡频率的检测是涡街流量计的重要组成部分。考虑到安装的方便和减小对流体的阻力，可以把旋涡频率的检测元件附在旋涡发生体上，也可以把检测元件放在发生体的后面。

不同形状的旋涡发生体，其旋涡的成长过程以及流体在旋涡发生体周围的流动情况有所不同，因此旋涡频率的检测方法也不一样。例如圆柱体旋涡发生体常用铂热电阻丝检测频率；三角柱旋涡发生体采用热敏电阻或压电晶体检测频率。常见的检测元件如下。

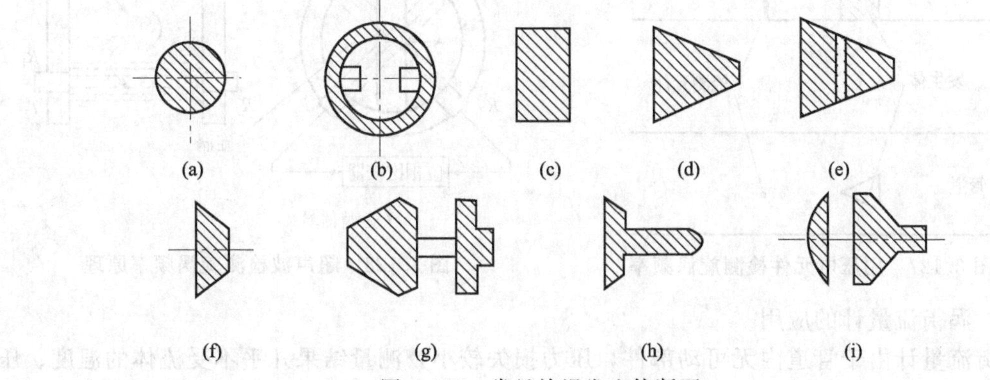

图 3.125 常见旋涡发生体断面

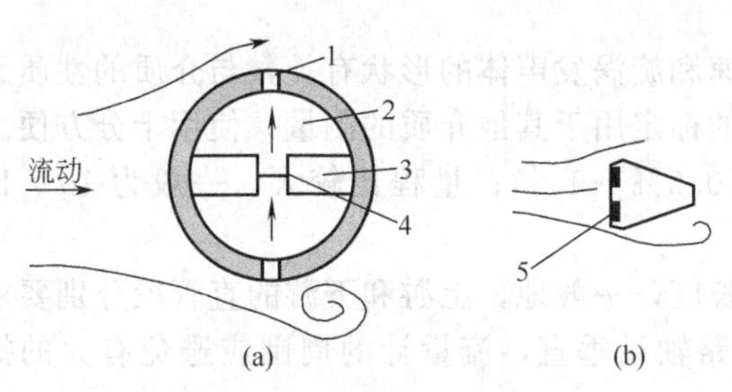

图 3.126 旋涡频率检测原理

1—导压孔；2—空腔；3—隔墙；4—电热丝；5—热敏电阻

① 热电丝 热电丝检测元件主要用于圆柱体旋涡发生体，铂热电丝位于圆柱体空腔内，如图 3.126(a) 所示。由流体力学可知，当圆柱体右下侧有旋涡时，将产生一从下到上作用在柱体上的升力。结果有部分流体从下方导压孔吸入，从上方的导压孔吹出。如果把铂电阻丝用电流加热到比流体温度高出某一值，流体通过铂电阻丝时，带走它的热量，从而改变它的电阻值，此电阻值的变化与放出旋涡的频率相对应，由此便可检测出与流速变化成比例的频率。

② 热敏电阻 两只热敏电阻对称地嵌入在三角柱迎流面中间，如图 3.126 (b) 所示。两只热敏电阻与其他两只固定电阻构成一个电桥，电桥通以恒定电流使热敏电阻的温度升高。在流体为静止或三角柱两侧未发生旋涡时，两只热敏电阻处的温度一致，阻值相等，电桥无电压输出。当三角柱两侧交替发生旋涡时，由于散热条件的改变，使热敏电阻的阻值改变，引起电桥输出与旋涡发生频率相对应的电压脉冲。经放大和整形后的脉冲信号即可用于流体总量的显示，同时通过频率—电压（电流）转换后输出模拟信号，作为瞬时流量显示。

③ 压电元件 利用压电元件检测旋涡频率目前较多地采用如图 3.127 所示的形式。压电元件位于旋涡发生体的后面，当旋涡随流体流过压电检测元件时，使压电元件的输出发生变化，其频率正比于旋涡频率。这种流量计也称压电式涡街流量计，其特点是灵敏度高，反应快，但易受流体振动或管道振动的影响。

④ 超声波检测元件 超声波检测元件如图 3.128 所示，在管壁上安装二对超声波探头 T_1，R_1和 T_2，R_2，探头 T_1，T_2发射高频的连续声波并穿过流体传播。当旋涡通过声束时，每一对旋转方向相反的旋涡对声波产生一个周期的调制作用，受调制声波被接收探头 R_1，R_2转换成电信号。信号经放大、检波、整形后得到旋涡的频率。这种流量计也称超声式涡街流量计，它具有较高的检测灵敏度，可测下限流速较低，但温度对声调制有影响，流场变化，特别是液体中含气泡对测量也有较大影响。

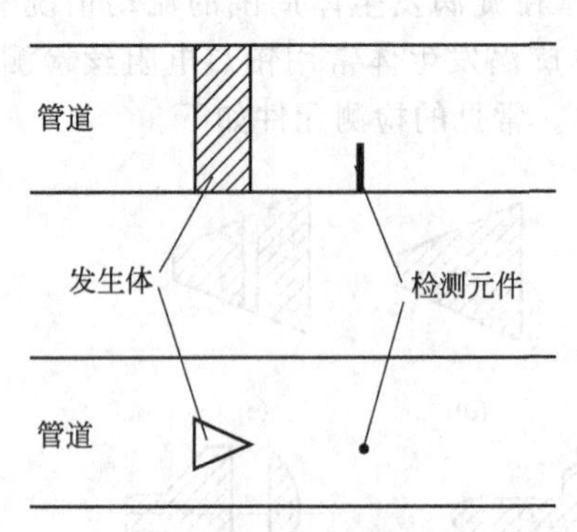

图 3.127　用压电元件检测旋涡频率

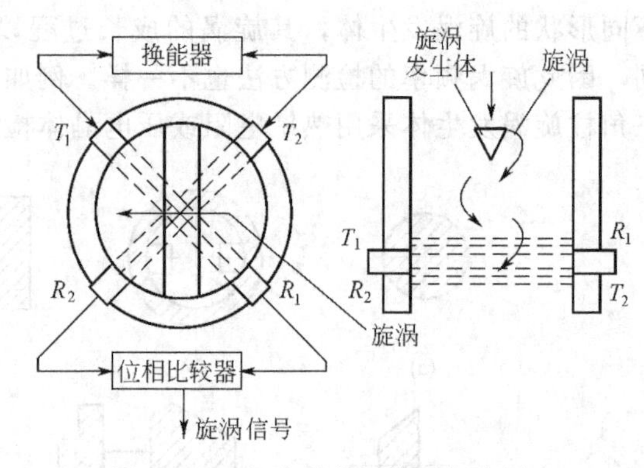

图 3.128　超声波检测旋涡频率原理

(4) 涡街流量计的应用

涡街流量计由于管道内无可动部件，压力损失较小，测量结果几乎不受流体的温度、压力、密度、黏度等变化的影响，它在工业上有着广泛的应用，可用于液体、气体和蒸汽等绝大部分流体的流量测量。

由于涡街流量计的旋涡频率只与流体的流速和旋涡发声体的形状有关，与介质的性质无关，流量计一旦用一种介质标定后，可不经新的标定用于其他介质的测量，使用十分方便。

涡街流量计的测量准确度较高，约为±（0.5%～1%）；量程比较大，一般为 10∶1，最高可达 30∶1。

涡街流量计在安装时要求有足够的直管段长度，一般地，上游和下游的直管段分别要求不少于 $20D$ 和 $5D$，旋涡发生体的轴线应与管路轴线垂直，流量计的周围应避免有大的振动源。

涡街流量计的测量准确度与旋涡频率的测量准确度直接相关。由于旋涡的强度正比于 ρv^2，当介质的密度和流速都比较低时，旋涡的强度较小，从而影响旋涡频率的测量。

3.5.5　电磁流量计

电磁流量计是根据法拉第电磁感应定律进行流量测量的，它能检测具有一定电导率的酸、碱、盐溶液，腐蚀性液体，含有固体颗粒（泥浆、矿浆等）的液体以及水的流量。但不能检测气体、蒸汽和非导电液体的流量。

(1) 检测原理

导体在磁场中作切割磁力线运动时，在导体中便会有感应电势，其大小与磁场的磁感应强度、导体在磁场内的有效长度及导体的运动速度成正比。同理，如图 3.129 所示，导电的流体介质在磁场中作垂直磁场方向流动而切割磁力线时，也会在管道两边的电极上产生感应电势。感应电势的方向由右手定则确定，其大小由下式决定

$$E_x = BDv \tag{3.187}$$

式中，E_x为感应电势；B 为磁感应强度；D 为管道直径，即导电流体垂直切割磁力线的长度；v 为垂直于磁力线方向的流体的平均速度。

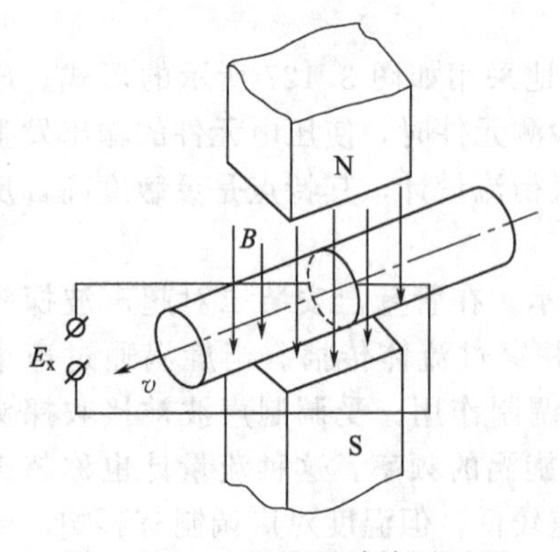

图 3.129　电磁流量计检测原理

因为体积流量 q_v 等于流体流速 v 与管道截面积 A 的乘积，故

$$q_v = \frac{1}{4}\pi D^2 v \tag{3.188}$$

由式(3.188）和式(3.187)，可得

$$q_v=\frac{\pi D}{4B}E_x \tag{3.189}$$

由式(3.189）可知，对于给定的管道直径 D，在磁感应强度 B 维持不变时，感应电势与体积流量具有线性关系，而与流体的温度、压力、密度和黏度等无关。

根据上述原理制成的流量检测仪表称为电磁流量计。

(2）电磁流量计的结构

电磁流量计的结构如图 3.130 所示，它主要由磁路系统、测量管、电极、衬里、外壳以及转换电路等部分组成。

① 磁路系统　用于产生均匀的磁场。用于电磁流量计的磁场有直流和交流两种，直流磁场可以用永久磁铁来实现，其结构比较简单。但是，在电极上产生的直流电势会引起被测液体的电解，因而在电极上发生极化现象，破坏了原有的测量条件；当管道直径较大时，永久磁铁也要求很大，这样既笨重又不经济。所以，早期的电磁流量计，大多采用交变磁场，由 50Hz 工频电源激励产生。产生交变磁场的励磁线圈的结构形式因测量管的口径不同而有所不同，其中较多采用集中绕组式结构。它由两只串联或并联的马鞍形励磁组组成，上下各一只夹持在测量管上。为形成磁路，减少干扰及保证磁场均匀，在线圈外围有若干层硅钢片叠成的磁轭。

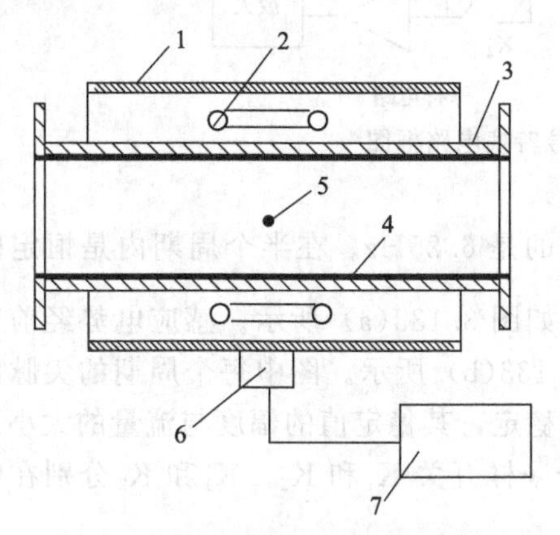

图 3.130　电磁流量计结构

1—外壳；2—励磁线圈；3—测量管；4—衬里；5—电极；6—接线盒；7—转换电路

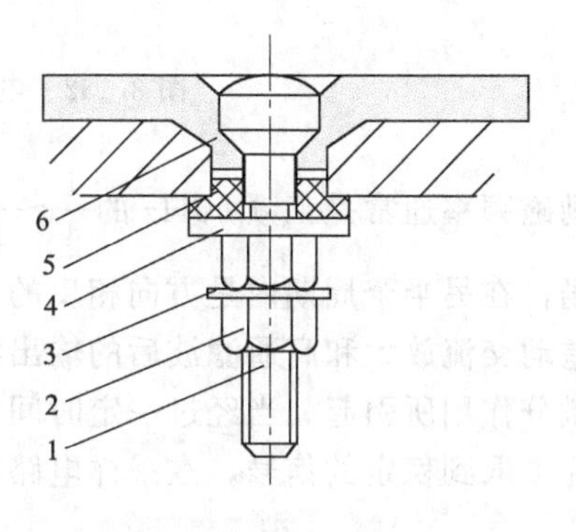

图 3.131　电极的结构

1—电极；2—螺母；3—导电片；4—垫圈；5—绝热套；6—衬里

但是采用 50Hz 工频交流励磁易受市电所引起的与流量信号同相位和成正交（90°相差）的各种干扰的影响，形成零点漂移。20 世纪 70 年代以来，低频矩形波励磁方式逐渐替代 50Hz 交流励磁。这种低频矩形波励磁方式具有功耗小，零点稳定，电极污染影响小等优点，目前已成为主要的励磁方式。

② 测量管　其作用是让被测液体在管内通过。它的两端设有法兰，以便与管道连接。为使磁力线通过测量管时磁通不被分路并减少涡流，测量管必须采用不导磁、低电导率、低热导率和具有一定机械强度的材料制成，一般可选用不锈钢、玻璃钢、铝及其他高强度塑料等。

③ 电极　电极的作用是把被测介质切割磁力线时所产生的感应电势引出，其结构如图 3.131 所示。为了不影响磁通分布，避免因电极引入的干扰，电极一般由非导磁的不锈钢材料制成，有些情况需采用哈氏合金 B、C，钛、钽、铂铱合金等材料。电极要求与衬里齐平，

以便流体通过时不受阻碍。电极的安装位置宜在管道的水平方向，以防止沉淀物堆积在电极上而影响测量准确度。

④ 衬里　在测量管的内侧及法兰密封面上，有一层完整的电绝缘衬里。它直接接触被测介质，主要作用是增加测量管的耐磨与耐蚀性，防止感应电势被金属测量管管壁短路。因此，衬里必须是耐腐、耐磨以及能耐较高温度的绝缘材料。常用的衬里材料主要有氟塑料、聚氨酯橡胶、陶瓷等。

⑤ 外壳　一般用铁磁材料制成，它是保护励磁线圈的外罩，并可隔离外磁场的干扰。

⑥ 转换电路　流体流动产生的感应电势十分微弱，而且各种干扰因素的影响也很大，转换电路的目的是将感应电势放大并能抑制主要的干扰信号。

(3) 电磁流量计的转换电路

电磁流量计的转换电路因励磁方式的不同而有很大的差异，下面主要介绍基于低频矩形波励磁方式的转换电路。

转换电路主要由前置放大、差动交流放大、高通滤波、采样电路和差动直流放大等部分组成，如图 3.132 所示。

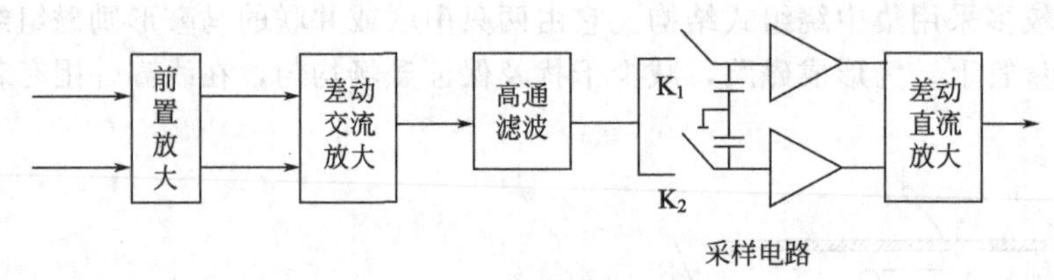

图 3.132　电磁流量计信号转换电路框图

励磁频率通常是工频 50Hz 的$\frac{1}{4}\sim\frac{1}{10}$，最常用的是 6.25Hz。在半个周期内是恒定的直流磁场，在另半个周期内是方向相反的直流磁场，如图 3.133(a) 所示。感应电势经前置放大，差动交流放大和高通滤波后的输出波形如图 3.133(b) 所示。图中每个周期的尖脉冲是由于微分作用所引起。当经过一定时间后信号达到稳定，其稳定值的幅度与流量的大小成正比。为了取到稳定的信号，在采样电路中设置二个采样开关 K_1 和 K_2。K_1 和 K_2 分别在信号的正半周和负半周的后$\frac{1}{4}$时间内合上，如图 3.133(c) 和 (d) 所示。当 K_1 或 K_2 合上时，它们分别对电容充电；在它们断开期间，电容上的电压基本保持不变，这样两个正负信号经差动直流放大后成为一直流电压信号，电压的大小正比于流量的大小。

(4) 电磁流量计的应用

电磁流量计的输出虽然不受介质的温度、压力、密度、黏度等参数的影响，而且与被测介质的体积流量有很好的线性关系，但是，被测流体必须是导电的，不能测量气体、蒸汽和石油制品等的流量。

由于结构的原因，电磁流量计对被测介质的温度和压力有一定的要求，一般使用温度为 0～200℃，压力小于 2.5MPa。

电磁流量计在安装时必须要有良好的接地措施，否则电磁干扰会严重影响流量计的测量精度。

由于测量管内无可动部件或突出于管道内部的部件，电磁流量计几乎不会对管路产生压力损失，而且被测流体可以是含有颗粒、悬浮物等。

当被测流体的流速小于 0.2～0.5m/s 时，由于感应电势较小引起电磁流量计的测量误差；流速增大，测量误差相应较小，从原理上讲电磁流量计没有测量上限，所以，它有较宽的测量范围，量程比一般为10：1，有的量程比可达100：1，测量准确度一般优于0.5%。

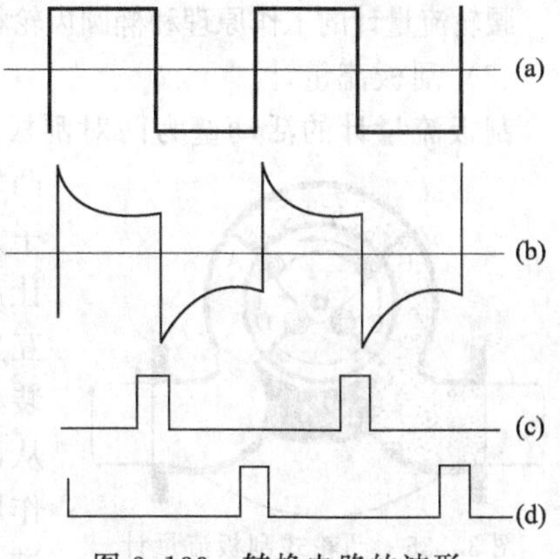

图 3.133 转换电路的波形

3.5.6 容积式流量计

容积式流量计是一种直接式流量测量方法，它是让被测流体充满具有一定容积的空间，然后再把这部分流体从出口排出，根据单位时间内排出的流体体积可直接确定体积流量，根据一定时间内排出的总体积数可确定流体的体积总量，即累计流量。

常见的容积式流量计有：椭圆齿轮流量计、腰轮（罗茨）流量计、刮板流量计、活塞式流量计、湿式流量计及皮囊式流量计等，其中腰轮式、湿式、皮囊式可以用于气体流量测量。

3.5.6.1 检测原理

为了连续地在密闭管道中测量流体的流量，一般是采用容积分界方法，即由仪表壳体和活动壁组成流体的计量室，流体经过仪表时，在仪表的入、出口之间产生压力差，推动活动壁旋转，将流体一份一份地排出。设计量室的容积为V_0，当活动壁旋转n次时，流体流过的体积总量为$Q_v=nV_0$。根据计量室的容积和旋转频率可获得瞬时流量。

下面主要介绍椭圆齿轮流量计和刮板流量计。

（1）椭圆齿轮流量计

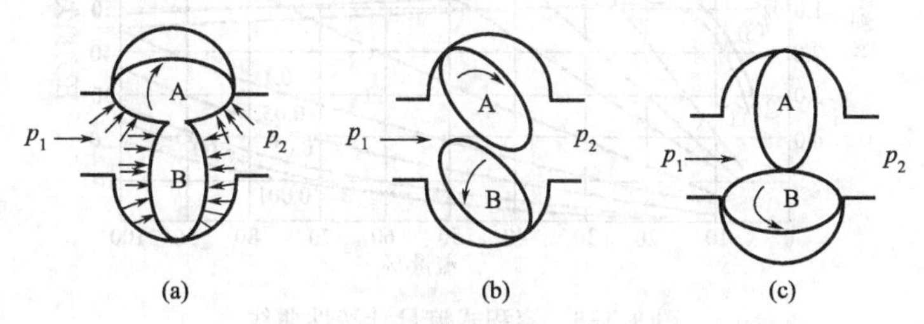

图 3.134 椭圆齿轮流量计原理

如图3.134所示，椭圆齿轮流量计的活动壁是一对互相啮合的椭圆齿轮。被测流体由左向右流动，椭圆齿轮A在差压$\Delta p=p_1-p_2$作用下，产生一个顺时针转矩，如图3.134(a)，使齿轮A顺时针方向旋转，并把齿轮与外壳之间的初月形容积内的流体排出，同时带动齿轮B做逆时针方向旋转。在图3.134(b)位置时，齿轮A、B均受到转矩，并使它们继续沿原来方向转动。在图3.134(c)位置时，齿轮B在差压Δp作用下产生一个逆时针转矩，使齿轮B旋转并带动A轮一起转动，同时又把齿轮B与外壳之间空腔内的介质排出。这样齿轮交替地（或同时）受力矩作用，保持椭圆齿轮不断地旋转，介质以初月形空腔为单位一次又一次地经过齿轮排至出口。可以看出，椭圆齿轮每转动一周，排出四个初月形空腔的容积，所以流体总量为

$$Q_v=4nV_0 \tag{3.190}$$

式中，V_0为初月形空腔的容积。可以算得

$$V_0=\frac{1}{2}\pi R^2\delta-\frac{1}{2}\pi ab\delta=\frac{\pi}{2}(R^2-ab)\delta \tag{3.191}$$

式中，R为外壳的内半径；a、b为椭圆齿轮的长、短半轴；δ为椭圆齿轮的厚度。

腰轮流量计的工作原理和椭圆齿轮相同，只是活动壁形状为一对腰轮，并且腰轮上没有牙齿。

(2) 刮板流量计

刮板流量计的活动壁为两对刮板。它有凸轮式和凹线式两种主要形式，其中图 3.135 为凸轮式刮板流量计示意图。它的壳体内腔是圆形空筒，转子是一个空心圆筒，筒边开有四个槽，相互成 90°角，可让刮板在槽内伸出或缩进。四个刮板由两根连杆连接，也互成 90°角，在空间交叉，互不干扰。在每个刮板的一端装有一小滚柱，四个滚柱分别在一个不动的凸轮上滚动，从而使刮板时而伸出，时而缩进。转子在入口和出口压差作用下，连刮板一起产生旋转，四个刮板轮流伸出、缩进，把计量室（两块刮板和壳体内壁、圆筒外壁所形成的空间）逐一排至出口。和椭圆齿轮一样，转子每转动一周便排出四个计量室容积的流体。

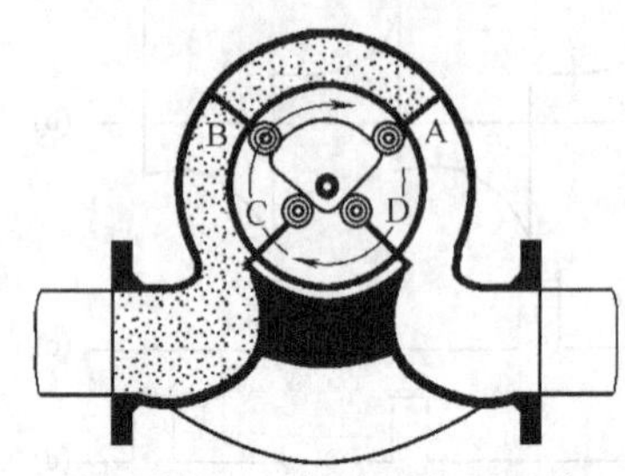

图 3.135　凸轮式刮板流量计

3.5.6.2　容积式流量计的工作特性

容积式流量计的工作特性与流体的黏度、密度以及工作温度、压力等因素有关，相对来说，黏度的影响要大一些。图 3.136 是容积式流量计代表性的特性曲线，其中包括误差和压力损失两组曲线。

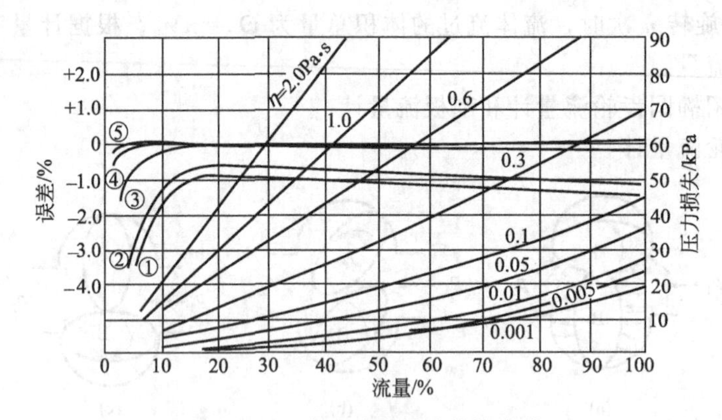

图 3.136　容积式流量计特性曲线

误差曲线：①—汽油；②—水；③—轻柴油；④—重柴油；⑤—轻质机油

由误差曲线可以看到，多数曲线是负误差，主要原因是仪表中有活动壁，活动壁与壳体内壁间的间隙产生流体的泄漏。在小流量时，由于转子所受力矩小，而它本身又有一定的摩擦阻力，因而相对泄漏量较大，特别是在流量很小时，负误差会很大；当流量达到一定数值后，泄漏量相对较小，特性曲线比较平坦；当流量较大时，由于流量计的出、入口间压力降增大，导致泄漏量相应增大。在相同的流量下，流体的黏度越低、越容易泄漏，误差也就越大；对于高黏度流体，则泄漏相对较小，因此误差变化不大。

流体流过流量计的压力损失随流量的增加几乎线性上升，流体黏度愈高，在相同流量下压力损失也愈大。

3.5.6.3　容积式流量计的应用

容积式流量计适宜测量较高黏度的液体流量，在正常的工作范围内，温度和压力对测量结果的影响很小，但是在使用时要注意，被测介质必须干净，不能含有固体颗粒等杂质，否则会使仪表磨损或卡住，甚至损坏仪表，为此要求在流量计前安装过滤器。

容积式流量计在安装时，对仪表前、后直管段长度没有严格的要求。常用的测量口径在

10～150mm 左右，当测量口径较大时，仪表的成本会大幅提高，仪表的重量和体积也会大大增加，造成维护的不方便。

容积式流量计具有较高的测量准确度，一般可达±0.2%～±0.5%，有的甚至能达到±0.1%，量程比通常为 10：1，常用作标准计量器具。

由于仪表的准确度主要取决于壳体与活动壁之间的间隙，因此对仪表制造、装配的精度要求高，传动机构也比较复杂。

容积式流量计的显示方式有就地显示和远传显示两种。就地显示是将转子的转数 n 通过轴输出，并经一系列齿轮减速及转速比调整机构之后，直接带动仪表的指针和机械计数器，以实现流量和总量的显示。

远传显示是通过减速与转速比调整机构后，用电磁原理或光电原理等将转子的转速转换成一个个电脉冲远传，进一步通过电子计数器可进行流量的积算，或通过频率-电压（电流）转换器可变换成与瞬时流量对应的标准电信号。

3.5.7　质量流量计

前面介绍的各种流量计可以直接测出流体的体积流量，或是流体的流速（通过乘以管道截面积得到体积流量）。但在工业生产中，由于物料平衡、经济核算等原因常常需要知道流体的质量流量。在一般情况下，对于液体，可以将测得的体积流量乘以密度换算成质量流量，而对于气体，由于密度随气体的温度和压力而变化，给质量流量的换算带来了麻烦。目前，质量流量的检测方法主要有三大类。

① 直接式　检测元件的输出可直接反映出质量流量。

② 间接式　同时检测出体积流量和流体的密度，或同时用两个不同的检测元件检测出两个与体积流量和密度有关的信号，通过运算得到反映质量流量的信号。

③ 补偿式　同时检测出体积流量和流体的温度、压力，应用有关公式求出流体的密度或将被测流体的体积流量自动地换算成标准状态下的体积流量，从而间接地确定质量流量。

(1) 直接式质量流量计

目前，直接式质量流量检测方法有许多种，其中基于科氏力的质量流量检测方法最为常用，根据此原理构成的科氏质量流量计应用已十分广泛。

科氏质量流量计的测量原理如下。

图 3.137 所示为表示科氏力作用的演示实验，将充水软管两端悬挂，使其下垂成 U 形。管中的水不流动时，U 形的两管处于同一平面，并垂直于地面，左右摆动时，两管同时弯曲，仍然保持在同一曲面，如图 3.137(a) 所示。

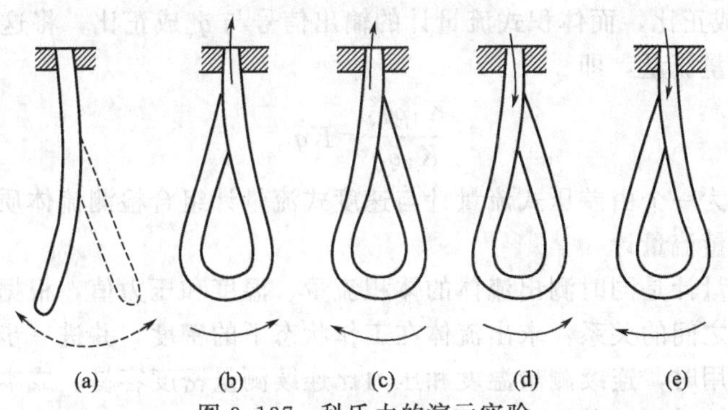

图 3.137　科氏力的演示实验

若将软管与水源相接，使水由远离观察者的一端流入，从靠近观察者的一端流出，如图 3.137(b) 和 (c) 中箭头所示。当 U 形管受外力作用向右或向左摆动时，它将发生扭曲。

扭曲的方向总是出水侧的摆动要早于入水侧，呈现图 3.137(b) 和 (c) 所示的情况。

改变水流方向重复上述实验，将出现如图 3.137(d) 和 (e) 所示的情况，其规律仍然是出水侧摆动要早于入水侧。

随着流量的增加，这种现象变得更加明显，即出水侧摆动相位超前于入水侧更多。这就是科氏质量流量计的检测原理，它是利用两管的摆动相位差来反映流经该U形管的质量流量。

基于科氏原理构成的质量流量计有直管、弯管、单管、双管等多种形式。但最容易也是目前应用最多的要算是双弯管型，其结构如图 3.138 所示。它是由两根金属U形管组成，其端部连通并与被测管路相连。这样流体可以同时在两个U形管内流动。在两管的中间A、B、C三处各装一组压电换能器。换能器A在外加交变电压的作用下产生交变力，使两根U形管彼此一开一合地振动，相当于两根软管按相反方向不断摆动。换能器B和C用来检测两管的振动情况。由于B处于进口侧，C处于出口侧，则根据出口侧振动相位超前于进口侧的规律，C输出的交变信号的相位将超前于B某个相位，此相位差的大小与质量流量成正比。

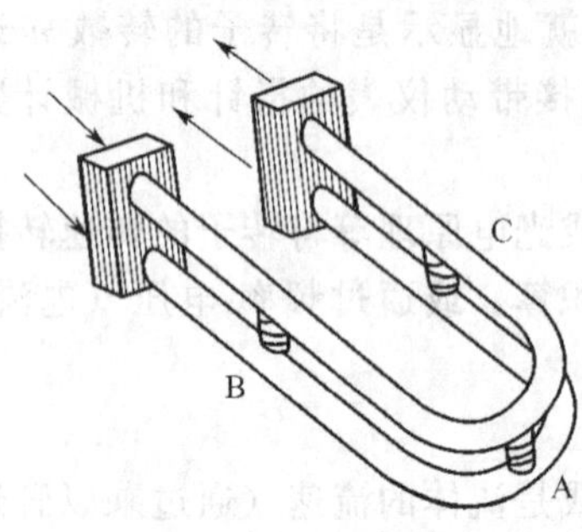

图 3.138 双弯管型科氏力流量计的结构

科氏质量流量计的测量准确度较高，主要用于黏度和密度相对较大的单相流体和混相流体的流量测量。由于结构等原因，这种流量计适用于中小尺寸的管道的流量检测。

(2) 间接式质量流量计

间接式质量流量计实际上就是组合式质量流量计，它是在管道上串联多个（常见的是两个）检测元件（或仪表），建立各自的输出信号与流体的体积流量、密度等之间的关系，通过组合，联立求解方程间接推导出流体的质量流量。目前，主要的组合方式有以下几种。

① 差压式流量计与密度计组合方式　差压式流量计的差压输出值正比于 ρq_v^2，若配上密度计进行乘法运算后再开方即可得到质量流量，即

$$\sqrt{K_1\rho q_v^2 \cdot K_2\rho}=\sqrt{K_1K_2}\rho q_v=Kq_m \tag{3.192}$$

② 体积式流量计与密度计组合方式　体积式流量计是指容积式流量计以及速度式流量计，它们能产生流体的体积流量信号，配上密度计进行乘法运算后得到质量流量，即

$$K_1q_v \cdot K_2\rho=Kq_m \tag{3.193}$$

③ 差压式流量计或靶式流量计与体积式流量计组合方式　差压式流量计或靶式流量计的输出信号与 ρq_v^2 成正比，而体积式流量计的输出信号与 q_v 成正比，将这两个信号进行除法运算后也可得到质量流量，即

$$\frac{K_1\rho q_v^2}{K_2q_v}=Kq_m \tag{3.194}$$

图 3.139 所示为一个由差压式流量计与速度式流量计组合检测流体质量流量的原理图。

(3) 补偿式质量流量计

补偿式质量流量计是同时测出流体的体积流量、温度和压力值，根据已知的被测流体的密度与温度、压力之间的关系，求出流体在工作状态下的密度，并进一步自动换算成质量流量。由于在实际使用时，连续测量温度和压力比连续测量密度容易、成本低，因此工业上质量流量的检测较多地采用这种方法。

很明显，这种检测方法除了要保证体积流量、温度、压力各参数的测量准确度外，还要有正确的密度与温度、压力之间的数学模型。

为了减少温度、压力传感器单独安装、单独使用带来的费用问题和麻烦，提高补偿的整体准确度，近年来出现了一体化流量计。这种一体化流量计是把流量传感器、温度传感器或压力传感器集成在一个整体的流量计中，相应的信号处理和计算也集成在一起。它不仅能输出各种参数的流量值，还能输出介质的温度、压力等相关参数的测量值。在使用时，流量计整体安装，不需要单独安装温度、压力传感器，从而给使用者带来了方便，也提高了流量计的准确度。

目前，一体化流量计主要有一体化差压流量计；一体化旋涡流量计等，前者以节流式流量计为流量传感器；后者以涡街或旋进旋涡流量计为流量传感器。

3.5.8 涡轮流量计

涡轮式流量计是以动量矩守恒原理为基础的，如图 3.140 所示，流体冲击涡轮叶片，使涡轮旋转，涡轮的旋转速度随流量的变化而变化，通过涡轮外的磁电转换装置可将涡轮的旋转转换成电脉冲。

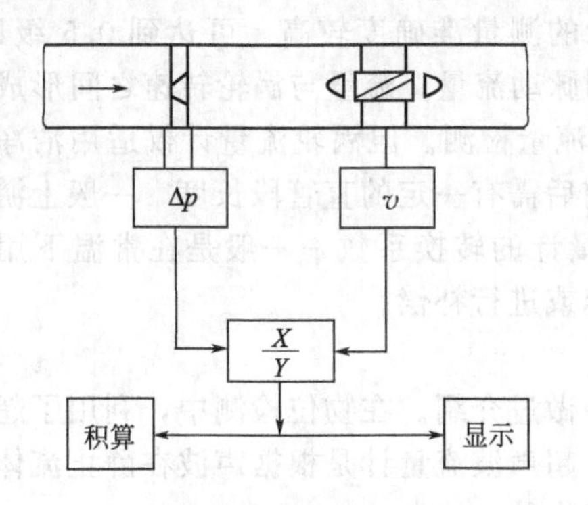

图 3.139 差压式流量计与速度式流量计组合的质量流量计原理

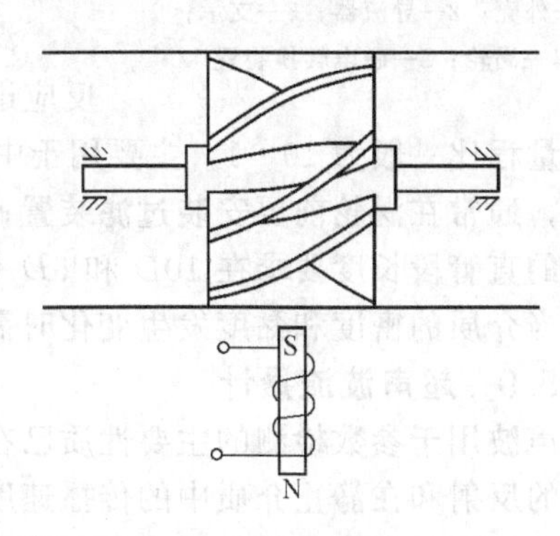

图 3.140 涡轮流量计原理

由动量矩守恒定理可知，涡轮运动方程的一般形式为

$$J\frac{\mathrm{d}\omega}{\mathrm{d}t}=T-T_1-T_2-T_3 \tag{3.195}$$

式中，J 为涡轮的转动惯量；$\frac{\mathrm{d}\omega}{\mathrm{d}t}$为涡轮旋转的角加速度；$T$ 为流体作用在涡轮上的旋转力矩；T_1为流体黏滞摩擦力引起的阻力矩；T_2为由轴承引起的机械摩擦阻力矩；T_3为由于叶片切割磁力线而引起的电磁阻力矩。

在稳定流动情况下，$\frac{\mathrm{d}\omega}{\mathrm{d}t}=0$，从理论上可以推得

$$\omega=\xi q_{\mathrm{v}}-\frac{1}{r^2\rho}\left(\frac{a_1}{1+a_1/q_{\mathrm{v}}}+\frac{a_2}{q_{\mathrm{v}}+a_2}\right) \tag{3.196}$$

式中，ξ 称为仪表的转换系数；r 为叶轮的平均半径；a_1和 a_2为系数。

上式表明：当流量较小时，主要受摩擦阻力矩的影响，涡轮转速随流量 q_{v} 增加较慢；考虑到系数 a_1和 a_2很小，当 q_{v}大于某一数值后，则式(3.196) 可近似为

$$\omega=\xi q_{\mathrm{v}}-\frac{a_1}{r^2\rho} \tag{3.197}$$

这说明 ω 随 q_{v}线性增加；当 q_{v}很大时，阻力矩将显著上升，使 ω 随 q_{v}的增加而变慢。

利用上述原理制成的涡轮流量计的结构如图 3.141 所示，它主要由涡轮、导流器、磁电转换装置、外壳以及信号放大电路等部分组成。

① 涡轮　一般用高磁导率的不锈钢材料制造，叶轮心上装有螺旋形叶片，流体作用于

叶片使之旋转。

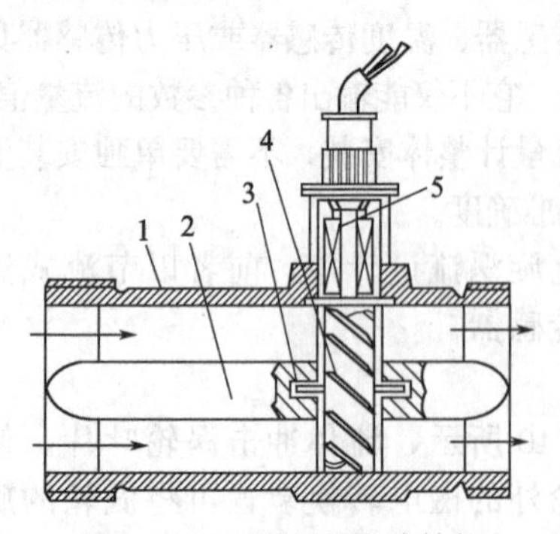

图 3.141　涡轮流量计结构
1—外壳；2—导流器；3—支承；
4—涡轮；5—磁电转换装置

② 导流器　用以稳定流体的流向和支承叶轮。

③ 外壳　一般由非导磁材料制定，用以固定和保护内部各部件，并与流体管道相连。

④ 磁电转换装置　由线圈和磁钢组成，叶轮转动时，使线圈上感应出脉动电信号。

⑤ 信号放大电路　用以放大由磁电转换装置输出的微弱信号。

经放大电路后输出的电脉冲信号需进一步放大整形以获得方波信号，对其脉冲进行计数和单位换算可得到累积流量；通过频率-电流转换单元后可得到瞬时流量。

涡轮流量计的测量准确度较高，可达到 0.5 级以上；反应迅速，可测脉动流量；流量与涡轮转速之间形成线性关系，量程比一般为 10∶1，主要用于中小口径的流量检测。但涡轮流量计仅适用洁净的被测介质，通常在涡轮前要安装过滤装置；流量计前后需有一定的直管段长度，一般上游侧和下游侧的直管段长度要求在 $10D$ 和 $5D$ 以上；流量计的转换系数 ξ 一般是在常温下用水标定的，当介质的密度和黏度发生变化时需重新标定或进行补偿。

3.5.9　超声波流量计

超声波用于参数检测的主要性质已在 3.4 节中做过介绍。在物位检测中，利用了超声波在界面的反射和在静止介质中的传播速度等特性。超声波流量计是根据声波在静止流体中的传播速度与流动流体中的传播速度不同这一原理工作的。

设声波在静止流体中的传播速度为 c，流体的流速为 v。若在管道中安装两对声波传播方向相反的超声波换能器。如图 3.142 所示，则声波从超声波发射器 T_1、T_2 到接收器 R_1、R_2 所需要的时间分别为

$$t_1=\frac{L}{c+v} \tag{3.198}$$

$$t_2=\frac{L}{c-v} \tag{3.199}$$

两者的时差为

$$\Delta t=t_2-t_1=\frac{2Lv}{c^2-v^2}\approx\frac{2Lv}{c^2} \tag{3.200}$$

当声速 c 和传播距离 L 为已知时，测出时差 Δt，便可以求出流速 v，进而求得流量。

利用上述原理制成的流量检测仪表称超声波流量计。超声波流量计的超声波换能器一般是斜置在管壁外侧，如图 3.143 所示，图中采用了两对换能器，实际应用时也可以用一对换能器，每一个换能器兼作声波的发射和接收。

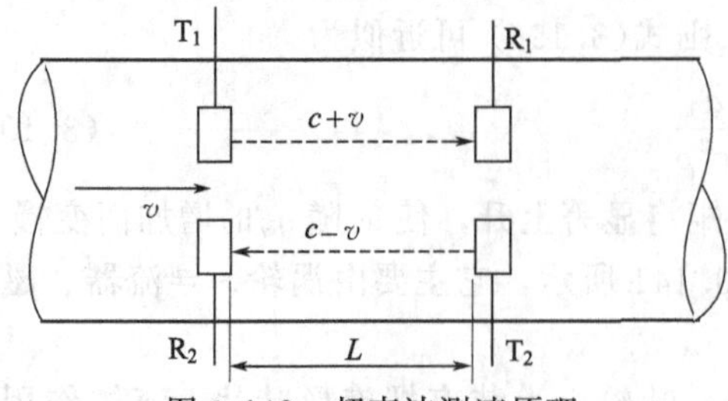

图 3.142　超声波测速原理

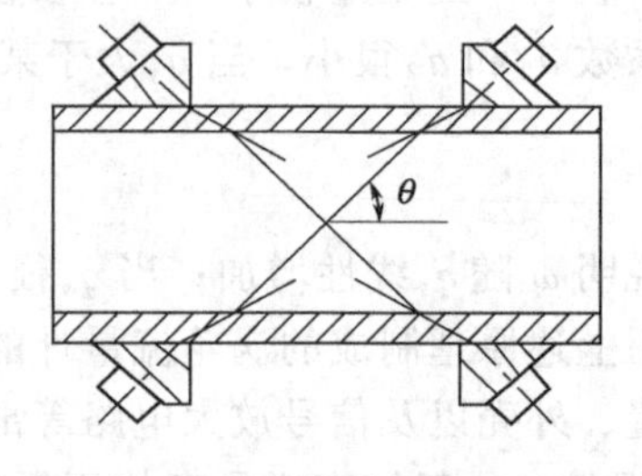

图 3.143　超声波流量计结构

超声波流量计根据检测原理的不同可分为时差法、相位差法和频率差法等。由于时差法和相位差法受声速 c（通常与传播介质的温度有关）的影响较大，目前，在超声波流量计中常采用频率差法。

频率差法是通过测量顺流和逆流时超声波脉冲的重复频率来测量流量的。发射器 T 发出一个超声脉冲，经过流体由接收器 R 接收此信号，进行放大后再送到发射器 T 产生第二个脉冲。这样，顺流和逆流时脉冲信号来回一个循环所需的时间分别为

$$t_1=\frac{D}{(c+v\cos\theta)\sin\theta}+\tau \tag{3.201}$$

$$t_2=\frac{D}{(c-v\cos\theta)\sin\theta}+\tau \tag{3.202}$$

式中，τ 为信号在一个循环中除在流体中传播外所需的时间。

因为 $f_1=\frac{1}{t_1}$，$f_2=\frac{1}{t_2}$，则频率差 Δf 为

$$\Delta f=f_1-f_2=\frac{\sin2\theta}{D(1+\tau c\sin\theta/D)^2}v \tag{3.203}$$

由上式可以看出，测出频率差便可求出流速。虽然在上式中也包含声速 c，但由于 $\tau c\sin\theta/D\ll 1$，则声速变化所产生的误差影响较小。但是基于频率差法的超声波流量计易受液体中悬浮颗粒含量及混入气泡的影响，当介质中颗粒含量较高或气泡较多时，这种流量计甚至无法正常工作。这时应使用基于多普勒法的超声波流量计。

超声波流量计的最大优点是超声波换能器可以安装在管道外壁，不会对管内流体的流动带来影响，实现非接触测量。但是，流速沿管道的分布情况会影响测量结果，超声波流量计所测得的流速与实际平均流速之间存在一定差异，而且与雷诺数有关，需要进行修正。

为了减小因流速分布引起的测量误差，往往采用多声道的方式，目前常用的有双声道、四声道和八声道，也有的超声波流量计使用三声道、五声道和六声道等。一般来说，声道数越多，流量计的误差越小，对上游直管段长度的要求也越低。

根据超声波换能器的安装方式的不同超声波流量计分为以下两种。

① 夹装式　换能器夹装在管外，可以根据需要方便地拆装、移动。夹装式超声波流量计一般使用单声道方式。由于固体和气体边界间的超声波传播效率较低，这种流量计还不能用于气体流量的测量。

② 固定式　在制造流量计时换能器被固定在测量管上，并与测量管组成一体，构成专门的超声波流量传感器。测量时，流体与换能器接触，因此固定式超声波流量计既可用于液体也可用于气体流量的测量。

3.5.10 多相流流量测量方法

多相流是指在管道内流动的介质含有两种或两种以上的介质，其中有气液两相流、气固两相流、液固两相流、液液两相流、气液固三相流等。以下主要介绍最为常见的气液两相流及其测量。

由于两相流动比单相流动不仅流动特性复杂得多而且相之间存在相对速度和界面效应，致使两相流的参数测量难度较大，本章节前面介绍的各种流量计一般不能直接用于两相流的流量测量。

3.5.10.1 两相流主要参数

涉及两相流测量的参数比较多，主要有流型、分相含率、单相流量、总流量等。

(1) 流型

流型也称流态。由于两相流存在的随机可变的相界面，致使两相流流动形式多种多样。以水平管中的气液两相流为例，基本的流型有图 3.144 所示的几种。

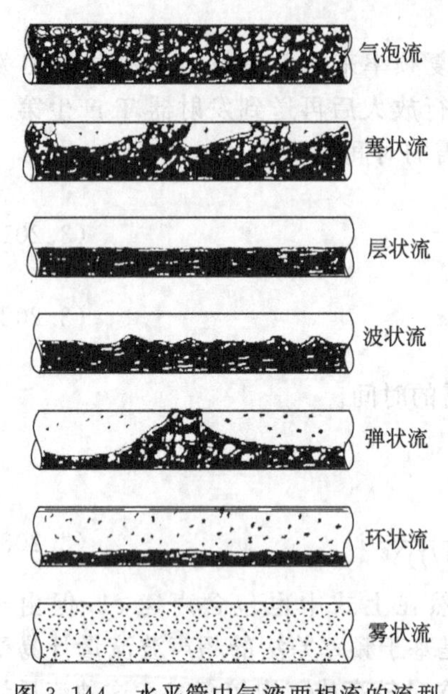

图 3.144　水平管中气液两相流的流型
（图中黑色部分表示液相）

① 气泡流　气体以气泡方式随液体一起流动，气泡的大小和分布一般是不均匀的。

② 塞状流　一个个较大的气泡不连续地沿管道的顶部流动，大气泡之间还存在一些小气泡。

③ 层状流　由于重力作用，液体在管道的底部流动，气体在液体的上方流动，两者有平滑的分界面。

④ 波状流　流动形态与层状流相近，但气液的界面呈现出有一定起伏的波浪状。

⑤ 弹状流　这是介于波状流和塞状流的一种流型。

⑥ 环状流　气体夹带着液滴在管道中心区流动，而液体以液膜形式沿管壁流动。

⑦ 雾状流　液体大部分以液滴形式随气体在管内流动。

一般情况下，由于流型的不一样，其测量模型也会不同。

（2）分相含率

分相含率又称截面含气率，或空隙率。它表示两相流在任意流通截面中气相占总截面的比例，即

$$\varphi=\frac{A_g}{A} \tag{3.204}$$

式中，A 和 A_g 分别为管道的总流通截面积和其中气体所占的截面积。

（3）单相流量和总流量

单相流量是指两相流中某一介质的流量；总流量是指两相全部介质的流量。它们可以用质量流量表示，也可以用体积流量表示。当采用质量流量时，分相质量流量与总质量流量的关系为

$$q_{mg}=\chi q_m,\quad q_{ml}=(1-\chi)q_m \tag{3.205}$$

式中，q_{mg} 和 q_{ml} 分别为气相和液相的质量流量；q_m 为两相总质量流量；χ 称为两相流的干度或称质量流量含气率。

当采用体积流量时，分相体积流量与总体积流量的关系为

$$q_{vg}=\beta q_v,\quad q_{vl}=(1-\beta)q_v \tag{3.206}$$

式中，q_{vg} 和 q_{vl} 分别为气相和液相的体积流量；q_v 为两相总体积流量；β 称为两相流的体积流量含气率。

根据定义，两相流体积流量含气率 β 与质量流量含气率 χ 具有以下关系

$$\beta=\frac{1}{1+\frac{(1-\chi)\rho_g}{\chi\rho_l}} \tag{3.207}$$

两相流截面含气率 φ 与体积流量含气率 β 的关系为

$$\varphi=\frac{\beta S}{1+\beta(S-1)} \tag{3.208}$$

式中，S 为滑动比，它表示气相速度与液相速度之比。

3.5.10.2　两相流流量测量

由于两相流动的复杂性和多样性，严格来说，两相流的流量测量包含各分相流量和总流量，而它们又与含气率等有关，因此，相对来说两相流的流量测量比单相流要复杂得多和困难得多。目前，两相流流量测量方法的研究有很多，归纳起来主要有以下几类。

(1) 采用单相流量计

虽然两相流有很多的特殊性，总体上它的流动与单相流具有相似性，因此很多单相流量测量方法可用到两相流的流量测量，但需要经过适当的修正。在这方面，节流式流量计用于两相流的测量的研究最多，下面是一些例子。

对于湿蒸汽（蒸汽与水滴的混合物）流过孔板，有人建立了如下的流量公式

$$q_m=\varepsilon\alpha A_0 k\sqrt{2\rho_m\Delta p} \tag{3.209}$$

式中，ε 为两相流的可膨胀性系数；α 为两相流的流量系数，一般可采用单相蒸汽的流量系数；A_0为孔板的开孔面积；k 为修正系数，根据实验结果有

$$k=1.56-0.56\chi \tag{3.210}$$

ρ_m称为两相流的混合密度，其定义为

$$\rho_m=\frac{\chi}{\rho_g}+\frac{1-\chi}{\rho_l} \tag{3.211}$$

另一个根据实验结果得出的孔板流量公式为

$$q_m=\frac{\varepsilon\alpha A_0\sqrt{2\rho_g\Delta p}}{\chi+1.26(1-\chi)\varepsilon\sqrt{\dfrac{\rho_g}{\rho_l}}} \tag{3.212}$$

式中，ε、α、A_0等定义与式(3.209)相同。该式不仅可用于蒸汽-水混合物，也可用于空气-水、天然气-水等其他两相流混合物通过孔板的情况。

对于干度较低的空气-水混合物两相流，孔板流量的经验公式为

$$q_m=\varepsilon\alpha A_0\sqrt{\frac{2\rho_l\Delta p}{\chi^n\left(\dfrac{\rho_l}{\rho_g}-1\right)+1}}\quad \text{或}\ q_m=\varepsilon\alpha A_0\sqrt{2\rho_l\left[\varphi^4\left(\frac{\rho_g}{\rho_l}-1\right)+1\right]\Delta p} \tag{3.213}$$

式中，$\varepsilon=\varepsilon_l(1-\varphi)+\varepsilon_g\varphi$；$n=1.25+0.25\sqrt[3]{\chi}$。

由此可知，孔板用于两相流流量测量时，只有在知道两相流的干度或空隙率的情况下才能通过测量孔板前后的差压来获得两相流的质量流量。

除了孔板流量计用于两相流的测量外，文丘里管、靶式流量计、电磁流量计、涡街流量计、容积式流量计等也被用于两相流的流量测量，其方法与孔板的相似。

基于科氏力的科氏质量流量计可直接用于气液两相流的质量流量测量，借助于平均密度还可以获得体积流量含气率等参数。但是科氏质量流量计主要用于液相为主而且管道较小的气液两相流的测量。

(2) 组合法

两相流测量涉及的参数比较多，用单个仪表难以实现完整的测量，为此可采用多个仪表的组合方法。这种方法的思路是，设用两个传感器，它们同时安装在测量管道上，其输出信号分别为S_1和S_2，设通过实验或理论推导知道它们与两相流的质量流量和干度有以下关系

$$S_1=f_1(q_m,\chi)\ \text{和}\ S_2=f_2(q_m,\chi) \tag{3.214}$$

当这两个传感器的输出为相互独立时，联立求解式（3.214）可以得到质量流量和干度。式(3.214）的干度也可以用空隙率、平均密度等参数取代。

目前已有研究的组合方法主要如下。

① 双孔板法　传感器采用两个特性不同的孔板（主要是开孔直径的不同），将它们安装在管道的两个位置，之间一般需安装一个降压阀，如图 3.145 所示。

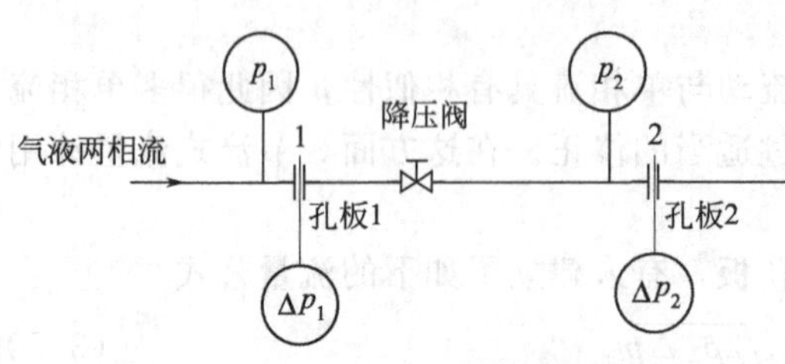

图 3.145　双孔板测量两相流示意图

② 双容积式流量计　容积式流量计的安装方式与图 3.145 相似，并且在每个容积式流量计前安装温度和压力传感器，测出相应的温度和压力。则两个容积式流量计测得的体积流量分别为

$$V_1=q_{l1}+q_{g1} \text{ 和 } V_2=q_{l2}+q_{g2} \tag{3.215}$$

式中，V_1和V_2分别为 1 和 2 两个容积式流量计测得的两相总体积流量；q_{l1}和q_{l2}分别为 1 和 2 两个容积式流量计处的液相的体积流量；q_{g1}和q_{g2}分别为 1 和 2 两个容积式流量计处气相的体积流量。

考虑到液相不可压缩，并忽略液体的热膨胀性，有 $q_{l1}=q_{l2}=q_l$。对于气相，假设满足理想气体状态方程，经过推导，最后可以得到液相和气相的体积流量为

$$q_l=\frac{p_1V_1-p_2V_2}{p_1-p_2} \tag{3.216}$$

$$q_{g0}=\frac{p_1p_2T_0(V_2-V_1)}{p_0T(p_1-p_2)} \tag{3.217}$$

式中，p_1和p_2分别为 1 和 2 两个容积式流量计前的压力；p_0和T_0分别为标准状态下的压力和温度；T 为流体的温度（假设温度处处相同）。

这种方法和双孔板法一样，压力损失较大。

③ 其他组合法　用密度计测出两相流的平均密度，或用 γ 射线等特殊的装置测出两相流的空隙率，再与流量传感器组合。

（3）层析成像技术

由于两相流的复杂性，采用单相的流量计和组合方法测量两相流流量往往测量精度较低，而且易受两相流的流型等因素的影响。近年来，研究者越来越关注开发新的技术，其中层析成像被认为是一种很有希望的技术，它不仅可以得到两相流的断面气液分布，还可以得到两相流的流型，易于和其他测量方法配合使用。有关层析成像技术的内容详见本书第 4 章。

3.5.11　流量检测仪表的使用

除了前面介绍的各种流量计外，还有基于力平衡原理的靶式流量计，基于热学原理的热线风速计，基于差压原理的毛细管流量计，基于动压原理的均速管流量计、弯管流量计，基于相关原理的相关流量计等。流量计及流量检测方法之所以有那么多主要原因是因为流量检测对象的复杂性和多样性。例如，从被测介质看，各种介质的黏度、密度和工作温度、压力的变化范围很宽，有的介质还可能含有杂质；从流动状态看，有层流、紊流和脉动流，流量范围从每分钟数滴到每小时数百吨；从流体流动的管道看，有毫米级的微型管，也有直径为数米的大型管，还有明渠等。面对这样复杂的情况，不可能用几种方法就能覆盖如此宽的范围，因此，现在已有上百种流量检测仪表或方法。不同的检测仪表适用于一定的被测介质和范围，所以流量检测仪表在使用时除了要满足流量测量范围外，还要满足仪表的其他使用

条件。

流量检测仪表的另一个特点是在使用时被测流量必须在规定的量程比范围之内，否则将会有很大的测量误差。对于一般的检测仪表，如压力计、温度计等，当被测变量的量值很小时，检测仪表测量值的误差一般不会大于仪表的绝对允许误差（虽然这时测量值的相对误差可能较大）。但是，流量仪表的准确度是指在量程比范围内仪表能达到的准确度，当实际流量小于量程比下限时，大多数的流量仪表由于流量系数的变化、泄漏量的相对增加等（见图3.118、图3.121、图3.124、图3.136等）将使流量实际值与仪表的指示值之间有很大的误差，该误差会远远超出仪表准确度所规定的误差范围之内。

(1) 流量检测仪表的选择

不同种类的流量检测仪表一般都有特定的使用范围，在选择流量检测仪表时重点要考虑以下问题。

① 被测流体的性质，即液体，或是气体，还是蒸汽。有些流量仪表只能用于特定的流体，如电磁流量计仅适用于导电的液体。

② 被测流体的特性，即纯净的单相流，或是多相流，还是含有杂质的流体。大多数的容积式流量计、涡轮流量计及转子流量计等一般不能用于含有杂质的被测介质，对于多相流介质需用3.5.10节所述的特殊检测方法。

③ 被测流体的黏度、腐蚀性以及温度、压力等条件。

④ 管道条件。安装流量计的管道要有足够的直管段长度。

⑤ 环境条件。安装流量计的附近应尽量避免较强的电磁干扰、振动，要远离有腐蚀性的介质。

⑥ 测量准确度的要求。选择的流量计的测量误差应满足测量要求。

⑦ 被测流量的正常变化范围。选择的流量计的量程比应符合最小流量到最大流量的变化范围。

在满足上述条件的基础上，根据节约的原则确定成本（仪表本身的价格以及仪表的运行维护成本的合计）较低的仪表种类。进一步确定流量计的口径等其他重要参数。

(2) 流量检测仪表的安装

流量检测仪表有较高的安装要求，而且不同的流量计的安装要求也不尽相同，通常在流量计安装时要注意以下问题。

流量计都有前后直管段的要求，其长度必须满足。

流量计一般要求水平或垂直安装，而且要有比较高的准直度。

流量计在安装前应预先清除管道内的杂质，否则会严重影响流量计的使用。

在流量计附近应留有足够的便于维护的空间。

(3) 流量检测仪表的使用和维护

流量检测仪表在使用过程中要经常进行维护。长时间使用后流体中的杂质会依附在流量计的流量检测元件（如孔板、转子、旋涡发生体、电磁流量计的电极等）上，从而引起额外的测量误差，对此技术人员需要定期对清除这些杂质。

有些流量计长期运行后可能会发生漂移，应定期标定以确保流量计的准确度。

虽然流量检测仪表已有很多，但在流量检测仪表的选择和使用时仍有不少问题有待解决。

① 目前，大多数的流量检测仪表是测流体的体积流量，若要获得质量流量还需乘上流体的密度。若被测流体为气体，则流体的工作温度和压力对流体的密度的影响很大；另一种情况是流量检测仪表的输出信号中本身包含了密度（如节流式流量计的差压信号正比于

ρq_v^2)，这样密度的变化也会影响流量测量的准确度。为了解决上述问题，需通过多个检测元件的组合方式自动获取流体的密度或消除密度的影响（详见质量流量计中的有关内容），但这种方法实现起来比较麻烦，直接用质量流量计价格又较高。如何用相对简单的方法克服密度的影响或直接实现质量流量的测量一直是人们关心的课题之一。

② 流量检测仪表中有近一半是速度式的流量计，即用检测元件测出流体在管道中的平均流速，由此来获取流体的体积流量。显然，流体的平均速度与流体在管道内沿径向的速度分布有关，而速度分布又与流量大小、检测元件前后直管段长度等有关。因此为了保证速度式流量计的测量准确度，需要规定流量测量范围和直管段长度，同时还需通过标定进行修正，如超声波式流量计。对于大型管道的流量测量，目前较多采用插入式检测元件，它只能给出检测元件所在处附近的平均流速，用它来代替整个管道上的平均流速所产生的误差将难于估计。因此，速度分布的影响是造成速度式流量检测仪表测量误差的一个主要因素。要解决这个问题，要求流量检测元件具有能获取速度分布的能力，目前已有人开始进行这方面的研究工作。

3.6 气体成分分析仪表

3.6.1 概述

气体成分分析的目的是分析各种气体混合物中各组分的含量或其中某一组分的含量。实验室分析仪器和工业气体成分分析仪表有很大的区别，后者对自动、连续、在线、抗干扰有特定的要求，用于过程自动检测的工业气体成分分析仪表是仪器仪表工业中的一个重要组成部分。

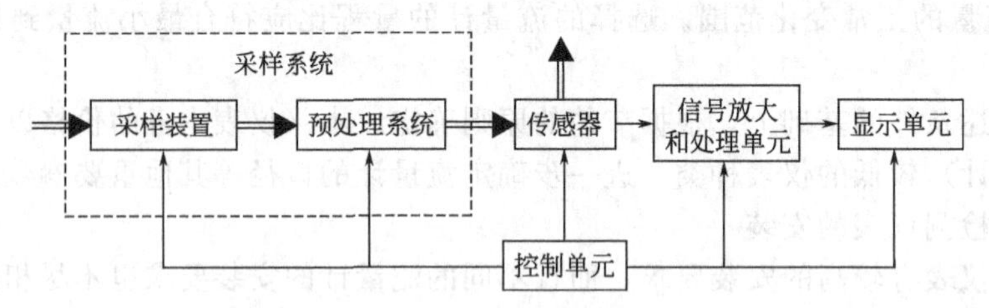

图 3.146 气体成分分析仪表的组成框图

气体成分分析仪表一般由传感器、信号放大和处理单元、显示单元以及控制单元组成，如图 3.146 所示。气体成分分析仪表通常要与采样系统配合使用，构成一个完整的测量系统。采样系统包括采样装置和预处理系统，其作用是保证进入传感器的被测气体符合仪表所要求的流量、压力和温度等条件，必要时要通过预处理系统将被测气体中的水分及对传感器有干扰的气体除去。

气体成分分析仪表的工作原理是根据混合气体中待测气体组分的某一化学或物理性质与其他组分的有较大差别，或待测组分在特定环境中表现出来的物理、化学性质的不同来检测待测组分的含量。因此，气体成分分析基本上都是基于物理式、化学式和物理化学式等原理的测量方法，同时，在工业应用中尽量采用物理式的分析方法以避免影响原被测气体组分的。

气体成分分析仪表是整个分析仪表的一个分支。分析仪表的种类很多，包括气体成分分析，液体成分分析和固体成分分析，有时还包括物性检测仪表。分析仪表，按测量原理分类主要有以下几种。

① 电化学式　如电导式、电量式、电位式、电解式、PH 计、离子浓度计等。

② 热学式　如热导式、热化学式等。

③ 光学式　如红外、紫外等吸收式光学分析仪，光散射、光干涉式光学分析仪等。

④ 射线式　如 X 射线、γ 射线、同位素、微波分析仪等。

⑤ 磁学式　如磁性氧气分析器、核磁共振仪等。

⑥ 色谱式　如气相色谱仪、液相色谱仪等。

⑦ 电子光学式和离子光学式　如电子探针、离子探针、质谱仪等。

3.6.2　氧量分析仪

在锅炉燃烧系统中，为了确定燃烧的状况，计算燃烧的效率，以实现有效的过程监测和控制，必须测量烟道气中 O_2、CO_2、CO 等气体的含量，其中以氧含量最为重要。

以前工业上广泛使用磁性氧气分析器来测定氧气的含量。尽管氧气的磁化率是一般气体的几十倍以上，但利用氧气这一独特的物理性质设计制造出来的热磁式磁氧仪结构复杂，使用不方便，而且准确度很低。

目前广泛使用的氧化锆（ZrO_2）测氧仪表结构简单、性能稳定、反应迅速、测量范围宽、安装维修方便，是一种较为有效的在线氧量分析仪表。

(1) 工作原理

氧化锆测氧遵循的是电解质浓差电池的原理，仪表的探头由两片多孔铂电极夹一块固体氧化锆组成。如图 3.147 所示。

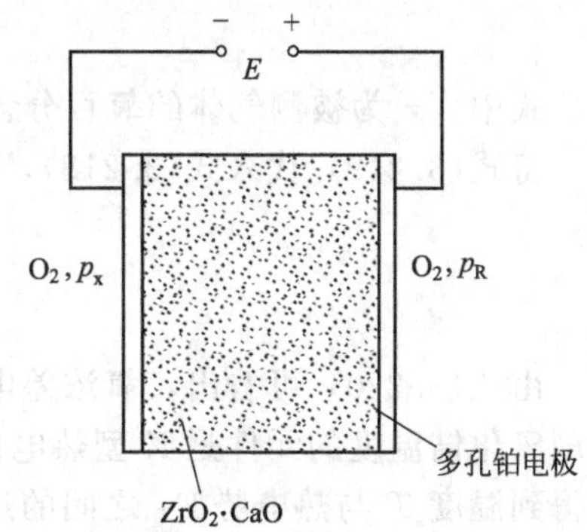

图 3.147　氧化锆浓差电池原理

由于在氧化锆材料中掺入了适量的氧化钙（CaO），在氧化锆的晶体内产生了一些氧离子的空穴，他们在几百度的高温下变成良好的氧离子导体。这时的氧化锆材料成为固体电解质。此时若氧化锆材料表面有氧，就会发生氧化还原反应；而当两表面有氧的浓度差异（确切地说为分压差）时，就会因氧离子空穴的移动而产生电动势，这个电动势称为浓差电势。实际上他们组成了参比半电池和测量半电池的氧浓差电池，两边的多孔性铂膜是两个半电池的引出电极。由于浓差电池的电解质是固体电解质氧化锆，所以它产生电动势的大小遵循涅恩斯特（Nernst）公式

$$E=\frac{RT}{nF}\ln\frac{p_R}{p_x} \tag{3.218}$$

式中，E 为浓差电势（V）；R 为理想气体常数，$R=8.314\text{J}/(\text{mol}\cdot\text{K})$；$T$ 为氧化锆管所处的温度（K）；n 为迁移一个氧分子的电子数（$n=4$）；F 为法拉第常数，$F=96500\text{C}$；p_R 和 p_x 分别为参比气体和被测气体的氧分压（氧含量）。

由式(3.218) 可看出，只要温度 T 较高（一般为 650～850℃）且保持一定值，并选定一种已知氧浓度的气体作为参比气体（一般选用空气），则测得氧浓差电势 E，即可求得被测气体的氧含量 p_x。

(2) 氧化锆探头和变送器

典型的氧化锆探头如图 3.148 所示，它的主要部件是氧化锆管。由于只有在高温下才能产生便于检测的浓差电势，所以必须对其加温。可以利用被测的高温气体对氧化锆管直接加热，但这种加热方式难于恒定温度，而且有时被测气体也无法将氧化锆探头加热到所需温度。因此一般在探头内附有加热电丝，并配有测温元件（常用热电偶）和温度控制装置。

当参比气体用空气时，由于空气中的氧含量约为20.9%，根据道尔顿分压定律有

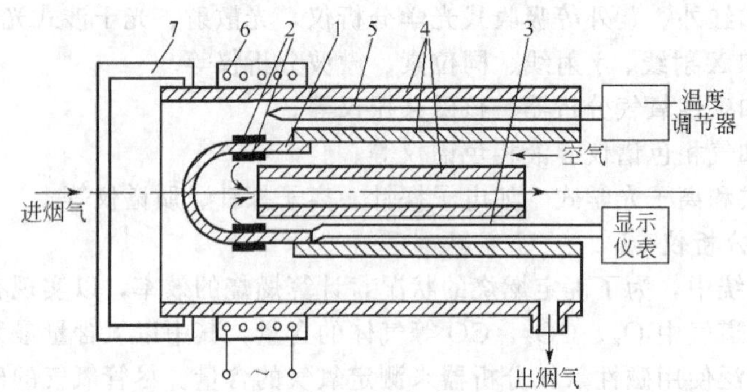

图 3.148　氧化锆探头结构

1—氧化锆管；2—内外铂电极；3—电极引线；4—Al_2O_3 管；

5—热电偶；6—加热电丝；7—陶瓷过滤器

$$\frac{p_{R}}{p_{x}}=\frac{20.9}{x} \tag{3.219}$$

式中，x 为被测气体的氧百分含量。

将式(3.219) 代入式(3.218)，得

$$E=\frac{RT}{nF}\ln\frac{20.9}{x} \tag{3.220}$$

由式(3.220) 可看出，氧浓差电势不仅与氧含量有关，也与探头所处的温度有关。假设检测氧化锆温度的元件是K型热电偶，由于一般情况下探头的工作温度为650～850℃，可以得到温度 T 与热电势 E_T 之间的近似关系为

$$T=24090E_T+272 \tag{3.221}$$

将式(3.221) 和有关常数代入式(3.220)，得

$$E=1.195(E_T+0.01129)\ln\frac{20.9}{x} \tag{3.222}$$

因此，氧含量为

$$x=\ln^{-1}\left[\ln 20.9-\frac{E}{1.195(E_T+0.01129)}\right] \tag{3.223}$$

由上面的数学模型可以得到氧量变送器结构框图，如图3.149所示。

显然，要实现上述运算采用模拟电路比较复杂，而且误差也较大。因此，目前多采用以微计算机（单片机）为核心的变送器，实际应用时只要将热电偶和氧化锆电势测得，即可通过软件编程计算获得实时氧含量。常用的定温插入式氧化锆变送器有6个接线端子，它们是氧电势输出端子、测温端子和电加热输入端子。在许多生产过程、生化处理、特别是燃烧过程和氧化反应中，氧化锆测氧仪表已成为最方便的检测工具。

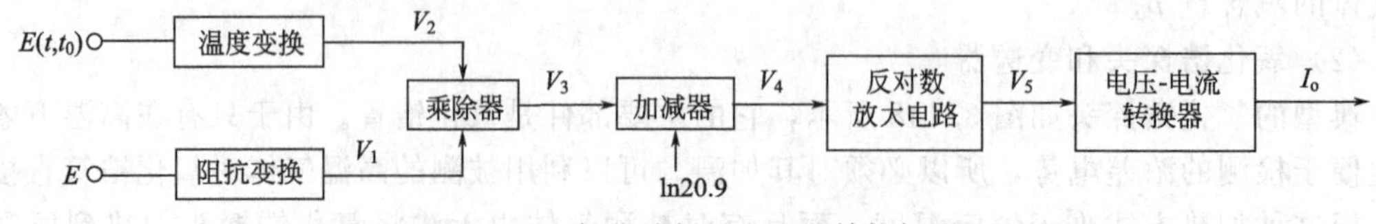

图 3.149　氧化锆氧量变送器结构框图

3.6.3 热导式气体分析仪

热导式气体分析仪是利用混合气体的总热导率随被测组分的含量而变化的原理制成的自动连续气体分析仪器。不同的气体具有不同的热导率，混合气体的总热导率等于各组分热导率的数学平均值。被测组分的热导率应与其他组分的热导率有较大的差异，而其他组分则应比较一致，这是热导式气体分析仪的使用前提。对于同样也有较大差异的非测定组分，则应考虑对被测气体进行预处理，将它们除掉。这样才能达到准确测量的目的。由于直接测量热导率有困难，故一般都是利用电桥的桥臂阻值随气体热导率变化而变化的原理来测量热导率。

热导式气体分析仪是目前使用较多的一种典型的物理式气体分析仪表，主要用于分析混合气体中的氢气（例如氮肥生产过程），有时也用它来分析二氧化碳和二氧化硫。同时，由于该种仪表原理结构简单、性能稳定、使用方便、又非常完善成熟，在色谱分析仪中也常利用它为检测器。

(1) 检测原理

热导式气体分析的基本原理就是在热传导的过程中，不同的气体，由于热导率的差异使其热传导的速率也不相同。当被测混合气体的组分的含量发生变化时，利用其热导率的变化，通过特制的传感器——热导池，将其转换为热丝电阻值的变化，从而间接测得待测组分的含量。

表征物质导热能力的物理量是热导率 λ，物质的热导率越大，则它的传热速率越大，容易导热。常见气体热导率 λ 如表 3.9 所示。

表 3.9　一些气体 0℃ 时的热导率 (λ_0)、相对热导率 $\left(\frac{\lambda_0}{\lambda_{A0}}\right)$

气体名称	0℃时的热导率 λ_0/[W/(m·K)]	0℃时相对空气的相对热导率	气体名称	0℃时的热导率 λ_0/[W/(m·K)]	0℃时相对空气的相对热导率
氢气	0.1741	7.130	一氧化碳	0.0235	0.964
甲烷	0.0322	1.318	氨气	0.0219	0.897
氧气	0.0247	1.013	二氧化碳	0.0150	0.614
空气	0.0244	1.000	氩气	0.0161	0.658
氮气	0.0244	0.998	二氧化硫	0.0084	0.344

实验证明彼此之间无相互作用的多组分混合气体的热导率 λ 可近似地认为是各组分热导率的算术平均值，即

$$\lambda=\sum_{i=1}^{n}\lambda_i c_i \tag{3.224}$$

式中，λ_i 为混合气体中第 i 组分的热导率；c_i 为混合气体中第 i 组分的浓度。

设待测组分的浓度为 c_1，相应的热导率为 λ_1，混合气体中其他组分的热导率差别不大，即 $\lambda_2\approx\lambda_3\approx\lambda_4\approx\cdots$，则根据式(3.224) 即可得到待测组分浓度 c_1 与混合气体的热导率之间的关系

$$c_1=\frac{\lambda-\lambda_2}{\lambda_1-\lambda_2} \tag{3.225}$$

式(3.225) 表明，当满足以下两个条件：即当待测组分的热导率与其余组分的热导率的差别较大；其余各组分的热导率十分接近时，可以用上式通过测量 λ 求得待测组分的浓度。待测组分与其余组分的热导率的差别越大，仪表的灵敏度越高。从表 3.9 中可看出，正是由于氢气的热导率是其他气体的好多倍的缘故，所以这方法最适合用于氢气含量的检测。

(2) 热导式气体分析仪的构成

热导式气体分析仪由传感器（常称为热导检测器或热导池）、测量电路、显示单元、电源和温度控制器等组成。热导池是将混合气体热导率的变化转换为电阻值变化的关键部件，其结构如图 3.150 所示。

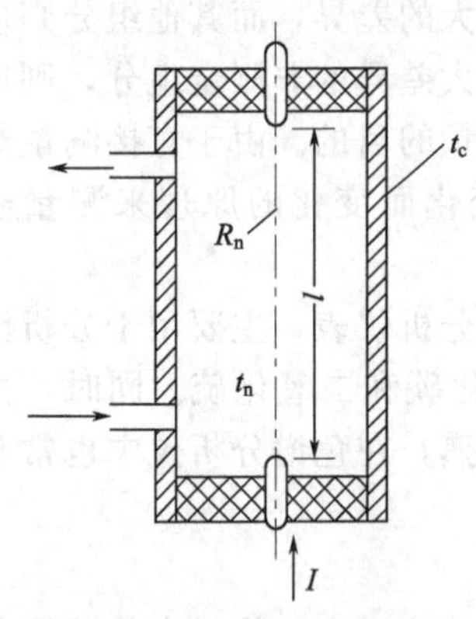

图 3.150 热导池结构

这是一个垂直放置的圆柱形气室，气室中心悬有一根热电阻丝，气室侧壁开有下进上出的气体样品的进出口。

设电阻丝在 0℃时的电阻值为 R_0，通以电流 I 后，电阻丝产生热量并向四周散热。由于被测气体的流速（流量）很小，可忽略气体带走的热量。当电阻丝的温度上升到 t_n 时，电阻的阻值也变为 R_n，电阻和温度的关系可近似为

$$R_n=R_0(1+\alpha t_n) \tag{3.226}$$

式中，α 为电阻丝的温度系数。

电阻丝通以电流时，根据焦耳-楞次定律可得单位时间内产生的热量为

$$Q=I^2R_n \tag{3.227}$$

当忽略掉电阻丝两端轴向的传导热，样品气体带走的对流热和传导热，以及电阻丝和热导池外壁的辐射热，根据傅里叶定理确定积分的边界条件可得电阻丝在单位时间内通过气体的传导热量为

$$Q'=\frac{2\pi l(t_n-t_c)\lambda}{\ln\dfrac{r_c}{r_n}} \tag{3.228}$$

式中，l 为电阻丝的长度，t_c 和 t_n 分别为气室内壁的温度和电阻丝的温度；r_c 和 r_n 分别为气室的内半径和电阻丝的半径。

热平衡时，电流 I 通过电阻丝所产生的热量和电阻丝通过气体传导散失的热量相等，即 $Q=Q'$。因此，由式(3.226) ～式(3.228) 可得

$$R_n=R_0\left[1+\alpha\left(t_c+\frac{\ln\dfrac{r_c}{r_n}}{2\pi\lambda l}I^2R_n\right)\right] \tag{3.229}$$

进一步将式(3.226) 代入式(3.229) 得

$$R_n=R_0(1+\alpha t_c)+\frac{\ln\dfrac{r_c}{r_n}}{2\pi\lambda l}I^2R_0^2\alpha(1+\alpha t_n) \tag{3.230}$$

由于 α 很小，而且 t_n 变化不大，因此可以把 $(1+\alpha t_n)$ 近视为常数，则有

$$R_n=A+\frac{B}{\lambda} \tag{3.231}$$

式中，$A=R_0(1+\alpha t_c)$，$B=\dfrac{\ln\dfrac{r_c}{r_n}}{2\pi l}I^2R_0^2\alpha(1+\alpha t_n)$。

这就是电阻丝阻值 R_n 与混合气体的热导率 λ 的关系表达式。从式(3.230) 和式(3.231) 可以看出，如果 R_0、α、t_c、I、l、r_c 和 r_n 都为常数，R_n 与 λ 之间为单值函数关系，即实现了 λ 与电阻值的转换。为了满足 $Q=Q'$ 的有关条件，对电阻丝的材料、几何尺寸以及气体的流量均有严格的要求。通过长期的实验研究和工程实践，热导池的各参数的取值范围一般为：R_0 取 15Ω 左右，I 取 100～200mA，l 取 50～60mm，r_n 为 0.01～0.03mm，

r_c为 4～7mm，t_c 取 50～60℃。

实际工作的热导式传感器有四个热导池，他们的四根电阻丝组成了一个典型的惠斯登四臂电桥，如图 3.151 所示。

图中的 R_1、R_3称为测量气室，通以被测量的气体，R_2、R_4称为参比气室，里面充满了被测量气体的下限含量的气体。当下限值为零时，参比气室中一般充空气。四个气室是连体结构，他们所处的环境条件，如温度、压力、流量等，完全一样。当流过测量气室的待测组分的含量与参比气室中标准气样的含量相等时，电桥输出为零。一旦流经测量气室的待测组分发生了变化，R_1、R_3将发生变化，电桥失去平衡，桥路的输出信号的大小就代表了被测组分的含量。同时，为了进一步有效地克服电源电压波动和环境温度波动等因素给测量带来的影响，还可以采用双电桥变换电路。

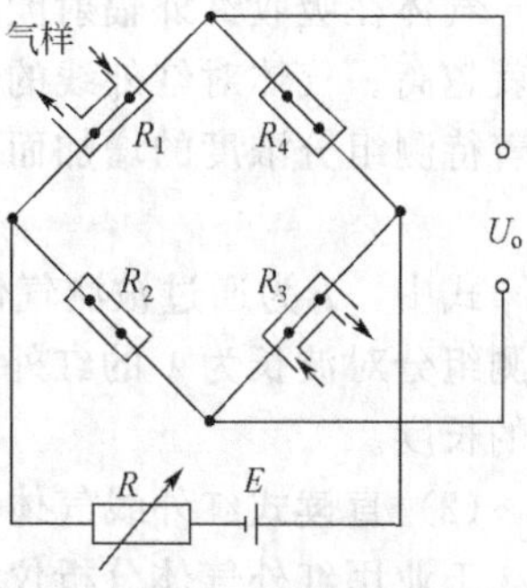

图 3.151 热导分析仪的测量电桥

3.6.4 红外式气体分析仪

大部分有机和无机气体的分子在红外波段内有其特征的吸收峰，当红外辐射的频率与分子的振动和转动频率相同时，红外辐射就会被气体分子所吸收，引起辐射的衰减。利用这一原理制成的红外线气体分析仪是石油、化工、冶炼等行业中在线连续自动分析气体成分的重要仪器。工业红外式气体分析仪主要用于测量 CO、CO_2、CH_4、C_2H_2、C_2H_6、C_2H_4 等气体的含量，也可以分析测定其他无机物和有机物的含量。但它不能分析单原子分子和无极性的双原子分子的气体，因为这些分子对红外辐射的吸收作用不甚明显。

(1) 检测原理

红外线是一种电磁波，其波长比可见光波段的红光还要长，范围是 0.76～1000μm 之间。红外式气体检测主要利用了气体对红外线的波长有选择的可吸收性和热效应两个特点。图 3.152 给出了几种气体在不同波长时对红外辐射的吸收情况，这种图称为红外吸收光谱图。

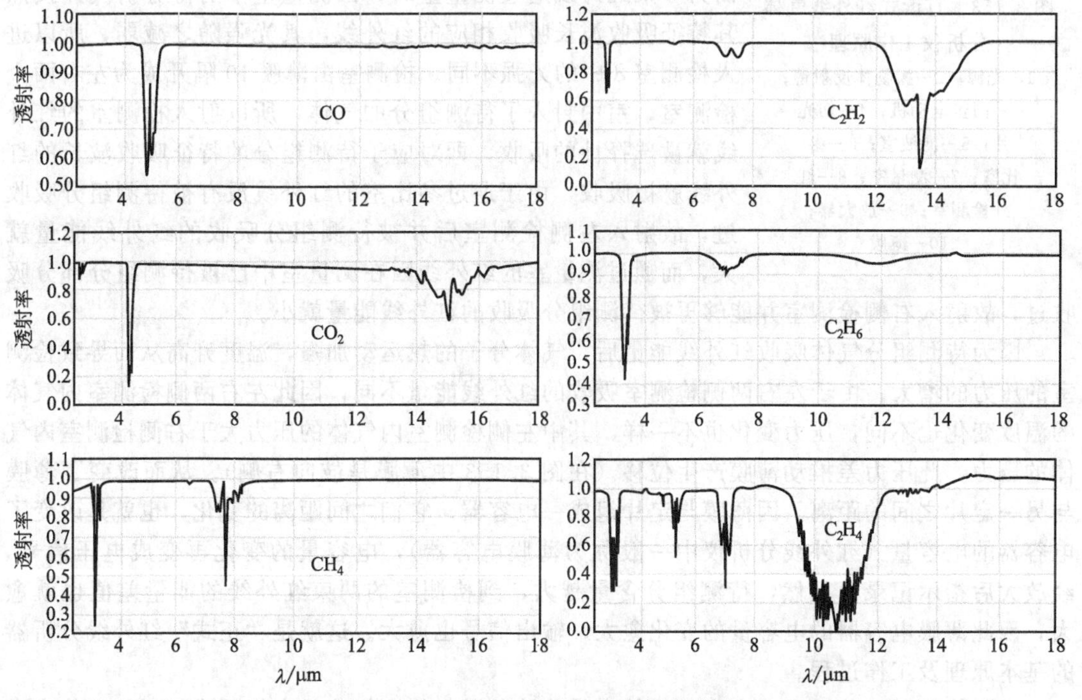

图 3.152 部分气体的红外吸收光谱图

从图 3.152 可看出，不同气体具有不同的红外吸收光谱图，对于给定气体，只有在一定的红外光波段上有吸收。另外，单原子分子和无极性的双原子的气体不吸收红外线，而水蒸气对所有波段的红外光几乎都有吸收。

气体在吸收红外辐射能后温度上升，对于一定量的气体，吸收的红外辐射越多，温度上升就越高。气体对红外线的吸收过程遵循朗伯-比尔定律，即红外线通过物质前后能量变化随着待测组分浓度的增加而以指数下降

$$I=I_0 e^{-K_\lambda cl} \tag{3.232}$$

式中，I 为通过被测气体后的红外光强度；I_0 为通过被测气体前的红外光强度；K_λ 为待测组分对波长为 λ 的红外线的吸收系数；c 是待测组分的浓度；l 是红外线穿过的被测气体的长度。

(2) 直读式红外线气体分析仪

工业用红外气体分析仪的种类很多，有分光型和非分光型、直读式和补偿式、单光束和双光束以及正式和负式等。图 3.153 是直读式红外线气体分析仪的工作原理图。

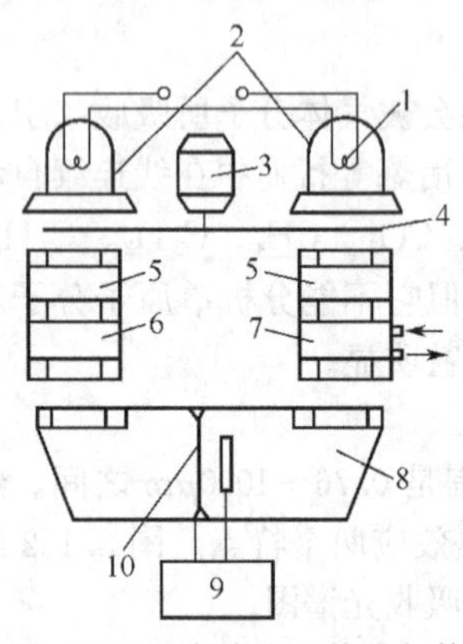

图 3.153　直读式红外线气体分析仪工作原理

1—光源；2—抛物体反射镜；3—同步电动机；4—切光片；5—滤波室；6—参比室；7—测量室；8—红外检测室；9—放大器；10—薄膜

由辐射光源的灯丝 1，发射出具有一定波长范围（约 3～10μm）的红外线，这两束红外线在同步电动机 3 带动的切光片 4 的周期性切割作用下（即断续遮断光源），就变成了两束脉冲式红外线。脉冲频率一般在 3～25c/s。两束红外线的波长范围基本相同，发射的能量也基本相等。一束红外线经过滤波室 5 和参比室 6 后进入红外检测室 8；另一束红外线经滤波室 5 和测量室 7 后也进入红外检测室 8。参比室中密封的是不吸收红外线的气体，如 N_2，它的作用是保证两束红外线的光学长度相等，即几何长度加上通过的窗口数要相等，以免造成系统误差。因此经过参比室的红外线，光强和波长范围基本上不变。而另一束红外线通过测量室时，因测量室中的待分析气体按照其特征吸收波长吸收相应的红外线，其光强随之减弱，所以进入检测室 8 中的光强不同。检测室由薄膜 10 隔开成为左右两个检测室，室中封入了待测组分的气体，所以射入检测室的红外线就被选择性的吸收，即对应于待测组分的特征吸收波长的红外线就被吸收，由于通过参比室的红外线没有被待测组分吸收过，故射入左侧检测室后并被待测组分吸收的红外线能量就大，而通过测量室的红外线因在测量室中已被待测组分部分吸收过，故射入右侧检测室并能够再被待测组分吸收的红外线能量就小。

因为待测组分气体吸收红外线能量后，气体分子的热运动加强，温度升高从而导致检测室的压力的增大。由于左右两侧检测室吸收的红外线能量不同，因此左右两侧检测室内气体的温度变化也不同，压力变化也不一样，其中左侧检测室内气体的压力大于右侧检测室内气体的压力，此压力差推动薄膜产生位移（在图 3.153 中薄膜是鼓向右侧）。从而改变了薄膜与另一定片之间的距离。因薄膜与定片组成一电容器，它们之间距离的变化，也就是改变了电容器的电容量（红外线分析仪中一般称为薄膜电容器），电容量的变化再变成电压信号，经放大后指示记录。显然，待测组分含量越大，到检测室的两束红外线的能量差值也就愈大，因此薄膜电容器的电容量的变化愈大，输出信号也愈大。这就是“正式”红外线分析器的基本原理及工作过程。

实际使用时，滤波室 5 充有足量的在某些波长段与待测组分具有相同或相近的吸收光谱

的气体（常称为干扰组分），使两束红外线通过两个滤波气室后能全部吸收相应波长段上的能量，这样当这些干扰组分存在于被测样气中，在检测室就不会产生新的能量吸收，从而使进入左右检测室的红外线不会因干扰组分的存在和变化而改变。

常用的薄膜电容器的结构如图 3.154 所示。

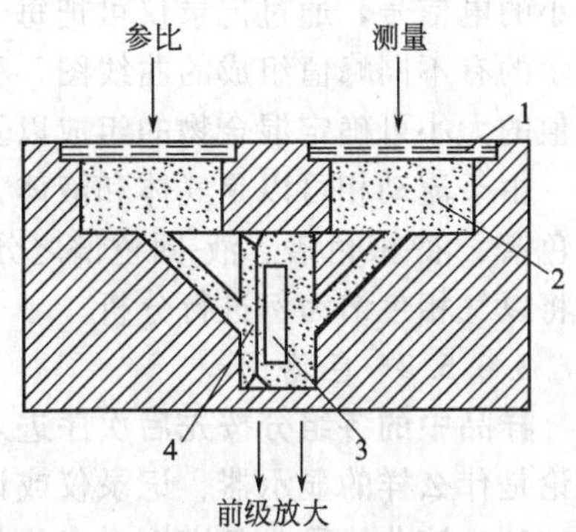

图 3.154 薄膜电容器的结构

1—窗口材料；2—待测组分气体；3—定片；4—动片（薄膜）

薄膜电容器变化量的绝对值非常小，直接测量十分困难，一般采用直流极化法间接测量电容量。红外检测器输出的信号非常小，需要放大为统一的直流信号，电流的大小应与待测组分的浓度成正比。检测器的阻抗很高，又是超低频信号，因此对放大器的要求特别高。一般要有很高的稳定性、灵敏度，很高的输入阻抗及较强的抗干扰的能力。

工业用常量红外线气体分析仪的准确度等级一般为 1～2.5 级，时间常数小于 15s。微量红外线气体分析仪的浓度测量范围以 ppm 为单位，准确度等级是2～5 级，时间常数小于 30s。红外线气体分析仪的使用环境条件要求较高，要防振、防潮、防尘。

3.6.5 色谱仪

1906 年俄国科学家茨维特在进行分离植物色素的实验时，把溶解有植物色素的石油醚导入一根垂直放置装有碳酸钙的玻璃管中，结果在玻璃管中出现了按一定顺序排列的色带，色带上不同颜色的物质就是各种不同的植物色素。这种能将植物色素分离的方法，当时就称色谱法，试验用的装有碳酸钙的玻璃管称为色谱柱。百年多来，色谱法得到了迅速发展，分离对象早已不只是植物色素和有色物质，色谱柱也不仅仅是装有碳酸钙的玻璃管，但色谱法这个名词一直沿用到今天。

基于色谱法原理构成的分析仪器称为色谱仪，与前面介绍的各种气体成分检测仪表不同，色谱仪能对被测样品进行全面的分析，即它能鉴定混合物是由哪些组分组成，并能测出各组分的含量。因此，色谱仪在科学实验和工业生产中得到广泛的应用。

3.6.5.1 检测原理

混合物的分离是色谱法的关键所在。分离过程是一种物理化学过程，它是通过色谱柱来完成的。如图 3.155 所示，需分离的样品由气体或液体携带着沿色谱柱连续流过，该携带样品的气体或液体称为载气或载液，统称为流动相。色谱柱中放有固体颗粒或是涂在担体上的液体，他们对流动相不产生任何物理化学作用（如吸附、溶解），但能吸收或溶解样品中的各组分，并且对不同的组分具有不同的吸收或溶解能力。这种放在色谱柱中不随流动相而移动的固体颗粒或液体统称为固定相。

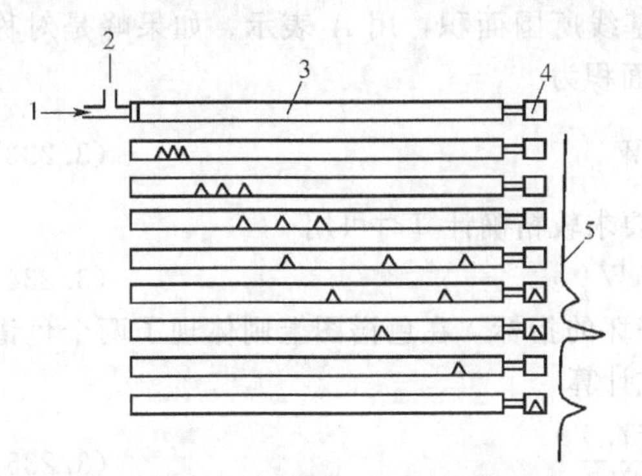

图 3.155 混合物在色谱柱中的分离过程

1—载气；2—样品；3—色谱柱；4—检测器；5—色谱图

色谱法就是利用色谱柱中固定相对被测样品中各组分具有不同的吸附或溶解能力，使各组分在两相中反复分配，分配的结果是各组分得以分离，致使各组分按照一定的顺序流出色谱柱。固定相对某一组分的吸收或溶解能力越强，则该组分就不容易被流动相带走，流出色谱柱的时间就越长。如果在色谱柱的出口安装一个检测器（如热导式检测器)，则当有组分从色谱柱流入检测器时，检测器将输出一个对应于该组分浓度大小的电信号，通过记录仪可把每个组分对应的输出曲线记录下来，就形成如图 3.155 右边所示的有不同峰值组成的曲线图，称为色谱图。然后根据各组分在色谱图中出现的时间以及峰值的大小可确定混合物的组成以及各组分的浓度。

由于流动相可以是气体和液体，固定相可以是液体和固体，因此可以有气-液色谱、气-固色谱、液-液色谱、液-固色谱之分。不管用何种色谱方法，其基本原理是相近的，所以下面将以气相色谱为例进行分析。

3.6.5.2 色谱图

样品中的各组分按先后次序进入检测器后，检测器把各组分的浓度转换为电信号输出。不论是什么样的显示器、记录仪或计算机都会将输出信号转变为随时间变化的峰值曲线（图 3.156)，该曲线称为色谱图。色谱图是色谱定性定量分析的基础，有关色谱图的术语简介如下。

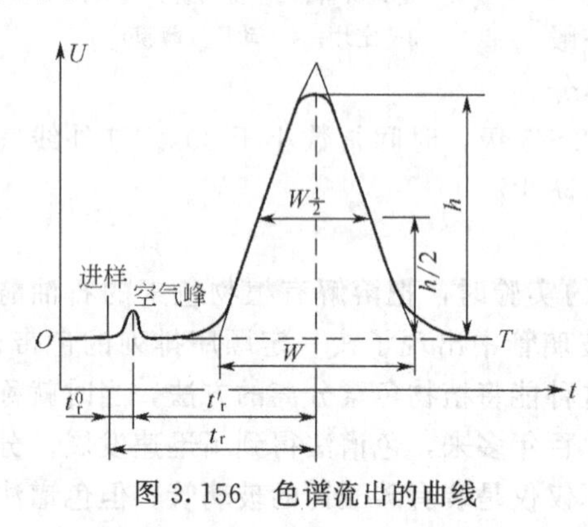

图 3.156 色谱流出的曲线

① 基线 色谱仪启动后，在没有样品注入的情况下，色谱仪的输出曲线称为基线。正常情况下，基线应该是一条平稳的直线，如图 3.156 中的 OT 线。

② 滞留时间 又称为保留时间，从样品进入色谱柱到某组分在色谱图上对应的色谱峰出现最大值时所经历的时间称为该组分的滞留时间。样品中各组分的滞留时间应有较大差别，它是反映各组分在色谱柱中得以分离的重要依据。滞留时间在图中用 t_r 表示。

③ 死时间 不被固定相吸附或溶解的气体(如空气等）从进入色谱柱到出现色谱峰值所需的时间，用 t_r^0 表示。死时间反映了色谱柱中空隙体积的大小。

④ 校正滞留时间 又称为校正保留时间，各组分的滞留时间减去空气的滞留时间（死时间）称为各组分的校正滞留时间用 t'_r 表示。$t'_r = t_r - t_r^0$。

⑤ 峰高 色谱峰的最高点与基线之间的高度差称为峰高，用 h 表示。

⑥ 峰宽 以色谱峰上两个转折点作切线交在基线上所形成的截距称峰宽，用 W 表示。

⑦ 半峰宽 在峰高的一半 $h/2$ 处的色谱峰的宽度称半峰宽，用 $W_{\frac{1}{2}}$ 表示。

⑧ 峰面积 峰面积是指某组分的色谱峰与基线所围面积，用 A 表示。如果峰是对称的，则可以把曲线峰近似为一个等腰三角形，其面积为

$$A \approx \frac{1}{2} hW \tag{3.233}$$

考虑到峰的底部两边比三角形要扩大些，当要求较精确计算时可用

$$A \approx 1.065 hW_{\frac{1}{2}} \tag{3.234}$$

⑨ 分辨力 分辨力是反映两组分分离情况好坏的指标，在色谱图上则体现了两个色谱峰的重叠程度（图 3.157)，用 R 表示，可由下式计算

$$R = \frac{2(t_{rb} - t_{ra})}{W_a + W_b} \tag{3.235}$$

式中，t_{ra}、t_{rb} 为组分 a、b 的滞留时间；W_a、W_b 为组分 a、b 的峰宽。

上式表明，两个组分的滞留时间相差愈大，各组分的峰宽愈小，则分辨力就愈高，说明

这两个组分的分离效果好，而在色谱谱图上代表这两个组分的色谱峰重叠小。通常认为 $R \geqslant 1.5$ 时，两组分的色谱峰完全分离开。当 R 较小时，由于两个色谱峰重叠严重，将会给定量计算（如峰面积的计算）带来误差。

3.6.5.3 气相色谱仪的定性和定量分析

（1）定性分析

气相色谱的定性分析是根据色谱图来判定样品中有哪些组分，一般有滞留时间方法、加纯物质方法和柯伐茨（Kvats）指数法等，下面主要简单介绍前两种方法。

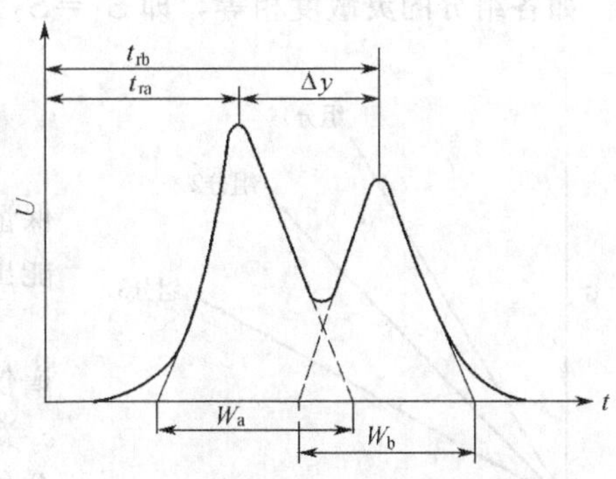

图 3.157 有重叠峰的色谱图

① 滞留时间方法 实验证明，对于一定规格的色谱柱，只要它的柱长、内径、固定相的用量、种类相同，在载气流量、柱温等参数固定时，任何一种物质，如果能出峰，则其 t_r 和 t'_r 是一个定值。而且它与该组分在样品中所占的浓度无关，与样品中其他组分的存在与否也没有关系。因此，可根据色谱图中的滞留时间来检测该峰是代表什么组分。

② 加纯物质方法 先作出被测样品的色谱图，然后，在该样品中加入某种组分的纯物质，再做一个色谱图。比较这两个色谱图，如果发现后者中某一色谱峰加高，说明在原样品中存在所加入纯物质的组分；如果后者出现新的色谱峰，则说明原样品中不含有该组分。

（2）定量分析

定量分析是在定性分析的基础上确定各组分在样品中所占的百分含量。在定量分析时，首先要测定检测器的灵敏度，灵敏度不仅与组分性质有关，而且还与操作条件（如温度、载气流量等）有关。

在实际灵敏度测定时，需保证一定的操作条件，用纯物质注入不同的量，通过色谱图求得该物质的灵敏度。设注入某组分样品量为 m_i，得到的色谱峰面积为 A_i，则该组分的灵敏度为

$$S_i = \frac{q_v A_i}{m_i} \tag{3.236}$$

式中，q_v 为载气流量，由于流量很小，常用 mL/s 为单位；样品量 m_i 也常用 mg 或 mL 为单位。设 A_i 的单位为 V·s，则灵敏度 S_i 的单位为 V·mL/mg 或 V·mL/mL。

定量分析的方法如下。

① 定量进样法 设样品的总进样量为 m，待测组分 i 在被测样品中的浓度为 c_i，则

$$c_i = \frac{m_i}{m} \times 100\% \tag{3.237}$$

进一步由式(3.236) 和式(3.237) 可得

$$c_i = \frac{q_v}{S_i m} \cdot A_i \times 100\% \tag{3.238}$$

根据色谱图求出组分 i 的色谱面积 A_i，便可算出该组分的浓度 c_i。这种方法要准确地知道进样量 m，另外要求操作条件很稳定。

② 面积归一化法 当样品中的各组分的灵敏度均为已知时可用此方法。因为组分 i 的浓度 c_i 可表示为

$$c_i = \frac{c_i}{c_1 + c_2 + \cdots} \times 100\% \tag{3.239}$$

将式(3.238)代入上式化简后得

$$c_i=\frac{A_i/S_i}{A_1/S_1+A_2/S_2+\cdots}\times 100\% \tag{3.240}$$

如各组分的灵敏度相等，即 $S_1=S_2=\cdots$，则有

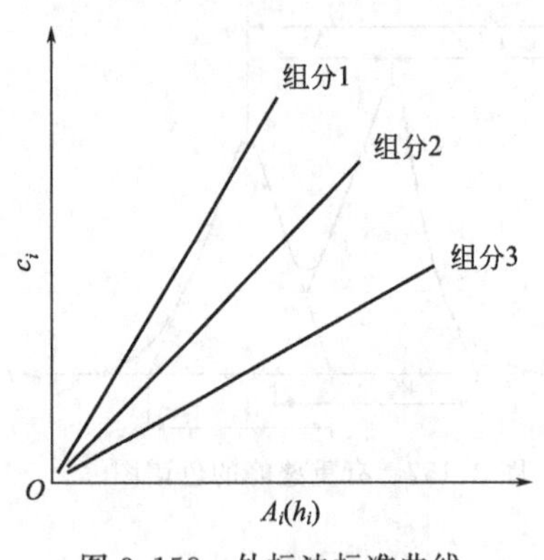

图 3.158　外标法标准曲线

$$c_i=\frac{A_i}{A_1+A_2+\cdots}\times 100\% \tag{3.241}$$

这种方法虽然不需要知道 m、q_v 等参数，但需要保证样品中的各组分在该柱中可以分离出来，即一定能出峰，而且还要知道样品中各组分的灵敏度。

③ 外标法　预先配制好已知浓度的标准样品在色谱仪中测定，作出峰面积 A_i（或峰高 h_i）与组分含量 c_i 关系的标准曲线（图 3.158），供测试样品后查阅分析。

现在无论是工业气相色谱还是各种实验室用的色谱仪都已和微计算机联用，微计算机已成为了色谱仪必不可少的组成部分。它作为数据处理环节和专家系统，运用其存储的资源，将检测器输出的信号自动快速处理，分析判断，一次测量出样品中的上千种组分及其浓度。此外，计算机还能进行各种补偿并对色谱仪完成自检自诊断。色谱和计算机的连用大大地提高了其分析的速度、准确度，增强了色谱仪的分析能力和处理功能。

3.6.5.4　仪器的组成

气相色谱仪主要由色谱柱、检测器、数据处理与显示记录装置以及其他配套部件组成。图 3.159 给出了一个采用热导检测器的气相色谱仪的基本结构。图中的减压阀 2 的作用是将气源压力降到 250kPa 左右；调节阀 3 用于调节载气的流量，并用转子流量计 5 显示流量大小；六通平面转阀 7 和定量管 8 配合使用实现对样品的定量取样和进样；汽化器 9 用来将液体样品气化，以便随载气流过色谱柱 10。由于色谱分析与温度有很大关系，故在色谱仪中设有恒温器 12 以保持色谱柱的温度达到设定的温度值。被测样品和载气在流过热导检测器 6 后通过放空阀 13 将气体放出。

为了分析各种物质，一台气相色谱仪都配有多个检测器。有的检测器具有通用性，它对很多物质都反应灵敏。有的是专用的，仅对某一类物质具有很高的灵敏度。可以供气相色谱仪使用的检测器有二十多种，常用的有热导式检测器、氢火焰电离检测器和电子俘获式检测器等。氢火焰电离检测器的灵敏度比热导式检测器高一千倍左右，但它仅对有机碳氢化合物有响应，其响应信号随着化合物中碳原子数量的增多而增大，它对所有的惰性气体及 CO、CO_2、SO_2 等气体都没有响应。但它的灵敏度高、测量范围宽、反应快，在科研、石油、化工中有广泛的应用。

3.6.6　气体成分分析仪表的使用

与工业过程温度、压力、液位和流量等参数的检测仪表相比较，气体成分分析仪表有其特殊性。

温度、压力、液位和流量等参数的检测仪表一般可以实现被测参数的在线实时测量，相应检测仪表可直接安装到被测对象中，且测量滞后时间短，对工业过程的监测、计量和控制等一般不会产生影响。

而气体分析仪表则不同。气体分析仪表通常需配备专门的取样系统，先把被测气体引入

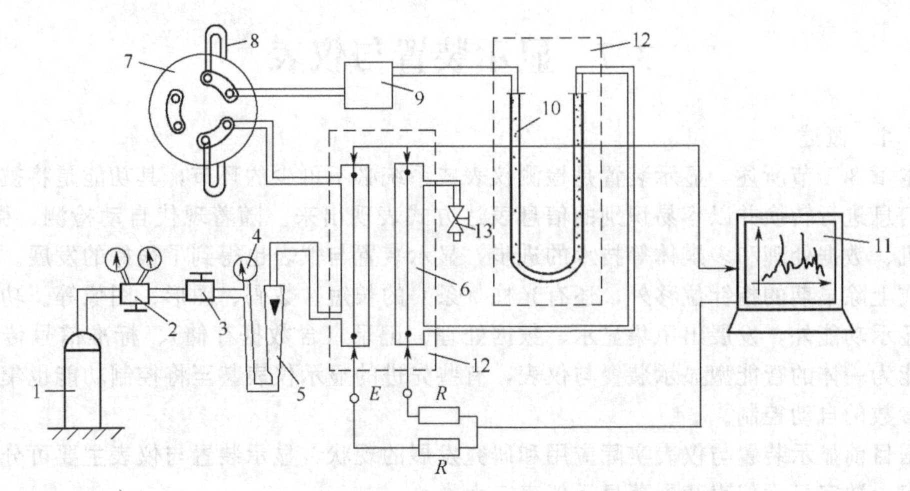

图 3.159 气相色谱仪的基本结构

1—载气源；2—减压阀；3—调节阀；4—压力表；5—转子流量计；
6—热导检测器；7—六通平面转阀；8—定量管；9—汽化器；
10—色谱柱；11—数据处理与显示记录装置；
12—恒温器；13—放空阀

到分析仪表中的检测器内而后进行分析和测量。取样系统不只是一个简单的取样管，常常包括过滤、分离、恒温（压）以及稳流等一整套流程和装置，以使进入检测器内的被测气体满足所需的要求。另外，被测气体在进入检测器前还可能要进行预处理，除去对测量结果影响大，但含量较小的一些干扰组分。例如，用红外线气体分析仪检测气体成分时，需除去被测气体中的水蒸气；用热导式气体分析仪检测 CO_2 气体含量时，要设法除去混合气体中可能存在的 H_2 和 SO_2 气体。取样系统和样品预处理环节的存在不仅恶化了参数测量的实时性，还增加了测量系统的复杂性并或多或少地降低了整个测量过程的可靠性和有效性等。因此，气体成分分析仪表要实现在线实时测量难度较大，而取样系统和样品的预处理环节等往往成为实际应用中的技术瓶颈和顽症，例如目前炼油装置中的在线色谱仪，常常由于取样系统和预处理处理等环节的故障导致测量的实效，对系统自动控制和运行的平稳性造成不利的影响。

总体而言，气体成分分析仪具有以下特点。

① 由于取样系统和样品预处理环节等的存在，同时许多情况下取样点与检测器的距离又是较远，加上检测器反应速度一般较慢（红外线气体分析仪和氧化锆氧量分析仪除外），因此该类仪表的测量滞后一般较大。

② 大多数气体成分分析仪的检测器受环境温度，即被测气体温度的影响较大，所以，在气体成分分析仪内部一般都需配备有恒温系统或温度补偿系统。

③ 相对于温度和压力等参数的检测仪表，目前大多数的气体成分分析仪的测量准确度还较低，工业型分析仪的准确度等级一般在 2.5 级左右，有的甚至更低。同时，目前可供选择的可靠的工业型在线气体分析仪表种类还较少，未能满足工业实际应用要求，有待于今后进一步发展和提高。

④ 大多数气体成分分析仪较为复杂，成本较高，使用维护要求也较高。

研发测量精度高、实时性好且可靠耐用的在线气体成分分析仪表仍是目前过程检测领域的难题之一，也是工业过程计量与控制的迫切需求。

3.7 显示装置与仪表

3.7.1 概述

如本章 3.1 节所述，显示装置是检测仪表或系统必不可少的环节，其功能是将被测参数的测量信息进行转换并以容易识别的信息表达方式表现出来。随着现代自动检测、微电子、微计算机、数据处理和多媒体等技术的进步，显示装置与仪表也得到了很好的发展。信息表达的方式上除早期的指针位移外，还有光柱（条）的长短、数码、图形、图像等。功能上从单纯的显示功能外，发展出了集显示、数据处理、记录（含数据存储）、标准信号传输和通信等功能为一体的智能型显示装置与仪表，有些先进的显示仪表甚至将控制功能也集成进去以实现参数的自动控制。

根据目前显示装置与仪表实际应用和研究发展的现状，显示装置与仪表主要可分为模拟显示仪表、数字显示仪表和屏幕显示仪表三大类。

(1) 模拟显示仪表

模拟显示仪表出现最早。因为各种物理参量之间在其运动规律上有极大的相似性，人们可以将一些不能直接或不能精确直接感知的物理量（如温度、压力、流量、磁场等）用人们易于精确观察的物理量（如线位移、角位移等）来表示。这种方法在工程中称为物理模拟法。所以凡是用物理模拟方法对被测信息实现显示的仪表，称之为模拟显示仪表。模拟显示仪表通常使用指针的偏转、光柱（条）的长短变化等形式来连续地反映被测量的变化，在指针和光柱等的背后或侧面设有标尺，根据指针及光柱的位置可以读出被测量的大小，如图 3.160 所示。常见的模拟显示仪表有动圈式仪表和自动平衡式的电位差计和自动平衡电桥等。

(a) 指针式模拟显示仪表

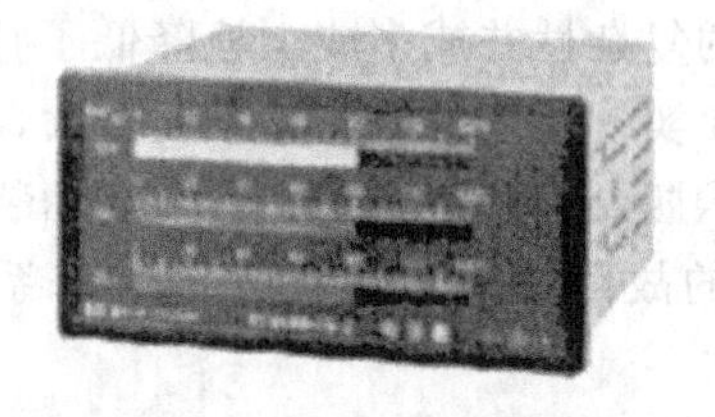

(b) 光柱式模拟显示仪表

图 3.160 模拟显示仪表

模拟显示仪表的历史悠久，其原理、结构、元器件及制造工艺都相当成熟。根据其仪表测量线路设计方法的不同，大致可分为直接变换式（直接串联式）和平衡式（反馈式）两大类。直接变换式线路简单，价格较低，但准确度较低，线性度和灵敏度较差。平衡式线路较复杂，价格较高，但准确度高，灵敏度和信息能量传递效率都较高，线性度好。

(2) 数字显示仪表

所谓数字显示仪表就是把被测参数连续变化的模拟量变换为离散的数字量并以数码形式显示的仪表。图 3.161 是典型的数字显示仪表的构成框图，它主要包括前置放大，A/D 转换器，CPU 模块（包含数据存储芯片和相关的数字控制芯片等），显示接口电路和显示器等部分，其中 A/D 转换器和 CPU 模块是数字显示仪表的核心单元，它们也是数字显示仪表区别于模拟显示仪表的主要标志。由于数字显示仪表是以微计算机（芯片）为主体的显示仪表，因此通过软件编程，数字显示仪表可以方便地实现信号滤波、非线性处理以及各种运算等。得益于微电子和微计算机技术的进步，目前数字显示仪表在性能指标和可实现功能上已全面超越了模拟显示仪表，并已在相当广泛的领域完全取代了模拟显示仪表。

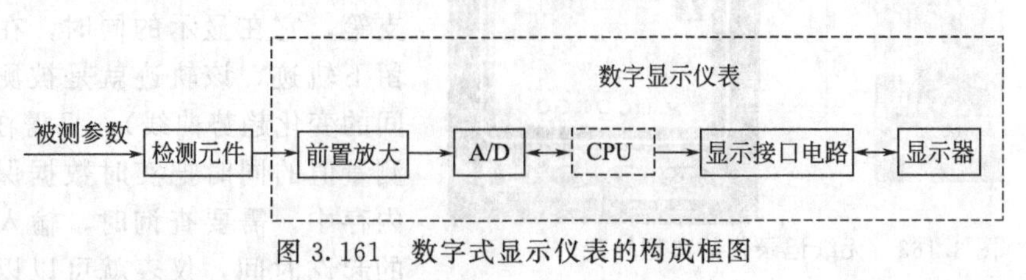

图 3.161 数字式显示仪表的构成框图

(3) 屏幕显示仪表

屏幕显示仪表可视为数字式显示仪表的增强型或发展型，它与典型数字显示仪表的区别主要体现在：

① 显示器件的不同和信息表达方式的多样性。屏幕显示仪表的显示器件多为液晶显示屏甚至就是某种计算机的显示屏。信息表达方式上除数字显示外，还可以辅以各种图形、图像甚至动画等方式。

② 采用了功能和性能更强的微计算机（系统或芯片），甚至以工业型 PC 机系统为主体来完成信息的处理和表达并组合成相应的显示装置。因此，屏幕显示仪表可由两种具体实现形式：一种是采用液晶等屏幕显示器件，并选功能和性能更好的微机芯片，仍以微计算机为核心来构成显示仪表，如图 3.162(a) 所示；另一种是直接采用工业型计算机系统［例如工业型 PC 机，如图 3.162(b) 所示］，配备相应的 A/D 数据采集卡。主机完成所有数据处理工作，最后在计算机显示屏显示出测量信息。本节主要介绍第一种方式构成的屏幕显示仪表，因为这类屏幕显示仪表是目前的主流（第二种方式本质上是将显示环节的功能集成到自动化系统工业控制计算机中去，例如 DCS 集散控制系统测量信息和数据的集中显示，在许多场合并不被视为显示仪表或装置，而是作为计算机系统的附属功能或任务来看待）。

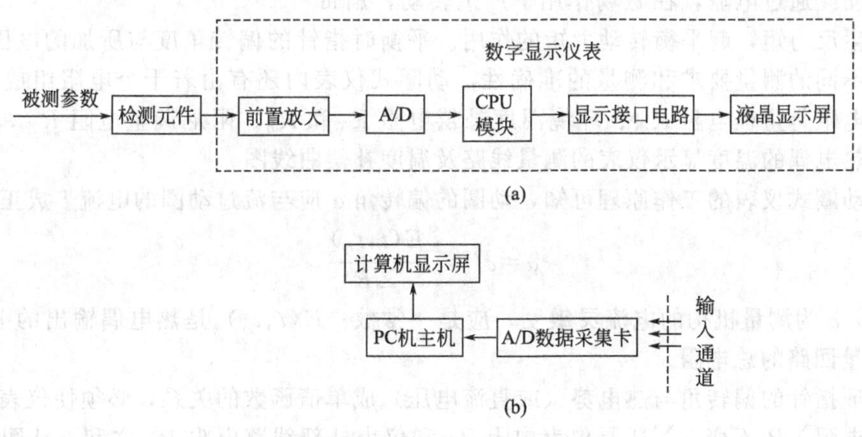

图 3.162 屏幕显示仪表构成框图

随着科学技术的进步，微机芯片和显示器件的性能和功能不断增强，成本也越来越低，数字显示仪表和屏幕显示仪表的差别越来越小，界限也越来越模糊。在许多场合，已对数字显示仪表和屏幕显示仪表不加以区别，统称为数字显示仪表。同时，由于准确地记录各项参数的测量数据也是检测和控制系统中一项非常重要的工作，而利用微机的数据存储功能可方便地完成测量信息的记录，因此，数字显示仪表（包括屏幕显示仪表）在功能上完全可以取代传统的模拟记录仪表（例如有纸记录仪，该仪表中有传动机构使记录纸以一定的速度走动。指针实际上是一支笔，它在显示的同时，在记录纸上留下轨迹，该轨迹就是被测参数随时间的变化趋势曲线），只需在实时显示测量值的同时把实时数据保存到微机内存中，需要查询时，输入所需查询的起讫时间，仪表就可以以曲线或数字形式显示当时的历史数据。若数字显示仪表（包括屏幕显示仪表）同时实现显示和记录，并突出多参数记录功能（一般同时记录8～16个测量参数数据，甚至更多），也常称为无纸记录仪，图 3.163 是某一无纸记录仪的照片。

◆显示形式

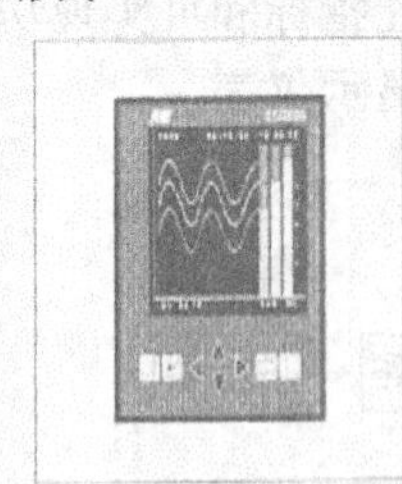

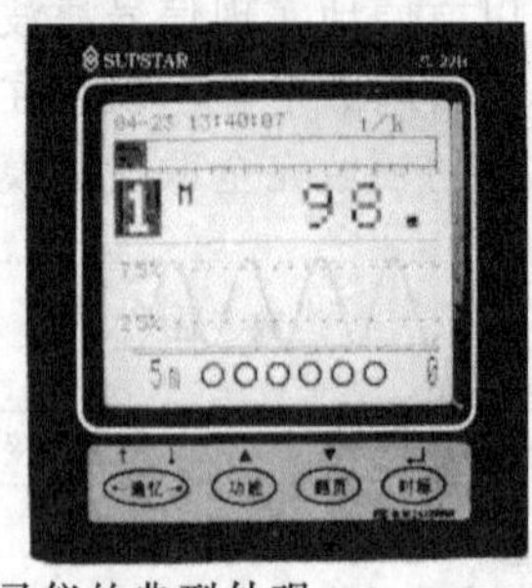

图 3.163　无纸记录仪的典型外观

3.7.2　模拟显示仪表

3.7.2.1　动圈式显示仪表

动圈式显示仪表简称动圈式仪表，是早期工业生产中广泛应用的一种磁电式模拟显示仪表。它实际上是一毫伏电压表，可以直接显示直流毫伏信号，也可以显示各种非电量测量中转换为毫伏信号的参数。

动圈式仪表由测量线路和测量机构两部分组成。尽管测量对象、测量范围等不同，仪表的测量线路也不相同，但它们的测量机构都是完全一样的标准组件，如图 3.164 所示。动圈式仪表的测量机构由永久磁钢、张丝、软铁芯、动圈、刻度面板、仪表指针等部件构成。

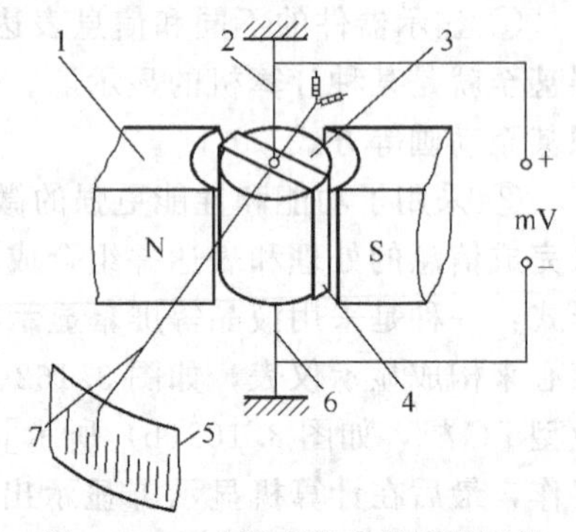

图 3.164　动圈式仪表的测量机构

1—永久磁钢；2,6—张丝；3—软铁芯；4—动圈；5—刻度面板；7—仪表指针

支承动圈的张丝也是传导电流的导线，当有电压信号作用时动圈通过电流，在磁场作用下产生转动，扁带型张丝产生反力矩，起平衡转动力矩的作用。平衡时指针的偏转角度与所加的电压成正比。为了满足不同的测量要求和测量的准确性，动圈式仪表内还有由若干个电阻组成的测量线路。这些电阻是量程电阻 $R_{串}$、环境温度补偿电阻 R_T 和 R_B、阻尼调整电阻 $R_{并}$，图 3.165 所示为配热电偶的温度显示仪表的测量线路及温度补偿曲线图。

根据动圈式仪表的工作原理可知，动圈的偏转角 α 应与流过动圈的电流 I 成正比，即

$$\alpha = cI = c\frac{E(t,t_0)}{\sum R} \tag{3.242}$$

式中，c 为测量机构的电流灵敏度，应是一常数；$E(t,t_0)$ 是热电偶输出的电势信号；$\sum R$ 是测量回路的总电阻。

要保证指针的偏转角与热电势（或直流电压）成单值函数的关系，必须使仪表整个测量回路的总电阻 $\sum R$ 不变。$\sum R$ 是仪表内阻 $R_{内}$ 和仪表外部线路电阻 $R_{外}$ 之和。从图 3.164 中可看出

$$R_{内} = R_{串} + R_{并}//(R_{动} + R_T//R_B) \tag{3.243}$$

式中，$R_{动}$ 为动圈的电阻值。由于动圈是铜丝绕制的，而铜电阻有较大的正温度系数，因此，$R_{动}$ 随着环境温度的变化而变化。为了减小仪表受温度影响而产生的附加误差，要串接一个由负温度系数的热敏电阻 R_T 和锰铜电阻 R_B 组成的并联电路。并上 R_B 的目的就是使并联后的阻值适合于动圈电阻的温度系数并尽量趋于线性。如果 R_T 和 R_B 选取得恰当，则

可使环境温度在 20～50℃的范围内 $R_{内}$ 基本不变（见图 3.165）。

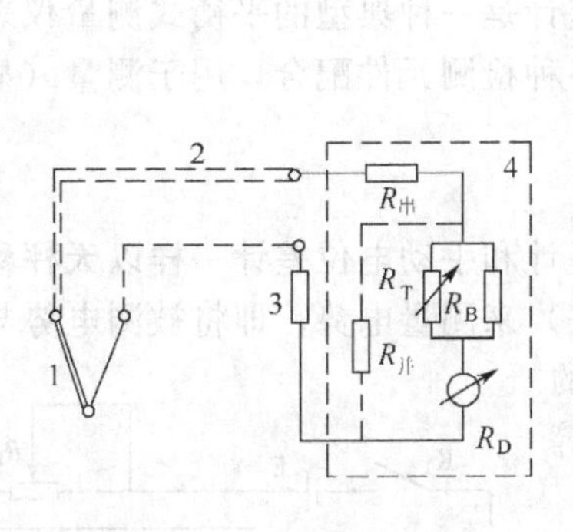

(a) 测量线路

1—热电偶；2—补偿导线和连接导线；3—外线路调整电阻；4—动圈式仪表内部测量线路

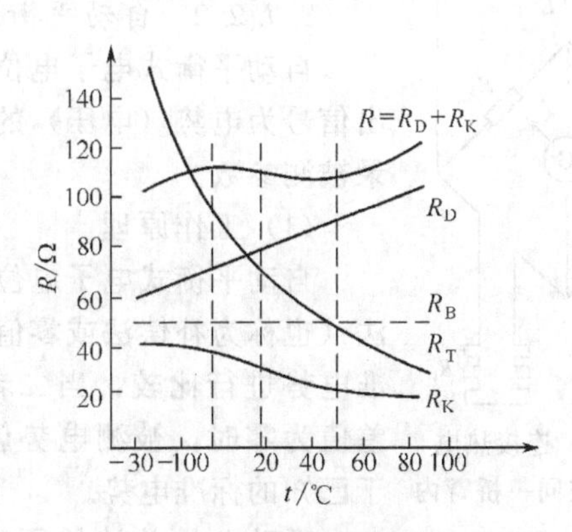

(b) 温度补偿曲线

R_D—动圈电阻；R_T—热敏电阻；R_B—锰铜电阻；R_K—R_B与R_T的并联电阻

图 3.165　配热电偶的动圈式仪表的测量原理

$R_{串}$ 为量程电阻，用电阻温度系数很小的锰铜丝绕制，其阻值视量程大小而定，一般在 200～1000Ω 之间。

在大量程的动圈仪表中，由于 $R_{串}$ 较大，仪表的阻尼特性变差，这时往往需要在动圈的两端并联一个阻尼调整电阻 $R_{并}$（图 3.165 中虚线连接的电阻）。

为了确保仪表测量的准确，维持测量回路的总电阻 ΣR 不变，规定仪表外部线路的电阻为 15Ω，即

$$R_{外}=R_{热}+R_{桥}+R_{补}+R_{导}+R_{调}=15\Omega \tag{3.244}$$

式中，$R_{热}$ 是热电偶的阻值；$R_{桥}$ 是热电偶冷端温度补偿电桥的等效电阻；$R_{补}$ 是补偿导线的电阻；$R_{导}$ 是连接导线的电阻；$R_{调}$ 是锰铜丝绕制用来补足 15Ω 的调节电阻。

当动圈式仪表与热电阻配合显示温度时，一般要通过桥路变换将电阻转换为毫伏信号，图 3.166 是典型的测量线路。

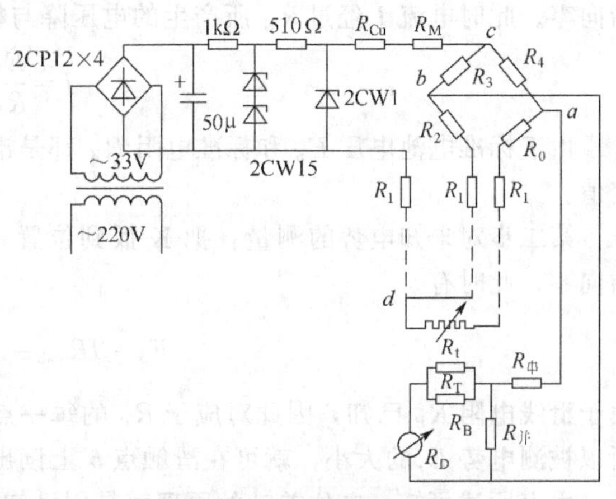

图 3.166　配热电阻的动圈式显示仪表的测量线路

把热电阻引入桥路的连接导线电阻值会随环境温度而变化，当连接热电阻的导线在同一桥臂时（见图 3.167），因环境温度变化导致导线电阻的变化值会与热电阻的变化值叠加，使测量产生较大的附加误差。

为了减小这个误差的影响，工业上通常采用三线制接法（如图 3.166 所示）。这样两根连接导线就分别连接到相邻的两个桥臂上，当连接导线电阻变化时，可以互相抵消一部分，减小了这个附加误差。从不平衡电桥的原理可知，只有在仪表的起点，连接导线的变化才能全部互相抵消。当仪表的指针位于满刻度时的附加误差达最大值，但仍比二线制的接法要小得多。

在采用三线制接法时，规定每根连接导线的电阻为 5Ω，若不足 5Ω 时，一定要用锰铜丝电阻补足 5Ω，调整阻值要精确到（5±0.01）Ω。

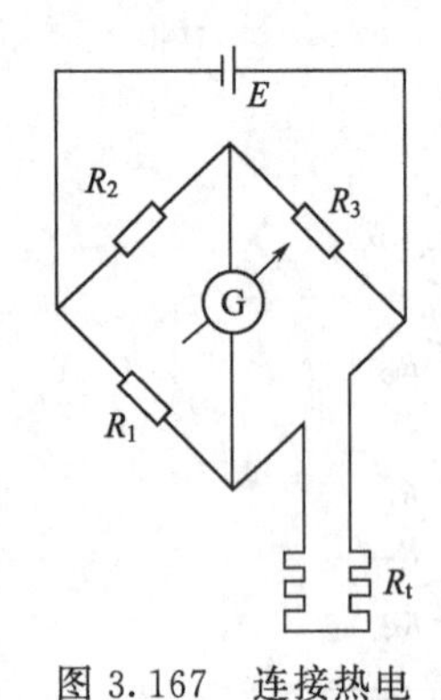

图 3.167 连接热电阻的导线在同一桥臂内

配热电阻的动圈式仪表的其他测量线路与配热电偶的基本相同。

3.7.2.2 自动平衡式电子电位差计

自动平衡式电子电位差计是一种典型的平衡式测量仪表，能与输出信号为电势（电压）的各种检测元件配合，用于测量（显示）及记录被测参数。

(1) 工作原理

自动平衡式电子电位差计和手动电位差计一样以天秤称重的平衡法（也称为补偿法或零值法）来测量电势，即将被测电势与已知的标准电势进行比较，当二者的差值为零时，被测电势就等于已知的标准电势。

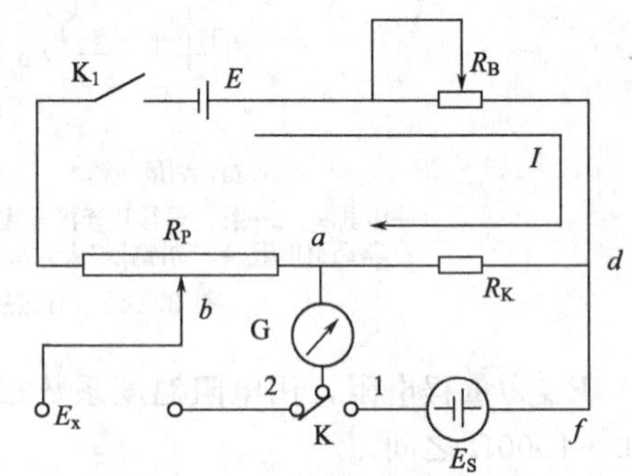

图 3.168 手动电位差计电路

手动电位差计的原理线路如图 3.168 所示。图中 E_S 是标准电池；G 是灵敏度较高的检流计；R_K 是标准电阻；R_P 是带有滑触点的电阻；R_B 是可调电阻；E 是直流电源；K 是单刀双掷开关；K_1 是电源开关；E_x 是被测电势。其工作过程如下。

第一步调准工作电流：合上开关 K_1，把开关 K 扳向位置“1”，调节 R_B 的大小，直到检流计 G 指向零。此时电流 I 经过 R_K 所产生的电压降与标准电池的电压 E_S 正好相等，从而有

$$I=\frac{E_S}{R_K}$$

由于标准电池电压 E_S 和标准电阻 R_K 都是准确的固定值，所以工作电流也是准确的固定值。

第二步对未知电势的测量：把 K 扳到位置“2”，用手滑动 R_P 的触点，直到检流计 G 指向零，此时有

$$E_x=IR_{Pab}=\frac{E_S}{R_K}\cdot R_{Pab}$$

由于滑线电阻 R_P 已知，因此对应于 R_P 的每一点的电阻也是已知，而 E_S、R_K 又是固定值，所以被测电势 E_x的大小，就可在滑触点 b 上读出。

由上所述可知，电位差计的原理就是用已知的电位差（U_{ab}）去平衡（补偿）未知的被测电势（E_x）而进行工作的。

手动电位差计一般是作为范型仪表用于实验室中，而自动平衡式电子电位差计则是用于生产过程中的连续自动测量。

一台自动的电位差计为了很好的工作，必须具备手动电位差计的三个条件：第一工作电流必须稳定不变；第二必须有检测已知电位差与被测电势是否达到平衡的检流计 G；第三必须有根据检流计偏转去调节滑线电阻的“人”。因此，在自动的电位差计中，第一我们可在测量回路中由稳压电源提供稳定不变的工作电流；第二由包括振动变流器在内的调制解调放大器代替检流计去检测已知电位差与被测电势的差值，并进行放大；第三由可逆电机根据放大器输出信号的大小和相位作正转或反转推动机械传动装置带动滑线电阻，以代替手动电位差计中人手的调节动作，这样就构成了自动平衡式电子电位差计。

图 3.169 是自动平衡式电子电位差计的工作原理（设被测信号为热电偶的电势）。电子

电位差计主要由测量电桥（由 R_2、R_3、R_4、R_G 等组成）、放大器、可逆电机等部分组成，另外还有记录用的记录机构，机械传动装置以及同步电机等。图 3.170 为自动平衡式电子电位差计的组成框图。

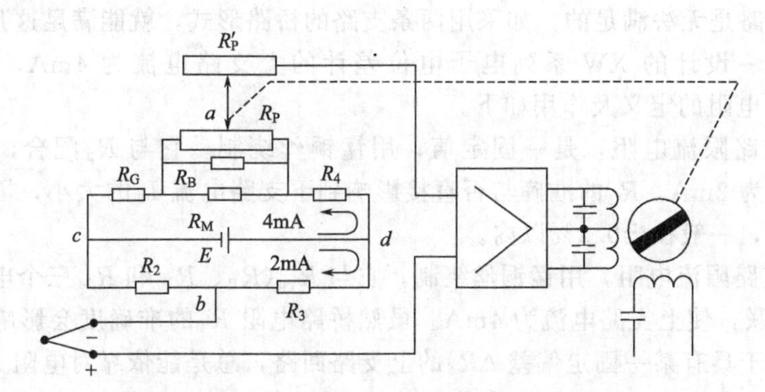

图 3.169 自动平衡式电子电位差计的工作原理

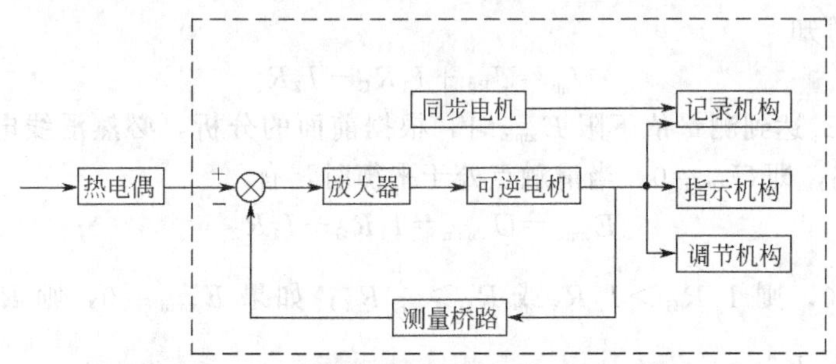

图 3.170 自动平衡式电子电位差计的组成框图

自动的电位差计的测量过程和手动电位差计类似。由热电偶或传感器或变送器输入的直流电势（或由直流电流通过输入端的连接电阻而得的电压）与测量桥路的 a、b 端的直流电压进行比较，比较后的电压差值（即不平衡电压）经过放大器放大后，输出足以驱动可逆电机的功率，推动可逆电机带动指示、记录机构，同时还带动测量桥路中的滑线电阻 R_P 的触滑点，改变滑触点 a 在滑线电阻中的位置，直到测量桥路新的 a、b 端的电压与输入电势平衡为止。如果输入电势信号再发生变化，则又会产生新的不平衡电压，再经放大器放大而驱动可逆电机，又改变 R_P 滑触点的位置，重复上述过程，直到产生新的平衡位置为止；而与滑触点相连的指示、记录机构沿着有分度的标尺滑行，滑触点的每一平衡位置相应于标尺上的一定数值，因此，每当电路处于平衡状态时，指示机构的指针在标尺上指示对应的被测参数变量值。

由图 3.170 可以看出，闭环结构的自动平衡式显示仪表的准确度主要取决于反馈环节。因此自动平衡式电子电位差计的测量桥路是保证仪表准确度的关键，在仪表设计制造时都必须予以足够的重视。下面主要讨论电子电位差计的测量桥路。

（2）测量桥路的分析

由图 3.169 可知，电子电位差计的测量桥路有两条支路（分别称为上支路和下支路），而手动电位差计的测量桥路只有一条支路。这是因为在检测系统中自动平衡式电子电位差计要和检测元件、传感器或变送器配套使用，对生产过程中的各种参数进行显示记录，因此必须能满足生产过程中的各种要求。根据测量的需要，仪表的下限有时是零，有时可能是大于零的某一正值，有时也可能是负值。另外，若和热电偶配用测量温度时，当热电偶热端（工作端）温度没有变化，而冷端温度高于零度或低于零度时，热电偶所产生的附加电势正好是一负一正；或当热电偶热端（被测点）温度经常处于冷端（自由端）温度附近，即有时高于冷端温度，有时低于冷端温度，因而所产生的电势有时为正，有时为负，对于这几种情况，单靠一条工作支路是无法满足的，如采用两条支路的桥路形式，就能满足这几种要求。

目前我国统一设计的 XW 系列电子电位差计的上支路电流为 4mA，下支路电流为 2mA。桥路中各电阻的定义及作用如下。

R_3称为下支路限流电阻，是一固定值，用锰铜丝绕制。它与R_2配合，保证下支路在25℃时工作电流为2mA，R_3的准确与否直接影响到下支路电流I_2的大小，因此对它的准确度有较高的要求，一般在±0.2%以内。

R_4称为上支路限流电阻，用锰铜丝绕制。它与R_{np}(R_P、R_B和R_M三个电阻并联后的等效电阻)、R_G串联，使上支路电流为4mA。虽然桥路电阻R_4的准确度会影响到上支路电流I_1的大小，但对于具有某一固定偏差ΔR_4的上支路回路，总是能依靠对电阻R_G、R_M的微量调整，使仪表测量范围大小以及测量起始值位置与设计要求相吻合。因此限流电阻R_4的偏差允许达到±0.5%。

由图 3.169 可知

$$U_{ab}=U_{Rp}+I_1R_G-I_2R_2 \tag{3.245}$$

当被测电势E_x达到测量值下限E_{xmin}时，根据前面的分析，必然滑线电阻R_P的滑触点位于R_P的最左端，即$U_{Rp}=0$。当滑触点处于平衡时，有

$$E_{xmin}=U_{abmin}=I_1R_G-I_2R_2 \tag{3.246}$$

如果$E_{xmin}>0$，则$I_1R_G>I_2R_2$或$R_G>\frac{1}{2}R_2$；如果$E_{xmin}=0$，则$R_G=\frac{1}{2}R_2$；如果$E_{xmin}<0$，则$R_G<\frac{1}{2}R_2$。由此可见，由于有两个支路，被测电势的下限值无论是正还是负或是零，只要适当改变R_G和R_2的大小即可实现。R_G和R_2的定义如下。

R_G称为起始电阻。被测电势的下限值越高，R_G越大。R_G也是锰铜电阻，为了便于调整，R_G由R'_G和r_g两部分串联而成，其中r_g作微调用，以满足对起始电阻R_G的准确度要求。

R_2为桥臂电阻。一般情况下，它和R_G配合使用实现被测电势下限值的要求。当电子电位差计与热电偶配套使用测温时，R_2可作为热电偶冷端温度补偿电阻。这时R_2常用铜丝以无感双线法绕制而成。

当被测电势E_x为测量值的上限E_{xmax}时，则滑线电阻R_P的滑触点位于R_P的最右端，即$U_{Rp}=I_1R_{np}$。当滑触点处于平衡时，有

$$E_{xmax}=I_1R_{np}+I_1R_G-I_2R_2=I_1R_{np}+E_{xmin} \tag{3.247}$$

进一步可得

$$R_{np}=\frac{E_{xmax}-E_{xmin}}{I_1}=\frac{\Delta E_x}{I_1} \tag{3.248}$$

由此可见，被测电势的上限和下限之差（即量程）只取决于等效电阻R_{np}，与电阻R_G和R_2等无关。等效电阻R_{np}是R_P、R_B和R_M三个电阻的并联电阻，它们各自的定义和作用如下。

R_P称为滑线电阻。它是测量系统中一个很重要的部件，仪表的示值误差，记录误差、变差、灵敏度以及仪表运行的平滑性等都和滑线电阻的优劣有关。因此除了要求装配牢靠外，对材料的耐磨，抗氧化性、接触的可靠以及绝缘性能等方面都有很高的要求，尤其对滑

线电阻的线性度，在0.5级的仪表中，希望能把非线性误差控制在0.2%范围内。滑线电阻两端各有一小段是滑触点 a 因受两边固定端的影响滑不过去的部分，其参数为 λ，λ 一般为0.03～0.05，即滑不到的部分约占滑线电阻全长的3%～5%。

R_B 为工艺电阻，使 $R_P /\!/ R_B = 90\Omega$。由于滑线电阻 R_P 的阻值很难绕得十分准确，而且绕制的电阻也不能采用增加或减少圈数的方法来调整阻值，为此给滑线电阻 R_P 并联一个电阻 R_B，利用 R_B 的调整凑合，使并联后的电阻值为一固定值（90Ω），然后把 R_P 与 R_B 作为一个整体来处理，这样便于计算，有利于成批生产；而且当 R_P 在长期使用磨损后，阻值发生变化时，也可改变 R_B 的大小，很方便地进行调整。采用卡玛带作为滑线电阻的仪表，其阻值较小，通常取 $R_P /\!/ R_B = 25 \sim 35\Omega$。

R_M为量程电阻。它是决定仪表量程大小的电阻，它的大小由仪表测量范围与所采用的分度号（当仪表与热电偶配套使用时）决定。R_M越大，则它与 R_P、R_B 并联后的电阻越大，因而对应的仪表量程越大；反之，R_M越小，仪表量程越小。为了便于仪表量程的微调，R_M是由 R'_M与 r_M串联而成。只要调整 r_M的阻值，即能很方便地微调仪表量程。

3.7.2.3 电桥式自动平衡显示仪表

电桥式自动平衡显示仪表（简称自动平衡电桥）可与热电阻配套测量温度，也常常用于显示记录其他电阻类敏感元件对被测参数的测量值。它将电阻类敏感元件直接接入电桥的一个桥臂，以电桥平衡的原理进行工作。当电阻类敏感元件因被测参数变化而变化时，桥路的输出电动势发生改变，和自动平衡电子电位差计一样，变化的电势经放大器放大后驱动可逆电机，再带动可调电位器上的滑动触点，直至输出电势为零，仪表到达平衡状态。这时可调电位器所对应的电动势刻度即是被测参数所对应的直流电压，从而实现了对被测参数的测量。

自动平衡电桥的构成和自动平衡式电子电位差计基本相同，它们的差别仅在于所接收的信号不同，测量桥路的接入方式不同，它们的仪表外形和大部分部件都是通用的。

自动平衡电桥的测量桥路如图3.171所示。图中 R_2、R_3、R_4为桥路的固定电阻，R_6为起始电阻，R_5是量程电阻，R_P 是滑线电阻。R_B 是凑合电阻（工艺电阻），使其与 R_P 的并联电阻为90Ω；λ 是滑触点因受两边固定端的影响滑不过去的部分和滑线电阻全长的比值，λ 一般为0.03～0.05；除 R_P 是导电塑料的滑线电阻以外，其余皆为锰铜电阻。R_t为被测热电阻，$R_t = R_{t0} + n\Delta R_{tm}$，$\Delta R_{tm} = R_{t1} - R_{t0}$ 表示整个仪表刻度范围内热电阻的电阻变化值；R_{t1}、R_{t0} 是相应于仪表标尺终点和始点时热电阻的电阻值；$n = (R_t - R_{t0})/\Delta R_{tm} \times 100\%$，这里用满量程的百分数表示仪表指针的位置；$I_{t0}$ 为 $n=0$ 时流过热电阻的电流，I_{t1} 是 $n=1$ 时流过热电阻的电流，I_{tm}是流过热电阻电流的最大值。规定 $I_{t0} \leqslant I_{tm} = 6\text{mA}$。

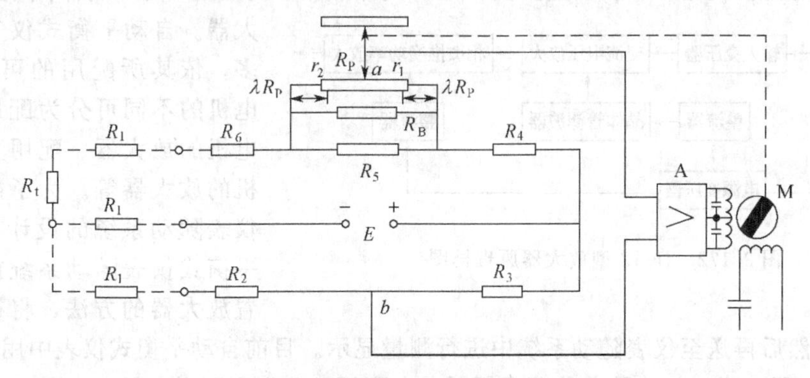

图3.171 自动平衡电桥测量桥路

R_1是连接热电阻的三线制导线电阻，规定R_1是2.5Ω，如果每根连线（R_1）的阻抗不足2.5Ω，可用锰铜电阻补偿至2.5Ω（环境温度20℃时）。如前所述，虽然采用了三线制的接法，但当环境温度变化的时候，不可能实现完全补偿。在自动平衡电桥的测量中，采用三线制后的导线误差很小，在10^{-4}数量级以下。

自动平衡电桥的工作原理是测量桥路自身的平衡。假设图3.171处于平衡状态，即$U_{ab}=0$，则有

$$(R_t+R_1+R_6+r_2)R_3=(r_1+R_4)(R_1+R_2) \tag{3.249}$$

式中，r_2和r_1分别是R_5，R_p和R_B并联后的等效电阻R_{np}在滑触点左边和右边部分的电阻值。

当被测温度升高时，R_t增大，电桥平衡被破坏，$U_{ab}>0$，经过放大器A放大以后，驱动可逆电机M，使滑线电阻的滑动触头a向左面移动，从而使r_2减小，r_1增大，直到式(3.249)成立（即$U_{ab}=0$）时，可逆电机才停止转动，桥路实现了新的平衡；反之，$U_{ab}<0$，滑线电阻的滑动触头a向右面移动，同样能实现新的平衡。

显然自动平衡电桥和自动平衡式电子电位差计一样都是具有负反馈的闭环随动系统。但是自动平衡式电子电位差计的测量桥路在反馈环节中，而自动平衡电桥的测量桥路是作为比较环节而存在的。自动平衡式电子电位差计中是被测电压和不平衡电压互相平衡；而自动平衡电桥中是滑线电阻的反馈触点与被测电阻对应，从而使桥路的输出（放大器输入端）达到平衡，两者的平衡原理相同，但测量桥路的作用不同。尽管两种仪表的原理都是平衡，但当实现平衡时，自动平衡电桥的测量桥路处于平衡状态，输出为零；而自动平衡式电子电位差计的测量桥路则处于不平衡状态，桥路有不平衡输出，是被测电压和不平衡电压互相平衡，从而使仪表平衡。因此两类仪表的分析计算差别较大。分析计算平衡电桥时可直接采用电桥平衡方程，而计算电位差计时则要列回路方程。

自动平衡式电桥和自动平衡式电子电位差计一样，不仅能实时显示被测量的大小，同时带有记录机构可将测量值用记录笔以曲线形式记录在专用的记录纸上，因此这两种仪表在早期的自动检测和控制系统中得到了广泛的应用。

3.7.2.4 自动平衡显示仪表的放大器

自动平衡式显示仪表的放大器不同于一般的电子信号放大器，它是所谓的“指零放大器”或“伺服放大器”。它的作用是“检零”，即把非常微弱的偏差信号放大，然后驱动可逆电机，带动平衡机构动作使测量系统趋于平衡。这类放大器对输出波形的非线性畸变无严格的要求，但要求高增益、高输入阻抗、低输出阻抗，有良好的相位特性和抗干扰能力。因为它放大的是直流缓变电压，所以还要妥善地解决零点漂移的问题，通常都采用调制型直流放大器。自动平衡式仪表的种类较多，依其所配用的可逆（伺服）电机的不同可分为配用交流可逆电机的放大器、配用直流可逆电机的放大器等。为了简化平衡式仪表随动系统的设计，已采用在平衡式仪表随动系统前增加一前置放大器的方法，将被测信号先进行放大，然后再送至仪表随动系统中进行测量显示。目前自动平衡式仪表中用得较多的是JF-12型放大器，图3.172是它的原理框图，它配用ND-D型可逆电机。

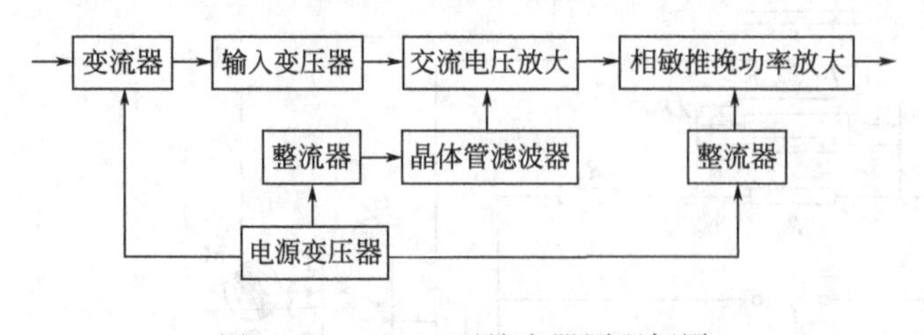

图3.172 JF-12型放大器原理框图

3.7.3 数字式显示仪表

如前所述，与模拟式显示仪表相比较，数字式显示仪表（包括屏幕显示仪表）不存在主观读数误差，在性能和功能上具有全方位的优势，适应现代自动化系统快速数据显示和处理的要求，是目前显示仪表的主流。同时，得益于微电子、微机和信息处理等技术进步，数字式显示仪表近年来发展非常迅速，性能不断提高，功能不断增强，应用的领域和范围也越来越广泛。

3.7.3.1 普通数字式显示仪表

普通数字式显示仪表一般直接与检测元件相连，并与检测元件配套使用，功能相对简单和专用。图3.173是普通数字式显示仪表的组成框图，各部分的作用如下。

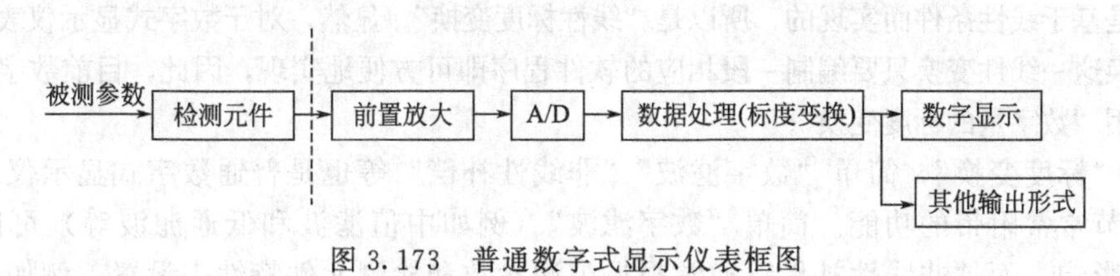

图3.173 普通数字式显示仪表框图

(1) 前置放大

前置放大的主要作用是把检测元件的输出信号（常见是电阻或毫伏信号）放大并变换到符合A/D转换器要求的电压值。有些数字显示仪表在前置放大环节还增加了线性化处理电路以克服检测元件输出信号的非线性。

(2) A/D转换

A/D转换是数字式显示仪表的一个关键部件，它的主要任务是使连续变化的模拟量转换成断续的数字量，具体包括采样和量化（编码）两个过程。

采样是将模拟量转换成离散量。为保证连续模拟量信号经采样离散化后保持原有特性不失真，采样频率 f 的选择需符合香农采样定理（Shannon Sample Theorem），即采样必须要以大于信号最高频率 f_c 两倍的速率进行，$f>2f_c$。

量化过程又称之为信息分层。因为量化过程是将被测信号在它的变化范围内划分为若干层，每一层都用一个整量化数字来代表，这些整量化数字称为量化层。显然，只有那些正好处在量化层上的离散值（采样值）才可以精确的转换为代表该层的数字值。而那些处于层与层之间的离散值只有被归算到最接近的量化级（电平等级）上去，这种靠近取整的方法肯定要产生误差，这种误差称之为量化误差。量化误差是用数字量逼近模拟量的过程中而产生的舍入误差，它伴随量化过程的存在而存在，因而不可能完全消除，只能尽量缩小。量化单位取得越小，即分层数越多，量化误差越小，逼近模拟量的程度越好。因此，量化过程就是用近似值表示信号精确值的过程，是按整数个增量取整的过程。

将模拟量转换为一定码制的数字量统称为模数转换（A/D）。A/D转换器实际上是一个编码器，一个理想的A/D转换器的输入、输出函数关系可精确的表示为

$$D\equiv[U_x/U_q] \tag{3.250}$$

式中，D 为A/D转换器输出的数字信号；U_x 为A/D输入的模拟电压；U_q 为A/D量化单位的电压。U_x/U_q 和 D 之间的差值即为量化误差。可以看出，如果A/D转换器的位数越多，则量化误差就越小。另外，A/D转换器的输入信号范围越小，则量化误差也越小。同时，为了把各种被测信号统一起来，方便使用，需要对A/D转换器的输入信号范围标准化，目前国内外常采用的统一的信号标准有0～10mV，0～30mV，0～50mV，0～1.25V，0～2.5V和0～5V等。

(3) 数据处理

"数据处理"部分中必不可少的功能是实现"标度变换"。

对于过程参数测量的数字显示仪表，一般要求用被测变量的形式显示，例如温度、压力、流量等，这里就产生了量纲还原的问题，通常称之为"标度变换"。若标度变换在A/D单元以前，即改变模拟转换部分的转换系数，称为模拟量的标度变换，一般的实现方法是调整前置放大电路中的放大倍数，使得放大器输出的电压在经过A/D转换器后的二进制数值与被测参数的数值一致。若标度变换在A/D单元以后，即对A/D转换后数字量的进行系数运算，则称为数字量的标度变换。标度变换实际上是一种系数运算，即使被测变量和输出的数字量一致，其系数的大小是按照"数值一致"的要求，预先整定好一次输入的，这个系数在一个量程范围内或者一次测量中是固定不变的，由于这种转换是基于线性条件而实现的，所以是"线性标度变换"。显然，对于数字式显示仪表而言，实现标度变换这一线性变换只要编制一段相应的软件程序即可方便地实现，因此，目前数字式显示仪表大多采用"数字量的标度变换"。

除了"标度变换"，简单"数字滤波""非线性补偿"等也是普通数字式显示仪表"数据处理"环节常常附带的功能。简单"数字滤波"（例如中值滤波和低通滤波等）可以削弱测量噪声的影响。而"非线性补偿"通常根据被测参数和检测元件特性来设置，例如采用热电偶测量温度，热电偶的输出和温度之间存在非线性对应关系，此时可基于本章3.1.4节所述的查表法等方法编制一段软件程序实现非线性补偿以提高测量精度。

(4) 数字式显示设备

数字式显示设备有数码发光二极管（LED）、数码液晶显示器、阵列式发光二极管显示屏和液晶显示屏，其中前两种主要用于普通数字式显示仪表，A/D转换器输出的二进制数经过锁存/译码后可直接驱动显示，但它只能显示数码或部分简单的符号。后两种是点阵式的显示设备，可以灵活地显示各种符号或文字，但需要配专门的驱动电路或用程序控制，因此这种显示仪表设备主要用于智能型数字显示仪表，或数字记录仪表（如无纸记录仪）。

3.7.3.2 智能式数字显示仪表

智能式数字显示仪表的框图与图3.173相似，但所采用CPU和存储器等微机芯片的功能和性能更强，使得显示仪表的功能大大增加，性能也有较大的提高。智能式数字显示仪表的主要特点如下。

① 可用软件方式实现性能更好的仪表标度变换和非线性处理。

② 可以和内部或外部存储设备相连，保存历史数据；必要时也可随时查看历史数据。

③ 可方便地对仪表进行设定，如放大倍数的设定，不同检测元件的选择，显示形式和单位的切换等。

④ 一般都具有通信功能，可方便地与其他设备一起使用；与计算机一起构成网络式或总线式测量系统。

⑤ 有些性能较好的仪表还具有故障的诊断、自校正等功能。

3.7.3.3 屏幕显示记录仪表（无纸记录仪）

一般的数字显示仪表较多的是接收单个测量信号，而且显示和数据存储能力较弱。数字式屏幕显示和记录仪表则可以同时输入多个测量信号，由于它具有强大的显示功能和数据处理、数据存储能力，近年来发展极为迅速，并已逐渐取代传统的记录仪表。

典型的数字式显示记录仪表一般由采样开关、A/D(或F/D)转换、微机单元、显示屏及键盘等组成，如图3.174所示。

微机单元由微处理器、大容量半导体存储器等组成，微处理器主要完成仪表的运行管理、数据处理交换、故障诊断等，大容量半导体存储器是数据记录的载体。图形液晶显示屏

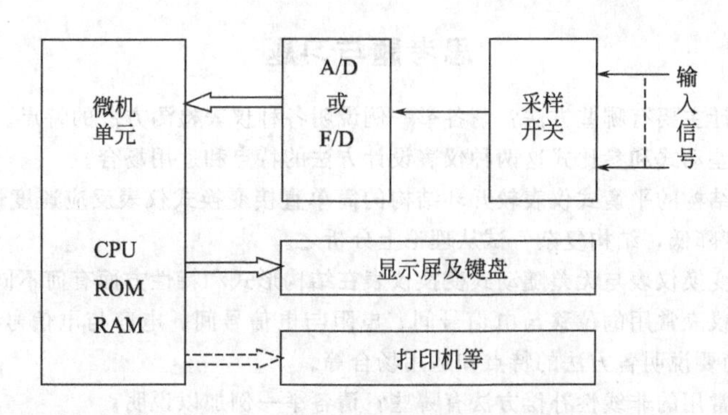

图 3.174 数字式显示记录仪表框图

作为人机界面来显示数据和曲线。由于微处理器的存在，数字式记录仪表可以完成常规记录仪无法实现的许多功能。例如各种传感器的线性化，多量程的自动设定，温度、压力等自动补偿，放大器零点漂移的自动处理和各种上位机以及网络通信等。

采样开关是记录仪的输入接口，它负责完成对多个被测参数的输入（一般有 32/64 通道的事件顺序接入），从而实现对各信号的周期采样，多点巡回扫描。被测参数被采样后，如果是模拟量，即由 A/D 单元量化处理。如果是频率信号，即由 F/D 转换电路转换为数字信号。还要实现不同量程的归一化处理，以满足不同范围被测信号的测量需要。显示单元可以是 CRT，也可以是 LCD 图形显示屏或 LED 屏。仪表的各种设定和命令主要由键盘完成。

下面以某一典型的无纸记录为例做一概要介绍。图 3.175 是 JL-20A 无纸记录仪主机板原理图。

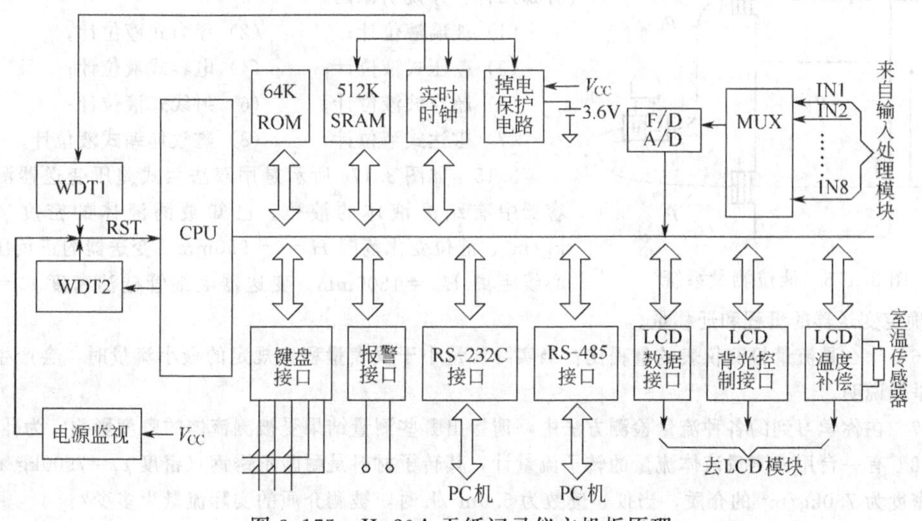

图 3.175 JL-20A 无纸记录仪主机板原理

这种专用的记录仪表可以接收多种类型的输入信号，如各种热电偶（E、K、S、B 等），热电阻（Pt_{100}、Cu_{50} 等）的信号，以及 0～10mA、4～20mA、0～5V 等电流和电压信号。无纸记录仪充分运用了微机图形显示的强大功能，一般都具有百分量、工程量、棒状、趋势四种图形显示效果；历史记录、追忆、报警、数据保护、通信（RS-232C、RS-485 接口）、菜单组态等都是无纸记录仪所具备的基本功能。无纸记录仪的各种设定一般都通过组态的方式来实现的。

无纸记录仪是计算机技术在显示仪表中的典型应用，是工业过程集散控制（DCS）系统中的主要单元。

思考题与习题

3.1 检测仪表设计主要有哪些方法？请各举一例说明各种仪表检测方法的特点。

3.2 试比较一下差动式和参比式这两种仪表设计方法的特点和适用场合。

3.3 为什么闭环结构的平衡式仪表较开环结构的简单直接变换式仪表反应速度快、线性好、精度高，但稳定性较差，灵敏度降低，结构复杂？试从理论上分析之。

3.4 有差随动式变换仪表与无差随动式变换仪表在结构形式和特性方面有何不同？

3.5 请列出检测仪表常用的位移与电信号间、电阻与电信号间、电容与电信号间以及电压与电流间转换的主要方法，并简要说明各方法的特点和适用场合等。

3.6 检测仪表中常用的非线性补偿方法有哪些？请各举一例加以说明。

3.7 检测仪表常用的信号传输方式和标准有哪些？

3.8 什么叫温标？什么叫国际实用温标？请简要说明 ITS—90 的主要内容。

3.9 试比较热电偶测温与热电阻测温有什么不同（可以从原理、系统组成和应用场合三方面来考虑）。

3.10 用热电偶或热电阻构成测温仪表（系统）测量温度时，各自应注意哪些问题？

3.11 如图 3.47，已知热电偶的分度号为 K 型，在工作时，自由端温度 $t_0=30℃$，今测得热电势为 38.560mV，则工作端的温度是多少？

3.12 简要说明选择压力检测仪表主要应考虑哪些问题。

3.13 某台空压机的缓冲器，其正常工作压力范围是 1.1～1.6MPa，工艺要求就地指示压力，并要求测量误差不大于被测压力的±5%，试选择一块合适的压力表（类型、示值范围、准确度等级），并说明理由。

3.14 在下述检测液位的仪表中，受被测液位密度影响的有哪几种？并说明原因。

(1) 玻璃液位计；(2) 浮力式液位计；
(3) 差压式液位计；(4) 电容式液位计；
(5) 超声波液位计；(6) 射线式液位计；
(7) 雷达式液位计；(8) 磁致伸缩式液位计。

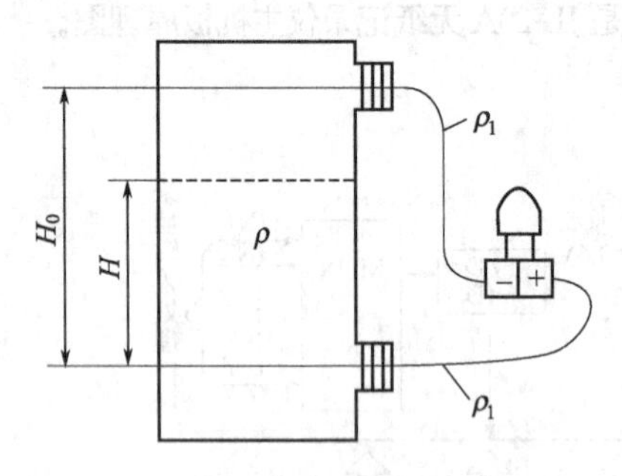

图 3.176 液位测量系统

3.15 如图 3.176 所示是用双法兰式差压变送器测量密闭容器中有结晶液体的液位。已知被测液体的密度 $\rho=1200\text{kg/m}^3$，液位变化范围 $H=0\sim950\text{mm}$，变送器的正负压法兰中心线距离 $H_0=1800\text{mm}$，变送器毛细管硅油密度 $\rho_1=950\text{kg/m}^3$，试确定变送器的量程和迁移量。

3.16 什么是流量检测仪表的量程比？当实际流量小于仪表量程比规定的最小流量时，会产生什么情况？请举例说明。

3.17 在你学习到的各种流量检测方法中，请指出哪些测量结果受被测流体的密度影响？为什么？

3.18 有一台用来测量液体流量的转子流量计，其转子材料是耐酸不锈钢（密度 $\rho_f=7900\text{kg/m}^3$），用于测量密度为 750kg/m^3 的介质，当仪表读数为 $5.0\text{m}^3/\text{h}$ 时，被测介质的实际流量为多少？

3.19 简述热导式气体分析器的工作原理，它对测量条件有什么主要的要求？

3.20 简述氧化锆氧气分析器的工作原理，推导出其变送器的数学模型。

3.21 氧化锆氧量分析仪在实际使用一段时间后发现指示值始终指示在最大位置（21%），你认为可能是什么原因引起的？

3.22 气相色谱仪的基本组成环节有哪些？

3.23 用色谱仪分析双组分混合物，测得甲、乙两组分色谱峰（对称峰）数据及灵敏度值如下表，求各组分含量及两个谱峰的分辨力为多少（设记录仪的走纸速度为 1cm/s）？

名称	甲组分	乙组分	名称	甲组分	乙组分
灵敏度 $S/(\text{mV}\cdot\text{mL/mg})$	40.6	75.2	半峰宽 $W_{\frac{1}{2}}/\text{cm}$	1.4	2.0
峰高 h/cm	1.6	4.0	滞留时间 t_r/s	12.0	14.4

3.24 在测量毫伏信号的动圈式显示仪表的测量线路中，$R_{并}$ 的作用是什么？它与 $R_{串}$ 有什么不同？

3.25 手动电位差计的测量电路只有一条支路，而自动平衡式电位差计的测量电路由两条支路组成(实际上是一个电桥电路)，为什么要采取这种形式？

3.26 数字式显示仪表一般由哪些部分构成？它与模拟式显示仪表在构成上的主要区别在哪里？

3.27 一台好的智能型数字式显示仪表一般应具有哪些功能？

3.28 根据所学的知识，请提出减少数字式显示仪表误差的方法和措施。

参 考 文 献

[1] 杜维，等. 化工检测技术及显示仪表. 杭州：浙江大学出版社，1988.

[2] 杜维，张宏建. 过程检测技术及仪表. 北京：化学工业出版社，1999.

[3] 张宏建，等. 自动检测技术与装置. 第2版. 北京：化学工业出版社，2010.

[4] 范玉久. 化工测量及仪表. 第2版. 北京：化学工业出版社，2002.

[5] 陈忧先. 化工测量及仪表. 第3版. 北京：化学工业出版社，2010.

[6] 周泽魁. 控制仪表与计算机控制装置. 北京：化学工业出版社，2002.

[7] 吴勤勤. 控制仪表及装置. 北京：化学工业出版社，1997.

[8] Eenest O. Doebelin. 测量系统应用与设计. 王伯雄等译. 北京：电子工业出版社，2007.

[9] 王绍纯. 自动检测技术. 北京：冶金工业出版社，1995.

[10] 鄢泰宁，等. 检测技术及勘察工程仪表. 北京：中国地质大学出版社，1996.

[11] 张是勉，等. 自动检测. 北京：科学出版社，1987.

[12] 王森. 仪表常用数据手册. 北京：化学工业出版社，1998.

[13] 历玉鸣. 化工仪表及自动化例题习题集. 北京：化学工业出版社，1999.

[14] John P . Bentley. Principles of Measurement System. Longman，1983.

[15] 王家桢，王俊杰. 传感器与变送器. 北京：清华大学出版社，1996.

[16] 张宝芬，等. 自动检测技术及仪表控制系统. 北京：化学工业出版社，2000.

[17] 凌善康，原遵东. '90国际温标通用热电偶分度表手册. 北京：中国计量出版社，1994.

[18] 凌善康. '90国际温标工业用铂电阻温度计分度表. 北京：中国计量出版社，1996.

[19] 杜水友. 压力测量技术及仪表. 北京：机械工业出版社，2005.

[20] 蔡武昌，等. 流量测量方法和仪表的选用. 北京：化学工业出版社，2001.

[21] 梁国伟，蔡武昌. 流量测量技术及仪表. 北京：机械工业出版社，2002.

[22] 李海青，等. 两相流参数检测及应用. 杭州：浙江大学出版社，1991.

[23] 林宗虎. 工程测量技术手册. 北京：化学工业出版社，1997.

[24] H. J. Zhang et al. An investigation of two-phase flow measurement with orifices for low-quality mixtures. Int. J. Multipase Flow，1992，18 (1)：149-155.

[25] 萧鹏，等. 过程分析技术及仪表. 北京：机械工业出版社，2008.

4 现代检测技术

4.1 软测量技术

许多工业装置涉及复杂的物理、化学、生化反应，物质及能量的转换和传递，其系统的复杂性和不确定性导致了过程参数检测的困难，因此目前仍存在不少无法或难以直接用检测仪表进行有效测量的重要过程参数。同时，随着现代流程工业的发展，仪表测量准确度要求越来越高，传统单一参数的静态或稳态集总式测量已不能满足工业应用要求，需要进行动态测量，获取反映过程的二维/三维的时空分布信息（例如化学反应器内的介质浓度和速度的局部分布等）。在许多应用场合，还需要综合运用所获的各种测量信息才能实现有效的控制或状态监测等。这一切都对检测技术提出了新的要求和挑战。

一般解决工业过程的测量要求的途径有两条，一是沿用传统的检测技术发展思路，通过研制新型的测量仪表以硬件形式实现参数的直接在线测量；另一种方法是采用间接测量的思路，利用易于获取的其他测量信息通过计算来实现待测量的估计（例如工程上常采用孔板流量计、温度和压力等易于获取的测量信息，依据合适的流量测量模型来实现目前难以直接获取的蒸汽质量流量的测量），20 世纪 70 年代在控制和检测领域涌现出来的一种新技术——软测量（Soft-Sensing）技术正是这一思想的集中体现。

4.1.1 软测量技术的概念

软测量技术的理论根源是 20 世纪 70 年代 Brosillow 提出的推断控制。推断控制的基本思想是利用过程中比较容易测量的辅助变量（Secondary Variable），通过构造推断估计器来估计并克服扰动和测量噪声对过程主导变量（Primary Variable）的影响。估计器的设计是根据某种最优准则，选择一组既与主导变量有密切关系，又容易测量的辅助变量，通过构造某种数学关系，实现对主导变量的在线估计。软测量技术体现了估计器的特点。

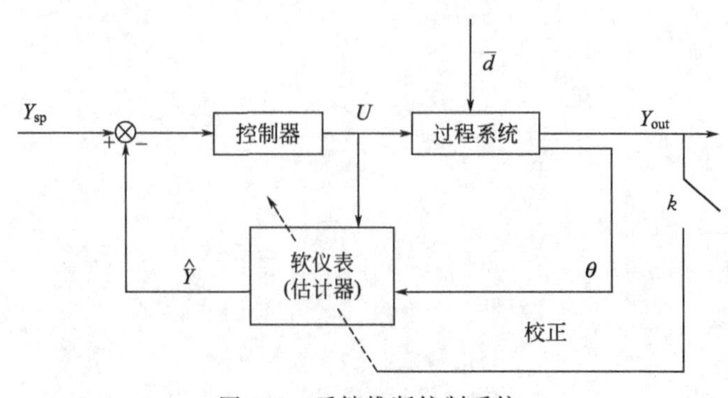

图 4.1 反馈推断控制系统

反馈推断控制系统的一般结构如图 4.1 所示，过程系统的输出 Y_{out} 为不可测被控变量，Y_{sp} 代表被控变量的设定值，$\bar{d}$ 为不可测扰动。系统输出和扰动均不可测，常规的控制难以满足控制要求。若采用推断控制，引入软测量技术，选择合适的辅助变量 θ，设计一个软仪表（估计器），估算出不可测输出的估计值 $\hat{Y}$，并将设定值 Y_{sp} 与 $\hat{Y}$ 相比较，两者之差作为控制器的输入，则可实现有效的反馈控制。图中 k 代表软仪表的校正开关，需要进行校正时，输入人工分析取样或者采用其他手段获得的样本数据对软仪表进行校正。另外，在正常的生产过程中，过程处于平稳操作状态，使控制器和软仪表相对独立，因而它们的设计可以独立进行。

在图 4.1 的框架下，如果软仪表能达到一定的精度，能够代替硬件仪表实现某种参数的测量，那么软仪表就能够与几乎所有的反馈控制算法结合构成基于软仪表的控制。进一步而言，软测量技术为解决许多先进控制策略实际应用中的测量问题提供了一条有效途径。将软测量技术与先进控制策略相结合可构成基于软仪表的高级过程控制，并在工业现场得到推广应用。

软测量技术也称为软仪表（Soft Sensor）技术，其检测原理为：利用易测的变量（常称为辅助变量或二次变量），依据这些易测变量与难以直接测量的待测变量（常称为主导变量）之间的数学关系（称为软测量模型），通过各种数学计算和估计方法，利用计算机软件实现对待测变量的测量。

相对于传统的检测技术发展思路，软测量技术构成的软仪表是以目前可有效获取的测量信息为基础的，其核心是以实现参数测量为目的的各种计算机软件，可方便地根据被测对象特性的变化进行修正和改进，因此软仪表易于实现，且在通用性、灵活性和成本等方面具有优势。

由于软仪表可以像常规检测仪表一样提供过程信息并具有自身的优势，自 20 世纪 80 年代软测量技术作为一个概括性的科学术语被提出以来，已在许多实际工业装置上得到了成功的应用。该技术不仅应用于系统控制变量或扰动不可测的场合，以实现过程的复杂（高级）控制，而且已渗透到需要实现难测参数在线测量的各个工业领域。软测量技术已成为目前检测领域和控制领域的研究热点。

4.1.2 软测量技术的数学描述

软测量的目的就是利用所有可以获得的信息求取主导变量的最佳估计值，其数学描述如图 4.2 所示。

从图 4.2 可以看出软测量的目的就是构造从可测的辅助变量 θ，可测扰动 d 和控制变量 u 到主导变量 y 的映射。可表示为

$$\hat{y}=f(d,u,\theta) \tag{4.1}$$

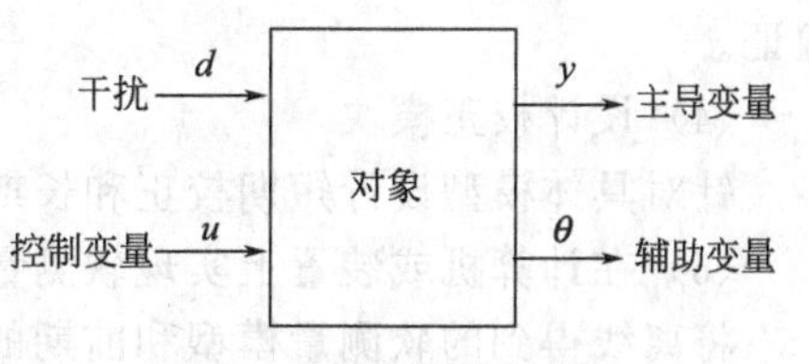

图 4.2 软测量数学描述

式中，$\hat{y}$ 为主导变量 y 的估计值，$f(\cdot)$ 即为软测量模型。因此软测量的性能主要取决于过程的描述、噪声和干扰的特性、辅助变量的选取以及最优准则。在实际生产过程，工况往往处于平稳操作状态，则模型可简化为

$$\hat{y}=f(\theta) \tag{4.2}$$

从式(4.1) 和式(4.2) 可以看出软测量技术的核心是构建一个数学模型，但它与一般意义上的数学模型不同，软测量模型强调的是可测辅助变量对主导变量的最佳估计，而一般意义上的数学模型反应输入与输出之间的动态或稳态关系。

4.1.3 软测量的结构和实现步骤

软测量的基本结构和工程实现步骤没有一个统一标准，一般情况一个完整的软测量模型包括如图 4.3 所示的各部分组成。过程对象的数据首先要经过预处理模块，剔除粗大误差，减少噪声，提高信噪比，然后利用历史数据建立软测量的初始模型，再结合对对象机理的充分了解（简单的机理模型），得到软测量模型。软测量模型在实际应用中，其参数和结构并不是一成不变的，随时间迁移，工况和操作点都可能发生变化，需对其进行在线或离线校正，以得到更适合当前状况的软测量模型。

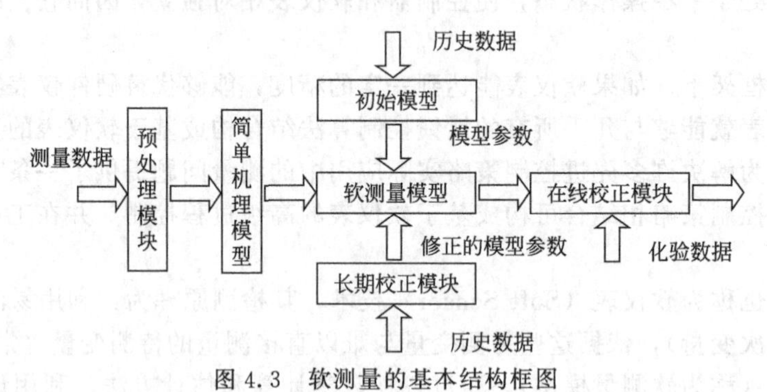

图 4.3 软测量的基本结构框图

软测量技术的实现一般包括以下几个步骤。

(1) 机理分析、选择辅助变量

建立软测量模型首先要了解和熟悉软测量对象和整个过程或装置的工艺流程以及控制系统，明确软测量任务，确定主导变量。大部分软测量建模是在对对象机理有着一定了解的情况下结合其他建模方法来实现的。对机理的了解有助于确定影响主导变量的因素，并通过分析各变量的可观、可控性初步选择辅助变量，这样使软测量模型的设计更加合理。

(2) 数据采集和预处理

这部分的主要任务是进行辅助变量的测量数据以及主导变量测量（离线）数据的获取；数据校正；数据变换；数据相关性分析等工作。

(3) 建立软测量模型

把上一步处理的数据分为两大部分：用于训练建模的数据和验证模型的数据。对建模数据采用各种建模方法进行软测量模型的建立。对建立好的模型利用验证数据进行模型的验证。

(4) 设计校正模块

针对具体模型设计短期校正和长期校正模块，以适应不同的需求。

(5) 在计算机或装置上实现软测量

将离线得到的软测量模型和前期的数据采集和预处理模块、后期的模型校正模块以软件的形式在计算机或实际装置上实现，并设计其他的相关模块；如报警模块，操作界面，参数修改界面等。

(6) 软测量模型评价

在实际运行期间，对比软测量模型的输出值和实际测量值，评价该模型是否满足生产要求，从而对不满足要求的软测量模型分析原因，重复以上步骤，重新设计软测量模型。

4.1.4 影响软测量技术的因素

根据软测量的基本构成和步骤，影响软测量性能的主要因素包括辅助变量的选择、数据的处理、软测量模型的建立和软测量模型的校正几个方面。

(1) 辅助变量的选择

辅助变量的选择包括变量的类型、数目和测点位置等三个相互关联的方面。由被测对象特性和待测变量特点决定，同时在实际应用中还应考虑经济性、可靠性、可行性以及维护性等其他因素的制约。

辅助变量的选择要基于对对象的机理分析和实际工况的了解。一般应符合如下若干原则。

① 适用性。工程上易于在线获取并有一定的测量精度。

② 灵敏性。对对象输出或不可测扰动能作出快速反应。

③ 特异性。对对象输出或不可测扰动之外的干扰不敏感。

④ 准确性。构成的软仪表应能够满足准确度要求。

⑤ 鲁棒性。对模型误差不敏感。

辅助变量类型的选择范围是对象的可测变量集，软测量实现过程中应选用与主导变量静态/动态特性相近且有密切关联的可测参数。辅助变量的个数的下限值为被估计主导变量的个数，上限为系统所能可靠在线获取的变量总数，但使用过多辅助变量会出现过参数化问题，其最佳数目的选择与过程的自由度、测量噪声以及模型的不确定性等有关。一般建议从系统的自由度出发，先确定辅助变量的最小个数，再结合实际对象的特点适当增加，以便更好处理动态特性等问题。对于许多测量对象，检测点位置的选择是相当重要的，典型的例子就是精馏塔，因为精馏塔高而且体积较大，可供选择的检测点是很多，而每个检测点所能发挥的作用则各不相同。一般情况下，辅助变量的数目和位置常常是同时确定的，变量数目的选择准则也往往应用于检测点位置的选择。

(2) 测量数据的处理

对测量数据的处理是软测量实现的一个重要方面，因为软仪表的性能在很大程度上依赖于所获测量数据的准确性和有效性。测量数据的处理一般包括测量误差处理和测量数据变换两部分。

测量数据来自现场，不可避免地带有各种各样的测量误差，采用误差大或失效的测量数据可能导致软仪表测量性能的大幅度下降，严重时甚至导致软测量的失败，因此对测量数据的误差处理对保证软仪表正常可靠运行非常重要。测量数据的误差可分为随机误差和粗大误差两大类。

随机误差是受随机因素影响而产生的测量误差，一般不可避免，但符合一定的统计规律，一般可采用数字滤波方法来消除。数据协调处理技术也是处理该种误差的一种有效方法。

粗大误差包括常规测量仪表的偏差和故障（如堵塞、校准不正确、零点漂移甚至仪表失灵等）以及由不完全或不正确的过程模型（如泄漏、热量损失等不确定因素影响）所导致的误差等。在实际过程中，虽然粗大误差出现的概率很小，但将会严重恶化测量数据的品质，破坏数据的统计特性，导致软测量仪表甚至整个系统控制或检测系统的失败。粗大误差侦破、剔除和校正的常用的方法有统计假设检验法（如整体检验法、节点检验法、测量数据检验法等）、广义似然比法、贝叶斯法等。然而，总体而言，上述种种方法在理论和实际应用之间目前还存在一定距离，有待今后进一步深入研究。对于特别重要的参数，如采用硬件冗余方法（如采用相同或不相同的多台检测仪表同时对某一重要参数进行测量）可提高系统的安全性和可靠性。

测量数据变换不仅影响模型的精度和非线性映射能力，而且对数值算法的运行效果也有重要作用。测量数据的变换包括标度变换、转换和权函数三个方面。实际测量数据可能有着不同的工程单位，各变量的大小在数值上也可能相差几个数量级，直接使用原始测量数据进行计算可能丢失信息或引起数值计算的不稳定，因此需要采用合适的因子对数据进行标度变换以改善算法的精度和计算稳定性。转换包含对数据的直接转换和寻找新的变量替换原变量两方面，通过对数据的转换，可有效地降低非线性特性。而权函数则可实现对变量动态特性的补偿。

(3) 软测量模型的建模

软测量模型是软仪表的核心。软测量模型建模方法的合理选择对软测量的性能指标有着较大的影响。软测量模型的建模方法多种多样，且各种方法互有交叉和融合。在检测和控制中常用的建模方法有：工艺机理分析、回归分析、状态估计、模式识别、人工神经网络、模糊数学、过程层析成像、相关分析和现代非线性信息处理技术等。

(4) 软仪表的校正

工业实际装置在运行过程中，随着操作条件的变化，其对象特性和工作点不可避免地要发生变化和漂移。在软测量技术的应用过程中，必须对软仪表校正。由于软测量模型是软仪表的核心，因此对软仪表进行校正主要是对软测量模型进行校正。为实现软测量模型在长时间运行过程中的自动更新和校正，大多数软测量系统均设置有一软测量模型评价软件模块。该模块先根据实际情况作出是否需要模型校正和进行何种校正的判断，然后再自动调用模型校正软件对软测量模型进行校正。

软测量模型的校正主要包括软测量模型结构优化和模型参数修正两方面。大多数情况下，一般仅修正软测量模型的参数。若系统特性变化较大，则需对软测量模型的结构进行优化（修正)，较为复杂，需要大量的样本数据和较长的时间。

在校正数据可方便在线获取的情况下，软测量模型的校正一般不会有太大的困难。遗憾的是，软测量技术的应用对象大多是依据现有检测仪表难以有效直接测量的困难参数，因此在大多数实际应用场合模型的校正较为困难。软仪表校正数据的获取以及校正样本数据与过程数据之间在时序上的匹配等是必须重视的问题。

4.1.5 软测量模型建模方法

表 4.1 给出了各种软测量建模方法的原理、特点和应用场合等。以下重点介绍基于回归分析和神经网络的软测量技术。

表 4.1 各种软测量建模方法比较

软测量方法	建模原理	特点	应用场合	备注
工艺机理分析	主要是运用化学反应动力学、物料平衡、能量平衡等原理，通过对过程对象的机理分析，找出不可测主导变量与可测辅助变量之间的关系，建立机理模型	简单可靠、工程背景清晰和便于实际应用，但应用效果依赖于对工艺机理的了解程度	对于工艺机理较为清楚的工艺过程，该方法能构造出性能较好的软仪表。但是对于机理尚不完全清楚的复杂工业过程，难以建立合适的机理模型，需要与其他方法相结合才能构造软仪表	工程中常用的方法。建立在对工艺过程机理深刻认识的基础上的，建模的难度较大
回归分析	以最小二乘原理进行一元和多元回归。有线性回归分析和非线性回归分析两大类	简单实用，但需要大量的样本，对测量误差较为敏感	工程中最常用的方法之一。一般情况下，获得软测量模型是先通过机理分析建立模型框架，再用回归分析获得模型参数	回归分析是一种建模的基本方法。应用范围相当广泛
状态估计	将软测量问题转化为典型的状态观测和状态估计问题。采用 Kalman 滤波器和 Luenberger 观测器是解决问题的有效方法	可以反映主导变量和辅助变量之间的动态关系，有利于处理各变量间动态特性的差异和系统滞后等情况	应用于系统主导变量作为系统的状态变量关于辅助变量是完全可观的场合。已从线性系统推广到了非线性系统	对于复杂的工业过程，常常难以建立有效的状态空间模型，这在一定程度上限制了该方法的应用

续表

软测量方法	建模原理	特 点	应用场合	备 注
模式识别	采用模式识别的方法对工业过程的操作数据进行处理，从中提取系统的特征，构成以模式描述分类为基础的软测量模型	一种与传统数学模型不同的模式描述式模型	适用于缺乏系统先验知识的场合，可利用日常操作数据来实现软测量建模	该方法常常和人工神经网络以及模糊技术结合在一起
人工神经网络	利用人工神经网络具有的自学习、联想记忆、自适应和非线性逼近等功能，将辅助变量作为人工神经网络的输入，而主导变量则作为网络的输出，通过网络的学习来解决不可测变量的软测量问题。该人工神经网络即为软测量模型	解决复杂系统参数的软测量问题的一条有效途径	可在不具备对象的先验知识的条件下建模，并能适用于高度非线性和不确定性系统。具有巨大的潜力和工业应用价值	网络训练样本的数量和质量、学习算法、网络的拓扑结构和类型等的选择对所构成软仪表的性能都有重大影响
模糊数学	用模糊数学方法来建立软测量模型。所建立的相应软测量模型是一种知识性模型	模糊数学模仿人脑逻辑思维特点，是处理复杂信息的有效手段	特别适合于复杂工业过程中被测对象呈现亦此亦彼的不确定性难以用常规数学定量描述的场合	常和人工神经网络和模式识别技术等相结合以提高软仪表的性能
过程层析成像	以医学层析成像(CT)技术为测量原理的软测量技术。可采用基于电容、电导、电磁、光学和核辐射等传感机理的传感器获取所需的投影数据信息	不仅可在线获得变量的宏观信息，还可获取参数二维或三维的实时分布信息	目前主要应用于难测流体的参数测量(例如两相流/多相流分相流量和含率)以及装置的状态监控等	检测领域中的研究热点之一，具有巨大的潜力和工业应用前景
相关分析	以随机过程中的相关分析理论为基础，利用两个或多个可测随机信号间的相关特性来实现某一参数的在线测量。具体实现方法大多是互相关分析方法	利用各辅助变量(随机信号)间的互相关函数特性来进行软测量	主要应用于难测流体流速或流量的在线测量和故障诊断(例如流体输送管道泄漏的检测和定位)等	相关测速和相关流量测量技术目前已较成熟，已有不少应用
现代非线性信息处理技术	利用易测对象信息的随机信号，采用先进的信息处理技术，通过对所获信息的分析处理提取信号特征量，从而实现某一参数的在线检测或过程的状态识别。采用的信息处理方法大多是小波分析，混沌和分形等先进的非线性信息处理技术	利用各种现代信息处理手段，提取信号深层次信息，从而完成能更好地展现信号或对象特性，应用广泛	应用范围较广，目前一般主要应用于工业系统的故障诊断、状态检测和粗大误差侦破等	常常和人工神经网络或模糊数学等人工智能技术相结合

4.1.5.1 基于回归分析的软测量技术

回归分析是一种基于最小二乘原理的数据处理方法。有线性回归分析和非线性回归分析两大类。工程中最常用是多元线性回归，它是一种研究多个自变量和一个因变量之间的相关关系的重要手段。

假设 m 个自变量为 x_i $(i=1,2,3,\cdots,m)$，因变量为 y，y 可表示成自变量 x_i 的线性组合，即

$$
\begin{aligned}
y &= f(x_1, x_2, \cdots, x_m) + e \\
&= \beta_0 + \beta_1 x_1 + \beta_2 x_2 + \cdots + \beta_m x_m + e
\end{aligned} \tag{4.3}
$$

式中，β_i 为待定的多元线性回归函数的回归系数；e 为服从正态分布的测量误差。多元线性回归的目的就是通过自变量的 n 组测量数据估计出回归系数 $\beta_i(i=0,1,2,\cdots,m)$。

与软测量联系起来，m 个自变量 x_i 即为辅助变量，因变量 y 为待测主导变量，因变量 y 与自变量 x_i 成如式(4.3) 表征的线性关系，采用多元线性回归估计出回归系数 β_i 建立线性回归模型，并基于该软测量模型实现待测主导变量 y 的估计。

多元线性回归的数学模型可表为：

$$
\boldsymbol{Y} = \boldsymbol{X\beta} + \boldsymbol{E} \tag{4.4}
$$

$$
\boldsymbol{Y}=\begin{bmatrix} y_1 \\ y_2 \\ \vdots \\ y_n \end{bmatrix} \quad \boldsymbol{X}=\begin{bmatrix} 1 & x_{11} & x_{12} & \cdots & x_{1m} \\ 1 & x_{21} & x_{22} & \cdots & x_{2m} \\ & & \vdots & & \\ 1 & x_{n1} & x_{n2} & \cdots & x_{nm} \end{bmatrix} \quad \boldsymbol{\beta}=\begin{bmatrix} \beta_0 \\ \beta_1 \\ \vdots \\ \beta_m \end{bmatrix} \quad \boldsymbol{E}=\begin{bmatrix} e_1 \\ e_2 \\ \vdots \\ e_n \end{bmatrix}
$$

式中，$\boldsymbol{X}$ 为输入数据矩阵，其元素 x_{ij} $(i=1,2,\cdots,n;\ j=0,1,2,\cdots m)$ 为第 i 个测量组中第 j 个自变量的测量值；$\boldsymbol{Y}$ 为输出数据矩阵，y_i 为第 i 个测量组中的因变量测量值；$\boldsymbol{E}$ 为测量误差矩阵，e_i 为第 i 个测量组中的测量误差，一般假定这 n 个测量误差都是相互独立的随机变量，并遵从同一正态分布 $N(0,\sigma^2)$。$\boldsymbol{\beta}$ 为回归系数矩阵。

根据最小二乘原理，$\boldsymbol{\beta}$ 的最小二乘估计值为

$$
\hat{\boldsymbol{\beta}} = (\boldsymbol{X}^{\mathrm{T}}\boldsymbol{X})^{-1}\boldsymbol{X}^{\mathrm{T}}\boldsymbol{Y} \tag{4.5}
$$

则得线性回归方程（软测量模型）为

$$
\hat{y} = \hat{\beta}_0 + \hat{\beta}_1 x_1 + \cdots + \hat{\beta}_m x_m \tag{4.6}
$$

回归方程获得后，一般需要对回归方程和回归系数进行显著性检验以评价回归方程线性拟合的品质和自变量 x_i 对因变量 y 的影响。常用的显著性检验的方法有相关系数法、F 检验法和 t-检验法等。

与此同时，为寻求“最优”的回归方程，也常常引入逐步回归策略，即称为“多元逐步回归”，其基本思想是：将自变量逐个引入。引入的条件是该变量的“偏回归平方和”经检验是显著的，同时引入新变量后，要对原有的变量进行重新用“偏回归平方和”进行检验，并将偏回归平方和变为不显著的变量从回归方程中剔除。重复上述步骤，直到新变量不能引入且原有变量不能剔除，则最终获得回归方程。相对于多元线性回归，多元逐步回归使用起来较为灵活，且能剔除一些贡献作用不大的自变量。由于在多元回归分析中，自变量的恰当选择是确保获得有效回归方程的关键。自变量选择得不好，不但影响回归函数的质量，也常常抵消具有显著作用的自变量在回归分析中的作用，因此剔除回归分析中作用不显著的自变量具有非常重要的意义。

多元线性回归实现的关键和效果很大程度上取决于矩阵 $\boldsymbol{A}$ （$\boldsymbol{A}=\boldsymbol{X}^{\mathrm{T}}\boldsymbol{X}$）的性态，实际操作过程中，出现如下两种情况时则多元线性回归难适用：

① 矩阵 $\boldsymbol{A}$ 的逆阵 $\boldsymbol{A}^{-1}=(\boldsymbol{X}^{\mathrm{T}}\boldsymbol{X})^{-1}$ 不存在，此时由式(4.5) 可以明显看出不能采用多元线性回归方法。

② 矩阵 $\boldsymbol{A}$ 的逆阵虽然存在，但由于数据矩阵 $\boldsymbol{X}$ 的列向量接近于线性相关，亦即各自变量之间存在近似的线性关系，常称为“（复）共线性”（Multicollinearity）。此时矩阵 $\boldsymbol{A}$ 的条件数很大。大的条件数意味着，多元线性回归的估计值 $\hat{\beta}$ 可能有较大偏差且不稳定（即较小

的测量误差可能导致估计值 $\hat{\beta}$ 的很大波动)。

为克服多元回归分析的上述问题以及在尽可能保持原有信息量的情况下简化变量的个数,简化模型,统计学中的主成分回归(也常称为主元回归,Principal Component Regression,PCR)和部分最小二乘回归(Partial Least Square Regression,PLS 或 PLS Regression)这两种方法在软测量中得到了广泛的应用。

主元回归方法是基于对数据矩阵 $\boldsymbol{X}$ 所进行的主成分(元)分析,其基本思路是:先运用主成分分析从数据矩阵 $\boldsymbol{X}$ 中提取主成分,它们是原有变量的线性组合,且彼此正交,其中前 k 个主成分,在满足正交约束的条件下,已包含了绝大部分信息量。而剩下的那些主成分基本上不含有多少有用的信息,将这些剩下的主成分略去,可以消除多元线性回归存在的问题,并使模型降阶。然后,采用前 k 个主成分作为新的自变量进行回归,获得新的回归模型。

仍采用式(4.4)所表征的多元线性回归模型形式

$$\boldsymbol{Y}=\boldsymbol{X}\boldsymbol{\beta}+\boldsymbol{E} \tag{4.7}$$

式中,$\boldsymbol{X}$ 为 $n\times m$ 维矩阵,$n>m$,并假定各个变量和矩阵均已进行了标准化处理。

数据矩阵 $\boldsymbol{X}$ 可分解为

$$\boldsymbol{X}=\boldsymbol{T}\boldsymbol{P}^{\mathrm{T}} \tag{4.8}$$

或

$$\boldsymbol{X}=\boldsymbol{t}_1\boldsymbol{p}_1^{\mathrm{T}}+\boldsymbol{t}_2\boldsymbol{p}_2^{\mathrm{T}}+\cdots+\boldsymbol{t}_m\boldsymbol{p}_m^{\mathrm{T}} \tag{4.9}$$

式中,$\boldsymbol{T}=[\boldsymbol{t}_1,\boldsymbol{t}_2,\cdots,\boldsymbol{t}_m]$ 称为得分矩阵(或主元矩阵、投影矩阵),其元素 $\boldsymbol{t}_i\in\mathrm{R}^n$ 称为得分向量(或主元向量);$\boldsymbol{P}=[\boldsymbol{p}_1,\boldsymbol{p}_2,\cdots,\boldsymbol{p}_m]$ 称为负载矩阵(Loading Matrix),其元素 $\boldsymbol{p}_i\in\mathrm{R}^m$ 称为负载向量。各个得分向量和负载向量均是正交的,且有如下关系

$$\boldsymbol{T}=\boldsymbol{X}\boldsymbol{P} \tag{4.10}$$

当各自变量之间存在线性相关性时,得分(主元)矩阵 $\boldsymbol{T}$ 的前 k 个得分(主元)向量 $\boldsymbol{t}_1,\boldsymbol{t}_2,\cdots,\boldsymbol{t}_k$ 已基本能反映全部自变量 $\boldsymbol{x}_1,\boldsymbol{x}_2,\cdots,\boldsymbol{x}_m$ 所代表的信息,而 $\boldsymbol{t}_{k+1},\boldsymbol{t}_{k+2},\cdots,\boldsymbol{t}_m$ 这 $m-k$ 个得分向量的贡献很小。略去这 $m-k$ 个得分向量,则矩阵 $\boldsymbol{X}$ 简化为

$$\boldsymbol{X}_k=\boldsymbol{T}_k\boldsymbol{P}_k^{\mathrm{T}} \tag{4.11}$$

式中,下标 k 表示略去这 $m-k$ 个得分向量而形成的相应矩阵。

根据式(4.10),可得主元回归方程为

$$\boldsymbol{Y}=\boldsymbol{T}_k\boldsymbol{P}_k^{\mathrm{T}}\boldsymbol{\beta}=\boldsymbol{T}_k\boldsymbol{B} \tag{4.12}$$

式中,$\boldsymbol{B}=[b_1,b_2,\cdots,b_k]^{\mathrm{T}}$ 为主元回归系数矩阵。则基于最小二乘法可得 B 的估计值为

$$\hat{\boldsymbol{B}}=(\boldsymbol{T}_k^{\mathrm{T}}\boldsymbol{T}_k)^{-1}\boldsymbol{T}_k^{\mathrm{T}}\boldsymbol{Y} \tag{4.13}$$

由于

$$\boldsymbol{P}_k\boldsymbol{B}=\boldsymbol{\beta} \tag{4.14}$$

可得采用原多元线性回归方程形式的回归系数估计 $\hat{\boldsymbol{\beta}}$

$$\hat{\boldsymbol{\beta}}=\boldsymbol{P}_k(\boldsymbol{T}_k^{\mathrm{T}}\boldsymbol{T}_k)^{-1}\boldsymbol{T}_k^{\mathrm{T}}\boldsymbol{Y} \tag{4.15}$$

需要扩展描述的是,对矩阵 $\boldsymbol{X}$ 进行主元分解本质上是对矩阵 $\boldsymbol{A}=\boldsymbol{X}^{\mathrm{T}}\boldsymbol{X}$ 进行特征向量分析。矩阵 $\boldsymbol{X}$ 的负载向量 $\boldsymbol{p}_i$ 实际上就是矩阵 $\boldsymbol{A}$ 的特征向量,将矩阵 $\boldsymbol{A}$ 的特征值按从大到小顺序排列 $\lambda_1\geqslant\lambda_2\geqslant\cdots\geqslant\lambda_k\geqslant\cdots\geqslant\lambda_m>0$,那么这些特征值对应的特征向量即为矩阵 $\boldsymbol{X}$ 的负载向量 $\boldsymbol{p}_i$,$i=1,2,\cdots,m$。若原自变量间存在复共线性,则矩阵 $\boldsymbol{A}$ 的第 k 个以后的特征值 λ_{k+1},$\lambda_{k+2},\cdots,\lambda_m$ 已接近于零,第 k 个以后的得分(主元)向量 $\boldsymbol{t}_{k+1},\boldsymbol{t}_{k+2},\cdots,\boldsymbol{t}_m$ 的取值也几乎为零,去掉这些向量对信息的损失很小,并同时消除了复共线性的影响。由于一般情况下 k 远要小于 m,主元回归实际上是实现了 $\mathrm{R}^m\to\mathrm{R}^k$ 的线性变化,即将原有的 m 个变量通过线性

组合精简为 k 个主元，大大简化了模型的结构。因此，主元回归不仅可克服多元线性回归的缺点，而且能达到模型降维的目的。

部分最小二乘回归是一种比主元回归更进一步的方法。从上面有关主元回归的讨论中可以看出主元回归是先对数据矩阵 $\boldsymbol{X}$ 进行主元分析，得到得分（主元）矩阵 $\boldsymbol{T}_k$，再由 $\boldsymbol{Y}$ 对 $\boldsymbol{T}_k$ 进行回归。其间，对 $\boldsymbol{X}$ 的正交分解是独立进行的，没有利用矩阵 $\boldsymbol{Y}$，因此信息利用不完整，有所遗漏。部分最小二乘回归是在主元回归的基础上同时考虑利用所有的输入输出数据，该方法是同时对矩阵 $\boldsymbol{X}$ 和 $\boldsymbol{Y}$ 进行正交分解，以获得更多的有效信息。

部分最小二乘回归的数学模型包括两个外部关系和一个内部关系。

两个外部关系即对矩阵 $\boldsymbol{X}$ 和 $\boldsymbol{Y}$ 进行正交分解

$$\boldsymbol{X}=\boldsymbol{T}\boldsymbol{P}^{\mathrm{T}}+\boldsymbol{E}_k \tag{4.16}$$

$$\boldsymbol{Y}=\boldsymbol{U}\boldsymbol{Q}^{\mathrm{T}}+\boldsymbol{F}_k \tag{4.17}$$

式中，矩阵 $\boldsymbol{U}$,$\boldsymbol{Q}$ 的含义同矩阵 $\boldsymbol{T}$,$\boldsymbol{P}$，只不过分解对象有区别。矩阵 $\boldsymbol{E}_k$,$\boldsymbol{F}_k$ 为残差矩阵。

一个内部关系可表为

$$\boldsymbol{u}_i=\boldsymbol{b}_i\boldsymbol{t}_i \tag{4.18}$$

式中，$\boldsymbol{u}_i$ 的含义同 $\boldsymbol{t}_i$，均为向量，区别也是在于分解对象不同。$\boldsymbol{b}_i$ 相当于多元回归或主元回归中回归系数

$$\boldsymbol{b}_i=\boldsymbol{u}_i^{\mathrm{T}}\boldsymbol{t}_i/(\boldsymbol{t}_i^{\mathrm{T}}\boldsymbol{t}_i) \tag{4.19}$$

部分最小二乘回归的目的在于通过迭代计算，使 $\|\boldsymbol{F}_k\|$ 极小化。

由于部分最小二乘回归在从数据矩阵中提取出有效信息同时保留了较多的反映自变量和因变量之间联系的信息，因此应用部分最小二乘回归建立的回归模型除具有主元回归方法所具有的优点外，还能较充分地反映了自变量和因变量之间相关关系，而这正是所有回归分析方法所要反映。

常用的部分最小二乘回归算法是非线性迭代部分最小二乘法（Nonlinear Iterative Partial Least Squares, NIPLS）算法，在此不再扩展描述，详见有关参考文献。

各种线性回归方法在实际软测量工程应用中占有相当的比例。对于辅助变量较少的情况，一般采用多元线性逐步回归可获得较好的软测量模型。对于辅助变量较多的情况，通常要借助机理分析首先获得模型各变量组合的大致框架然后再采用逐步回归方法获得软测量模型，也可采用主元回归分析和部分最小二乘回归方法，以简化模型提高数值稳定性。从实际应用情况看，对于线性系统采用主元回归和部分最小二乘回归方法的效果差不多，对于非线性系统则采用部分最小二乘回归法的效果较好（注：对于非线性对象需要采用非线性主元回归和非线性部分最小二乘回归法，原理和思路基本相同，具体操作时要复杂一些，因为要实现的是非线性映射）。

总的来讲，基于回归分析法的软测量，其特点是简单实用，适用范围较广，但需要大量的样本（数据），对测量误差较为敏感。

4.1.5.2 基于神经网络的软测量技术

由于人工神经网络（Artificial Neural Network，ANN）具有自学习、联想记忆、自适应和非线性逼近等功能，基于人工神经网络的软测量可在不具备对象的先验知识的条件下根据对象的输入输出数据直接建模（将辅助变量作为人工神经网络的输入，而主导变量则作为网络的输出，通过网络的学习来解决软测量建模），并能适用于高度非线性和严重不确定性系统，因此该方法为解决复杂系统过程参数的软测量问题提供了一条有效途径。

采用人工神经网络进行软测量建模形式主要有两种：一种是利用人工神经网络直接建

模，用网络来代替常规的数学模型描述辅助变量和主导变量间的关系，完成由可测信息空间到主导变量的映射，实现软测量，如图 4.4(a) 所示；另一种是与常规模型相结合，用人工神经网络来估计常规模型的模型参数并进而实现软测量，如图 4.4(b) 所示。

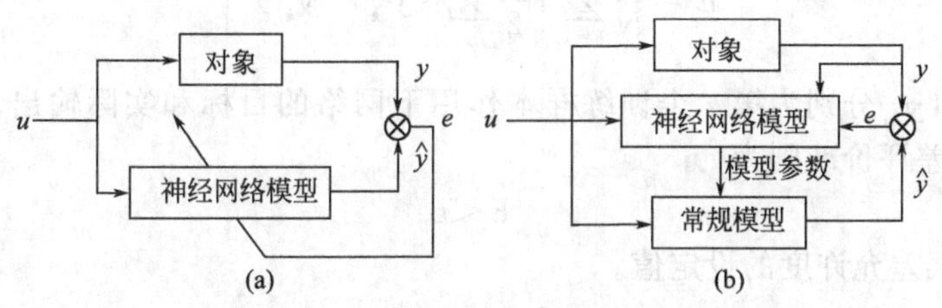

图 4.4 基于神经网络的软测量

神经网络系统主要由网络（拓扑）结构和学习算法构成。网络结构指神经网络中各神经元之间的连接方式。神经网络的结构类型主要有前向网络和反馈网络等。学习算法用于调节和确定各神经元之间的连接权值。已有不同结构和不同学习算法的多种神经网络，在此主要以目前研究应用最多的 BP (Back Propagation，反向传播）神经网络为例作一介绍。

BP 神经网络属于如图 4.5 所示的多层前向网络。由输入层、一个或多个隐层（隐含层）和输出层组成。隐层只接收内部输入，并且也只产生内部输出。输入层的神经元用于将输入信号分配给隐层的神经元。每个隐层的神经元对其输入信号的处理是根据相应的连接权值计算加权和，经过阈值限制和激励函数（也称为激活函数或基函数）转换，得到这个隐层神经元的输出。以第 j 个隐层神经元为例，它的输入输出关系可由下式表示

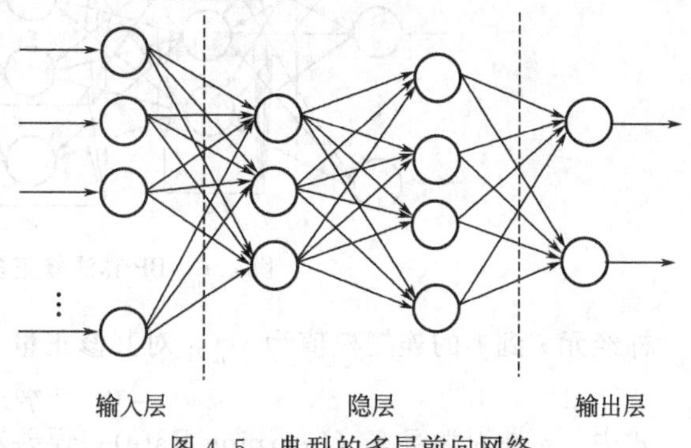

图 4.5 典型的多层前向网络

$$y_j = f\left(\sum_i w_{ji} x_i - \theta_j\right) \tag{4.20}$$

式中，x_i 为第 i 个神经元的输入值；w_{ji} 为第 i 个输入到 j 个隐层神经元的连接权值；θ_j 为阈值；y_j 为第 j 个隐层神经元的输出值；f 为激励函数，其最常用的函数类型是 Sigmoid 函数

$$f(s) = \frac{1}{1+e^{-s}} \tag{4.21}$$

另外还有线性、符号和双曲正切等函数类型。输出层神经元所进行的运算处理与隐层神经元类似。

BP 神经网络的名称来源于它的网络学习算法，即反向传播算法，这是目前多层前向网络最常用的学习算法。反向传播算法是一种基于梯度下降的最优化方法，通过修正连接权值，使系统误差函数或其他形式的代价极小化。所谓“反向传播”是指其神经元连接权值的调整方式。在神经网络训练（学习）阶段，输入样本作为网络输入提供给网络，并逐渐地前向传播直到网络的输出层，获得网络的输出。该网络输出与实际输出之间有误差（即形成了误差项）。此时，需对神经网络的各连接权值进行修正调整，而修正过程是以误差作为网络的反向输入，从输出层逐层地反向地传播，并在反向传播过程中对所经过的各个神经元的连

接权值进行调整。BP算法修正多层前向网络如图4.6所示。

BP神经网络系统误差函数一般为均方差（Mean-Squared Error,MSE）函数

$$E=\frac{1}{N}\sum_{k=1}^{N}\left[\frac{1}{2}\sum_{j}(\tilde{y}_{kj}-y_{kj})^{2}\right] \tag{4.22}$$

式中，$\tilde{y}_{kj}$ 和 y_{kj} 分别为第 k 个训练样本作用下网络的目标和实际输出；N 为训练样本总数。相应的误差评价准则为

$$E<\varepsilon \tag{4.23}$$

式中，ε 为误差允许度的设定值。

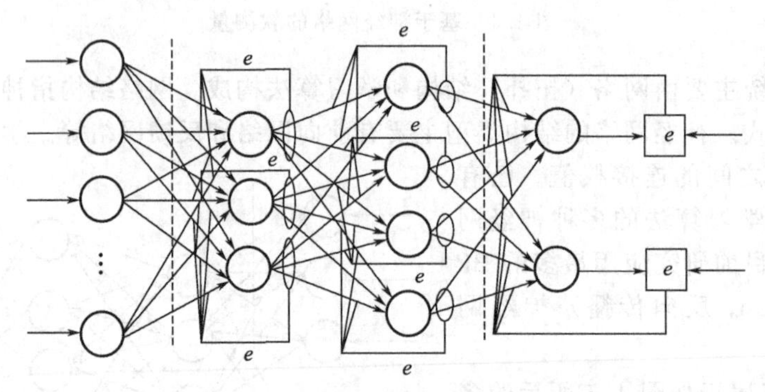

图4.6　BP算法修正多层前向网络

神经元 i 到 j 的连接权值为 w_{ji}，对其修正量 Δw_{ji} 为

$$\Delta w_{ji}=\eta\delta_{j}x_{i} \tag{4.24}$$

式中，η 是为学习率（Learning Rate）；误差项 δ_j 的定义取决于神经元 j 处于输出层还是隐层。

对于输出层神经元

$$\delta_{j}=\left[\frac{\partial f}{\partial n_{j}}\right](\tilde{y}_{j}-y_{j}) \tag{4.25}$$

对于隐层神经元

$$\delta_{j}=\left[\frac{\partial f}{\partial n_{j}}\right]\sum_{q}w_{qj}\delta_{q} \tag{4.26}$$

式中，n_j 是神经元 j 各输入信号的加权和。由此，从输出层开始，反向地逐层对各层神经元先计算其误差，然后基于该误差项根据上述的修正量公式，确定各连接权的修正量并完成对权值的修正。如此迭代进行，直至误差达到要求。

反向传播（BP）算法是一种较好的学习算法，得到了广泛的应用。但基本的反向传播算法存在学习过程收敛速度慢、算法本身的不确定性和容易导致网络训练陷入局部极小值而无法获得全局最优解等问题。为克服上述缺点，已提出动量反向传播（Momentum Back Propagation，MOBP）、可变学习速度反向传播（Variable Learning Rate Back Propagation，VLBP）以及引入Levenberg-Marquart技术的反向传播等多种改进算法，并获得了较好的结果。

人工神经网络的功能和它的种种优点使得基于该技术的软测量是目前备受关注的研究热点，具有巨大的潜力和广阔的工业实际应用前景。在某些场合（尤其是对象为高度复杂和非线性系统时），基于人工神经网络的软测量可能是唯一的选择。然而，需要指出的是该种软

测量技术不是万能的。在实际应用中网络学习训练样本的数量和质量、学习算法、网络的拓扑结构和类型等的选择对所构成软仪表的性能都有重大影响。

4.1.6 软测量技术应用举例-基于相关分析的软测量

应用相关分析进行过程软测量的例子很多，绝大多数是应用互相关分析，即利用不同随机信号间的互相关函数特性来解决的软测量问题。比较常见是应用在相关流量计和管道泄露检测中。

基于相关分析理论实现流体流量的在线测量是以易测的反映被测流体流量特性的随机信号（常称为流动噪声）为辅助变量，通过计算两个流动噪声间的互相关函数并确定其峰值所对应的渡越时间进而实现流量这一主导变量的在线软测量。整个软测量系统包括流动噪声测量硬件传感器，以软件形式存在的相关函数计算、渡越时间在线估计、流量测量软测量模型计算和显示等模块，一般统称为相关流量计（Correlation Flowmeter）或互相关流量计（Cross Correlation Flowmeter）。

相对于其他常规流量计，相关流量计的优越之处在于既可测量洁净的单相流体，也可测量脏污流体、浆液、稠油以及工业中广泛存在两相流或多相流体等常规流量计难以测量的“困难”流体，因此它一直是流量检测技术研究领域发展的一个重要方面，具有广阔的工业应用前景。

（1）相关流量软测量系统原理

相关流量软测量系统原理简图如图 4.7 所示。

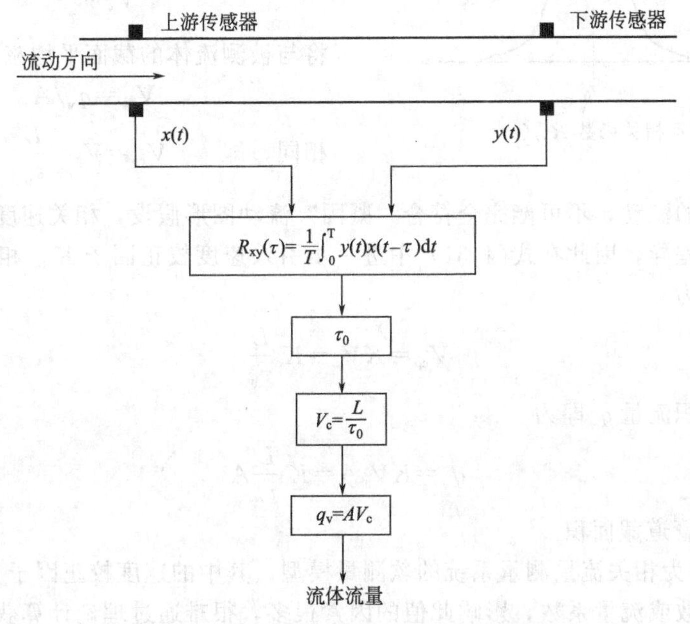

图 4.7 相关流量软测量系统原理简图

在被测流体管道相距 L 处安置两个相同特性的传感器（上游传感器和下游传感器），这两传感器分别测出被测流体流过相应测量区域时所产生的随机流动噪声信号 $x(t)$ 和 $y(t)$。如果两传感器间距离足够小，流体在上下游传感器之间的流动时流动特性的变化较小，则两随机信号 $x(t)$ 和 $y(t)$ 将基本相同，只是时间上有一定的滞后，如图 4.8 所示。将信号 $x(t)$ 和 $y(t)$ 作互相关运算，则互相关函数 $R_{xy}(\tau)$ 为

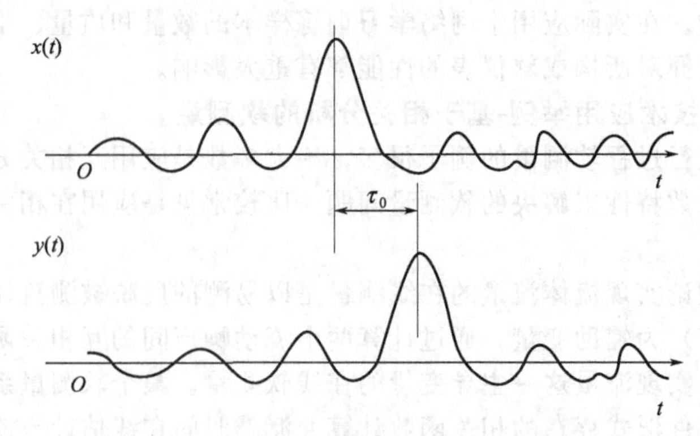

图 4.8　上下游传感器测出的流动噪声

$$R_{xy}(\tau)=\lim_{T\to\infty}\frac{1}{T}\int_0^T y(t)x(t-\tau)\mathrm{d}t \tag{4.27}$$

互相关函数 $R_{xy}(\tau)$ 图形的峰值（最大值）位置所对应的时间 τ_0 就是两信号间滞后时间，一般称为渡越时间（Transit Time）如图 4.9 所示。

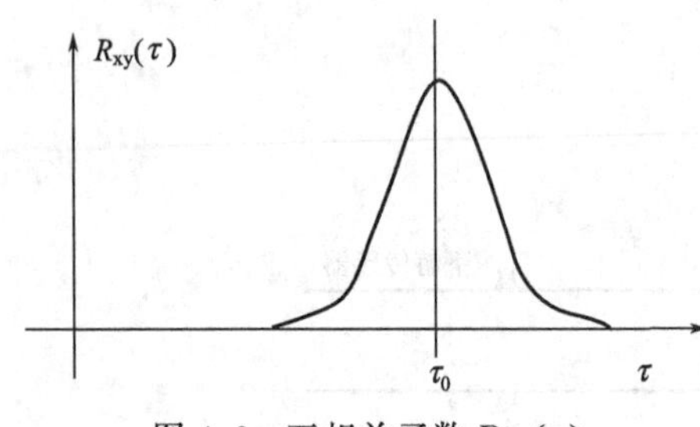

图 4.9　互相关函数 $R_{xy}(\tau)$

在理想流动状态下，即流体在上下游传感器流动符合 Taylor 的“凝固”流动图形假设则按下式计算出的相关速度 V_c

$$V_c=\frac{L}{\tau_0} \tag{4.28}$$

将与被测流体的截面平均流速 V_{cp}

$$V_{cp}=q_v/A \tag{4.29}$$

相同，即

$$V_{cp}=V_c=\frac{L}{\tau_0} \tag{4.30}$$

实际上流体的流动，不可能完全符合“凝固”流动图形假设，相关速度和实际流体截面平均速度总有所差异，因此在式(4.31）中进一步引入速度校正因子 K，相关速度与实际平均速度之间关系为

$$V_{cp}=KV_c=K\frac{L}{\tau_0} \tag{4.31}$$

则被测流体的体积流量 q_v 即为

$$q_v=KV_cA=K\frac{L}{\tau_0}A \tag{4.32}$$

式中，A 为管道截面积。

式(4.32）即为相关流量测量系统的软测量模型，其中的速度校正因子 K 也常称为相关流量计的仪表系数或流量系数，影响此值的因素很多，很难通过理论计算获得，一般都是通过实验来标定。

由上述分析可以看出，相关流量计这一软测量系统所采用的辅助变量是由两硬件传感器测量获得的反映被测流体流量特性的随机流动噪声，该软测量系统实现被测流体流量的软测量的核心是流速测量，而流速是根据两流动噪声的互相关函数的渡越时间估计获得的，因此互相关函数计算及其峰值判别是流量计算的主要步骤，（互）相关流量计故而得名。

（2）相关流量软测量系统算法

互相关函数实际计算采用的是如下离散表达式

$$R_{dxy}(j)=\frac{1}{N}\sum_{n=1}^{N}x_{n}y_{n+j},j=0,1,2,\cdots,J \tag{4.33}$$

式中，x_n为上游流动噪声信号$x(t)$以Δt为间隔采样时获得的第n个采样值；y_{n+j}为下游流动噪声信号$y(t)$以Δt为间隔采样时获得的第$n+j$个采样值；j为第j步时间滞后，j与连续形式的互相关函数计算式中τ相对应，$\tau=j\Delta t$；N为一个采样周期（积分时间）T内离散采样点个数，$T=N\Delta t$。

采样时间间隔Δt的选择首先要符合采样定理的要求，同时由于Δt的选择也决定了渡越时间τ_0的分辨率和精度，因此，实际使用的采样频率比奈奎斯特频率要高许多倍。

直接采用式(4.33)进行计算的计算量较大，对系统实时性能不利，因此目前采用的实际计算方法大多是极性互相关算法。该算法是建立在对两流动噪声信号幅值的极性化简化处理之上的，极性化后的互相关函数为R_{pxy}，它由下式计算得出（不失一般性假定流动噪声信号均值为零）

$$R_{pxy}(j)=\frac{1}{N}\sum_{n=1}^{N}[S_{gn}(y_{n+j})S_{gn}(x_{n})],j=0,1,2,\cdots,J \tag{4.34}$$

式中，$S_{gn}(\cdot)$为符号函数，以x_n上游流动噪声信号为例

$$S_{gn}(x_n)=\begin{cases}+1,x_n\geqslant 0\\-1,x_n<0\end{cases} \tag{4.35}$$

信号的极性化使输入流动噪声信号实际上被1bit量化了，量化后的信息只能取+1和−1（实际计算时也常将量化后的流动噪声信息取为1和0，即符号函数S_{gn}中的+1对应于逻辑“1”而−1与逻辑“0”相对应）两种，因此相关函数计算过程中的乘法运算就成为一比较两输入信号符号异同的环节，而积分运算则变为一累加运算，如图4.10所示。显然采用极性互相关算法的计算量远较直接的互相关函数计算量低，从而大大提高了系统实时性能，同时理论分析和实际应用均已表明采用该算法是行之有效的。

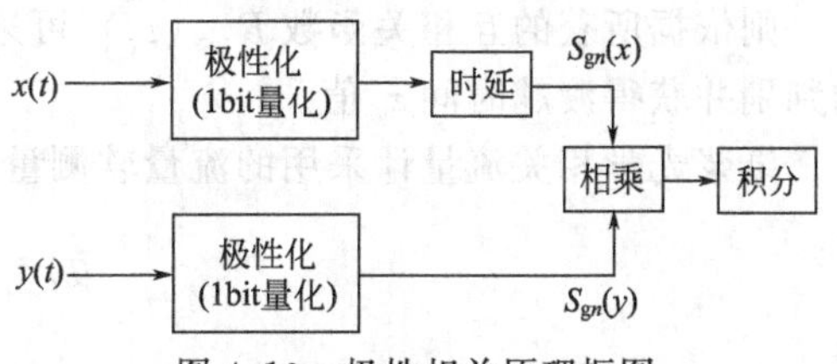

图4.10　极性相关原理框图

极性互相关算法可细分为好多种，例如溢出算法、状态顺序算法、过零点算法和跳跃算法等，其中又以溢出算法与过零点算法较具有代表性，应用也较多。

(3) 纸浆光学相关流量计

纸浆流量的在线测量对造纸过程控制，计量等具有重要意义，然而纸浆这一流体属于液固两相流，难以用常规流量测量仪表有效地来实现其流量的在线测量。目前勉强能够凑合代用的仪表是电磁流量计，但由于电磁流量计一般用水标定，其流量测量模型上不可避免地存在局限性，同时电磁流量计从测量原理上而言也不能应用于中性纸浆的流量测量。

相关流量软测量技术出现为解决纸浆流量的在线测量提供了一条有效途径。

纸浆光学相关流量计是目前在造纸领域应用较多的一种相关流量计，图4.11示出了该流量软测量系统框图，主要由辅助变量测量系统（包括传感器、信号预处理电路等）和计算机软件系统（包括互相关函数计算和峰值估计、流量软测量模型与显示等模块）组成。

传感器和信号预处理电路一起构成流动噪声信号检测的硬件传感器系统，目的在于在线获取上下游的流动噪声信号$x(t)$和$y(t)$。传感器系统一般为主动式光学传感器系统，传感器系统的工作过程是这样的，发光器件发射的光通过光纤的传导入射到纸浆流体表面，接受光纤收集经纸浆流体调制的漫反射光，由光接收与转换器件将光信号转换为电信号，从而

完成流动噪声信号的获取。

上下游传感器获得流动噪声信号首先进行极性化处理，原信号中大于零的部分一般极性化为“1”电平，小于或等于零的部分极性化为“0”电平，然后相应的上游信号经可控延时后与下游信号极性符合比较，最后累计极性符合的次数以实现互相关计算。

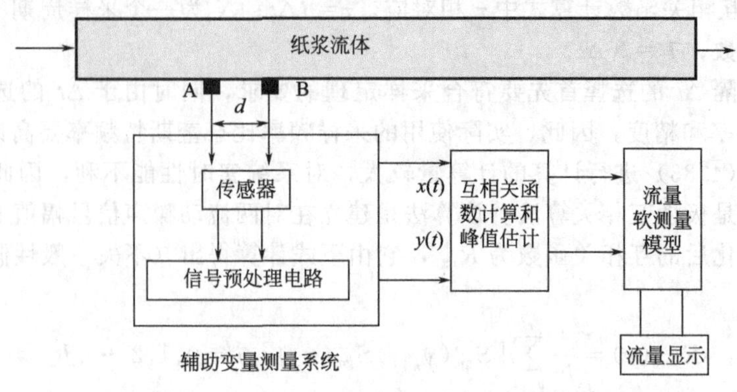

图 4.11　纸浆光学相关流量计的系统框图

某一延时 τ_i 下的互相关函数 $R_{pxy}(\tau_i)$ 可表为

$$R_{pxy}(\tau_i)=2\frac{n}{N}-1 \tag{4.36}$$

式中，N 为样本总数（长度）；n 为两极性化后的流动噪声信号的极性符合次数。

则依据所获的互相关函数 $R_{pxy}(\tau_i)$ 可采用过零算法中逐级扫描峰值搜索方法进行峰值的判别并获得渡越时间 τ_0 值。

纸浆光学相关流量计采用的流量软测量模型一般有两种

$$q_v=K\frac{d}{\tau_0}\cdot A \tag{4.37}$$

或

$$q_v=K\frac{d}{\tau_0}\cdot A+b \tag{4.38}$$

式中，d 为上下游传感器之间的间距；b 为截距修正系数，其值由标定获得。

由于纸浆光学相关流量软测量系统的核心部分是采用计算机软件来实现的，因此实际应用中可充分应用软件编程的灵活性，编制各种程序来改进和提高流量计的性能，例如，在极性相关器分级扫描，逐步细化搜索峰值的基础上，采用了黄金分隔法扫描（即搜索区间以0.619 比例缩小），预设延时和数字滤波等措施来提高峰值搜索速度和峰值测量精度。同时整个相关流量测量系统，除流速、流量测量显示功能外还增加了自检、人机对话、自校正、波形显示以及 1～5V 或 4～20mA 标准信号输出等辅助功能以适应和满足不同造纸过程纸浆流量测控的需要。

根据文献报道目前国际上纸浆光学相关流量计的精度已可达 1%，自 20 世纪 90 年代初以来国内有关流量仪表厂家也有精度可达 1.5%的流量计供应。

4.2　机器视觉系统及其图像处理技术

4.2.1　概述

视觉是人类最为强大的感知方式，为我们提供了大量外部世界的信息，相对于触觉、听觉和嗅觉等方式，大约80%的信息是由视觉获取的。因此赋予机器以人类视觉的功能，对开发智能机器具有极其重要的意义，人类也一直在不断进行这方面的尝试。例如，在工业生产中，零部件的识别定位、尺寸测量、产品质量检测、标识字符的识别等，机器视觉广泛应用。

利用视觉成像系统，采集被检测对象的图像信息，并利用图像处理技术，对测量对象的尺寸、形状、颜色等进行判别，把计算机的快速处理能力和视觉技术相结合，产生了机器视觉的概念。

美国制造工程师协会（American Society of Manufacturing Engineers，ASME）机器视觉分会和美国机器人工业协会（Robotic Industries Association，RIA）的自动化视觉分会对机器视觉的定义为：机器视觉（Machine Vision）是通过光学装置和非接触传感器自动地接收和处理一个真实物体的图像，通过分析图像获得所需信息或用于控制机器运动的装置。

机器视觉系统可以分为视觉图像获取和图像处理两大部分。人们可以通过各种观测系统从被观测的场景中取得图像，这些观测系统包括拍摄各种场景的照相机和摄像系统；观测微小细胞的显微图像摄像系统；考察地球表面的卫星多光谱扫描成像系统；在工业生产流水线上的监控工业机器人视觉系统；计算机层析成像系统（CT）和延伸到工业应用的过程层析成像系统（PT）等。

图像处理就是对图像信息进行加工处理，以满足我们不同的要求，主要有传统的光学图像处理和数字图像处理技术。从20世纪60年代开始，计算机技术的发展，利用数字计算机或其他高速、大规模集成数字硬件，对从图像信息转换来的数字电信号进行某些数字运算和处理的数字图像处理技术得到了很大发展。

这节将重点介绍常规机器视觉系统的构成、数字图像处理技术和从“数据”到“图像”的过程层析成像三个部分。

4.2.2　机器视觉系统的构成

典型的机器视觉系统一般包括：光源、镜头、图像传感器、图像采集与传输单元、图像存储设备、计算机主机以及图像显示和输出设备等。

4.2.2.1　光源

光源属于辅助成像设备，但光源的设计及其照明技术对成像质量的好坏往往起到至关重要的作用。在机器视觉系统中，设计合理的光源照明系统，可以使图像中的目标与背景得到最佳分离，从而大大降低图像处理算法的难度，提高系统的精度，增强系统的可靠性。光源设计时不仅要考虑光源本身的参数，还需要考虑环境因素和被测物的光学属性。通常，光源系统的设计需要考虑的主要参数包括：光源的种类、方向、光谱特征、偏振性、强度、均匀性等。

光源的种类可以分为自然光源和人造光源。自然光源主要是太阳光源，随着不同季节、日期、时间以及气候，光源的强度和照射角度都不相同，大体上分为直射光和散射光。人造光源种类繁多，根据发光原理可以分为荧光灯、卤素灯、LED灯、氙灯、激光光源。其中，LED灯颜色丰富、发光效率高、响应速度快、体积小、发热小、功耗低、发光稳定、寿命长、易于组成不同形状的光源，是重要的光源发展趋势。表4.2列出了几种常见光源的比较。

表4.2　几种常见光源的比较

光源	荧光灯	卤素灯	LED灯	激光光源
颜色	白色、偏绿	白色、偏黄	红、黄、绿、白、蓝	由波长决定
寿命/h	5000～7000	5000～7000	60000～100000	100000以上
亮度	较亮	亮	多个LED联合使用，很亮	很亮

续表

光源	荧光灯	卤素灯	LED灯	激光光源
响应速度	慢	慢	快	快
特点	发热少,扩散性好,适合大面积均匀照射,较便宜	发热大,几乎没有光亮度和色温的变化,便宜	发热少,波长可以根据用途选择,制作方便,运行成本低,耗电少	单色性好,方向性好,相干性好,亮度高,功耗小,多用于干涉

选择光源时，还应该考虑如下系统特性：对比度、亮度、鲁棒性、物体表面、控制反射、表面纹理、表面形状、光源的均匀性等。

照明技术一般可以分为以下正向照明和背光照明。

(1) 正向照明

① 镜面：光线直接反射进入镜头。

② 离轴照明：光源在镜头轴线侧面、避开了镜面反射。

③ 半漫射照明：光照较均匀，如环形光。

④ 漫射照明：光线来自所有方向，镜面反射最少。

⑤ 黑场：光线与镜头视线方向垂直。

(2) 背光照明

① 漫射式：光源+平板，背面照射。

② 凝聚式：使用镜头将光线集中于一个方向。

③ 黑场：适用于检测透明物体中的裂痕、气泡等。

4.2.2.2 镜头

合适的镜头对于机器视觉系统能否发挥应有的作用非常重要，是机器视觉系统中必不可少的部件，直接影响成像质量。镜头的主要作用是将成像目标聚焦在图像传感器的光敏面上。

(1) 基本概念

成像面：被测物及其背景通过镜头投影到二维图像传感器平面。

视野（Field of View，FOV）：与成像面对应的景物平面范围。

工作距离（Work Distance，WD）：被测物到物镜的距离。

景深：以镜头最佳聚焦 WD 为中心，前后存在一个范围，在此范围内的物体能够清晰成像，这个范围被称为景深（Depth of View，DOV）。

物镜的焦距 f：f 决定了物体在成像面成像的大小，焦距越长，成像越大；f 可以短到几毫米，长达数十米；变焦距镜头可以通过调节焦距获得不同的放大倍数。

光圈：也称相对孔径，定义为 $F=D/f$，D 是镜头中光线能通过的有效圆孔直径，D 越大，收集的光线越多，同时焦距越短，收集的光线也越多；如 $f=50\text{mm}$，$D=8.9\text{mm}$，则相对孔径 $F=8.9/50=1/5.6$；镜头上以 $1/F$ 表示光圈值，如 3.4、5.6、8、11、16 等，光圈每增加一挡，光照度增加一倍；F 越大，景深越短；光圈越小，景深越长。为了获得较大景深的清晰图像，可以采取加大光强，减小光圈的方法。

视场角：物镜的视场角决定了成像面上良好成像的空间范围。当成像面尺寸一定时，f 越长，视场角越小。反之视场角越大。

(2) 镜头的种类

镜头的种类根据不同的参数可以划分为不同的种类。

根据焦距：定焦镜头和变焦镜头。其中定焦镜头又可分为：鱼眼镜头、广角镜头、标准镜头和长焦镜头。

根据光圈：手动光圈和自动光圈。

根据镜头接口：C 接口、CS 接口、F 接口、V 接口、T2 接口、徕卡接口、M42 接口和 M50 接口等。

（3）镜头的选择

镜头的选择主要考虑四个因素：检测物体的类别和特性，景深或焦距，检测距离，运行环境。从镜头参数角度出发，通常先考虑镜头的工作波长和是否需要变焦镜头；然后依次考虑工作距离和焦距、像面大小和成像质量、光圈和接口；最后还要考虑成本和技术的成熟程度。

4.2.2.3 图像传感器

图像传感器是机器视觉系统的核心部件。目前常用的有两大类：CCD（Charge Coupled Device）传感器和 CMOS（Complementary Metal Oxide Semiconductor）传感器。

① CCD 摄像机也称为固态摄像机，它由许多个称为感光像元（Photosite）的离散成像元素所构成。这种感光像元在接收输入光后，会产生一定的电荷转移，于是形成了和输入光强成正比的输出电压。按照芯片几何组织形式的不同，CCD 摄像机可以分为线阵和面阵两种。

线阵 CCD 每次感光只能得到一条线上的光学信息，要靠场景和摄像机之间的相对运动来获得二维图像，如各类扫描仪就是利用线阵 CCD 和步进电机的移动来实现图像的扫描。面阵 CCD 由排列成方阵的感光像元组成，可直接得到二维图像。

相对以往的电子管摄像机，CCD 摄像机具有灵敏度高、光谱响应宽、线性度好、动态范围大、结构紧凑、体积小、重量轻、寿命长和可靠性高等优点，因此性价比高。目前 CCD 摄像机已经取代了传统的电子管式摄像机，在各个行业都有着广泛应用。

② CMOS 图像传感器是近年来发展起来的一种新光敏器件技术。与 CCD 相比，它具有体积小、耗电少和价格低等优点。目前 CMOS 摄像机发展迅速，虽然它还有一些弱点，但在光学分辨率、感光度、信噪比和高速成像等主要指标上都已呈现出超过 CCD 的趋势，具有在高速、监控等方面占领主流市场的潜力。

这两类传感器比较如表 4.3 所示。

表 4.3 CCD 和 CMOS 传感器的特点比较

性能	CCD	CMOS
像元信号输出	电荷	电压
芯片信号输出	电压(模拟)	数字
相机信号输出	数字	数字
填充因子	高	中
系统噪声	低	中
系统复杂性	高	低
传感器复杂性	低	高
灵敏度	高	较差
动态范围	高	中
一致性	高	低到中
曝光速度	快	稍慢

以图像传感器为核心的相机的主要特征参数包括：

① 分辨率；

② 最大帧率；

③ 曝光方式；

④ 快门速度；

⑤ 像素深度；

⑥ 图像噪声；

⑦ 动态范围。

这些参数也是进行机器视觉系统设计时需要考虑的参数。

其他常用的图像获取设备还有：飞点扫描器（Flying Point Scanner）、扫描鼓、扫描仪、显微光密度计等。

在遥感中，常用的图像设备有以下几种。

① 光学摄影：摄像机、多光谱相机等。

② 红外摄影：红外辐射计、红外摄像仪、多通道红外扫描仪等。

③ MSS：多光谱扫描仪。

④ 微波：微波辐射计、侧视雷达、真实空孔径雷达、合成孔径雷达（SAR）。

4.2.2.4 图像采集和传输

（1）图像采集单元

成像设备要将采集的视频图像以模拟电信号方式输出，常用的输出方式有两类：标准视频信号和非标准视频信号。因此对应的图像采集卡也分两类。

① 标准视频图像采集卡可采集的标准视频信号有：黑白视频、复合视频（Composite Video）、分量模拟视频（Component Analog Video，CAV）和 S-Video（Y/C Video）等。其中黑白视频包括 RS−170、RS−330、RS−343 和 CCIR 等。复合视频（首先有一个基本的黑白视频信号，然后在每个水平同步脉冲之后，加入一个颜色脉冲和一个亮度信号。由于彩色信号是由多种数据“叠加”起来的，故称为复合视频）主要有：NTSC（National Television System Committee）、PAL（Phase Alternation Line）和 SECAM（System Election Color Avec Memoire）等制式。我国广泛使用的是 PAL 制式。由于 S-Video 传输的图像质量要好于复合视频，因此目前正逐渐得到应用。

② 非标准视频图像采集卡可采集的非标准视频信号有：非标准 RGB 信号、线扫描信号和逐行扫描信号。采用非标准视频信号通常是为了获得高分辨率、高刷新率的图像或其他特殊要求的图像。例如 CT、MR、X 光机、超声波等医疗的影像，要求高分辨率和高传输率，因此这些设备的图像输出一般为非标准视频信号。也有由于成本或速度的限制而采用低分辨率非标准视频信号的。

数字式摄像机是将数字化转换功能集成在摄像机内，直接输出数字图像信号。这样就避免了将模拟信号转化为视频信号，再将视频图像转化为数字图像过程中的图像信息损耗。这种摄像机具有很好的感光像元点和像素点的几何对应性。只要知道了每行的像素点数，就可以确定新的一行从那里开始，从而避免了模拟视频信号数字化中因水平扫描不能精确同步而造成的像素抖动问题。

计算机为了接收数字图像信号，需要根据不同的数字摄像机的输出接口规格来选用不同的数字图像信号采集卡，有些采集卡采用 DMA、多通道、多路信号同时传输等技术，可以达到 100 多兆字节的数据传输率，可以进行高分辨率图像的实时采集。另外有时采集卡还支持图像的实时显示或模拟信号的输入。

由于不存在像素抖动问题，因此采用数字摄像机和数字图像信号采集卡来组成图像采集系统可以获得质量很好的图像。对于精密测量应用，应尽量选取数字摄像机和数字图像信号采集卡来组成图像采集系统。

（2）图像传输单元

图像信号的传输也是机器视觉系统中的重要组成部分，大体可以分为模拟传输方式和数字传输方式。

模拟传输方式：RS-170（美国）和 CCIR（欧洲）是目前模拟传输的两种串口标准。模拟传输存在信号干扰大和传输速度受限两大问题，因此数字传输是图像传输的发展方向。

数字传输方式主要有以下几种标准。

① IEEE1394。IEEE1394（也称为火线，Firewire）接口是 IEEE 标准化组织制定的一项具有视频数据传输速度的串行接口标准。IEEE1394 也支持外设热插拔，同时可为外设提供电源，支持同步数据传输。由于其具有通用连接性和高数据传输率等优点，因而采用该接口的数字摄像机有很好的应用前景。

② 无线传输。在数据传输方面，无线传输是一种重要的方式，现有技术包括：模拟传输、数字传输/网络电台、GSM/GPRS、CDMA、3G、4G 和 5G 通信、数字微波、WLAN（无线网）、COFDM（正交频分复用）等。

③ USB。USB 作为广泛使用的传输接口，但其具有热插拔、携带方便、标准统一、可以连接多个设备等优点。

④ Camera Link 传输方式。Camera Link 时适用于视觉应用数字相机和图像采集卡间的通信接口，专为机器视觉的高端应用设计的。

4.2.2.5 图像存储设备

图像存储设备用于暂时或永久存储摄像系统获取的数字图像。可进行数字图像存储的硬件如下。

（1）图像采集卡帧缓存

有些图像采集卡上带有一定容量的帧缓存，可以暂时存储一帧、两帧或更多帧的图像。它可以以较快速度进行存储和读取，因此这种带缓存的图像卡特别适合高速实时运算处理。

（2）计算机内存

计算机的内存是一种能提供快速存储功能的存储器。由于计算机硬件技术的迅速发展，目前内存的容量可以达到吉字节量级。将数字化的图像直接送到计算机内存中存储，不仅可以使图像采集硬件系统更简单，而且由于内存读写速度很快，这种方式可用于实时采集图像。

（3）硬盘、光盘、磁带存储器

目前使用的硬盘（包括固态 SSD 硬盘）、光盘和磁带机都可以进行图像的存储。硬盘的容量在不断增大，并且对于更大图像存储的需求可以使用硬盘阵列来实现。各种光盘存储技术发展很快，可满足大容量存储的要求。磁带机由于只能顺序读取，因此只适用于大量图像数据备份和视频图像的记录。例如目前数码摄像机就是用数字 DV 金属带来记录视频图像。

（4）闪存

闪存作为一种新型的 EEPROM（电可擦可写可编程只读）内存，不仅具有 RAM 内存可擦可写可编程的优点，还具有 ROM 的所写入数据在断电后不会消失的优点。由于闪存同时具备了 ROM 和 RAM 两者的优点，从诞生之后起，闪存就在数码相机、PDA、MP3 音乐播放器等移动电子产品得到了广泛应用。

目前常见的闪存卡类型主要有：CF(Compact Flash)、SM(Smartmedia Flash)、MMC

(Multimedia Card)、SD(Secure Digital)、MS(Memory Stick)、PC(PCMCIS卡) 和 DOM (Disk on Module) 硬盘等。数码相机常用的存储卡有CF卡、SM卡、MS卡，具有静态摄像功能的数码摄像机一般采用MS卡和SD卡存储图像。

4.2.2.6 计算机主机

计算机用于对数字图像进行管理、分析和处理。这是图像系统应用的主要工作和核心。计算机可以是PC机、微处理器，也可以是工作站。在一些需要高速实时处理的图像板上可装有图像处理器、图像加速器、DSP等微处理器，另外还有一些专供图像处理的计算机。

4.2.2.7 图像显示和输出设备

图像显示是使用某种显示设备，将图像显示在屏幕上。图像记录则是利用照相、打印、复印等技术将图像记录在胶片或者纸上。由于图像显示的方法各异，图像输出设备的种类也很多，将数字图像及其处理的中间过程和结果进行显示和输出的设备主要如下。

① 电视图像监视器。

② 计算机显示器。

③ 打印机和数码冲印设备。

④ 传真机。

⑤ 胶片照相机。

4.2.3 数字图像处理技术

数字图像处理 (Digital Image Processing) 又称为计算机图像处理，它是指将图像信号转换成数字信号并利用计算机技术对其进行处理的过程。数字图像处理最早出现于20世纪50年代，当时的电子计算机已经发展到一定水平，人们开始利用计算机来处理图形和图像信息。数字图像处理作为一门学科大约形成于20世纪60年代初期。早期的图像处理的目的是改善图像的质量，它以人为对象，以改善人的视觉效果为目的。

图像处理中，输入的是低质量的图像，输出的是改善质量后的图像，常用的图像处理方法有图像增强、复原、编码、压缩等。首次获得实际成功应用的是美国喷气推进实验室(JPL)。他们对航天探测器徘徊者7号在1964年发回的几千张月球照片使用了图像处理技术，如几何校正、灰度变换、去除噪声等方法进行处理，并考虑了太阳位置和月球环境的影响，由计算机成功地绘制出月球表面地图，获得了巨大的成功。随后又对探测飞船发回的近十万张照片进行更为复杂的图像处理，以致获得了月球的地形图、彩色图及全景镶嵌图，获得了非凡的成果，为人类登月创举奠定了坚实的基础，也推动了数字图像处理这门学科的诞生。在以后的宇航空间技术，如对火星、土星等星球的探测研究中，数字图像处理技术都发挥了巨大的作用。数字图像处理取得的另一个巨大成就是在医学上获得的成果。1972年英国EMI公司工程师Housfield发明了用于头颅诊断的X射线计算机断层摄影装置，也就是我们通常所说的CT (Computer Tomograph)。CT的基本方法是根据人的头部截面的投影，经计算机处理来重建截面图像，称为图像重建。1975年EMI公司又成功研制出全身用的CT装置，获得了人体各个部位鲜明清晰的断层图像。1979年，这项无损伤诊断技术获得了诺贝尔奖，说明它对人类作出了划时代的贡献。与此同时，图像处理技术在许多应用领域受到广泛重视并取得了重大的开拓性成就，属于这些领域的有航空航天、生物医学工程、工业检测、机器人视觉、公安、司法、军事制导、文化艺术等，使图像处理成为一门引人注目、前景远大的新兴学科。随着图像处理技术的深入发展，从20世纪70年代中期开始，随着计算机技术和人工智能、思维科学研究的迅速发展，数字图像处理向更高、更深层次发展。人们已开始研究如何用计算机系统解释图像，实现类似人类视觉系统理解外部世界，这被称为图像理解或计算机视觉。其中代表性的成果是20世纪70年代末MIT的Marr提出的视觉计算理论，这个理论成为计算机视觉领域其后十多年的主导思想。图像理解虽然在理论方法研究上已取得不小的进展，但它本身是一个比较难的研究领域，存在不少困难，因人类本身对自己的视觉过程还了解甚少，因此计算机视觉是一个有待人们进一步探索的新领域。

数字图像处理主要研究的内容有以下几个方面：图像描述、图像变换、图像编码压缩、图像增强和复原、图像分割、图像投影重建和图像分类（识别）等。数字图像处理具有再现性好、处理精度高、适用面广和灵活性高等优点。

4.2.3.1　图像描述

在设计和分析图像处理系统时，经常用数学表示图像的特征，这不仅仅为了方便，而且是必须的。一般有两种基本的数学表示法：确定性的和统计性的。在确定性的图像表示法中，数学图像函数是确定的，用这种方法研究图像点的性质；统计性则是用统计参数表征图像的某些特性。

(1) 连续图像

设 $C(x,y,t,\lambda)$ 代表像源的空间辐射能量分布，也称图像的光函数，其中 (x,y) 为空间坐标，t 为时间，λ 为波长。图像的光函数是实数并且非负。实际成像系统中，图像的亮度有最大值，因此设 $0\leqslant C(x,y,t,\lambda)\leqslant A$，其中 A 是图像的最大亮度。另一方面，实际图像对 x，y 和 t 都有限制

$$-L_x\leqslant x\leqslant L_x;\ -L_y\leqslant y\leqslant L_y;\ -T\leqslant t\leqslant T$$

由此可见，图像的光函数 $C(x,y,t,\lambda)$ 是有界的独立变量的四维函数。

标准观测者对图像光函数的亮度响应，通常用光场的瞬时光亮度（Luminance）计量，由下式定义

$$Y(x,y,t)=\int_0^{\infty}C(x,y,t,\lambda)V_s(\lambda)\mathrm{d}\lambda \tag{4.39}$$

式中，$V_s(\lambda)$ 代表相对光效函数，是人视觉的光谱响应。对于红、绿和蓝光，瞬时光亮度可分别定义为

$$\begin{aligned}R(x,y,t)&=\int_0^{\infty}C(x,y,t,\lambda)R_s(\lambda)\mathrm{d}\lambda\\G(x,y,t)&=\int_0^{\infty}C(x,y,t,\lambda)G_s(\lambda)\mathrm{d}\lambda\\B(x,y,t)&=\int_0^{\infty}C(x,y,t,\lambda)B_s(\lambda)\mathrm{d}\lambda\end{aligned} \tag{4.40}$$

式中，$R_s(\lambda)$、$G_s(\lambda)$ 和 $B_s(\lambda)$ 分别对应红、绿和蓝基色组的光谱三刺激值。所谓光谱三刺激值是匹配单位谱色光（波长为 λ）时所要求的三刺激值。

在多光谱成像系统中，常将所观测到的像场模拟为图像光函数在光谱上的加权积分，因此第 i 个光谱像场可以表示为

$$F_i(x,y,t)=\int C(x,y,t,\lambda)S_i(\lambda)\mathrm{d}\lambda \tag{4.41}$$

式中，$S_i(\lambda)$ 是第 i 个传感器的光谱响应。

为了简单起见，选择单一的图像函数 $F(x,y,t)$ 代表实际成像系统中的像场。另外，在许多成像系统中，图像是不随时间改变的，因而时变量可以从图像函数中略去。那么图像函数可以表示为 $F(x,y)$，本节也以这样的函数作为主要研究对象。

(2) 数字图像

数字图像处理以连续图像转换为数字图像阵列为基础的。下面我们看一下数字图像的获取。通过图像的抽样和量化，可以完成模拟图像到数字图像的转换。

在设计和分析图像抽样系统和重建系统时，一般认为图像是确定的，然而在某些情况下，将图像处理系统的输入，特别是噪声的输入，看成是二维随机过程的样本更有益。

① 确定性情况下的图像抽样　令 $F_I(x,y)$ 代表一理想的无限大连续像场，在理想的抽样系统中，理想图像的空间样本实际上是用空间抽样函数 $S(x,y)$ 与理想图像相乘的结果。其中

$$S(x,y)=\sum_{j_1=-\infty}^{\infty}\sum_{j_2=-\infty}^{\infty}\delta(x-j_1\Delta x,y-j_2\Delta y) \tag{4.42}$$

是由脉冲函数 δ 的无限阵列组成的。因而抽样后的图像可以表示为

$$F_P(x,y)=F_I(x,y)S(x,y)=\sum_{j_1=-\infty}^{\infty}\sum_{j_2=-\infty}^{\infty}F_I(j_1\Delta x,j_2\Delta y)\delta(x-j_1\Delta x,y-j_2\Delta y) \tag{4.43}$$

在实际系统中为了避免频谱交叠（混叠）现象，所作的图像抽样必须满足采样定理。就是抽样周期必须等于或小于图像中最小细节周期的一半，用公式表示为

$$\omega_{xc}\leqslant\frac{\omega_{xs}}{2},\omega_{yc}\leqslant\frac{\omega_{ys}}{2}$$

或等效于

$$\Delta x\leqslant\frac{\pi}{\omega_{xc}},\Delta y\leqslant\frac{\pi}{\omega_{yc}}$$

式中，ω_{xc} 和 ω_{yc} 是图像的截止频率；ω_{xs} 和 ω_{ys} 为抽样频率。

如果上式中等号成立，则称图像是以奈奎斯特（Nyquist）速率抽样的。如果 Δx，Δy 小于奈奎斯特准则的要求，则称图像是过抽样的；反之，称图像是欠抽样的。如果对原图像抽样的空间速率足以避免抽样图像的频谱交叠，那么采用适当的滤波器对样本进行空间滤波，便可以精确地重建原图像。

② 随机性情况下的图像抽样　与确定性情况类似，在确定性图像下对图像直接采用二维傅里叶变换来进行分析，而在随机性情况下，不能对图像直接采用傅立叶分析，必须对其相关函数进行分析。

令 $F_I(x,y)$ 表示一种连续的二维平稳随机过程，并且已知平均值 η_{FI} 和自相关函数

$$R_{FI}(\tau_x,\tau_y)=E\{F_I(x_1,y_1)F_I^*(x_2,y_2)\} \tag{4.44}$$

式中，$\tau_x=x_1-x_2$；$\tau_y=y_1-y_2$。用脉冲函数阵列对这一图像进行抽样，得

$$F_P(x,y)=F_I(x,y)S(x,y)=F_I(x,y)\sum_{j_1=-\infty}^{\infty}\sum_{j_2=-\infty}^{\infty}\delta(x-j_1\Delta x,y-j_2\Delta y) \tag{4.45}$$

其自相关函数为

$$\begin{aligned}R_{FP}(x_1,x_2;y_1,y_2)&=E\{F_P(x_1,y_1)F_P^*(x_2,y_2)\}\\&=E\{F_I(x_1,y_1)F_I^*(x_2,y_2)\}S(x_1,y_1)S(x_2,y_2)\end{aligned} \tag{4.46}$$

式中，$S(x_1,y_1)S(x_2,y_2)=S(x_1-x_2,y_1-y_2)=S(\tau_x,\tau_y)$

所以抽样图像的自相关函数为

$$R_{FP}(\tau_x,\tau_y)=R_{FI}(\tau_x,\tau_y)S(\tau_x,\tau_y) \tag{4.47}$$

对上式采用二维傅里叶变换可以得到抽样随机图像的功率谱，并且设定理想像场的功率谱是带宽限定的，即（ω_{xc},ω_{yc}）是图像的截止频率；并且选择空间抽样周期 $\Delta x\leqslant\frac{\pi}{\omega_{xc}}$，$\Delta y\leqslant\frac{\pi}{\omega_{yc}}$，那么频谱就不会交叠。采用合适的内插函数就可以使重建像场和理想像场在均方意义

上等效。

任何模拟量要由数字计算机或数字系统处理，就必须表示为与其幅度成比例的整数。模拟样本向离散值样本的转换过程称为量化，包括标量量化和矢量量化两种。

4.2.3.2 图像变换

在频域法处理中最为关键的预处理就是变换处理，即将信号变换到其他域（多为频率域）进行分析，这样可以从另外一个角度来分析信号的特征，便于更准确地进行图像的处理，而且往往利用频率域的特性分析和处理图像将更为实用一些。这种变换一般是线性变换，其基本线性运算式是严格可逆的，并且满足一定的正交条件。目前，在图像处理技术中正交变换被广泛地应用到图像特征提取、图像增强、图像复原、图像识别和图像编码中。

（1）傅里叶变换

对于二维函数 $f(x,y)$ 满足狄里赫莱条件，那么将有下面的二维傅里叶变换对存在

$$F(u,v)=\int_{-\infty}^{\infty}\int_{-\infty}^{\infty}f(x,y)\mathrm{e}^{-\mathrm{j}2\pi(ux+vy)}\mathrm{d}x\mathrm{d}y \tag{4.48}$$

$$f(x,y)=\int_{-\infty}^{\infty}\int_{-\infty}^{\infty}F(u,v)\mathrm{e}^{\mathrm{j}2\pi(ux+vy)}\mathrm{d}u\mathrm{d}v \tag{4.49}$$

二维傅里叶变换的幅度谱 $|F(u,v)|$ 和相位谱 $\phi(u,v)$ 分别为

$$|F(u,v)|=\sqrt{R^2(u,v)+I^2(u,v)} \tag{4.50}$$

$$\phi(u,v)=\arctan\frac{I(u,v)}{R(u,v)} \tag{4.51}$$

式中，$R(u,v)$ 和 $I(u,v)$ 分别是二维傅里叶变换 $F(u,v)$ 的实部和虚部。

从前面的介绍可以知道，一幅静止的数字图像可以看作是二维数据序列，因此数字图像处理主要是二维数据处理。二维离散傅里叶变换的定义为

$$F(u,v)=\sum_{x=0}^{M-1}\sum_{y=0}^{N-1}f(x,y)\mathrm{e}^{-\mathrm{j}2\pi\left(\frac{ux}{M}+\frac{vy}{N}\right)},\begin{cases}u=0,1,2,\cdots,M-1\\v=0,1,2,\cdots,N-1\end{cases} \tag{4.52}$$

其逆变换为

$$f(x,y)=\frac{1}{MN}\sum_{u=0}^{M-1}\sum_{v=0}^{N-1}F(u,v)\mathrm{e}^{\mathrm{j}2\pi\left(\frac{ux}{M}+\frac{vy}{N}\right)},\begin{cases}x=0,1,2,\cdots,M-1\\y=0,1,2,\cdots,N-1\end{cases} \tag{4.53}$$

在图像处理中，一般总是选择方形阵列，所以通常情况下 $M=N$。因此二维离散傅里叶变换有如下形式

$$F(u,v)=\frac{1}{N}\sum_{x=0}^{N-1}\sum_{y=0}^{N-1}f(x,y)\mathrm{e}^{-\mathrm{j}2\pi\left(\frac{ux+vy}{N}\right)},(u,v=0,1,2,\cdots,N-1) \tag{4.54}$$

$$f(x,y)=\frac{1}{N}\sum_{u=0}^{N-1}\sum_{v=0}^{N-1}F(u,v)\mathrm{e}^{\mathrm{j}2\pi\left(\frac{ux+vy}{N}\right)},(x,y=0,1,2,\cdots,N-1) \tag{4.55}$$

由此可见二维离散傅里叶变换具有可分离性、周期性、共轭对称性、线性、旋转性、相关定理、卷积定理和比例性等性质。这些性质在分析和处理图像时有重要意义。

（2）离散余弦变换

图像处理中常用的正交变换除了傅里叶变换外，还有其他一些有用的正交变换。其中离散余弦（Discrete Cosine Transform，DCT）就是一种，二维离散余弦变换的定义由下式表示

$$F(0,0)=\frac{1}{N}\sum_{x=0}^{N-1}\sum_{y=0}^{N-1}f(x,y) \tag{4.56}$$

$$F(0,v)=\frac{\sqrt{2}}{N}\sum_{x=0}^{N-1}\sum_{y=0}^{N-1}f(x,y)\cos\frac{(2y+1)v\pi}{2N} \tag{4.57}$$

$$F(u,0)=\frac{\sqrt{2}}{N}\sum_{x=0}^{N-1}\sum_{y=0}^{N-1}f(x,y)\cos\frac{(2x+1)u\pi}{2N} \tag{4.58}$$

$$F(u,v)=\frac{2}{N}\sum_{x=0}^{N-1}\sum_{y=0}^{N-1}f(x,y)\cos\frac{(2x+1)u\pi}{2N}\cos\frac{(2y+1)v\pi}{2N} \tag{4.59}$$

式中，$f(x,y)$ 是空间域二维向量元素；$x,y=0,1,2,\cdots,N-1$；$F(u,v)$ 是变换阵列元素，式中表示的阵列为 $N\times N$ 矩阵。

二维离散余弦逆变换为

$$\begin{aligned}f(x,y)=&\frac{1}{N}F(0,0)+\frac{\sqrt{2}}{N}\sum_{v=0}^{N-1}F(0,v)\cos\frac{(2y+1)v\pi}{2N}+\\&\frac{\sqrt{2}}{N}\sum_{u=0}^{N-1}F(u,0)\cos\frac{(2x+1)u\pi}{2N}+\\&\frac{2}{N}\sum_{u=0}^{N-1}\sum_{v=0}^{N-1}F(u,v)\cos\frac{(2x+1)u\pi}{2N}\cos\frac{(2y+1)v\pi}{2N}\end{aligned} \tag{4.60}$$

离散余弦变换是一类正交变换，而且可以采用与快速傅里叶变换（FFT）相似的方法进行快速变换。

(3) 沃尔什变换

沃尔什函数是1923年由美国数学家沃尔什（Walsh）提出来的。这个公式是按照函数的序数由正交区间内过零点的平均数来定义的。与傅里叶变换相比，沃尔什变换的主要优点在于存储空间少和运算速度高，这一点对图像处理来说是至关重要的。

沃尔什函数是完备的正交函数系，其值是取+1或−1，从排列次序来定义可分为三种：一是按沃尔什排列来定义；二是按佩利排列或称自然排列来定义；三是按哈达玛排列来定义。

按沃尔什排列的沃尔什函数 $wal_{\mathrm{W}}(i,t)$ 可以由拉德梅克函数 $R(n,t)$ 构成，表达式如下

$$wal_{\mathrm{W}}(i,t)=\prod_{k=0}^{p-i}[R(k+1,t)]^{g(i)_k} \tag{4.61}$$

式中，$R(k+1,t)$ 是拉德梅克函数；$g(i)$ 是 i 的格雷码；$g(i)_k$ 是此格雷码的第 k 位数字；p 为正整数。其中拉德梅克（Rademacher）函数定义为

$$R(n,t)=\mathrm{sgn}(\sin 2^n\pi t) \tag{4.62}$$

式中，$\mathrm{sgn}(x)=\begin{cases}1,x>0\\-1,x<0\end{cases}$，当 $x=0$ 时，$\mathrm{sgn}(x)$ 无意义。

按佩利排列的沃尔什函数也可以由拉德梅克函数产生，表达式如下

$$wal_{\mathrm{P}}(i,t)=\prod_{k=0}^{p-i}[R(k+1,t)]^{i_k} \tag{4.63}$$

式中，i_k 是将函数序号写成自然二进码的第 k 位数字。

按哈达玛排列的沃尔什函数是从 2^n 阶哈达玛矩阵得来的。2^n 阶哈达玛矩阵每一行的符号变化规律，对应某个沃尔什函数在正交区间内符号变化的规律，也就是说，2^n 阶哈达玛矩阵的每一行就对应一个离散沃尔什函数。2^n 阶哈达玛矩阵有如下形式

$$H(0)=[1]$$

$$H(1)=\begin{bmatrix}1 & 1\\1 & -1\end{bmatrix}$$

$$H(m)=\begin{bmatrix} H(m-1) & H(m-1) \\ H(m-1) & -H(m-1) \end{bmatrix}=H(m-1)\otimes H(1) \quad (4.64)$$

按哈达玛排列的沃尔什函数也可由拉德梅克函数构成，表达式如下

$$wal_{\mathrm{H}}(i,t)=\prod_{k=0}^{p-i}[R(k+1,t)]^{\langle i_k\rangle} \quad (4.65)$$

式中，$\langle i_k\rangle$ 是把 i 的自然二进码反写后的第 k 位数字。

对于函数 $f(t)$，其离散沃尔什变换 $W(i)$ 及其逆变换可表示为

$$W(i)=\frac{1}{N}\sum_{t=0}^{N-1}f(t)wal(i,t) \quad (4.66)$$

$$f(t)=\frac{1}{N}\sum_{i=0}^{N-1}W(i)wal(i,t) \quad (4.67)$$

在实际中，由于哈达玛矩阵具有简单的递推关系，使其应用有很多方便之处，所以应用沃尔什-哈达玛变换较多。其矩阵变换式如下

$$\begin{bmatrix} W(0) \\ W(1) \\ \vdots \\ W(N-1) \end{bmatrix}=\frac{1}{N}[H(N)]\begin{bmatrix} f(0) \\ f(1) \\ \vdots \\ f(N-1) \end{bmatrix} \quad (4.68)$$

其逆变换为

$$\begin{bmatrix} f(0) \\ f(1) \\ \vdots \\ f(N-1) \end{bmatrix}=[H(N)]\begin{bmatrix} W(0) \\ W(1) \\ \vdots \\ W(N-1) \end{bmatrix} \quad (4.69)$$

二维沃尔什-哈达玛变换的矩阵定义式如下

$$[W_{xy}(u,v)]=\frac{1}{N_x N_y}[H_{2^{p_x}}][f(x,y)][H_{2^{p_y}}] \quad (4.70)$$

$$[f(x,y)]=[H_{2^{p_x}}][W_{xy}(u,v)][H_{2^{p_y}}] \quad (4.71)$$

对于沃尔什-哈达玛变换可以采用快速变换进行。

(4) 哈尔变换

哈尔（Haar）函数是一归一化正交函数，它的一个重要特点是收敛均匀而迅速。

在［0,1）区间内，哈尔函数的具体定义如下

$$har(2^p+n,t)=\begin{cases} \sqrt{2^p}, & \frac{n}{2^p}\leqslant t<\frac{(n+1/2)}{2^p} \\ -\sqrt{2^p}, & \frac{(n+1/2)}{2^p}\leqslant t<\frac{(n+1)}{2^p} \\ 0, & \text{其他} \end{cases} \quad (4.72)$$

式中，$p=1,2,\cdots$；$n=0,1,2,\cdots,2^p-1$。可以以 1 为周期，将它延拓到整个时间轴上。

哈尔正变换定义为

$$\begin{bmatrix} H_a(0) \\ H_a(1) \\ \vdots \\ H_a(N-1) \end{bmatrix}=\frac{1}{N}[har2^p]\begin{bmatrix} f(0) \\ f(1) \\ \vdots \\ f(N-1) \end{bmatrix} \quad (4.73)$$

式中，$[H_a(0),H_a(1),\cdots,H_a(N-1)]^{\mathrm{T}}$是变换系数阵列；$[f(0),f(1),\cdots,f(N-1)]^{\mathrm{T}}$是时间

序列；$[har_{2^p}]$ 是 2^p 阶哈尔矩阵。

其逆变换为

$$\begin{bmatrix} f(0) \\ f(1) \\ \vdots \\ f(N-1) \end{bmatrix} = \frac{1}{N}[har_{2^p}]^{-1} \begin{bmatrix} H_a(0) \\ H_a(1) \\ \vdots \\ H_a(N-1) \end{bmatrix} \tag{4.74}$$

二维哈尔变换为

$$H_a(u,v)=\frac{1}{N^2}\sum_{x=0}^{N-1}\sum_{y=0}^{N-1}f(x,y)har\left(v,\frac{x}{N}\right)har\left(u,\frac{y}{N}\right) \tag{4.75}$$

其逆变换为

$$f(u,v)=\frac{1}{N^2}\sum_{u=0}^{N-1}\sum_{v=0}^{N-1}H_a(u,v)har\left(v,\frac{x}{N}\right)har\left(u,\frac{y}{N}\right) \tag{4.76}$$

对哈尔变换也可以采用快速算法进行。

(5) 斜变换

在图像处理中用到的另一种正交变换是斜变换（Slant Transform）。斜向量和斜变换的概念是由伊诺莫托（Enomoto）和夏伊巴塔（Shibata）于 1971 年提出来的。已经证明，斜向量适合于表示灰度逐渐改变的图像信号。目前斜变换已经成功地应用于图像编码。

斜向量是一个在其范围内呈均匀下降的离散锯齿波形。

如果用 $S(n)$ 表示 $N\times N$ 斜矩阵，设 $N=2^n$，n 为正整数，则

$$S(1)=\frac{1}{\sqrt{2}}\begin{bmatrix} 1 & 1 \\ 1 & -1 \end{bmatrix}$$

$$\boldsymbol{S}(n)=\frac{1}{\sqrt{2}}\left[\begin{array}{cccccc} 1 & 0 & & 1 & 0 & \\ & & 0 & & & 0 \\ a_N & b_N & & -a_N & b_N & \\ & & \boldsymbol{I}_2 & & & \boldsymbol{I}_2 \\ & 0 & \ddots & & 0 & \ddots \\ & & \boldsymbol{I}_2 & & & \boldsymbol{I}_2 \\ 0 & 1 & & 0 & -1 & \\ & & 0 & & & \\ -b_N & a_N & & b_N & a_N & \\ & & \boldsymbol{I}_2 & & & -\boldsymbol{I}_2 \\ & 0 & \ddots & & & \ddots \\ & & \boldsymbol{I}_2 & & & -\boldsymbol{I}_2 \end{array}\right]\times\begin{bmatrix} \boldsymbol{S}(n-1) & 0 \\ 0 & \boldsymbol{S}(n-1) \end{bmatrix} \tag{4.77}$$

式中，$I_2=\begin{bmatrix} 1 & 0 \\ 0 & 1 \end{bmatrix}$；$a_2=1$；$a_N=2b_Na_{\frac{N}{2}}$；$b_N=\dfrac{1}{(1+4a_{\frac{N}{2}}^2)^{\frac{1}{2}}}$；$N=4,8,16,\cdots,2^n$。

用斜矩阵可定义变换的矩阵式如下

$$D(n)=S(n)[f(x)]$$

式中，$S(n)$ 是 $N\times N$ 斜矩阵，且 $N=2^n$；$D(n)$ 是变换系数矩阵；$[f(x)]$ 是数据矩阵，反变换可由下式表示

$$[f(x)]=S(n)^{-1}D(n)$$

式中，$S(n)^{-1}$ 是 $S(n)$ 的逆矩阵。

二维斜变换的矩阵式如下

$$D(u,v)=S(n)[f(x,y)]S(n)^{-1} \tag{4.78}$$

$$[f(x,y)]=S(n)^{-1}D(u,v)S(n) \tag{4.79}$$

式中，$D(u,v)$ 是变换系数矩阵；$[f(x,y)]$ 是空间数据矩阵。

对于斜变换也可以采用快速算法进行。

(6) 小波变换

小波（Wavelet）及小波分析（Wavelet Analysis）是近年出现的一种新的数学方法，小波分析或多分辨分析（Multiresolution Analysis）是傅里叶分析（Fourier Analysis）发展史上里程碑式的进展。小波分析优于傅里叶变换的地方是，它在时域和频域同时具有良好的局部化性质。而且由于对高频成分采用逐渐精细的时域和空域取样步长，从而可以聚焦到对象的任意细节。从这个意义上讲，它被人们誉为数学显微镜。

设 $\psi(x)\in L^1(IR)\cap L^2(IR)$，且满足 $\int_{-\infty}^{\infty}\psi(x)\mathrm{d}x=0$ [或 $\hat{\psi}(0)=0$]，函数 $\psi(x)$ 及其傅里叶变换 $\hat{\psi}(x)$ 都有足够快的衰减，则按如下方式生成的函数族 $\{\psi_{b,a}(x)\}$

$$\psi_{b,a}(x)=\frac{1}{\sqrt{a}}\psi\left(\frac{x-b}{a}\right),\quad b,a\in R \tag{4.80}$$

称作连续小波，$\psi_{b,a}(x)$ 称作基小波，其中，a 是尺度（膨胀）参数，b 为平移位置。

由于图像和计算机视觉信息一般都是二维和多维的，这里主要讨论二维小波变换。

二维连续小波定义如下

$$\begin{aligned}\langle f,\psi_{a,b}\rangle &= W_f(a,b_1,b_2)\\ &=\int_{-\infty}^{+\infty}\int_{-\infty}^{+\infty}f(t_1,t_2)\psi_{a,b}(t_1,t_2)\mathrm{d}t_1\mathrm{d}t_2\\ &=\int_{-\infty}^{+\infty}\int_{-\infty}^{+\infty}f(t_1,t_2)\frac{1}{a}\psi_{a,b}\left[\frac{(t_1,t_2)-(b_1,b_2)}{a}\right]\mathrm{d}t_1\mathrm{d}t_2\end{aligned} \tag{4.81}$$

对于二维离散小波变换，二维尺度函数可定义为（对于尺度 $m\neq 0$）

$$\begin{aligned}\Phi_{m,n1,n2}(t_1,t_2)&=\varphi_{m,n1}(t_1)\varphi_{m,n2}(t_2)\\ &=2^{-m}\varphi(2^{-m}t_1-n_1)\varphi(2^{-m}t_2-n_2)\end{aligned} \tag{4.82}$$

由此可以定义三个小波以进行离散小波变换

$$\Psi^h(t_1,t_2)=\varphi(t_1)\psi(t_2) \tag{4.83}$$

$$\Psi^v(t_1,t_2)=\psi(t_1)\varphi(t_2) \tag{4.84}$$

$$\Psi^d(t_1,t_2)=\psi(t_1)\psi(t_2) \tag{4.85}$$

对于一个二维函数 $f(t_1,t_2)\in L^2(R^2)$，当分辨率为 m 时，二维小波离散化逼近为

$$\begin{aligned}P_m^{D_1}f&=\{\langle f,\Phi_{m,n1,n2}\rangle,(n_1,n_2)\in Z^2\}\\ &=\{\langle f,\varphi_{m,n1}\varphi_{m,n2}\rangle,(n_1,n_2)\in Z^2\}\end{aligned} \tag{4.86}$$

函数的离散化细节为

$$Q_m^{D_1}f=\{\langle f,\Psi_{m,n1,n2}^h\rangle,(n_1,n_2)\in Z^2\} \tag{4.87}$$

$$Q_m^{D_2}f=\{\langle f,\Psi_{m,n1,n2}^v\rangle,(n_1,n_2)\in Z^2\} \tag{4.88}$$

$$Q_m^{D_3}f=\{\langle f,\Psi_{m,n1,n2}^d\rangle,(n_1,n_2)\in Z^2\} \tag{4.89}$$

离散小波变换可以通过 Mallat 算法进行快速计算，这相当于傅里叶变换中的快速傅里叶变换算法。

4.2.3.3 图像增强和复原

图像增强是指按特定的需要突出一幅图像中的某些信息，同时，削弱或去除某些不需要的信息处理方法。其主要目的是使处理后的图像对某种特定的应用来说，比原始图像更适用。因此，这类处理是为了某种应用目的而去改善图像质量的。处理的结果使图像更适合于

人的视觉特性或机器的识别系统。应该明确的是增强处理并不是增强原始图像的信息，其结果只能增强对某种信息的辨别能力，而这种处理有可能损失一些其他信息。

图像增强技术主要包括直方图修改处理、图像平滑化处理、图像尖锐化处理及彩色处理技术等。在实际应用中可以采用一种方法，也可以结合几种方法联合处理。

图像增强技术基本上可分为两大类：一是频域处理法；二是空域处理法。

频域处理法的基础是卷积定理。它采用修改图像傅里叶变换的方法实现对图像的增强处理。由卷积定理可知，如果原始图像是 $f(x,y)$，处理后的图像是 $g(x,y)$，而 $h(x,y)$ 是处理系统的冲激响应，那么，处理过程可由下式表示

$$g(x,y)=h(x,y)*f(x,y) \tag{4.90}$$

式中，$*$代表卷积。如果 $\hat{g}(u,v)$，$\hat{h}(u,v)$，$\hat{f}(u,v)$ 分别是 $g(x,y)$，$h(x,y)$，$f(x,y)$ 的傅里叶变换。那么，上面的卷积关系可表示为变换域的乘积关系，即

$$\hat{g}(u,v)=\hat{h}(u,v)\hat{f}(u,v) \tag{4.91}$$

在图像增强中，$f(x,y)$ 是给定的原始数据，通过傅里叶逆变换 $g(x,y)=F^{-1}[\hat{h}(u,v)\hat{f}(u,v)]$得到的 $g(x,y)$ 比 $f(x,y)$ 在某些特性方面更加易于识别、解译。例如，可以强调图像中的低频分量使得图像更平滑，也可以强调图像中的高频分量使得图像得到增强等。

空域法是直接对图像中的像素进行处理，基本上是以灰度映射变换为基础的。如增加图像的对比度，改善图像的灰度层次等。

图像复原的主要目的是改善给定的图像质量，对给定的一幅退化了的或者受到噪声污染了的图像，利用退化现象的某种先验知识来重建或恢复原有图像。可能的退化有光学系统中的衍射、传感器的非线性畸变、光学系统的像差、图像运动造成的模糊和几何畸变等。噪声干扰主要是由电子成像系统传感器、信号传输过程或者胶片颗粒性造成的。各种退化图像的复原都可归结为一种过程，具体地说就是把退化模型化，并采用相反的过程进行处理，以便恢复出原图像。

4.2.3.4 其他图像处理技术

模拟图像信号在传输过程中极易受到各种噪声的干扰，模拟图像信号一旦受到污染则很难完全得到恢复；而且，对于模拟图像要进行信息交换、压缩、增强、恢复、特征提取和识别等一系列处理是很困难的，需对图像进行数字化。图像数字化的关键就是编码。图像压缩的目的是去掉信号数据的冗余性，可以节省图像存储空间，也可以减少传输信道容量，还可以缩短图像处理时间，它与图像编码密切相关。图像编码主要是研究压缩数码率，即高效编码问题。具体的编码方法如图 4.12 所示。图中的各种具体方法不是孤立的、单一的使用，往往是各种方法交叉、重叠使用，以达到更高的编码效率。

- PCM
  - 常规编码法
  - 亚奈氏取样编码法
- 预测法
  - 标准法
  - 自适应法
- 变换法
  - 标准法
  - 自适应法
- 统计编码
  - 标准法
  - 自适应法
- 其他方法
  - 行程编码
  - 轮廓编码

图 4.12　图像高效编码法

图像分割是按照一定的规则将一幅图像或景物分成若干部分或子集的过程。这种分割的目的是将一幅图像中的各成分分离成若干与景物中的实际物体相对应的子集。图像分割的基本概念是将图像中有意义的特征或者需要应用的特征提取出来。这些特征可以是图像场的原始特征，如物体占有区的像素灰度值、物体轮廓曲线和纹理特征等；也可以是空间频谱，或直方图特征等。在对应于图像中某一对象物的某一部分，其特征都是相近或相同的，但在不同的对

象物或对象物的各部分之间，其特征就急剧发生变化。从分割依据的角度出发，图像分割大致可分为相似性分割和非连续性分割。所谓相似性分割就是将具有同一灰度级或相同组织结构的像素聚集在一起，形成图像中的不同区域，这种基于相似性原理的方法通常也称为居于区域相关的分割技术。所谓非连续性分割就是首先检测局部不连续性，然后将它们连接起来形成边界，这些边界把图像分成不同的区域，这种基于不连续性原理检测出物体边缘的方法有时也称为基于点相关的分割技术。从图像分割算法来分，可分为阈值法、界线探测法、匹配法等。近些年来，不少学者把模糊数学的方法引入到图像处理中，提出模糊边缘检测方法，图像模糊聚类分割方法等等。人工神经网络的发展在图像处理中也越来越受重视，包括神经网络用于边缘检测、图像分割的神经网络法等。

图像分割技术的目的是把一幅给定图像分成有意义的区域或部分。图像分割以后，为了进一步对图像做分析和识别，就必须通过对图像中的物体（目标）作定性或定量的分析来作出正确的结论，这些结论是建立在图像的某些特征的基础上的，由图像描述完成这个功能。所谓图像描述就是用一组数量或符号来表征图像中被描述物体的某些特征，可以是对图像中各组成部分的性质的描述，也可以是各部分彼此间的关系的描述。

图像经过增强、复原等预处理后，再经过分割和描述提取图像特征，加以判决分类，这种分类可以认为是图像的识别，它属于模式识别的范畴。一个图像识别系统一般包括三个主要部分：图像信息的获取；图像的加工和处理，提取特征；图像的分类和识别。其框图如图4.13所示。

被识图像 → 图像信息获取 → 信息处理特征提取 → 判决 → 结果

图 4.13 图像识别系统框图

模式识别的主要方法可分为两大类：统计学方法和语言学方法。统计学方法是建立在被研究对象的统计知识上，也就是对图像进行大量的统计分析，抽取图像中本质的特征而进行识别。语言学方法是立足于分析图像的结构，把图像看成语言结构，它是由一些直线、斜线、点、曲线及环等基本元素组成，剖析这些基本元素，看它们是以什么规则构成图像，这就是结构分析。图像识别就相当于检查图像所代表的某一类句型是否符合实现规定的语法，如果符合就识别出结果。这种方法主要利用了图像结构上的关系。

4.2.3.5 动态图像处理

动态图像为人们提供了比单一图像更加丰富的信息。通过对多帧图像处理，可获得在单一图像中不可能得到的其他信息。动态图像处理的基本任务是从图像序列中检测出运动信息，识别与跟踪运动目标和估计三维运动及结构参数。动态图像处理在科学技术研究和工程应用上有着十分重要的意义。

与静态图像相比，动态图像的基本特征就是灰度的变化。具体说，在对某一景物拍摄到的图像序列中，相邻两帧图像间至少有一部分像元的灰度发生了变化，这个图像序列就称之为动态图像序列。

运动图像的处理方法主要分两类：基于特征的方法和基于光流的方法。

基于特征的方法利用了特征位置的变化信息，通常分三步：一是从图像序列中抽取显著特征，如与拐角、边界、有明显标记的区域对应的点、线或曲线等。提取对灰度不敏感的有效特征至今仍是图像处理研究领域中的比较活跃的方面；二是在不同图像上寻找特征点进行逐帧跟踪。匹配算法大都引入了刚体约束条件，已有的技术包括模板匹配、结构匹配、树搜索匹配、约束松弛匹配以及假设检验匹配等；三是计算运动信息。由于二维和三维空间的投影关系的非线性以及成像和量化过程中引入的图像噪声使得运动估计算法的稳健性和解的唯一性问题一直没有得到解决。目前的方法多数对噪声比较敏感，在求解出的三维运动参数中还含有一个需要先验知识才能确定的因子。除图像配准外，这些方法很少投入实际应用。

基于光流的方法利用了灰度的变换信息，通常可分为两步：一是从图像序列的灰度变化中计算速度场，这一步一般需要计算灰度的一阶导数和二阶导数。二是利用一些约束条件从速度场中推测运动参数和物体结构。但由于实际景物中的速度场不一定总是与图像中的直观速度场有唯一的对应关系且偏导数计算会加重噪声水平，使得光流法在实用中出现不稳定。

针对这些不足之处，动态图像处理吸引了很多学者进行研究，不断有新方法出现，成为图像处理的一个热点问题。

4.2.4 过程层析成像

层析成像（Tomography）也称为计算机层析（断层）成像（Computerized Tomography, CT）或计算机辅助层析成像（Computer Assisted Tomography, CAT），是指在不损伤研究对象内部结构的条件下，利用某种探测源，根据从对象外部设备所获得的投影数据，运用一定的数学模型和重建技术，使用计算机生成对象内部的二维/三维图像，重现对象内部特征。层析成像不同于从“图像到图像”的常规计算机图像处理技术，而是由投影数据重建反映对象内部特征的图像，是一类特殊的图像处理技术，常称为“图像重建”。

层析成像技术的发展可追溯到21世纪初，1917年奥地利科学家J. Radon在“天线数学”杂志上发表著名的论文“论如何根据某些流形上的积分以确定函数”，证明了一个二维或三维的物体能够通过其无限个或连续的投影数据来重建并提出了图像重建理论，从而奠定了层析成像的数学基础，现称该理论为Radon变换及其逆变换。

Radon的理论首先应用于射电天文学，1961年射电天文学家W. H. Oldendorf实现了最早的具有医学应用价值图像重建，阐明了医学重建断层扫描的可能性。1963年美国科学家A. M. Cormack教授在Radon变换的基础上发展了投影重建图像理论，提出了从X射线投影重建图像的解析数学方法。1967年英国EMI公司的G. N. Hounsfield博士研制世界上第一台可用于临床的X射线CT扫描仪。

过程层析成像（Process Tomography, PT）技术也常称为流动成像（Flow Imaging）技术是20世纪80年代中后期开始正式形成和发展起来的，以CT技术为基础的，一种以两相流或多相流为主要对象的过程参数二维或三维分布状况的在线实时检测技术。过程层析成像是CT技术与工业要求相结合的产物。它的产生和发展与科学研究和工程实践中对两相流或多相流流动系统过程内部（相分布）信息获取的迫切需求密切相关，是目前多相流检测技术研究发展的主要趋势和前沿课题之一。

从20世纪80年代中期开始，以英国的曼彻斯特大学理工学院（University of Manchester Institute of Science and Technology, UMIST）M. S. Beck教授为首的研究小组开始探讨基于电容、超声等适合于工业应用传感机理的层析成像技术研究，并正式提出了流动成像（Flow Imaging）这一概念以区别于医学CT。1988年，他们研制成功了8电极电容层析成像系统，并于1990年进一步改进成为12电极的电容层析成像系统。该系统采用了基于电荷转移原理的电容数据采集系统，配备Transputer阵列式处理器对数据进行并行处理以提高系统的实时性。在多相流流体实验装置上对油/气/水三相流进行了成像实验，在线成像速度达40帧/秒。同时，美国能源部摩根城研究中心也设计了16电极电容层析成像系统用于流态化研究，可同时重建出流化床四个不同高度上空隙率截面分布的图像，速度达30帧/秒。德国Karlsruhe工业大学以F. Mesch教授为首的研究小组也在气/液超声层析成像方面取得了较大进展。这些先期研究成果极大地鼓舞了科技工作者，于是不同学科领域的研究人员开始结合在一起积极探讨基于不同传感机理的层析成像系统，并将这一多学科交叉的高新技术概括地称为“过程成像（Process Tomography）”技术。

由于过程层析成像技术在过程设计与运行中的巨大潜力，20 世纪 90 年代初，欧共体的科学技术委员会拨款支持一项为期 4 年的“欧洲过程层析成像联合行动（European Concerted Action on Process Tomography，简记 ECAPT）计划”，其目的为：“将不同学科联合起来以加快过程层析成像技术的开发和应用”。从 1992 年开始至 1995 年，每年一次分别在英国的 Machester、德国的 Karlsruhe、葡萄牙的 Oporto 和荷兰的 Bergen 召开了 4 届国际会议。该计划将原来分散在不同领域的 PT 研究者组织到了一起，会议参加人数逐年增加。在 1995 年最后一届 ECAPT 会议中，有来自 10 个国家 48 个研究小组（包括 14 个公司）的 107 名代表参加了会议。

ECAPT 计划的实施大大促进了 PT 技术的进步，并使 PT 技术所拥有的巨大工业应用潜力逐步为人们所认识。1994 年，以 UMIST 为技术后盾，成立了一家专门提供过程层析成像技术设备的公司（Process Tomography LTD）。

为进一步促进整个 PT 技术的发展，美国工程基金会（Engineering Foundation）分别于 1995 年在美国加州的 San Luis Obispo 和 1997 年在荷兰的 Delft 召开了“工业过程层析成像前沿（Frontier in Industrial Process Tomography）”国际会议。此外，1996 年 8 月由英国政府的 Technical Foresight Challenge 计划组织的三所大学（UMIST，University of Leeds，University of Exeter）成立了“工业过程层析成像技术虚拟中心（The Virtual Center for Industrial Process Tomography）”，该中心于 1999 年主持召开“第一届工业过程层析成像技术世界大会（1st World Congress on Industrial Process Tomography）”，并由 IChemE、IEE、Engineering Foundation 协办，以进一步加强 PT 技术方面的学术交流促进 PT 技术发展。

在我国，清华大学和天津大学于 20 世纪 80 年代末率先进行 PT 技术的研究，其后浙江大学、东北大学、浙江工业大学和中国科学院等高等院校和科研单位也相继开展研究，已开发出几种基于不同传感机理的 PT 样机系统，并取得了令人鼓舞的成果。

4.2.4.1 过程层析成像技术的特点及其构成

PT 和 CT 的数学原理相同，即前面所述的 Radon 变换及其逆变换，但是由于成像对象的不同，要将医学工程上已成功应用的 CT 技术应用于多相流参数检测，以得到多相流混合流体流经管道或装置二维或三维的各相组分分布的实时信息，PT 检测系统在技术上必须解决与多相流动系统特点有关的技术问题。概括起来主要有以下几方面。

① 多相流动系统是一快速动态系统，管道流体流动的结构和形态以及流动特性变化迅速，在某些应用场合甚至处于剧烈运动变化状态，这就要求 PT 成像系统具有较医学 CT 成像系统高得多的数据采集、处理及图像重建和显示速度。

② PT 系统的成像对象特性复杂多变，难以作出可靠的预测和估计，且被测物场往往是高度非线性，故要求 PT 系统的信息获取手段（涉及传感方法的选择和传感器的研制）和图像重建算法应能适应多相流系统种类、特性和不同操作条件的多种要求和变化。

③ 实际多相流工艺装置所处的工业现场条件非常恶劣，客观上要求 PT 系统必须能与工艺装置的物理、化学特性及其变化相匹配，具有抗干扰、抗腐蚀、抗磨损等特性，并具有远距离通讯能力。

④ 获得高质量的清晰图像仅仅是 PT 系统信息处理过程中的第一步，它不能满足实际工业应用要求，因为在大多数情况下仅依据重建图像是难以进行多相流各参数的检测和多相流工业过程状态监控的。对所获重建图像进行分析处理并从图像中获取反映被测多相流体流

动状况的定量或定性特征信息是PT系统必须具备的重要功能。

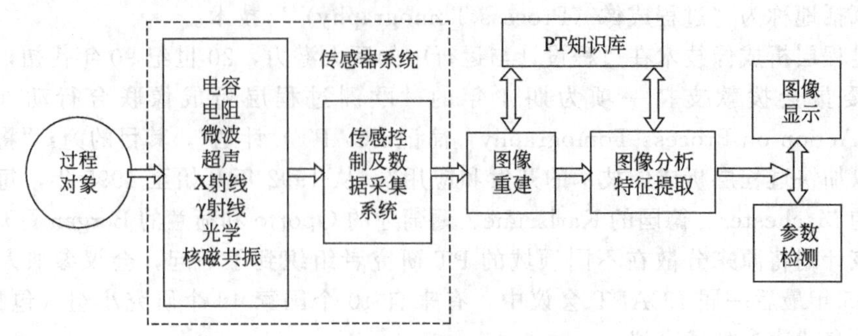

图 4.14　PT 成像系统一般构成

PT 成像系统的一般构成如图 4.14 所示。主要由传感器系统（包括敏感部件及信号处理电路等）、图像重建、图像分析和特征提取、PT 知识库以及实时图像显示五大部分组成。

传感器系统对应于医学 CT 中的计算机断层扫描装置，目的是为了获得反映多相流体相分布信息的测量数据（投影数据）。传感器系统包括敏感部件和信息处理电路两部分。敏感部件是安置在管道周围可对管截面上不同区域进行扫描测量的传感器阵列，可根据需要采用电容、电阻、微波等各种原理。信号处理电路负责数据的采集、滤波、A/D 转换和扫描控制。由于多相流动体系是一快速动态系统，数据采集的采样速度必须足够快，要保证一次完整扫描时间间隔内多相流体各相组分分布基本上无变化，从而符合“凝固”流体假设。

图像重建、图像分析和特征提取及图像显示是用计算机实现的。

图像重建是关键的一步。它是根据图像重建算法，利用扫描测量所得的数据，实现由投影重建图像，对被测多相流体各相组分进行空间定位。一般情况下为减少误差以提高重建图像的质量，图像重建算法中均包含有对原始重建图像进行修正的滤波程序。需要指出的是，相对于 CT，许多 PT（例如电容 PT、电阻 PT 和超声 PT 等）中采用的图像重建算法是较为粗糙和不甚精确的，相应地重建出的图像质量也不高。这有两方面的原因：①有些 PT 技术的检测机理研究和图像重建算法研究还不够充分，例如目前还未找到能有效克服电学 PT “软场”特性的传感器设计方法（“软场”这一概念是相对 X、γ 射线等 CT 其测量场是不受介质分布影响的特性而言的。所谓“软场”是指受测量介质分布影响的测量场，如电容 PT 中的测量场就是“软场”，相应地射线 CT 或 PT 中的测量场就称为“硬场”）和图像重建算法；②PT 的实时性要求很高，客观上希望图像重建算法越简单越快速越好，而高精度的图像重建算法往往是计算量大非常复杂而费时的算法，对系统实时性能不利。

图像分析和特征提取可视为一个对重建图像进行解释和诊断的过程，是根据图像重建后获得的关于多相流各相组分各局部分布的原始信息，通过相应的数学分析和处理，给出测量所需的各种检测参数值（例如空隙率或分相含率、流型等）和表征被测流体各相组分分布状况的数字图像各像素的灰度值。

PT 知识库主要是为图像重建与图像分析和特征提取提供有关的各类模型、重建算法和先验知识以适应测量过程中被测对象的多种变化和要求。知识库本身具有学习能力，可在测量过程中不断补充和完善。

图像显示单元是根据给出的数字图像灰度值和所需的各检测参数值，在计算机显示屏上显示出反映多相流体各相分布的实时图像以及其他有关的测量信息。

4.2.4.2　过程层析成像的基本原理

CT 技术和过程层析成像技术所依据的基本数学原理是一样的，即 Radon 变换及 Radon

逆变换。

设 $f(x,y)$ 为定义在二维欧几里得空间 R^2 上的连续有界函数，L 为一直线，称函数 $f(x,y)$ 沿直线 L 的线积分

$$Rf(x,y)=\int_L f(x,y)\mathrm{d}l \tag{4.92}$$

为其 Radon 变换，其中 $\mathrm{d}l$ 表示线微元，记符号 R 为 Radon 变换算子。

取直角坐标 X-Y，(x,y) 表示平面上的点，则 $f(x,y)$ 表示在点 (x,y) 上的函数值。平面上任意直线可表为（图 4.15）

$$L: t=x\cos\theta+y\sin\theta \tag{4.93}$$

这里 t 是坐标原点到直线 L 的距离，θ 是 t 方向与 X 轴的夹角。则平面上的直线可由数对 (t,θ) 确定，$f(x,y)$的 Radon 变换可表为

$$Rf(t,\theta)=\int_{t=x\cos\theta+y\sin\theta} f(x,y)\mathrm{d}l \tag{4.94}$$

$$\mathrm{d}l=\sqrt{(\mathrm{d}x)^2+(\mathrm{d}y)^2}$$

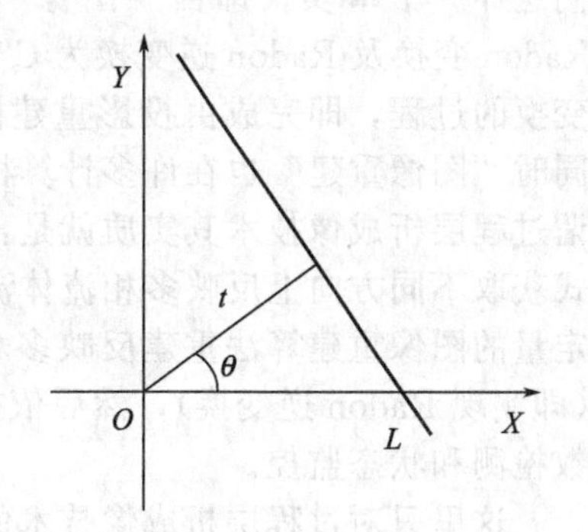

图 4.15 直线在 X-Y 平面示意图

符号 $Rf(t,\theta)$ 表示 $f(x,y)$ 沿与原点距离为 t 与正 Y 轴相交角度为 θ 的直线 L 的 Radon 变换。

记 ζ 为直线 L 的法线上的单位向量，$|\zeta|=1$，$\zeta=(\zeta_1,\zeta_2)=(\cos\theta,\sin\theta)$，则用 t 和 ζ 也能确定平面上的直线

$$t=\zeta\cdot X=\zeta_1 x+\zeta_2 y \tag{4.95}$$

可得式(4.94) 的另一种形式为

$$Rf(t,\zeta)=\int_{t=\zeta_1 x+\zeta_2 y} f(x,y)\mathrm{d}l \tag{4.96}$$

式(4.96) 用 δ 函数表示即为

$$Rf(t,\zeta)=\int f(X)\delta(t-\zeta\cdot X)\mathrm{d}X \tag{4.97}$$

现采用新的坐标系（旋转坐标）t-s 与原坐标成 θ 角，s 轴与直线 L 平行，如图 4.16 所示。

两坐标系转换关系如下

$$\begin{bmatrix}x\\y\end{bmatrix}=\begin{bmatrix}\cos\theta,-\sin\theta\\\sin\theta,\cos\theta\end{bmatrix}\begin{bmatrix}t\\s\end{bmatrix} \tag{4.98}$$

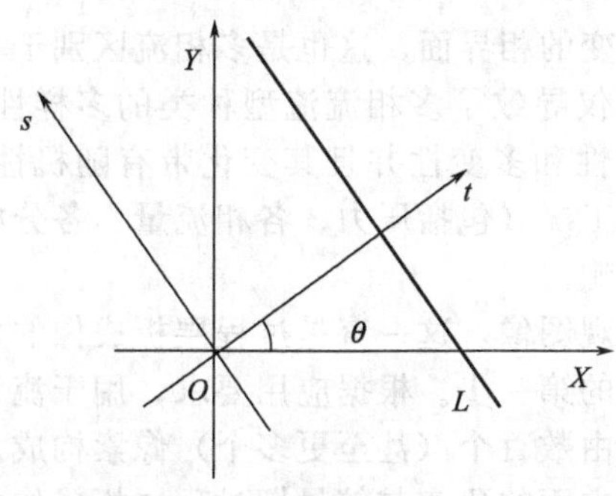

图 4.16 直线在 t-s 平面示意图

将式(4.98) 代入式(4.94)，则可得 Radon 变换的经典表达式

$$Rf(t,\theta)=\int_{-\infty}^{\infty} f(t\cos\theta-s\sin\theta,t\sin\theta+s\cos\theta)\mathrm{d}s \tag{4.99}$$

Radon 于 1917 年给出了式(4.99) 的反演公式，即 Radon 逆变换公式现也常称为 Radon 定理，其简要的叙述如下。

函数 $f(x,y)$ 在定义域 R^2 中任意一点 (x,y) 处的值可由经过该点的所有线积分的集合按下式唯

一确定

$$f(x,y)=-\frac{1}{2\pi^2}\lim_{\varepsilon\to 0}\int_{\varepsilon}^{\infty}\frac{1}{q}\int_0^{2\pi}Rf_1(x\cos\theta+y\sin\theta+q,\theta)\mathrm{d}\theta\mathrm{d}q \tag{4.100}$$

式中，$Rf_1(q,\theta)$ 表示 $Rf(q,\theta)$ 关于第一变元 q 的偏导数。

现在一般将函数 $f(x,y)$ 称为“图像”（Image），将 $Rf(t,\theta)$（线积分）称为该“图像”沿某一投影方向（直线 L）上的“投影”（Projection），而 Radon 逆变换实质上告诉人们这样一个事实，即由“图像”在所有方向上的“投影”可“重建”该“图像”，因此 Radon 变换及 Radon 逆变换为 CT 和过程层析成像奠定了数学基础。相应地实现 Radon 逆变换的过程，即完成由投影重建图像的过程，称为“图像重建”（Image Reconstruction），同时“图像重建”也在许多计算机图像处理教科书中成了层析成像的代名词。由此而言，所谓过程层析成像技术其实质就是：基于某种传感机理，用阵列式传感器以非接触或非侵入方式获取不同方向上反映多相流体流动信息的投影数据（即实现 Radon 变换），并运用定性或定量的图像重建算法重建反映多相流体某一截面或工艺装置某一部分流体流动信息的图像（即实现 Radon 逆变换），然后依据所获的重建图像提取特征信息和检测参数实现多相流参数检测和状态监控。

这里只对过程层析成像技术的基本数学原理做简单介绍，有关 Radon 变换的基本性质及其广义 Radon 变换的内容可以参考有关书籍和文献。

4.2.4.3 过程层析成像技术在两相流参数测量中的应用

PT 技术引人注目，被视为多相流检测技术研究发展的重要方向之一，原因在于它能够在不破坏或干扰多相流流体流动的情况下提供有关多相流体流经管道或装置各相组分局部的微观的分布信息。该信息的获取为从根本上解决多相流体各相分布等因素对多相流参数测量的影响问题提供了一条途径，使多相流系统各参数的准确测量成为可能。PT 技术的引入，使其在多相流检测领域有着广泛用途。

① 提供被测多相流体各相组分分布直观的实时图像，可用于流型的辨识。

② 通过对图像的处理和分析，可得到多相流体各相组分的局部浓度分布，进一步处理可得到各分相的浓度。

③ 将 PT 技术与相关流速测量技术等相结合，可实现多相流体总质量流量、分相质量流量以及流体在管截面上流速分布的实时测量。

④ PT 技术可为多相流工业设备和装置的机理研究、模型研究、优化设计和改进提供方便的手段。

⑤ 随着在线、实时二维/三维成像的实现，PT 技术还可应用于两相流/多相流流体复杂生产过程的监控。

两相流体（或多相流体）流动过程中各分相介质的分布状况或流动结构称为流型或流态（Flow Pattern 或 Flow Regime）。

多相流流型的产生是由于多相流各相间存在随机可变的相界面，这也是多相流区别于单相流的主要特征之一。各种复杂多变相界面的存在，不仅导致了多相流流型种类的多样性，而且导致了多相流流型在多相流体流动过程中的非恒定性和多变性并且其变化带有随机性。多相流流型不仅受各相介质自身特性影响，而且受系统工况（包括压力、各相流量、各分相含率、管道的几何形状、壁面特性及安装方式等）的影响。

流型可视化的本质是获取反映各相介质的分布的直观图像，这一直是过程层析成像的研究重点，因为获取该图像是过程层析成像技术得以应用的第一步。根据应用要求，用于流型可视化的图像一般分辨率要求较高，整个数字图像一般由数百个（甚至更多个）像素构成。

应用基于射线的过程层析成像技术进行流型可视化方面的研究与较早期过程层析成像技术的发展同步，自 20 世纪 80 年代末期以来随着基于电学传感机理等的过程层析成像技术的发展该方面的应用研究工作得到了进一步深化和拓展。

流型可视化方面的研究工作已从早期的关于两相流流型可视化发展到多相流（三相流）的流型可视化。众所周知，三相流具有远比两相流复杂得多的相介质特性和流动特性，某些三相流的流型定义和分类至今仍是有待探讨的问题，因此三相流流型的可视化较两相流困难。如图 4.17 所示 Johanson 等人开发的油气水三相流过程层析成像系统是很有特色的，这是一个由 8 电极电容层析成像系统和γ射线层析成像系统组合而成的双模式成像系统。根据测量机理，电容层析成像系统对介电常数敏感，一方面能较好地分辨出油和气两相另一方面也能区分水相，并能在油为连续相时将油气两相和水相区别开；而γ射线层析成像系统能较好地将气相和液相（即水相和油相）区分。由此，这样组合的成像系统充分利用了两种过程层析成像技术各自的优势，显然要比采用单一的成像系统效果要好，更为适合于多相流体流型的可视化和辨识。

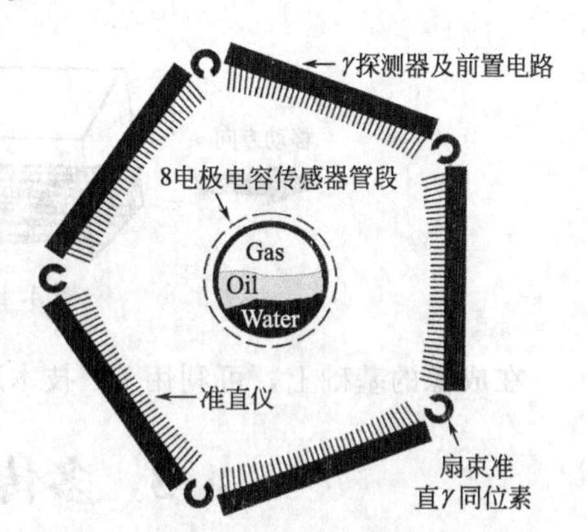

图 4.17　双模式过程层析成像系统

流型可视化方面另一进展是不仅能获得连续的二维图像而且已从二维截面成像发展到了三维（或拟三维）立体成像阶段。基于射线层析成像的三维成像由于有医学 CT 为技术支撑，技术上已无多大问题。近年来发展较快的是基于电容层析成像的有关研究。图 4.18(a) 和（b）分别示出了对气液两相流（介质为氮气和油）进行二维连续成像的成像结果，从图中可以看出，左边的二维成像结果较好地跟踪了右边的流型所示的流体的流动。图 4.19 示出了一个以约 0.2m/s 速度流动的塞状流体的三维成像结果。

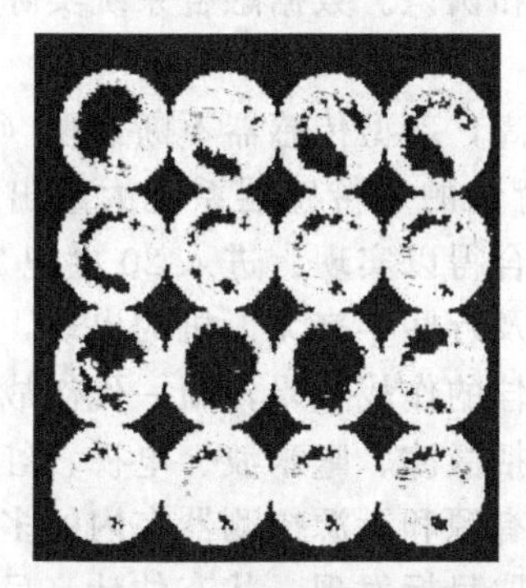

(a) 垂直上升乳沫状流

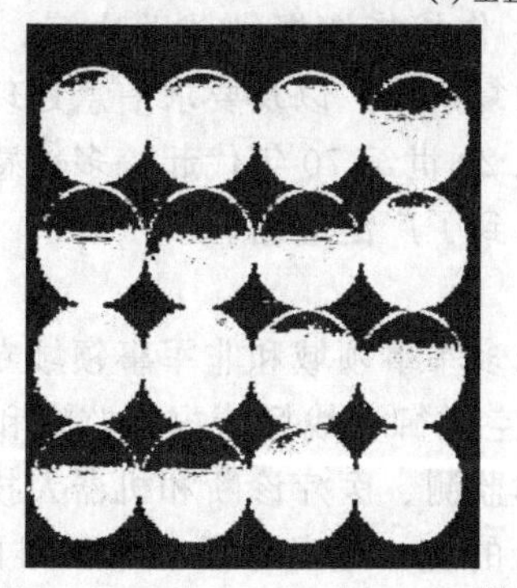

(b) 水平塞状流

图 4.18　两种流型下二维连续成像

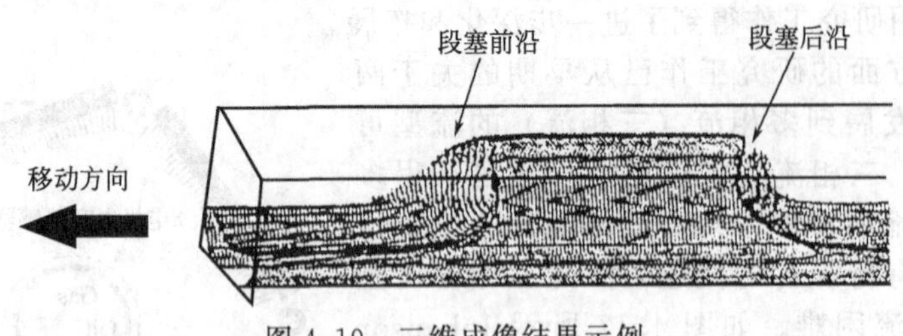

图 4.19　三维成像结果示例

在成像的基础上，可利用 PT 技术进行多相流的流型的辨识和空隙率的测量。

4.3　多传感器数据融合技术

4.3.1　概述

多传感器数据融合，是对多种信息的获取、表示及其内在联系进行综合处理和优化的技术。多传感器数据融合技术从多信息的视角进行处理及综合，得到各种信息的内在联系和规律，从而剔除无用的和错误的信息，保留正确的和有用的成分，最终实现信息的优化。也为智能感知、信息处理技术提供了新的观念。

多传感器数据融合并不是一个新概念，人类和动物在进化过程中，早已形成借助多个器官帮助其生存的能力，所以说多传感器数据融合源于仿生学：从生物学的角度来看，人类和自然界中其他动物对客观事物的认知过程，就是对多源数据的融合过程。人类利用视觉、听觉、触觉、嗅觉等多种感官功能，获取客观对象不同质、不同量信息，再通过大脑进行综合处理，获取对外界事物和环境和谐与统一的理解和认识。数据融合系统实际上就是模仿这种由感知到认知的过程。

随着科学技术的发展，传感器性能的极大提高，新型传感器不断涌现（复合传感器、生物传感器、纳米传感器等），各种面向复杂应用背景的多传感器系统大量出现，以及先进的硬件和信息处理技术的出现，才使得实时数据融合得以实现。进入 20 世纪 70 年代以后，高科技兵器尤其是精确制导武器、远程打击武器以及近些年来无人机的出现，已使战场范围扩大到陆、海、空、天、电磁空间中，为了获得最佳的作战效果，新一代作战系统中依靠单传感器提供信息已无法满足作战需要，必须运用包括微波、毫米波、电视、红外、激光、电子支援措施以及电子情报技术等覆盖广频段的各种有源和无源探测器在内的多传感器集成，来提供多种观测数据，通过优化综合处理，实时获取目标发现、状态估计、目标属性、行为意图、态势评估、威胁分析等信息，为火力控制、作战指挥提供辅助决策。在多传感器系统中，由于信息的多源性、海量数据，信息关系的复杂性，以及要求信息处理的实时性，都已大大超出了人脑的信息综合处理能力，因此，从 20 世纪 70 年代起，多传感器数据融合便迅速发展成为一门新兴学科，在军事、民用领域得到了广泛应用。

（1）多传感器数据融合定义

近几十年来，多传感器数据融合一直受到众多军事领域和非军事领域专家学者的广泛关注。军事领域包括海上和空间监视、空-空和地-空防御、战场情报、监视和获取目标、战略预警和防御等；非军事领域包括遥感、设备自动监测、医疗诊断和机器人技术等。由于研究内容的广泛性和多样性，给出多传感器数据融合的统一定义还是非常困难的，从不同角度，大概可以概括为以下几个方面。

① 对人脑综合处理复杂问题的一种功能模拟。充分利用多个信息资源，通过对多种信

源及其观测信息的合理支配和使用，将各种信源在空间和时间上的互补与冗余信息依据某种优化准则组合起来，产生对观测环境的一致性解释和描述。

② 多传感器数据融合技术将经过集成处理的多传感器信息进行合成，形成一种对外部环境或被测对象某一特征的表达方式。

③ 利用计算机技术对按时序获得的若干传感器的观测信息在一定准则下加以自动分析、优化综合以完成所需要的决策和估计任务而进行的信息处理过程。

④（军事领域）是对来自多传感器的数据进行多级别、多方面、多层次的处理，从而产生新的有意义的信息。

⑤ 指对来自不同知识源和传感器采集的数据进行综合处理，从而得出更加准确、可靠的结论。

⑥ 多层次、多方面处理自动检测、联系、相关、估计以及多来源的信息和数据的组合过程。

⑦ 数据融合是一种有效的方法，把不同来源和不同时间点的信息自动或半自动地转换成一种形式，这种形式为人类提供有效支持或者可以自动做出决策。

(2) 多传感器数据融合的优势

多传感器数据融合技术是基于各独立传感器的观测数据，通过融合导出更丰富的有效信息，获得最佳协同效果，发挥多个传感器的联合优势，提高传感器系统的有效性和鲁棒性，消除单一传感器的局限性。主要有以下优点。

① 提高系统的可靠性和鲁棒性。

② 扩展时间或空间的观测范围。

③ 增强系统的可信度。

④ 增强系统的分辨能力。

⑤ 增加了系统的生存能力。

⑥ 降低了信息的模糊度。

⑦ 改善了探测性能。

⑧ 增加了测量空间的维数。

(3) 多传感器数据融合的局限性

多传感器数据融合的局限性主要表现在以下几个方面。

① 多传感器数据融合结果并不能代替单一高精度传感器测量结果。

② 数据融合处理不可能修正预处理或单个传感器处理时的错误。

③ 数据融合过程中希望能用一种简单的方式来描述传感器性能。

④ 由于数据来源不同，一种单一的融合算法可能难以实现预想的融合效果，往往需要综合各门学科的多种技术，如信号处理、图像处理、模式识别、统计估计、自动推理理论和人工智能等。对于给定的数据如何选择合适算法来进行有效的信息融合是数据融合技术发展所面临的挑战。

⑤ 并未形成基本的理论框架和有效的广义融合模型及算法，绝大部分工作都是围绕特定应用领域内的具体问题来展开的。也就是说，目前对数据融合问题的研究都是根据问题的种类，各自建立直观融合准则，并在此基础上形成所谓最佳融合方案。充分反映了数据融合技术所固有的面向对象的特点，难以构建完整的理论体系。这妨碍了人们对数据融合技术的深入认识，使数据融合系统的设计带有一定的盲目性。

⑥ 缺乏对数据融合技术和数据融合系统性能进行评估的手段。如何建立评价机制，对数据融合系统进行综合分析，对数据融合算法和系统性能进行客观准确的评价，是亟待解决

的问题。

(4) 多传感器数据融合存在的问题及发展方向

当然，到目前为止，多传感器数据融合研究中还面临许多问题需要解决，主要包括：

① 数据缺陷；

② 异常和虚假数据；

③ 数据冲突；

④ 数据形式；

⑤ 数据关联；

⑥ 数据校准与匹配；

⑦ 数据联合；

⑧ 处理框架；

⑨ 操作时序；

⑩ 静态现象和动态现象；

⑪ 数据维度。

随着近些年互联网、无线传感网络和物联网等技术的发展，不断对多传感器数据融合技术提出新的挑战：非结构化和半结构化数据的海量数据（Massive Data）和大数据（Big Data）；数据体量巨大（Volume）：TB→PB；数据类型繁多（Variety）：日志、视频、图片、地理位置信息等；价值密度低（Value）：视频，有用数据可能就有1～2s；处理速度快（Velocity）：1s定律。在现阶段多传感器数据融合技术的主要研究内容包括：

① 未知环境下的传感器自校准方法；

② 多传感器数据融合基础理论研究，体系结构、框架和形式化分析等；

③ 融合算法的改进，不同机器学习算法的有机结合；

④ 如何利用有关的先验知识和数据提高数据融合的性能；

⑤ 多传感器数据融合的评估方法；

⑥ 传感器优化布局；

⑦ 多源异构信息融合算法；

⑧ 大数据融合的并行处理机制。

4.3.2 多传感器数据融合技术的类别

从不同的角度，多传感器数据融合技术可以分为不同的模型类别，包括功能模型、结构模型和算法模型。

功能模型：根据融合需求，定义数据融合系统的组成，数据融合时系统各主要功能部分之间的相互作用过程，以及数据融合系统的软硬件组成。

结构模型：描述数据融合的系统拓扑结构关系以及数据流的定义。

算法模型：数据融合算法的数学表示和综合逻辑。

(1) 功能模型

按照多传感器数据融合所具备的功能分类，一般是依据美国联合实验室JDL提出的3级、4级、5级和6级融合模型。图4.20为一典型的6级功能分类模型简化框图。

从图4.20可以看出，该模型主要包括信源、预处理、检测级融合、位置级融合、目标识别融合、态势估计、威胁估计、精细处理和数据库处理等功能模块。

① 信源：即信息源，主要包括雷达、红外、声呐、电子情报、敌我识别器、通讯情报等，这里的信源不仅包括了物理意义上的传感器系统，还包括了与环境匹配的各种信息获取系统，甚至人和动物的感知系统。

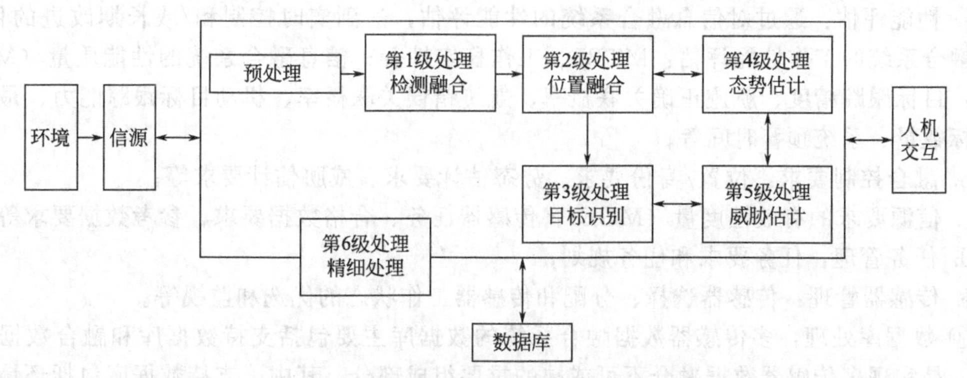

图 4.20 数据融合系统 6 级功能模型框图

② 信源预处理：在信源预处理模块中，主要实现的功能包括信号分选、过程分配、误差补偿、像素级或信号级数据关联与归并等信号处理方法，其输出为信号和特征。

③ 检测级融合：是信号处理级的信息融合，也是一个分布检测问题，即根据所选择的检测准则形成最优化检测门限，以产生最终的检测输出。

检测级融合的结构模型主要包括分散式结构、并行结构、串行结构、树状结构、带反馈的并行结构。主要解决分布式虚警检测、相关高斯/非高斯环境下同时优化局部决策规则和融合中心规则的分布式检测融合以及异步分布式检测融合等问题。

④ 位置级融合：是直接在传感器的观测报告或测量点迹和传感器的状态估计上进行的融合，包括时间、空间和时空上的融合，它通过综合来自多传感器的位置信息建立目标的航迹和数据库，获得目标的位置和速度（数据校准、数据互联、目标跟踪、状态估计、航迹关联、估计融合）。其结构主要有集中式、分布式、混合式和多级式等。

⑤ 目标识别融合：也称属性分类或身份估计，是指对来自多个传感器的目标识别（属性）数据进行组合，以得到对目标身份的联合估计。依据融合采用的信息的层次，可以分为决策级融合、特征级融合和数据级融合；依据传感器是否采取合作工作方式，可以分为基于合作传感器的融合识别和基于非合作传感器的融合识别；依据传感器提供的信息分辨率，可以分为基于高分辨率传感器的目标识别融合、基于低分辨率传感器的目标识别融合。

⑥ 态势估计：所谓态势是一种状态，一种趋势，是一个整体和全局的概念。态势估计是对战斗力量部署及其动态变化情况的评估过程，从而分析并确定事件发生的深层次原因，得到关于敌方兵力结构和使用特点的估计，推断敌方意图、预测将来活动，最终形成战场综合态势图，从而提供最优决策依据。态势估计主要包括态势元素提取、当前态势分析和态势预测。

⑦ 威胁估计：威胁估计的任务是在态势估计的基础上，综合敌方破坏能力、机动能力、运动模式及行为企图的先验知识，得到敌方兵力的战术含义，估计出作战事件出现的过程或严重性，并对作战意图做出指示和告警，重点是定量表示敌方作战能力，并估计敌方企图。主要包括：估计/聚类作战能力、预测敌方意图、判断威胁时机、估计潜在事件和进行多视图评估。

⑧ 态势感知：除了态势估计和威胁估计，还有一个概念是态势感知，是指在一定的空间和时间内了解周围的事务，掌握它们在未来的含义和动态。它包括 4 个要素：感知、理解、预测和估计。因此，态势感知一般是指在大规模系统环境中，对能够引起系统安全态势估计发生变化的安全要素的获取、理解以及预测的过程，并识别出它们的身份。

⑨ 精细处理：精细处理包括评估、规划和控制。主要由以下内容构成。

a. 性能评估：通过对信息融合系统的性能评估，达到实时控制和/或长期改进的目的。信息融合系统的工作性能评估：MTBF、工作稳定性等；信息融合系统的性能质量（MOP）度量：目标跟踪精度、航迹正确关联概率、航迹错误关联概率、机动目标跟踪能力、最大跟踪目标数量、系统预警时间等；

b. 融合控制要求：位置/身份要求、势态估计要求、威胁估计要求等；

c. 信源要求的有效性度量（MOE）：传感器任务、合格数据要求、参考数据要求等；

d. 任务管理：任务要求和任务规划；

e. 传感器管理：传感器选择、分配和传感器工作状态的优选和监视等。

⑩ 数据库处理：多传感器数据融合系统的数据库主要包括支持数据库和融合数据库两大类，是实现多传感器数据融合不可或缺的重要组成部分。其中，支持数据库包括环境数据库、条令数据库、技术数据库、算法数据库、观测数据库和档案任务数据库等；融合数据库主要包括目标位置/身份数据库、态势估计数据库、威胁估计数据库等。

（2）结构模型

多传感器数据融合按系统的拓扑关系一般可分为串联型、并联型、混合型和反馈型几类。它们的结构示意图如图 4.21～图 4.24 所示。

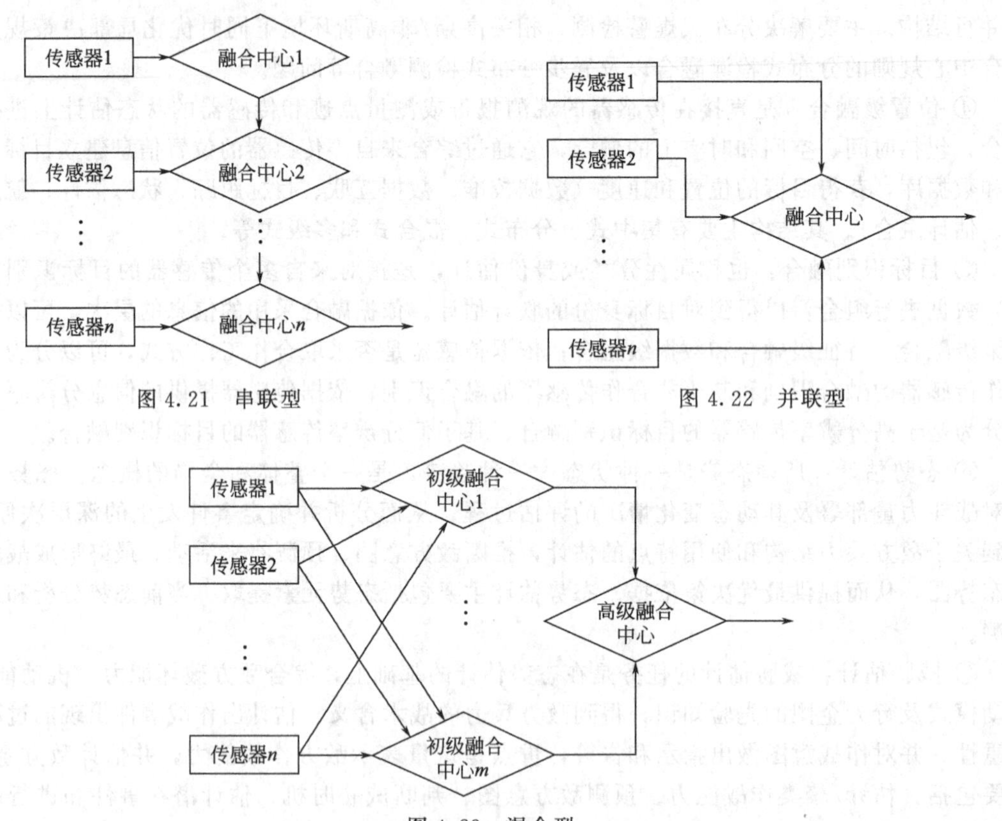

图 4.21　串联型

图 4.22　并联型

图 4.23　混合型

从图中可以看出，串联型数据融合时，每个传感器接收上一级融合中心的结果的基础上，实现这一级传感器的数据融合，将结果传给下一级，直到最后一级融合中心输出最终结果；而并联型数据融合时，所有传感器直接将各自的输出信息传输到一个数据融合中心，由这个数据融合中心将各个输入信息按照某种方法进行处理，输出最终结果；混合型数据融合是前两种融合方法的结合；而对于反馈型融合方法，是将融合系统的最终结果或者融合中心的

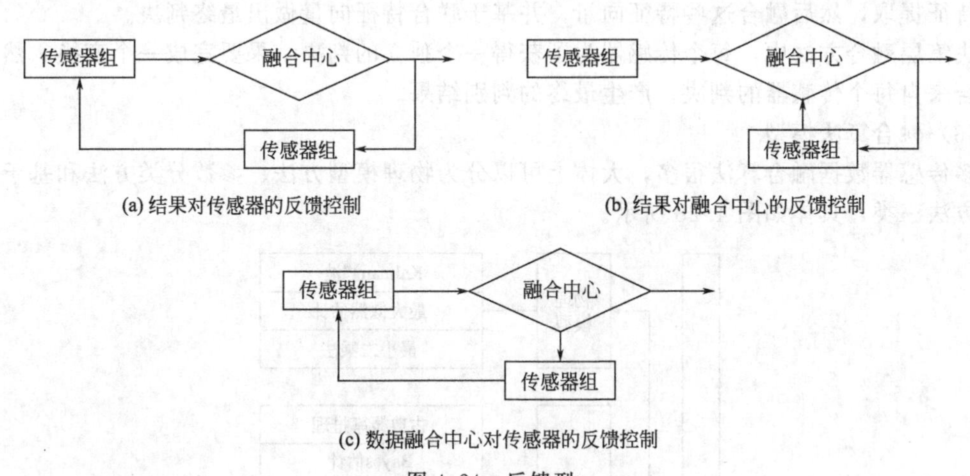

(a) 结果对传感器的反馈控制　(b) 结果对融合中心的反馈控制

(c) 数据融合中心对传感器的反馈控制

图 4.24　反馈型

中间结果反馈到各个传感器或融合中心的一种数据融合结构。

按融合时采用的数据的不同还可以将多传感器数据融合分为数据层融合、特征层融合和决策层融合三种基本形式，如图 4.25～图 4.27 所示。

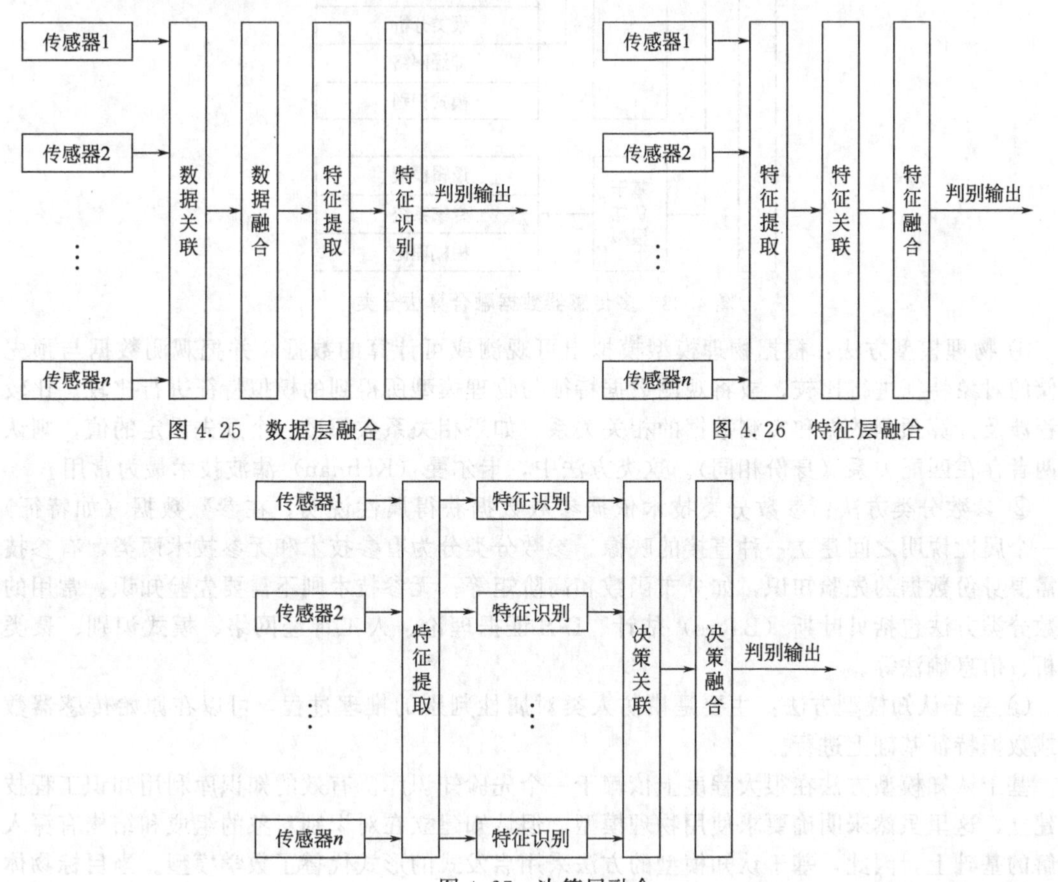

图 4.25　数据层融合　图 4.26　特征层融合

图 4.27　决策层融合

数据层融合方法中，直接对来自同类传感器的数据进行融合，然后是特征提取和来自融合数据的最终判别。为了实现这种数据层的融合，传感器必须是相同的或同类的。

特征层融合方法中，每个传感器观测一个目标，并且产生来自每个传感器的特征向量，完成特征提取，然后融合这些特征向量，并基于联合特征向量做出最终判决。

决策层融合方法中，每个传感器为了获得一个独立的判决结果要完成一个变换，然后顺序融合来自每个传感器的判决，产生最终的判别结果。

(3) 融合算法模型

多传感器数据融合算法很多，大体上可以分为物理模型方法、参数分类方法和基于认知模型方法三类，具体如图 4.28 所示。

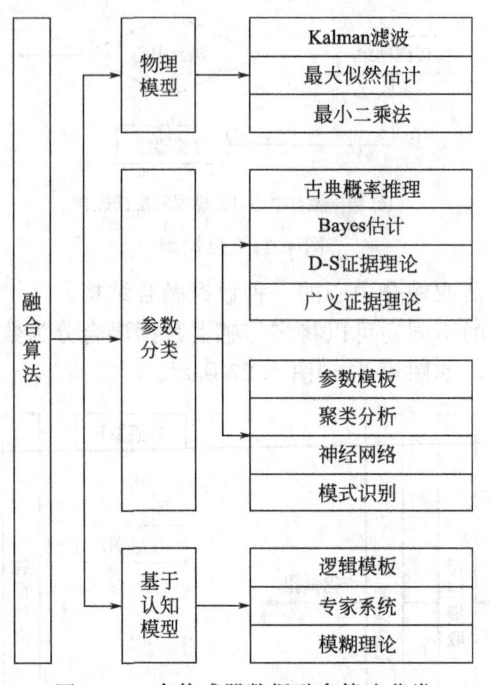

图 4.28　多传感器数据融合算法分类

① 物理模型方法：根据物理模型模拟出可观测或可计算的数据，并把观测数据与预先存储的对象特征进行比较，或将观测数据特征与物理模型所得到的模拟特征进行比较。比较过程涉及计算预测数据和实测数据的相关关系。如果相关系数超过一个预先设定的值，则认为两者存在匹配关系（身份相同）。这类方法中，卡尔曼（Kalman）滤波技术最为常用。

② 参数分类方法：参数分类技术依据参数数据获得属性说明，在参数数据（如特征）和一个属性说明之间建立一种直接的映像。参数分类分为有参技术和无参技术两类，有参技术需要身份数据的先验知识，如分布函数和高阶矩等；无参技术则不需要先验知识。常用的参数分类方法包括贝叶斯（Bayes）估计、D-S 证据理论、人工神经网络、模式识别、聚类分析、信息熵法等。

③ 基于认知模型方法：主要是模仿人类对属性判别的推理过程，可以在原始传感器数据或数据特征基础上进行。

基于认知模型方法在很大程度上依赖于一个先验知识库。有效的知识库利用知识工程技术建立，这里虽然未明确要求使用物理模型，但认知建立在对识别对象的组成和结构有深入了解的基础上，因此，基于认知模型的方法采用启发式的形式代替了数学模型。当目标物体能依据其组成及相互关系来识别时，这种方法尤其有效。

4.3.3　多传感器数据融合算法

多传感器数据融合算法主要包括：加权平均法、卡尔曼（Kalman）滤波法、贝叶斯（Bayes）估计法、Dempster-Shafer 证据推理法（D-S 证据推理法）、产生式规则法、模糊逻辑法、神经网络法以及专家系统等。

① 加权平均法：信号级融合方法最简单、最直观方法是加权平均法，该方法将一组传感器提供的冗余信息进行加权平均，结果作为融合值，该方法是一种直接对数据源进行操作的方法。

② 卡尔曼滤波法：卡尔曼滤波主要用于融合低层次实时动态多传感器冗余数据。该方法用测量模型的统计特性递推，决定统计意义下的最优融合和数据估计。如果系统具有线性动力学模型，且系统与传感器的误差符合高斯白噪声模型，则卡尔曼滤波将为融合数据提供唯一统计意义下的最优估计。卡尔曼滤波的递推特性使系统处理不需要大量的数据存储和计算。但是，采用单一的卡尔曼滤波器对多传感器组合系统进行数据统计时，存在很多严重的问题，比如：a. 在组合信息大量冗余的情况下，计算量将以滤波器维数的三次方剧增，实时性不能满足；b. 传感器子系统的增加使故障随之增加，在某一系统出现故障而没有来得及被检测出时，故障会污染整个系统，使可靠性降低。

③ 贝叶斯估计法：贝叶斯估计为数据融合提供了一种手段，是融合静态环境中多传感器高层信息的常用方法。它使传感器信息依据概率原则进行组合，测量不确定性以条件概率表示，当传感器组的观测坐标一致时，可以直接对传感器的数据进行融合，但大多数情况下，传感器测量数据要以间接方式采用贝叶斯估计进行数据融合。多贝叶斯估计将每一个传感器作为一个贝叶斯估计，将各个单独物体的关联概率分布合成一个联合的后验的概率分布函数，通过使用联合分布函数的似然函数为最小，提供多传感器信息的最终融合值，融合信息与环境的一个先验模型提供整个环境的一个特征描述。

④ D-S 证据推理法：证据推理是贝叶斯推理的扩充，其 3 个基本要点是：基本概率赋值函数、信任函数和似然函数。D-S 方法的推理结构是自上而下的，分三级。第 1 级为目标合成，其作用是把来自独立传感器的观测结果合成为一个总的输出结果（D）。第 2 级为推断，其作用是获得传感器的观测结果并进行推断，将传感器观测结果扩展成目标报告。第 3 级为更新，各种传感器一般都存在随机误差，所以，在时间上充分独立地来自同一传感器的一组连续报告比任何单一报告可靠。因此，在推理和多传感器合成之前，要先组合（更新）传感器的观测数据。

⑤ 产生式规则法：产生式规则采用符号表示目标特征和相应传感器信息之间的联系，与每一个规则相联系的置信因子表示它的不确定性程度。当在同一个逻辑推理过程中，2 个或多个规则形成一个联合规则时，可以产生融合。应用产生式规则进行融合的主要问题是每个规则的置信因子的定义与系统中其他规则的置信因子相关，如果系统中引入新的传感器，需要加入相应的附加规则。

⑥ 模糊逻辑法：模糊逻辑是多值逻辑，通过指定一个 0 到 1 之间的实数表示真实度，相当于隐含算子的前提，允许将多个传感器信息融合过程中的不确定性直接表示在推理过程中。如果采用某种系统化的方法对融合过程中的不确定性进行推理建模，则可以产生一致性模糊推理。与概率统计方法相比，逻辑推理存在许多优点，它在一定程度上克服了概率论所面临的问题，它对信息的表示和处理更加接近人类的思维方式，它一般比较适合于在高层次上的应用(如决策)，但是，逻辑推理本身还不够成熟和系统化。此外，由于逻辑推理对信息的描述存在很大的主观因素，所以，信息的表示和处理缺乏客观性。模糊集合理论对于数据融合的实际价值在于它外延到模糊逻辑，模糊逻辑是一种多值逻辑，隶属度可视为一个数据真值的不精确表示。在 MSF 过程中，存在的不确定性可以直接用模糊逻辑表示，然后，使用多值逻辑推理，根据模糊集合理论的各种演算对各种命题进行合并，进而实现数据融合。

⑦ 神经网络法：神经网络具有很强的容错性以及自学习、自组织及自适应能力，能够

模拟复杂的非线性映射。神经网络的这些特性和强大的非线性处理能力，恰好满足了多传感器数据融合技术处理的要求。在多传感器系统中，各信息源所提供的环境信息都具有一定程度的不确定性，对这些不确定信息的融合过程实际上是一个不确定性推理过程。神经网络根据当前系统所接受的样本相似性确定分类标准，这种确定方法主要表现在网络的权值分布上，同时，可以采用神经网络特定的学习算法来获取知识，得到不确定性推理机制。利用神经网络的信号处理能力和自动推理功能，即实现了多传感器数据融合。

下面对 Bayes 估计，D-S 证据理论和模糊逻辑法做一简要介绍。

(1) Bayes 估计

Bayes 估计是概率融合方法的核心，是利用概率分布或者概率密度函数描述数据的不确定性，在此基础上实现数据的融合，减少数据的不确定程度，Bayes 估计是融合静态环境中多传感器低层数据的一种常用方法。其信息描述为概率分布，适用于具有可加高斯噪声的不确定性信息。假设有一个状态空间，Bayes 估计提供了一个计算假定空间 x_k 在时间 k 上的后验（条件）概率分布或概率密度的方法，其中，已知测量为 $Z^k=\{z_1, z_2, \cdots, z_k\}$，以及先验分布：

$$p(x_k|Z^k)=\frac{p(z_k|x_k)p(x_k|Z^{k-1})}{p(Z^k|Z^{k-1})} \tag{4.101}$$

式中，$p(z_k|x_k)$被称为似然函数，是基于给定的传感器模型的；$p(x_k|Z^{k-1})$称为先验分布，包含了系统给定的转换模型，分母是一个规范化表达，以确保概率密度函数积分为 1。

可以应用 Bayes 估计每个时刻和通过融合新的数据递归地更新状态系统的概率分布或概率密度。但是无论先验分布还是规范化表达中一般都包含不能分析估计的积分，因此 Bayes 的分析方法不是所有情况都适用的。

(2) Dempster-Shafer 证据推理（简称 D-S 证据推理）

置信度函数理论源于 Dempster 的研究，在 Gisber 方法的概率推理下得到完善，基于证据的一般理论有 Shafer 数学公式化。置信度函数理论是一种证据推理框架，是处理不确定和不精确的一种方法。D-S 理论中的置信函数不是以概率作为量度，而是通过对一些事件的概率加以约束以建立信任函数而不必说明精确的难以获得的概率，当约束限制为严格的概率时，它就进一步成为概率论。

设 U 表示 X 所有可能取值的一个论域集合，且所有在 U 内的元素间是互不相容的，则称 U 为 X 的识别框架。

定义 1：设 U 为一识别框架，则函数 $m: 2^U \rightarrow [0,1]$ 在满足下列条件：

① $m(\phi)=0$；

② $\sum_{A\subset U} m(A)=1$；

时，称 $m(A)$为 A 的基本概率赋值。

定义 2：设 U 为一识别框架，$m: 2^U \rightarrow [0, 1]$ 是 U 上的基本概率赋值，定义函数

$$\mathrm{BEL}: 2^U \rightarrow [0, 1]$$

$$\mathrm{BEL}(A)=\sum_{B\subset A} m(B) \ (\forall A \subset U)$$

则称函数是 U 上的置信函数。

定理（D-S 合并规则）：设 m_1，m_2 是 2^U 上的两个相互独立的基本概率赋值，其组合后的基本概率赋值为 $m=m_1 \oplus m_2$，设

$$K_1=\sum_{\substack{i,j \\ A_i \cap B_j=\phi}} m_1(A_i)m_2(B_j)<1 \tag{4.102}$$

则

$$m(C)=\begin{cases}\dfrac{\sum\limits_{\substack{i,j\\A_i\cap B_j=C}} m_1(A_i)m_2(B_j)}{1-K_1}, & \forall C\subset U, C\neq\phi\\ 0, & C\neq\phi\end{cases} \tag{4.103}$$

式中，若 $K_1\neq1$，则确定一个基本概率赋值；若 $K_1=1$，则认为 m_1，m_2 矛盾，不能对基本概率赋值进行组合。

(3) 模糊推理

模糊集理论是处理不完善数据的另一个理论推理方案，它引入了模糊隶属度的概念。具体理论如下所示。

“模糊”一词，译自英文“Fuzzy”，意为“模糊的”“不分明的”。1965 年美国控制论专家 L. A. Zadeh 首先将“Fuzzy”一词引入数学界，他在“Information and Control”杂志上发表的“Fuzzy Sets”一文，标志着模糊数学的诞生。

1965 年 Zadeh 提出了如下模糊子集的定义。

定义：所谓给定论域 U 上的一个模糊子集 A 是指：对于任意 $u\in U$，都制定了一个数 $\mu_A(u)\in[0,1]$ 与之对应，它叫作 u 对 A 的隶属度。这意味着作出了一个映射

$$\mu_A: U\rightarrow[0,1]$$

$$u\propto\mu_A(u)$$

这个映射称为 A 的隶属函数。

当论域 U 为有限集时，可用向量来表示模糊子集 A。而当 U 从有限论域推广到一般情况时，可采用 Zadeh 的如下标记法

$$\underset{\sim}{A}=\int_U[\mu_{\underset{\sim}{A}}(u)/u]$$

或简记为

$$\underset{\sim}{A}=\int_U[\underset{\sim}{A}(u)/u]$$

式中的积分号不是通常积分的意思，而是表示各个元素与其隶属度对应关系的一个总括。

在通常的模式识别中，根据隶属度最大的原则来分类是很自然的。这种直接由计算样品的隶属度来判断某归属的方法称作模式分类的最大隶属度原则，也被称为模糊模式分类的直接方法。

最大隶属度原则：设论域 U 中有 n 个模糊子集 $\underset{\sim}{A}_1$，$\underset{\sim}{A}_2$，…，$\underset{\sim}{A}_n$，且对每一 $\underset{\sim}{A}_i$ 均有隶属度函数 $\mu_{\underset{\sim}{A}_i}(x)$，则对任一 $x_0\in U$，若有

$$\mu_{\underset{\sim}{A}_i}(x_0)=\max_{1\leqslant i\leqslant n}[\mu_{\underset{\sim}{A}_i}(x_0)]$$

则认为 x_0 隶属于 $\underset{\sim}{A}_i$。

4.3.4 多传感器数据融合的应用

(1) 多传感器数据融合在军事上的应用

多传感器数据融合技术最早就是在军事上提出的，应用范围很广，涉及各种战术、战役和战略系统的各个方面。目前世界各主要军事大国都竞相投入大量人力、物力和财力进行数据融合技术的研究，也取得了可观的研究成果。美、英、德、法、意、日、俄等国家已研制出数百种军用信息融合系统，比较典型的包括：TCAC-战术指挥控制；BETA-战场使用和目标获取系统；ASAS-全源分析系统；DAGR-辅助空中作战命令分析专家系统；PART-军用双工无线电/雷达瞄准系统；AMSVI-自当多传感器部队识别系统；TRWDS-目标获取和

武器输送系统；AIDD-炮兵情报数据融合系统；ANALYST-地面部队战斗态势评定系统；GNCST-全球网络中心监视与瞄准系统等。

(2) 多传感器数据融合在民事上的应用

虽然多传感器数据融合技术最早就是在军事上提出的，但是很快应用于民事的各个领域中，主要包括以下应用领域。

① 智能检测系统。利用智能检测系统的多传感器进行数据融合处理，可以消除单个或单类传感器检测的不确定性，提高检测系统的可靠性，获得对检测对象更准确的认识。

② 工业过程监控。主要应用于识别引起系统状态超出正常运行范围的故障条件，并据此触发报警，例如核反应堆监控、石油勘探、火力发电以及转炉炼钢等。

③ 机器人。随着机器人技术的飞速发展，多传感器数据融合技术在其中扮演了重要角色。机器人视觉系统、触觉系统、听觉系统、嗅觉系统，大量的传感器信息要通过多传感器数据融合技术得以实现。而面对不同领域，航天探月的月球车、六足机器人、火星探测车、人形机器人；先进制造领域的制造业机器人、机器手；用于日常生活的服务机器人、导游机器人等，多传感器数据融合将大有作为。

④ 遥感。主要是针对遥感图像的融合，实现对地面目标或实体的监视、识别和定位。通过高空间分辨率全色图像和低光谱分辨率图像的融合，得到高空间分辨率和高光谱分辨率图像，融合多波段和多时段的遥感图像来提高分类的准确性；采用合成孔径雷达、卫星遥感等可以实现对地面的监视，包括识别地貌、气象模式、矿产、植物生长、环境条件和威胁状况等。

⑤ 公共安全。多传感器数据融合技术可以用于公共安全领域，例如利用气敏、红外、微波等传感器实现毒品检测；利用烟雾、二氧化碳传感器等实现火灾监测；利用X射线、核磁共振、超声波等设备实现远程医疗。

⑥ 环境污染。环境监测是多传感器数据融合技术应用的重要领域，包括大气污染监测、环境水污染监测、汽车尾气排放检测等。

⑦ 智能交通。随着人工智能的不断发展，智能交通已经越来越引起大家的关注，多传感器数据融合在智能交通领域起到了关键作用，依靠从汽车、飞机、船舶本身传感器获取的信息，再结合海、陆、空等空间信息，并接收各种来源的日常信息，可以实现空中、城市、轨道以及海运等交通调度和管理。

⑧ 农业。农业的发展也向着自动化、智能化方向发展，智慧农业、无土栽培、精准农业、食品检测、农作物农药残留检测、水产养殖等众多领域中，也离不开传感器的使用，离不开多传感器数据融合技术。

思考题与习题

4.1 软测量技术相对于传统的检测技术有何特点和优越之处？

4.2 实现软测量技术的关键是什么？常用的软测量方法主要有哪些？

4.3 根据软测量技术的原理，试举一例对所采用的软测量技术进行说明。

4.4 请简述基于相关分析的软测量技术的基本原理、应用注意事项及其优缺点。

4.5 试述机器视觉系统的一般组成，并简述每一部分的功能。

4.6 CCD与CMOS图像传感器的区别有哪些？请简述各自的优缺点。

4.7 简述图像处理技术的一般方法。

4.8 简述图像变换的一般方法及其原理特点。

4.9 过程层析成像技术的基本原理是什么，其特点有哪些？

4.10 简述过程层析成像技术的应用。

4.11 多传感器数据融合从功能上分，主要有哪些模块？

4.12 多传感器数据融合的应用有哪些限制？现阶段需要解决的问题有哪些？

参 考 文 献

[1] 李海青，黄志尧，等．软测量技术原理及应用．北京：化学工业出版社，2000.

[2] 俞金寿，刘爱伦，张克进．软测量技术及其在石油化工中的应用．北京：化学工业出版社，2000.

[3] 陈德钊．多元数据处理．北京：化学工业出版社，1998.

[4] 张杰，阳宪惠．多变量统计过程控制．北京：化学工业出版社，2000.

[5] 于静江，周春晖．过程控制中的软测量技术．控制理论与应用，1996，13（2）：137-144.

[6] 孙欣，王金春，何声亮．过程软测量．自动化仪表，1995，16（8）：1-5.

[7] M. T. Hagan，H. B. Demuth and M. H. Beale 著，戴葵等译．神经网络设计．北京：机械工业出版社，2002.

[8] G. Stephanopoulos 著，吴惕华译．化工过程控制：理论与工程．北京：化学工业出版社，1988.

[9] 徐苓安．相关流量测量技术．天津：天津大学出版社，1988.

[10] 李海青，黄志尧，等，特种检测技术及应用．杭州：浙江大学出版社，2000.

[11] 祝海林，邹旻．管道流量非接触测量——方法与技术．北京：气象出版社，1999.

[12] 郑莹娜，樊鑫瑞，随机信号在线相关分析系统的研究，自动化仪表 1993，14（1）：13-16.

[13] R. C. 冈萨雷斯，P. 温茨著，李叔粱，等译．数字图像处理．北京：科学出版社，1983.

[14] A. 罗申菲尔特，A. C. 卡克著，余英林，等译．数字图像处理．北京：人民邮电出版社，1982.

[15] W. K. 普拉特，高荣坤译．数字图像处理学．北京：科学出版社，1984.

[16] 阮秋琦．数字图像处理学．北京：电子工业出版社，2001.

[17] 李智勇，沈振康，杨卫平，等．动态图像分析．北京：国防工业出版社，1999.

[18] 王仲生．智能检测与控制技术．西安：西北工业大学出版社，2002.

[19] 洪水棕．现代测试技术．上海：上海交通大学出版社，2002.

[20] 刘君华．现代检测技术与测试系统设计．西安：西安交通大学出版社，1999.

[21] 吴世法．近代成像技术与图像处理．北京：国防工业出版社，1997.

[22] 唐传尧．图像电子学基础．北京：电子工业出版社，1995.

[23] 陈传波，金先级．数字图像处理．北京：机械工业出版社，2004.

[24] Radon J.，Uber die bestimmung von funktionen durch ihre integralwerte langs gewisser mannigfaltigkeiten，Ber. Verb. Saechs，Akad. Wiss.，Leipzig，Math. Phys.，1917，K1，69：262-277.

[25] 陈立成．层析成像的数学方法与应用．成都：西南交通大学出版社，1994.

[26] 周光湖．计算机断层摄影原理及应用（CT）．成都：成都电讯工程学院出版社，1986.

[27] 吴世法．近代成像技术与图像处理．北京：国防工业出版社，1997.

[28] 盛康龙，强玉俊，杨福家．计算机断层扫描技术的工业应用，物理：1992，21（3）：173-178.

[29] 林宗虎．气液固多相流测量．北京：中国计量出版社，1988.

[30] 余文勇，石绘．机器视觉自动检测技术．北京：化学工业出版社，2016.

[31] 林玉池，曾周末，现代传感技术与系统．北京：机械工业出版社，2009.

[32] 胡向东，刘京诚，余成波，等，传感器与检测技术．北京：机械工业出版社，2009.

[33] David L. Hall，James Linas 编．杨露菁，耿伯英主译，多传感器数据融合手册．北京：电子工业出版社，2008.

[34] 何友，王国宏，等．多传感器信息融合及应用．第 2 版．北京：电子工业出版社，2007.

[35] 罗俊海，王章静．多源数据融合和传感器管理．北京：清华大学出版社，2015.

附录 1 热电偶的分度表

附表 1-1 铂铑$_{10}$-铂热电偶（S型）分度表　　参考温度：0℃

t/℃	0	−1	−2	−3	−4	−5	−6	−7	−8	−9
	E/mV									
−50	−0.236									
−40	−0.194	−0.199	−0.203	−0.207	−0.211	−0.215	−0.219	−0.224	−0.228	−0.232
−30	−0.150	−0.155	−0.159	−0.164	−0.168	−0.173	−0.177	−0.181	−0.186	−0.190
−20	−0.103	−0.108	−0.113	−0.117	−0.122	−0.127	−0.132	−0.136	−0.141	−0.146
−10	−0.053	−0.058	−0.063	−0.068	−0.073	−0.078	−0.083	−0.088	−0.093	−0.098
−0	−0.000	−0.005	−0.011	−0.016	−0.021	−0.027	−0.032	−0.037	−0.042	−0.048
0	0.000	0.005	0.011	0.016	0.022	0.027	0.033	0.038	0.044	0.050
10	0.055	0.061	0.067	0.072	0.078	0.084	0.090	0.095	0.101	0.107
20	0.113	0.119	0.125	0.131	0.137	0.143	0.149	0.155	0.161	0.167
30	0.173	0.179	0.185	0.191	0.197	0.204	0.210	0.216	0.222	0.229
40	0.235	0.241	0.248	0.254	0.260	0.267	0.273	0.280	0.286	0.292
50	0.299	0.305	0.312	0.319	0.325	0.332	0.338	0.345	0.352	0.358
60	0.365	0.372	0.378	0.385	0.392	0.399	0.405	0.412	0.419	0.426
70	0.433	0.440	0.446	0.453	0.460	0.467	0.474	0.481	0.488	0.495
80	0.502	0.509	0.516	0.523	0.530	0.538	0.545	0.552	0.559	0.566
90	0.573	0.580	0.588	0.595	0.602	0.609	0.617	0.624	0.631	0.639
100	0.646	0.653	0.661	0.668	0.675	0.683	0.690	0.698	0.705	0.713
110	0.720	0.727	0.735	0.743	0.750	0.758	0.765	0.773	0.780	0.788
120	0.795	0.803	0.811	0.818	0.826	0.834	0.841	0.849	0.857	0.865
130	0.872	0.880	0.888	0.896	0.903	0.911	0.919	0.927	0.935	0.942
140	0.950	0.958	0.966	0.974	0.982	0.990	0.998	1.006	1.013	1.021
150	1.029	1.037	1.045	1.053	1.061	1.069	1.077	1.085	1.094	1.102
160	1.110	1.118	1.126	1.134	1.142	1.150	1.158	1.167	1.175	1.183
170	1.191	1.199	1.207	1.216	1.224	1.232	1.240	1.249	1.257	1.265
180	1.273	1.282	1.290	1.298	1.307	1.315	1.323	1.332	1.340	1.348
190	1.357	1.365	1.373	1.382	1.390	1.399	1.407	1.415	1.424	1.432
200	1.441	1.449	1.458	1.466	1.475	1.483	1.492	1.500	1.509	1.517
210	1.526	1.534	1.543	1.551	1.560	1.569	1.577	1.586	1.594	1.603
220	1.612	1.620	1.629	1.638	1.646	1.655	1.663	1.672	1.681	1.690
230	1.698	1.707	1.716	1.724	1.733	1.742	1.751	1.759	1.768	1.777
240	1.786	1.794	1.803	1.812	1.821	1.829	1.838	1.847	1.856	1.865
250	1.874	1.882	1.891	1.900	1.909	1.918	1.927	1.936	1.944	1.953
260	1.962	1.971	1.980	1.989	1.998	2.007	2.016	2.025	2.034	2.043
270	2.052	2.061	2.070	2.078	2.087	2.096	2.105	2.114	2.123	2.132
280	2.141	2.151	2.160	2.169	2.178	2.187	2.196	2.205	2.214	2.223
290	2.232	2.241	2.250	2.259	2.268	2.277	2.287	2.296	2.305	2.314

续表

t/℃	0	1	2	3	4	5	6	7	8	9
	E/mV									
300	2.323	2.332	2.341	2.350	2.360	2.369	2.378	2.387	2.396	2.405
310	2.415	2.424	2.433	2.442	2.451	2.461	2.470	2.479	2.488	2.497
320	2.507	2.516	2.525	2.534	2.544	2.553	2.562	2.571	2.581	2.590
330	2.599	2.609	2.618	2.627	2.636	2.646	2.655	2.664	2.674	2.683
340	2.692	2.702	2.711	2.720	2.730	2.739	2.748	2.758	2.767	2.776
350	2.786	2.795	2.805	2.814	2.823	2.833	2.842	2.851	2.861	2.870
360	2.880	2.889	2.899	2.908	2.917	2.927	2.936	2.946	2.955	2.965
370	2.974	2.983	2.993	3.002	3.012	3.021	3.031	3.040	3.050	3.059
380	3.069	3.078	3.088	3.097	3.107	3.116	3.126	3.135	3.145	3.154
390	3.164	3.173	3.183	3.192	3.202	3.212	3.221	3.231	3.240	3.250
400	3.259	3.269	3.279	3.288	3.298	3.307	3.317	3.326	3.336	3.346
410	3.355	3.365	3.374	3.384	3.394	3.403	3.413	3.423	3.432	3.442
420	3.451	3.461	3.471	3.480	3.490	3.500	3.509	3.519	3.529	3.538
430	3.548	3.558	3.567	3.577	3.587	3.596	3.606	3.616	3.626	3.635
440	3.645	3.655	3.664	3.674	3.684	3.694	3.703	3.713	3.723	3.732
450	3.742	3.752	3.762	3.771	3.781	3.791	3.801	3.810	3.820	3.830
460	3.840	3.850	3.859	3.869	3.879	3.889	3.898	3.908	3.918	3.928
470	3.938	3.947	3.957	3.967	3.977	3.987	3.997	4.006	4.016	4.026
480	4.036	4.046	4.056	4.065	4.075	4.085	4.095	4.105	4.115	4.125
490	4.134	4.144	4.154	4.164	4.174	4.184	4.194	4.204	4.213	4.223
500	4.233	4.243	4.253	4.263	4.273	4.283	4.293	4.303	4.313	4.323
510	4.332	4.342	4.352	4.362	4.372	4.382	4.392	4.402	4.412	4.422
520	4.432	4.442	4.452	4.462	4.472	4.482	4.492	4.502	4.512	4.522
530	4.532	4.542	4.552	4.562	4.572	4.582	4.592	4.602	4.612	4.622
540	4.632	4.642	4.652	4.662	4.672	4.682	4.692	4.702	4.712	4.722
550	4.732	4.742	4.752	4.762	4.772	4.782	4.793	4.803	4.813	4.823
560	4.833	4.843	4.853	4.863	4.873	4.883	4.893	4.904	4.914	4.924
570	4.934	4.944	4.954	4.964	4.974	4.984	4.995	5.005	5.015	5.025
580	5.035	5.045	5.055	5.066	5.076	5.086	5.096	5.106	5.116	5.127
590	5.137	5.147	5.157	5.167	5.178	5.188	5.198	5.208	5.218	5.228
600	5.239	5.249	5.259	5.269	5.280	5.290	5.300	5.310	5.320	5.331
610	5.341	5.351	5.361	5.372	5.382	5.392	5.402	5.413	5.423	5.433
620	5.443	5.454	5.464	5.474	5.485	5.495	5.505	5.515	5.526	5.536
630	5.546	5.557	5.567	5.577	5.588	5.598	5.608	5.618	5.629	5.639
640	5.649	5.660	5.670	5.680	5.691	5.701	5.712	5.722	5.732	5.743
650	5.753	5.763	5.774	5.784	5.794	5.805	5.815	5.826	5.836	5.846
660	5.857	5.867	5.878	5.888	5.898	5.909	5.919	5.930	5.940	5.950
670	5.961	5.971	5.982	5.992	6.003	6.013	6.024	6.034	6.044	6.055
680	6.065	6.076	6.086	6.097	6.107	6.118	6.128	6.139	6.149	6.160
690	6.170	6.181	6.191	6.202	6.212	6.223	5.233	6.244	6.254	6.265
700	6.275	6.286	6.296	6.307	6.317	6.328	6.338	6.349	6.360	6.370
710	6.381	6.391	6.402	6.412	6.423	6.434	6.444	6.455	6.465	6.476
720	6.486	6.497	6.508	6.518	6.529	6.539	6.550	6.561	6.571	6.582
730	6.593	6.603	6.614	6.624	6.635	6.646	6.656	6.667	6.678	6.688
740	6.699	6.710	6.720	6.731	6.742	5.752	6.763	6.774	6.784	6.795

续表

t/℃	0	1	2	3	4	5	6	7	8	9
	E/mV									
750	6.806	6.817	6.827	6.838	6.849	6.859	6.870	6.881	6.892	6.902
760	6.913	6.924	6.934	6.945	6.956	6.967	6.977	6.988	6.999	7.010
770	7.020	7.031	7.042	7.053	7.064	7.074	7.085	7.096	7.107	7.117
780	7.128	7.139	7.150	7.161	7.172	7.182	7.193	7.204	7.215	7.226
790	7.236	7.247	7.258	7.269	7.280	7.291	7.302	7.312	7.323	7.334
800	7.345	7.356	7.367	7.378	7.388	7.399	7.410	7.421	7.432	7.443
810	7.454	7.465	7.476	7.487	7.497	7.508	7.519	7.530	7.541	7.552
820	7.563	7.574	7.585	7.596	7.607	7.618	7.629	7.640	7.651	7.662
830	7.673	7.684	7.695	7.706	7.717	7.728	7.739	7.750	7.761	7.772
840	7.783	7.794	7.805	7.816	7.827	7.838	7.849	7.860	7.871	7.882
850	7.893	7.904	7.915	7.926	7.973	7.948	7.959	7.970	7.981	7.992
860	8.003	8.014	8.026	8.037	8.048	8.059	8.070	8.081	8.092	8.103
870	8.114	8.125	8.137	8.148	8.159	8.170	8.181	8.192	8.203	8.214
880	8.226	8.237	8.248	8.259	8.270	8.281	8.293	8.304	8.315	8.326
890	8.337	8.348	8.360	8.371	8.382	8.393	8.404	8.416	8.427	8.438
900	8.449	8.460	8.472	8.483	8.494	8.505	8.517	8.528	8.539	8.550
910	8.562	8.573	8.584	8.595	8.607	8.618	8.629	8.640	8.652	8.663
920	8.674	8.685	8.697	8.708	8.719	8.731	8.742	8.753	8.765	8.776
930	8.787	8.798	8.810	8.821	8.832	8.844	8.855	8.866	8.878	8.889
940	8.900	8.912	8.923	8.935	8.946	8.957	8.969	8.980	8.991	9.003
950	9.014	9.025	9.037	9.048	9.060	9.071	9.082	9.094	9.105	9.117
960	9.128	9.139	9.151	9.162	9.174	9.185	9.197	9.208	9.219	9.231
970	9.242	9.254	9.265	9.277	9.288	9.300	9.311	9.323	9.334	9.345
980	9.357	9.368	9.380	9.391	9.403	9.414	9.426	9.437	9.449	9.460
990	9.472	9.483	9.495	9.506	9.518	9.529	9.541	9.552	9.564	9.576
1000	9.587	9.599	9.610	9.622	9.633	9.645	9.656	9.668	9.680	9.691
1010	9.703	9.714	9.726	9.737	9.749	9.761	9.772	9.784	9.795	9.807
1020	9.819	9.830	9.842	9.853	9.865	9.877	9.888	9.900	9.911	9.923
1030	9.935	9.946	9.958	9.970	9.981	9.993	10.005	10.016	10.028	10.040
1040	10.051	10.063	10.075	10.086	10.098	10.110	10.121	10.133	10.145	10.156
1050	10.168	10.180	10.191	10.203	10.215	10.227	10.238	10.250	10.262	10.273
1060	10.285	10.297	10.309	10.320	10.332	10.344	10.356	10.367	10.379	10.391
1070	10.403	10.414	10.426	10.438	10.450	10.461	10.473	10.485	10.497	10.509
1080	10.520	10.532	10.544	10.556	10.567	10.579	10.591	10.603	10.615	10.626
1090	10.638	10.650	10.662	10.674	10.686	10.697	10.709	10.721	10.733	10.745
1100	10.757	10.768	10.780	10.792	10.804	10.816	10.828	10.839	10.851	10.863
1110	10.875	10.887	10.899	10.911	10.922	10.934	10.946	10.958	10.970	10.982
1120	10.994	11.006	11.017	11.029	11.041	11.053	11.065	11.077	11.089	11.101
1130	11.113	11.125	11.136	11.148	11.160	11.172	11.184	11.196	11.208	11.220
1140	11.232	11.244	11.256	11.268	11.280	11.291	11.303	11.315	11.327	11.339
1150	11.351	11.363	11.375	11.387	11.399	11.411	11.423	11.435	11.447	11.459
1160	11.471	11.483	11.495	11.507	11.519	11.531	11.542	11.554	11.566	11.578
1170	11.590	11.602	11.614	11.626	11.638	11.650	11.662	11.674	11.686	11.698
1180	11.710	11.722	11.734	11.746	11.758	11.770	11.782	11.794	11.806	11.818
1190	11.830	11.842	11.854	11.866	11.878	11.890	11.902	11.914	11.926	11.939

续表

t/℃	0	1	2	3	4	5	6	7	8	9
	E/mV									
1200	11.951	11.963	11.975	11.987	11.999	12.011	12.023	12.035	12.047	12.059
1210	12.071	12.083	12.095	12.107	12.119	12.131	12.143	12.155	12.167	12.179
1220	12.191	12.203	12.216	12.228	12.240	12.252	12.264	12.276	12.288	12.300
1230	12.312	12.324	12.336	12.348	12.360	12.372	12.384	12.397	12.409	12.421
1240	12.433	12.445	12.457	12.469	12.481	12.493	12.505	12.517	12.529	12.542
1250	12.554	12.566	12.578	12.590	12.602	12.614	12.626	12.638	12.650	12.662
1260	12.675	12.687	12.699	12.711	12.723	12.735	12.747	12.759	12.771	12.783
1270	12.796	12.808	12.820	12.832	12.844	12.856	12.868	12.880	12.892	12.905
1280	12.917	12.929	12.941	12.953	12.965	12.977	12.989	13.001	13.014	13.026
1290	13.038	13.050	13.062	13.074	13.086	13.098	13.111	13.123	13.135	13.147
1300	13.159	13.171	13.183	13.195	13.208	13.220	13.232	13.244	13.256	13.268
1310	13.280	13.292	13.305	13.317	13.329	13.341	13.353	13.365	13.377	13.390
1320	13.402	13.414	13.426	13.438	13.450	13.462	13.474	13.487	13.499	13.511
1330	13.523	13.535	13.547	13.559	13.572	13.584	13.596	13.608	13.620	13.632
1340	13.644	13.657	13.669	13.681	13.693	13.705	13.717	13.729	13.742	13.754
1350	13.766	13.778	13.790	13.802	13.814	13.826	13.839	13.851	13.863	13.875
1360	13.887	13.899	13.911	13.924	13.936	13.948	13.960	13.972	13.984	13.996
1370	14.009	14.021	14.033	14.045	14.057	14.069	14.081	14.094	14.106	14.118
1380	14.130	14.142	14.154	14.166	14.178	14.191	14.203	14.215	14.227	14.239
1390	14.251	14.263	14.276	14.288	14.300	14.312	14.324	14.336	14.348	14.360
1400	14.373	14.385	14.397	14.409	14.421	14.433	14.445	14.457	14.470	14.482
1410	14.494	14.506	14.518	14.530	14.542	14.554	14.567	14.579	14.591	14.603
1420	14.615	14.627	14.639	14.651	14.664	14.676	14.688	14.700	14.712	14.724
1430	14.736	14.748	14.760	14.773	14.785	14.797	14.809	14.821	14.833	14.845
1440	14.857	14.869	14.881	14.894	14.906	14.918	14.930	14.942	14.954	14.966
1450	14.978	14.990	15.002	15.015	15.027	15.039	15.051	15.063	15.075	15.087
1460	15.099	15.111	15.123	15.135	15.148	15.160	15.172	15.184	15.196	15.208
1470	15.220	15.232	15.244	15.256	15.268	15.280	15.292	15.304	15.317	15.329
1480	15.341	15.353	15.365	15.377	15.389	15.401	15.413	15.425	15.437	15.449
1490	15.461	15.473	15.485	15.497	15.509	15.521	15.534	15.546	15.558	15.570
1500	15.582	15.594	15.606	15.618	15.630	15.642	15.654	15.666	15.678	15.690
1510	15.702	15.714	15.726	15.738	15.750	15.762	15.774	15.786	15.798	15.810
1520	15.822	15.834	15.846	15.858	15.870	15.882	15.894	15.906	15.918	15.930
1530	15.942	15.954	15.966	15.978	15.990	16.002	16.014	16.026	16.038	16.050
1540	16.062	16.074	16.086	16.098	16.110	16.122	16.134	16.146	16.158	16.170
1550	16.182	16.194	16.205	16.217	16.229	16.241	16.253	16.265	16.277	16.289
1560	16.301	16.313	16.325	16.337	16.349	16.361	16.373	16.385	16.396	16.408
1570	16.420	16.432	16.444	16.456	16.468	16.480	16.492	16.504	16.516	16.527
1580	16.539	16.551	16.563	16.575	16.587	16.599	16.611	16.623	16.634	16.646
1590	16.658	16.670	16.682	16.694	16.706	16.718	16.729	16.741	16.753	16.765
1600	16.777	16.789	16.801	16.812	16.824	16.836	16.848	16.860	16.872	16.883
1610	16.895	16.907	16.919	16.931	16.943	16.954	16.966	16.978	16.990	17.002
1620	17.013	17.025	17.037	17.049	17.061	17.072	17.084	17.096	17.108	17.120
1630	17.131	17.143	17.155	17.167	17.178	17.190	17.202	17.214	17.225	17.237
1640	17.249	17.261	17.272	17.284	17.296	17.308	17.319	17.331	17.343	17.355

续表

t/℃	0	1	2	3	4	5	6	7	8	9
	E/mV									
1650	17.366	17.378	17.390	17.401	17.413	17.425	17.437	17.448	17.460	17.472
1660	17.483	17.495	17.507	17.518	17.530	17.542	17.553	17.565	17.577	17.588
1670	17.600	17.612	17.623	17.635	17.647	17.658	17.670	17.682	17.693	17.705
1680	17.717	17.728	17.740	17.751	17.763	17.775	17.786	17.798	17.809	17.821
1690	17.832	17.844	17.855	17.867	17.878	17.890	17.901	17.913	17.924	17.936
1700	17.947	17.959	17.970	17.982	17.993	18.004	18.016	18.027	18.039	18.050
1710	18.061	18.073	18.084	18.095	18.107	18.118	18.129	18.140	18.152	18.163
1720	18.174	18.185	18.196	18.208	18.219	18.230	18.241	18.252	18.263	18.274
1730	18.285	18.297	18.308	18.319	18.330	18.341	18.352	18.362	18.373	18.384
1740	18.395	18.406	18.417	18.428	18.439	18.449	18.460	18.471	18.482	18.493
1750	18.503	18.514	18.525	18.535	18.546	18.557	18.567	18.578	18.588	18.599
1760	18.609	18.620	18.630	18.641	18.651	18.661	18.672	18.682	18.693	

附表 1-2 铂铑$_{30}$-铂铑$_{6}$ 热电偶（B型）分度表 参考温度：0℃

t/℃	0	1	2	3	4	5	6	7	8	9
	E/mV									
0	0.000	−0.000	−0.000	−0.001	−0.001	−0.001	−0.001	−0.001	−0.002	−0.002
10	−0.002	−0.002	−0.002	−0.002	−0.002	−0.002	−0.002	−0.002	−0.003	−0.003
20	−0.003	−0.003	−0.003	−0.003	−0.003	−0.002	−0.002	−0.002	−0.002	−0.002
30	−0.002	−0.002	−0.002	−0.002	−0.002	−0.001	−0.001	−0.001	−0.001	−0.001
40	−0.000	−0.000	−0.000	0.000	0.000	0.001	0.001	0.001	0.002	0.002
50	0.002	0.003	0.003	0.003	0.004	0.004	0.004	0.005	0.005	0.006
60	0.006	0.007	0.007	0.008	0.008	0.009	0.009	0.010	0.010	0.011
70	0.011	0.012	0.012	0.013	0.014	0.014	0.015	0.015	0.016	0.017
80	0.017	0.018	0.019	0.020	0.020	0.021	0.022	0.022	0.023	0.024
90	0.025	0.026	0.026	0.027	0.028	0.029	0.030	0.031	0.031	0.032
100	0.033	0.034	0.035	0.036	0.037	0.038	0.039	0.040	0.041	0.042
110	0.043	0.044	0.045	0.046	0.047	0.048	0.049	0.050	0.051	0.052
120	0.053	0.055	0.056	0.057	0.058	0.059	0.060	0.062	0.063	0.064
130	0.065	0.066	0.068	0.069	0.070	0.072	0.073	0.074	0.075	0.077
140	0.078	0.079	0.081	0.082	0.084	0.085	0.086	0.088	0.089	0.091
150	0.092	0.094	0.095	0.096	0.098	0.099	0.101	0.102	0.104	0.106
160	0.107	0.109	0.110	0.112	0.113	0.115	0.117	0.118	0.120	0.122
170	0.123	0.125	0.127	0.128	0.130	0.132	0.134	0.135	0.137	0.139
180	0.141	0.142	0.144	0.146	0.148	0.150	0.151	0.153	0.155	0.157
190	0.159	0.161	0.163	0.165	0.166	0.168	0.170	0.172	0.174	0.176
200	0.178	0.180	0.182	0.184	0.186	0.188	0.190	0.192	0.195	0.197
210	0.199	0.201	0.203	0.205	0.207	0.209	0.212	0.214	0.216	0.218
220	0.220	0.222	0.225	0.227	0.229	0.231	0.234	0.236	0.238	0.241
230	0.243	0.245	0.248	0.250	0.252	0.255	0.257	0.259	0.262	0.264
240	0.267	0.269	0.271	0.274	0.276	0.279	0.281	0.284	0.286	0.289
250	0.291	0.294	0.296	0.299	0.301	0.304	0.307	0.309	0.312	0.314
260	0.317	0.320	0.322	0.325	0.328	0.330	0.333	0.336	0.338	0.341
270	0.344	0.347	0.349	0.352	0.355	0.358	0.360	0.363	0.366	0.369
280	0.372	0.375	0.377	0.380	0.383	0.386	0.389	0.392	0.395	0.398
290	0.401	0.404	0.407	0.410	0.413	0.416	0.419	0.422	0.425	0.428

续表

t/℃	0	1	2	3	4	5	6	7	8	9
	E/mV									
300	0.431	0.434	0.437	0.440	0.443	0.446	0.449	0.452	0.455	0.458
310	0.462	0.465	0.468	0.471	0.474	0.478	0.481	0.484	0.487	0.490
320	0.494	0.497	0.500	0.503	0.507	0.510	0.513	0.517	0.520	0.523
330	0.527	0.530	0.533	0.537	0.540	0.544	0.547	0.550	0.554	0.557
340	0.561	0.564	0.568	0.571	0.575	0.578	0.582	0.585	0.589	0.592
350	0.596	0.599	0.603	0.607	0.610	0.614	0.617	0.621	0.625	0.628
360	0.632	0.636	0.639	0.643	0.647	0.650	0.654	0.658	0.662	0.665
370	0.669	0.673	0.677	0.680	0.684	0.688	0.692	0.696	0.700	0.703
380	0.707	0.711	0.715	0.719	0.723	0.727	0.731	0.735	0.738	0.742
390	0.746	0.750	0.754	0.758	0.762	0.766	0.770	0.744	0.778	0.782
400	0.787	0.791	0.795	0.799	0.803	0.807	0.811	0.815	0.819	0.824
410	0.828	0.832	0.836	0.840	0.844	0.849	0.853	0.857	0.861	0.866
420	0.870	0.874	0.878	0.883	0.887	0.891	0.896	0.900	0.904	0.909
430	0.913	0.917	0.922	0.926	0.930	0.935	0.939	0.944	0.948	0.953
440	0.957	0.961	0.966	0.970	0.975	0.979	0.984	0.988	0.993	0.997
450	1.002	1.007	1.011	1.016	1.020	1.025	1.030	1.034	1.039	1.043
460	1.048	1.053	1.057	1.062	1.067	1.071	1.076	1.081	1.086	1.090
470	1.095	1.100	1.105	1.109	1.114	1.119	1.124	1.129	1.133	1.138
480	1.143	1.148	1.153	1.158	1.163	1.167	1.172	1.177	1.182	1.187
490	1.192	1.197	1.202	1.207	1.212	1.217	1.222	1.227	1.232	1.237
500	1.242	1.247	1.252	1.257	1.262	1.267	1.272	1.277	1.282	1.288
510	1.293	1.298	1.303	1.308	1.313	1.318	1.324	1.329	1.334	1.339
520	1.344	1.350	1.355	1.360	1.365	1.371	1.376	1.381	1.387	1.392
530	1.397	1.402	1.408	1.413	1.418	1.424	1.429	1.435	1.440	1.445
540	1.451	1.456	1.462	1.467	1.472	1.478	1.483	1.489	1.494	1.500
550	1.505	1.511	1.516	1.522	1.527	1.533	1.539	1.544	1.550	1.555
560	1.561	1.566	1.572	1.578	1.583	1.589	1.595	1.600	1.606	1.612
570	1.617	1.623	1.629	1.634	1.640	1.646	1.652	1.657	1.663	1.669
580	1.675	1.680	1.686	1.692	1.698	1.704	1.709	1.715	1.721	1.727
590	1.733	1.739	1.745	1.750	1.756	1.762	1.768	1.774	1.780	1.786
600	1.792	1.798	1.804	1.810	1.816	1.822	1.828	1.834	1.840	1.846
610	1.852	1.858	1.864	1.870	1.876	1.882	1.888	1.894	1.901	1.907
620	1.913	1.919	1.925	1.931	1.937	1.944	1.950	1.956	1.962	1.968
630	1.975	1.981	1.987	1.993	1.999	2.006	2.021	2.018	2.025	2.031
640	2.037	2.043	2.050	2.056	2.062	2.069	2.075	2.082	2.088	2.094
650	2.101	2.107	2.113	2.120	2.126	2.133	2.139	2.146	2.152	2.158
660	2.165	2.171	2.178	2.184	2.191	2.197	2.204	2.210	2.217	2.224
670	2.230	2.237	2.243	2.250	2.256	2.263	2.270	2.276	2.283	2.289
680	2.296	2.303	2.309	2.316	2.323	2.329	2.336	2.343	2.350	2.356
690	2.363	2.370	2.376	2.383	2.390	2.397	2.403	2.410	2.417	2.424
700	2.431	2.437	2.444	2.451	2.458	2.465	2.472	2.479	2.485	2.492
710	2.499	2.506	2.513	2.520	2.527	2.534	2.541	2.548	2.555	2.562
720	2.569	2.576	2.583	2.590	2.597	2.604	2.611	2.618	2.625	2.632
730	2.639	2.646	2.653	2.660	2.667	2.674	2.681	2.688	2.696	2.703
740	2.710	2.717	2.724	2.731	2.738	2.746	2.753	2.760	2.767	2.775

续表

t/℃	0	1	2	3	4	5	6	7	8	9
	E/mV									
750	2.782	2.789	2.796	2.803	2.811	2.818	2.825	2.833	2.840	2.847
760	2.854	2.862	2.869	2.876	2.884	2.891	2.898	2.906	2.913	2.921
770	2.928	2.935	2.943	2.950	2.958	2.965	2.973	2.980	2.987	2.995
780	3.002	3.010	3.017	3.025	3.032	3.040	3.047	3.055	3.062	3.070
790	3.078	3.085	3.093	3.100	3.108	3.116	3.123	3.131	3.138	3.146
800	3.154	3.161	3.169	3.177	3.184	3.192	3.200	3.207	3.215	3.223
810	3.230	3.238	3.246	3.254	3.261	3.269	3.277	3.285	3.292	3.300
820	3.308	3.316	3.324	3.331	3.339	3.347	3.355	3.363	3.371	3.379
830	3.386	3.394	3.402	3.410	3.418	3.426	3.434	3.442	3.450	3.458
840	3.466	3.474	3.482	3.490	3.498	3.506	3.514	3.522	5.530	3.538
850	3.546	3.554	3.562	3.570	3.578	3.586	3.594	3.602	3.610	3.618
860	3.626	3.634	3.643	3.651	3.659	3.667	3.675	3.683	3.692	3.700
870	3.708	3.716	3.724	3.732	3.741	3.749	3.757	3.765	3.774	3.782
880	3.790	3.798	3.807	3.815	3.823	3.832	3.840	3.848	3.857	3.865
890	3.873	3.882	3.890	3.898	3.907	3.915	3.923	3.932	3.940	3.949
900	3.957	3.965	3.974	3.982	3.991	3.999	4.008	4.016	4.024	4.033
910	4.041	4.050	4.058	4.067	4.075	4.084	4.093	4.101	4.110	4.118
920	4.127	4.135	4.144	4.152	4.161	4.170	4.178	4.187	4.195	4.204
930	4.213	4.221	4.230	4.239	4.247	4.256	4.265	4.273	4.282	4.291
940	4.299	4.308	4.317	4.326	4.334	4.343	4.352	4.360	4.369	4.378
950	4.387	4.396	4.404	4.413	4.422	4.431	4.440	4.448	4.457	4.466
960	4.475	4.484	4.493	4.501	4.510	4.519	4.528	5.537	4.546	4.555
970	4.564	4.573	4.582	4.591	4.599	4.608	4.617	4.626	4.635	4.644
980	4.653	4.662	4.671	4.680	4.689	4.698	4.707	4.716	4.725	4.734
990	4.743	4.753	4.762	4.771	4.780	4.789	4.798	4.807	4.816	4.825
1000	4.834	4.843	4.853	4.862	4.871	4.880	4.889	4.898	4.908	4.917
1010	4.926	4.935	4.944	4.954	4.963	4.972	4.981	4.990	5.000	5.009
1020	5.018	5.027	5.037	5.046	5.055	5.065	5.074	5.083	5.092	5.102
1030	5.111	5.120	5.130	5.139	5.148	5.158	5.167	5.176	5.186	5.195
1040	5.205	5.214	5.223	5.233	5.242	5.252	5.261	5.270	5.280	5.289
1050	5.299	5.308	5.318	5.327	5.337	5.346	5.356	5.365	5.375	5.384
1060	5.394	5.403	5.413	5.422	5.432	5.441	5.451	5.460	5.470	5.480
1070	5.489	5.499	5.508	5.518	5.528	5.537	5.547	5.556	5.566	5.576
1080	5.585	5.595	5.605	5.614	5.624	5.634	5.643	5.653	5.663	5.672
1090	5.682	5.692	5.702	5.711	5.721	5.731	5.740	5.750	5.760	5.770
1100	5.780	5.789	5.799	5.809	5.819	5.828	5.838	5.848	5.858	5.868
1110	5.878	5.887	5.897	5.907	5.917	5.927	5.937	5.947	5.956	5.966
1120	5.976	5.986	5.996	6.006	6.016	6.026	6.036	6.046	6.055	6.065
1130	6.075	6.085	6.095	6.105	6.115	6.125	6.135	6.145	6.155	6.165
1140	6.175	6.185	6.195	6.205	6.215	6.225	6.235	6.245	6.256	6.266
1150	6.276	6.286	6.296	6.306	6.316	6.326	6.336	6.346	6.356	6.367
1160	6.377	6.387	6.397	6.407	6.417	6.427	6.438	6.448	6.458	6.468
1170	6.478	6.488	6.499	6.509	6.519	6.529	6.539	6.550	6.560	6.570
1180	6.580	6.591	6.601	6.611	6.621	6.632	6.642	6.652	6.663	6.673
1190	6.683	6.693	6.704	6.714	6.724	6.735	6.745	6.755	6.766	6.776

续表

t/℃	0	1	2	3	4	5	6	7	8	9
	E/mV									
1200	6.786	6.797	6.807	6.818	6.828	6.838	6.849	6.859	6.869	6.880
1210	6.890	6.901	6.911	6.922	6.932	6.942	6.953	6.963	6.974	6.984
1220	6.995	7.005	7.016	7.026	7.037	7.047	7.058	7.068	7.079	7.089
1230	7.100	7.110	7.121	7.131	7.142	7.152	7.163	7.173	7.184	7.194
1240	7.205	7.216	7.226	7.237	7.247	7.258	7.269	7.279	7.290	7.300
1250	7.311	7.322	7.332	7.343	7.353	7.364	7.375	7.385	7.396	7.407
1260	7.417	7.428	7.439	7.449	7.460	7.471	7.482	7.492	7.503	7.514
1270	7.524	7.535	7.546	7.557	7.567	7.578	7.589	7.600	7.610	7.621
1280	7.632	7.643	7.653	7.664	7.675	7.686	7.697	7.707	7.718	7.729
1290	7.740	7.751	7.761	7.772	7.783	7.794	7.805	7.816	7.827	7.837
1300	7.848	7.859	7.870	7.881	7.892	7.903	7.914	7.924	7.935	7.946
1310	7.957	7.968	7.979	7.990	8.001	8.012	8.023	8.034	8.045	8.056
1320	8.066	8.077	8.088	8.099	8.110	8.121	8.132	8.143	8.154	8.165
1330	8.176	8.187	8.198	8.209	8.220	8.231	8.242	8.253	8.264	8.275
1340	8.286	8.298	8.309	8.320	8.331	8.342	8.353	8.364	8.375	8.386
1350	8.397	8.408	8.419	8.430	8.441	8.453	8.464	8.475	8.486	8.497
1360	8.508	8.519	8.530	8.542	8.553	8.564	8.575	8.586	8.597	8.608
1370	8.620	8.631	8.642	8.653	8.664	8.675	8.687	8.698	8.709	8.720
1380	7.731	8.743	8.754	8.765	8.776	8.787	8.799	8.810	8.821	8.832
1390	8.844	8.855	8.866	8.877	8.889	8.900	8.911	8.922	8.934	8.945
1400	8.956	8.967	8.979	8.990	9.001	9.013	9.024	9.035	9.047	9.058
1410	9.069	9.080	9.092	9.103	9.114	9.126	9.137	9.148	9.160	9.171
1420	9.182	9.194	9.205	9.216	9.228	9.239	9.251	9.262	9.273	9.285
1430	9.296	9.307	9.319	9.330	9.342	9.353	9.364	9.376	9.387	9.398
1440	9.410	9.421	9.433	9.444	9.456	9.467	9.478	9.490	9.501	9.513
1450	9.524	9.536	9.547	9.558	9.570	9.581	9.593	9.604	9.616	9.627
1460	9.639	9.650	9.662	9.673	9.684	9.696	9.707	9.719	9.730	9.742
1470	9.753	9.765	9.776	9.788	9.799	9.811	9.822	9.834	9.845	9.857
1480	9.868	9.880	9.891	9.903	9.914	9.926	9.937	9.949	9.961	9.972
1490	9.984	9.995	10.007	10.018	10.030	10.041	10.053	10.064	10.076	10.088
1500	10.099	10.111	10.122	10.134	10.145	10.157	10.168	10.180	10.192	10.203
1510	10.215	10.226	10.238	10.249	10.261	10.273	10.284	10.296	10.307	10.319
1520	10.331	10.342	10.354	10.365	10.377	10.389	10.400	10.412	10.423	10.435
1530	10.447	10.458	10.470	10.482	10.493	10.505	10.516	10.528	10.540	10.551
1540	10.563	10.575	10.586	10.598	10.609	10.621	10.633	10.644	10.656	10.668
1550	10.679	10.691	10.703	10.714	10.726	10.738	10.749	10.761	10.773	10.784
1560	10.796	10.808	10.819	10.831	10.843	10.854	10.866	10.877	10.889	10.901
1570	10.913	10.924	10.936	10.948	10.959	10.971	10.983	10.994	11.006	11.018
1580	11.029	11.041	11.053	11.064	11.076	11.088	11.099	11.111	11.123	11.134
1590	11.146	11.158	11.169	11.181	11.193	11.205	11.216	11.228	11.240	11.251
1600	11.263	11.275	11.286	11.298	11.310	11.321	11.333	11.345	11.357	11.368
1610	11.380	11.392	11.403	11.415	11.427	11.438	11.450	11.462	11.474	11.485
1620	11.497	11.509	11.520	11.532	11.544	11.555	11.567	11.579	11.591	11.602
1630	11.614	11.626	11.637	11.649	11.661	11.673	11.684	11.696	11.708	11.719
1640	11.731	11.743	11.754	11.766	11.778	11.790	11.801	11.813	11.825	11.836

续表

t/℃	0	1	2	3	4	5	6	7	8	9
	E/mV									
1650	11.848	11.860	11.871	11.883	11.895	11.907	11.918	11.930	11.942	11.953
1660	11.965	11.977	11.988	12.000	12.012	12.024	12.035	12.047	12.059	12.070
1670	12.082	12.094	12.105	12.117	12.129	12.141	12.152	12.164	12.176	12.187
1680	12.199	12.211	12.222	12.234	12.246	12.257	12.269	12.281	12.292	12.304
1690	12.316	12.327	12.339	12.351	12.363	12.374	12.386	12.398	12.409	12.421
1700	12.433	12.444	12.456	12.468	12.479	12.491	12.503	12.514	12.526	12.538
1710	12.549	12.561	12.572	12.584	12.596	12.607	12.619	12.631	12.642	12.654
1720	12.666	12.677	12.689	12.701	12.712	12.724	12.736	12.747	12.759	12.770
1730	12.782	12.794	12.805	12.817	12.829	12.840	12.852	12.863	12.875	12.887
1740	12.898	12.910	12.921	12.933	12.945	12.956	12.968	12.980	12.991	13.003
1750	13.014	13.026	13.037	13.049	13.061	13.072	13.084	13.095	13.107	13.119
1760	13.130	13.142	13.153	13.165	13.176	13.188	13.200	13.211	13.223	13.234
1770	13.246	13.257	13.269	13.280	13.292	13.304	13.315	13.327	13.338	13.350
1780	13.361	13.373	13.384	13.396	13.407	13.419	13.430	13.442	13.453	13.465
1790	13.476	13.488	13.499	13.511	13.522	13.534	13.545	13.557	13.568	13.580
1800	13.591	13.603	13.614	13.626	13.637	13.649	13.660	13.672	13.683	13.694
1810	13.706	13.717	13.729	13.740	13.752	13.763	13.775	13.786	13.797	13.809
1820	13.820									

附表 1-3　镍铬-镍硅热电偶（K 型）分度表　　参考温度：0℃

t/℃	0	−1	−2	−3	−4	−5	−6	−7	−8	−9
	E/mV									
−270	−6.458									
−260	−6.441	−6.444	−6.446	−6.448	−6.450	−6.452	−6.453	−6.455	−6.456	−6.457
−250	−6.404	−6.408	−6.413	−6.417	−6.421	−6.425	−6.429	−6.432	−6.435	−6.438
−240	−6.344	−6.351	−6.358	−6.364	−6.370	−6.377	−6.382	−6.388	−6.393	−6.399
−230	−6.262	−6.271	−6.280	−6.289	−6.297	−6.306	−6.314	−6.322	−6.329	−6.337
−220	−6.158	−6.170	−6.181	−6.192	−6.202	−6.213	−6.223	−6.233	−6.243	−6.252
−210	−6.035	−6.048	−6.061	−6.074	−6.087	−6.099	−6.111	−6.123	−6.135	−6.147
−200	−5.891	−5.907	−5.922	−5.936	−5.951	−5.965	−5.980	−5.994	−6.007	−6.021
−190	−5.730	−5.747	−5.763	−5.780	−5.797	−5.813	−5.829	−5.845	−5.861	−5.876
−180	−5.550	−5.569	−5.588	−5.606	−5.624	−5.624	−5.660	−5.678	−5.695	−5.713
−170	−5.354	−5.374	−5.395	−5.415	−5.435	−5.454	−5.474	−5.493	−5.512	−5.531
−160	−5.141	−5.163	−5.185	−5.207	−5.228	−5.250	−5.271	−5.292	−5.313	−5.333
−150	−4.913	−4.936	−4.960	−4.983	−5.006	−5.029	−5.052	−5.074	−5.097	−5.119
−140	−4.669	−4.694	−4.719	−4.744	−4.768	−4.793	−4.817	−4.841	−4.865	−4.889
−130	−4.411	−4.437	−4.463	−4.490	−4.516	−4.542	−4.567	−4.593	−4.618	−4.644
−120	−4.138	−4.166	−4.194	−4.221	−4.249	−4.276	−4.303	−4.330	−4.357	−4.384
−110	−3.852	−3.882	−3.911	−3.939	−3.968	−3.997	−4.025	−4.054	−4.082	−4.110
−100	−3.554	−3.584	−3.614	−3.645	−3.675	−3.705	−3.734	−3.764	−3.794	−3.823
−90	−3.243	−3.274	−3.306	−3.337	−3.368	−3.400	−3.431	−3.462	−3.492	−3.523
−80	−2.920	−2.953	−2.986	−3.081	−3.050	−3.083	−3.115	−3.147	−3.179	−3.211
−70	−2.587	−2.620	−2.654	−2.688	−2.721	−2.755	−2.788	−2.821	−2.854	−2.887
−60	−2.243	−2.278	−2.312	−2.347	−2.382	−2.416	−2.450	−2.485	−2.519	−2.553
−50	−1.889	−1.925	−1.961	−1.996	−2.032	−2.067	−2.103	−2.138	−2.173	−2.208
−40	−1.527	−1.564	−1.600	−1.637	−1.673	−1.709	−1.745	−1.782	−1.818	−1.854
−30	−1.156	−1.194	−1.231	−1.268	−1.305	−1.343	−1.380	−1.417	−1.453	−1.490
−20	−0.778	−0.816	−0.854	−0.892	−0.930	−0.968	−1.006	−1.043	−1.081	−1.119
−10	−0.392	−0.431	−0.470	−0.508	−0.574	−0.586	−0.624	−0.663	−0.701	−0.739
0	0.000	−0.039	−0.079	−0.118	−0.157	−0.197	−0.236	−0.275	−0.314	−0.353

续表

t/℃	0	1	2	3	4	5	6	7	8	9
	E/mV									
0	0.000	0.039	0.079	0.119	0.158	0.198	0.238	0.277	0.317	0.357
10	0.397	0.437	0.477	0.517	0.557	0.597	0.637	0.677	0.718	0.758
20	0.798	0.838	0.879	0.919	0.960	1.000	1.041	1.081	1.122	1.163
30	1.203	1.244	1.285	1.326	1.366	1.407	1.448	1.489	1.530	1.571
40	1.612	1.653	1.694	1.735	1.776	1.817	1.858	1.899	1.941	1.982
50	2.023	2.064	2.106	2.147	2.188	2.230	2.271	2.312	2.354	2.395
60	2.436	2.478	2.519	2.561	2.602	2.644	2.689	2.727	2.768	2.810
70	2.851	2.893	2.934	2.976	3.017	3.059	3.100	3.142	3.184	3.225
80	3.267	3.308	3.350	3.391	3.433	3.474	3.516	3.557	3.599	3.640
90	3.682	3.723	3.765	3.806	3.848	3.889	3.931	3.972	4.013	4.055
100	4.096	4.138	4.179	4.220	4.262	4.303	4.344	4.385	4.427	4.468
110	4.509	4.550	4.591	4.633	4.674	4.715	4.756	4.797	4.838	4.879
120	4.920	4.961	5.002	5.043	5.084	5.124	5.165	5.206	5.247	5.288
130	5.328	5.369	5.410	5.450	5.491	5.532	5.572	5.613	5.653	5.694
140	5.735	5.775	5.815	5.856	5.896	5.937	5.977	6.017	6.058	6.098
150	6.138	6.179	6.219	6.259	6.299	6.339	6.380	6.420	6.460	6.500
160	6.540	6.580	6.620	6.660	6.701	6.741	6.781	6.821	6.861	6.901
170	6.941	6.981	7.021	7.060	7.100	7.140	7.180	7.220	7.260	7.300
180	7.340	7.380	7.420	7.460	7.500	7.540	7.579	7.619	7.659	7.699
190	7.739	7.779	7.819	7.859	7.899	7.939	7.979	8.019	8.059	8.099
200	8.138	8.178	8.218	8.258	8.298	8.338	8.378	8.418	8.458	8.499
210	8.539	8.579	8.619	8.659	8.699	8.739	8.779	8.819	8.860	8.900
220	8.940	8.980	9.020	9.061	9.101	9.141	9.181	9.222	9.262	9.302
230	9.343	9.383	9.423	9.464	9.504	9.545	9.585	9.626	9.666	9.707
240	9.747	9.788	9.828	9.869	9.909	9.950	9.991	10.031	10.072	10.113
250	10.153	10.194	10.235	10.276	10.316	10.357	10.398	10.439	10.480	10.520
260	10.561	10.602	10.643	10.684	10.725	10.766	10.807	10.848	10.889	10.930
270	10.971	11.021	11.053	11.094	11.135	11.176	11.217	11.259	11.300	11.341
280	11.382	11.423	11.465	11.506	11.547	11.588	11.630	11.671	11.712	11.753
290	11.795	11.836	11.877	11.919	11.960	12.001	12.043	12.084	12.126	12.167
300	12.209	12.250	12.291	12.333	12.374	12.416	12.457	12.499	12.540	12.582
310	12.624	12.665	12.707	12.748	12.790	12.831	12.873	12.915	12.956	12.998
320	13.040	13.081	13.123	13.165	13.206	13.248	13.290	13.331	13.373	13.415
330	13.457	13.498	13.540	13.582	13.624	13.665	13.707	13.749	13.791	13.833
340	13.874	13.916	13.958	14.000	14.042	14.084	14.126	14.167	14.209	14.251
350	14.293	14.335	14.377	14.419	14.461	14.503	14.545	14.587	14.629	14.671
360	14.713	14.755	14.797	14.839	14.881	14.923	14.965	15.007	15.049	15.091
370	15.133	15.175	15.217	15.259	15.301	15.343	15.385	15.427	15.469	15.511
380	15.554	15.596	15.638	15.680	15.722	15.764	15.806	15.849	15.891	15.933
390	15.975	16.017	16.059	16.102	16.144	16.186	16.228	16.270	16.313	16.335
400	16.397	16.439	16.482	16.524	16.566	16.608	16.651	16.693	16.735	16.778
410	16.820	16.862	16.904	16.947	16.989	17.031	17.074	17.116	17.158	17.201
420	17.243	17.285	17.328	17.370	17.413	17.455	17.497	17.540	17.582	17.624
430	17.667	17.709	17.752	17.794	17.837	17.879	17.921	17.964	18.006	18.049
440	18.091	18.134	18.176	18.218	18.261	18.303	18.346	18.388	18.431	18.473

续表

t/℃	0	1	2	3	4	5	6	7	8	9
	E/mV									
450	18.516	18.558	18.601	18.643	18.686	18.728	18.771	18.813	18.856	18.898
460	18.941	18.983	19.026	19.068	19.111	19.154	19.196	19.239	19.281	19.324
470	19.366	19.409	19.451	19.494	19.537	19.579	19.622	19.664	19.707	19.705
480	19.792	19.835	19.877	19.920	19.962	20.005	20.048	20.090	20.133	20.175
490	20.218	20.261	20.303	20.346	20.389	20.431	20.474	20.516	20.559	20.602
500	20.644	20.687	20.730	20.772	20.815	20.857	20.900	20.943	20.985	21.028
510	21.071	21.113	21.156	21.199	21.241	21.284	21.326	21.369	21.412	21.454
520	21.497	21.540	21.582	21.625	21.668	21.710	21.753	21.796	21.838	21.881
530	21.924	21.966	22.009	22.052	22.094	22.137	22.179	22.222	22.265	22.307
540	22.350	22.393	22.435	22.478	22.521	22.563	22.606	22.649	22.691	22.734
550	22.776	22.819	22.862	22.904	22.947	22.990	23.032	23.075	23.117	23.160
560	23.203	23.245	23.288	23.331	23.373	23.416	23.458	23.501	23.544	23.586
570	23.629	23.671	23.714	23.757	23.799	23.842	23.884	23.927	23.970	24.012
580	24.055	24.097	24.140	24.182	24.225	24.267	24.310	24.353	24.395	24.438
590	24.480	24.523	24.565	24.608	24.650	24.693	24.735	24.778	24.820	24.863
600	24.905	24.948	24.990	25.033	25.075	25.118	25.160	25.203	25.245	25.288
610	25.330	25.373	25.415	25.458	25.500	25.543	25.585	25.627	25.670	25.712
620	25.755	25.797	25.840	25.882	25.924	25.967	26.009	26.052	26.094	26.136
630	26.179	26.221	26.263	26.306	26.348	26.390	26.433	26.475	26.517	26.560
640	26.602	26.644	26.687	26.729	26.771	26.814	26.856	26.898	26.940	26.983
650	27.025	27.067	27.109	27.152	27.194	27.236	27.278	27.320	27.363	27.405
660	27.447	27.489	27.531	27.574	27.616	27.658	27.700	27.742	27.784	27.826
670	27.869	27.911	27.953	27.995	28.037	28.079	28.121	28.163	28.205	28.247
680	28.289	28.332	28.374	28.416	28.458	28.500	28.542	28.584	28.626	28.668
690	28.710	28.752	28.794	28.835	28.877	28.919	28.961	29.003	29.045	29.087
700	29.129	29.171	29.213	29.255	29.297	29.338	29.380	29.422	29.464	29.506
710	29.548	29.589	29.631	29.673	29.715	29.757	29.798	29.840	29.882	29.924
720	29.965	30.007	30.049	30.090	30.132	30.174	30.216	30.257	30.299	30.341
730	30.382	30.424	30.466	30.507	30.549	30.590	30.632	30.674	30.715	30.757
740	30.798	30.840	30.881	30.923	30.964	31.006	31.047	31.089	31.130	31.172
750	31.213	31.255	31.296	31.338	31.379	31.421	31.426	31.504	31.545	31.586
760	31.628	31.669	31.710	31.752	31.793	31.834	31.876	31.917	31.958	32.000
770	32.041	32.082	32.124	32.165	32.206	32.247	32.289	32.330	32.371	32.412
780	32.453	32.495	32.536	32.577	32.618	32.659	32.700	32.742	32.783	32.824
790	32.865	32.906	32.947	32.988	33.029	33.070	33.111	33.152	33.193	33.234
800	33.275	33.316	33.357	33.398	33.439	33.480	33.521	33.562	33.603	33.644
810	33.685	33.726	33.767	33.808	33.848	33.889	33.930	33.971	34.012	34.053
820	34.093	34.134	34.175	34.216	34.257	34.297	34.338	34.379	34.420	34.460
830	34.501	34.542	34.582	34.623	34.664	34.704	34.745	34.786	34.826	34.867
840	34.908	34.948	34.989	35.029	35.070	35.110	35.151	35.192	35.232	35.273
850	35.313	35.354	35.394	35.435	35.475	35.516	35.556	35.596	35.637	35.677
860	35.718	35.758	35.798	35.839	35.879	35.920	35.960	36.000	36.041	36.081
870	36.121	36.162	36.202	36.242	36.282	36.323	36.363	36.403	36.443	36.484
880	36.524	36.564	36.604	36.644	36.685	36.725	36.765	36.805	36.845	36.885
890	36.925	36.965	37.006	37.046	37.086	37.126	37.166	37.206	37.246	37.286
900	37.326	37.366	37.406	37.446	37.486	37.526	37.566	37.606	37.646	37.686
910	37.725	37.765	37.805	37.845	37.885	37.925	37.965	38.005	38.044	38.084
920	38.124	38.164	38.204	38.243	38.283	38.323	38.363	38.402	38.442	38.482
930	38.522	38.561	38.601	38.641	38.680	38.720	38.760	38.799	38.839	38.878
940	38.918	38.958	38.997	39.037	39.076	39.116	39.155	39.195	39.235	39.274

续表

t/℃	0	1	2	3	4	5	6	7	8	9
	E/mV									
950	39.314	39.353	39.393	39.432	39.471	39.511	39.550	39.590	39.629	39.669
960	39.708	39.747	39.787	39.826	39.866	39.905	39.944	39.984	40.023	40.062
970	40.101	40.141	40.180	40.219	40.259	40.298	40.337	40.376	40.415	40.455
980	40.494	40.533	40.572	40.611	40.651	40.690	40.729	40.768	40.807	40.846
990	40.885	40.924	40.963	41.002	41.042	41.081	41.120	41.159	41.198	41.237
1000	41.276	41.315	41.354	41.393	41.431	41.470	41.509	41.548	41.587	41.626
1010	41.665	41.704	41.743	41.781	41.820	41.859	41.898	41.937	41.976	42.014
1020	42.053	42.092	42.131	42.169	42.208	42.247	42.286	42.324	42.363	42.402
1030	42.440	42.479	42.518	42.556	42.595	42.633	42.672	42.711	42.749	42.788
1040	42.826	42.865	42.903	42.942	42.980	43.019	43.057	43.096	43.134	43.173
1050	43.211	43.250	43.288	43.327	43.365	43.403	43.442	43.480	43.518	43.557
1060	43.595	43.633	43.672	43.710	43.748	43.787	43.825	43.863	43.901	43.940
1070	43.978	44.016	44.054	44.092	44.130	44.169	44.207	44.245	44.283	44.321
1080	44.359	44.397	44.435	44.473	44.512	44.550	44.588	44.626	44.664	44.702
1090	44.740	44.778	44.816	44.853	44.891	44.929	44.967	45.005	45.043	45.081
1100	45.119	45.157	45.194	45.232	45.270	45.308	45.346	45.383	45.421	45.459
1110	45.497	45.534	45.572	45.610	45.647	45.685	45.723	45.760	45.798	45.836
1120	45.873	45.911	45.948	45.986	46.024	46.061	46.099	46.136	46.174	46.211
1130	46.249	46.286	46.324	46.361	46.398	46.436	46.473	46.511	46.548	46.585
1140	46.623	46.660	46.697	46.735	46.772	46.809	46.847	46.884	46.921	46.958
1150	46.995	47.033	47.070	47.107	47.144	47.181	47.218	47.256	47.293	47.330
1160	47.367	47.404	47.441	47.478	47.515	47.552	47.589	47.626	47.663	47.700
1170	47.737	47.774	47.811	47.848	47.884	47.921	47.958	47.995	48.032	48.069
1180	48.105	48.142	48.179	48.216	48.252	48.289	48.326	48.363	48.399	48.436
1190	48.473	48.509	48.546	48.582	48.619	48.656	48.692	48.729	48.765	48.802
1200	48.838	48.875	48.911	48.948	48.984	49.021	49.057	49.093	49.130	49.166
1210	49.202	49.239	49.275	49.311	49.348	49.384	49.420	49.456	49.493	49.529
1220	49.565	49.601	49.673	49.674	49.710	49.746	49.782	49.818	49.854	49.890
1230	49.926	49.962	49.998	50.034	50.070	50.106	50.142	50.178	50.214	50.250
1240	50.286	50.322	50.358	50.393	50.429	50.465	50.501	50.537	50.572	50.608
1250	50.644	50.680	50.715	50.751	50.787	50.822	50.858	50.894	50.929	50.965
1260	51.000	51.036	51.071	51.107	51.142	51.178	51.213	51.249	51.284	51.320
1270	51.355	51.391	51.426	51.461	51.497	51.532	51.567	51.603	51.638	51.673
1280	51.708	51.744	51.779	51.814	51.849	51.885	51.920	51.955	51.990	52.025
1290	52.060	52.095	52.130	52.165	52.200	52.235	52.270	52.305	52.340	52.375
1300	52.410	52.445	52.480	52.515	52.550	52.585	52.620	52.654	52.689	52.724
1310	52.759	52.794	52.828	52.863	52.898	52.932	52.967	53.002	53.037	53.071
1320	53.106	53.140	53.175	53.210	53.244	53.279	53.313	53.348	53.382	53.417
1330	53.451	53.486	53.520	53.555	53.589	53.623	53.658	53.692	53.727	53.761
1340	53.795	53.830	53.864	53.898	53.932	53.967	54.001	54.035	54.069	54.104
1350	54.138	54.172	54.206	54.240	54.274	54.308	54.343	54.377	54.411	54.445
1360	54.479	54.513	54.547	54.581	54.615	54.649	54.683	54.717	54.751	54.785
1370	54.819	54.852	54.886							

附表 1-4 镍铬-铜镍合金（康铜）热电偶（E 型）分度表　　参考温度：0℃

t/℃	0	−1	−2	−3	−4	−5	−6	−7	−8	−9
	E/mV									
−270	−9.835									
−260	−9.797	−9.802	−9.808	−9.813	−9.817	−9.821	−9.825	−9.828	−9.831	−9.833
−250	−9.718	−9.728	−9.737	−9.746	−9.754	−9.762	−9.770	−9.777	−9.784	−9.790
−240	−9.604	−9.617	−9.630	−9.642	−9.654	−9.666	−9.677	−9.688	−9.698	−9.709
−230	−9.455	−9.471	−9.487	−9.503	−9.519	−9.534	−9.548	−9.563	−9.577	−9.591
−220	−9.274	−9.293	−9.313	−9.331	−9.350	−9.368	−9.386	−9.404	−9.421	−9.438
−210	−9.063	−9.085	−9.107	−9.129	−9.151	−9.172	−9.193	−9.214	−9.234	−9.254
−200	−8.825	−8.850	−8.874	−8.899	−8.923	−8.947	−8.971	−8.994	−9.017	−9.040
−190	−8.561	−8.588	−8.616	−8.643	−8.669	−8.696	−8.722	−8.748	−8.774	−8.799
−180	−8.273	−8.303	−8.333	−8.362	−8.391	−8.420	−8.449	−8.477	−8.505	−8.533
−170	−7.963	−7.995	−8.027	−8.059	−8.090	−8.121	−8.152	−8.183	−8.213	−8.243
−160	−7.632	−7.666	−7.700	−7.733	−7.767	−7.800	−7.833	−7.866	−7.899	−7.931
−150	−7.279	−7.315	−7.351	−7.387	−7.423	−7.458	−7.493	−7.528	−7.563	−7.597
−140	−6.907	−6.945	−6.983	−7.021	−7.058	−7.096	−7.133	−7.170	−7.206	−7.243
−130	−6.516	−6.556	−6.596	−6.636	−6.675	−6.714	−6.753	−6.792	−6.831	−6.869
−120	−6.107	−6.149	−6.191	−6.232	−6.273	−6.314	−6.355	−6.396	−6.436	−6.476
−110	−5.681	−5.724	−5.767	−5.810	−5.853	−5.896	−5.939	−5.981	−6.023	−6.065
−100	−5.237	−5.282	−5.327	−5.372	−5.417	−5.461	−5.505	−5.549	−5.593	−5.637
−90	−4.777	−4.824	−4.871	−4.917	−4.963	−5.009	−5.055	−5.101	−5.147	−5.192
−80	−4.302	−4.350	−4.398	−4.446	−4.494	−4.542	−4.589	−4.636	−4.684	−4.731
−70	−3.811	−3.861	−3.911	−3.960	−4.009	−4.058	−4.107	−4.156	−4.205	−4.254
−60	−3.306	−3.357	−3.408	−3.459	−3.510	−3.561	−3.611	−3.661	−3.711	−3.761
−50	−2.787	−2.840	−2.892	−2.944	−2.996	−3.048	−3.100	−3.152	−3.204	−3.255
−40	−2.255	−2.309	−2.362	−2.416	−2.469	−2.523	−2.576	−2.629	−2.682	−2.735
−30	−1.709	−1.765	−1.820	−1.874	−1.929	−1.984	−2.038	−2.093	−2.147	−2.201
−20	−1.152	−1.208	−1.264	−1.320	−1.376	−1.432	−1.488	−1.543	−1.599	−1.654
−10	−0.582	−0.639	−0.697	−0.754	−0.811	−0.868	−0.925	−0.982	−1.039	−1.095
0	0.000	−0.059	−0.117	−0.176	−0.234	−0.292	−0.350	−0.408	−0.466	−0.524
t/℃	0	1	2	3	4	5	6	7	8	9
	E/mV									
0	0.000	0.059	0.118	0.176	0.235	0.294	0.354	0.413	0.472	0.532
10	0.591	0.651	0.711	0.770	0.830	0.890	0.950	1.010	1.071	1.131
20	1.192	1.252	1.313	1.373	1.434	1.495	1.556	1.617	1.678	1.740
30	1.801	1.862	1.924	1.986	2.047	2.109	2.171	2.233	2.295	2.357
40	2.420	2.482	2.545	2.607	2.670	2.733	2.795	2.858	2.921	2.984
50	3.048	3.111	3.174	3.238	3.301	3.365	3.429	3.492	3.556	3.620
60	3.685	3.749	3.813	3.877	3.942	4.006	4.071	4.136	4.200	4.265
70	4.330	4.395	4.460	4.526	4.591	4.656	4.722	4.788	4.853	4.919
80	4.985	5.051	5.117	5.183	5.249	5.315	5.382	5.448	5.514	5.581
90	5.648	5.714	5.781	5.848	5.915	5.982	6.049	6.117	6.184	6.251
100	6.319	6.386	6.454	6.522	6.590	6.658	6.725	6.794	6.862	6.930
110	6.998	7.066	7.135	7.203	7.272	7.341	7.409	7.478	7.547	7.616
120	7.685	7.754	7.823	7.892	7.962	8.031	8.101	8.170	8.240	8.309
130	8.379	8.449	8.519	8.589	8.659	8.729	8.799	8.869	8.940	9.010
140	9.081	9.151	9.222	9.292	9.363	9.434	9.505	9.576	9.647	9.718

续表

t/℃	0	1	2	3	4	5	6	7	8	9
	E/mV									
150	9.789	9.860	9.931	10.003	10.074	10.145	10.217	10.288	10.360	10.432
160	10.503	10.575	10.647	10.719	10.791	10.863	10.935	11.007	11.080	11.152
170	11.224	11.297	11.369	11.442	11.514	11.587	11.660	11.733	11.805	11.878
180	11.951	12.024	12.097	12.170	12.243	12.317	12.390	12.463	12.537	12.610
190	12.684	12.757	12.831	12.904	12.978	13.052	13.126	13.199	12.273	12.347
200	13.421	13.495	13.569	13.644	13.718	13.792	13.866	13.941	14.015	14.090
210	14.164	14.239	14.313	14.388	14.463	14.537	14.612	14.687	14.762	14.837
220	14.912	14.987	15.062	15.137	15.212	15.287	15.362	15.438	15.513	15.588
230	15.664	15.739	15.815	15.890	15.966	16.041	16.117	16.193	16.269	16.344
240	16.420	16.496	16.572	16.648	16.724	16.800	16.876	16.952	17.028	17.104
250	17.181	17.257	17.333	17.409	17.486	17.562	17.639	17.715	17.792	17.868
260	17.945	18.021	18.098	18.175	18.252	18.328	18.405	18.482	18.559	18.636
270	18.713	18.790	18.867	18.944	19.021	19.098	19.175	19.252	19.330	19.407
280	19.484	19.561	19.639	19.716	19.794	19.871	19.948	20.026	20.103	20.181
290	20.259	20.336	20.414	20.492	20.569	20.647	20.725	20.803	20.880	20.958
300	21.036	21.114	21.192	21.270	21.348	21.426	21.504	21.582	21.660	21.739
310	21.817	21.895	21.973	22.051	22.130	22.208	22.286	22.365	22.443	22.522
320	22.600	22.678	22.757	22.835	22.914	22.993	23.071	23.150	23.228	23.307
330	23.386	23.464	23.543	23.622	23.701	23.780	23.858	23.937	24.016	24.095
340	24.174	24.253	24.332	24.411	24.490	24.569	24.648	24.727	24.806	24.885
350	24.964	25.044	25.123	25.202	25.281	25.360	25.440	25.519	25.598	25.678
360	25.757	25.836	25.916	25.995	26.075	26.154	26.233	26.313	26.392	26.472
370	26.552	26.631	26.711	26.790	26.870	26.950	27.029	27.109	27.189	27.268
380	27.348	27.428	27.507	27.587	27.667	27.747	27.827	27.907	27.986	28.066
390	28.146	28.226	28.306	28.386	28.466	28.546	28.626	28.706	28.786	28.866
400	28.946	29.026	29.106	29.186	29.266	29.346	29.427	29.507	29.587	29.667
410	29.747	29.827	29.908	29.988	30.068	30.148	30.229	30.309	30.389	30.470
420	30.550	30.630	30.711	30.791	30.871	30.952	31.032	31.112	31.193	31.273
430	31.354	31.434	31.515	31.595	31.676	31.756	31.837	31.917	31.998	32.078
440	32.159	32.239	32.320	32.400	32.481	32.562	32.642	32.723	32.803	32.884
450	32.965	33.045	33.126	33.207	33.287	33.368	33.449	33.529	33.610	33.691
460	33.772	33.852	33.933	34.014	34.095	34.175	34.256	34.337	34.418	34.498
470	34.579	34.660	34.741	34.822	34.902	34.983	35.064	35.145	35.226	35.307
480	35.387	35.468	35.549	35.630	35.711	35.792	35.873	35.954	36.034	36.115
490	36.196	36.277	36.358	36.439	36.520	36.601	36.682	36.763	36.843	36.924
500	37.005	37.086	37.167	37.248	37.329	37.410	37.491	37.572	37.653	37.734
510	37.815	37.896	37.977	38.058	38.139	38.220	38.300	38.381	38.462	38.543
520	38.624	38.705	38.786	38.867	38.948	39.029	39.110	39.191	39.272	39.353
530	39.434	39.515	39.596	39.677	39.758	39.839	39.920	40.001	40.082	40.163
540	40.243	40.324	40.405	40.486	40.567	40.648	40.729	40.810	40.891	40.972
550	41.053	41.134	41.215	41.296	41.377	41.457	41.538	41.619	41.700	41.781
560	41.862	41.943	42.024	42.105	42.185	42.266	42.347	42.428	42.509	42.590
570	42.671	42.751	42.832	42.913	42.994	43.075	43.156	43.236	43.317	43.398
580	43.479	43.560	43.640	43.721	43.802	43.883	43.963	44.044	44.125	44.206
590	44.286	44.367	44.448	44.529	44.609	44.690	44.771	44.851	44.932	45.013

续表

t/℃	0	1	2	3	4	5	6	7	8	9
	E/mV									
600	45.093	45.174	45.255	45.335	45.416	45.497	45.577	45.658	45.738	45.819
610	45.900	45.980	46.061	46.141	46.222	46.302	46.383	46.463	46.544	46.624
620	46.705	46.785	46.866	46.946	47.027	47.107	47.188	47.268	47.349	47.429
630	47.509	47.590	47.670	47.751	47.831	47.911	47.992	48.072	48.152	48.233
640	48.313	48.393	48.474	48.554	48.634	48.715	48.795	48.875	48.955	49.035
650	49.116	49.196	49.276	49.356	49.436	49.517	49.597	49.677	49.757	49.837
660	49.917	49.997	50.077	50.157	50.238	50.318	50.398	50.478	50.558	50.638
670	50.718	50.798	50.878	50.958	51.038	51.118	51.197	51.277	51.357	51.437
680	51.517	51.597	51.677	51.757	51.837	51.916	51.996	52.076	52.156	52.236
690	52.315	52.395	52.475	52.555	52.634	52.714	52.794	52.873	52.953	53.033
700	53.112	53.192	53.272	53.351	53.431	53.510	53.590	53.670	53.749	53.829
710	53.908	53.988	54.067	54.147	54.226	54.306	54.385	54.465	54.544	54.624
720	54.703	54.782	54.862	54.941	55.021	55.100	55.179	55.259	55.338	55.417
730	55.497	55.576	55.655	55.734	55.814	55.893	55.972	56.051	56.131	56.210
740	56.289	56.368	56.447	56.526	56.606	56.685	56.764	56.843	56.922	57.001
750	57.080	57.159	57.238	57.317	57.396	57.475	57.554	57.633	57.712	57.791
760	57.870	57.949	58.028	58.107	58.186	58.265	58.343	58.422	58.501	58.580
770	58.659	58.738	58.816	58.895	58.974	59.053	59.131	59.210	59.289	59.367
780	59.446	59.525	59.604	59.682	59.761	59.839	59.918	59.997	60.075	60.154
790	60.232	60.311	60.390	60.468	60.547	60.625	60.704	60.782	60.860	60.939
800	61.017	61.096	61.174	61.253	61.331	61.409	61.488	61.566	61.644	61.723
810	61.801	61.879	61.958	62.036	62.114	62.192	62.271	62.349	62.427	62.505
820	62.583	62.662	62.740	62.818	62.896	62.974	63.052	63.130	63.208	63.286
830	63.364	63.442	63.520	63.598	63.676	63.754	63.832	63.910	63.988	64.066
840	64.144	64.222	64.300	64.377	64.455	64.533	64.611	64.689	64.766	64.844
850	64.922	65.000	65.077	65.155	65.233	65.310	65.388	65.465	65.543	65.621
860	65.698	65.776	65.853	65.931	66.008	66.086	66.163	66.241	66.318	66.396
870	66.473	66.550	66.628	66.705	66.782	66.860	66.937	67.014	67.092	67.169
880	67.246	67.323	67.400	67.478	67.555	67.632	67.709	67.786	67.863	67.940
890	68.017	68.094	68.171	68.248	68.325	68.402	68.479	68.556	68.633	68.710
900	68.787	68.863	68.940	69.017	69.094	69.171	69.247	69.324	69.401	69.477
910	69.554	69.631	69.707	69.784	69.860	69.937	70.013	70.090	70.166	70.243
920	70.319	70.396	70.472	70.548	70.625	70.701	70.777	70.854	70.930	71.006
930	71.082	71.159	71.235	71.311	71.387	71.463	71.539	71.615	71.692	71.768
940	71.844	71.920	71.996	72.072	72.147	72.223	72.299	72.375	72.451	72.527
950	72.603	72.678	72.754	72.830	72.906	72.981	73.057	73.133	73.208	73.284
960	73.360	73.435	73.511	73.586	73.662	73.738	73.813	73.889	73.964	74.040
970	74.115	74.190	74.266	74.341	74.417	74.492	74.567	74.643	74.718	74.793
980	74.869	74.944	75.019	75.095	75.170	75.245	75.320	75.395	75.471	75.546
990	75.621	75.696	75.771	75.847	75.922	75.997	76.072	76.147	76.223	76.298
1000	76.373									

附录 2　主要热电偶的参考函数和逆函数

S 型、B 型、E 型热电偶的参考函数为

$$E=\sum_{i=0}^{n} c_i t_{90}^{i}$$

式中，E 为热电势，mV；t_{90}^{i} 为 IST-90 的摄氏度；c_i 为系数，由下表给出。

K 型热电偶的参考函数的形式为

$$E=\sum_{i=1}^{n} c_i t_{90}^{i}+\alpha_0 e^{\alpha_1 (t_{90}-126.9686)^2}$$

式中，α_0、α_1 为系数，当 $t_{90}^{i} \leqslant 0$℃时，$\alpha_0=\alpha_1=0$；在 0～1372℃温区内，$\alpha_0=-1.185976\times 10^{-1}$，$\alpha_1=-1.183432\times 10^{-4}$。

由 E 计算 t 的公式称为逆函数，S 型、B 型、K 型和 E 型热电偶的逆函数的数学形式均为

$$t_{90}=\sum_{i=0}^{n} c_i' E^{i}$$

式中，c_i'为系数。

S 型、B 型、K 型和 E 型热电偶的参考函数和逆函数的系数 c_i 和 c_i'见下列各附表。

附表 2-1　S 型热电偶参考函数的系数

−50～1064.18℃	1064.18～1664.5℃	1664.5～1768.1℃
$c_0=0.00000000000$	1.32900444085	$1.46628232636\times 10^{2}$
$c_1=5.40313308631\times 10^{-3}$	$3.34509311344\times 10^{-3}$	$-2.58430516752\times 10^{-1}$
$c_2=1.25934289740\times 10^{-5}$	$6.54805192818\times 10^{-6}$	$1.63693574641\times 10^{-4}$
$c_3=-2.32477968689\times 10^{-8}$	$-1.64856259209\times 10^{-9}$	$-3.30439046987\times 10^{-8}$
$c_4=3.22028823036\times 10^{-11}$	$1.29989605174\times 10^{-14}$	$-9.43223690612\times 10^{-15}$
$c_5=-3.31465196389\times 10^{-14}$	…	…
$c_6=2.55744251786\times 10^{-17}$	…	…
$c_7=-1.25068871393\times 10^{-20}$	…	…
$c_8=2.71443176145\times 10^{-24}$	…	…

附表 2-2　S 型热电偶参考函数逆函数的系数

温度范围	−50～250℃	250～1200℃	1064～1664.5℃	1664.5～1768.1℃
热电势范围	−0.235～1.874mV	1.874～11.950mV	10.332～17.536mV	17.536～18.693mV
系数	$c_0=0.00000000$	1.291507177×10^{1}	$-8.087801117\times 10^{1}$	5.333875126×10^{4}
	$c_1=1.84949460\times 10^{2}$	1.466298863×10^{2}	1.621573104×10^{2}	$-1.235892298\times 10^{4}$
	$c_2=-8.00504062\times 10^{1}$	$-1.534713402\times 10^{1}$	−8.536869453…	1.092657613×10^{3}
	$c_3=1.02237430\times 10^{2}$	3.145945973…	$4.719686976\times 10^{-1}$	$-4.265693686\times 10^{1}$
	$c_4=-1.52248592\times 10^{2}$	$-4.163257839\times 10^{-1}$	$-1.441693666\times 10^{-2}$	$6.247205420\times 10^{-1}$
	$c_5=1.88821343\times 10^{2}$	$3.187963771\times 10^{-2}$	$2.081618890\times 10^{-4}$	…

续表

温度范围	−50～250℃	250～1200℃	1064～1664.5℃	1664.5～1768.1℃
热电势范围	−0.235～1.874mV	1.874～11.950mV	10.332～17.536mV	17.536～18.693mV
系数	$c_6=-1.59085941\times10^{2}$	$-1.291637500\times10^{-3}$	…	…
	$c_7=8.23027880\times10^{1}$	2.183475087×10^{-5}	…	…
	$c_8=-2.34181944\times10^{1}$	$-1.447379511\times10^{-7}$	…	…
	$c_9=2.79786260\cdots$	8.211272125×10^{-9}	…	…

附表 2-3　B型热电偶参考函数的系数

0～630.615℃	630.615～1820℃
$c_0=0.0000000000\cdots$	$-3.8938168621\cdots$
$c_1=-2.4650818346\times10^{-4}$	$2.8571747470\times10^{-2}$
$c_2=5.9040421171\times10^{-6}$	$-8.4885104785\times10^{-5}$
$c_3=-1.3257931636\times10^{-9}$	$1.5785280164\times10^{-7}$
$c_4=1.5668291901\times10^{-12}$	$-1.6835344864\times10^{-10}$
$c_5=-1.6944529240\times10^{-15}$	$1.1109794013\times10^{-13}$
$c_6=6.2990347094\times10^{-19}$	$-4.4515431033\times10^{-17}$
$c_7=\cdots$	$9.8975640821\times10^{-21}$
$c_8=\cdots$	$-9.3791330289\times10^{-25}$

附表 2-4　B型热电偶参考函数逆函数的系数

温度范围	250～700℃	700～1820℃
热电势范围	0.291～2.431mV	2.431～13.820mV
系数	$c_0=9.8423321\times10^{1}$	2.1315071×10^{2}
	$c_1=6.9971500\times10^{2}$	2.8510504×10^{2}
	$c_2=-8.4765304\times10^{2}$	-5.2742887×10^{1}
	$c_3=1.0052644\times10^{3}$	$9.9160804\cdots$
	$c_4=-8.3345952\times10^{2}$	$-1.2965303\cdots$
	$c_5=4.5508542\times10^{2}$	1.1195870×10^{-1}
	$c_6=-1.5523037\times10^{2}$	-6.0625199×10^{-3}
	$c_7=2.9886750\times10^{1}$	1.8661696×10^{-4}
	$c_8=-2.4742860\cdots$	-2.4878585×10^{-6}

附表 2-5　K型热电偶参考函数的系数

−270～0℃	0～1372℃	0～1372℃(指数项)
$c_0=0.0000000000\cdots$	$-1.7600413686\times10^{-2}$	$\alpha_0=-1.185976\times10^{-1}$
$c_1=3.9450128025\times10^{-2}$	$3.8921204975\times10^{-2}$	$\alpha_1=-1.183432\times10^{-4}$
$c_2=2.3622373598\times10^{-5}$	$1.8558770032\times10^{-5}$	…
$c_3=-3.2858906784\times10^{-7}$	$-9.9457592874\times10^{-8}$	…
$c_4=-4.9904828777\times10^{-9}$	$3.1840945719\times10^{-10}$	…
$c_5=-6.7509059173\times10^{-11}$	$-5.6072844889\times10^{-13}$	…
$c_6=-5.7410327428\times10^{-13}$	$5.6075059059\times10^{-16}$	…
$c_7=-3.1088872894\times10^{-15}$	$-3.2020720003\times10^{-19}$	…
$c_8=-1.0451609365\times10^{-17}$	$9.7151147152\times10^{-23}$	…
$c_9=-1.9889266878\times10^{-20}$	$-1.2104721275\times10^{-26}$	…
$c_{10}=-1.6322697486\times10^{-23}$	…	…

附表 2-6　K 型热电偶参考函数逆函数的系数

温度范围	−200～0℃	0～500℃	500～1372℃
热电势范围	−5.891～0.0mV	0.0～20.644mV	20.644～54.886mV
系数	$c_0=0.0000000\cdots$	$0.0000000\cdots$	-1.318058×10^{2}
	$c_1=2.5173462\times10^{1}$	2.508355×10^{1}	4.830222×10^{1}
	$c_2=-1.1662878\cdots$	7.860106×10^{-2}	$-1.646031\cdots$
	$c_3=-1.0833638\cdots$	-2.503131×10^{-1}	5.464731×10^{-2}
	$c_4=-8.9773540\times10^{-1}$	8.315270×10^{-2}	-9.650715×10^{-4}
	$c_5=-3.7342377\times10^{-1}$	-1.228034×10^{-2}	8.802193×10^{-6}
	$c_6=-8.6632643\times10^{-2}$	9.804036×10^{-4}	-3.110810×10^{-8}
	$c_7=-1.0450598\times10^{-2}$	-4.413030×10^{-5}	…
	$c_8=-5.1920577\times10^{-4}$	1.057734×10^{-6}	…
	$c_9=\cdots$	-1.052755×10^{-8}	

附表 2-7　E 型热电偶参考函数的系数

−270～0℃	0～1000℃
$c_0=0.00000000000\cdots$	$0.0000000000\cdots$
$c_1=5.8665508708\times10^{-2}$	$5.8665508710\times10^{-2}$
$c_2=4.54109877124\times10^{-5}$	$4.5032275582\times10^{-5}$
$c_3=-7.7998048686\times10^{-7}$	$2.8908407212\times10^{-8}$
$c_4=-2.5800160843\times10^{-8}$	$-3.3056896652\times10^{-10}$
$c_5=-5.9452583057\times10^{-10}$	$6.5024403270\times10^{-13}$
$c_6=-9.3214058667\times10^{-12}$	$-1.9197495504\times10^{-16}$
$c_7=-1.0287605534\times10^{-13}$	$-1.2536600497\times10^{-18}$
$c_8=-8.0370123621\times10^{-16}$	$2.1489217569\times10^{-21}$
$c_9=-4.3979497391\times10^{-18}$	$-1.4388041782\times10^{-24}$
$c_{10}=-1.6414776355\times10^{-20}$	$3.5960899481\times10^{-28}$
$c_{11}=-3.9673619516\times10^{-23}$	…
$c_{12}=-5.5827328721\times10^{-26}$	…
$c_{13}=-3.4657842013\times10^{-29}$	…

附表 2-8　E 型热电偶参考函数逆函数的系数

温度范围	−200～0℃	0～1000℃
热电势范围	−8.825～0.0mV	0.0～76.373mV
系数	$c_0=0.0000000\cdots$	$0.0000000\cdots$
	$c_1=1.6977288\times10^{1}$	1.7057035×10^{1}
	$c_2=-4.3514970\times10^{-1}$	-2.3301759×10^{-1}
	$c_3=-1.5859697\times10^{-1}$	6.5435585×10^{-3}
	$c_4=-9.2502871\times10^{-2}$	-7.3562749×10^{-5}
	$c_5=-2.6084314\times10^{-2}$	-1.7896001×10^{-6}
	$c_6=-4.1360199\times10^{-3}$	8.4036165×10^{-8}
	$c_7=-3.4034030\times10^{-4}$	-1.3735879×10^{-9}
	$c_8=-1.1564890\times10^{-5}$	1.0629823×10^{-11}
	$c_9=\cdots$	-3.2447087×10^{-14}

附录3 热电阻分度表

附表 3-1 工业用铂电阻温度计（Pt_{100}）分度表 $R_0=100.00\Omega$

t/℃	0	−1	−2	−3	−4	−5	−6	−7	−8	−9
	R/Ω									
−200	18.52									
−190	22.83	22.40	21.97	21.54	21.11	20.68	20.25	19.82	19.38	18.95
−180	27.10	26.67	26.24	25.82	25.39	24.97	24.54	24.11	23.68	23.25
−170	31.34	30.91	30.49	30.07	29.64	29.22	28.80	28.37	27.95	27.52
−160	35.54	35.12	34.70	34.28	33.86	33.44	33.02	32.60	32.18	31.76
−150	39.72	39.31	38.89	38.47	38.05	37.64	37.22	36.80	36.38	35.96
−140	43.88	43.46	43.05	42.63	42.22	41.80	41.39	40.97	40.56	40.14
−130	48.00	47.59	47.18	46.77	46.36	45.94	45.53	45.12	44.70	44.29
−120	52.11	51.70	51.29	50.88	50.47	50.06	49.65	49.24	48.83	48.42
−110	56.19	55.79	55.38	54.97	54.56	54.15	53.75	53.34	52.93	52.52
−100	60.26	59.85	59.44	59.04	58.63	58.23	57.82	57.41	57.01	56.60
−90	64.30	63.90	63.49	63.09	62.68	62.28	61.88	61.47	61.07	60.66
−80	68.33	67.92	67.52	67.12	66.72	66.31	65.91	65.51	65.11	64.70
−70	72.33	71.93	71.53	71.13	70.73	70.33	69.93	69.53	69.13	68.73
−60	76.33	75.93	75.53	75.13	74.73	74.33	73.93	73.53	73.13	72.73
−50	80.31	79.91	79.51	79.11	78.72	78.32	77.92	77.52	77.12	76.73
−40	84.27	83.87	83.48	83.08	82.69	82.29	81.89	81.50	81.10	80.70
−30	88.22	87.83	87.43	87.04	86.64	86.25	85.85	85.46	85.06	84.67
−20	92.16	91.77	91.37	90.98	90.59	90.19	89.80	89.40	89.01	88.62
−10	96.09	95.69	95.30	94.91	94.52	94.12	93.73	93.34	92.95	92.55
0	100.00	99.61	99.22	98.83	98.44	98.04	97.65	97.26	96.87	96.48

t/℃	0	1	2	3	4	5	6	7	8	9
	R/Ω									
0	100.00	100.39	100.78	101.17	101.56	101.95	102.34	102.73	103.12	103.51
10	103.90	104.29	104.68	105.07	105.46	105.85	106.24	106.63	107.02	107.40
20	107.79	108.18	108.57	108.96	109.35	109.73	110.12	110.51	110.90	111.29
30	111.67	112.06	112.45	112.83	113.22	113.61	114.00	114.38	114.77	115.15
40	115.54	115.93	116.31	116.70	117.08	117.47	117.86	118.24	118.63	119.01
50	119.40	119.78	120.17	120.55	120.94	121.32	121.71	122.09	122.47	122.86
60	123.24	123.63	124.01	124.39	124.78	125.16	125.54	125.93	126.31	126.69
70	127.08	127.46	127.84	128.22	128.61	128.99	129.37	129.75	130.13	130.52
80	130.90	131.28	131.66	132.04	132.42	132.80	133.18	133.57	133.95	134.33
90	134.71	135.09	135.47	135.85	136.23	136.61	136.99	137.37	137.75	138.13
100	138.51	138.88	139.26	139.64	140.02	140.40	140.78	141.16	141.54	141.91
110	142.29	142.67	143.05	143.43	143.80	144.18	144.56	144.94	145.31	145.69
120	146.07	146.44	146.82	147.20	147.57	147.95	148.33	148.70	149.08	149.46
130	149.83	150.21	150.58	150.96	151.33	151.71	152.08	152.46	152.83	153.21
140	153.58	153.96	154.33	154.71	155.08	155.46	155.83	156.20	156.58	156.95

续表

t/℃	0	1	2	3	4	5	6	7	8	9
	R/Ω									
150	157.33	157.70	158.07	158.45	158.82	159.19	159.56	159.94	160.31	160.68
160	161.05	161.43	161.80	162.17	162.54	162.91	163.29	163.66	164.03	164.40
170	164.77	165.14	165.51	165.89	166.26	166.63	167.00	167.37	167.74	168.11
180	168.48	168.85	169.22	169.59	169.96	170.33	170.70	171.07	171.43	171.80
190	172.17	172.54	172.91	173.28	173.65	174.02	174.38	174.75	175.12	175.49
200	175.86	176.22	176.59	176.96	177.33	177.69	178.06	178.43	178.79	179.16
210	179.53	179.89	180.26	180.63	180.99	181.36	181.72	182.09	182.46	182.82
220	183.19	183.55	183.92	184.28	184.65	185.01	185.38	185.74	186.11	186.47
230	186.84	187.20	187.56	187.93	188.29	188.66	189.02	189.38	189.75	190.11
240	190.47	190.84	191.20	191.56	191.92	191.29	192.65	193.01	193.37	193.74
250	194.10	194.46	194.82	195.18	195.55	195.91	196.27	196.63	196.99	197.35
260	197.71	198.07	198.43	198.79	199.15	199.51	199.87	200.23	200.59	200.95
270	201.31	201.67	202.03	202.39	202.75	203.11	203.47	203.83	204.19	204.55
280	204.90	205.26	205.62	205.98	206.34	206.70	207.05	207.41	207.77	208.13
290	208.48	208.84	209.20	209.56	209.91	210.27	210.63	210.98	211.34	211.70
300	212.05	212.41	212.76	213.12	213.48	213.83	214.19	214.54	214.90	215.25
310	215.61	215.96	216.32	216.67	217.03	217.38	217.74	218.09	218.44	218.80
320	219.15	219.51	219.86	220.21	220.57	220.92	221.27	221.63	221.98	222.33
330	222.68	223.04	223.39	223.74	224.09	224.45	224.80	225.15	225.50	225.85
340	226.21	226.56	226.91	227.26	227.61	227.96	228.31	228.66	229.02	229.37
350	229.72	230.07	230.42	230.77	231.12	231.47	231.82	232.17	232.52	232.87
360	233.21	233.56	233.91	234.26	234.61	234.96	235.31	235.66	236.00	236.35
370	236.70	237.05	237.40	237.74	238.09	238.44	238.79	239.13	239.48	239.83
380	240.18	240.52	240.87	241.22	241.56	241.91	242.26	242.60	242.95	243.29
390	243.64	243.99	244.33	244.68	245.02	245.37	245.71	246.06	246.40	246.75
400	247.09	247.44	247.78	248.13	248.47	248.81	249.16	249.50	249.85	250.19
410	250.53	250.88	251.22	251.56	251.91	252.25	252.59	252.93	253.28	253.62
420	253.96	254.30	254.65	254.99	255.33	255.67	256.01	256.35	256.70	257.04
430	257.38	257.72	258.06	258.40	258.74	259.08	259.42	259.76	260.10	260.44
440	260.78	261.12	261.46	261.80	262.14	262.48	262.82	263.16	263.50	263.84
450	264.18	264.52	264.86	265.20	265.53	265.87	266.21	266.55	266.89	267.22
460	267.56	267.90	268.24	268.57	268.91	269.25	269.59	269.92	270.26	270.60
470	270.93	271.27	271.61	271.94	272.28	272.61	272.95	273.29	273.62	273.96
480	274.29	274.63	274.96	275.30	275.63	275.97	276.30	276.64	276.97	277.31
490	277.64	277.98	278.31	278.64	278.98	279.31	279.64	279.98	280.31	280.64
500	280.98	281.31	281.64	281.98	282.31	282.64	282.97	283.31	283.64	283.97
510	284.30	284.63	284.97	285.30	285.63	285.96	286.29	286.62	286.95	287.29
520	287.62	287.95	288.28	288.61	288.94	289.27	289.60	289.93	290.26	290.59
530	290.92	291.25	291.58	291.91	292.24	292.56	292.89	293.22	293.55	293.88
540	294.21	294.54	294.86	295.19	295.52	295.85	296.18	296.50	296.83	297.16
550	297.49	297.81	298.14	298.47	298.80	299.12	299.45	299.78	300.10	300.43
560	300.75	301.08	301.41	301.73	302.06	302.38	302.71	303.03	303.36	303.69
570	304.01	304.34	304.66	304.98	305.31	305.63	305.96	306.28	306.61	306.93
580	307.25	307.58	307.90	308.23	308.55	308.87	309.20	309.52	309.84	310.16
590	310.49	310.81	311.13	311.45	311.78	312.10	312.42	312.74	313.06	313.39

续表

t/℃	0	1	2	3	4	5	6	7	8	9
					R/Ω					
600	313.71	314.03	314.35	314.67	314.99	315.31	315.64	315.96	316.28	316.60
610	316.92	317.24	317.56	317.88	318.20	318.52	318.84	319.16	319.48	319.80
620	320.12	320.43	320.75	321.07	321.39	321.71	322.03	322.35	322.67	322.98
630	323.30	323.62	323.94	324.26	324.57	324.89	325.21	325.53	325.84	326.16
640	326.48	326.79	327.11	327.43	327.74	328.06	328.38	328.69	329.01	329.32
650	329.64	329.96	330.27	330.59	330.90	331.22	331.85	331.85	332.16	332.48
660	332.79	333.11	333.42	333.74	334.05	334.36	334.68	334.99	335.31	335.62
670	335.93	336.25	336.56	336.87	337.18	337.50	337.81	338.12	338.44	338.75
680	339.06	339.37	339.69	340.00	340.31	340.62	340.93	341.24	341.56	341.87
690	342.18	342.49	342.80	343.11	343.42	343.73	344.04	344.35	344.66	344.97
700	345.28	345.59	345.90	346.21	346.52	346.83	347.14	347.45	347.76	348.07
710	343.38	348.69	348.99	349.30	349.61	349.92	350.23	350.54	350.84	351.15
720	351.46	351.77	352.08	352.38	352.69	353.00	353.30	353.61	353.92	354.22
730	354.53	354.84	355.14	355.45	355.76	356.06	356.37	356.67	356.98	357.28
740	357.59	357.90	358.20	358.51	358.81	359.12	359.42	359.72	360.03	360.33
750	360.64	360.94	361.25	361.55	361.85	362.16	362.46	362.76	363.07	363.37
760	363.67	363.98	364.28	364.58	364.89	365.19	365.49	365.79	366.10	366.40
770	366.70	367.00	367.30	367.60	367.91	368.21	368.51	368.81	369.11	369.41
780	369.71	370.01	370.31	370.61	370.91	371.21	371.51	371.81	372.11	372.41
790	372.71	373.01	373.31	373.61	373.91	374.21	374.51	374.81	375.11	375.41
800	375.70	376.00	376.30	376.60	376.90	377.19	377.49	377.79	378.09	378.39
810	378.68	378.98	379.28	379.57	379.87	380.17	380.46	380.76	381.06	381.35
820	381.65	381.95	382.24	382.54	382.83	383.13	383.42	383.72	384.01	384.31
830	384.60	384.90	385.19	385.49	385.78	386.08	386.37	386.67	386.96	387.25
840	387.55	387.84	388.14	388.43	388.72	389.02	389.31	389.60	389.90	390.19
850	390.48									

附表 3-2　铜电阻（Cu_{100}）分度表　　$R_0=100.00\Omega$

t/℃	0	1	2	3	4	5	6	7	8	9
					R/Ω					
−50	78.49									
−40	82.80	82.36	81.94	81.50	81.08	80.64	80.20	79.78	79.34	78.92
−30	87.10	86.68	86.24	85.38	85.38	84.95	84.54	84.10	83.66	83.22
−20	91.40	90.98	90.54	90.12	89.68	89.26	88.82	88.40	87.96	87.54
−10	95.70	95.28	94.84	94.42	93.98	93.56	93.12	92.70	92.26	91.84
0	100.00	99.56	99.14	98.70	98.28	97.84	97.42	97.00	96.56	96.14

t/℃	0	1	2	3	4	5	6	7	8	9
					R/Ω					
0	100.00	100.42	100.86	101.28	101.72	102.14	102.56	103.00	103.43	103.86
10	104.28	104.72	105.14	105.56	106.00	106.42	106.86	107.28	107.72	108.14
20	108.56	109.00	109.42	109.84	110.28	110.70	111.14	111.56	112.00	112.42
30	112.84	113.28	113.70	114.14	114.56	114.98	115.42	115.84	116.28	116.70
40	117.12	117.56	117.98	118.40	118.84	119.26	119.70	120.12	120.54	120.98
50	121.40	121.84	122.26	122.68	123.12	123.54	123.96	124.40	124.82	125.26
60	125.68	126.10	126.54	126.96	127.40	127.82	128.24	128.68	129.10	129.52
70	129.96	130.38	130.82	131.24	131.66	132.10	132.52	132.96	133.38	133.80
80	134.24	134.66	135.08	135.52	135.94	136.38	136.80	137.24	137.66	138.08
90	138.52	138.94	139.36	139.80	140.22	140.66	141.08	141.52	141.94	142.36

续表

t/℃	0	1	2	3	4	5	6	7	8	9
	R/Ω									
100	142.80	143.22	143.66	144.08	144.50	144.94	145.36	145.80	146.22	146.66
110	147.08	147.50	147.94	148.36	148.80	149.22	149.66	150.08	150.52	150.94
120	151.36	151.80	152.22	152.66	153.08	153.52	153.94	154.38	154.80	155.24
130	155.66	156.10	156.52	156.96	157.38	157.82	158.24	158.68	159.10	159.54
140	159.96	160.40	160.82	161.26	161.68	162.12	162.54	162.98	163.40	168.84
150	164.27									

附录4 压力单位换算表

单位	帕 Pa	巴 bar	毫巴 mbar	约定毫米水柱 mmH_2O	标准大气压 atm	工程大气压 at	约定毫米汞柱 mmHg	磅力/英寸^2 lbf/in^2
帕 Pa	1	1×10^{-5}	1×10^{-2}	1.019716×10^{-1}	0.986923×10^{-5}	1.019716×10^{-5}	0.75006×10^{-2}	1.450442×10^{-4}
巴 bar	1×10^{5}	1	1×10^{3}	1.019716×10^{4}	0.986923	1.019716	0.75006×10^{3}	1.450442×10
毫巴 mbar	1×10^{2}	1×10^{-3}	1	1.019716×10	0.986923×10^{-3}	1.019716×10^{-3}	0.75006	1.450442×10^{-2}
约定毫米水柱 mmH_2O	0.980665×10	0.980665×10^{-4}	0.980665×10^{-1}	1	0.96784×10^{-4}	1×10^{-4}	0.73556×10^{-1}	1.4224×10^{-3}
标准大气压 atm	1.01325×10^{5}	1.01325	1.01325×10^{3}	1.033227×10^{4}	1	1.03323	0.76×10^{3}	1.4696×10
工程大气压 at	0.980665×10^{5}	0.980665	0.980665×10^{3}	1×10^{4}	0.96784	1	0.73556×10^{3}	1.4224×10
约定毫米汞柱 mmHg	1.333224×10^{2}	1.333224×10^{-3}	1.333224	1.35951×10	1.3158×10^{-3}	1.35951×10^{-3}	1	1.9338×10^{-2}
磅力/英寸^2 lbf/in^2	0.68949×10^{4}	0.68949×10^{-1}	0.68949×10^{2}	0.70307×10^{3}	0.6805×10^{-1}	0.70307×10^{-1}	0.51715×10^{2}	1

附录5 节流件和管道常用材质的热膨胀系数

材质	温度范围/℃									
	20～100	20～200	20～300	20～400	20～500	20～600	20～700	20～800	20～900	20～1000
	λ·10⁶/[mm/(mm·℃)]									
A3钢	11.75	12.41	13.45	13.60	13.85	13.90				
A3F、B3钢	11.5									
10号钢	11.60	12.60		13.00		14.60				
20号钢	11.16	12.12	12.78	13.38	13.93	14.38	14.81	12.93	12.48	13.16
45号钢	11.59	12.32	13.09	13.71	14.18	14.67	15.08	12.50	13.56	14.40
1Cr13、2Cr13	10.50	11.00	11.50	12.00	12.00					
Cr17	10.00	10.00	10.50	10.50	11.00					
12CrMoV	0.8	11.79	12.35	12.80	13.20	13.65	13.80			
10CrMo910	12.50	13.60	13.60	14.00	14.40	14.70				
Cr6SiMo	11.50	12.00		12.50		13.00		13.50		
X20CrMoWV121和X20CrMoV121	10.80	11.20	11.60	11.90	12.10	12.30				
1Cr18Ni9Ni	16.60	17.00	17.20	17.50	17.90	18.20	18.60			
普通碳钢	10.60～12.20	11.30～13.00	12.10～13.50	12.90～13.90		13.50～14.30	14.70～15.00			
工业用铜	16.60～17.10	17.10～17.20	17.60	18.00～18.10		18.60				
红铜	17.20	17.50	17.90							
黄铜	17.80	18.80	20.90							